"101 计划" 核心教材
计算机领域

软件工程
——理论与实践

毛新军 董威 编著

中国教育出版传媒集团

高等教育出版社·北京

内容提要

本书是计算机领域本科教育教学改革试点工作（"101计划"）系列教材之一。本书系统介绍软件工程基础理论和技术，包括软件过程、开发方法和支撑工具，涵盖需求、分析、设计、编码、测试、部署、维护、演化和管理等。

全书分为6部分，共16章。第一部分基础篇（第1~3章），介绍软件工程的基本概念和思想、常见的软件过程及主流的软件开发方法。第二部分需求篇（第4~6章），介绍构思、获取、分析、建模和文档化软件需求的过程、策略、方法、语言、工具以及相应的软件制品及其质量保证。第三部分设计篇（第7~10章），介绍软件体系结构设计、用户界面设计和详细设计的过程、策略、方法、语言、工具以及相应的软件制品及其质量保证。第四部分实现篇（第11~13章），介绍程序编码和软件测试的过程、策略、技术、工具以及相应的软件制品及其质量保证。第五部分运维篇（第14~15章），介绍软件部署、运行、维护和演化的策略、方法以及相应的软件制品及其质量保证。第六部分管理篇（第16章），介绍软件项目管理的相关内容。本书引入开源软件实践、群体化开发方法、软件部署和演化等新颖内容，通过丰富和完整的软件开发案例以及强化软件开发综合实践，帮助读者深入理解软件工程基础理论知识，熟练掌握软件开发方法和工具，培养多方面的素质和能力。

本书可作为高校计算机大类专业软件工程课程的教材，也可作为研究生相关课程的教材和软件工程师的参考用书。

软件工程
——理论与实践

1 计算机访问https://abooks.hep.com.cn/1266244 或手机微信扫描下方二维码进入新形态教材网。

2 注册并登录后，计算机端进入"个人中心"，点击"绑定防伪码"，输入图书封底防伪码（20位密码，刮开涂层可见），完成课程绑定；或手机端点击"扫码"按钮，使用"扫码绑图书"功能，完成课程绑定。

3 在"个人中心"→"我的学习"或"我的图书"中选择本书，开始学习。

受硬件限制，部分内容可能无法在手机端显示，请按照提示通过计算机访问学习。如有使用问题，请直接在页面点击答疑图标进行咨询。

扫描二维码
访问新形态教材网
小程序

https://abooks.hep.com.cn/1266244

出版说明

为深入实施新时代人才强国战略，加快建设世界重要人才中心和创新高地，教育部在 2021 年底正式启动实施计算机领域本科教育教学改革试点工作（简称"101 计划"）。"101 计划"以计算机类专业教育教学改革为突破口与试验区，从教育教学的基本规律和基础要素着手，充分借鉴国际先进资源和经验，首批改革试点工作以 33 所计算机类基础学科拔尖学生培养基地建设高校为主，探索建立核心课程体系和核心教材体系，提高课堂教学质量和水平，引领高校人才培养质量的整体提升。

核心教材体系建设是"101 计划"的重要组成部分。"101 计划"系列教材基于核心课程体系的建设成果，以计算概论（计算机科学导论）、数据结构、算法设计与分析、离散数学、计算机系统导论、操作系统、计算机组成与系统结构、编译原理、计算机网络、数据库系统、软件工程、人工智能引论等 12 门核心课程的知识体系为基础，充分调研国际先进课程和教材建设经验，汇聚国内具有丰富教学经验与学术水平的教师，成立本土化"核心课程建设及教材写作团队"，由 12 门核心课程负责人牵头，组织教材调研、确定教材编写方向以及把关教材内容。工作组成员高校教师协同分工，一体化建设教材内容、课程教学资源和实践教学内容，打造一批具有"中国特色、世界一流、101 风格"的精品教材。

在教材内容上，"101 计划"系列教材确立了如下的建设思路和特色：坚持思政元素的多元性，积极贯彻《习近平新时代中国特色社会主义思想进课程教材指南》，落实立德树人根本任务；坚持知识体系的系统性，构建核心课程的知识图谱，系统规划教学内容；坚持融合出版的创新性，规划"新形态教材＋网络资源＋实践平台＋案例库"等多种出版形态；坚持能力提升的导向性，借助"虚拟教研室"组织形式、"导教班"培训方式等多渠道开展师资培训，提升课堂教学水平，提高学生综合能力；坚持产学协同的实践性，遴选一批领军企业参与，为教材的实践环节及平台建设提供技术支持。总体而言，"101 计划"系列教材将探索适应专业知识快速更新的融合教材，在体现爱国精神、科学精神和创新精神的同时，推进教学理念、教学内容和教学手段方面的有效提升，为构建高质量教材体系提供建设经验。

本系列教材在教育部高等教育司的精心指导下，由高等教育出版社牵头，联合机械工业出版社、清华大学出版社、北京大学出版社等共同完成系列教材出版任务。"101 计划"工作组从项目启动实施至今，联合参与高校、教材编写组、参与出版社，经过多次协调研讨，确定了教材出版规划和出版方案。同时，为保障教材质量，工作组邀请 23 所高校的 33 位院士和资深专家完成了规划教材的编写方案评审工作，并由 21 位院士、专家组成了教材主审专家组，对每本教材的撰写质量进行把关。

感谢"101 计划"工作组 33 所成员高校的大力支持，感谢教育部高等教育司的悉心指导，感谢北京大学郝平书记、龚旗煌校长和学校教师教学发展中心、教务部等相关部门对"101 计划"从酝酿、启动到建设全过程给予的悉心指导和大力支持。感谢各参与出版社在教材申报、立项、评审、撰写、试用等出版环节的大力投入与支持，也特别感谢 12 位课程建设负责人和各位教材编写教师的辛勤付出。

"101 计划"是一个起点，其目标是探索适合中国本科教育教学的新理念、新体系和新方法。"101 计划"系列教材将作为计算机类专业 12 门核心课程建设的一个里程碑，与"101 计划"建设中的课程体系、知识点教案、课堂提升、师资培训等环节相辅相成，有力推动我国计算机领域本科教育教学改革，全面促进课堂教学效果的进一步提升。

"101 计划"工作组

序

在计算技术发展的历史进程中观察软件开发技术的发展，可以看到，软件开发面对的挑战一个接着一个，这些挑战推动了软件开发技术的发展，甚至带来了软件开发理念和方法的深刻变革。我们称其为软件开发范式的变革。

我们将软件开发范式的第一次变革称为"工程范式"的形成和发展，由此带来了软件开发由个体创作到规模化生产的变革。计算机程序乃至软件因 20 世纪 40 年代通用数字电子计算机的发明而生。早期软硬件规模较小、功能单一且耦合性强，有经验的程序员必须凭大脑记住数据和程序在几 KB 内存中的布局情况，并且能够在大脑中"跑"明白程序的每一个步骤和细节。这个时期的软件开发就像民间作坊中手艺人的个人创作行为，软件被视为程序设计天才在其私人作坊中创作的精妙作品。到 20 世纪 60 年代，随着第二代晶体管计算机和第三代集成电路计算机的巨大成功，大型计算机系统技术成熟，应用范围迅速从军事计算领域扩展到商业和工控等经济领域，社会对于软件的需求量以及软件自身的复杂程度快速增长。与功能单一的小型程序不同，上规模的软件系统往往需求复杂、代码量大且涉及的利益相关者广泛，其程序代码以及开发过程的复杂性已远超出程序员个体大脑所能直接理解与控制的程度，作坊式的个体创作模式根本无法系统性地保障软件开发效率与质量。处于工业化大生产浪潮中的计算机先驱者向经典的工业生产管理学习，于 1968 年正式提出了"软件工程"的概念，开启了工程范式的探索，软件开发从个体独立创作走向了大规模有组织的生产时代。工程范式强调把大规模的软件开发者按照标准化的生产流程组织起来，并通过生产工具促使软件开发活动尽可能标准化与自动化，以利于高效生产出满足客户需求的高质量软件产品。工程范式的成功实践推动了软件产业的发展，沉淀形成了软件开发的工程化理念、方法和技术，成为高校软件工程课程的核心内容。

伴随着互联网的普及，工程范式的局限性日益凸显。这既有来自软件自身的内在因素，也有来自软件发展环境的外部因素。从软件自身的特点规律看，工程范式发展遇到两个瓶颈：第一是协同效率瓶颈，即软件开发过程管理难以突破群体协同的"人月神话"；第二是自动化瓶颈，即软件自动化工具无法超越可计算性和计算复杂性的理论极限。从软件发展的外部环境看，工程范式出现两个不适应：第一是软件的生产效率与计算机硬件的发展速度严重不适应，第二是工程范式的经典原则与迅猛到来的网络时代严重不适应。特别是进入（移动）互联网时代，软件的利益相关者从明确的领域相关的需求主导者转变为动态开放的大规模互联网用户群体，导致软件开发活动不再是需求明确的强目标性活动。在工程范式面临巨大挑战之际，开源软件经过 20 多年的蓬勃发展，取得了惊人的成就。开源软件创作的成功实践，让"开源范式"进入学术界的视野。相对于标准化、强组织的工程范式而言，开源范式更尊重每位开发者的个体创作意愿，通过营造开放性、多元化、自组织的创作环境，充分激发大规模程序员群体的参与热情与创作灵感，通过群体智慧涌现，最终形成高水平的软件。这样的软件开发过程，我们称为"规模化的软件创作活动"，由此产生的软件制品称为"软件作品"。优秀的开源作品通过互联网可以高效聚集数以万计的开发者参与贡献，其规模远远超过任何单一的商业软件公司。我们将开源软件实践遵循的软件开发理念和方法称为"开源范式"。

我认为，开源范式的价值在于揭示大规模软件创作的可行性。开源范式支持在不确定的网络世界，通过众多的开发者带来丰富变化和竞争，自然演化出得到用户欢迎的软件。以 Linux 演化历程为例，每个 Linux 内核的自由"下载者"都可能修改内核，从而产生"变异"并"繁殖"出新的 Linux 版本，这个过程带来的多样性整体上大大提高了 Linux 种群基因延续的可能性。Linux 通过开源范式带来的易变性和多样性，更能应对互联网时代操作系统发展的不确定性。Linux 基因被更多的衍生操作系统继承，从而"家族兴旺、儿孙满堂"，当智能手机、云计算、物联网等新的需求涌现时，Linux 的后代就具有更大的竞争力。但是，任何一个开源项目是否能够成功完全不可控，开源出来的代码能否得到关注完全未知，甚至任何一个开放的开发任务什么时候能完成以及是否能完成都无法保证。如果将开源范式和工程范式做比较，工程范式是面向确定性场景下的问题开展有组织的群体开发，聚焦软件产品，强调生产控制，几乎放弃了对不确定性问题的关注。而开源范式则面向开放式场景问题，通过自组织的社区群体，鼓励开展基于兴趣驱动的软件作品自由创作，以多样性促进创新涌现。这种对自由创作的极端追求加剧了群体协同过程的不确定性，几乎无法对结果做出可预期性承诺。那么，如何平衡确定性和不确定性之间的矛盾，进而更有效、可预期地组织软件开发群体智力？特别是面对未来人机物三元融合、万物智能互联的新型计算基础设施和新型应用形态，不确定性可能更为显著。我们需要通过"软件定义"获得确定性，至少缓解不确定性。时代呼唤新的软件开发范式。

软件工程教育的目的在于培养学生的软件开发能力。尽管早期的软件工程课程知识体系来自工程范式的最佳实践，但软件工程课程不等于工程范式，软件工程课程的知识体系必然随软件开发技术的发展而发展。2004 年，软件工程教育界提出了以 SWEBOK 为代表的软件工程学科知识体系以及以 SEEK 为代表的本科教育体系，并且结合软件开发技术发展对软件工程教育知识体系持续进行拓展和优化。国防科技大学计算机学院在长期的软件工程实践和人才培养中开展软件工程课程建设。由毛新军教授编著的这本教材没有局限于经典工程范式形成的软件工程知识体系，而是努力将开源范式的实践融入其中，并建设了配套的开放实践教学资源。我认为这是本教材最突出的特色。当然，开源范式还没有得到很好的概括并在业界达成广泛共识，需要学术界、产业界、教育界对开源范式以及未来新的软件开发范式给予更多关注和研究。

2021 年底，教育部启动了计算机领域本科教育教学改革试点工作（简称"101 计划"）。我希望本教材能够为该计划的实施以及软件工程课程教学改革提供开源共享的范本，更希望新时代我国计算机领域本科教育体系在开放共享的学习生态中发育成长。

王怀民

国防科技大学教授

中国科学院院士

中国计算机学会开源发展委员会（CCF ODC）主任

前 言

我们正处在软件定义一切的时代。软件已渗透到社会、经济和生活的方方面面，其地位和作用越来越重要，成为诸多行业和领域的创新工具以及人类社会不可或缺的关键基础设施。伴随着大数据、云计算、互联网、人工智能等计算技术的快速发展以及软件在诸如工业制造、城市交通、医疗服务、国防军事、航空航天等领域应用的不断拓展，软件系统的规模越来越大，复杂性越来越高，其运行环境、系统构成、基本形态等发生了深刻变化。越来越多的软件成为人机物融合系统的组成部分，部署和运行在开放多样的环境中，表现为一类社会技术系统、系统之系统、系统联盟，甚至是超大规模系统，人们对软件系统的开发效率和质量提出了更高的要求。

软件系统的这些变化正成为重要的驱动力，推动软件工程的快速发展。近年来，软件产业界和学术界提出了诸多新颖实用的软件工程过程、方法和工具，如软件众包、群体化软件开发、数据驱动软件工程、智能化软件开发、敏捷开发、DevOps 等；研制了大量的软件工具和平台，如 SonarQube、GitHub、Stack Overflow、SourceForge、Copilot 等，广泛应用于复杂软件系统的开发和运维；取得了以开源软件等为代表的诸多成功实践，产生了海量的开源软件和群智知识等软件资源。许多软件工程方法改变了人们对软件开发的认知，揭示了在互联网时代软件开发理念、思想和方法的转变，包括从工程范式到开源范式和群智范式、从团队开发到群体化开发、从以文档为中心到以代码为中心、从关注软件开发到软件开发运维一体化等。可以说，在过去 20 多年，软件工程的研究与实践取得了长足的进步，软件工程与更多的学科进行交叉，如人工智能、大数据科学、社会学、复杂性科学等，以深入揭示软件系统的内在规律性和复杂性，为复杂软件系统的开发和运维提供更为有效的技术手段。

教育教学和人才培养是软件工程学科的一项重要使命。随着软件产业和软件工程学科的快速发展，社会对软件人才的数量和质量提出了更高要求，如何培养高水平的软件人才成为软件工程学科和高等教育共同面临的一项紧迫需求。在软件定义一切的时代，高水平的软件人才须满足多方面的要求。一是基础理论知识能跟上软件工程学科发展步伐，能够掌握软件产业界的新颖方法、技术手段和支撑工具；二是素质和能力可应对复杂软件系统开发和运维所带来的挑战，具有良好的软件工程师职业道德素养，具备诸如系统能力、解决复杂工程问题的能力、创新实践能力等多种能力。

近年来，软件工程教育界联合学术界和产业界提出了以 SWEBOK 4.0 为代表的软件工程学科知识体系，结合软件工程学科发展和软件产业实践对软件工程教育知识体系进行了拓展和优化。但是，软件工程教育界与软件工程学术界和产业界之间仍存在较大的差距和鸿沟。当前软件系统出现的新变化并没有在教育中得到充分的体现，产业界和学术界的诸多主流技术和新颖方法、成功实践及成果并没有反映在软件工程教育知识体系之中。软件工程教育界须针对产业界的软件人才需求，从知识、能力和素质等方面加强软件人才的培养。

软件工程课程既是软件工程本科教育课程体系的主干课程，也是计算机大类专业的核心课程，具有内容抽象、知识点多样、实践要求高等特点，普遍存在"不好教、不易学、难学好、知难做更难"等教学问题。如何结合软件工程学科的发展和软件产业界的实践，面向新型软件人才的培养要求，拓展和完善课程的知识体系，解决课程教学面临的普遍性问题，提高课程教学成效和人才培养质量，是该课程教学和教改面临的一项重要挑战，也是广大师生极为关注的话题。

为此，作者基于多年在软件工程教学、科研和开发方面的经验和成果，编写了本教材，旨在达成以下三方面目标：

① 将近年来软件工程学术界和软件产业界的新颖方法和实用技术引入软件工程教材，解决教材基础理论知识体系跟不上产业界和学术界发展的问题。

② 系统梳理和重新组织教材的知识体系和讲授次序，解决课程教材"不好教、不易学"的问题。

③ 强化案例讲授和综合实践设计，解决课程知识"难学好、知难做更难"的问题。

概括而言，本书具有以下几个方面的特色：

（1）内容新颖

将当前软件工程领域的新颖方法以及软件产业界的诸多主流技术、成功实践、软件资源、支撑工具等引入本教材，分析了软件定义一切时代软件系统发生的深刻变化和呈现的复杂性特点，以及由此给软件工程带来的诸多挑战；在软件工程经典知识的基础上，增加了当前软件工程学科领域的主流技术、实用方法和成功实践，包括开源软件、群智知识、群体化开发方法、软件部署和演化等；将软件开发的工程范式和开源范式相融合，以面向对象软件工程为核心，加强了对软件重用、质量保证、CASE 工具和环境等实用性软件工程知识的介绍。

（2）组织科学

不同于其他软件工程教材，本书以程序及其质量保证方法为切入点，从程序讲到软件，从软件讲到软件工程，再到各个软件开发活动及其所采用的软件工程方法，由简到难、由具体到抽象，循序渐进地展开软件工程知识体系的阐述。这一内容组织方式不仅有助于与前导计算机程序设计课程教学相衔接，而且更易于帮助读者从具体的程序代码而非抽象的软件工程概念入手，深入理解软件的组成及其质量的重要性、何为软件工程以及为什么需要软件工程、软件工程需解决哪些问题以及如何来解决问题等。全书各篇遵循先总体后局部、先宏观后微观的知识阐述原则。

（3）诠释深入

结合作者在软件工程领域的研究与实践，深入诠释软件工程的抽象知识点，不仅介绍它们是什么（What），而且解释清楚为什么（Why）以及如何做（How），分析不同知识点之间的逻辑关系，并在每章末尾归纳和总结本章的核心知识点。本书提供了三个难度不一的软件案例来解释知识点：一是较为简单的开源 App "小米便签" 软件MiNotes，用于解释代码和设计质量；二是大家所熟知的 "铁路 12306" 软件，用于诠释软件需求的特征和变化以及软件设计的多方面考虑；三是具有一定规模和复杂性的人机物共生系统 "空巢老人看护" 软件 ElderCarer，用于贯穿全文讲解软件工程过程、方法和工具。本书内容诠释和案例讲解可帮助读者系统深入、融会贯通地掌握软件工程知识。

（4）强化实践

本书非常重视实践在软件工程课程教学中的作用，不仅在每一章布置了基础习题，而且还设计了两个难度不一、贯穿全书各章的综合性实践。一个是阅读、分析和维护开源软件，要求针对具有一定规模的高质量开源软件，开展开源代码阅读、标注、分析和维护等工程实践。该实践相对简单和易于实施，先通过逆向工程进行软件开发技能的学习，然后再通过正向工程开展软件开发实践，有助于在学习高质量设计和编码以及他人成功实践的基础上，掌握高水平的软件开发技能。另一个是开发有创意、上规模和高质量的软件系统，要求运用软件工程的过程、方法和工具，完整地开发出具有一定规模、高质量和有创意的软件系统。该实践具有一定的难度和挑战性，有助于培养多方面的素质和能力。

（5）资源丰富

为了配合教学，本书为读者（包括教师和学生）提供了丰富多样的教学资源，不仅包括教学大纲、课件 PPT、教学视频、文档模板、软件工具、实践设计、课程标准、考核试卷等，而且还提供了软件开发案例的完整软件制品，包括基于 UML 的需求和设计模型、源程序代码、软件需求文档和设计文档等。此外，本书还配套有软件工程实践教材《软件工程实践教程：基于开源和群智的方法》（高等教育出版社出版），建设了线上实训和线上实践，构建了软件工程学习社区，汇聚有一万多条课程学习的问题及解答，四千多项教学资源，可帮助读者快速和有效地解决学习和实践过程中遇到的各类问题，分享课程学习经验和成果。本书提供了一个软件工程课程教学门户，将上述教学资源统一呈现给读者并供读者下载和分享（详情可扫码观看视频介绍，也可联系作者获取资源）。

微视频：本书配套资源说明

（6）遵循规范

本书内容遵循教育部"101 计划"软件工程课程组制定的知识体系和全国高等学校计算机教育研究会制定的"软件工程课程规范"，覆盖了"101 计划"要求的所有软件工程课程知识点。高校教师可配合使用这些材料以及本教材，编制软件工程课程的教学计划，明确课程教学目标、学时要求、教学内容、实践设计、考核方式等。

本书可作为计算机大类专业（如计算机科学与技术、软件工程等专业）的软件工程课程教材，也可作为研究生和软件工程师的参考用书。本书教学建议安排至少 48 学时，以确保讲授知识点的广度和深度以及课程实践的开展，并建议至少四分之一的学时用于课程实践。

本书在编写过程中得到多位专家、学者及高校师生的帮助。王怀民院士担任本书主审并为本书作序，国防科技大学王戟教授通读了书稿并提出许多宝贵的意见，北京航空航天大学的张莉教授和西安电子科技大学的李青山教授也审阅了本书。此外，我的研究生试读了全书，兄弟院校的任课教师也对书稿提出了许多建议。在此一并向他们表示衷心的感谢。

由于时间仓促，加之水平所限，本书尚有许多不足之处，希望广大读者能够不吝赐教。作者联系方式为 xjmao@nudt.edu.cn。

作者

2023 年 8 月于长沙

目 录

第 1 章

从程序到软件

在高校本科计算机大类专业课程体系中，一些课程，如大学计算机基础、计算机程序设计、数据结构、算法分析与设计等，都不同程度地介绍了如何针对具体问题，借助特定程序设计语言编写程序代码，并通过代码的运行实现功能和提供服务，进而达成问题求解。在编程实践中，学生面对的问题往往相对简单，即在较短的时间（从几个小时到几天）内通过数据设计、算法设计和程序设计，编写出几十到几千行的小规模程序代码。实践活动主要关注如何针对问题编写出相应的代码，确保它们能够通过测试用例，很少考虑除此之外的代码问题，如代码结构好不好、是否易于理解、是否便于对其进行修改或扩展等。但在实际的信息系统建设过程中，人们所面对的问题通常更为复杂，不仅要实现的功能非常多，涉及多样和繁杂的计算，还要满足多种非功能性要求，如可靠性、可扩展性、安全性、高效性等。这类系统的代码量通常会非常大，达到几万、几十万甚至上千万行的规模，所包含的模块单元数量非常多，不同模块单元间的逻辑关系更为复杂，并且还涉及对大量数据的处理。显然，这类程序的编写单靠一个人是很难完成的，通常需要多人协同开发；根据需求直接编写出相应的大规模程序代码变得不切实际，需要通过一系列开发活动并产生文档形式的阶段性成果；质量对于这类程序而言变得极为重要，如何确保程序的质量是一个颇具挑战性的问题。由此，人们提出了软件的概念，以刻画程序代码及其产生所依赖的各种阶段性成果。

本章聚焦于程序和软件两个概念，从程序概念入手，引申出软件概念，分析程序和软件二者之间的区别和联系，阐明软件的特点和质量要求，讨论开源软件及其应用价值，指出当前的软件特征出现的一些新变化以及这些变化对软件开发带来的新挑战。读者可带着以下问题来学习和思考本章的内容：

- 何为程序？程序员如何编写程序？
- 为什么程序的质量很重要？程序质量包括哪些方面？
- 如何在编程时保证代码的质量？有哪些具体的举措？
- 如何发现和解决程序代码中的质量问题？
- 编写功能复杂的程序会遇到哪些问题？
- 何为软件？软件与程序有何区别和联系？与硬件相比较，软件有何特点？
- 软件生存周期通常包含哪些阶段？每个阶段各有何特点，会产生什么样的软件制品？
- 何为开源软件？它与闭源软件有何本质区别？开源软件有何价值？
- 软件有哪些类别？不同类别的软件有何作用？
- 高质量的软件有何特点？需要满足哪些方面的要求？
- 当前软件的特点出现了哪些变化？这些变化对软件开发带来什么样的挑战？
- 我国软件产业的建设以及软件系统的研发面临哪些挑战？

1.1 何为程序

程序（program）是由程序设计语言所描述的，能为计算机所理解和处理的一组语句序列。这些语句序列的执行将完成一系列计算，实现相应的功能，提供特定的服务，从而解决相关的问题。

程序是用程序设计语言（programming language）来描述的。程序设计语言提供了严格的语法和语义来准确地描述程序的组织、语句的语法和语义。例如，Java 语言规定在变量声明时需要显式和明确地定义变量的类型，如整数类型必须用"int"符号表示，必须将变量的类型置于变量名字之前；用"="符号实现赋值，将"="符号右边表达式的值赋给左边的变量。目前人们已经提出了数百种程序设计语言，包括低级的汇编语言、高级的结构化程序设计语言（如 C、FORTRAN）和面向对象程序设计语言（如 Java、C++、Python 等），以及描述性程序设计语言（如 LISP、PROLOG）。

程序中的语句必须严格遵循程序设计语言的各项语法和语义规定，以确保程序代码能为程序设计语言的编译器所理解，进而编译生成相应的可执行代码，并部署在目标计算机上运行。因此，程序代码可表现为两种形式：源代码（source code）和目标代码（object code）。源代码是指用特定程序设计语言所描述的源程序的代码，这些代码由程序员编写、修改和维护，不可直接运行。目标代码是指将源代码编译后所产生的二进制代码或者中间码，这些代码由编译器产生，通常用二进制语言表示，可在目标计算机上运行。如果没有特定说明，本书所指的程序代码通常是指源代码。

目标代码需要部署在特定的计算环境下才能运行，包括计算机硬件平台、操作系统、虚拟机、中间件（middleware）等。因此，程序员编好程序之后，应根据目标计算环境的具体要求编译生成目标代码，安装和配置好程序代码的计算环境，并将编译后的目标代码部署在目标计算环境上运行。图 1.1 描述了源代码经过编译生成目标代码，部署在目标计算环境上运行的全过程。例如，程序员使用 Java 语言编写出源代码，通过 Java 编译器生成可执行的 Java 中间码或者二进制代码，并将其部署在目标计算机的 Java 虚拟机上运行。

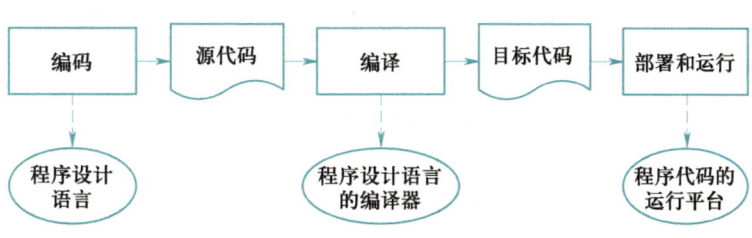

图 1.1　程序的编码、编译、部署和运行

任何程序都有其特定的目的，即用于实现特定的需求或解决特定的问题。程序中的任何语句都应是有意义的，需服务于程序的整体目标，即通过程序中语句的执行完成特定的计算，实现问题求解。图 1.2 描述了一段 Java 程序代码示例，实现从 test.log 文件中逐行读取和打印信息的功能。

```java
import java.io.*;

public class Main {
    public static void main(String[] args) {
        try {
            BufferedReader in = new BufferedReader(new FileReader("test.log"));
            String str;
            while ((str=in.readLine())!=null) {
                System.out.println(str);
            }
            System.out.println(str);
        } catch (IOException e) {
        }
    }
}
```

图 1.2　Java 程序代码示例

1.2　程序质量

程序代码不仅要完成相应计算和实现特定的问题求解，而且还必须确保其自身的质量。程序的编写、运行和使用涉及多方利益相关者（stakeholder），除程序员外，还包括后期对程序代码进行维护的人员、操作和使用程序的用户等。这些人员会从各自不同的角度对程序的质量提出相应的要求（见图 1.3）。

微视频：程序质量

1. **程序的外部质量**（external quality）

用户作为程序的使用者，会对程序所展现的功能、服务和性能提出以下一些质量要求：

① 正确性。程序的运行要正确地实现用户的要求。

② 友好性。程序需提供友好的用户界面，方便用户与其进行双向交互，如输入和输出信息。

③ 高效性。程序响应速度快，能够及时将处理的结果反馈给用户。

④ 易用性。程序操作流程简单，易于用户使用。

⑤ 可靠性。程序能可靠地运行，不会因为用户的某些误操作而导致程序异常报错或崩溃等。

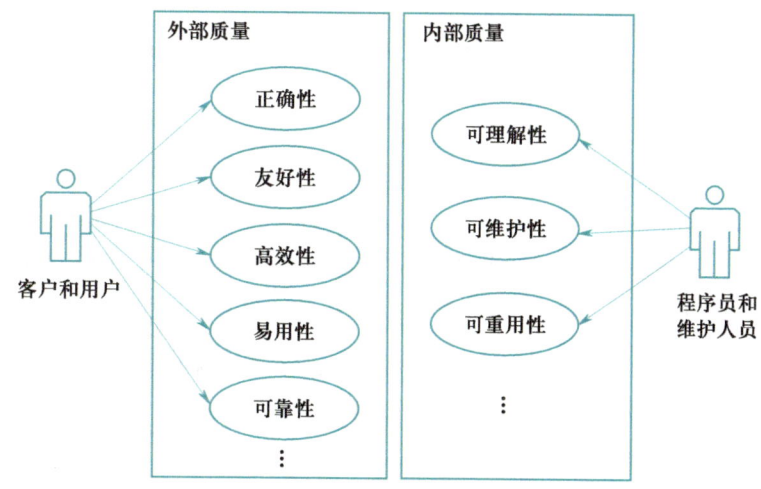

图 1.3　程序的不同利益相关者对程序提出多样化的质量要求

上述质量要求通常是用户可直接感受到的，也是程序在运行时需要向用户所展示的，因而将程序的这些质量属性称为外部质量。

2. 程序的内部质量（internal quality）

程序代码编写好并投入使用后，还会因为代码缺陷、功能扩展等原因需要进行修改和完善，这就需要阅读和理解程序代码，并在此基础上开展代码的维护。这些工作可能由原先编写该代码的程序员完成，也可能由其他程序员完成。例如，对于图 1.2 所示的 Java 程序示例，要对其功能进行扩展，在输出完所有信息后再输出总共有多少行信息，则负责该工作的程序员就需要先理解原先的代码，再在其基础上对代码进行修改。从程序员视角，无论是编写新程序还是要对已有的程序进行修改，都希望程序代码易于理解和便于修改，因而会对程序提出以下的质量要求：

① 可理解性。程序代码的可读性好，很容易理解代码语句的内涵、作用和意图。

② 可维护性。代码结构清晰，很容易定位代码中的缺陷，易于对代码进行修改和完善。

③ 可重用性。程序代码易于被再次使用等。

上述质量要求关注程序的内在质量特征，目的是促进程序员和维护人员对代码的理解、修改和变更，因而将程序的这些质量属性称为内部质量。

当前，软件企业对代码的内部质量越来越重视，通常会制定编码规范，明确编码要求。例如，华为公司制定了"Clean Code"编码规范，要求程序员编写出简洁、规范、可读性强、易测试、稳健安全的程序代码。

1.3　程序质量保证方法

微视频：程序质量保证方法

显然，编码工作不仅要编写出满足功能要求的代码，还要确保代码的内部质量和外部质量。在编码实践中，我们经常有这样的体验，要读懂他人的代码非常困难，有时甚至难以理解自己在一段时间之前编写的代码；不知该如何下手来修改程序，不清楚这些修改是否会影响程序的原有功能实现等。出现上述状况的原因是多方面的，其中之一就是这些代码的质量（尤其是内部质量）存在问题。为此，程序员须采用多种方法和手段来确保程序代码的质量。

1.3.1　程序编码风格

本质上，程序代码由一组有意义的符号组成。在编码过程中，如果将这些符号进行良好的组织、合理的命名并提供必要的注释，将会增强代码的可读性和可理解性，提高代码的可维护性和可重用性，提升代码的内部质量。这就要求程序员在编码时要遵循特定的样式及要求，即编程风格（programming style），以规范其编程行为及所产生程序代码的样式。

尽管不同程序设计语言都有其各自的编程风格，如 C 和 C＋＋编程风格、Java 编程风格等，以体现不同语言的语法差异性，但总体而言，高质量的程序代码在编程风格方面需要注意并满足以下一些要求：

① 代码的结构要清晰。通过缩进格式、空格符号、限制一行语句数量、用括号表示优先级等多种方式来组织程序中的语句，使得代码的逻辑和层次结构非常清晰。例如：采用缩进方式来清晰地展示语句所在的逻辑层次，直观地表述程序的整体结构；适当使用空格符号来分隔不同的字符；一行至多只有一条语句等。

② 符号命名要望文生义。要采用有意义、一目了然的符号来对程序中的变量、常数、参数、函数、类、方法、包等进行命名，使得程序语句及相关符号能够一看就懂，有助于程序员对程序的理解和分析。在编程实践中，一些程序员习惯性地使用 x、y、z 等符号来命名变量或常数，这种命名方式显然很难让人理解这些变量的内涵。编程风格要求采用有意义的名词或名词短语来命名变量、参数、类等，如用"Student"命名学生类显然比用"S"要好；采用有意义的动词和动词短语来命名函数、过程、方法、接口等，如用"getAge"命名获取年龄的方法显然比用"gAge"要好。

③ 代码注释要准确恰当。要给代码提供适当、简明、准确和一致的注释，以加强对代码的理解。程序员可针对语句、语句块、函数 / 方法、类、程序包等进行注释，说

明相关注释对象做什么、为什么这么做以及注意事项。在编程实践中，一些程序代码由于缺乏必要的注释，常常导致程序员很难理解其内涵及意图，不知道如何下手对程序进行修改，不清楚相关的修改会产生什么样的影响。需要说明的是，程序员无须为每条语句都提供注释，只需对那些关键语句、编程意图不易理解的语句进行注释。此外，代码的注释要简练，注释要随着代码的修改而进行修改，以确保注释与代码的一致性。

图 1.4 展示了两个不同的代码片段。其中，图 1.4（a）描述的是一个用 C 语言编写的没有遵循编码风格的程序代码，图 1.4（b）描述的是一个用 Java 语言编写的较好地遵循编程风格的程序代码。显然，这两个程序代码的可读性、可理解性、可维护性等有明显的差别。图 1.4（a）的程序代码存在下述问题：没有合理组织代码，导致语句的嵌套层次不清，整个代码结构不明，程序不易阅读和理解；程序变量、参数、函数等的命名采用一些没有意义的符号如“x，C，d”等，导致这些符号难以理解，内涵和意图不清楚；一行符号中包含了多条语句，整个程序结构极为混乱。此外，整个程序没有必要的注释。显然，这是一段低质量的程序，程序员和维护人员要阅读、理解和修改这样的程序代码是极为困难的，在编程实践中要极力避免编写类似的程序代码。相比较而言，图 1.4（b）的 Java 代码则采用了良好的代码组织、有意义的命名、适当的代码注释等，易于阅读、理解和修改，具有较高的程序质量。在编程实践中，程序员应努力编写出这样的高质量程序代码。

```
                    #include "stdafx.h"
                  #include        "stdio.h"
                void test              ();
              int _tmain
            (int argc,
          _TCHAR* argv[])
        {test(); return
      0; } char C[25]
    [40];void d(int x,
   int y) {C[x][y]=
   C[x][y+1]=32;}
 int f(int x){return
  (int)x*x*.08;}
 void test(){int i,j;
     char s[5]="TEST";
  for(i=0;i<25;i++)
  for(j=0;j<40;j++)
  C[i][j]=s[(i+j)%4];
  for(i=1;i<=7;i++)
     {d(18-i,12);
      C[20-f(i)][i+19]=
    C[20-f(i)][20-i]=32;
    }d(10,13);d(9,13);
     d(8,14);d(7,15);
    d(6,16);d(5,18);d(5,20);          d(5,22);d(5,26);
      d(6,23);d(6,25);d(7,25);for(i=0;i<25;i++,printf("\n"))
         for(j=0;j<40;printf("%c",C[i][j++]));
             scanf("%c", &s[0]);
```

(a) 未遵循编程风格的代码段

```java
/*
 * Copyright (c) 2010-2011, The MiCode Open Source Community (www.micode.net)
 *
 * Licensed under the Apache License, Version 2.0 (the "License");
 * you may not use this file except in compliance with the License.
 * You may obtain a copy of the License at
 *
 *        http://www.apache.org/licenses/LICENSE-2.0
 *
 * Unless required by applicable law or agreed to in writing, software
 * distributed under the License is distributed on an "AS IS" BASIS,
 * WITHOUT WARRANTIES OR CONDITIONS OF ANY KIND, either express or implied.
 * See the License for the specific language governing permissions and
 * limitations under the License.
 */

package net.micode.notes.tool;

import android.content.Context;[]


public class BackupUtils {
    private static final String TAG = "BackupUtils";
    // Singleton stuff
    private static BackupUtils sInstance;

    public static synchronized BackupUtils getInstance(Context context) {
        if (sInstance == null) {
            sInstance = new BackupUtils(context);
        }
        return sInstance;
    }

    /**
     * Following states are signs to represents backup or restore
     * status
     */
    // Currently, the sdcard is not mounted
    public static final int STATE_SD_CARD_UNMOUONTED            = 0;
```

(b) 遵循编程风格的代码段

图 1.4 不同编程风格的程序代码对比

1.3.2 程序设计方法

如果一个程序要实现的功能多，那么该程序所包含的代码量可能就会比较大。在这种情况下，将该程序的所有语句和代码放在一个模块或文件中显然是不合适的，不仅会导致单个模块或文件的代码量非常大，不易于代码的阅读和理解，还会使得对程序的修改、维护和重用比较困难。

为此，程序员需要运用程序设计方法，采用模块化、高内聚性、低耦合性等原则，将程序组织和封装为多个功能独立的模块，形成多个不同的代码文件，分别存放这些模块的代码。每个模块功能单一，不同模块间的关系松散，即模块之间耦合度低。每个功能模块都有明确的接口，以支持对该模块的访问。模块接口需包含模块名称、传递的参数、返回的结果等。程序员可通过模块接口，采用过程调用、消息传递等方式来访问这些模块，从而获得相应的功能和服务。上述程序设计方法可提升代码的可重用性、可理解性和可维护性等，提高程序的内部质量。

程序设计语言提供了多种模块化机制和语言结构来支持程序的模块化设计，包括函数（function）、过程（procedure）、方法（method）、类（class）和包（package）等。例如：结构化程序设计语言提供了函数和过程等语言结构，将相关的语句组织在一起，形成相对独立的功能模块；面向对象程序设计语言提供了类和包等语言结构，将相关的语句封装为方法，将紧耦合的一组方法组织为类，通过包对多个不同的类进行结构化的组织，形成层次清晰的程序代码结构，促进程序的组织、理解和并行编程。

模块化程序设计要求模块内部的语句须紧紧围绕该程序模块欲实现的功能，即模块内部的语句间具有非常高的内聚度，避免使用 goto 语句，减少程序语句的嵌套层数，采用单入口单出口，从而降低模块内部的逻辑复杂性。

图 1.5 描述了"小米便签"软件 MiNotes 程序的模块化组织及某个模块的代码片段。该程序主要完成便签管理功能，其详细功能可参阅 1.11.1 小节的介绍。图 1.5（a）描述了整个程序的模块化树形组织结构。整个程序有多个程序包，每个程序包下面可能包含有子包或者一组代码类。例如，"gtask"包含"data""exception""remote"三个子包，"data"子包又包含"Contact""Notes""NotesDatabaseHelper""NotesProvider"4 个类。图 1.5（b）展示了"Notes"类的部分代码片段，用于实现相关功能。

1.3.3 程序代码重用

代码重用（code reuse）是指在编写代码过程中充分利用已有的代码，并将其集成到程序之中，从而实现程序功能。由于被重用的代码经过多次反复使用，其代码质量已得到充分检验，因而代码重用不仅可以极大地提高编程效率，还可以有效地提高程序质

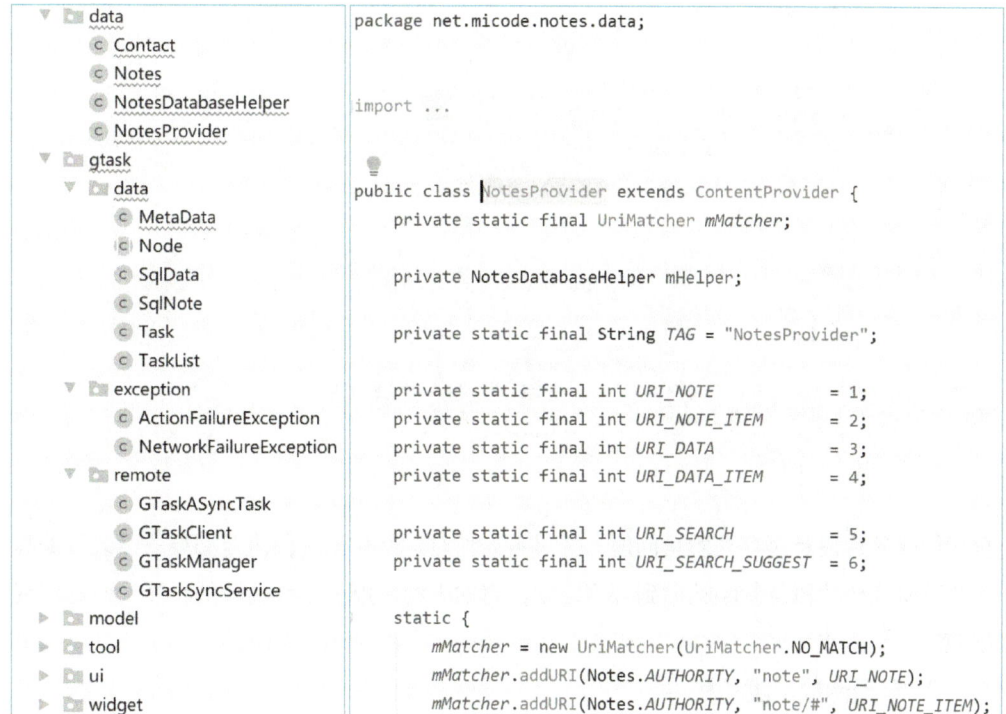

(a) 模块化树形组织   (b) "Notes" 类的部分代码片段

图 1.5 "小米便签" 软件 MiNotes 程序的模块化组织及某个模块的代码片段

量。一个优秀的程序员在编码时不仅要知道应编写什么样的代码，也要知道如何重用已有的代码。在编程实践中，程序员可根据具体的功能实现需求，采用多种方式和手段，实现不同粒度的代码重用。

1. 重用代码片段

在编程过程中，程序员常需编写一些关键语句或语句块来实现某些功能，如连接数据库服务器、建立 Socket 通信连接、进行安全验证等。在此过程中，他们往往会面临一系列编程问题，如不知道如何编写这些代码、如何编写出高质量的代码等。在这种情况下，程序员可以访问软件开发知识分享社区，如 Stack Overflow、CSDN 等，通过查询获得相应的程序代码片段，并基于对程序代码片段的理解，将所需的代码片段复制、粘贴和集成到程序之中，必要时做适当的修改，进而实现代码片段的重用。

图 1.6 描述了 Stack Overflow 社区（简称 SO 社区）在某个问答中分享的程序代码片段，它提供了创建数据库连接的功能，并支持在多次数据库访问和操作过程中只需进行一次数据库连接，减少了连接的次数，提高了程序代码的质量。

需要注意的是，知识分享社区所分享的程序代码片段质量良莠不齐。社区中不乏编程高手，他们分享的程序代码经过实践检验，通常是高质量的，但也有一些程序代码存在质量问题。为此，程序员在重用这些代码片段时须进行必要的质量分析，以判断待

```
private Database(LSE item) {
    ric = item.get_ric();
    volume = item.get_volume();
}

public static final Database getInstance(LSE item) {
    if (INSTANCE == null) {
        INSTANCE = new Database(LSE item);
    }

    return INSTANCE;
}

public void writeToDb() throws SQLException{
    //setString
}
```

If your application will be using Threads (Concurrency), I suggest you also to prepare your
singleton for those situations , see this question

图 1.6   SO 社区中的代码片段示例

重用的代码片段是否存在质量问题，并思考如何对这些代码片段进行必要的修改以提高质量。将代码片段复制和粘贴到程序之中，有助于利用那些设计精巧的程序代码，实现细粒度的代码重用。

2. 重用函数、类和构件

程序设计语言的编程环境或运行设施通常会提供多样化的函数库或类库，它们预先封装和实现了一组常用的功能。例如，Microsoft Visual Studio 的 C++ 编程环境提供了微软基础类库（Microsoft Foundation Classes，MFC），它以 C++ 类的形式封装和实现了 Windows 编程的一组应用程序接口（API）及相应的应用程序开发框架。程序员可以通过重用应用程序框架及 MFC 中的类来完成编程工作，从而减少编程的工作量，提高程序代码的质量。Java 程序设计需要依赖于 Java 开发工具包（Java Development Kit，JDK），它以程序包的形式提供了一组 Java API。每个程序包封装和实现了一组与该包相关的 Java 类，程序员可以通过重用这些程序包中的类来获得相关的功能和服务。例如，java.io 程序包封装了与输入输出有关的类（如文件读写、标准设备输出等），java.awt 程序包封装和实现了与 Java 图形界面开发有关的类（如按钮、复选框、对话框、布局等）。

一些面向特定领域的软件开发包通常会提供各种代码库或构件，以简化相关领域的应用编程工作。例如，机器人操作系统（robot operation system，ROS）是一个专门支持机器人软件开发和运行的中间件，它提供了一组 ROS 开发包，封装和实现了机器人应用的常见功能，如任务规划、导航、目标识别等。

在编程过程中，程序员可以根据欲实现的功能，查询并找到可以完全或部分满足其功能实现要求的函数、类、构件及其访问接口，通过集成和访问这些函数、类和构件来实现重用。与代码片段重用相比较，由于函数、类和构件封装和实现了更大粒度的功能，因而这类重用可以实现粗粒度的代码重用。

3. 重用开源代码

近年来，开源软件（open source software，OSS）的建设和应用成绩斐然。开源软件的源代码（简称开源代码）可被公众自由地使用、修改和分发。大家所熟知的许多软件都是开源软件，如 Linux、Ubuntu、Android、Apache、MySQL、Eclipse、Firefox 等。由于开源代码被人们经常阅读和使用，因而代码中的缺陷、隐藏的"后门"更容易被人发现，进而得到修复，因此开源软件往往具有较高的质量。

一些开源软件托管平台，如 GitHub、Gitee（码云）等，汇聚了大量、多样和高质量的开源代码。截至 2023 年 7 月，GitHub 已有 3.3 亿个开源代码仓库，Gitee 上有 2 500 万个开源代码仓库。程序员可以访问这些平台，查询感兴趣的开源代码，通过对开源软件的理解，选择所需的开源代码，将其集成到所开发的程序之中。

与基于函数、类和构件的代码重用相比较，由于开源代码封装了更为完整和系统的功能，因而可以实现更大粒度的代码重用。当前，越来越多的信息系统基于重用开源软件来快速构建。例如，照片和视频共享软件 Instagram 的开发团队仅用了短短 8 周时间，通过重用十多款开源软件就成功打造出最初的软件系统并投入商业运行。当前，集成和重用开源软件已成为软件产业界一种重要的软件开发方式和手段。本书的后续章节还将介绍与开源软件重用相关的内容。

1.3.4 结对编程

在日常学习和工作中，一个人的精力是有限的，在关注事务某个方面的同时，往往会忽视其他方面，从而会不经意地带来问题或引入错误。此外，不同人的能力和特长也有所差别。因此，一些事务性的工作常常需要两人或多人一起配合（而非一个人单独完成），以更为快速、高效和高质量地完成。例如：在汽车拉力赛中，每辆赛车通常配备两人，一人负责驾驶，另一人负责领航，二人通力合作完成比赛；在双座型战斗机中，前座的飞行员负责驾驶飞机，后座的人员负责操控武器，二人相互配合完成作战任务。

这种状况同样也会反映在编程实践中。程序员在编码时会更多地关注如何编写出可满足特定功能要求的程序代码，而很少关注代码的质量问题。有些人擅长编写代码，有些人则擅长代码质量保证。针对这一状况，可从管理的角度，通过加强人员间的协同来克服单人编程存在的问题和不足。

结对编程（pair programming），顾名思义是指两个人结为一对，通过二人协作共同完成编程任务。其典型的工作场景为：两位程序员坐在一起，围绕同一台计算机或基于各自的计算机，一起开展编程工作。其中一人扮演程序员的角色，负责编写具体的程序代码；另一人扮演审查者的角色，负责观察程序员的编程行为及产生的代码，审查和发现代码中的问题，并就这些问题及其解决方法与程序员进行讨论，以高质量地完成编程任务。结对编程中二人分工有别，职责清晰，工作互为补充，并且可经常互换角色，从而可有效地提高编程的效率和质量。

结对编程既是一个编写代码的过程，也是一个不断审查代码质量的过程。合作者协同工作，程序中的每一行代码都会被两人审阅过，也被两人思考过。两人中每人的动作都会置于另一人的关注之下，确保所有的编程活动、过程和结果都受到监督，迫使两人都要认真工作，防止随意、不负责任、低质量的编程行为。

在结对编程中，程序员遇到问题时不再像单人编程那样"孤独"地去应对，而是通过两个人的相互交流和讨论共同解决问题，因而可极大地提升程序员应对各种困难和问题的自信心。例如：在编程过程中，负责编程的程序员可将遇到的代码编译问题交给另一个人去思考和解决，这样他就可以将精力集中在代码设计上；在阅读代码的过程中，负责阅读代码的程序员可将阅读中遇到的技术问题（如不明白某条语句的含义）告诉另一个人，让他到软件开发知识分享社区中寻求答案；二人还可围绕问题及其解决方法进行讨论，以准确地理解相关的知识。在频繁的交流与合作中，二人相互学习、相互促进。

与单人编程实践相比较，结对编程可利用二人的共同智慧、经验和努力编写代码，完成编程任务。结队编程可避免闭门造车，更易于发现代码中的问题并寻求解决方法，从而提升编程效率和质量。一些研究发现，与单人的编程工作相比，结对编程可写出代码量更短、代码缺陷更少的高质量代码。

1.4　程序质量分析方法

确保代码质量的另一项有效手段是通过质量分析来获得代码质量的可视性，即掌握代码质量的实际情况，知道哪些代码存在质量问题以及存在哪方面的问题，从而帮助程序员有针对性地选择解决方案。

微视频：程序代码的质量分析方法

程序质量分析方法有多种，如通过人工代码审查或工具自动化分析，也可通过加强程序员间的协同来促进代码的人工审查，如结对编程。

1.4.1　人工代码审查

人工代码审查（code review）是指将编写好的代码交给相关人员做进一步阅读和

检查，以发现代码中存在的质量问题。负责代码审查的人员既可以是编写该代码的程序员，也可以是其他人员。他们通过阅读代码，分析代码遵循编码风格的情况，发现代码中存在的可读性和可理解性等问题；在理解程序整体结构和代码语义的基础上，了解代码的设计水平，发现代码中的缺陷、不合理的模块设计、不恰当的程序结构等。

通常情况下，在编码过程中程序员会将注意力聚焦于代码的设计和实现，往往会忽视代码质量，因而编程后对其代码进行审查非常重要。程序员可基于代码审查的结果和反馈，适当增加代码的注释，改变变量、函数、方法、类等的命名，纠正错写和误写的语句和符号，调整某些语句或语句块的设计等，以提高代码的内部质量和外部质量。

将代码交给他人（即非编写该代码的人员）进行审查往往会取得更好的审查结果。当程序员对自己编写的代码进行审查时，往往会惯用自己在编写代码时的质量标准和要求，难以发现自身编写代码中的问题。而将程序交给他人审查时，审查人员会以不同于程序员的视角和编程经验来发现代码中的问题，并提出改进的意见和建议。

人工代码审查方法主要依靠人的分析来发现代码中的问题，工作效率低。对于代码量大、内在逻辑复杂的程序而言，这种方法难以对所有的程序代码进行系统性审查，不易发现一些深层次的代码质量问题。当然，人工代码审查也是一个学习的机会，在阅读、理解和审查他人代码的过程中，审查人员可以学到他人的高水平编程技巧，掌握高质量的代码编写方法。

1.4.2 自动化分析

自动化分析是指利用软件工具对程序代码进行静态分析（static analysis），以发现代码中存在的缺陷和问题，产生代码质量分析报告。这种方法无须运行程序代码，仅通过软件工具来扫描和分析程序代码的语法、结构、过程、接口等，以此来判断代码遵循编码风格的情况，发现代码中隐藏的缺陷和问题，如参数不匹配、有歧义的嵌套语句、错误的递归、非法的计算、空指针引用等。据统计，自动化分析方法可发现程序代码中30%~70%的缺陷。

目前有许多软件工具可支持代码质量的自动化分析，如 PMD、FindBugs、Checkstyle、SonarQube 等。这些工具借助静态分析方法，基于一组预定义的检查规则集来分析和评估代码质量。用户也可以自定义或扩展代码的检查规则集，引入新的代码质量检查要求。一些软件工具还可针对代码中的缺陷提供修复建议。借助自动化分析工具，程序员可掌握所编写代码的整体质量状况，并根据分析结果和建议来针对性地修复代码。与人工代码审查相比较，自动化分析方法具有效率高、定位快、可有效发现隐藏的缺陷以及提供修改建议等优点。

下面以 SonarQube 工具为例，介绍程序质量自动化分析工具的功能及使用方法。SonarQube 是一个基于 Web 的分析和管理代码质量的软件工具，它支持对 Java、C/C ++ /C#、PL/SQL、COBOL、JavaScript 等 20 多种程序设计语言编写的程序进行代码质量问题（code quality issue）分析，主要提供针对以下情况的分析功能：

① 代码遵循编码风格情况，如代码是否违反编码规则。

② 代码中潜在的缺陷，如程序代码是否存在静态常规缺陷。

③ 代码的复杂度情况，如代码中模块、方法、类的复杂度是否过高。

④ 代码的冗余度，如是否存在重复、无效的代码。

⑤ 代码的注释情况，如代码的注释是否恰当和充分。

⑥ 软件体系结构设计质量情况，如通过分析代码中不同模块（如包、类等）间的依赖关系，判断软件体系结构设计是否合理。

SonarQube 完成代码分析后会自动生成代码质量分析报告，包括程序代码的组成与规模、代码中不同类别问题的数量、代码质量阈值（quality gate）、代码质量问题列表等。图 1.7 为 SonarQube 的代码质量分析报告示例。代码质量阈值用于衡量程序代码的整体质量状况、判断是否达到质量的基本指标。SonarQube 将代码质量问题分为 Bug、Vulnerability 和 Code Smell 三类，其中：Bug 类别的质量问题是指代码中有潜在的静态错误，可能会导致程序运行崩溃等，如函数调用的参数不够；Vulnerability（脆弱点）类别的质量问题是指代码中存在漏洞，如空指针的引用，可能被攻击者利用而导致系统被劫持；Code Smell（代码异味）类别的质量问题是指代码没有遵循编码风格，如代码的注释量不足，导致程序的可读性和可理解性差。

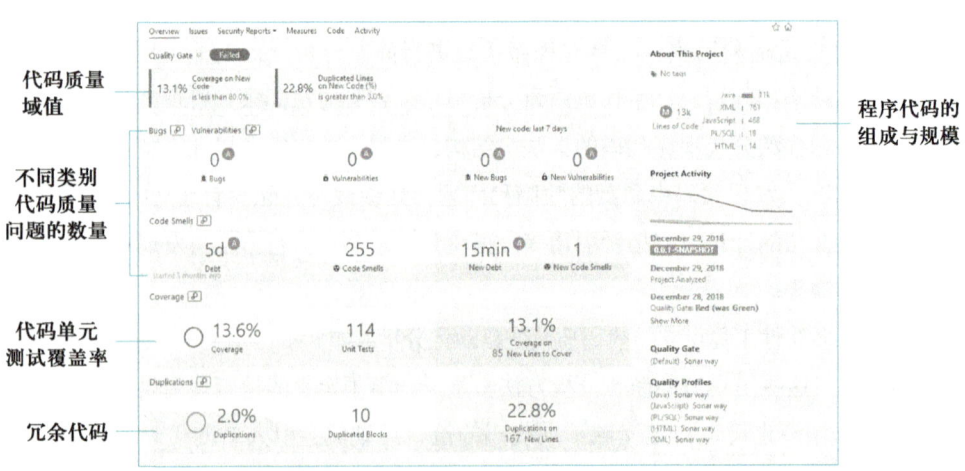

图 1.7　SonarQube 的代码质量分析报告示例

SonarQube 会给出代码质量问题列表，并详细描述问题细节，如图 1.8 所示。它不仅给出了问题的具体描述及修复建议，如 "2 duplicated blocks of code must be removed"，还提供了问题类别、严重程度、处置状态等方面的信息。

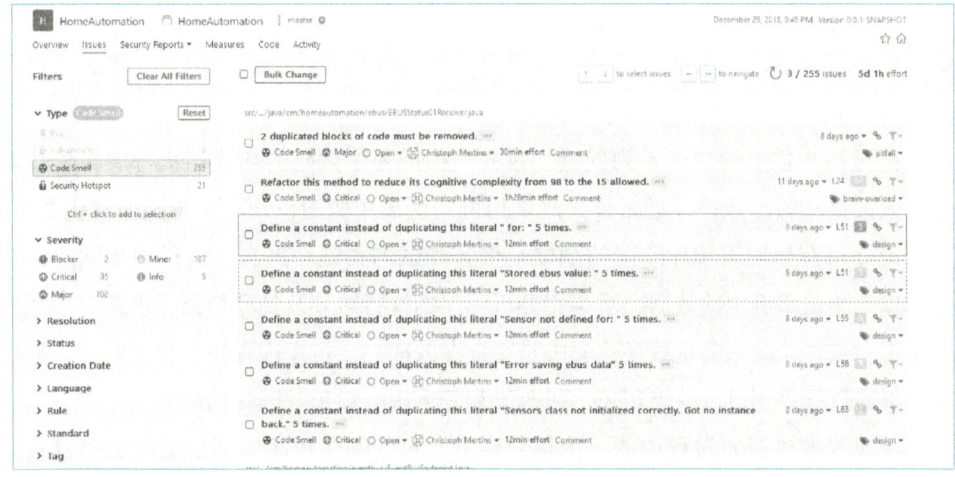

图 1.8 SonarQube 的代码质量问题列表及问题详细信息示例

SonarQube 可部署在单机上，也可采用插件的形式集成到众多集成开发环境
（integrated development environment，IDE）中，如 Eclipse、IntelliJ IDEA 等，帮助程序
员在编码的同时分析代码的质量。此外，SonarQube 可与 MSBuild、Maven、Gradle、
Ant、Makefiles、Jenkins、Azure 和 Travis CI 等工具集成在一起，支持 DevOps 开发。

1.4.3 测试技术

在编码过程中，由于程序员人为的因素，代码中会引入缺陷（fault），如将语句中
的"=="写成"="，或将表达式中的"+"写成了"–"等，导致程序在运行过程
中出现错误（error），产生不正确的运行状态。例如，经过计算后某个变量的取值不正
确，使程序出现失效（failure）现象，无法为用户提供所需的功能或产生了不期望的行
为，如程序的输出结果不正确、由程序所控制的机器人执行了不恰当的行为等。

人总是会犯错误的，程序员也不例外。在编码过程中，要让程序员不出错是不可
能的。程序或多或少都会存在缺陷。程序员的经验和水平直接决定了所编写的代码存在
缺陷的数量和严重程度。有些代码缺陷不严重，不会影响程序的正常运行，不会执行不
恰当的行为或输出不正确的结果；有些代码缺陷则会产生严重的后果，导致所控制的设
备不能正常工作甚至出现人员受伤的情况。无疑，代码的缺陷数量越多、缺陷的严重性
越大，代码的质量也就越低。既然代码的缺陷难以避免，那就需要寻找有效的方法来找
出并修改这些缺陷，从而提高代码质量。

测试技术可以帮助程序员有效地发现代码中的缺陷。本质上任何程序代码都是对
数据的处理，它接收数据输入并根据功能要求对数据进行处理，产生新的数据输出。因
此，根据程序欲实现的功能设计一组待处理的数据，确定程序基于这些数据的预期处理

结果（如预期的输出数据、程序的执行轨迹等），然后运行程序代码，输入这些数据交给程序进行处理，判断其处理的结果是否与预期的结果相一致，如果二者之间存在偏差，那么就可以断定程序代码存在缺陷。

测试技术需要解决一系列问题。首先，根据程序代码的功能和执行逻辑设计若干组输入数据和输出数据，通常称为测试用例。测试用例的设计对于测试而言极为重要，如何设计可有效发现程序缺陷的测试用例是测试的关键。其次，运行待测试的程序代码，输入测试用例中的数据，观察和分析程序的执行轨迹及处理结果，判断与预期的结果是否一致，以此来确定程序代码中是否存在缺陷。一旦发现程序中存在缺陷，程序员就可以通过程序调试、缺陷定位、代码修复等手段来纠正代码中的缺陷。

测试是软件开发过程中的一个重要环节，也是确保程序内部质量的主要方式和手段。本书第 13 章将详细介绍测试方面的具体内容。

1.5　编写程序需解决的问题

在计算机发展早期，由于计算机主要用于科学和工程计算、商业事务处理等领域，程序功能相对简单，规模较小，程序员尚有能力应对编写程序的挑战。随着计算机应用的逐步拓展，程序员所面对的应用功能越来越多，对程序代码质量的要求也越来越高，致使程序规模越来越大，应用逻辑也越来越复杂。在这种情况下，程序员要编写出满足应用要求的高质量程序将会面临两方面的关键问题。

1. 如何设计和编写程序

一个程序通常要完成两类抽象。一类是数据抽象，即将问题中的信息抽象为特定的数据类型、数据结构，并定义相应的变量或常数，以支持这些信息的存放和处理。例如，假设应用需要存储和管理某个班级学生的学号信息，为此需要设计一个字符串类型的数据项来表示和存放学号信息，并进一步设计一个包含该学号信息的列表，定义一个具有该列表类型的变量来存放该班级所有学生的学号信息。另一类是计算抽象，即将问题求解抽象为一组计算语句来实现特定的功能。它们通常由一系列循环、分支和顺序等语句构成，这些语句作用于变量之上，完成对变量的计算，进而获得所需的结果。

如果应用问题比较简单，程序员可根据应用需求描述直接进行数据抽象和计算抽象，设计和编写相应的程序代码。但是一旦应用问题变得复杂，涉及多种功能和繁杂的逻辑，程序员再要直接确定程序的数据抽象和计算抽象就会变得非常困难。在这种情况下，程序员很难做到一步到位，直接编写出相关的代码。显然，编写 500 行代码量的程序与编写 50 万行代码量的程序，程序员所遇到的困难和问题是完全不一样的。这就需要寻求行之有效、循序渐进的方法，帮助程序员根据应用需求开展设计，并基于设计结果编写程序，从而使程序员能够以一种系统化和有序的方式来完成编码工作。

2. 如何确保程序质量

质量对于程序而言非常重要。随着应用规模的增加以及质量要求的提升，如何确保程序质量对于程序员而言将是一个严峻挑战。程序质量不仅包括内部质量，还包括外部质量；不仅在数据抽象和设计中存在质量要求，而且在计算抽象和设计中也存在质量要求。对于程序员而言，不能仅在编程过程中考虑质量问题，而应在编程前就进行质量保证工作。此外，仅靠程序员一个人完成编程和代码质量保证工作是不现实的，应引入其他专门人员负责程序代码质量保证工作，以减轻程序员的负担，同时又能针对质量保证进行专门工作，确保程序的质量。

综上分析，对于复杂应用而言，其程序代码的生成难以通过编程工作一步到位，还需要诸如设计、质量保证等工作；仅靠程序员的编码行为很难编写出高质量代码，还需要更多的人员参与其中，完成编码之外的其他工作。为此，我们需要深入思考程序产生的机理，分析编程工作的前提，探讨复杂应用开发的有效方法。由此，衍生出了"软件"的概念以及"软件工程"的方法。

1.6 何为软件

在分析大量编程实践及其所面临问题的基础上，人们发现高效率的编程和高质量的代码需建立在对代码的充分设计及质量保证考虑上。这些设计和考虑要采用文字或其他形式加以描述，并

微视频：何为软件

以文档的形式保存下来，以此来指导程序员的编码工作。由此，人们提出了"软件"（software）这一概念。

1.6.1 软件的概念

早期的应用开发就是编写程序，其成果就是程序代码。这一思想随着应用规模和复杂性的增长不断受到挑战。越来越多的程序员意识到，应用开发是一个多阶段、多任务和循序渐进的过程。比如要开展需求分析，以清晰和准确地定义应用需求；要开展设计，以提供应用实现的高质量解决方案；在此基础上才能进行编程，产生程序代码。此外，在开展上述工作的同时还要进行相应的质量保证工作，如审查、测试等，以确保每

一项开发活动及其所产生的成果都是高质量的。

基于这一认识，人们提出了软件的概念。软件是指由程序、数据（data）和文档（document）所组成的一类系统，它可以在计算机系统的支持下实现特定的功能，并提供相关的服务。软件概念的定义充分揭示了软件的目的性、组成性和驻留性。[2]

1. 软件的目的性

任何软件都有明确的目的，即要服务于软件的用户，满足其对软件提出的需求，进而为应用提供基于计算的解决方案。当前，软件已经成为诸多行业和领域的创新工具，越来越多的行业和领域探索基于软件的应用解决方案，从而为用户提供新颖便捷的服务方式和高质量的服务手段。例如：以前人们需要到火车站购票厅去办理买票、退票和改签等事务，这一方式费时费力，后来借助"铁路 12306"（简称"12306"）软件，可以足不出户就非常方便地完成相应操作，为出行带来极大的便利；有了微信和支付宝软件之后，人们可以借助其在线支付功能完成转账和支付，免去了携带现金、实地办理相应事务的烦琐操作。随着技术的发展，越来越多的应用软件涌现出来，实现业务流程的优化和服务创新，为软件用户提供更好的服务。

2. 软件的组成性

软件由程序、文档和数据三要素组成，程序仅仅是构成软件的要素之一，因而软件不等同于程序。有关程序的概念已在 1.1 节做了介绍，在此不做赘述。

文档是记录软件开发活动和阶段性成果、软件配置及变更等的说明性资料。软件开发涉及多项工作，需多方人员参与。一些工作（如需求分析、软件设计等）在结束时会产生相应的成果，这些成果如果不以文字的形式记录下来，就会面临"记不住""理不清""讲不明"等一系列问题，不同的开发者之间也不便于进行交流。所谓"记不住"是指，开发者脑中的工作成果会随时间而慢慢流失，导致一些重要的开发成果无法保留下来。所谓"理不清"是指，开发者通常只能记住某些内容，很难凭记忆理清这些内容之间的逻辑关联性并从中发现问题，如发现多个用户提出的软件需求是否相互一致或存在冲突等，导致不易发现开发成果中存在的问题，进而难以确保软件开发成果的质量。所谓"讲不明"是指，仅仅依靠记忆很难向他人系统和有条理地讲清开发者的所思所想及相关成果，一些成果可能会面临多次交流，且由于记忆缺失等原因，在不同时间进行的交流会出现不一致或相冲突等情况，导致交流效率低、成本高、质量难以保证。

因此，软件开发者须将软件开发活动的具体成果通过文字或其他形式记录下来，形成描述性文档资料。软件开发过程中会产生多种多样的软件文档，以记录不同的软件开发成果，如软件需求文档用于描述和定义软件的功能和非功能需求，软件设计文档用于描述软件系统的设计方案，软件测试报告文档用于记录软件测试的具体情况及发现的代码缺陷，用户操作手册文档用于介绍软件的使用等。这些文档将作为重要的媒介，支持不同软件开发者间的交流和讨论、实现开发成果的共享。例如，负责需求分析工作的人员将需求分析结果写成一个文档，即软件需求规格说明书，然后将该文档交给软件设计者以指导其设计工作，交给用户来评估需求文档所描述的软件需求是否与其实际需要相一致。概括而言，软件文档用于记录软件开发的阶段性成果，加强对开发成果的分析和质量保证，促进不同人员间的交流和沟通，方便后续阶段的开发、管理和维护工作。

数据也是构成软件的一项关键要素。本质上，软件就是通过对数据进行加工和处理来提供相应的功能和服务。在软件开发过程中，软件开发者须明确软件需要处理哪些数据，如何获得和表示数据，如何存储、检索和传输数据，如何对各类数据进行处理以及要进行什么样的处理等。程序需对要处理的数据进行抽象，定义数据结构和存放数据的变量，明确变量的类型。程序设计语言通常会提供一些基本的数据类型，如整型、浮点型、字符串、布尔型、集合、列表等。程序员也可在此基础上定义更为复杂的数据结构，如队列、栈、树、图等，以满足特定应用的数据存储和处理需要。经过程序处理后的数据通常需永久保存，这就涉及对这些数据的存储设计问题。有些数据存放在数据文件中，为此需要明确数据文件的存储格式；有些数据存放在数据库系统中，为此需要明确保存这些数据的数据库，包括表、字段、类型等。总之，数据既是软件的处理对象，也是构成软件的基本要素。

在互联网和大数据时代，数据对于软件而言不仅极为重要而且极具价值。正是由于有了数据以及对数据的分析和处理，软件才有可能为用户提供更为强大的功能和更为友好、个性化的服务。大量互联网用户通过使用软件产生了大量数据。据统计，2020年天猫"双十一"的订单总量达到 20 多亿单，每一个订单后面都蕴藏着相关的数据。反过来，借助对数据的挖掘、分析和利用，软件能为用户提供更为友好的增强服务。例如，淘宝可通过对用户购物数据的分析了解用户的喜好，并以此为用户推荐相关商品，从而进一步促使用户更多地使用软件，产生更多的数据。因此，当前诸多互联网软件背后的数据已成为互联网企业的宝贵资产，也是其为用户挖掘新业务、提供友好服务的基础和保证。2022 年末 OpenAI 推出的 ChatGPT 颠覆了人们对软件及其能力的认识。ChatGPT 借助人工智能技术，能够与人类进行对话，甚至能撰写邮件、文案、论文、代码等。究其原因就在于，ChatGPT 拥有海量的大数据，并能通过对这些数据的学习来达成上述能力。由此可见，数据在当今的软件中扮演着极为重要的角色，发挥着关键性作用。

软件的组成性也意味着软件是一类系统（见图 1.9）。所谓系统，不仅强调构成的多要素性，更强调这些要素间的相互关联性。对于软件系统而言，它不仅由三类要素组成，而且不同程序、文档和数据间存在内在的关联性，具体表现为以下两个方面。

① 同一类别的不同软件要素间存在关联性。例如：构成程序的多个模块间存在调用关系，某个函数 A 可通过函数调用获得函数 B 提供的功能；软件设计文档依赖于软

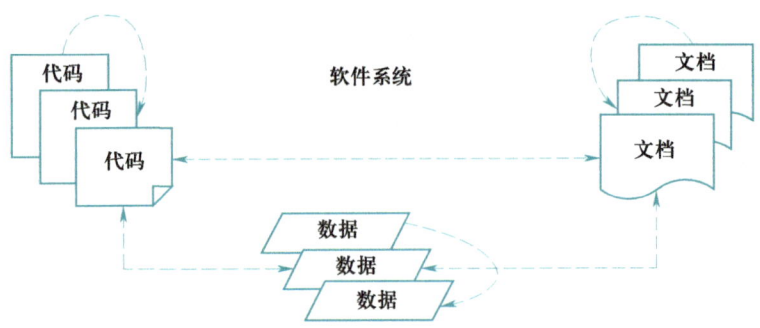

图 1.9　软件是由代码、文档和数据所组成的一类系统

件需求文档所定义的软件需求；数据间的关联性在数据库表的设计中得到很好的体现，多个数据库表之间通过一些特殊字段（如关键字段、索引字段）来建立这些表中数据的相关性，支持从一个表中的数据获得另一个表中的数据。

　　② 不同类别的软件元素之间也存在相关性。例如：程序员根据软件设计文档所描述的设计方案来编程，因而代码与文档之间存在关联性；软件开发者根据软件设计文档中定义的数据及其设计来创建数据库表或数据文件，因而数据及其设计与软件设计文档密切相关。此外，程序代码中的数据类型、数据结构与数据变量的定义和操作与数据密切相关，如果数据库中相关字段或其类型发生了变化，那么对这些数据进行操作和处理的程序代码也需要做相应的修改。数据与代码之间的关系在智能软件中更为复杂。

　　概括而言，构成软件的代码、数据和文档之间存在紧密的关系。在软件开发过程中，开发者不能"孤立"地看待每一个软件构成要素。尤其是当某个软件要素（如文档）发生变化时，需要考虑到该变化会对软件其他要素（如代码、数据）产生什么样的影响，并根据它们之间的关联性来调整其他的软件要素。实际上，软件开发的一项重要工作就是根据不同软件要素之间的关联性，当一个要素发生变化时对其他软件要素进行必要的修改，以确保它们之间的一致性。

3. 软件的驻留性

　　任何软件系统均需部署和安装在特定的计算系统上，并依赖计算系统所提供的软硬件设施来支撑软件系统的运行，从而构成了软件系统的驻留环境（见图 1.10）。一般而言，软件系统的驻留环境包括计算机硬件和网络设备、基础软件以及其他遗留系统。计算机硬件和网络设备为软件系统提供基本的计算、存储和通信能力，如个人计算机、主机系统、高端服务器等。基础软件系统包括操作系统、中间件、数据库管理系统等，为软件系统的运行提供基础和公共的功能与服务，如文

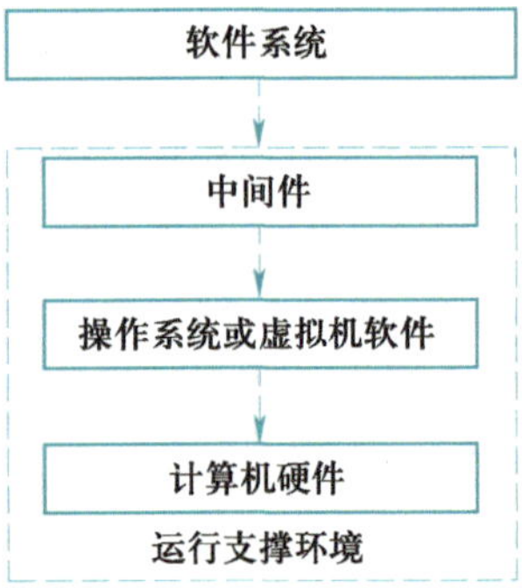

图 1.10　软件系统的驻留环境

件操作、数据库管理、安全服务等，它们包含有支撑软件系统运行的各类软件开发包、构件、基础设施等。此外，软件系统的运行还可能依赖于其他遗留系统和互联网上的云服务，它们同样构成了软件系统的驻留（运行）环境。

例如，某个用 Java 语言编写的软件经过编译后，需要部署在 Java 虚拟机上运行，因而 Java 虚拟机就构成了该软件的驻留环境。一些手机 App 开发好之后，需要部署在手机操作系统 Android 或 iOS 上运行，因而 Android 和 iOS 就构成了这些 App 的驻留环境。一些微服务软件需要部署和运行在诸如 Kubernetes 等容器环境中，因而 Kubernetes 就成为微服务软件的运行环境。

软件的驻留环境一方面为软件的部署和运行提供支持，另一方面也会给软件的设计和实现带来约束和限制，也即在软件构造阶段需要根据软件系统的运行环境指导软件的设计和实现。显然，同样的软件需求，如果运行在不同的环境下，其设计是不一样的。因此，在软件开发的早期阶段，开发者需明确软件系统的驻留环境以及相关的约束和限制。

概括而言，软件是由程序、数据和文档三要素组成的一类系统，每类要素包含多个构成元素，不同类别的要素之间、同一要素的不同制品之间存在关联性和依赖性。软件不等于程序，它的组成更为丰富，软件文档和数据对于软件而言不可或缺。

1.6.2 软件生存周期

世间万物均有生命周期，软件也不例外，其生命周期称为软件生存周期（software life cycle），又称软件生命周期。它是指一个软件从提出开发开始，到开发完成交付用户使用，及至最后退役不再使用的全过程。软件生存周期由若干个阶段组成，每个阶段都有其各自的特点，形成不同的软件制品和产生不同的软件版本，不同阶段之间存在相关性。其示意图见图 1.11 所示。

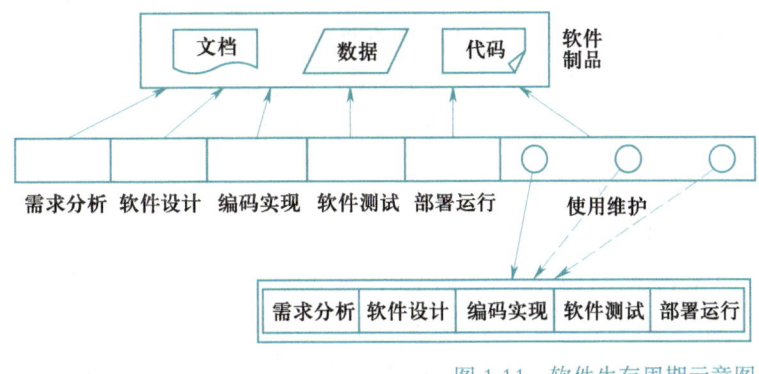

图 1.11 软件生存周期示意图

1. 需求分析阶段

在需求分析阶段，软件将逐步明确其需求，即软件需求。这些需求主要来自软件系统的客户或用户。他们会对软件提出各种各样的功能和非功能需求。如果软件在此阶段找不到具体的客户或用户，软件开发人员可代表客户或用户提出软件需求。在软件的整个生存周期中，这一阶段非常重要和关键，因为只有明确了软件需求才有可能进行软件开发；也只有有价值、有意义的软件需求，才能使一个软件具有生命力，进而得到用户的青睐和使用。在需求分析阶段，软件通常会产生相关的软件制品，包括软件需求模型、软件需求规格说明书文档、软件确认测试用例等。本书第 4~6 章将介绍需求分析的内容。

2. 软件设计阶段

在软件设计阶段，软件将逐步明确其解决方案，即软件设计方案。该方案需从结构和行为等多个不同视角，描述如何构造软件以实现需求。软件设计方案包括软件体系结构设计、用户界面设计、数据设计、详细设计等具体内容。它们构成了软件实现的蓝图，也可理解为支撑软件编码、测试、部署和维护的"施工图纸"，因而这一阶段的软件设计好坏直接决定了软件系统的质量水平，影响了软件系统的"后半生"。在软件设计阶段，软件通常会产生一系列软件制品，包括软件设计模型、软件设计文档、软件集成测试用例等。本书第 7~10 章将介绍软件设计的内容。

3. 编码实现阶段

在编码实现阶段，软件将产生可运行的程序代码。这些代码是在参照软件设计模型和文档基础上，通过具体的"施工"（即编码）而产生的。这些程序代码用特定的程序设计语言编写，编译后的代码可在目标计算环境上执行，进而实现需求分析阶段所定义的各项软件需求。本书第 11 和 12 章将介绍编码实现的内容。

4. 软件测试阶段

在软件测试阶段，软件将经受一系列检验（即测试），以尽可能地发现程序代码中存在的缺陷和问题，进而有针对性地解决问题和消除缺陷，提高软件质量。由于软件自身的逻辑复杂性、软件缺陷的隐蔽性等原因，软件缺陷或问题难以被轻易地发现。因此，软件测试需投入足够多的人力并持续较长的时间。在软件测试阶段，软件通常会产生软件测试报告等文档，以详细描述软件测试的情况以及发现的问题。本书第 13 章将介绍软件测试的内容。

5. 部署运行阶段

在部署运行阶段，经过测试并纠正其中问题的程序代码将被部署到目标计算环境中运行。任何软件都有支撑其运行所需的软硬件环境，同时软件运行还需配置运行环境的相关信息、设置相应的运行参数。软件也只有经过部署运行之后，才向用户和客户提供相应的服务。本书第 14 章将介绍软件部署的内容。

6. 使用维护阶段

软件经部署运行之后就可交付给用户使用了。在此过程中，由于发现了软件中潜在的缺陷、用户提出新的功能、软件需要部署到新的环境等原因，软件系统需要进行必要的维护，以纠正代码中的缺陷、增强软件系统的功能、适应新的计算环境等。这一阶段的持续时间可能会很长，一些软件会有几十年的使用维护周期。在使用维护阶段软件会产生新的软件制品，包括代码、数据和文档。本书第 15 章将介绍软件维护和演化的内容。

需要强调的是，软件系统的使用维护与硬件系统的使用维护有根本性的差别。首先，硬件系统出现问题后，在维护阶段通常是不能同时使用的，也即硬件系统的使用和维护往往是交替进行的。软件系统则不然，当前越来越多的软件系统要求提供 7×24 小时的运行和服务（如手机银行软件），不允许被中断。因而软件的使用与维护通常是并发进行的，即在使用中进行维护，在维护中使用软件。其次，与硬件维护相比较，软件维护的形式更加多样化，不仅需要纠正软件错误，还要增加软件功能或适应运行环境等。此外，在软件使用维护的整个周期，软件系统需要进行持续性维护，以快速应对需求的变化和解决发现的问题；每次维护还会经历需求分析、软件设计、编码实现、软件测试和部署运行这样的小周期，实现持续、快速地集成和部署。当前软件在维护阶段应对各种变化的反馈周期越来越短，软件演化的频率越来越快。

1.6.3 软件的特点

不同于现实世界中的物理产品（如手机、汽车、电视机等），软件具有以下一些特点：

1. 软件产品的逻辑性

软件是一种人工制品（artifact），也是一种抽象的逻辑制品。它是开发者和用户等通过一系列逻辑思维（如建模、设计、编程、测试等）产生的，是人类思维活动的结果。软件通过各种逻辑语句来完成计算的多样化，实现不同应用的需求和功能，表现出非常强的逻辑灵活性。现实世界中物理制品的生产都需要借助物理行为，如车架的锻造、微电子芯片的生产等，并且它们在物理世界看得见，摸得着。软件的开发则几乎不涉及物理行为，取而代之的是逻辑思维。在物理空间我们感触不到软件是怎样的，只能看到软件在计算空间所展示的程序代码以及运行时所展示的交互界面。因此，软件及其生产不受物理定律的约束，不会因为常年运行而出现物理层面的老化或磨损，只要支撑软件运行的计算环境可用，软件就可持久运行。

2. 生产方式的特殊性

传统意义上的物理产品是生产制造的，即经过设计后在生产车间或工厂进行制造和质量保证，然后再交付到用户手中使用。软件的生产方式则不同，它是设计开发而成的。软件开发人员通过一系列以设计为核心的软件开发活动开发出软件系统并进行质量保证，然后交付给用户使用。软件的设计开发具有挑战性，需要解决传统生产制造中不常见的诸多问题，如需求的经常性变化、缺陷和问题的隐蔽性等。相比较而言，软件的生产非常简单，不需要专门的工厂和车间，一旦完成设计开发，就可通过复制、下载等方式将其方便地交付给用户使用，甚至可将其部署为互联网上的云服务让用户直接访问和使用，因而软件的生产成本非常低。

3. 软件需求的易变性

现实世界中的物理产品要实现的需求和功能在生产制造时就可给出清晰和明确的定义，并在生产阶段相对稳定、不可变。由于软件的逻辑性特点，其客户或用户最初常常说不清楚软件的需求是什么。随着软件设计开发的推进以及软件系统的使用，软件的客户和用户会不断对软件提出新的需求、调整已有的需求，从而导致软件需求经常变化。软件也具有易改性特点，开发者通过修改程序代码就可以更改软件的功能和展示界面，这在一定程度上也导致了软件需求的易变性。软件需求的变化显然会影响软件设计、编码实现和软件测试等工作，需要调整相关的软件文档、代码和数据，导致软件开发处于一种"动荡"状态，极大地增加了软件设计开发的复杂性和管理难度。即使在软件交付使用之后，软件需求还会发生变化，进而带来软件的持续演化。在使用软件的过程中，人们经常被提醒要更新软件版本，这就是软件演化的具体例子。需要强调的是，"易变性"是软件的固有特征，软件开发要支持和适应这种变化而非阻止，这就需要在软件开发方法方面寻求能有效应对软件变化的技术手段。

4. 软件系统的复杂性

软件系统的复杂性首先表现为其规模极为庞大，即构成软件系统的功能、数据、代码、接入人员、连接设备等数量非常大。例如：现代化作战飞机上的软件有数千万行代码量，"宙斯盾"驱逐舰上的软件有约 5 000 万行代码，一些更为复杂的软件系统（如城市交通系统、健康医疗系统、指挥控制系统等）有上亿行的代码量；鸿蒙操作系统连接了上亿规模的物理设备；Google 的接入人群有几十亿之多。据分析，软件系统规模的发展也有类似于摩尔定律方面的规律性，即大约每隔 18 个月软件规模将增加一倍，每隔 5 年功能相似的软件系统规模将增长为原先的十倍。规模改变一切，软件系统规模的不断增加势必带来系统自身及其开发和运维的复杂性。

软件系统的复杂性其次表现为运行状态的复杂性。软件运行时的要素（如进程、线程、实体、数据等）不仅数量多，而且其状态空间与诸多因素相关联并持续快速变化，运行状态很难追踪和复现。例如，2020 年天猫"双十一"的订单峰值达到 58.3 万笔每秒，"12306"软件的瞬时访问量可达每秒 160 多万次，微信每天有多达 10 亿用户在同时使用并产生大量聊天、视频和图像数据。在编程和调试实践中，程序员经常有这样的体验，软件在某次运行中出现了错误，但在另一次运行中类似的错误不再出现。

这种不确定性充分展示了软件系统的复杂性。

5. 软件缺陷的隐蔽性

任何产品都有可能在设计和生产阶段引入问题，产生缺陷，从而在使用过程中出现错误。相对于硬件系统而言，软件系统中的缺陷和问题更具隐蔽性，很难被人们所发现和排除。作为一种逻辑产品，软件系统的缺陷潜藏在抽象代码和复杂逻辑之中，不像硬件系统那样直观显现。要在成千上万行的代码中找到并定位缺陷是一件极为困难的工作，导致出现这种状况的原因在于软件运行状态的复杂性及难以重现性。一些缺陷"潜伏"在软件中是一件非常危险的事情，它们随时会"触发爆炸"而带来危害。尤其是对于那些安全攸关的信息物理系统（如飞机、载人飞船、高铁等）而言，这一状况更为突出。例如，波音 737 MAX 上防失速软件"MCAS"由于存在代码缺陷，导致发生多起机毁人亡的事件，产生了重大人员伤亡和财产损失。软件缺陷的隐蔽性意味着开发软件需要投入更多的人力和物力，花费更多的时间和代价来寻找并解决软件中的缺陷，以确保软件质量。也正是因为软件缺陷的隐蔽性，几乎所有的软件系统在投入使用时仍存在许多软件缺陷，一些软件缺陷在软件使用了若干年之后才会被发现和解决。例如，F-35飞机在投入使用若干年后，其上所部署的"Block 2B"软件仍存在多达 151 项缺陷，某些缺陷甚至导致机炮无法使用。

1.6.4 软件的分类

从软件使用的视角，根据软件服务对象和应用目的的差异性，现有的软件大致可分为三类：应用软件、系统软件和支撑软件[2]。

1. 应用软件

应用软件是指面向特定应用领域的专用软件。它们针对相关行业和领域的特定问题来提供基于计算的解决方案。由于软件的应用行业和领域非常广泛，因而应用软件的形式多种多样。日常生活中人们常使用的淘宝、"12306"、携程旅行、微信、QQ、银行 App 等软件都属于应用软件。

当前的应用软件也越来越多地与物理系统、社会系统紧密地结合在一起，表现为一类信息物理系统、社会技术系统、人机物融合系统。例如：通过应用软件控制飞机、导弹、机器人和无人机的运行；采用高性能应用软件进行大型科学工程计算和数值模拟，开展天气预测、模拟仿真、医学研究等；利用应用软件进行企业管理和优化业务流程，对外提供在线服务。此外，计算机软件还与人工智能、大数据、云计算、工业制造、物联网、信息安全、区块链等领域的需求和技术相结合，为其提供多样化和友好的服务，实现诸如智能驾驶、图像和视频智能处理、大数据分析、自适应云存储等一系列功能。

2. 系统软件

系统软件是指对计算资源进行管理，为应用软件的运行提供基础服务的一类软件。系统软件提供的基础服务包含进程和线程管理、存储分配和垃圾回收、通信接口和服务等。应用软件必须明确其运行所依赖的系统软件，并作为一项重要的软件需求指导软件开发工作。

典型的系统软件包括操作系统、数据库管理系统、编译软件、中间件等。其中，操作系统负责高效地管理计算机系统的软硬件资源，为应用软件提供共性基础服务，为用户提供友好易用的人机交互手段。任何应用软件（包括桌面软件、智能手机 App、嵌入式软件等）都需要驻留在特定的操作系统上运行。数据库管理系统负责为应用软件提供数据库创建、数据读写、数据安全性验证等一系列基础服务。编译软件负责将应用软件的源代码编译生成可在目标计算环境上运行的目标代码。此外，还有许多中间件为应用软件的运行提供构件容器，实现异构构件间的互操作，支持应用软件的快速部署和维护。

3. 支撑软件

支撑软件是指用于辅助软件开发和运维，帮助软件开发人员完成软件开发和维护工作的一类软件。本书第 2 章 2.3.2 小节将要介绍的计算机辅助软件工程工具和环境就属于支撑软件类别。软件开发是一项非常复杂的工作，需要完成需求分析、软件设计、编码实现、软件测试、软件维护等一系列工作，并确保每一项工作及其所产生的软件制品的质量。支撑软件可以帮助开发人员自动或半自动地完成上述工作，如绘制软件模型、检查模型质量、编写程序代码、分析代码缺陷、自动修复缺陷等。支撑软件的应用还可减轻软件开发人员的开发负担，提高软件开发的效率和质量，降低软件开发成本。软件开发者在开发软件时要善于利用各类支撑软件，充分发挥其功效，达到事半功倍的效果。

目前已有多种支撑软件辅助软件系统的开发和维护。例如：建模软件帮助开发者建立软件系统的模型并对其进行分析；编码软件帮助开发者管理、编写、调试和分析程序代码；测试软件帮助开发者设计和运行软件测试用例，发现代码中的缺陷，产生软件测试报告；质量分析软件帮助软件开发人员分析代码或文档的质量，发现其中的问题。现阶段人们还开发出了功能更为强大的支撑软件，提供诸如代码自动生成、缺陷自动修复、代码片段和 API 推荐等功能和服务，以辅助开展智能化软件开发、软件快速开发和部署、分布式协同开发等工作。

上述三种类型软件的总结见表 1.1 所示。

表 1.1　软件分类

类别	服务对象	软件功能	发挥的作用	软件示例
应用软件	行业和领域应用的用户	为特定行业和领域问题的解决提供基于软件的解决方案，创新应用领域的问题解决模式	提供更为便捷、快速、高效的服务	- 日常生活软件，如淘宝、"12306"、携程旅行、微信、QQ - 学习工作软件，如 Office、腾讯会议 - 特定领域软件，如机器人软件、飞行控制软件、指挥一体化软件、模拟仿真软件
系统软件	各类应用软件	为应用软件的运行和维护提供基础设施和服务，如加载、通信、互操作、管理等	作为应用软件的运行环境	- 操作系统，如 Windows、Linux、Android - 数据库管理系统，如 MySQL、Oracle、SQL Server - 编译软件，如 Java、C/C++、FORTRAN、Python 等语言的编译器 - 中间件，如 JADE、Kubernetes、COBRA
支撑软件	软件开发者和维护者	为软件开发者和维护者提供自动和半自动的支持	提高软件开发效率和质量	- 建模软件，如 Rational Rose、StartUML、ArgoUML、ProcessOn 等 - 编码软件，如 Visual Studio、Eclipse 等 - 测试软件，如 JUnit、CUnit、PyUnit 等 - 质量分析软件，如 SonarQube、FindBugs 等

1.7　开源软件

开源软件是一种源代码可以自由获取和传播的计算机软件，其拥有者通过开源许可证赋予被许可人对软件进行使用、修改和传播的权利 [21]。开源软件采用群体化的思想和理念，代表了一种新的软件开发方法。近 20 年来开源软件取得了巨大的成功，人们开发出了大量高质量和形式多样的开源软件，这些软件在信息系统的建设中发挥了关键性作用，受到产业界、学术界和政府组织的高度关注和重视。

微视频：开源软件

1.7.1　何为开源软件

20 世纪六七十年代的软件系统通常附属于硬件系统并且是免费的，其源代码可随购买的硬件系统而一并获得。这一状况在 20 世纪 80 年代出现了重大变化，以微软公司为代表的商业软件公司将软件源码封闭起来，不再对用户开放，以推动软件产品的商业化。自此以后，越来越多的商业软件公司组织人员和提供经费投资研发软件，并以许可证（license）的方式授权用户使用。用户需要付费购买软件的许可证以获得软件的使用权，但是软件开发商不向用户提供软件的源代码。在这种情况下，用户既无法掌握软件的内部实现情况（如是否存在安全漏洞和恶意代码），也无法对软件进行修改和完善，更不允许交给其他人使用，极大地影响了软件开发者的创新自由。这类软件系统通常被称为专有（闭源）软件（proprietary software），典型软件产品如微软公司的 Office 和 Windows 系列产品、Oracle 公司的 Oracle 数据库管理系统等。

为了应对闭源软件的挑战，一些软件开发者发起了自由软件（free software）运动以追寻自由的软件开发精神，编写了一个自由的类 UNIX 操作系统软件"GNU"，并创立了自由软件基金会（free software foundation，FSF）。随后 Apache、Perl 等开源社区逐步兴起，产生了一批有影响的开源软件项目，如 GNU/Linux 操作系统、Apache 网络服务器软件等。"开源"的理念逐渐得到越来越多人的支持，开源软件实践吸引了越来越多的软件开发人员、用户和企业参与。进入 21 世纪，Google、IBM、微软等传统商业软件公司以各种方式支持开源软件和开源实践，投入力量组织和参与开源软件的开发，重视开源软件生态的建设以及在其中的主导权，着手研究开源软件生态的发展模式和机制。微软公司甚至收购了开源软件托管平台 GitHub，从而更深入地介入开源实践。

经过几十年的快速发展，全球已产生数以亿计的开源软件，包括各种系统软件、支撑软件和应用软件，覆盖了诸多行业和领域。例如：在系统软件领域，在操作系统方面，有 Linux、GoboLinux、FreeBSD、Ubuntu、Android、Kylin OS、OpenHarmony 等开源操作系统；在数据存储、数据库管理和大数据处理等方面，有 MySQL、MongoDB、PostgreSQL、SQLite、CUBRID、ZNBase、HStreamDB、Hadoop 等开源软件；在中间件方面，有 ROS 机器人软件开发和运行中间件、JBOSS 应用服务器、MPush 实时消息推送软件、Kubernetes 容器集群管理系统等开源软件。在支撑软件领域，软件开发者常用的 Eclipse 集成开发环境就是一个成功的开源软件，此外如 SonarQube、FindBugs、JUnit、Jenkins 等工具也都是开源软件，它们为软件开发者提供质量分析、代码测试、持续集成等一系列功能。在应用软件领域，人们针对游戏、娱乐、视觉处理、人脸识别、自然语言处理、虚拟现实、区块链、智能驾驶等行业应用开发出了诸多开源软件，如 Open3D、Cardboard、OpenHMD、Firefox Reality、OpenAuto、ApolloAuto、BitGo 等[23]。

越来越多的开源软件正逐步取代闭源软件安装和部署于各类计算环境中，支持信息系统的建设。在服务器操作系统领域，以 Linux、FreeBSD 为内核的操作系统逐步替代 UNIX 而占据操作系统的半壁江山；在桌面操作系统领域，以 Linux 为核心的开源操作系统正影响和挑战 Windows 操作系统；在数据库领域，MySQL 开源软件受到越来越多用户的青睐，逐步代替 Oracle 数据库管理系统；在浏览器领域，Chrome 和 Firefox

开源软件拥有排名第二和第三的市场占有率；在开发工具领域，Eclipse 的影响力日增，成为 Java 开发人员喜爱的集成开发环境。

开源软件托管平台吸引了来自全球各地的大量软件开发者参与开源软件的开发工作，当前开源软件呈现出井喷式增长。以 GitHub 开源软件托管平台为例，从 2008 年以来，该平台上托管的开源软件项目逐年上升，2020 年一年增长的软件仓库数目已突破两千万，到 2021 年 4 月该平台已拥有 2 亿多的开源软件仓库。图 1.12 描述了 GitHub 平台 2008—2020 年逐年新增开源软件仓库数量的变化情况。

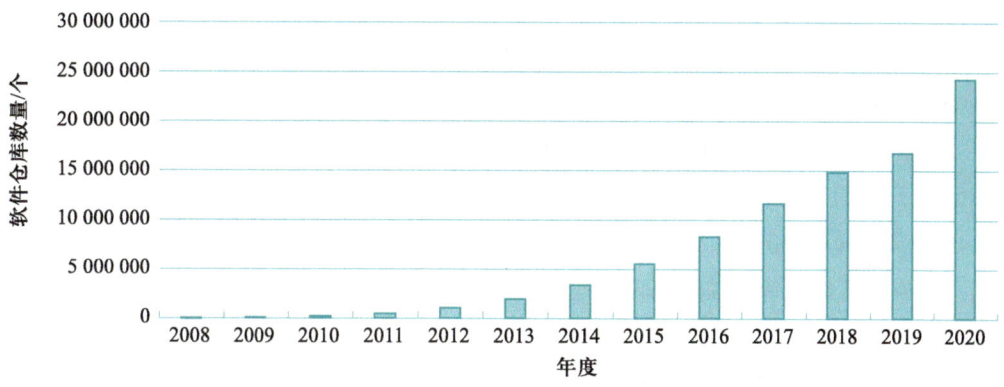

图 1.12　GitHub 平台 2008—2020 年每年新增开源软件仓库的数量变化情况

开源软件不仅深刻地改变了软件产业的发展模式，而且从根本上重塑了软件产业的格局。2019 年 Black Duck 公司抽样分析了 2 000 多种商业软件，结果显示高达 99% 的商业软件使用了开源软件。近年来，云计算、移动互联网、大数据、人工智能、区块链等新兴产业的核心技术无一例外都是基于开源软件来构建的。当前开源软件已在全球软件开发领域占据了主导地位，形成数量庞大、功能多样的开源软件资源。许多成功的开源软件（如 Docker、Android 等）由于其独特的技术创新、高质量的代码、开放的软件架构等，已成为相关领域事实上的标准软件。此外，开源软件广泛应用到各个领域，产生了巨大的社会价值，正在从根本上改变世界软件产业的格局。目前不论在计算领域，还是在工业制造、航空航天、娱乐游戏、机器人和无人系统等领域，都已有一批颇具影响力的开源软件。开源软件也深刻影响软件产业的布局，软件全球化发展的趋势越来越明显。根据 GitHub 数据统计，GitHub 上的一个开源项目平均可以获得来自 40 多个国家和地区的开发者的帮助。

1.7.2　开源软件实践

开源软件实践主要依托开源社区汇聚的大量软件开发者及其所提供的协同开发功能。在过去几十年，开源社区的发展发生了若干次重大的变化。

第一次重大变化发生在新闻组出现之后。新闻组提供了统一的交流分享入口，使得大规模、高度分散的互联网软件开发者群体能够聚集在一起，围绕开源软件进行交流与协作。

第二次重大变化发生在万维网技术出现之后。许多开源软件分别建立了各自独立的开发社区，如 Linux、Apache、Eclipse 以及 Mozilla 等，互联网上的软件开发者可加入各个独立开源社区进行交流与协作，开展开源软件的建设。

第三次变化以 SourceForge 平台上线为标志。它极大地降低了开源软件开发者的参与门槛，使得开源开发从面向技术精英逐步扩展到所有感兴趣的软件开发者，极大地激发了广大软件开发者参与开源实践的创作激情，迅速吸引了大批开源软件爱好者在 SourceForge 上创建和发布开源软件项目。

第四次变化以 GitHub、Stack Overflow 等独立功能平台上线为标志。2008 年 GitHub 开始投入运营，以托管开源软件项目、辅助群体化的分布式协同开发。同年 Stack Overflow 投入运营，以支持开发者群体交流和分享软件开发知识，如讨论开发问题、交流开发经验等。GitHub 和 Stack Overflow 平台将协同开发与软件开发知识分享两项功能独立开来，形成了各自相应的开源社区。[6]

开源体现了共享共治、开放创新的理念，是互联网时代的必然产物。开源软件的开发实践充分利用了互联网上的大众群体，借助其智慧和力量开展多样化的软件开发工作，包括提出软件需求、发现代码缺陷、贡献程序代码等，反映了一种全新的软件开发方法。本书第 3 章将详细介绍支撑开源软件开发的群体化方法。

当前越来越多的政府组织、企业开发者和个人开发者投入开源软件实践，建设开源软件项目，共享开源代码，分享开发知识，推动生态建设。可以说，开源软件已成为影响一个国家技术进步、行业和产业发展的重要因素。

1. 政府组织

考虑到开源软件对产业发展所产生的重大影响，越来越多的政府组织关注于开源软件及其生态的建设。美国政府制定了联邦源码政策，要求联邦政府所采购的软件至少有 1/5 来自开源软件，旨在减少软件采购费用，促进政府机构的创新和协作，加强开源代码在所有政府机构之间的共享和重用。印度政府要求各级机构在实施电子政务应用时优先选用开源软件。美国国家航空航天局（NASA）将 200 多个软件项目开源并托管在 GitHub 平台上供大众下载访问，希望获得大众的项目改进建议，鼓励用户提交创新性的软件项目，并专门开通了 NASA 官方开源网站 Code NASA。作为软件投资建设和使用大户，美国军方非常重视开源软件，启动了开源软件协作平台 forge.mil，鼓励采用开源软件来建设军用信息系统，激励大众参与军用开源软件的开发。美军甚至将一些专门的军用软件开源，如网络取证分析框架 Dshell，以借助大众群体来发现该开源软件代码中存在的缺陷和问题，有效应对黑客的攻击。越来越多的美军信息系统采用开源软件来建设，如美国陆军是 RedHat Linux 的最大单一客户，美国海军核潜艇和未来作战系统的信息系统选用 Linux。

我国对开源软件生态的建设高度重视，2021 年在《"十四五"规划和 2035 年远景目标纲要》中明确提出，支持数字技术开源社区等创新联合体发展，完善开源知识产权和法律体系，鼓励企业开放软件源代码、硬件设计和应用服务。这是我国首次将开源软件列入国家发展规划。

2. 开源组织

目前全球有许多开源组织致力于开源技术的发展和相关标准的制定，汇聚众多的开发者和企业，共同推动开源软件生态的建设。主要有如下一些非营利性组织。

① Apache 软件基金会。该组织成立于 1999 年，致力于开源软件项目的建设，所管理的开源软件项目都遵循 Apache 许可证，有约 2.27 亿行代码和 350 多个开源软件项目，包括 Apache HTTP Server、Derby、Hadoop、Lucene、Tomcat、Ant、Maven 等。该组织拥有 800 多名基金会成员，4 万多名代码贡献者，48 万名参与者。许多著名的软件企业加入该组织，参与开源软件项目的建设，如 IBM、SUN、BEA 等。

② Linux 基金会。该组织成立于 2007 年，旨在协调和推动 Linux 以及衍生开源软件的发展，解决 Linux 生态所面临的紧迫问题。该组织管理有约 11.5 亿行开源代码和诸多有影响的开源软件项目，包括 Linux、Kubernetes、Node.js 等，拥有 23 万名软件开发者、1.9 万家企业参与开源贡献。思科、华为、IBM、Intel、Oracle、高通、三星和微软等都是该组织的白金会员。

③ Eclipse 基金会。该组织成立于 2004 年，致力于推动 Eclipse 开源软件生态的建设和技术标准化，为个人和组织提供成熟、可扩展和有利于业务的开源软件协作和创新环境。该组织拥有 2.6 亿多行代码和 400 多个开源项目，330 多名成员，1 600 多名代码贡献者。微软、华为、富士通、IBM、Oracle、RedHat 等企业都是 Eclipse 开源基金会的战略成员。

④ Open Source Initiative。该组织成立于 1998 年，致力于开源软件发展，推动开源教育，宣传开源软件优点以及协同开发技术。

⑤ 开放原子开源基金会（OpenAtom Foundation）。该组织于 2020 年 6 月在我国登记注册，致力于开源产业公益事业，其业务范围包括开源软件、开源硬件、开源芯片与开源内容等，为各类开源项目提供中立的知识产权托管服务以及战略咨询、法务咨询、项目运营和品牌营销服务。2021 年华为公司把智能终端操作系统的基础能力全部捐献给该组织，形成 OpenHarmony 开源项目。

3. 企业开发者

几乎所有国内外有影响力的 IT 企业都参与了各类开源软件组织，主导或参与开源软件项目的建设。例如，Google 公司主导和参与了诸多有影响力的开源软件项目，包括机器学习系统 TensorFlow、容器集群管理系统 Kubernetes、Java 常用库 Guava、基于 Chrome 浏览器的开发环境 Spark、JavaScript 编译器 Traceur、代码构建工具 Bazel、C++ 单元测试框架 Google Test（简称 gtest）、基于 TensorFlow 的神经网络库 Sonnet、网站前端开发工具集 MDL、RPC 框架 GRPC、高质量压缩图片算法工具 Guetzli 等。华为公司不仅参与了国际上诸多的开源组织，促进多种开源软件的建设，贡献了大量的代码，而且主导建设了一系列有影响力的开源软件项目，包括 openEuler 操作系统、openGauss 数据库管理软件、openLooKeng 数据虚拟化引擎、MindSpore 人工智能计算框架和 OpenHarmony 分布式操作系统。据统计，有 300 多万家机构加入 GitHub 之中，参与开源软件生态的建设。

有资料表明，2015 年约 78% 的公司基于开源软件运行其系统，不到 3% 的公司完全不使用开源软件，89% 的公司认为利用开源软件大幅度提高了软件创新速度，64% 的公司参与开源软件实践，超过 66% 的公司优先考虑利用开源软件。因此，基于开源和使用开源软件已成为众多企业的广泛共识和实践。

4. 个人开发者

开源软件社区还吸引了大量的个人软件开发者参与其中，分享开源代码，讨论软件需求，贡献程序代码。以 Rails 开源软件项目为例，参与该项目的软件开发者就有 4 000 多名，他们贡献了 7 万多次代码提交，帮助软件更新了 441 个版本。据 GitHub 统计，到 2021 年 4 月，该平台汇聚了多达 6 500 万名软件开发者，这是一个非常庞大的开发者队伍。虽然开源软件贡献是自愿和免费的，还是有不少开发者成为开源社区中的自由职业者，借助 GitHub 推出的开发者赞助机制，获得相应的开发报酬。

根据中国开发者网络（CCDN）2022 年发布的《2022 中国开源贡献度报告》，中国开源贡献者数量约占全球总贡献者数量的 9.5%，中国开发者主导的开源项目约占全球总开源项目的 12.5%，全球开源贡献排名前 50 的公司中中国的公司占比 20%，而国际开源项目排名前 50 的项目中中国的开源项目仅有 2 个上榜。由此可见，我国的软件开发者积极参与开源实践，贡献度不断提高，我国的开源势力已登上国际化舞台，但是目前有影响力的开源项目为数不多，尚需继续努力。

1.7.3 开源托管平台和社区

开源软件开发及生态建设需要基础平台的支持，以汇聚开发者群体，提供交流讨论、协同开发、贡献代码、质量保证等一系列功能。这里介绍一些目前主流的开源软件托管平台及相应的开源社区。

1. GitHub

GitHub 是目前具有较大影响力的开源软件托管平台，支持开源和私有软件项目的开发。该平台自 2008 年上线至今已经汇聚了多达数千万名软件开发者，产生了几亿个开源软件仓库资源。它基于 Git 进行软件版本管理，支持互联网上的开发者群体通过分布式协同方式开发开源软件。图 1.13 展示了 GitHub 中开源软件项目 TensorFlow 的主界面，描述了该开源软件项目的多种信息，包括代码及版本变化、分支数量等，开发者也可利用该界面所提供的各项功能和操作来提交和讨论 Issue、贡献和分享代码等。截至 2022 年底，GitHub 的开源软件仓库已超过 3 亿个，用户数超过了 9 400 万。

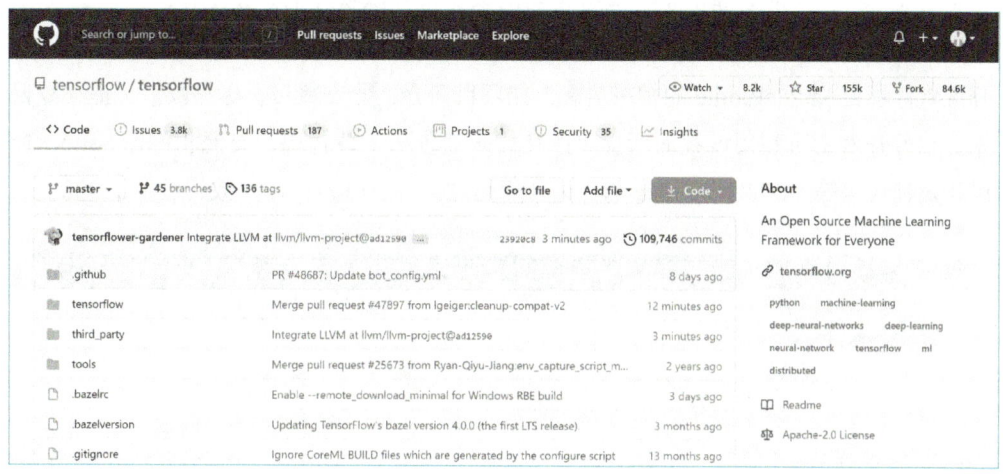

图 1.13　GitHub 上开源软件项目 TensorFlow 的界面示意图

2. SourceForge

SourceForge 是一个开源软件开发平台和仓库，支持开源软件的存储、协作和发布，拥有大量优秀的开源软件。图 1.14 展示了 SourceForge 中开源软件项目 WhiteStarUML 的主界面，它描述了该开源软件的诸多基本信息，如软件描述及特征、状态、项目星

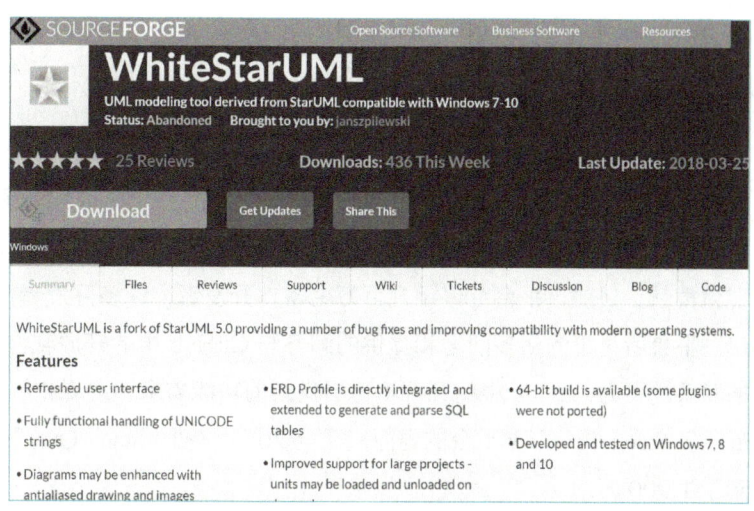

图 1.14　SourceForge 中开源软件项目 WhiteStarUML 的界面示意图

级、下载数量、最新修改时间等。软件开发者可基于该界面所提供的功能下载软件、编写 Wiki、进行讨论、撰写 Blog、提交和贡献代码等。截至 2022 年底,SourceForge 拥有 50 多万个开源项目,用户数量达到 210 万。

3. Gitee

Gitee 是我国的开源软件托管平台,它汇聚了我国众多的软件开发者和主要软件企业的开源软件项目,包括华为公司的 OpenHarmony 操作系统、百度公司的 PaddlePaddle 等。Gitee 提供了一些特色功能以支持开源软件的开发工作,如在线 IDE、API 文档生成、代码质量分析、代码克隆检测、与微信的集成等。图 1.15 展示了 Gitee 开源软件项目 PaddlePaddle 的相关信息,如项目简介、分支数目、标签数目、提交数目等。软件开发者可利用该界面所提供的功能来克隆和下载代码、交流和讨论 Issue、提供和贡献代码等。2022 年 Gitee 的代码仓库超过了 2 500 万,用户数超过了 1 000 万。

图 1.15　Gitee 开源软件项目 PaddlePaddle 界面示意图

4. Stack Overflow

Stack Overflow 是一个软件开发知识分享平台,它支持软件开发者交流和讨论软件开发问题、分享软件开发经验和知识,从而促进相关开发问题的解决,推动开源软件的开发。平台提供了发布问题和讨论问题的参与方式,也提供了徽章等多种机制来激励群体贡献。目前该平台汇聚了几百万名软件开发者,许多开发者同时也是 GitHub 的用户。平台所讨论的诸多问题和提供的解答与 GitHub 中的开源软件项目存在着千丝万缕的联系,可为 GitHub 中的开源项目提供新的功能需求、发现和解决软件缺陷。图 1.16 展示了 Stack Overflow 平台的界面。截至 2023 年初,Stack Overflow 平台的用户数量达到了 1 900 万。

图 1.16　Stack Overflow 平台的界面示意图

除上述平台和社区外，开源软件领域还有其他开发支撑平台，如前面介绍的各个开源基金会平台及社区等。

1.7.4　开源软件的优势

近年来开源软件之所以发展很快，成果丰硕，应用广泛，并受到政府、企业和个人的高度关注，是因为与闭源软件相比较，开源软件具有以下一些独有的优势：

1. 采购和开发成本更低

开源软件通常是免费的，即使有些开源许可协议要求付费，其费用也非常低廉，远远低于闭源的软件产品。因而对于各类组织、企业和个人而言，使用开源软件有助于降低信息系统的建设和使用成本。一个简单的例子就是，用户购买的个人计算机或笔记本上预先安装的 Windows 操作系统在使用一段时间之后就需要延续付费，而如果预先安装的是 Linux 操作系统则不存在这一问题。

2. 软件质量更高、更安全

尽管开源软件是由大量无组织、水平良莠不齐的群体开发而得到的，然而根据美国 Coverity 公司对大规模开源代码的分析发现，开源软件的代码缺陷密度竟然低于商业软件，也即其代码的质量更高。实际上，由于开源软件的代码对外开放，其核心代码都在公众的视野之中，因而代码中潜在的问题（如缺陷、安全漏洞等）很容易被人发现。正如"Linux 之父"Linus Torvalds 所说的，只要曝光足够，所有的代码缺陷都是显而易见的。开源软件中的缺陷一旦被发现将会很快得以解决，这与商业软件通常历时数月的补丁发布速度形成鲜明的对比。一些热门的开源软件甚至可以吸引成千上万的开发者参与软件测试、缺陷发现和修复工作。

3. 软件研制和交付更快

开源软件通常由核心贡献者预先实现一组关键功能。软件开发者可通过完善开源软件的功能来满足特定项目的软件开发需求，甚至可直接使用开源软件来构建信息系统，因而基于开源软件的项目开发可更为快速地给用户交付软件产品。以前面介绍的 Instagram 软件研发为例，该软件虽然功能复杂，但仅由 5 个软件工程师历时 8 周就完成了研发并交付使用，其原因是使用了十多款开源软件来支撑系统构建，包括系统监控软件、日志监控软件、负载均衡软件、数据存储软件等。

4. 软件功能更全面，更具创新性

开源软件的需求不仅来自核心开发者，还来自大量的外围贡献者。这些开发者群体不仅参与软件开发，贡献其代码，而且还参与了软件的创新，如提出和构思新的软件需求，不断完善软件的已有功能。由于软件开发者群体规模大、数量多，每个人都从自己的角度出发来审视软件的需求，因而他们提出的需求有助于弥补软件系统的不足，使得开源软件的功能更为全面。与此同时，大量不同的观点也加快了开源软件产品的迭代和创新。

1.7.5　开源许可证

开发者虽然可以自由地获取开源软件的源代码，但在如何使用开源软件方面还需遵循相关的开源软件协议（也称开源许可证），声明获得开源代码后拥有的权利，界定对别人的开源作品进行何种操作是被允许的、何种操作是被禁止的，即规范开源软件的使用要求和约束。例如，开源软件可要求任何使用和修改软件的人须承认发起人的著作权和所有参与人的贡献。本质上，开源许可证尝试在开源软件的自由创新与创业利益之间达成某种平衡，既支持开发者基于开源软件进行创新，也保护贡献者和创新者的相关利益，同时寻求某些商业运作模式，促进开源软件长期、持续和良性的发展。开源许可证是一种具有法律性质的合同，也是开源社区的社会性契约。没有许可证的软件就等同于保留软件版权，其代码虽然开源但是用户只能看不能用，只要用了就会侵犯软件版权，因此任何开源软件都必须明确地授予用户开源许可证。

目前国际公认的开源许可证有几十种之多，它们都允许用户免费地使用、修改和共享源代码，但不同许可证对软件的使用和修改提出了不同的要求和条件。根据使用条件的差异，现有的开源许可证大致可分成两大类：宽松式（permissive）开源许可证和 Copyleft 开源许可证。

1. 宽松式开源许可证

该类别的许可证对用户的限制很少，用户甚至可以将修改后的开源代码闭源。该类许可证具有三方面特点：代码使用没有任何限制，用户自己承担代码质量的风险，用

户使用开源软件时须披露原始作者。BSD、Apache、MIT 等都属于这一类许可证。

① BSD 开源许可证。用户可使用、修改和重新发布遵循该许可证的开源软件，并可将软件作为商业软件发布和销售，但须满足三方面的条件：

a. 如果再发布的软件中包含源代码，则源代码须继续遵循 BSD 许可协议。

b. 如果再发布的软件中只有二进制程序，则须在相关文档或版权文件中声明原始代码遵循了 BSD 许可协议。

c. 不允许使用原始软件名称、作者姓名或机构名称进行市场推广。

② Apache 开源许可证。该许可证和 BSD 类似，具有以下特点：

a. 该软件及其衍生品须继续使用 Apache 许可协议。

b. 如果修改了程序源代码，须在文档中进行声明。

c. 若软件是基于他人的源代码编写而成的，则须保留原始代码的协议、商标、专利声明及其他原作者声明的内容信息。

d. 如果再发布的软件中有声明文件，则须在此文件中标注 Apache 许可协议及其他许可协议。Hadoop、Apache HTTP Server、MongoDB 等开源软件都基于该许可证。

③ MIT 开源许可证。这是限制最少的开源许可证之一，只要开发者在修改后的源代码中保留原作者的许可证信息即可。

④ 木兰（Mulan）宽松许可证。该许可证具有以下特点：

a. 授予版权许可、专利许可，不提供商标许可。

b. 当源代码或二进制程序再发布时，不论修改与否，须提供木兰宽松许可证的副本，并保留软件中的版权、商标、专利及免责声明。

2. Copyleft 开源许可证

"Copyleft" 是版权（copyright）的反义词，意指可不经许可随意复制。Copyleft 开源许可证比宽松式开源许可证的限制要多，带有许多条件和要求，比如分发二进制代码时须提供源代码，修改后所产生的开源软件须与修改前的软件保持一致的许可证，不得在原始许可证以外附加其他限制等。GPL、MPL 等属于这一类许可证。

① GPL 开源许可证。该许可证具有以下特点：

a. 自由复制，对复制的数量和去处不做限制。

b. 自由传播，允许软件以各种形式进行传播。

c. 收费传播，允许出售该软件，但须让买家知道该软件是可免费获得的。

d. 修改自由，允许开发者增加或删除软件功能，但修改后的软件须依然采用 GPL 许可证。Linux 开源软件采用的就是 GPL 许可协议。

② MPL 开源许可证。该协议与 GPL 和 BSD 在许多权利与义务的约定方面相同，但有以下几个不同之处：

a. 允许被许可人将经过 MPL 许可证获得的源代码同自己的其他代码混合，得到自己的软件。

b. 要求源代码提供者不能提供已受专利保护的源代码，也不能在将这些源代码以开放源代码许可证形式许可后再去申请有关的专利。

c. 允许一个企业在自己已有的源代码库上加一个接口，除接口程序的源代码以 MPL 许可证的形式对外许可外，源代码库中的源代码可以不用 MPL 许可证的方式强制对外许可。

③ LGPL 开源许可证。该许可证主要是针对类库使用设计的，它允许商业软件通过类库引用方式使用 LGPL 类库而不需要开源商业软件的代码。这使得采用 LGPL 协议的开源代码可以被商业软件作为类库引用并发布和销售。

图 1.17 分析了上述几种开源许可证的约束性。从图中可以发现，MIT、BSD、Apache 许可证的约束较弱，而 LGPL、MPL、GPL 的约束较强。

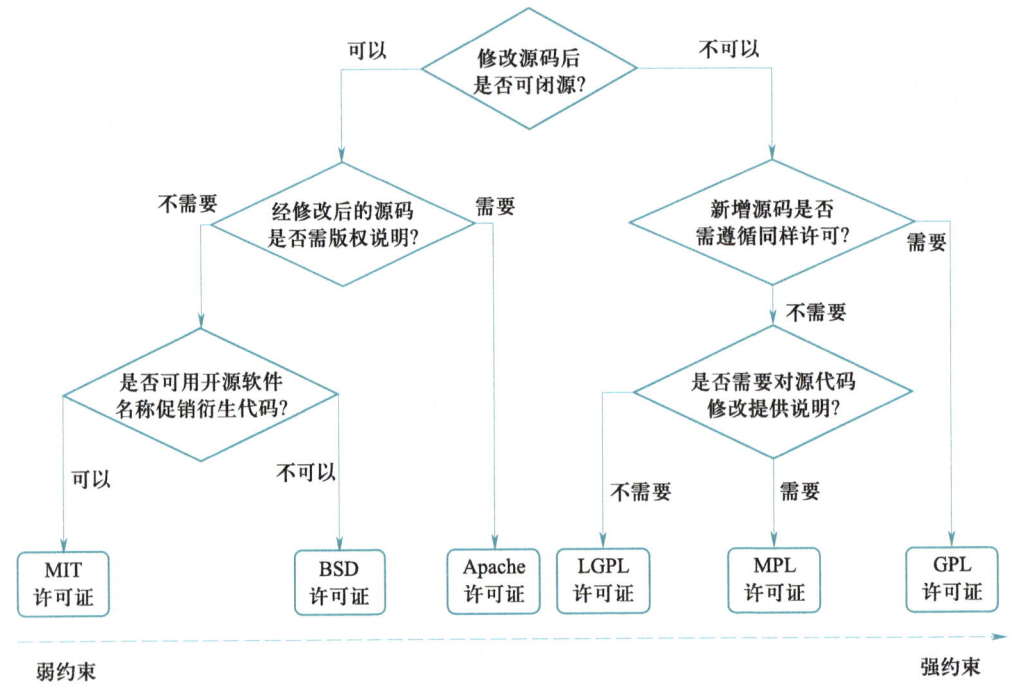

图 1.17　不同开源许可证的约束说明

1.7.6　开源软件的利用

开源软件是人类集体创造的一项极为宝贵的知识财富，充分利用开源资源才是创建开源软件的最终目的。现有的开源软件资源形式不一、功能多样，既有高质量的优质开源软件，也有低质量、没有影响力的开源软件。软件开发者在遵循开源许可证的前提下，可采用多种方式来充分利用开源软件资源，以服务不同的用途。

1. 学习开源软件

许多优秀的开源软件出自高水平的软件开发者，如 Linux 的创始人 Linus Torvalds 就是一个软件开发高手。优质的开源软件一方面反映了核心开发者的软件技术和功能创意，如 Docker 的创始人 Solomon Hykes 提出了容器（container）的思想和技术，并将相关的容器软件支撑平台开源，而开源软件 Kubernetes 则提出了对容器集群进行有序管理和集成的思想和方法；另一方面还蕴含了高水平的软件开发技能，如架构设计、编码风格、模块封装、代码注释等。对于许多软件开发者（尤其是软件开发新手）而言，可以通过阅读开源代码、分析编程技巧、理解设计方法等学习开源软件及其背后的软件开发技术，从而快速提高自己的开发能力和质量水平。图 1.18 为开源 App"小米便签"软件 MiNotes 的部分代码片段。该开源软件具有较高的代码质量，反映了开发者的软件设计思路，值得学习和借鉴。

```java
/**
 * x'0A' represents the '\n' character in sqlite. For title and content in the search result,
 * we will trim '\n' and white space in order to show more information.
 */
private static final String NOTES_SEARCH_PROJECTION = NoteColumns.ID + ","
    + NoteColumns.ID + " AS " + SearchManager.SUGGEST_COLUMN_INTENT_EXTRA_DATA + ","
    + "TRIM(REPLACE(" + NoteColumns.SNIPPET + ", x'0A','')) AS " + SearchManager.SUGGEST_COLUMN_TEXT_1 + ","
    + "TRIM(REPLACE(" + NoteColumns.SNIPPET + ", x'0A','')) AS " + SearchManager.SUGGEST_COLUMN_TEXT_2 + ","
    + R.drawable.search_result + " AS " + SearchManager.SUGGEST_COLUMN_ICON_1 + ","
    + "'" + Intent.ACTION_VIEW + "' AS " + SearchManager.SUGGEST_COLUMN_INTENT_ACTION + ","
    + "'" + Notes.TextNote.CONTENT_TYPE + "' AS " + SearchManager.SUGGEST_COLUMN_INTENT_DATA;

private static String NOTES_SNIPPET_SEARCH_QUERY = "SELECT " + NOTES_SEARCH_PROJECTION
    + " FROM " + TABLE.NOTE
    + " WHERE " + NoteColumns.SNIPPET + " LIKE ?"
    + " AND " + NoteColumns.PARENT_ID + "<>" + Notes.ID_TRASH_FOLER
    + " AND " + NoteColumns.TYPE + "=" + Notes.TYPE_NOTE;

@Override
public boolean onCreate() {
    mHelper = NotesDatabaseHelper.getInstance(getContext());
    return true;
}
```

图 1.18 "小米便签"软件 MiNotes 的高质量代码

2. 重用开源代码

高水平开源软件的优点是功能完整、代码质量高，且可自由获取和免费使用。软件重用是软件工程的一项基本原则，也是提高软件开发效率和质量的有效手段。开源社区汇聚了海量且多样的开源软件资源，它们实际上构成了支撑软件开发的可重用软件资源库，可实现更大粒度的软件重用。开发者只要遵循相应的开源许可证即可自由获取、重用和修改开源软件，以满足信息系统建设的要求。针对多个软件企业的问卷调查结果表明，超过 80% 的企业明确支持基于开源软件的重用开发，仅有 15% 的企业持不赞成态度。越来越多的商业软件公司通过重用开源软件代码以加快软件发布、降低开发成本，从而获得竞争优势。据统计，有近 95% 的主流企业直接或间接采用开源技术，近 80% 的企业服务器操作系统基于 Linux。

3. 建设开源软件

软件开发者还可以注册加入开源软件托管平台，关注感兴趣的开源软件项目并参与其中，以推动开源软件项目的建设。开源软件托管平台和社区通常提供一系列技术和工具来支持群体化的协同开发工作，如 Issue 机制、代码评审技术、Pull/Request 分布式协同开发技术等。图 1.19 为 GitHub 的贡献 Issue 界面，当开发者要提出一个功能需求时，可以基于该界面填写相关的信息，包括题目和内容细节。有关细节将在本书第 3 章做详细介绍。在参与开源软件建设的过程中，开发者还可以充分理解开源软件的独特文化，如自愿参与、开放共享、群体协作、自由交流、主动贡献、质量保证等。

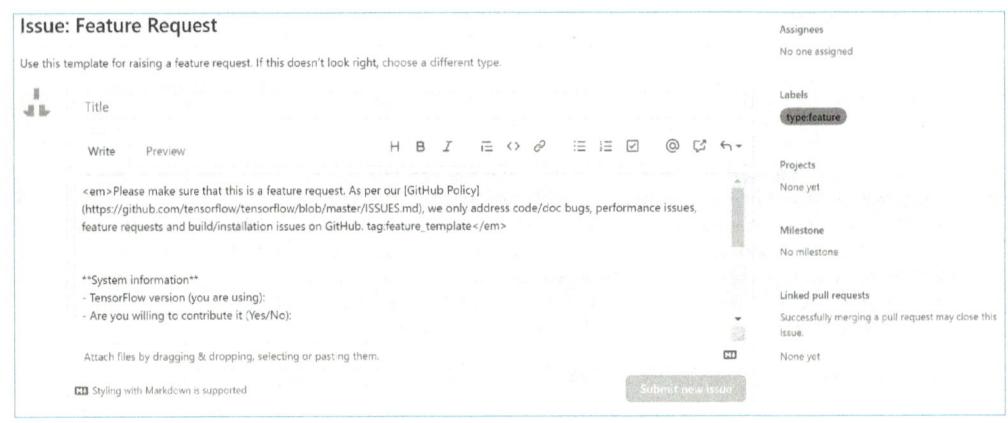

图 1.19　GitHub 所提供的贡献 Issue 界面

1.8　软件质量

质量是产品的生命线，尤其对于软件而言更是如此。当前越来越多的软件应用于人机物共存的领域，成为安全攸关系统的重要组成部分，用于完成各种计算、控制物理设备、连接不同人群，如飞机飞行控制、核电站运行控制、铁路信号控制和运行调度、导弹飞行控制等。如果软件质量存在问题，就可能会引发所连接的物理设备出现错误，产生经济损失、人员伤亡等不良后果。由于软件质量问题带来的事故非常多，1996 年的"阿丽亚娜" 5 型火箭发射失败，2003 年 8 月美国东北部大面积停电，2018 年波音 737 Max 客机坠毁，这些事故都与软件质量问题息息相关。

与程序质量相比较，由于软件涉及的利益相关者更广，包含的软件制品更多，因而软件质量的内涵更为广泛。关于何为软件质量（software quality），目前尚无一个为大家所广泛接受的概念定义。不同的组织（如国际标准化组织 ISO、电气电子工程师学会 IEEE 等）与学者对软件质量有不同的认识。与此同时，软件质量也是一个不断发展的概念。随着软件应用的扩大和深入，人们对软件质量会提出更多和更高的要求。通俗地讲，软件质量是指软件满足给定需求的程度。

Garvin 提出要从性能、特性、可靠性、符合性、耐久性、适用性、审美和感知 8 个维度来综合认识和考虑软件质量。McCall 提出的软件质量模型从产品修正、产品转移和产品运行三个方面来认识软件质量，每个方面包含若干软件质量因素（见图 1.20）。例如：从产品修正的视角，软件的质量因素包括软件的可维护性、可测试性、灵活性和可理解性；从产品转移的视角，软件质量因素包括可移植性、可重用性和互操作性；从产品运行的视角，软件质量因素包括正确性、有效性、可靠性、完整性、可用性、稳健性、安全性、可信性和持续性。ISO 9126 标准标识了软件质量的 6 个关键属性，包括功能性、可靠性、易用性、效率、可维护性和可移植性。

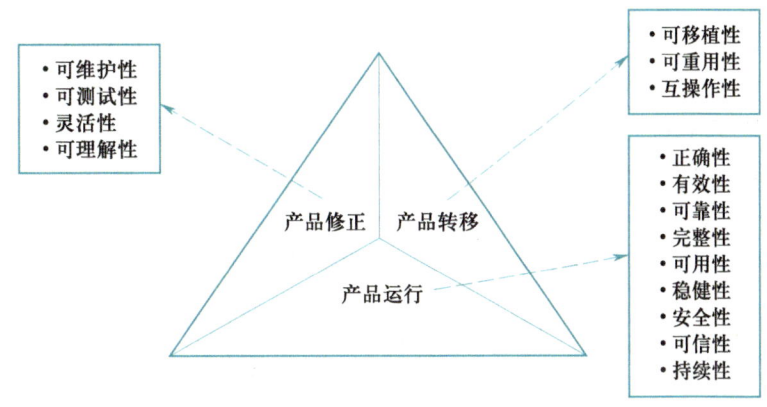

图 1.20　McCall 软件质量模型

概括而言，以下质量因素对于理解和评价软件质量极为重要。这里结合"12306"软件示例解释这些质量因素的内涵。

① 正确性（correctness）：软件满足规格说明和用户要求的程度，即在预定环境下能正确完成预期功能和非功能需求的程度。例如，如果用户支付了购票费用，系统就必须确保用户能够成功地购买到车票。

② 可靠性（reliability）：在规定的条件下和限定的时间范围内，软件系统完成预期功能而不引起系统故障的能力。例如，假设要求"12306"软件在正常限定的服务请求下，成功运行的概率达到 99%。

③ 稳健性（robustness）：在计算环境发生故障、输入无效数据或操作错误等意外情况下，软件仍能做出适当响应的程度。例如，在查询车次时，用户如果输入一个非法的车次，系统不会出现异常出错。

④ 有效性（efficiency）：软件充分利用计算资源和存储资源以高效实现其功能的能力。软件的运行环境提供了有限的计算和存储资源，软件需要充分利用有限的资源来实现其预定的功能，达成时间有效性和空间有效性。在许多情况下，时间有效性和空间有效性这二者之间是相互制约的，要取得较好的时间有效性势必会牺牲空间有效性，反之亦然。因此，这就需要在软件设计时就计算资源利用率以及时空有效性，进行深入分析和权衡。例如，"12306"软件能够充分利用后台服务器的计算能力快速实现查询，并将查询结果返回给用户。

⑤ 安全性：包括系统安全（safety）和信息安全（security）。系统安全是指软件能及时有效地避免对人员、设施、环境、经济等造成损害。信息安全是指软件能有效防控各类信息的非法获取、传播和使用。传统软件质量观更加注重系统安全，强调软件个体的安全性。随着软件融入物理系统和人类社会，软件个体的安全可影响到整个人机物系统甚至基础设施的安全，因此，安全性这一质量属性在软件成为基础设施的现状下变得愈发重要。例如，"12306"软件须能有效防止用户非法获取系统中的旅客信息。

⑥ 可维护性（maintainability）：软件系统是否易于修改，以更正错误、增强功能或适应新的运行环境等。任何软件在交付给用户使用后都会经历一个漫长的维护周期，需要对其进行多种形式的维护。软件可维护性的好坏，直接决定了软件是否便于改造和提升质量、软件维护的工作量投入和所需的维护成本。例如，早期的"12306"软件版本并没有提供改签车次的功能，软件投入使用一段时间后需要增加这一功能，则软件要能方便地进行扩展以引入这一功能。

⑦ 可移植性（portability）：软件从一种运行环境转移到另一种运行环境下运行的难易程度。例如，假设有一个基于 Android 操作系统的"12306"App，现需将该软件进行移植，使其可在 iOS 操作系统下运行。

⑧ 可重用性（reusability）：构成软件的相关模块、构件、设计方案等在其他软件开发中可被再次使用的程度。软件的可重用性有助于提高其他软件系统的开发效率和质量，降低开发成本。例如，"12306"软件中有一个支持参数化查询的模块，该模块可在其他具有类似功能的软件中被再次使用。

⑨ 可理解性（understandability）：软件开发者或用户理解该软件系统的容易程度。例如，"12306"软件中的程序代码遵循良好的编码风格，并有必要的代码注释，有助于软件开发人员理解其代码结构和内涵。

⑩ 可信性（dependability）：在软件开发、运行、维护、使用等过程中，采取有效的措施和方法确认软件满足人们的要求和期望，包括软件本身可信和行为可信两个方面。软件本身可信指软件身份可信和能力可信，即软件开发过程提供可信证据（如内部质量和外部质量）进行自我证明；软件行为可信指软件行为可追踪，即软件运行过程提供监控以控制其对环境的影响，使得包含该软件在内的整个系统的对外表现符合用户的

要求。例如，在运行过程中，软件提供了日志信息以详细记录用户的每一个操作，以便在出现异常或失效时对其行为进行追踪和认证。

⑪ 持续性（sustainability）：软件在持续不间断的运行、维护和演化过程中，面对各种突发异常事件仍能提供令人满意的服务的能力。为满足各类应用的快速增长、新技术的不断引入等需求，软件需要具有开放扩展能力，即能集成各种异构的技术及系统，支持各类软件制品的即时加载/卸载，对内部状态及外部环境变化的感应、自主响应和调控，以及个性化服务定制等。显然，这种开放式体系架构常会导致系统设计的脆弱性，产生质量隐患，从而给持续提供服务带来挑战。例如，"12306"软件在持续修正缺陷和完善功能过程中，仍能为旅客提供 7×24 小时的服务。

⑫ 可用性（usability）：使用和操作软件系统的难易程度。这一质量属性与软件的用户界面、操作流程等的设计密切相关。例如，"12306"软件通过优化业务流程以简化用户的操作，使得整个软件更加易于使用。

⑬ 互操作性（interoperability）：软件系统与其他系统进行交换信息、协同工作的能力。例如，"12306"软件提供了标准的开发接口，可与其他遵循该接口的异构软件进行集成。

需要说明的是，并非任何软件都必须满足这些质量要素。不同的软件会根据其不同的情况和需求，对不同的质量要素提出差异化的要求。此外，这些质量要素之间存在关联性，某个质量要素水平提升可能会导致其他质量要素水平下降。例如，软件可重用性增加可能会导致软件有效性降低。

1.9　软件特征的变化

自从有了计算机之后，就有了计算机软件。在过去的几十年中，受互联网技术、计算基础设施、使用对象、应用领域等诸多因素的影响，软件的地位和作用、运行环境、基本形态以及软件系统的规模发生了深刻的变化。

1.9.1　软件的地位和作用

在软件出现的早期，人们主要借助软件来进行科学和工程计算，如弹道计算、核爆炸数据分析、石油地震数据分析等，软件应用非常单一，只有少数人（如相关领域的科学家）在使用软件。到了 20 世纪七八十年代，软件逐步进入商业、办公等领域，软件的应用越来越广，更多的人开始接触和使用软件。20 世纪 90 年代后，随着互联网技术的发展及应用的普及，软件开始渗透到人们的日常学习、工作和生活之中，供人们查看新闻、收发邮件、聊天交流、共享资源等，软件的用户也逐步普及化。进入 21 世纪，尤其是近十余年来，随着移动互联网技术的快速发展以及智能手机的普及应用，软件深入社会、经济、生活的方方面面，几乎各种年龄段的人群都在使用软件。软件成为人们不可或缺的重要工具，帮助人们完成各种日常事务，如网上购物、电子支付、日常社交、驾驶导航、就医问诊等。可以说，软件已经无处不在。

当前，软件已成为诸多行业和领域进行信息化融合和改造，实现创新性发展的使能技术和重要利器。信息化时代的任何社会进步、技术创新和产业发展都需要用到软件。例如：智能手机和移动计算技术依赖于以 Android 为代表的操作系统软件；机器学习技术的实现和应用需要借助 TensorFlow 等软件；机器人产业的发展和应用建立在以 ROS 为代表的基础软件之上；在模拟仿真、科学计算、大数据分析等领域，人们依靠高性能计算机以及运行其上的各类并行软件来完成各种复杂的计算；飞机、卫星、导弹、飞船、无人机等高端和先进装备需要依靠各类软件来支持其研制以及运行控制。

通过软件创新来改变企业运行模式、实现企业跨越式发展的成功案例非常多，Netflix 公司就是其中之一。2007 年以前，Netflix 是一家专做在线租赁和邮寄 DVD 业务的普通公司。该公司在其业务如日中天时转向基于互联网的在线流媒体业务，依托互联网软件实现无限量、便捷式视频服务，从而实现了业务模式和运营方式的创新。

从国家和社会层面上看，软件已成为人类社会的关键性基础设施[2]。首先，以基础软件为代表的一大批软件本身就是信息基础设施，支撑各种应用软件的运行。其次，软件及其所提供的服务已成为信息社会不可或缺的基础资源与设施，支撑电力供应、城市交通、医疗服务、健康护理、军事作战等关键应用，并掌控核电站、高铁、飞机、地铁、武器装备等物理基础设施的运行。

过去几十年，软件的发展经历了三个时期。在软件出现的早期阶段，软件一直是硬件的一种附属品，一个典型的现象是软件作为硬件系统的附属品或赠品交付给用户使用。到了 20 世纪 70 年代中期，软件开始成为独立的产品，并逐步演变为一个巨大的产业，软件应用覆盖到生活的方方面面。在该时期出现了许多著名的软件企业，如微软、Oracle 等，产生了诸多有影响力的软件产品，如 DOS、OS/360、Windows 等。20 世纪 90 年代中期，随着互联网商用的起步，软件产品走向服务化和网络化，开始渗透到人类社会生活的每一个角落。一些计算机硬件企业（如 IBM）、通信设备企业（如华为）呈现出软件企业的诸多特征，如关注软件产品的研发、参与开源软件实践、硬件功能软件化等。

当前，软件已成为我国的基础性和战略性产业，在促进国民经济、社会发展和国防建设中发挥着极为重要的作用。近年来，在信息技术发展、产业变革需求、政府激励机制等多重因素的驱动下，我国的软件产业保持着快速增长的势头。据统计，我国软件及信息技术服务行业的市场规模从 2015 年的 4.3 万亿元增长至 2019 年的 7.2 万亿元，年增长率为 13.8%。2020 年，我国的软件业务收入达到 8.1 万亿元，同比增长 13.3%。

1.9.2 软件的基本形态

随着软件的社会化、普及化以及软件运行环境的变化，软件系统自身的基本形态也在发生深刻的变化。当前，越来越多的软件系统表现为人机物共生系统、分布式异构系统、动态演化系统和系统之系统。

1. 人机物共生系统

传统软件系统通常表现为纯粹的技术系统，即软件系统仅仅作为技术要素而存在，其主要任务是完成计算、提供功能和服务。虽然人与软件系统需要进行交互，如输入软件所需的信息或接收软件输出的信息，但是人和软件系统的边界非常清晰，在业务实现过程中哪些工作由人来完成、哪些工作由计算机软件来完成等都有明确的界定。

当前，越来越多的软件系统表现为一类由人、社会组织、物理设备、过程等要素共同组成和相互作用的人机物共生系统，也称为社会技术系统[2]。这些要素可大致归为计算系统、社会系统和物理系统三类（见图 1.21）。其中，计算系统不仅提供各种功能和服务，而且还连接了大量的物理设备（如机器人、手机、传感器等），并通过它将不同的人或机构等组织在一起，实现信息的交流和分享。典型的计算系统例子包括微信、QQ、大众点评等软件，它们依托连接人类的智能手机等设备，实现人与人之间的便捷社交，分享各种知识和信息。物理系统不仅包含传统的计算设备，还包含诸多的物理设施。计算系统的行为和服务等受社会系统中社会法规、制度等的影响和限制。

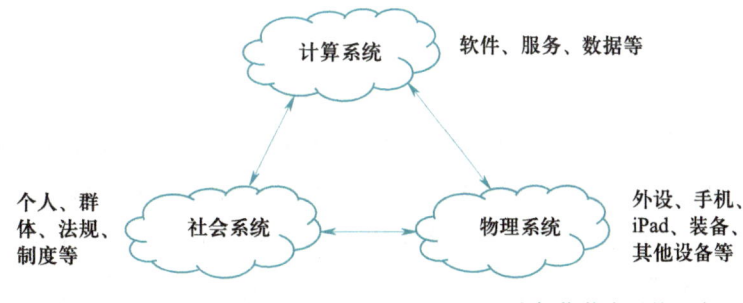

图 1.21　人机物共生系统示意图

在人机物共生系统中，物理系统、社会系统和计算系统中的要素共同存在并且相互作用。计算系统中的要素不能独立于社会系统和物理系统中的要素而存在，社会系统和物理系统中要素的变化会引起计算系统中要素的变化。人不仅是系统的使用者，也是系统的组成部分。物理系统和计算系统作为中介实现人与人之间的关联、交互和协同，使其构成结构化的组织。典型的例子如社交媒体、智能机器人、物流系统等。

2. 分布式异构系统

传统软件系统通常表现为一类集中的同构系统。构成软件系统的各个软件实体（如模块、构件、数据等）采用集中的方式进行部署，运行在由特定个人或组织所掌控的计算设施（如服务器、个人计算机）之上，通常不与组织之外的其他数据、服务、软件等进行交互；软件系统是由组织内的软件开发人员在一段时间内采用相同或相似的技术和工具来开发得到。

当前很多软件系统通常拥有大量软件实体，这些软件实体不仅在形式上是多样的（如表现为不同形式的数据、服务、程序等），而且在地理或逻辑上也是分布的，分散部署在基于（移动）互联网的不同计算或物理设施之上。对于这些软件系统而言，软件实体的分布性是必须的，因为越来越多的应用本身就是分布的。软件实体的分布性有助于提高软件系统的可靠性和安全性。

此外，构成软件系统的软件实体通常是异构的，即不同的软件实体是由不同的组织和个人，在不同的时间，采用不同的技术（如结构化、面向对象或服务技术等），借助不同的编程语言和开发工具及标准来开发，运行在不同的环境和平台（包括操作系统、虚拟机、中间件和解释器等）之上，并且可能采用不同的数据格式（如文件、数据库等）。对于部署和运行在互联网上的诸多软件系统而言，软件系统的异构性是一种必然。这是因为软件系统的建设、运行、维护和演化通常需要经历很长的一段时间（如几年甚至几十年），在此过程中软件技术在不断发展，需要持续集成各种遗留的软件系统，因而要采用统一的技术、语言、工具、标准和数据格式等来开发软件系统几乎是不可能的。

3. 动态演化系统

传统软件系统通常表现为静态封闭系统。这类系统的特点是具有明确的系统边界，它们通常不与系统之外的其他系统进行交互和协同，如数据共享、服务访问等。系统的利益相关者可事先确定，并能够就软件系统的功能和需求提出具体、明确的要求。软件系统开发完成之后，系统也会面临需求变化和缺陷修复等维护要求，但是系统维护通常采用阶段性方式，即每隔一段时间经维护后产生一个新的系统版本。

当前很多软件系统常常表现为一类动态演化系统，其特点之一是系统边界与需求的不确定性和持续演变性。导致这种状况的原因是多方面的。例如，许多软件的需求不是来自最终用户，而是源自软件开发人员的构想和创意，开发人员对软件系统的认识往往随着软件系统的使用而不断变化。此外，当前软件系统的运行环境通常具有动态开放的特点，软件系统需要根据外部环境的变化而不断地调整自身，包括系统的体系结构和交互协作等，进而表现出持续演化的特点。对于动态演化系统而言，由于其边界、需求、功能、服务、构件、连接、缺陷等一直处于持续变化之中，对这类系统的维护和演化不能中断系统的正常运行和服务，因而系统的维护和运行需要交织在一起。

4. 系统之系统

传统软件系统通常表现为单一系统，虽然整个系统由诸多要素（如子系统、构件和模块等）构成，但这些要素不能单独运作，必须紧密地组装和集成在一起才能获得完整的系统功能。此外，它们通常属于或服务于单一的个人或组织，并受其管理，因而不具备操作独立性和管理独立性。例如，图书馆信息系统包括图书借阅、书库管理、读者管理等子系统，这些子系统均由某个特定的组织（如某高校的图书馆）负责建设、管理和维护，如果没有读者管理子系统或书库管理子系统，图书借阅子系统也就无法正常提供功能。

系统之系统通常由一组面向不同任务、服务于不同用户的子系统构成（见图1.22）。每个子系统自身可以单独运作、完成独立功能并能对外提供服务。它们通常由不同的个人、机构或组织单独管理，并由其负责系统的建设、维护和演化。这些独立子系统通常在地理上是分布的，部署在不同的计算节点。整个系统需要通过各个独立子系统之间的交互来实现全局的任务和目标。例如，网上购物系统就是一类典型的系统之系统，整个系统包括网上商店、业务交易和支付、身份认证和确认、物流送货等子系统，每个子系统由不同的组织管理并能单独运作，如业务交易和支付子系统由银行管理，身份认证和确认子系统由公安部门管理、物流送货子系统由各个物流公司管理等。整个系统必须通过这些子系统之间的交互和协同才能完成完整的网上购物流程。

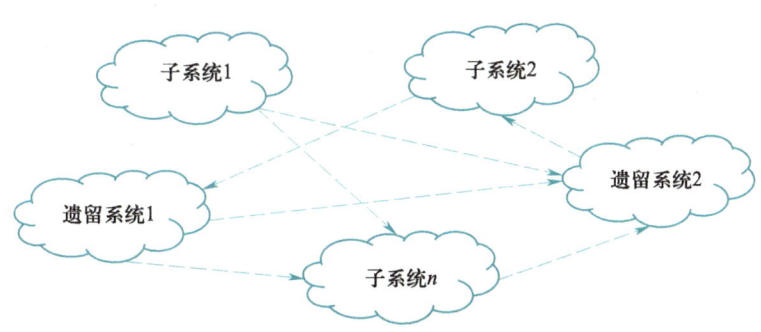

图 1.22 系统之系统示意图

随着时间的流逝，人们开发出越来越多的软件系统，并将其应用到各个行业和领域。在长期的运行过程中，这些软件系统产生和汇聚了大量极具价值的数据资源。我们将那些已经存在并还在运行和提供服务的一类软件系统称为遗留系统（legacy system）。当开发一个软件系统时，开发人员不仅要考虑如何实现软件需求，还要考虑如何充分利用遗留系统及其提供的服务和数据。例如，几乎所有的高校都有其教务管理系统，它长期存在且持续运行，不仅提供基本的教务管理功能，还存储了历年来学校师生、教学等方面的数据。当需要为高校开发其他信息系统（如图书馆信息系统）时，就需要考虑与教务管理系统的集成，以共享学校师生等方面的数据。这两个软件系统单独运作、独立提供服务，但在实现某些功能（如办理借书证）时，图书馆信息系统就需要与教务管理系统进行交互，以获得其提供的相关信息。因此，在开发软件系统时要尽可能与遗留系统相集成，让所开发的软件系统能为其他系统所用，而非建立孤立的软件系统。

1.9.3　软件系统的规模

随着人们对软件的功能和非功能需求的不断增长，越来越多的软件需要组织在一起以提供更为复杂的功能。当前软件系统的规模持续增长，具体表现为构成软件系统的代码行数量、软件运行时的进程 / 线程及其之间的交互数量、软件需处理的数据量、软件连接的各类设备和人员数量等不断增加。

软件在代码行方面的增长非常明显。以微软公司的 Windows 为例，Windows 95 有 1 500 万行代码，Windows 98 有 1 800 万行代码，Windows XP 有 3 500 万行代码，Windows Vista 有 5 000 万行代码，而 Windows 7 的代码量则大约是 7 000 万行。一些嵌入式软件的代码量也大得惊人，比如宝马 7 系汽车的内嵌软件代码总量超过了 2 亿行，特斯拉 Model S 汽车的内嵌软件代码总量超过 4 亿行，空客 A380 飞机中的内嵌软件代码总量超过了 10 亿行。

作为全球软件的第一大用户，美军的各种先进武器装备需要依靠软件来进行管理和控制。以航电系统中的机载软件为例，其规模在不同发展阶段呈现出几何级的增长趋势。20 世纪 80 年代，F/A-18 飞机中有 20% 左右的系统功能由软件实现，软件代码量大约为 10 万行；20 世纪 90 年代，F-16 C/D 及其改进型飞机中有 40% 左右的系统功能由软件实现，软件代码量大约为 20 万行；到了 2000 年，F/A-22 飞机中的软件代码量达到 180 万行；而在 2005 年，F-35 飞机中有 80% 左右的系统功能由软件实现，软件代码量约为 800 万行。此外，美军的全球指挥控制系统以及相关的 C4ISR 系统中的软件有上亿行的代码量。

1.10　软件建设的挑战和使命

我们正处在一个软件定义一切的时代。在这个时代，软件所处的地位和所起的作用越来越重要。软件无所不在，是创造人类新文明的载体。软件产品和服务的创新已成为社会经济升级发展的新动能，对于国家的核心竞争力创新以及安全至关重要。软件已成为推动国家在国防、商业、教育、医疗等领域不断发展和进步的重要驱动力。

在过去的几十年，我国的软件及其技术得到快速发展。截至 2020 年，我国的软件产业规模达到 8.2 万亿元人民币，与 2000 年相比增长 138.3 倍，占全球软件产业的比重将近 24%，占我国国内生产总值的比重已达 8.03%。到 2022 年，我国软件和信息技术服务业规模以上企业超 3.5 万家，累计完成软件业务收入超过 10 万亿元。软件及其技术正在不断改变我国社会、经济和服务领域，深刻影响人们的学习、工作和生活方式。

在这个特殊的时代，我们不仅要深刻理解软件的特点和发展规律，更要看到我们国家在软件基础设施、关键领域软件等方面的迫切需求以及现实差距。当前，我国在诸多领域的软件仍然受制于西方发达国家。在系统软件领域，微软公司的 Windows 几乎垄断了桌面操作系统软件，Google 公司的 Android 几乎垄断了智能终端（如手机、平板电脑）的操作系统软件。以 Android 为例，Google 公司已建成了以 Android 为核心的软件生态链，包括大量应用程序、海量数据以及面向全球的用户群。除了苹果公司的 iPhone 手机之外，国际上绝大部分手机厂商不得不使用 Android 作为手机的操作系统。正因为如此，在中美科技战和贸易战中，美国政府将华为公司列入制裁的实体名单中，Google 公司停止了与华为公司在 Android 操作系统方面的合作，使得华为手机受到了严重的打击，不得不推出鸿蒙操作系统软件。在工业软件和科学计算软件等领域，我们的差距更大，问题更为严重，西方发达国家的软件公司几乎垄断了计算机辅助设计软件、计算机辅助工程软件、计算机辅助工艺过程设计软件、计算机辅助制造软件、企业资源计划软件、供应链管理软件、客户关系管理软件、工业仿真软件、工业监测软件等。以美国 Mathworks 公司的 Matlab 为例，它是一款用于算法开发、数据可视化、数据分析以及数值计算的软件系统。可以说，各行各业都离不开这款工业软件。在中美科技战中，美国政府对我国多家企业和高校进行封锁，禁止使用其 Matlab 软件。这给了我们一个警示，软件已成为西方发达国家对我国进行技术封锁和制裁的一个重要选项。

当前，我国的软件产业仍缺乏在国际上有影响力的软件企业和产品，整体实力有待提高。虽然我国的各行各业都在依托软件来加快信息化建设，实现产业的升级改造和行业的创新发展，但是所依赖的关键软件仍然受制于人，极大地影响了我国信息基础设施的安全。在关乎国家安全的诸多关键软件领域，如军用软件系统、银行和金融软件、电力控制软件、交通服务软件等，我们需要继续加强、加快国产化软件系统的研发和应用。面向我国的信息化建设以及科技创新发展，加快推进我国软件产业的建设，研发重要的软件系统和产品，不仅使命伟大、责任重大，而且任重而道远。

1.11 本书软件案例

本书提供了三个实际的应用软件案例，以辅助诠释书中的相关概念和方法，示例软件开发实践、成果及要求。其中，"小米便签"软件 MiNotes 是一个功能较为简单的开源软件，"12306"软件是一个典型的分布式软件，"空巢老人看护"软件 ElderCarer 则是一个异构的人机物融合系统。

1.11.1   "小米便签"软件 MiNotes

"小米便签"软件 MiNotes 是一款运行于 Android 系统，实现便签管理的手机 App。它提供了创建和管理便签的一组功能，包括建立、保存、删除、查看及修改便签，创建、删除和修改便签文件夹，设置便签字体的大小和颜色，实现便签的分享等。除此之外，该软件还支持云服务，可与 Google Task 进行同步，将本地便签内容上传到远端服务器，或将 Google 服务器上的便签内容下载到本地；可自动识别备忘录中的电话号码和网址等信息。图 1.23（a）为该软件在智能手机中的运行界面。

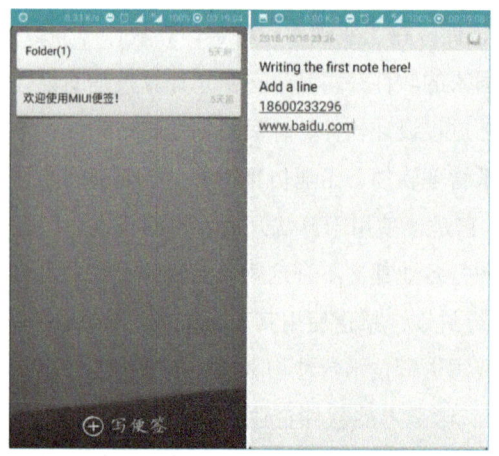

(a) MiNotes App的运行界面   (b) "12306"App的运行界面

图 1.23   软件案例的运行界面

MiNotes 是一款开源软件，由小米公司 MIUI 专业团队的软件工程师开发，其源代码托管在 GitHub 平台上，用户可以自由下载。该软件用 Java 语言编写，共有 8 800 多行高质量的程序代码。整个软件由 6 个程序包、170 个程序文件、41 个 Java 类、471 个类方法组成。软件设计和编码较好地遵循了软件工程原则，反映出开发人员良好的软件工程素养和高水准的开发技能。MiNotes 软件系统简单、功能单一、质量较好。本书将基于该软件案例来示例程序设计方法、编码规范、代码质量、代码标注等方面的内容。

1.11.2 "12306"软件

"12306"软件面向中国铁路旅客，提供多样化和便捷的火车出行服务，包括查询车次、购买车票、改签车次、退票、通知信息、会员服务等。图 1.23（b）展示了部署在 Android 智能手机上的"12306"App 运行界面。

"12306"软件采用前后端分离的分布式软件架构。前端软件采用 Web 或 App 的形式为用户展示界面和提供功能，运行在用户的浏览器或智能手机上；后端软件运行在后端的服务器或云平台上，完成具体的业务操作和服务，如完成相关的查询并提供查询结果、购买车票并修改相关的数据库等。由于软件的服务可能会涉及跨部门的多项业务，如注册用户时需要通过公安部门验证用户身份，购买车票时需要依托银行、支付宝和 QQ 等机构和系统完成支付等，因而后端软件还需与其他部门的软件系统进行集成和交互，以完成完整的业务功能。显然，"12306"软件是一种典型的系统之系统。本书将基于该案例来示例说明软件需求的导出和构思。

1.11.3 "空巢老人看护"软件 ElderCarer

"空巢老人看护"软件 ElderCarer 旨在解决独居老人在家缺乏看护、遇到突发异常情况无法及时处理的问题。其应用场景描述如下：软件控制机器人自主跟随老人，机器人传感器持续观察老人，获取和分析老人在家的声音、视频和图像信息，一旦发现异常情况（如摔倒、表情异常、发出呼叫）将及时通知老人家属和医生，并通过移动互联网与家属和医生的手机建立连接；老人家属和医生可通过软件控制机器人抵近观察老人的具体状况，与老人进行视频或音频交互以稳定老人情绪，并提示老人进行相关处理。该软件还可接收老人的呼叫命令，给老人提供诸如拨打家属电话、进行远程视频、调节声音音量等服务，此外还提供了按时服药提醒等功能。

这是一个将计算机软件与机器人、智能手机、移动互联网等相集成的人机物融合系统。如见图 1.24 所示，"空巢老人看护"软件。ElderCarer 是一个分布式异构软件系统，其前端 App 部署和运行在老人家属和医生的智能手机上，提供突发异常信息通知、

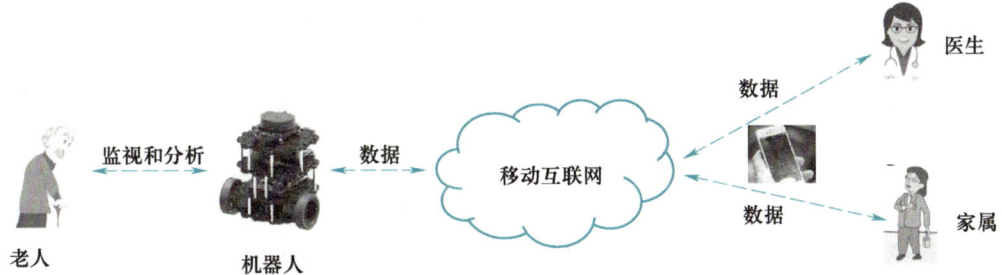

图 1.24 "空巢老人看护"软件 ElderCarer 示意图

控制机器人运动、与老人视频和语音通信等功能；后端软件部署和运行在机器人和服务器上，提供机器人自主跟随、获取和分析老人声音与视频、接收老人呼叫、通知异常状况、实现视频和语音通信等一系列功能。

部署在不同计算节点上的软件将采用不同的编程语言实现，并运行在不同的计算环境中，如前端 App 运行在 Android 操作系统上，采用 Java 来实现；后端软件运行在 Linux 操作系统上，采用 C、Python 等语言来实现。该软件系统的开发将用到多种软件开发技术和平台，包括 Android App 开发、网络编程、数据库编程等。本书将借助该案例来完整地示例如何进行需求分析、软件设计、编码实现、软件测试、部署运行等软件开发和运维工作。

本章小结

本章围绕程序和软件两个核心概念，介绍其内涵和组成，分析两者之间的区别和联系，在此基础上阐明程序质量的内涵和重要性、程序质量的分析和保证方法；通过讨论编写程序需解决的问题，说明为什么引入软件概念，分析软件的组成以及文档和数据在软件开发中所起的作用，从而帮助读者理解为什么软件是程序、数据和文档的集合。本章还进一步分析软件的特点、软件生存周期的概念、软件的分类，并主要介绍了开源软件这一特殊的软件形式，阐述软件质量的概念及内涵，指出当前软件特征出现的一些新变化以及由此带来的挑战。概括而言，本章包含以下核心内容：

- 程序由计算机可理解和可执行的语句组成。它借助程序设计语言描述了基于计算的问题解决方案。程序需要经过编码、编译和部署之后才能运行。

- 程序的质量非常重要，包括内部质量和外部质量。编码的任务不仅要编写出程序代码，还要确保代码的质量。

- 为了确保程序质量，编程时需遵循编码风格，采用程序设计方法，借助软件重用和结对编程等手段。

- 可通过人工代码审查、自动化分析、程序测试等多种方式来分析程序质量，发现程序中存在的质量问题。

- 编写程序需解决两方面关键问题：一是如何结合问题进行数据抽象和计算抽象，并用程序设计语言加以表示；二是如何确保程序代码的质量。

- 软件是由程序、数据和文档三要素所构成的一类系统。这些要素在软件开发和运行过程中发挥着不同的作用，不可或缺；不同软件要素之间、同一个软件要素的不同软件制品之间存在关联性和依赖性。

- 一个软件从提出开发到投入使用要经历多个不同的阶段，每个阶段会产生不同的软件制品。

- 软件具有产品逻辑性、需求易变性、生产方式特殊性、缺陷隐蔽性、系统复杂性等特点。当前软件的地位和作用变得越来越重要。

- 软件大致可分为应用软件、系统软件和支撑软件三类。系统软件为软件系统的运维提供基础服务，支撑软件为软件开发和维护提供支持，应用软件服务于行业和领域用户，为其提供基于计算的问题解决方案。

- 开源软件是一类特殊的软件形式，其源代码可被自由分发、修改、使用和传播。当前人们依托开源社区产生了海量、高质量、功能各异的开源软件，它们在信息系统的建设中发挥了重要的作用。采用开源的方式有助于借助群智的力量，促进软件的需求创新和代码的持续演化。

- 软件质量具有非常丰富的内涵，包括诸多质量因素。除了确保正确实现功能之外，高质量的软件还需满足可靠、有效、可信、安全等要求。在软件开发过程中，确保软件的质量是关键任务之一。

- 在软件定义一切的时代，软件系统的运行环境、基本形态、系统规模等方面发生了深刻变化，这些变化对软件开发带来了新的挑战。

- 我国在诸多领域的软件仍然受制于人，需要加快、加强在关键领域的软件系统建设，推动我国软件产业的快速发展。

推荐阅读

[1] 国家自然科学基金委员会, 中国科学院. 中国学科发展战略 软件科学与工程 [M]. 北京: 科学出版社, 2021.

该书是国内软件工程领域的一本重要著作，系统综述了软件和软件技术的发展历程，全面总结了软件科学与工程学科的基本内涵、发展规律和取得的成果。该书的总论部分、第 1 章的引言部分、第 6 章的引言部分、第 12 章和第 14 章深入阐述了软件的地位和作用，系统分析了软件的发展历程、不同时代的软件特点以及当前软件出现的新变化，全面讨论了软件质量与安全保障、软件生态等方面的内容。

[2] BROOKS F P. 人月神话 [M]. 40 周年中文纪念版. 汪颖, 译. 北京: 清华大学出版社, 2015.

该书是软件工程领域具有深远影响力和畅销不衰的经典著作。作者 Frederick P. Brooks 是图灵奖获得者，主持研发了 IBM OS/360 操作系统。他基于在 IBM 公司从事 OS/360 开发的工程经验及遇到的问题，对软件和软件开发提出了许多具有洞察力的独到见解，以及诸多发人深省的观点和认识，并提炼和总结了软件开发的许多工程实践和经验。比如书中提出，通过增加人手来换取时间、缩短工期的想法是一个"神话"；要充分利用工具以取得事半功倍的开发效果；软件工程领域没有"银弹"来彻底解决软件危机，不存在软件工程技术可将软件开发效率提高一个数量级等。这些观点和认识在不同的软件时代仍具有其意义和价值。

基础习题

1-1　在开源软件托管社区中获取一个开源软件的源代码，分析程序代码的构成，如包括哪些子程序和模块、哪些类及方法，分别用什么程序设计语言编写。

1-2　任何程序的运行都需要特定的计算环境，请选择一个常用的软件（如微信、Office等），具体分析其部署和运行环境。

1-3　程序的内部质量和外部质量有何区别？请结合一个具体的程序代码或针对自己编写的程序代码，分析其内部质量和外部质量情况。

1-4　如果一个程序的内部质量不高会出现什么情况，外部质量较差会带来什么样的问题？高质量的程序具有哪些特征？

1-5　要编写出高质量（包括内部质量和外部质量）的程序，编程时要采用哪些方法？为什么这些方法可提高程序质量？

1-6　阅读有关 Java、C++ 等编码风格的书籍，分析不同程序设计语言的编码风格有哪些相同点和不同之处。思考为什么不同的程序设计语言会采用不同的编码风格。

1-7　结合一段具体的程序代码或针对自己编写的程序代码，分析代码的设计是否遵循程序设计方法，存在哪些程序设计方面的质量问题。

1-8　结合编程实践，说明在程序设计中可开展哪些层次的代码重用。

1-9　针对一个具体的程序代码或自己编写的程序代码，人工审查该代码的质量情况，并分析存在哪些方面的质量问题。

1-10　熟练掌握 SonarQube 工具。请结合一段具体的程序代码或针对自己编写的程序代码，用该工具分析代码的质量情况，并认真阅读分析结果，包括反馈的问题和修改的建议。

1-11　软件测试的原理是什么？为什么通过测试可以发现程序中存在的问题？如果通过测试没有发现问题，是否意味着程序没有缺陷？

1-12　结合编程实践，解释说明如何开展编程。如果要实现的功能较为复杂，则在编程时会面临什么样的困难和问题？

1-13　程序和软件二者之间有何区别？存在怎样的关系？

1-14　思考为什么软件是由代码、文档和数据组成，这些要素在软件开发及运行中各自发挥什么作用。

1-15　在 GitHub 平台中搜寻自己感兴趣的开源软件，找到该软件的相关代码、文档及数据，说明三者之间的关联性。

1-16　分析软件生存周期中各个阶段的特点，思考每个阶段会产生什么样的软件制品。

1-17　找到应用软件、系统软件和支撑软件的具体例子，说明各软件的作用。

1-18　结合具体的软件系统，如"12306"、微信等，诠释软件的正确性、可靠性、安全性、私密性、可维护性等质量要素的内涵。

1-19　选择某个硬件产品（如电视、手机等），对比分析软件系统与硬件系统二者之间的差别。

1-20　在 GitHub、Gitee 上找到若干个开源软件（如 Hadoop、MySQL 等），分析这些软件的组成、规模及代码中存在的缺陷，理解其复杂性以及不同模块间的逻辑相关性。

1-21　针对一个具体的开源软件例子（如 MySQL、Android 等），找到该软件的代码，运行和使用该软件，从正确性、可靠性、可维护性、安全性等方面分析和评估其质量情况。

1-22　软件系统的复杂性主要体现在哪些方面？开发一个软件系统面临的主要挑战是什么？如果让你来组织开发一个具有一定规模和复杂度的软件系统，会存在哪些方面的困难和问题？

1-23　访问 GitHub、Stack Overflow、开源中国等网站，初步了解开源软件托管社区和软件开发知识分享社区的工作模式，以及这些社区所拥有的开源软件数量、软件开发知识规模、用户数量等基本情况。

综合实践

本书提供了两个实践方式不一、要求不同的综合实践练习。这里先对两个实践练习的总体要求、实践目的、最终提交的成果和实践特点做简要介绍，然后给出本章的实践任务及要求。

1. 综合实践练习介绍

（1）综合实践一：阅读、分析和维护开源软件

实践要求：针对一个具有一定规模和高质量的开源软件，阅读和标注程序代码，分析开源软件的结构和质量，在此基础上针对该软件开展维护工作，包括增加软件功能、修复软件缺陷、更改软件设计、编写程序代码、开展软件测试等。

实践目的：学习高质量开源软件所蕴含的高水平软件开发技能，在此基础上开展需求分析、软件设计、程序设计、软件测试等开发工作，运用软件工程知识解决软件开发和维护问题，熟练使用多种 CASE 工具和环境来辅助软件开发和维护。

实践需要提交的成果：描述开源软件需求及新增功能的软件需求文档，开源软件的设计文档，开源软件的质量分析报告，开源代码标注，维护后的开源代码，软件测试用例及测试报告等。要求维护后的开源软件可运行和可演示。

实践特点：基于已有的开源软件进行软件工程实践对于新手而言较易入手，因为有可参照和模仿的学习对象；实践任务系统和完整，覆盖所有的软件开发阶段；实践内容相对简单，易于操作和实施。本质上，该实践首先通过逆向工程进行学习，然后通过正向工程进行软件开发。

（2）综合实践二：开发有创意、上规模和高质量的软件系统

实践要求：要求开发者结合现实问题寻求基于软件的解决方法，独立构思软件系统的需求，确保软件需求有新意；基于软件需求开展一系列软件开发工作，包括软件设计、编码实现、软件测试、部署运行等，最终产生可运行和可演示的软件系统。

实践目的：探索如何通过软件解决现实问题，学会如何应用软件工程方法和技术、借助各类支撑软件工具和环境完整地开发一个具有一定规模的软件系统，并确保其质量。在此过程中逐步培养多方面的能力和素质，如创新实践能力、解决复杂工程问题的能力、系统能力、团队协作能力、自主学习和独立解决问题的能力等。

实践需要提交的成果：软件需求文档、软件设计文档、程序代码、软件测试用例和测试报告、软件宣传彩页、软件开发和演示视频等。实践要求所构思的软件系统要有新意，能够达到一万行以上的代码量规模，确保各类软件制品的质量，所开发的软件系统可运行和可演示。

实践特点：对软件需求的新颖性、软件系统的规模、开发成果的质量提出了明确的要求，有一定的挑战性和难度；为开发者提供一个自由的空间，充分运用软件工程知识开发软件，解决现实问题，全面锻炼和培养开发者的软件工程能力和水平。

读者可结合自身实际情况和要求，考虑可投入时间、已有资源等多方面因素，选择其中一个或同时选择两个实践任务开展课程综合实践。两个综合实践均可基于 Git 开展协同开发和软件版本管理（有关 Git 软件工具及使用方法可参阅本书第 3 章的介绍）。

综合实践一可以采用两人结对的方式来组队，综合实践二可以采用 3—5 人为一个团队的方式进行开发。有关这两个综合实践的内容设计、实施步骤、考评方法、支撑平台、可用资源、交流社区等，可参阅本书的配套实践教材《软件工程实践教程：基于开源和群智的方法》（高等教育出版社出版）。

从本章开始，我们将结合各章知识点循序渐进地布置这两项综合实践的具体实践任务，明确实践要求、方法和结果。

2. 本章实践任务及要求

（1）综合实践一

① 实践任务：选取或指定待阅读、分析和维护的开源软件。

② 实践方法：访问 GitHub、Gitee、SourceForge 等开源软件托管平台，从中检索符合上述要求的开源软件，下载或克隆开源软件代码，阅读开源软件的相关文档，安装、部署和运行开源

软件。以二人为一组，采用结对方式开展本综合实践。

③ 实践要求：选取或指定的开源软件功能易于理解、代码质量高、规模适中（5 000～20 000 行代码量），也可以直接指定"小米便签"软件 MiNotes 作为阅读、分析和维护的对象。

④ 实践结果：获得开源软件的源代码，并可运行和操作该开源软件。

（2）综合实践二

① 实践任务：查看和分析开源软件。

② 实践方法：访问 GitHub、SourceForge、Gitee 等开源软件托管平台或 Apache、Eclipse 等开源软件基金会平台，从中检索自己感兴趣的开源软件，阅读相关的软件文档，下载安装开源软件。

③ 实践要求：结合自己的兴趣，查看有哪些开源软件，并分析这些软件的功能和定位、存在的缺陷和不足。

④ 实践结果：掌握开源软件托管平台的使用方法，大致了解感兴趣的开源软件情况。

第 2 章

软件工程概述

在计算机软件出现的早期，软件开发基本上没有可遵循的方法，程序员针对需要解决的问题依据自己的经验直接编码，软件开发结果因人而异，导致软件开发效率低、成本高，质量难以保证。到了 20 世纪 60 年代，随着计算机应用的不断拓展，这一状况变得日益严峻，出现了软件危机（software crisis），由此导致软件工程（software engineering，SE）的产生。软件工程利用业界经过广泛实践检验、较为成熟的工程化方法指导软件系统的开发和运维，强调要用系统化、规范化和可量化的手段进行软件开发，并将质量保证贯穿软件开发全过程。经过几十年的发展，软件工程取得了长足进步，产生了许多有影响力的软件开发方法学、过程和工具，不仅极大地推动了软件系统的开发和运维，提升了软件开发的效率和质量，带动了软件产业的发展，而且逐步成长为一个独立的学科。

本章聚焦于软件工程概念，阐述其产生的背景和原因，介绍其思想、构成、目标和原则，分析软件工程的发展历程及取得的主要成果，讨论软件工程教育问题。读者可带着以下问题来学习和思考本章的内容：

- 编写程序和软件开发有何本质的差别？
- 为什么会产生软件危机，软件危机的本质是什么？当前软件危机还存在吗？
- 何为软件工程，"工程"的内涵和本质是什么？软件工程与现实世界中的建筑工程等有何相同与不同之处？
- 软件工程的三要素是什么？各个要素关注工程层面的什么问题？它们之间存在什么样的关系？
- 软件工程的目标是什么，它提出了哪些原则来达成其目标？为什么这些原则有助于达成目标？
- 为什么软件工程需要计算机软件的辅助？它起到了什么样的作用？
- 为什么软件开发既是创作的过程，又是生成的过程？
- 软件工程的发展经历了哪些重要的阶段，有哪些里程碑式的成果？
- 在软件工程的发展历程中有哪些内容在不断进步和变化，而有哪些内容始终未变？
- 为什么会有多样化的软件工程方法和技术？不同软件工程方法和技术的产生背景如何？
- 优秀的软件工程师应具备哪些知识、能力和素质要求？

2.1 软件工程的产生背景

技巧性编程在早期的软件开发中取得了一定成功，但随着应用规模和复杂性的不断增长，越来越多的人认识到，手工作坊式的编程很难应对大规模复杂应用的开发。因此，应用系统建设需要实现从个体作坊式编写程序到团队合作式软件开发的转变。这一转变的本质是要通过一系列有序开发活动，利用团队的整体力量，采用系统的开发方法，循序渐进地开发软件，产生规范化的软件制品，并在此过程中进行质量保证。显然，要实现上述转变并不容易，早期的软件开发人员在诸多软件开发实践中尽管进行了积极的探索，但仍然面临着一系列问题和挑战，从而引发了软件危机。

2.1.1 从编写程序到软件开发

在开发复杂软件系统的过程中，要实现从编写程序到软件开发的转变，软件开发人员须考虑并解决以下问题：

1. 基于什么样的过程来开发软件

编写程序的任务明确且单一，只需关心如何编写出满足需求的程序代码。相比较而言，软件开发工作较为复杂。它需要通过需求分析、软件设计、编写程序、软件测试等一系列软件开发活动，循序渐进地开展软件开发工作。这些软件开发活动间存在逻辑相关性和时序先后性。为此，需要为软件开发人员提供明确的过程来指导整个软件开发工作，包括要完成哪些软件开发活动、这些开发活动有怎样的逻辑次序、每个开发活动的任务是什么、需要产生什么样的软件制品等。

2. 采用怎样的方法来指导开发活动

每一项软件开发活动都有其明确的任务，基于前一开发活动产生的结果，开展一系列智力活动，输出相应的软件制品。例如，软件设计开发活动需要根据需求分析活动产生的软件制品（如软件需求模型和文档）开展软件设计，产生软件设计制品（如软件设计模型和文档）。为此，需要为软件开发人员提供系统的方法支持，告诉他们应采用什么样的语言、技术、策略和原则，以完成相应的软件开发活动，产生高质量的软件制品。

3. 如何组织人员开展软件开发

编写程序通常是每个程序员个体的独立行为，程序员间的交流和合作较少。软件开发则不然，由于软件开发活动的多样性以及不同软件制品间的依赖性，每项软件开发活动可能会有多人参加，不同人员之间存在任务上的相关性。因此，参与软件开发的多个不同人员之间需要进行交流和合作。如何有效地组织和管理参与开发的各类人员，确保其有序工作和高效合作，是软件开发必须解决的问题。例如，Windows 7 的开发团队有近 1 000 人，他们组织成 23 个功能小组，每个小组大约有 40 人，包括程序经理、软件开发工程师和软件测试工程师三类人员；IBM 公司在 20 世纪 60 年代组织开发 OS/360 软件系统时，先后有 2 000 多人参与。

4. 如何管理多样化的软件产品

编写程序只产生程序代码这一类别的软件制品，软件开发则会产生文档、数据和代码等多种类别的软件制品。不同类别的软件制品之间、同一类别的不同软件制品之间存在逻辑相关性和依赖性，这意味着某个或某类软件制品的变化将会影响其他类别的软件制品，从而导致其产生变化。软件开发人员需要清晰地掌握不同软件制品之间的相关性，并能有效管理变化带来的影响，确保不同软件制品之间的一致性。实际上，多变性和易变性是软件系统的特点。因此，如何有效管理多样和变化的软件制品，是软件开发面临的一大挑战。例如，Windows 7 大约有 5 000 万行代码以及与这些代码相对应的一系列文档和测试用例，如何管理这些代码、文档和测试用例，是一项烦琐和艰巨的工作。

5. 如何在开发全过程进行质量保证

由于编写程序的任务和结果单一，其质量保证只需关注编程行为及产生的程序代码，因而质量保证的工作相对简单。对于软件开发而言，由于其涉及多项软件开发活动，有多方人员参与，会产生多样化的软件制品，因而其质量保证更为复杂，不仅要确保不同类别软件制品的质量，还要确保不同人员所开展的不同软件开发活动的质量。

2.1.2　软件危机

20 世纪 60 年代，尽管人们已成功开发出许多软件系统并投入应用，如核爆炸研究的科学和工程计算软件、商业事务处理软件，以及像 OS/360 这样复杂的软件系统等，但人们注意到软件开发开

微视频：软件危机

始显现出一系列共性问题，具体表现为无法按期交付软件、许多软件项目多次延期、交付后的软件仍存在诸多问题、软件质量难以得到有效保证、软件开发成本高且经常超支等。1995 年国际权威 IT 咨询公司 Standish Group 以美国境内 8 000 个软件项目作为样本开展了一项调查研究，结果显示有 84% 的软件项目无法在既定时间和经费计划内完成，开发周期平均超时 222%，超过 30% 的软件项目最终被取消，软件项目开发预算平均超出 189%。这一现象在 20 年后（即 2015 年）的调查中仍未有本质的好转，在 25 000 余个软件项目中无法按预算执行的项目占比 56%，无法按期完成的项目占比 60%，执行不达标项目比例高达 44%[1]。

一项调查研究表明：只有不到 30% 的软件项目是成功的，即在进度和预算范围内向用户成功交付了高质量的软件系统；另有 40% 以上的软件项目受到多方面的挑战，

表现为成本超支、进度延期或存在质量问题；剩下 20% 左右的软件项目最终失败，软件项目被取消，或者用户放弃软件的使用。另一项统计表明，2002~2010 年期间，软件项目的投资成本和失败投资的金额持续增加（见图 2.1）。我们将软件开发和维护中出现的上述状况、遇到的困难和问题称为软件危机。具体的，软件危机主要表现为以下几个方面。

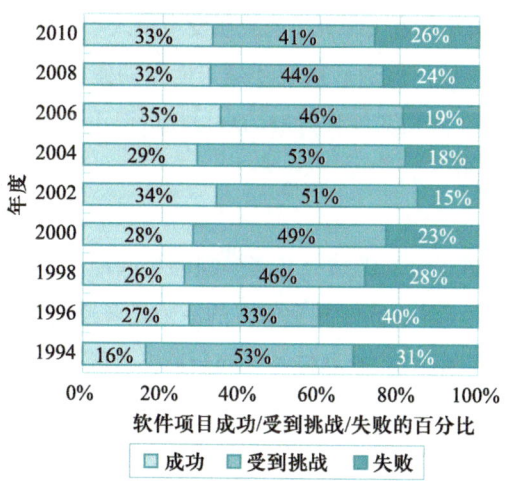

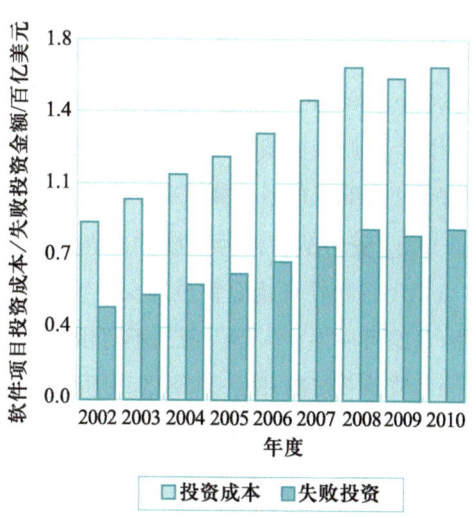

图 2.1   软件项目完成情况分析

1. 软件开发成本高且经常超支

软件开发和维护的费用越来越高，软件成本在计算机系统总成本中所占的比例居高不下，且不断上升，计算机软硬件投资比发生急剧变化。20 世纪 60 年代，软件开发成本约占计算机系统总成本的 20% 以下，到 20 世纪 70 年代软件成本已达总成本的 80% 以上，软件维护费用占软件成本的 65% 甚至更多。美国空军是软件的应用大户，1955 年美国空军在软件开发方面的费用占计算机系统总费用的 18%，这一比例在 20 世纪 70 年代上升到了 60%，1985 年则达到了 85%。软件开发成本超支已成为一种普遍现象。美国银行 1982 年进入信托商业领域并投资开发信托软件系统，这一项目预算为 2 千万美元，但软件开发期间的实际投入费用高达 6 千万美元，是预算的 3 倍。IBM 公司于 20 世纪 60 年代研发 OS/360 系统投入的研发费用多达 5 亿多美元，且软件开发成本超出了硬件研发成本。

软件开发的高昂成本及经常性超支给软件投资方带来极大的经济负担，许多软件项目不得不被取消，以防止陷入无止境的投资中。导致这一状况的原因是多方面的。一方面，微电子技术的进步和硬件生产自动化程度的不断提升，使得硬件性能和产量迅速提高，硬件成本逐年下降。另一方面，随着软件规模和复杂性的不断增加，软件开发需要投入更多的人员，软件交付需要更长的时间，从而使得软件开发成本不断攀升。

2. 软件无法按时交付且经常延期

软件项目无法按期向用户交付软件系统，软件项目进度延期的情况比比皆是。一些软件系统的交付日期一再延后，只有部分软件项目能够按期完成。许多软件项目由于经常性延期而不得不被取消。这种状况不仅极大地降低了软件开发组织的信誉，而且还影响了用户投资开发软件系统的信心。

例如，美国银行的信托软件系统原计划于 1984 年底前完成，但是该系统直到 1987 年 3 月仍未能交付给用户使用。IBM 公司尽管在 OS/360 系统研发中投入了 2 000 多名软件工程师，耗费 5 000 多个人年的工作量，但是该系统还是未能按期完成交付使用。项目无法按时交付和进度延期充分说明了人们对软件开发的艰巨性认识不够、对软件开发的工作量估算不准，软件开发的效率低下。

3. 交付的软件存在质量问题

一些软件系统尽管最终交付给了用户使用，但是仍然存在诸多缺陷和问题，表现为系统可靠性差、不易用、不可用甚至不能用。导致软件质量低下的原因是多方面的，一些软件系统的开发没有配套的质量保证手段，还有一些软件系统的开发由于赶进度而忽视软件质量，甚至没有开展必要的质量保证活动。低质量的软件系统好似"定时炸弹"，一旦缺陷被触发，就会导致软件运行出现错误，进而失效，不仅无法提供正常的服务和正确的功能，而且还会造成人员和经济的损失。

例如：美国银行的信托软件系统尽管完成交付使用，但由于该系统运行不稳定，用户最终不得不放弃使用；IBM OS/360 系统在交付使用后，仍有多达 2 000 个以上的问题；"阿丽亚娜" 5 型火箭中的软件缺陷导致火箭发射后发生了爆炸。

需要说明的是，软件项目的失败并不等同于软件的失败。许多项目失败的原因是软件系统的交付延期或成本超支，而软件系统本身仍可以正常工作并为用户提供服务。

软件危机产生的背后有多重因素。20 世纪 60 年代中期后，随着计算速度更高、存储容量更大的计算机系统出现，计算机的应用范围迅速扩大，软件系统的规模和复杂性越来越高，软件开发的需求和数量急剧增长，面临的困难和问题也就越来越多。软件危机的出现也意味着人们尚未能深入认识软件这一复杂逻辑系统，对支撑软件开发的方法和手段准备不足。

首先，人们对软件产品的特点、内在规律和复杂性等认识不够、理解不深，进而导致难以有效应对这类系统的开发和维护。在计算机软件出现的早期，人们尚不清楚软件这类逻辑系统与现实世界中的物理系统有何区别，未能认清软件系统的复杂性特点以及由此带来的开发挑战，不清楚软件规模的增长会对软件开发工作量产生多大的影响，导致要正确地估算软件开发成本非常困难，对软件开发工作量、开发进度和面临困难的预估常常过于乐观。人们对软件质量的重要性重视不够，导致软件开发缺乏必要的质量保证，交付的软件系统仍存在诸多质量问题，影响软件系统的正常使用。此外，软件开发人员对软件需求的多变性和易变性应对不力，导致软件开发经常处于一个"动荡"和"不收敛"的状态，极大地影响了软件开发的进度以及软件系统的交付。图 2.2 表明，软件规模（用代码行数量表示）增长将会导致软件缺陷密度、软件需求也随之增长，软件代码生产率以及软件开发成功率会随之下降。总之，相对于现实世界的物理产品而言，软件产品还是一个新鲜事物。人们需要在不断的实践中逐步加强对软件的认知，才有可能掌握这类产品的复杂性特点并采取行之有效的应对举措。

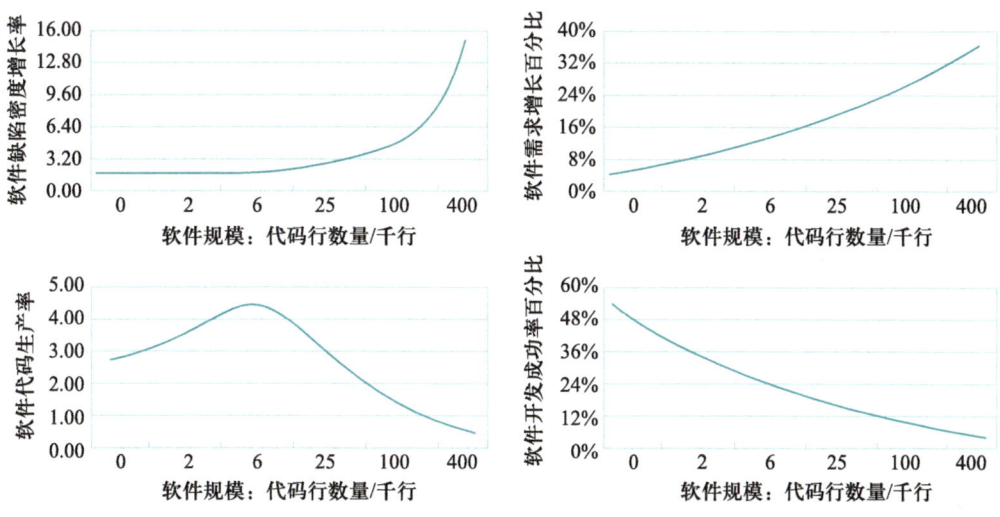

图 2.2　软件规模增长对软件质量、开发生产率和成功率等带来的影响

　　其次，软件开发缺乏理论基础和方法指导，难以有效应对软件系统复杂性增长、软件需求变化等带来的诸多挑战。软件开发是一项知识密集和人力密集的复杂行为。大型软件系统的开发需要组织足够的人力并通过人员的相互合作才能完成，须完成从需求分析到软件测试等一系列开发活动，并要对牵涉其中的诸多人员、活动、制品等进行有效管理。早期的个体作坊式开发模式既缺乏团队合作，也缺乏系统性方法指导，编程行为非常随意，程序员没有相关的标准和规范可以遵循。这种开发模式所采用的方法原始，技术落后，不仅效率低，而且质量难以保证，应对小规模的软件系统尚可，对于中大型软件系统的开发将变得力不从心。无疑，软件开发是一项集体性和群体性行为。随着计算能力以及人们对软件需求的不断增长，软件系统开发的复杂性远远超出了程序员个体对软件开发问题的驾驭能力，迫切需要寻求理论和技术的支持。

2.2　软件工程的概念和思想

　　软件危机的出现促使人们认识到，大中型软件系统的开发与小规模软件系统的开发有着本质差别。大中型软件系统的开发参与人员数量多，开发周期长，所需成本高，进度把控难度大，各类突发情况和需求变化频发，软件质量难以保证，开发复杂性远超人脑所能直接控制的程度，手工作坊式的开发模式难以奏效，因而需要寻求行之有效的方法指导。50 多年来，软件工程的发展经历了从作坊式的个体创作到工业化群体大生产，再由工业化群体大生产回归大规模群体创作的历史转变，产生了软件开发的工程范式和开源范式两次变革。

2.2.1 何为软件工程

1968 年，北大西洋公约组织（NATO）科学委员会在西德组织召开的研讨会上着重讨论如何应对软件危机，会上人们首次提出了"软件工程"概念，进而开启了软件工程的研究与实践。

根据 IEEE 给出的定义，软件工程是指：

① 将系统的、规范的、可量化的方法应用于软件开发、运行和维护的过程；

② 以及上述方法的研究。

这一概念定义给出了软件工程两个方面的内涵，一是软件工程要提供系统的、规范的、可量化的方法来指导软件的开发、运行和维护，二是软件工程要研究方法本身。前一项工作属于软件工程的应用实践范畴，后一项工作属于软件工程的科学研究范畴；二者之

微视频：软件工程的基本内涵

间需要相互支撑，基于前一项工作的需求及问题来指导后一项的研究，借助后一项工作的研究成果来辅助开展前一项工作的实践。这也意味着软件工程既是一项工程，也是一门科学。

所谓"系统的"，是指软件工程关心的是软件全生存周期的开发问题，而不是某个方面、某项开发活动或针对软件生存周期的某个阶段。它不仅要关心如何按时交付软件产品，而且还要关心软件产品的质量，并为软件开发、运行和维护提供完整和全面的方法指导。例如，面向对象的软件工程为软件系统的开发、运行和维护提供了系统性方法，包括详细过程、软件模型、建模和编程语言、开发策略、指导原则等，进而支持面向对象的需求分析、软件设计、程序设计和软件测试，并为面向对象软件系统的运行提供虚拟机、中间件等支持。

所谓"规范的"，是指软件工程所提供的方法可为软件开发活动及其所产生的软件制品提供可准确描述的、标准化的指南，使得不同开发者遵循相同的开发要求和约束，产生标准化的软件制品，从而确保软件工程方法不限定软件类型、应用领域和开发组织，软件开发的成功实践可在不同软件项目中复现。例如，软件工程提出了诸多标准、多种编程风格来规范软件文档的撰写和高质量代码的编写。

所谓"可量化的"，是指软件工程采用可量化的手段，基于定量的数据来支持软件开发、运行和维护，防止主观臆断，随意进行软件开发的规划，提高软件开发决策和判断的科学性。例如，软件工程提出了基于功能点和代码行的软件规模及工作量估算方法，以便在软件开发初期估算待开发软件的规模、工作量及成本，以指导签订软件项目合同、制订项目计划等工作，确保合同和计划的科学性和可行性。

2.2.2 软件工程的三要素

软件工程关注的是"软件"这一特殊产品，要解决的是软件开发、运行和维护问题，通过多学科交叉方式，为软件产品提供过程、方法学和工具三方面的核心要素（见图 2.3）。这些要素从不同的工程视角关注软件开发、运行和维护的问题，为软件质量保证（software quality assurance，SQA）提供不同的支持，并为"系统、规范和可量化"的工程化开发提供指导。

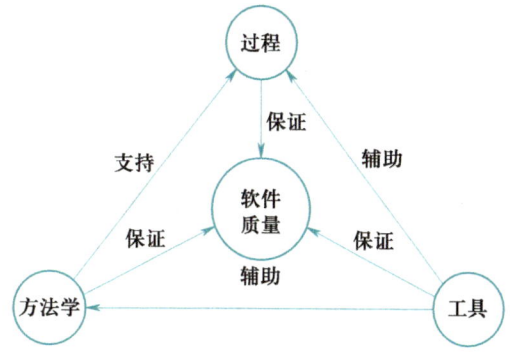

图 2.3　软件工程的过程、方法学和工具三要素

1. 过程（process）

该要素主要是从管理的视角，回答软件开发、运行和维护需要做哪些工作、如何管理好这些工作等问题，关注软件项目的规范化组织和可量化实施。软件开发过程（software development process）明确了软件开发和运维的具体步骤，也即如何一步步地开展软件开发和维护，每一个步骤要完成什么样的工作、产生怎样的软件制品，不同步骤间存在什么样的先后次序和逻辑关系。该要素还关注如何针对不同的软件项目选择合适的开发过程、改进软件开发过程，并对软件开发过程所涉及的人、制品、质量、成本、计划等进行有效和可量化的管理。

至今，软件工程已提出了诸多软件开发过程模型，包括瀑布模型、增量模型、原型模型、迭代模型、螺旋模型等。每一种模型都反映了对软件开发的不同理解和认识，进而采用不同的过程。此外，软件工程还提供了一组开发方法，如敏捷方法（agile method）、群体化开发方法（crowd-based development method）、DevOps 方法等。它们为软件开发过程中的开发和维护活动、软件制品的交付方式、软件开发人员的组织和协同等提供指导思想、原则和策略。

2. 方法学（methodology）

该要素主要是从技术的视角，回答软件开发、运行和维护如何做的问题。方法学旨在为软件开发过程中的各项开发和维护活动提供系统、规范的技术支持，包括：如何理解和认识软件模型，如何用不同抽象层次的模型描述不同开发活动所产生的软件制品，采用什么样的建模语言描述软件模型，提供什么样的编程语言实现软件模型，提供怎样的策略和原则指导各项活动的开展，如何确保开发活动、维护活动和软件制品的质量等。至今，软件工程已提出诸多软件开发方法学，如结构化软件开发方法学、面向对象软件开发方法学、基于构件的软件开发方法学、面向主体的软件开发方法学等。

3. 工具（tool）

该要素主要是从工具辅助的视角，回答如何借助工具来辅助软件开发、运行和维护的问题。"工欲善其事，必先利其器。"软件开发、运行和维护是一项极为复杂、费时费力的工作，需要工具的支持。有效的工具可以起到事半功倍的作用，帮助软件开发人员更为高效地运用软件开发方法学完成软件开发过程中的各项工作，简化软件开发任务，提高软件开发效率和质量，加快软件交付进度。至今，软件工程学术界和产业界已开发出诸多软件工具，有些软件工具支持软件过程的实施、改进和软件项目管理，有些软件工具则辅助软件开发和维护活动的实施、软件制品的生成及质量保证，还有些软件工具支持软件系统的运行和自动化维护。

2.2.3　软件工程的目标

软件工程的整体目标是要在成本、进度、资源等约束下，帮助软件开发人员开发出满足用户要求的足够好的软件系统。软件开发、运行和维护是一项极为复杂的工作，涉及多方利益相关者，包括客户、用户、开发者、维护者、管理者等，他们会从各自的角度提出各自的诉求（见图 2.4）。软件工程就是要站在这些利益相关者的角度实现以下目标。

微视频：软件工程的目标和原则

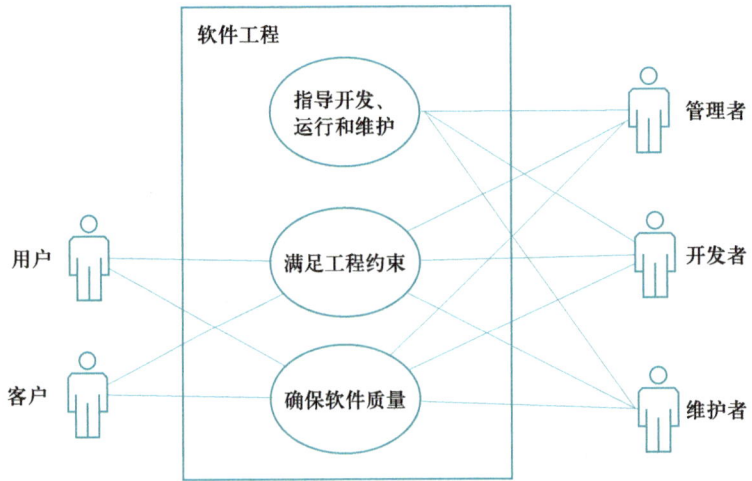

图 2.4　软件工程的不同利益相关者及其追寻的目标

1. 指导开发、运行和维护

这一目标与软件的开发者、维护者和管理者息息相关。软件开发是一个复杂的逻辑思维过程，它由若干个开发活动组成，每个活动都有其各自的任务，活动完成后会产生相应的软件制品。软件工程需要为软件开发、维护和管理者提供系统化、规范化和可量化的方法，指导其基于相关原则、策略和技术，借助软件工具循序渐进、有条理地开展相应的活动。

2. 满足工程约束

这一目标与软件客户、用户和软件开发者、维护者、管理者均相关。软件工程将软件开发视为一项工程，任何工程都存在约束和限制。软件工程不仅要指导开发者开发出用户所需的目标软件产品，还需要确保软件开发满足工程约束，即在规定的进度范围内按照成本预算、遵循相关标准交付高质量的软件产品，尽力避免出现成本超支、进度延期等问题。

3. 确保软件质量

这一目标同样受到软件客户、用户和软件开发者、维护者、管理者的关注。实际上，质量是软件产品的约束之一，在此将其独立出来作为单独的目标，旨在强调软件质量的重要性。软件工程需确保软件产品无论对于客户、用户，还是软件开发者、维护者和管理者而言均足够好。对于软件客户、用户而言，所谓的足够好是指软件具有正确性、友好性、可靠性、易用性等特点；而对于软件开发者、维护者和管理者而言，所谓的足够好是指软件具有可维护性、可理解性、可重用性、互操作性等特点。

2.2.4 软件工程的原则

对于软件工程而言，要达成上述目标是一项严峻挑战。在长期的软件开发和维护过程中，通过对比成功的实践和失败的案例，软件工程总结出一系列行之有效的原则，以指导软件开发和维护工作以及软件工程的研究。

1. 抽象和建模（abstraction and modeling）

软件是复杂逻辑产品，它包含诸多要素，如数据、功能、性能，结构、行为等。这些要素通常缠绕在一起，如果不加以分离将会导致难以准确地理解软件。在软件开发过程中，可通过抽象的手段将软件开发活动（如需求分析）所关注的要素（如功能和非功能需求）提取出来，而将不关心的要素（如需求的实现方式、编程采用的语言等）忽略，形成与该开发活动相关的软件抽象，并借助建模语言（如数据流图、UML 等）或编程语言（如 Java、C++），建立基于这些抽象的软件模型（如用 UML 用例图描述软件需求），促进对软件系统的准确理解。抽象和建模原则有助于忽略那些与当前软件开发活动不相关的部分，将注意力集中于与当前开发活动相关的方面，防止过早地考虑细节，进而控制和简化软件开发和维护的复杂度，有效应对软件的逻辑性特点和复杂性挑战。本质上，软件开发就是一个从高层抽象（如需求模型）到低层抽象（如程序代码）的逐步过渡过程（见图 2.5）。

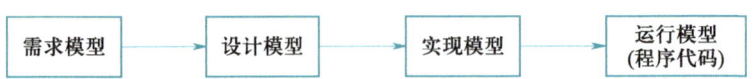

图 2.5　软件开发是一个建立不同抽象层次软件模型的过程

2. 模块化（modularization）

大中型软件具有功能多、规模大的特点，不同软件制品间的逻辑关系常常很复杂。显然，将软件系统的所有功能放在一起加以实现不仅开发难度大，而且所开发的软件难以维护。模块化原则是指将软件系统的功能分解和实现为若干个模块，每个模块具有独立的功能，模块之间通过接口进行调用和访问。每个模块内部的要素（如语句、变量等）与模块的功能相关，且相互间关系密切，即模块内部高内聚；每个模块独立性强，模块间的关系松散，即模块间松耦合。模块化原则可有效指导软件的设计和实现，有助于得到高内聚、低耦合、易维护、可重用的高质量软件。在过去几十年，软件工程的发展表现在模块化技术的进步（见图 2.6），包括模块的封装方式不断提升，模块封装的粒度越来越大，模块间的交互更为灵活等。

图 2.6　软件工程模块化技术的发展

3. 软件重用（software reuse）

在长期的软件开发实践中，人们积累了大量、多样乃至高质量的软件资源，包括各种形式的软件模块、代码片段、设计模式、开源软件等。尽管不同软件系统在整体需求方面不一样，但在某些功能需求及其实现细节等方面存在相似性甚至相同性。在软件开发过程中，软件开发人员靠自身的努力全新地实现软件的所有功能，这一方式和理念不可取，原因之一是它未能充分利用已有的软件资源来支持软件系统的开发。软件重用原则是指在软件开发过程中尽可能利用已有的软件资源和资产（如函数库、类库、构件库、开源软件、代码片段等）来实现软件系统，并努力开发出可被再次重用的软件资源。显然，软件重用原则不仅有助于提高软件开发效率、降低软件开发成本、满足开发工程约束，而且有助于得到高质量的软件产品。图 2.7 描述了软件工程提供的不同层次的软件重用。

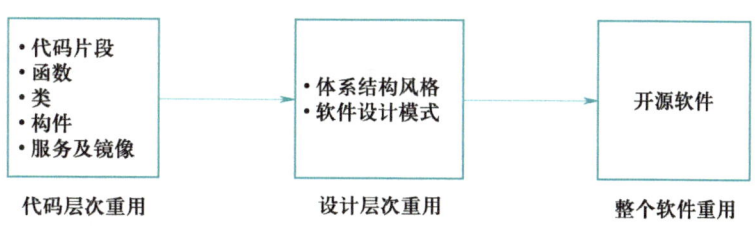

图 2.7 软件工程提供的不同层次的软件重用

4. 信息隐藏（information hiding）

软件模块内部包含诸多实现要素，如变量、语句等。尽管不同模块间存在交互（如函数调用、消息传递等），但将模块内部的要素暴露给其他模块允许其访问既无必要，也非常危险。这样做不仅会导致模块执行混乱，而且难以追踪错误产生的原因。正因为如此，20 世纪 60 年代许多软件工程学者提出不用或少用"goto"语句。信息隐藏原则是指模块应该设计为使其所含的信息（如内部语句、变量等）对那些不需要这些信息的模块而言不可访问，模块间仅交换实现系统功能所须交换的信息（如接口）。基于这一原则，模块设计时只对外提供可见的接口，不提供内部实现细节。信息隐藏原则可提升模块的独立性，减少错误向外传播，支持模块的并行开发。例如，在面向对象设计和实现时将类变量尽量设置为"private"或"protected"访问权限。

5. 关注点分离（separation of concerns）

软件系统具有多面性特点：既有结构特征，如软件的体系结构，也有行为特征，如软件要完成的动作及输出的结果；既有高层的需求模型，描述软件需要做什么，也有底层的实现模型，描述这些需求是如何实现的。关注点分离原则是指在软件开发过程中，软件开发人员需将若干性质不同的关注点分离开来，以便使不同的开发活动针对不同的关注点，随后将这些关注点的开发结果整合起来，形成关于软件系统的完整视图。关注点分离原则使得开发者在每一项开发活动中聚焦于某个关注点，有助于简化开发任务；同时通过整合多个不同视点的开发结果，可获得关于软件系统更为清晰、系统和深入的认识。例如，面向对象的软件设计包含体系结构设计、用户界面设计、用例设计、类详细设计等活动，每一个设计活动分别针对不同视点给出软件的设计方案。

6. 分治（divide and conquer）

当一个系统过于庞大、问题过于复杂时，人们通常将整个系统分解为若干规模相对较小的子系统，将复杂问题分解为若干复杂性相对较小的子问题，并通过子系统的开发或子问题的解决来达成整个系统的开发或整个问题的解决。分治原则是指在软件开发和维护过程中，软件开发人员可对复杂软件系统进行分解，形成一组子系统。如果子系统仍很复杂，还可以继续进行分解，直至通过分解所得到的子系统易于处理，然后通过整合子系统的问题解决得到整个系统的问题解决（见图 2.8）。显然，分治原则有助于简化复杂软件系统的开发，降低软件开发复杂性，从而提高软件开发效率，确保复杂软

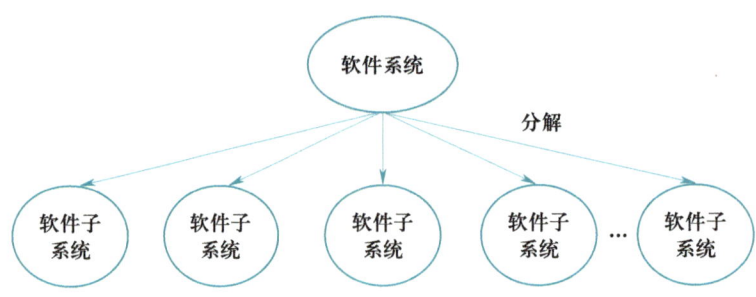

图 2.8   软件工程分治原则的示意图

件系统的质量。

7. 双向追踪（trace）

软件需求具有易变性和多变性的特点，软件需求的变化将会产生波动效应，引发软件设计、程序代码、软件测试等一系列变化，导致软件制品之间的不一致，引发软件质量问题。双向追踪原则是指当某个软件制品发生变化时，一方面要追踪这种变化会对哪些软件制品产生影响，进而指导相关的开发和维护工作，此为正向追踪；另一方面要追踪产生这种变化的来源，或者说是什么因素导致了该软件制品的变化，明确软件制品发生变化的原因及其合理性，此为反向追踪。无论是正向追踪还是反向追踪，都有助于确保软件制品间的一致性，发现无意义的变化，并基于变化指导软件的开发和维护，确保软件质量。

8. 工具辅助（tool-supported）

软件系统及其开发的复杂性意味着单靠人来完成各项开发活动并确保开发质量是不现实的。利用适当的软件工具辅助软件开发和维护工作是行之有效的方法，也是工程领域的常用方法。软件工程强调要尽可能地借助计算机工具来辅助软件开发和维护，以降低开发者和维护者的工作负担，提高软件开发和维护效率，提升软件开发及软件制品的质量。

图 2.9 描述了软件工程原则与软件工程目标之间的支撑关系。软件工程领域所提出的各种过程模型、开发方法学、软件工具等，均不同程度地反映了上述原则。例如，面向对象的软件开发方法学基于对象、类等概念进行软件抽象，通过 UML 语言从多个不同视角对软件进行建模，借助包的思想对系统进行分解和组织，提出类封装、继承和接口等机制来支持模块化开发和实现软件重用。需要说明的是，尽管软件工程发展迅速，各种方法和技术层出不穷，但是这些方法和技术背后的基本原则没有改变，技术的进步在很大程度上反映在支持软件开发的抽象层次越来越高、模块封装和软件重用的粒度越来越大等。例如，结构化软件开发、面向对象的软件开发和基于构件的软件开发，这三种方法学分别采用函数、类和构件作为基本的模块单元来封装软件和开展软件重用，充分体现了软件抽象层次、模块化程度、重用粒度等方面的变化和进步。

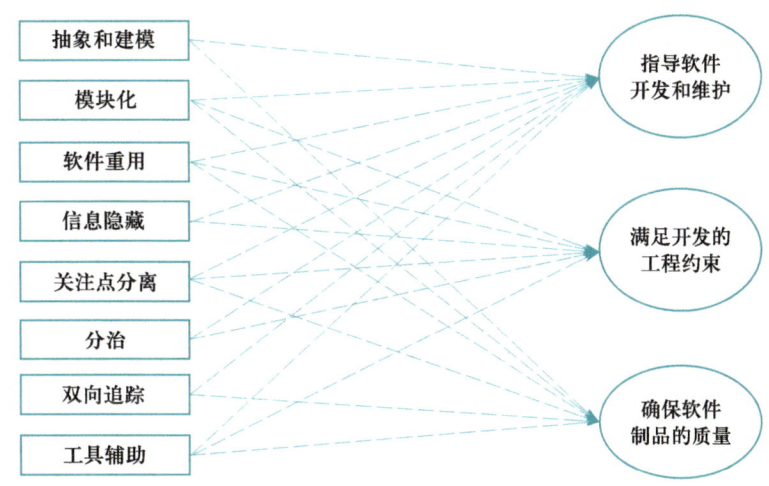

图 2.9　软件工程原则与软件工程目标之间的支撑关系

2.2.5　软件开发范式

软件工程的发展历程实际上就是解决软件危机的过程。在不同的发展阶段，软件工程面临的软件危机是不一样的，这与不同阶段所面对的软件及其复杂性特点和由此带来的开发挑战密切相关。这些软件危机不仅推动了软件开发技术的发展，而且带来了软件开发理念和方法的深刻变革，我们称其为软件开发范式的变革。在软件工程的发展历程中，软件开发先后产生了工程范式和开源范式两次变革，衍生出了群智范式[1]。这些软件开发范式深刻影响着软件工程在过程、方法和工具等方面的研究与实践。

1. 工程范式

软件工程自 1968 年产生以来就开启了工程范式的探索和实践，其核心思想是借助现实世界中的工程理念和方法来指导逻辑世界中软件系统的开发。工程范式认为世界是一部可被理解表述的、可被线性分解还原的"机器"。由此派生出工程范式的基本原则和方法：自上而下，逐步求精。这些原则与方法源自传统工业化大生产的两点启示：一是把成规模的软件开发者按照标准化的生产流程组织起来，实现大规模群体协作开发软件；二是发明通用性较强的生产工具，让软件开发活动尽可能自动化。

工程范式在具体实施中遵循"还原论"思想，即将软件开发任务自上而下精细化分解，简化为可管理、易开发的基本功能单元，完成基本单元开发后，再通过自底向上组装获得目标软件系统，期望达到"整体等于部分之和"的效果。

① 工程范式认为需求是软件开发的起点和依据。软件工程强调需要通过一套标准过程与技术，指导开发人员系统化地识别、分析和获取需求，并形成规范一致的需求规格说明，由此开展"自上而下、逐步求精"的开发活动。工程范式认为软件需求是明确且可以定义清楚的，并由此来指导后续的软件设计、编码实现、软件测试等工作。

② 保障质量是工程范式关注的核心目标。其保障手段和工具包括形式化验证、自动化测试等方式。

③ 提高开发效率是工程范式配置资源的主要依据。开发效率是指开发出满足需求规格的软件所需要的人力、时间、投资等资源的投入产出比。提高开发效率需要对软件生存周期进行阶段分解与过程控制，再通过相应的自动化手段提升、优化投入产出比。

在工程范式的指导下，软件工程在过程、方法和工具等方面取得了一系列成果，产生了诸多经典的软件开发过程模型，以及评价软件企业能力的软件能力成熟度模型（capability maturity model，CMM）等，涌现出许多行之有效的软件开发方法、技术、工具和平台。

到了 20 世纪 90 年代，软件开发工程范式的发展和实践面临着诸多瓶颈和挑战。特别是进入（移动）互联网时代，软件的利益相关者从特定领域的小规模需求主导者转变为动态开放的大规模互联网用户群体，软件开发不再是边界清晰、需求明确的生产活动。这些变化动摇了工程范式的基本前提假设，即用户需求可以被事先完整分析、获取和描述，软件系统具备可拆分的明确边界和结构，软件开发过程精确可控等，因而促使人们去寻找其他软件开发理念和方法。

2. 开源范式

软件开发的开源范式始于 20 世纪 80 年代中期的自由软件运动，随后 20 多年开源软件实践所遵循的软件开发理念和方法统称为开源范式。相对于标准化、有组织的工程范式，开源范式更尊重每个开发者的个体创作意愿，通过营造开放性、多元化、自组织的创作环境，充分激发大规模程序员的参与热情与创作灵感，通过群体智慧涌现，最终形成高水平的软件制品。

开源范式基于创作兴趣和社区自组织的发展理念可以概括为：自下而上、演化涌现。开源范式的软件创作方法是"程序代码开源、开发过程开放、大众自由参与"。

以 Linux 演化历程为例，在 2001 年 12 月~2005 年中仅其内核就发行了 94 个版本，全球上千名开发者为其开源内核贡献过代码。因为开源，每个自由"下载者"都可以修改内核代码，从而产生"变异"并"繁殖"出新的 Linux 版本，这个过程带来的多样性大大提高了 Linux 种群基因延续的可能性。Linux 通过开源范式带来的易变性和多样性，更能应对未来操作系统发展的不确定性。Linux 基因被更多的衍生操作系统继承，从而使其家族"兴旺"，当智能手机、云计算、物联网等新的需求涌现时，Linux 的后代就具有更强大的生存竞争力。

相对于工程范式，开源范式在软件开发的理念和方法方面是颠覆性的：

① 关于软件需求问题。开源范式不坚持"需求在先、开发在后"的原则，甚至不坚持在开发软件之前有明确的用户，开发者可基于自己的构思自由进行软件创作。

② 关于软件质量问题。在开源范式中，软件质量体现为软件开发社区的规模和口碑。

③ 关于开发效率问题。在开源范式中，既然开源软件是在开发社区中持续演化的，当然就不存在工程范式中的最终交付时刻，也就无所谓开发效率问题。如果坚持用开发效率的概念理解开源软件项目，则可以用开源项目的"迭代效率"这一概念，例如开源软件的缺陷响应与修复速率、新版本发布的频率等。

开源范式通过自组织的社区群体，鼓励开展基于兴趣驱动的软件作品自由创作，以多样性促进创新涌现。这种对自由创作的极端追求加剧了群体协同过程的不确定性，能够在开放环境下激发出丰富多样的创新需求，但软件作品收敛为软件产品的成本极高，几乎无法对结果做出可预期性承诺。如何平衡软件需求的确定性和不确定性之间的矛盾，进而更有效、可预期地组织软件开发群体智力，成为亟待解决的软件工程问题。

3. 群智范式

群智范式试图化解软件需求的确定性与不确定性之间的矛盾，在群智激发和汇聚之间寻求平衡点，实现规范生产与自由创作的连接与转化。群智范式的核心理念可以概括为：宏观演化、微观求精。在宏观（长期）尺度上接受世界的不确定性，将软件核心开发者、外围软件涉众以及软件所处的社区生态视为有机整体，持续激发各类群体围绕软件项目进行自由创作。在微观（短期）尺度上，即在软件长期演化进程的具体阶段，明确阶段性里程碑任务的需求规范（简称里程碑），在软件开发核心团队主导下，采用逐步求精的思路组织任务规划实施。

相对于工程范式和开源范式，群智范式试图在二者之间取得某种平衡，以发挥各自的优势：

① 在群智范式中软件需求是一个持续获取及凝练的过程，通常以两种形式呈现，一种是以自然语言表达的 Issue 集合，或称为里程碑，是需求的非精确表达；另一种是以源代码呈现的实现里程碑的阶段性可部署执行版本，或称为原型版本，是现阶段需求的精确表达。

② 群智范式中的软件质量不再只是单纯度量软件源代码本身，而是综合考虑软件源代码、围绕软件源代码形成的社区，以及软件社区所在的生态环境。在宏观上，软件质量主要体现在应对复杂生态演化过程中各类不确定性因素的能力。在微观上，软件质量主要体现在持续迭代版本满足里程碑的程度，这反映了软件对经过筛选的阶段确定性需求的满足程度。

③ 群智范式中的开发效率同样需要考虑软件本身的开发效率、软件社区形成的效率，以及软件社区所在生态环境演进的效率。从群智激发效率和汇聚效率两个视角来看，激发效率是指吸引更多参与者进入社区并做出贡献的效率，汇聚效率是指吸纳广大参与者贡献的效率。在宏观上，软件开发效率主要体现在其软件社区与所在生态环境在应对不确定性因素而发生变异与演化所花费的时间与成本。在微观上，软件开发效率主要体现在对于确定的里程碑与阶段性可部署执行版本的迭代时间与成本。

群智范式的软件开发方法可以概括为"两个连接,一个转化",即连接核心团队与外围群体,连接自由创作与规范生产,实现原型作品与原型版本之间的转化:

① "核心团队"和"外围群体"代表了软件开发社区中两类典型参与者。"核心团队"通常是软件项目的创始团队、管理团队和核心参与者,是初始创新作品的发起者,是里程碑和原型版本的发布者。随着软件的迭代演化,核心团队负责软件演化过程中里程碑规划决策、核心功能开发、吸纳汇聚"外围群体"贡献的 Issue 或代码、发布新的原型版本。"外围群体"则是参与软件项目的其他大规模利益相关者群体或涉众,在软件迭代演化过程中贡献需求(以 Issue 的形式)和代码。

② 软件开发是创作与生产相互交织快速迭代的过程。在需求不清晰、任务不明确时,核心团队通过发布原型版本吸引并激发外围群体的灵感,收获并评价外围群体的贡献,参与软件集体创意;在阶段性里程碑明确后,"核心团队"以规范化的组织模式快速推进研发任务,基于集成部署和测试等机制生成高质量的软件原型版本。群智范式通过内外交汇的协调机制"连接"这两类活动,充分发挥"外围群体"自下而上的创新活力和"核心团队"自上而下的组织能力,协同驱动软件项目的快速迭代演化。

③ 软件是原型作品与原型版本持续交互演化的产物。原型作品通常是灵感驱动下的创意捕获和表达,具有不可预期性和多样性;原型版本则通常是在阶段性里程碑驱动下,按照工程范式开发产生的软件原型版本,具有确定性和明确的评判标准。群智范式关注在连接"外围群体"创作活动与"核心团队"生产活动的基础上实现这两类软件制品的"转化",即对原型作品进行筛选、改进并集成到软件原型版本中,并持续发布阶段性原型版本,吸引用户体验,从而激发产生新的原型作品,形成迭代演化。

2.3 计算机辅助软件工程

在日常学习、生活和工作过程中,人们常常借助软件来解决行业和领域的诸多实际问题。例如,利用 CAD 软件辅助机械工程师进行图形设计、绘制和打印。自然的,人们也会想到将软件应用到软件工程领域,辅助软件开发人员完成软件开发、运行和维护工作,以减轻其工作负担,提高软件开发效率,提升软件开发质量。

2.3.1 何为计算机辅助软件工程

计算机辅助软件工程(computer aided software engineering, CASE)是指借助计算机软件来辅助软件开发、运行、维护和管理的过程。用于支持计算机辅助软件工程的工具称为 CASE 工具。通常每个 CASE 工具提供一个相对独立的功能，辅助软件开发人员完成某项特定的工作。例如：SonarQube 就是一种 CASE 工具，用以辅助软件开发人员完成代码质量分析和评估工作；Microsoft Office 也可视为 CASE 工具，用以辅助软件开发人员撰写软件文档。

软件开发是一个系统的过程，涉及诸多环节和任务。要进行多项开发活动，并且在不同活动之间交换相应的软件制品，这就要求多种 CASE 工具可以共享和交换软件开发数据（如软件制品），以确保在多个 CASE 工具的辅助下系统地开展软件开发工作。例如：在软件实现阶段，软件开发人员需进行代码编写、编译、调试、质量分析、部署和运行等一系列开发活动，为此代码编辑工具需将程序员编写的代码共享给 SonarQube，以便 SonarQube 对其进行静态分析；SonarQube 也需将发现的缺陷信息反馈给代码编辑器，以便编辑器能用高亮的方式为程序员提示代码中的问题。为此，有必要将多种 CASE 工具集成在一起，使其能够共享数据、交换软件制品（如代码、模型、文档、数据）等，于是形成了 CASE 环境。例如，Visual Studio 和 Eclipse 就是典型的 CASE 环境，它们集成了多种 CASE 工具，为开发者提供统一的用户界面，辅助他们在同一个 CASE 环境下完成编码、编译、调试、连接、运行、分析等工作。

2.3.2 CASE 工具和环境

在计算机出现的早期，程序员在纸带上编写二进制程序代码，然后将纸带交由计算机来阅读、理解和执行。汇编语言和高级程序设计语言出现后，程序员可编写出更易于阅读和理解的源代码，并借助这些语言的编译器将源代码编译生成可执行的二进制代码。这些编程语言的编译器就是最早的 CASE 工具。随着软件规模和复杂性的增加以及软件工程的发展，人们逐渐认识到 CASE 工具和环境的重要性，不断开发出功能越来越强、覆盖范围越来越广的 CASE 工具和环境。尤其是当前流行的敏捷方法和 DevOps 方法，它们高度依赖 CASE 工具和环境，以支持软件开发和运行的自动化，实现敏捷开发、持续集成（continuous integration）、持续交付（continuous delivery）和持续部署（continuous deployment）。根据 CASE 工具和环境所辅助的软件开发活动的差异性，可以将其大致分为以下几类（见表 2.1）。

表 2.1　CASE 工具和环境的分类

类别	辅助对象	辅助活动	提供的功能	示例
软件分析与设计	用户，业务、需求分析人员和软件设计人员	业务建模、需求分析、软件设计等	可视化建模、模型存储和管理、模型一致性和完整性分析、文档生成	Rational Rose、Office、StartUML、Microsoft Visio、ArgoUML

续表

类别	辅助对象	辅助活动	提供的功能	示例
程序设计	程序员	代码编写、程序编译、代码加载和运行、程序调试、模拟运行等	编辑器、编译器、调试器、加载器、代码生成器等	Eclipse、Visual Studio、Android Studio、Jenkins、Copilot
软件质量保证	用户、开发人员、质量保证人员、项目管理人员	质量分析、软件测试等	代码和模型质量分析、软件测试、软件缺陷管理和追踪等	SonarQube、FindBugs、JUnit、ClearQuest、CheckStyles
项目管理	开发人员、质量保证人员、项目管理人员	团队合作、配置管理、计划制订和跟踪等	软件版本管理、分布式协同开发、计划制订、项目成本估算等	Git、GitLab、Microsoft Project、CVS、IBM ClearCase
软件运维	软件自身及软件运维人员	软件部署、运行和维护	自动部署、运行支撑、状况监控、日志管理、权限管理等	Docker、K8S、Zagios

1. 软件分析与设计的 CASE 工具和环境

这类 CASE 工具和环境主要辅助业务、需求分析人员、软件设计人员和用户完成业务建模、需求分析和软件设计等工作，提供可视化建模、模型存储和管理、模型一致性和完整性分析、文档生成等一系列功能，代表性的有 Rational Rose、Microsoft Visio、ArgoUML 等。以 Microsoft Visio 为例，它实际上是一款绘图软件工具，支持数据流图、UML 图的绘制，可辅助软件分析和设计人员建立软件系统的需求和设计模型，本书案例描述中的 UML 图都是用 Visio 绘制的。Rational Rose 则是一款专门支持面向对象软件工程的 CASE 环境，提供基于 UML 的可视化建模、UML 模型的一致性和完整性分析、不同 UML 模型间的转换、程序代码生成等功能。

2. 程序设计的 CASE 工具和环境

这类 CASE 工具和环境主要辅助程序员完成编码阶段的软件开发工作，包括代码编写、代码生成、程序编译、代码加载和运行、程序调试、模拟运行等，提供编辑器、编译器、调试器、加载器等功能，代表性的有 Eclipse、Visual Studio、Android Studio、Jenkins 等。以 Visual Studio 为例，它是一款支持 C\C ++ \C# 等编程语言的集成开发环境（IDE），提供了源代码编辑器、代码生成器、可视化设计器、编译器、调试器、项目管理等软件工具，所产生的目标代码适用于微软支持的所有平台，包括 Microsoft Windows、Windows Mobile、Windows CE、.NET Framework、.NET Compact Framework 和 Microsoft Silverlight 及 Windows Phone。近年来微软还推出了以 Copilot 等为代表的智能化软件开发工具。

3. 软件质量保证的 CASE 工具和环境

这类 CASE 工具和环境主要辅助用户、开发人员、质量保证人员、项目管理人员对软件开发和运维活动、软件制品等完成质量分析、软件测试工作，提供软件测试、代码和模型质量分析、软件缺陷管理和追踪等功能，代表性的有 SonarQube、JUnit、ClearQuest 等。以 ClearQuest 为例，它是一款对软件缺陷进行管理和追踪的软件工具，提供了从提交缺陷到关闭缺陷的全生存周期管理，记录软件缺陷的所有改变历史，支持查询缺陷的处理状况，方便软件开发人员和项目管理人员获得软件缺陷的清晰视图。JUnit 是一款支持 Java 代码测试的软件工具，辅助程序员和测试人员开展软件测试工作，提供编写测试代码、运行测试用例、报告软件缺陷等功能，是敏捷软件开发和 DevOps 开发的常用工具。

4. 项目管理的 CASE 工具和环境

这类 CASE 工具和环境主要辅助软件开发人员、质量保证人员和项目管理人员开展软件项目的管理工作，包括团队合作、配置管理、计划制订和跟踪等，提供分布式协同开发、软件版本管理、项目成本估算、计划制订等功能，代表性的有 Git、GitLab、Microsoft Project、CVS、IBM ClearCase 等。以 ClearCase 为例，它是一款支持软件版本管理的 CASE 环境，可对各类软件制品进行版本控制和跟踪变更情况，自动产生软件构造的文档清单，支持团队成员间的交流和合作。Git 是一个分布式软件版本管理工具，支持代码的分布式存储和版本控制。GitLab 是一个基于 Git 的在线代码仓库开源软件，它拥有 GitHub 的类似功能，可独立部署到用户自己的服务器上，自主掌握代码仓库的所有内容，提供更为安全和灵活的软件仓库管理服务。

5. 软件运维的 CASE 工具和环境

这类 CASE 工具和环境主要辅助软件自身以及软件运维人员完成软件部署、运行和维护工作，提供运行支撑、自动部署、状况监控、日志管理、权限管理等功能，代表性的有 Docker、K8S、Zagios 等。以 Docker 为例，它是一款支撑应用运行的容器引擎，支持用户方便地创建、部署和运行轻量级软件包，每个软件包包含软件运行所需的所有内容，如可执行代码、运行时环境、系统工具、系统库和各种参数设置，并可对它们进行版本管理、复制、分享和修改，有效支持软件系统的持续部署和交付。

随着群体化软件开发、软件众包、DevOps 方法等新颖软件技术的兴起以及在众多软件开发中的成功应用，CASE 工具和环境需将分布在不同地域、松散组织的软件开发人员通过某种方式（如社区模式）组织在一起，支持他们之间的交互和协同，促进多样化、差异化软件制品的管理，增强持续集成、交付和部署的能力。近年来，CASE 工具和环境出现了一些新的变化和趋势，具体表现为以下几个方面：

① 基于互联网的在线服务。以往大多数 CASE 工具和环境需要安装在开发者的终端上，或者采用 C/S 分布式模式为一组开发者提供服务。随着开源软件项目的兴起以及

越来越多的开发者在互联网上开展软件开发工作，更多的 CASE 工具和环境部署在互联网平台上，并为分布在全球各地的开发者提供在线软件开发和运维服务，典型例子如 GitHub、SonarQube 等。

② 基于大数据的智能化服务。随着软件规模和复杂性的不断增长，以及用户对软件质量和交付要求的不断提升，CASE 工具和环境在软件开发、运行和维护过程中发挥着越来越大的作用。软件工程大数据的出现，使得 CASE 工具和环境可充分借助大数据的分析和挖掘，为软件开发以及软件自身的运维工作提供更为智能化的服务，如代码自动生成、代码片段推荐、软件缺陷的智能化分析和修复、潜在软件开发人员的推荐、自动化测试等。

③ 基于共享的集成化服务。在辅助软件开发、运行和维护的过程中，不同 CASE 工具及环境间的数据共享变得极为重要，这是确保 CASE 工具及环境提供智能化、持续和快速服务的前提。例如，DevOps 方法依赖一系列 CASE 工具及环境，涵盖开发、测试、集成、交付、监控等多个方面，这些工具之间需持续交换软件开发、运行和维护的相关数据，为 DevOps 方法的应用提供集成化、一体化、持续性支持。

2.4　软件工程视角下的软件开发

软件开发是一项复杂的集体性智力活动。这项工作既涉及各个软件开发人员的自由软件创作活动，也包含一系列工程化和有组织的软件生产活动。

2.4.1　软件创作与软件生产

在计算机软件出现的早期，软件开发主要表现为个体作坊式软件创作形式。程序员针对要解决的应用问题，基于自己的编程经验和技能，结合个人的兴趣和爱好，自由发挥各自的智慧，对程序代码进行精心设计，编写出数据结构精练、算法执行效率很高的程序代码。在此过程中，程序员的开发行为及所产生的软件制品具有随意性特点，不受任何纪律和规范的约束，不同人员之间缺乏交流和协同，他们甚至不考虑软件开发的进度和成本等要求，也没有遵循编程风格来编写程序代码。这种自由软件创作所导致的结果是，程序员可以发挥其智慧创作出精致的程序代码，但是代码的质量难以保证，软件开发的效率低，难以应对大规模复杂软件系统的开发。

到了 20 世纪 60 年代，随着软件规模的不断增加以及软件危机的出现，人们开始反思个体作坊式软件创作方式的局限性以及替代方法。以 IBM OS/360 软件项目为例，该软件具有上百万行的代码量，靠少数几个人的努力以及个体作坊式的方法来开发该软件显然是不可行的。

软件工程概念和思想的提出，使得人们重新审视软件开发的本质。软件工程领域的研究和实践人员开始向经典的工业生产和传统的工程建设学习，以寻求软件开发的新思路。在这些领域的长期实践中，人们总结出许多行之有效的工程化方法，以提高大规模工业生产和复杂工程建设的效率和质量，降低成本。例如，采用分阶段、分步骤、流水线的模式来开展生产和建设，将质量保证贯穿于生产和建设全过程，提供标准和规范来约束生产者和建设者的行为及结果，采用量化的手段来分析生产和建设的过程及其成果，强调团队的重要性，加强生产和建设过程中不同人员之间的交流与合作等。虽然软件开发是设计生产的，然而人们仍然可以尝试将这些成功之道应用于软件的设计生产过程中。因此，人们将工程化的思想和方法引入软件开发之中，如过程管理、质量保证、团队合作、开发标准、工具使用等，对软件开发人员的创作行为进行规范、约束和指导，强化软件的工程化生产，形成一种将软件创作和软件生产相结合的软件开发新模式。

软件创作和软件生产的驱动力不同。软件创作更多的是面向创作者，创作所产生的作品很大程度上体现的是创作者的爱好、兴趣和价值观，因而软件创作的主要驱动力来自创作者本身。而从软件工程的视角，软件是一种产品。作为产品，它需要面向用户，帮助用户解决实际问题、满足用户需求、获得用户认可，因而软件开发的首要目标就是要服务于用户，强化生产质量和产品质量，并要从用户的角度来评价质量的好坏。因此，软件生产的驱动力主要来自软件用户。

需要强调的是，在软件开发的各个阶段，软件创作和软件生产常常交织在一起，二者均不可或缺。如果只有生产没有创作，那么所产生的软件很难产生创新性需求和设计，以及相关的程序代码。如果只有创作没有生产，也会导致软件开发过于随意，缺乏规范，影响效率和质量。例如，在软件体系设计阶段，软件开发人员通过软件创作形成可有效实现软件需求的软件体系，同时通过软件生产撰写软件体系结构设计文档、组织相关人员评审软件文档的质量，确保整个体系结构设计工作的系统性和严谨性，以及所产生设计结果的规范性和正确性。

2.4.2 软件创作与软件生产的软件工程方法

从软件工程的视角，软件创作和软件生产两种软件开发行为常常交织在一起，贯穿于软件开发全过程。它试图在软件创作和软件生产之间取得某种平衡：既要保证开发者的创作积极性，同时又有必要规范其软件开发行为；既要鼓励开发者的自由创新，同时又要使其按照相关的标准和要求来生产软件制品；既要向开发者提供宽松的环境支持开放的创作，又要求他们必须遵循团队和开发纪律；既要发挥开发者的聪明才智和经验技能，又要求他们进行团队合作，共同解决开发过程中遇到的各类问题。

软件工程提供了诸多方法，它们对软件创作和软件生产有着不同的侧重。以瀑布模型为代表的一类软件开发过程更加强调软件生产，注重过程、计划、纪律、文档、规范等；以敏捷方法、DevOps 方法等为代表的软件开发方法鼓励开发者的自由创作，以快速应对变化和持续交付软件；群体化开发方法及开源软件实践则非常重视互联网大众的软件创作，鼓励他们为开源软件项目做出各种形式的自由贡献，如发现软件缺陷、提出软件需求、贡献软件代码等，但同时也通过一些必要的机制来规范大众的行为和确保他们的贡献质量，如代码审查等。

软件工程主要聚焦于软件生产，其核心思想是将软件视为一类特殊的产品，将软件开发视为一项特殊的工程。任何工程都有经济特征，存在成本投入；有需求特征，需要面向用户需求；有时间特征，存在进度的要求；有资源限制，需要人力、物力和工具等资源。软件开发也不例外，也存在质量、成本、进度、资源等方面的具体约束和要求。

软件工程借鉴传统工业产品的生产模式，为软件产品的工程化开发建立严格的工程规范，针对软件开发过程中的各项开发活动，通过规范行为、加强管理、辅助工具和质量保证等举措提高软件开发效率，最大限度地减少人为错误，尽早发现软件制品中的问题，进而确保软件质量。例如，软件开发过程模型将软件开发分为若干具有清晰任务和明确结果的阶段，从而指导软件的有序生产；软件工程提供了诸多标准和规范，如编程风格、文档规范、能力成熟度模型、建模语言、程序设计语言、软件架构风格、软件设计模式等，旨在规范软件生产及其输出结果，以确保软件制品的质量；软件工程提出要在软件开发全过程进行质量保证，以提升软件生产的质量。

软件工程在推进软件产业化进程中的贡献不容置疑，由此产生了规模极为庞大的软件产业，成功开发出大量的软件产品，服务于诸多行业和领域。据统计，全球有 19 个国家的软件产业经济规模占所在国生产总值的 0.5% 以上。美国的软件产业经济规模占其国内生产总值的 5.8%，我国软件产业的经济规模也达到国内生产总值的 6.6% 以上。

但是，人们在长期的软件开发和应用实践中很快发现，软件创作对于研制出有价值、功能不断增强、质量不断提升的软件系统而言变得日益重要。对于许多互联网软件而言（如智能手机上的 App），软件需求创作直接决定了如何通过软件来创新问题解决，也决定了软件能否获得广大用户的认可和使用。对于那些安全攸关系统中的软件以及拥有大量用户的复杂软件系统而言，软件设计创作同样极为关键，它直接决定了软件系统的质量，如软件系统的弹性、可扩展性、灵活性、可伸缩性、稳健性等。另一方面，不同于有形的工业产品，软件产品的突出特点是很难给出其稳定和清晰的需求定义，软件需求具有柔性和多变性的特征，这一特点也充分说明了软件需求创作的必要性以及在软件开发过程中的重要性。概括而言，软件生产建立在软件创作的基础上，当前软件的工程化方法侧重于软件生产，忽视软件创作，在一定程度上影响了人们创作灵感的发挥以及在软件开发中的应用。

近年来，群体化开发方法提出要鼓励开放的互联网群体参与软件开发，激发其软件创作激情，推动其积极贡献智慧。这一方法成功应用于开源软件实践、软件众包等诸多领域，取得令人瞩目的成果[1]。

首先，群体化开发方法鼓励开放的互联网大众参与到软件创作和生产之中，比如提出新的软件需求、发现代码中的缺陷、提交自己编写的代码等。这一思想与传统意义上的工程化方法有着本质的区别。传统的软件开发基于团队的形式来组织和管理软件开发人员，它通常不允许团队之外的人员介入软件开发，也不希望获得团队之外人员的帮助和贡献。在这种情况下，团队之外的人群无法参与到软件开发之中并做出贡献，极大地制约了软件创作和开发的贡献范围和途径。

其次，群体化开发方法要求任何人的创作和生产贡献都是"透明"的，能为所有的人看到，任何人也可以基于他人的贡献做进一步创作和生产，并且其贡献的软件制品可被集成到软件系统中，能为大家所复制、修改和应用，这极大地提升了软件开发人员进行软件创作和生产的激情和荣誉感。与此形成鲜明对比，基于传统的软件开发方法，开发者的贡献只在项目组或开发团队中是"透明"的。此外，代码的闭源特征意味着开发者的创作成果将不允许被传播和复制，这在一定程度上影响了软件开发人员的创作积极性和成就感。

此外，一些群体化开发方法的支撑平台提供了精神和物质奖励等多种手段来激励大众的创作热情。例如，在 TopCoder 等软件众包平台上，如果开发者的创作成果（如提出的软件需求、发现的代码缺陷等）被需求方认可，就可以领取数量不等的奖金。Stack Overflow 软件开发技术问答平台提供了声誉（reputation）、徽章（badge）等机制来激发互联网群体的贡献积极性。

2.5 软件工程的发展

本节主要介绍软件工程发展中经历的不同阶段，软件工程的时代特点、技术进步特点以及软件开发理念的变化，同时也介绍了我国在软件工程领域的研究与实践工作。

2.5.1   软件工程的发展历程

在过去几十年，软件工程的发展经历了多个不同的阶段（见图 2.10），每个阶段都有其特定的时代特点、具体的关注问题和代表性的发展成果[3]。

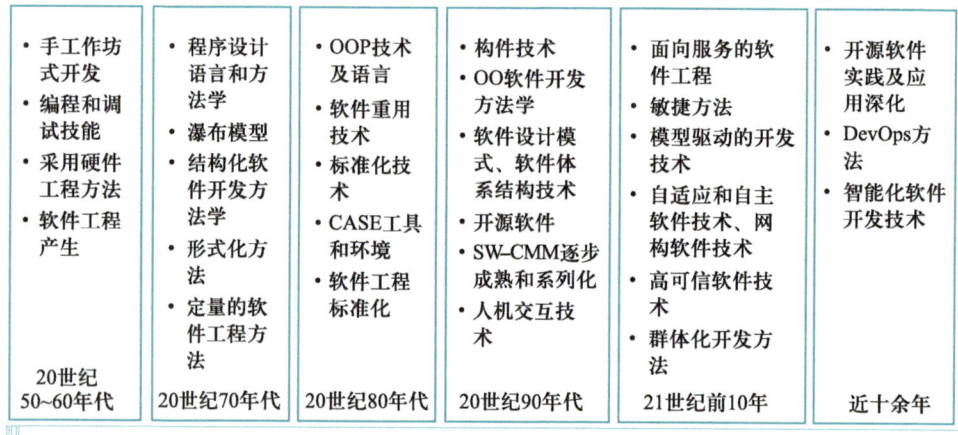

• 手工作坊式开发 • 编程和调试技能 • 采用硬件工程方法 • 软件工程产生	• 程序设计语言和方法学 • 瀑布模型 • 结构化软件开发方法学 • 形式化方法 • 定量的软件工程方法	• OOP技术及语言 • 软件重用技术 • 标准化技术 • CASE工具和环境 • 软件工程标准化	• 构件技术 • OO软件开发方法学 • 软件设计模式、软件体系结构技术 • 开源软件 • SW-CMM逐步成熟和系列化 • 人机交互技术	• 面向服务的软件工程 • 敏捷方法 • 模型驱动的开发技术 • 自适应和自主软件技术、网构软件技术 • 高可信软件技术 • 群体化开发方法	• 开源软件实践及应用深化 • DevOps方法 • 智能化软件开发技术
20世纪50~60年代	20世纪70年代	20世纪80年代	20世纪90年代	21世纪前10年	近十余年

图 2.10   软件工程的发展历程

1. 20 世纪 50~60 年代

这一时期的软件需求量较少，软件系统相对而言较为简单，主要面向军事、航空航天等领域，提供科学计算、实时控制等功能。此时计算机硬件的计算速度慢、存储空间小、运行费用昂贵，计算机软件与硬件结合得非常紧密。由于缺乏对软件的深入理解，程序员经常采用硬件工程的方法来指导软件开发。他们需要理解计算机硬件与软件间的关系，通过某些程序设计技巧来"精雕细琢"程序代码，以充分利用宝贵的计算资源、提升软件性能，如用尽可能少的存储空间、指令或语句来编写程序。由于缺乏工具的辅助，程序员需要预先在脑中模拟运行所编写的程序，以期发现程序中的缺陷和问题。此时，还出现了"黑客"文化，倡导自由，用软件创作来克服计算机系统的能力和性能限制，开发出出色的软件系统，对后续的自由软件和开源软件实践产生了重要影响。

这一时期也有非常成功的软件开发实践，代表性工作是 IBM OS/360 软件系统的成功研制并投入商业使用。它探索应用工程化的方法来指导软件的开发和管理，为后续软件工程方法的研究和实践积累了宝贵经验。此外，NASA 阿波罗载人航天飞船以及地面控制的软件系统研制也取得了成功。这一时期还出现了高级程序设计语言（如 FORTRAN、COBOL、LISP、ALGOL 等），在一定程度上降低了软件开发门槛，提高了软件开发效率。总体而言，这一时期的软件开发手段落后，开发效率低，质量无法保证，进而引发了软件危机，由此产生了软件工程。

2. 20 世纪 70 年代

这一时期计算机主机的计算能力得到了很大提升，强大的操作系统使得主机具备分时、多终端处理的能力。计算机软件朝着商业应用拓展，需要处理繁杂的事务流程。高级程序设计语言的出现使得程序员可在更高的抽象层次进行程序设计，提高了人们表达客观世界问题及其解决方法的层次，进而衍生出有关程序设计和软件设计的诸多问题。Dijkstra 的 "goto" 语句问题大讨论推动了有关软件质量和设计技术的研究与实践。20 世纪 70 年代主要取得了以下进展和成果：

① 程序设计语言和方法学成为研究热点，出现了诸如 Pascal、C、PROLOG、ML 等高级语言。

② 提出了软件过程模型——瀑布模型 (waterfall model)，明确了软件开发的具体步骤和活动。

③ 在结构化程序设计及其语言的基础上，出现了结构化需求分析、结构化软件设计等技术，形成了系统化的结构化软件开发方法学 (structured development methodology)。

④ 形式化方法 (formal method) 的研究非常活跃，通过数学证明的方式检验程序的正确性，采用演算方法来生成程序代码，极大地推动了软件自动化开发技术的研究与实践。

⑤ 研制了一些支持结构化软件开发方法学、形式化方法的 CASE 工具和环境。

⑥ 开始采用定量的软件工程方法来指导软件开发、管理和质量保证，提出了诸如软件复杂性度量、可靠性预测、软件成本估算等技术及管理手段。

3. 20 世纪 80 年代

这一时期个人计算机开始出现，计算机软件的应用领域和范围不断扩大，软件开发的数量、软件系统的规模和复杂性不断增长，对软件开发的生产率和质量提出了更高的要求。在结构化开发方法学、瀑布模型等成果的基础上，这一时期软件工程的研究与实践一方面拓展新的技术方向，代表性成果就是面向对象程序设计技术，另一方面在工程化方面更加深入，关注过程和技术的标准化，典型成果就是软件能力成熟度模型 (software capability maturity model, SW-CMM)。概括而言，这一时期主要取得了以下主要进展和成果：

① 面向对象程序设计 (object-oriented programming, OOP) 技术开始出现并逐步流行，出现了诸如 Smalltalk、C++ 等面向对象程序设计语言。

② 软件重用被视为解决软件危机的一条现实可行途径。软件重用技术的研究与实践得到高度重视，提出了基于面向对象程序设计语言的可重用类库、面向特定领域的第四代程序设计语言。

③ CASE 工具和环境的研制和使用成为热点，开发出一些对软件工程发展具有深远影响的 CASE 工具和环境。

④ 软件工程标准化工作非常活跃，成果丰硕，如 DoD-STD-2167 和 MIL-TD-1521B，卡内基·梅隆大学软件工程研究所（CMU SEI）提出的 SW-CMM 等。

4. 20 世纪 90 年代

这一时期局域计算环境开始流行，互联网应用开始出现，软件逐步从单一计算环境转向基于局域网的分布式计算环境，一些软件系统甚至部署在互联网上运行。以 Java 和 C++ 为代表的面向对象程序设计技术趋于成熟，面向对象分析和设计方法学的研究非常活跃，逐步形成面向对象的软件工程（object-oriented software engineering，OOSE），并成为主流的软件开发方法学。在面向对象技术的基础上，构件技术得到了快速发展，萌生了软件体系结构和软件设计模式的研究与实践。概括而言，这一时期软件工程的研究和实践更为深入，主要取得了以下进展和成果：

① 构件技术被认为可有效提高软件开发生产率和质量，其研究与实践活跃，基于构件的软件开发方法成为主流技术之一。

② 提出了多样化的面向对象分析和设计方法学，制定了面向对象建模语言规范 UML，产生了统一软件开发过程 RUP，形成了系统化的面向对象软件开发方法学。

③ 在大量面向对象软件开发实践的基础上，人们通过总结成功的经验，提出了软件设计模式的概念和思想，关注于软件体系结构的研究及设计技术，并将其应用于软件开发实践。

④ 开源软件及技术开始出现，产生了诸如 Linux 等重要开源软件，逐步在业界产生影响。

⑤ SW-CMM 趋于成熟和形成系列化，包括 PSP、CMMI 等，广泛应用于软件产业界，对于提高软件开发组织的过程能力发挥了重要作用。

⑥ 人机交互技术取得长足进步，代表性成果是基于窗口的用户界面技术及其在 Windows 操作系统中的应用。

5. 21 世纪前 10 年

这一时期互联网技术日趋成熟，信息技术快速发展，软件数量不断增长，越来越多的软件部署在互联网上运行并提供服务。软件需为客户或用户创造更多的价值，对软件的快速交付提出了更高的要求。软件连接和管控各类物理系统，对软件系统的可信性、自主性、适应性等提出了新的要求，从而产生了一些新的研究方向，如自适应软件工程、自主软件工程、可信软件技术 [5] 等。软件开发活动越来越多地在互联网上开展，群体化软件开发技术在开源软件开发实践中广泛应用。软件工程以互联网和信息技术为核心，呈现多样化的发展趋势，主要取得了以下进展和成果：

① 研究与实践面向服务的软件工程（service-oriented software engineering，SOSE），通过服务来实现异构系统的互操作、无缝集成多方服务、实现更大粒度的软件重用。

② 提出敏捷方法并应用于软件开发中，它代表了一种新的软件开发理念，主张积

极和快速应对用户需求，及时和持续性地交付可运行的软件系统。

③ 研究与应用模型驱动的开发（model driven development, MDD）技术，基于领域无关模型、领域相关模型、平台相关模型等不同抽象层次的模型，采用自动化方法，将高层的软件模型生成底层的软件模型及最终程序代码，从而提高软件开发的自动化程度，提升开发效率和质量。

④ 越来越多的软件运行在开放、动态、多变和难控的环境（如互联网）中，对软件系统的自主性、自适应性、演化性等提出显式的要求，产生了网构软件技术[4]、自适应软件工程、面向主体软件工程等。

⑤ 由于软件系统与物理系统、社会系统的日益融合，关于软件可信性的内涵（从传统可靠性到安全性、私密性等）不断拓展，要求不断提升，软件可信技术的研究与实践非常活跃[5]。

⑥ 群体化软件开发技术发展迅速，广泛应用于开源软件开发、开发技术问答等实践，产生了大量高质量的开源软件，汇聚形成了软件开发大数据和群智知识，产生了数据驱动软件工程等研究方向。

6. 近十余年

近十余年来，移动互联网得到了快速发展，应用软件需求激增，信息系统的人机物融合趋势日趋突出，软件系统朝着系统之系统、动态演化系统、超大规模系统、系统联盟等方向发展，需要持续集成、持续交付和持续部署，人类正进入软件定义一切的时代，从而对软件开发和运维提出了严峻的挑战。这一时期，软件工程的多学科交叉研究与实践趋势明显，开源软件在业界影响力不断增加，基于软件工程大数据的智能化软件开发研究非常活跃。概括而言，这一时期软件工程的研究和实践主要取得了以下进展和成果：

① 越来越多的企业和个人参与开源软件实践，形成了规模极为庞大的开源软件生态，包括开源代码、软件开发人员、软件开发数据、群智知识等，深刻影响了信息系统的构建方法，带动了软件开发技术和软件产业的快速发展。

② DevOps 方法在软件产业界和软件开发实践中广泛应用。它在继承敏捷方法的基础上，将关注点从开发阶段延伸到运维阶段，强调要将开发和运维两个阶段结合在一起，强化持续集成、持续交付和持续部署，突出 CASE 工具在应用 DevOps 方法中的作用。DevOps 方法在互联网软件等应用开发中发挥了重要的作用。

③ 智能化软件开发技术研究活跃。不同于 20 世纪 70 年代基于形式化技术的软件自动化开发方法，当前的智能化软件开发基于软件工程大数据，借助机器学习和数据挖掘等技术手段，在尽可能不增加开发者技术负担的基础上，为其软件开发和运维工作提供多种形式的智能化服务，包括缺陷发现和定位、代码和开发人员推荐、代码摘要自动生成等，具有更强的实用性和可用性。2022 年 11 月 OpenAI 推出了 ChatGPT，随后微软在 2023 年推出了 Copilot X 软件工具，极大地推动了软件的智能化开发，可有效辅

助软件开发者的工作。

尽管软件工程取得了如此大的进步，但是软件危机仍然存在，软件工程对复杂软件系统的认识仍然非常有限，许多软件工程方法建立在实践基础之上，缺乏理论指导。

在人们不断提出各种软件工程方法的同时，应用开发数量、软件规模和复杂性也在不断增长，人们对软件系统的期望和要求越来越高，从而出现"水涨船高"的现象，软件工程发展总是滞后于各类开发问题和挑战，在面向各种新出现的软件应用、软件形态、软件复杂性特征等方面仍面临着诸多严峻的挑战。

软件工程是一门实践驱动的学科。不同于其他学科，软件工程提出的诸多过程、方法学和工具来自实践并服务于实践，它们通常没有严格的理论基础，也缺乏严谨的数学推理。例如，尽管当前开源软件数量非常庞大，但是相比较而言，真正获得成功的开源软件数量并不多。虽然群体化软件开发技术有效支撑了开源软件实践和软件众包，但是目前该方面的研究和实践大多是摸索中进行，对这一技术背后的群智开发机理和规律性缺乏深入的认识。一些研究基于实证数据分析来探索和发现群体化软件开发的规律性，但是其分析结论常常是表面和事后的，针对特定的开源社区和开发者群体不具有普遍性、一般性和基础性。

正如 Brooks 在《人月神话》中的预言"软件开发没有银弹"，这一论述在过去几十年的软件开发研究和实践中似乎得到了验证，也获得了软件工程实践者和研究者的广泛认可。尽管有学者宣称某些软件工程方法有可能成为"银弹"，但实践结果表明似乎很难找到一种方法可以系统性地解决软件工程问题，这也充分说明了软件开发的复杂性和艰巨性。

2.5.2 软件工程发展的特点

软件工程自产生以来一直致力于应对软件危机。软件工程的实践者和研究者提出了各种各样的开发过程、方法学、CASE 工具和环境等，它们为软件开发、运行和维护提供了系统化、规范化和可量化的方法支持。可以说，软件工程在过去的几十年中取得了长足的进步，带动了软件产业的快速发展，并成为一个极具潜力的新兴学科方向。在这些多样、繁杂和无序的发展背后，我们可以发现软件工程发展的若干规律和特点，洞察软件工程在软件抽象、软件重用、开发理念等方面的进步，展望软件工程发展的趋势和方向。

1. 软件工程发展的时代特点

在软件工程的发展历程中，几乎每隔十年就有一个较大的飞跃，体现出非常鲜明的时代特点。在每个时代，软件工程的发展不仅与软件需求及软件复杂性等特点息息相关，也与计算技术和信息技术的发展有着紧密的联系。

20 世纪 60 年代~80 年代中后期，软件主要服务于军事和商业应用，提供科学和工程计算、商业事务处理、设备和系统控制等功能，部署和运行在单机或主机上。此时的软件工程主要关注软件系统的结构复杂性问题，产生了以形式化方法、结构化软件开发方法学等为代表的诸多成果。

20 世纪 80 年代中后期～90 年代，随着个人计算机和局域网的出现，软件主要服务于个人计算和网络计算，越来越多的软件部署和运行在局域网环境下，通过分布式构件间的交互和协同来解决问题。此时软件工程主要关注软件的交互复杂性问题，产生了以面向对象的软件开发方法学、构件技术、软件服务技术等为代表的诸多成果。

进入 21 世纪，随着互联网应用的不断普及，更多的软件系统部署和运行在动态、难控和不确定的互联网环境上，开放的大众可以依托互联网进行软件开发。此时软件工程主要关注软件与环境的持续交互、快速反应、灵活适应、软件自主决策和运行、软件快速交付等问题，产生了以群体化开发方法、自适应软件工程、面向主体软件工程、网构软件技术、敏捷方法等为代表的诸多成果。

2010 年以来，随着泛在计算环境和移动互联网应用的不断普及，信息系统的人机物融合特征日益突出，开源社区中积累了大量的软件工程大数据，以机器学习为代表的人工智能技术得到快速发展，它们为软件工程的研究与实践提供了新的途径。此时的软件工程主要关注软件的社会技术复杂性问题，产生了以高可信软件工程、数据驱动软件工程、智能化软件工程、DevOps 方法等为代表的诸多成果。

2. 软件工程技术进步的特点

软件工程的发展还反映在有关软件抽象、软件重用等方面的技术进步，以更好地应对不同时期的软件复杂性特点，提高软件开发的效率和质量。这些技术进步体现在不同时期软件工程提出的各种开发过程、方法学、CASE 工具和环境之中。

（1）软件抽象的层次越来越高

软件工程产生之前的软件开发停留在代码层面，关注代码编写问题，采用二进制代码或汇编语言进行编程，软件开发的抽象接近于机器语言，层次非常低。软件工程概念的提出使得人们开始关注软件需求、软件设计、软件代码等不同层次的软件抽象，并寻找有效的方法来构建不同抽象层次的软件模型。20 世纪 70 年代，随着结构化软件开发方法学的出现，人们采用数据流及其处理来抽象软件功能需求，采用函数及其调用等模块化抽象来实现软件。20 世纪 80 年代，面向对象的软件工程提出了以对象为核心的元模型来统一认识应用系统及其软件系统。对象封装了属性和方法，对象间采用消息传递进行交互，这一抽象思想既可以对现实世界中的业务应用进行建模，也可以对计算机世界的软件系统进行建模，并且支持从业务模型到软件模型的自然过渡。基于对象等概念的软件抽象模型显然比数据流、函数、调用等抽象模型的层次更高，更加接近于应用领域中的业务流程，有助于实现软件开发的问题域（即应用及需求）和解域（即软件设计和实现）的自然建模。到了 21 世纪，人们提出了面向服务的软件工程、网构软件技术、面向主体软件工程等，以服务、网构、主体、角色、组织等相关的概念来认识应用系统及其软件系统。与面向对象抽象模型不同的是，基于这些概念的抽象模型不仅封装了属性和行为，还封装了有关决策、适应、访问等要素，能够更加有效地应对环境的开放性和动态性，增强软件系统的自主性、适应性和灵活性，更为自然地刻画系统与环境之间的交互，表示现实应用和软件系统中实体的自主性、适应性、交互性等复杂特征。

(2) 软件重用的粒度越来越大

软件重用是软件工程的一项基本原则，也是提升软件开发效率和质量的有效手段。20 世纪 70 年代，软件重用建立在结构化软件设计和程序设计的基础之上，软件重用的对象主要表现为细粒度的函数和过程，每个函数和过程实现了相对独立和单一的功能。20 世纪 80 年代，随着面向对象软件开发方法学的提出及应用，软件重用的对象表现为对象类。类是若干基本属性和一组相关方法的封装。与函数和过程相比较，类的模块化程度更高，粒度更大，可重用性更好。20 世纪 90 年代，人们提出了构件技术，用构件来封装和实现一组对象类，从而提供粒度更大的功能。进入 21 世纪，人们提出用服务（微服务）、软件主体、网构软件单元等作为软件系统的构成单元以及软件重用的基本对象。它们不仅提供了更大粒度的功能，而且还封装了诸如行为决策、自适应调整、自我优化等一系列基础功能和服务。容器技术的出现使得软件开发人员可以将程序代码及其运行环境和配置封装为镜像，并以此作为更大粒度的重用对象。近年来开源软件的成功实践使得业界产生了海量和高质量的开源软件，许多开源软件为特定问题的解决（如数据库管理、视频通信、图像识别等）提供了完整的功能和服务，因而集成开源软件可以实现更大粒度的软件重用。

3. 软件开发理念的变化

软件工程的发展还反映在不同时期对软件系统及其开发认识的差异上，以及由此产生的软件开发理念变化。这些开发理念蕴含在不同时期提出的软件开发过程和方法学之中。

(1) 以文档为中心和以代码为中心

在软件工程提出的早期，人们认为需要先将软件需求定义清楚，才能进行后续的软件设计和实现工作。这一思想在瀑布模型中得到了很好的体现。但是在具体的软件开发实践中，人们发现要一次性地将软件需求定义清楚存在困难。对于软件这一复杂的逻辑产品而言，获取和导出软件需求将是一个渐进和长期的过程。基于这一认识，人们提出了原型模型、迭代模型、螺旋模型、统一软件开发过程模型等。这些软件开发方法和过程模型都认为软件开发过程中要形成各类软件文档，如软件需求文档、软件设计文档等，通过软件文档开展交流、指导软件构造和实现，进而形成了以文档为中心的软件开发理念。

进入 20 世纪 90 年代，随着软件规模的不断增加，软件需求的变化日益频繁，用户交付要求不断提升，以文档为中心的开发理念的有效性受到了人们的质疑。人们发现软件文档成为累赘，拖累了软件开发进度，减缓了对软件需求变化的响应速度。一旦需求发生变化，软件开发人员不得不首先将精力放在软件文档的修改方面，忽视了对程序代码的修改，导致无法及时给用户提交可运行的软件系统。在此背景下，敏捷方法应运而生，它强调要积极应对变化，将开发精力放在编码上，快速交付软件系统，从而形成了以代码为中心的软件开发理念。

早期的敏捷方法主要关注软件开发阶段的工作。近十年来，人们发现软件需求的变化会极大地增加代码集成、交付和运维的工作量。为了实现持续集成、交付和部署，加强软件开发人员和运维者之间的交流和合作，需要实现软件开发和运维一体化，进而产生了 DevOps 方法。本质上，DevOps 方法的核心理念是敏捷方法同时应用于软件开发和运维，并加强这两个阶段的集成。

（2）从个体、团队到群体的开发组织

在软件工程产生之前，软件开发被视为是一项个体的作坊式工作。软件工程提出之后，人们认为软件开发是一项集体性行为，将软件开发人员组织为封闭的项目团队，通过团队成员间的交流与合作来共同完成软件开发任务。基于这一开发模式所产生软件代码通常受控于某些软件开发组织，不允许被他人复制、传播和修改，也即表现为闭源软件。进入 21 世纪，互联网技术的发展使得软件开发人员可以在互联网平台上开发软件。人们认识到软件开发需要充分利用外力、借助群智的智慧和力量，允许开发团队之外的人力加入软件开发过程并做出贡献。软件开发变为一种群体性开放行为，进而产生了群体化开发方法。

（3）从还原论到演化论

无论是经典的软件过程模型还是敏捷方法、DevOps 方法、群体化开发方法等，它们本质上都是基于还原论（reductionism）思想来指导软件系统的开发。还原论思想的本质是通过系统的分解以及各部分的组合来理解和认识复杂系统，也即"2 = 1 + 1"。它包含了以下一组基本假设和约定。首先，软件需求是可定义的，问题边界是清晰和明确的。在软件开发过程中，尽管软件需求存在不清晰、不一致、不完整和相冲突等问题，甚至软件系统的利益相关者对软件系统的期望和要求会发生变化，但是软件需求及系统边界最终是可以被清晰定义的，软件需求的不一致和冲突问题最终能得到解决。其次，软件系统拥有者可以完全掌控软件系统的开发和相关决策，包括软件需求是什么、采用什么样的技术开发、按照什么样的进度推进，目标软件系统的运行和支撑平台是什么，等等。也就是说，软件系统开发能以一种集中受控的方式来进行。

基于上述基本假设和约定，还原论方法可采用以下思想和理念来指导软件开发和运维。首先，自顶向下的系统分解。一个完整的系统可自顶向下分解为若干子系统，通过对子系统的理解和设计来达成对整个系统的理解和设计。例如，现有的软件开发方法学（无论是结构化的还是面向对象的）都采用自顶向下、逐步求精的原则来分解复杂系统，进而管控系统复杂度，简化系统开发。其次，自底向上的软件组装。一个完整软件系统的整体行为源自各个组成部分。根据现有的软件设计方法学，软件开发者可以独立地构造出构成软件系统的各个基本模块单元（如过程、函数、对象类、程序包、构件等），然后通过对这些模块的自底向上的组装，形成最终的目标软件系统。过去几十年还原论思想主导了软件工程的发展，现有的各类主流软件开发过程和方法学都基于还原论思想来指导软件开发和运维。

当前，软件系统的构成和形态发生了深刻的变化，越来越多的软件系统演变为一类系统之系统或系统联盟，许多软件系统难以独立存在，需要依靠其他组织和机构所建设的系统才能为用户提供完整的服务，因而软件系统拥有者可完全掌控软件系统的这一假设难以成立。另一方面，越来越多的软件系统呈现出规模巨大、边界开放、持续演化等特点，用户对复杂软件系统需求的认识是一个长期的过程，要将这类软件系统的需求以及问题边界定义清楚非常困难，复杂系统的建设不可能通过一次性设计、开发和部署而成。因而，基于还原论的软件开发方法学在应对复杂软件系统方面面临着根本性的挑战，软件开发无法沿用自顶向下、计划驱动的传统方法来构建复杂软件系统。为此，人们提出了"成长性构造"和"适应性演化"的基本法则和理念，即在软件构造层面强调软件单元的自主性以及单元的新陈代谢和动态连接，在软件运行层面强调复杂软件系统为适应环境和需求的变化而实施动态调整、驱动其在线演化的机制，从而为复杂软件系统的构造、部署、运行、维护、演化和保障提供新颖的理念和思想。

（4）方法的相悖性

正因为不同时期软件开发思想和理念的差异性，软件工程所提出的许多过程和方法学在如何认识软件系统、如何开发软件系统等问题上的认识及采用的手段可能是相悖的。但是这一状况并不影响软件工程方法的应用，因为不同时期的软件有不同的复杂性特点，不同的方法有其各自适用的领域和范围。例如：以文档为中心的过程模型和方法学（如瀑布模型和 CMM 等）适合于那些需求可明确定义、过程质量需严格掌控的软件系统，如军事应用软件、航空航天软件、机器人控制软件等；以代码为中心的方法（如敏捷方法、DevOps 方法）适用于那些需求难以确定、交付要求频繁的软件系统，如互联网应用软件等；基于团队的开发模式适用于闭源软件，群体化开发方法适用于开源软件。

总之，在学习和运用软件工程过程中，需要采用辩证的思想、发展的思维、具体问题具体分析的手段，理解各项过程、方法学和工具的产生背景和存在价值，寻求针对特定软件开发的最佳软件工程实践。

软件工程是一个多学科交叉领域，不仅软件系统本身与各个领域的知识和业务密切相关，而且支持软件开发、运行和维护的方法需交叉和借鉴其他学科的知识、技术、经验和成果。软件工程除了与计算机科学与技术、数学、管理学、经济学等交叉外，近年来还与人工智能、社会学、复杂性科学、数据科学等交叉（见图 2.11）。例如：开源软件领域的许多研究者借助大数据技术，通过对开源社区的大数据进行挖掘和分析来发现群体化软件开发的规律，以此针对性地改进开发方法和技术手段；许多研究者借助互联网上的软件开发大数据以及软件工程师在社区中发布的开发知识，利用机器学习和知识发现等人工智能技术开展智能化软件工程的研究和实践，为软件开发和运维提供智能服务，如代码推荐、缺陷的发现和修复等；在

图 2.11　软件工程的多学科交叉

自适应和自主软件工程研究领域，研究者基于控制学、社会学等方面的知识提出自适应软件和自主软件的体系结构，研发相应的支撑工具及平台。

2.5.3　我国软件工程的发展

我国在软件工程方面的研究与实践起步于 1980 年前后。在许多老一辈科学家的带领下，广大软件工程研究者和实践者经过 40 多年的努力拼搏，使我国在软件工程领域取得了长足的进步，不仅产生了一批有影响力的研究成果，受到国际同行的关注，而且带动了我国软件产业的快速发展。

1. 软件自动化开发和形式验证

20 世纪 80 年代，南京大学、国防科技大学、中国科学院软件研究所等诸多高校和研究机构的学者开展了软件自动化开发和形式验证等方面的研究工作，旨在通过形式化的方法和理论，借助逻辑和自动机等形式化工具，对软件系统进行形式规约和验证，自动产生程序代码。通过诸多学者的努力，我国在该方向上取得了一系列在国内外有重要影响的研究成果，包括软件自动产生系统 NDHD、算法设计自动化系统 NDADAS、层次式面向对象需求模型 NDHOOM 及其支撑系统、可执行的时序逻辑语言 XYZ/E 及其 XYZ 工具、递归函数理论及其支持系统 MLIRF 等 [3]。

2. 软件开发方法学和 CASE 工具及集成环境

20 世纪 80 年代，北京大学联合国内诸多高校、研究机构和软件企业，联合开展和实施了青鸟工程，以探索软件工业化生产技术以及工程化开发方法，建立软件开发的支撑环境，提出软件开发的标准规范体系，解决软件产业发展的共性和基础性问题，实现软件开发从手工方式向工业化生产方式的转变，并取得了软件生产线、软件工厂、构

件库、软件质量评价和再工程、软件重用等一批重要的研究成果。

3. 网构软件技术

进入 21 世纪，软件的形态和特征发生了深刻的变化，对软件工程理论和技术提出了新的要求和挑战。国内诸多高校和研究机构在国家重点基础研究发展计划（"973 计划"）、国家自然科学基金等的支持下，联合开展了网构软件理论和技术的前沿性研究与实践，提出了具有自主性、协同性、反应性、演化性和多目标性等特征的网构软件概念及模型，形成了基本理念开放化、软件实体主体化、软件协同分离化、运行机制自适应、开发方法群体化、外部环境显式化、系统管理自治化、系统保障可信化、核心理论形式化、技术体系系统化等一系列基础性的研究思想，在网构软件的概念框架、软件体系结构、软件开发方法学、可信保障软件技术、支撑软件平台等方面取得了一批在国际上有影响力的研究成果，带动了我国在软件工程领域的前沿性研究与实践[4]。

4. 可信软件技术

随着软件系统日益与物理系统和社会系统的结合，如何确保软件运行的行为及结果符合人们的预期和在受到干扰的情况下仍能提供连续的服务，成为工业界和学术界的关注焦点。在国家 973 计划、国家高技术研究发展计划（"863 计划"）、国家自然科学基金等的支持下，国内诸多高校、研究机构和软件企业围绕可信软件的基础理论、关键技术、支撑平台等开展了系统和深入的研究，在可信软件的评估方法、架构和模型、运行机制和演化理论、构造和实现技术、开发和运行支撑平台等方面取得了一系列重要的研究成果，如研发了可信的国家软件资源共享与协同生产环境 Trustie[5]。

5. 开源软件研究与实践

互联网催生了开源软件及其应用的快速发展。国内许多高校和研究机构的众多学者围绕开源软件开发模式、开源社区行为分析、开源生态构建与演化机制、开源社区的长效激励与汇聚机理、开源数据的挖掘与分析等进行了深入的研究，在群体化开发方法、社区贡献行为理论等方面取得一系列重要的研究成果。国内诸多软件企业和机构积极参与到各类开源组织和开源项目之中，推动诸如 Linux、Android 等开源软件的发展，扩大我国企业在一些重要开源软件项目中的贡献度和影响力。一些企业也推出了自己的开源软件项目，如百度的 PaddlePaddle 深度学习软件平台。许多高校和企业联合开源机构组织开展了开源软件方面的创新比赛，以推动我国开源生态的建设，加强开源软件人才的培养，如中国软件开源创新大赛。据 GitHub 2020 年的开源年度报告显示，中国已成为仅次于美国的开源软件参与大国。然而，在当前全球开源创新大舞台上，尚未形成我国主导的有国际影响力和吸引力的开源平台和开源项目，总体而言我国还处于开源创新生态网络的边缘位置[2]。

经过几代人的努力，我国在软件工程方面取得了长足的进步，产生了许多具有国际影响力的研究成果；国家高度重视软件技术和软件产业，"开源"被列入国家"十四五"规划纲要，以加快发展我国的开源产业；越来越多的企业加大软件工程前沿技术的研究与实践，以提高软件开发的自动化和智能化程度，提升软件开发效率、确保软件质量。但总体而言，我们在软件工程领域与信息技术先进国家尚有差距，缺乏引领性的软件工程理论和方法，以及有国际影响力的技术、标准和 CASE 工具及环境。我国软件工程的研究与实践需要更多人的努力，任重而道远。

2.6　软件工程教育

教育的目的是培养人才。软件工程教育基于软件工程学科的独立知识体系，担负着培养软件工程专业人才的重任，受到软件工程学术界、产业界和教育界的高度关注。高素质的软件人才是成功开发高质量软件产品、推动软件产业发展、促进软件工程技术进步的基础和前提。随着计算机软件对人类社会的影响面日益扩大，各个行业和领域对软件的依赖性越来越高，软件系统自身规模和复杂性不断增长，社会对软件工程专业人才的数量、知识、技能和素质等提出了更高的要求。如何培养高水平的软件工程专业人才成为全社会（不仅是软件产业，还包括其他行业）共同关心的问题。

2.6.1　软件工程从业人员

根据 IEEE 给出的定义，软件工程涉及两方面工作，一方面是借助软件工程方法开展软件开发、运行和维护；另一方面是开展软件工程方法的研究，以支持前一方面的工作。因此，软件工程从业人员大致可分为两类，一类是软件工程师，他们是软件工程的实践者，负责软件开发和运维工作，另一类是软件工程研究者，其职责和使命是研究软件工程本身，为软件工程师开展软件开发和运维实践提供行之有效的方法。软件工程教育需要面向这两类人才培养，为各行各业输送多样化、高素质的软件工程专业人才。

1. 软件工程师

软件工程师是指参与软件开发、运维和管理工作并为此做出贡献的一类人员。软件开发是一项集体性、智力密集型工作，需要众多工程师的共同努力。他们在软件开发过程中承担着多样化任务，扮演着不同角色，需要不同的知识、技能和素质[15]。主要包括：

① 领域和需求分析工程师。他们负责与实际或潜在的用户/客户交互，构思、导出和获取软件需求，需要掌握软件所在领域的相关知识和对软件需求建模和分析的方法，具备交流与沟通、团队合作、需求冲突消解、写作与表达等多方面的综合能力和素质。

　　② 软件设计工程师。他们需在理解软件需求的基础上，完成不同层次和方面的软件设计工作，包括架构设计、数据设计、用户界面设计、详细设计等。因此这类软件工程师还可以细分为软件架构师、用户界面设计师、数据库设计师等，需要掌握软件架构、运行平台、软件设计与建模、设计质量保证等方面的知识，具备开展软件设计的多方面能力和素质，包括团队合作、交流与沟通、写作与表达、权衡和折中等。

　　③ 程序员。他们负责编写代码，需要掌握程序设计方法、程序设计语言、软件测试等方面的知识，具备编写高质量代码、程序单元测试、程序调试、缺陷定位和纠错、团队合作等方面的能力和素质。

　　④ 软件测试工程师。他们负责完成多方面的软件测试工作，包括集成测试、确认测试、压力测试、性能测试等，需要掌握软件测试技术、软件测试工具等方面的知识，具备设计测试用例、运行测试程序、分析测试结果、撰写测试报告、团队合作、交流与沟通、写作与表达等方面的能力和素质。

　　⑤ 软件运维工程师。他们负责软件系统的运行和维护工作，需要掌握软件开发、部署、运行、维护等多方面的知识，具备系统配置、逆向工程、代码理解和分析、软件设计、编写代码、使用工具、团队合作等方面的能力和素质。

　　⑥ 软件项目管理人员。他们负责软件项目管理工作，包括任务安排、人员组织、计划制订、风险分析、质量保证、配置管理、过程改进等。因此，软件项目管理人员有多种角色，如项目经理、软件质量保证人员、软件配置人员等。他们需要掌握软件工程、软件项目管理等方面的知识，具备任务和冲突协调、风险分析和消解、软件质量保证、软件配置管理、交流与沟通、团队协作等方面的能力和素质。

　　软件工程师除了需具备上述知识、能力和素质之外，还需具备创新能力、系统能力和解决复杂工程问题能力，以适应当前软件的新形态和复杂性特点等带来的诸多挑战[6]。

　　① 创新能力。当前越来越多的软件应用于各个行业和领域，并为这些行业和领域问题的解决提供基于软件的创新方法。因此，软件工程师，尤其是领域和需求分析工程师、软件设计工程师，需要具备创新能力，能够结合行业和领域的具体问题，探索基于软件的新颖解决方法，构思和导出有创意的软件需求，提供软件的独特设计和实现方案。这些都属于典型的软件创作工作，需要软件工程师充分发挥其聪明才智、开发经验和创新能力。

　　② 系统能力。当前越来越多的软件部署和运行在复杂的计算环境之上，并需与其他遗留系统或独立运行软件系统进行交互，从而为用户提供完整的功能和服务。从系统构成的角度看，当前软件系统存在纵向层次性和横向相关性。从纵向视角上看，一个软件系统的运行需要借助其他软件系统（包括操作系统、虚拟机、中间件等）；从横向视角上看，一个软件系统需要依赖其他软件系统的服务才能提供完整的功能，如淘宝、

"12306"软件需要借助银行系统提供的支付服务、公安系统提供的身份认证服务。因此，软件工程师必须具备系统能力，即在软件开发过程中，不能只关注于待开发软件系统，还要看到它所依赖的其他软件系统，不能只见树木不见森林，要有全局的系统观，具有在系统层面的认知和软件设计能力，并能开发出可被集成、可互操作、非孤立的软件系统。

③ 解决复杂工程问题能力。软件是一类复杂的逻辑产品。软件开发是一项复杂的工程活动，面临着独有的一系列复杂工程问题，包括需求变化、持续演化、人机物融合、规模超大、质量保证等。软件工程师需具备解决软件开发复杂工程问题的能力，包括应对需求的经常性变化、解决由于复杂性带来的诸多风险、确保软件质量、在运行过程中开展维护、快速和持续交付可运行的软件系统等。

2. 软件工程研究者

软件工程研究者致力于对软件工程自身的研究与实践，包括深入认识软件系统的特点，分析软件工程面临的挑战，提出软件工程过程、方法学和质量保证技术，研制CASE 工具和环境，并将这些过程、方法学和工具应用于软件开发实践，帮助软件工程师更好地解决软件开发和运维工作中遇到的问题，提高软件开发和运维效率，确保软件制品的质量。这类从业人员主要活跃在软件工程的教育界和学术界、相关的研究机构，以及一些 IT 企业。许多软件工程研究者本身就是软件工程师，对软件开发和运维及其面临的问题有切身的体会。

在软件工程发展历程中，软件工程研究者提出了许多有影响力的过程、方法学和工具。CMU SEI 的研究者提出了软件能力成熟度模型（SW–CMM），以指导软件开发过程的改进和评估；对象管理组（OMG）联合学术界和产业界的众多软件工程研究者和实践者提出了多项软件工程规范和标准，如 UML、CORBA 构件模型；IBM 的软件工程研究者提出了 IBM RUP 过程模型；在 UML 产生之前，三位面向对象软件工程大师 Grady Booch、Ivar Jacobson、James Rumbaugh 分别提出了三种不同的面向对象软件开发方法学：Booch 方法学、OOSE 方法学和 OMT 方法学。

软件工程研究者不仅需要掌握软件工程的知识体系，还需要具备科学研究的基本能力和素质，包括调查分析，提出问题、分析问题和解决问题，创新性思维，严谨的科学态度，批判精神，科学实验，学科交叉研究等。此外，他们还需要具备一定的软件开发经验，以免在研究过程中纸上谈兵。实际上，软件工程领域的许多研究成果都源自具体和实际的软件开发实践。

当前软件对人类社会和现实世界的渗透力越来越强，影响面越来越广，受其辐射和影响的人群和覆盖的行业和领域越来越多。在此背景下，软件与社会、经济、生活、安全、国防、产业等紧密地联系在一起，越来越多的社会大众借助软件融入软件定义的虚拟世界（如使用微信开展社交、借助电子银行管理资金等），软件所产生和处理的数据（如用户身份信息、客户信息、银行账号、人员指纹和面部等生物特征信息）涉及个人隐私和机构秘密，数据的价值越来越高，数据保护变得日益重要，由此产生了一系列与软件相关的问题，如伦理、道德、可信、隐私保护、安全等，从而对软件工程从业人员的社会责任、职业道德、软件伦理等提出更高的要求。

社会需要建立针对诸如窃取私密数据、软件留有后门、攻击软件系统等方面的伦理准则和法律体系，加大宣传以获得国家、社会、行业、公众等的足够重视，提供必要和有效的技术和监管手段，及时发现软件开发活动和软件产品中潜在的软件伦理问题。软件工程从业人员需接受软件伦理方面的教育，以规范和约束其行为，确保其遵守和履行相关的法律、道德和伦理规范。

业界高度重视上述问题，IEEE 和 ACM 联合成立了"软件工程道德和职业实践 (SEEPP)"工作组，发布了《软件工程师职业道德规范》，提出了软件工程从业人员需遵守的如下 8 条职业道德和行为准则 [15]：

① 应与公众利益保持一致。

② 在保持与公众利益相一致的前提下，应满足客户和雇主的最大利益。

③ 应保证所开发的产品及其附加要求达到尽可能高的行业标准。

④ 应具有独立、公正的职业判断。

⑤ 所采用的软件开发和管理方法应符合道德标准。

⑥ 应弘扬职业正义感和荣誉感，尊重社会公众利益。

⑦ 应平等对待和帮助同行。

⑧ 应终身学习专业知识，倡导符合职业道德的工作方式。

需要强调的是，软件工程教育不仅要为软件工程学科培养人才，还需要为其他相关学科培养软件人才，也即需开展跨学科的软件工程教育和人才培养。当前软件泛在化和人机物融合的趋势日益明显，软件成为诸多行业和领域解决其特定问题的核心手段和必不可少的工具。这些行业和领域的专业人士需掌握软件工程学科的知识和能力，学会运用软件工程方法来开发软件系统，解决这些行业和领域的问题。此外，软件工程学科专业人才也需向特定行业和领域扩展和渗透，掌握相关知识，探寻面临的软件工程问题（如可信、安全等），开展相应的软件工程研究，提出面向特定领域的软件工程方法。

2.6.2　软件工程教育发展

自 1968 年软件工程概念提出以来，软件工程教育和人才培养就引起了教育界和产业界的高度关注和重视。本小节简要介绍国际软件工程教育和我国软件工程教育的发展。

1. 国际软件工程教育的发展

20 世纪 60 年代，软件开发主要表现为编写代码，因而有关软件人才的培养聚焦于编程语言、程序设计方法等方面的知识。ACM Curriculum 68 教程中推荐了若干门编程方面的课程，包括"系统与编程"（systems and programming）、"计算机与编程"（computer and programming）、"编程语言"（programming language）等。

到了 20 世纪 70 年代，软件独立于硬件而存在，软件数量不断增长，开发关注点从编程拓展到软件设计等方面。在此背景下 ACM Curriculum 78 推出了一批与软件设计相关的课程，包括"计算机程序设计"（computer programming）、"程序语言组织"（organization of programming language）、"软件设计与开发"（software design and development）、"程序设计语言理论"（theory of programming language）等。这一时期电气电子工程师学会计算机分会（IEEE-CS）发起创建了"软件工程"课程，美国一些大学的计算机科学系先后开设了该课程，CMU SEI 提出了软件工程硕士教育计划，出版了软件工程推荐教程。20 世纪 70 年代末，美国在制订研究生教育计划时采纳了 IEEE-CS 的建议，为研究生开设了"软件工程导论""软件开发管理""软件工程经济学"等课程。这些早期的教育工作和实践为软件工程教育的发展奠定了基础。

20 世纪 90 年代，人们逐步认识到软件工程教育的重要性和特殊性。ACM/IEEE-CS 联合制定的"计算教程 1991"（Computing Curricula 1991，简称 CC 1991）将"软件方法与工程"（software method and engineering）作为 9 个知识领域之一。1993 年 ACM/IEEE-CS 开始将软件工程设立为一个单独的专业，成立了 ACM/IEEE-CS 联合指导委员会。之后，该委员会被软件工程协调委员会（SWECC）取代，随后制定了"软件工程职业道德规范"和"本科软件工程教育计划评价标准"。

2001 年 SWECC 推出了"软件工程知识体系"（Software Engineering Body of Knowledge，SWEBOK）1.0 和相应的软件工程师认证规范。2004 年 ACM/IEEE-CS 联合推出了"软件工程计算教程"（Computing Curricula-Software Engineering，CCSE），定义了"软件工程教育知识体系"（Software Engineering Education Knowledge，SEEK），并发布了 SWEBOK 2.0。这两项教育工作成果标志着软件工程学科在世界范围的正式确立，并对软件工程本科教育产生了深远影响。SWEBOK 全面描述了软件工程学科的系统性知识体系，为软件工程成为独立学科奠定了基础，目前其最新版本是 2023 年推出的 SWEBOK 4.0 Beta 版，正在广泛征求反馈意见。CCSE 的主要贡献在于定义了本科软件工程教育计划中应包括的知识规范，从而为本科软件工程教育提供了建议和指南。

2. 我国软件工程教育的发展

我国软件工程教育起步于 20 世纪 80 年代初。早期国内的一些高校围绕软件人才培养开设"软件工程"课程，试办软件工程专业并开展软件工程研究生教育。2001 年，为适应我国经济结构战略性调整的要求和软件产业发展对人才的迫切需要，实现软件人才培养的跨越式发展，我国开展了示范性软件学院建设，遴选 37 家高校试办国家级示范性软件学院，并针对性地开展软件工程专业人才培养[42]。

2004 年，我国软件工程教育者针对我国软件工程教育特点和人才培养需求，推出了《中国软件工程学科教程 CCSE 2004》。2010 年教育部高等学校软件工程专业教学指导委员会（简称教指委）编制并发布了《高等学校软件工程本科专业规范》，以指导我国软件工程专业建设。2011 年我国将软件工程增设为一级学科。2019 年教指委发布了《中国软件工程知识体系 C-SWEBOK》。目前我国已有 600 余所高校开设软件工程专业，形成本硕博多层次、成系统的软件工程教育体系。

2.6.3　软件工程教育国际规范

软件工程是一门独立的学科，有其特有的知识体系。软件工程教育，尤其是本科人才培养，需在软件工程学科知识体系的基础上，制定相应的培养方案和课程体系。目前，软件工程学科有两项重要的国际规范和指南用于指导软件工程教育和人才培养，即软件工程知识体系（SWEBOK）和软件工程计算教程（CCSE）。

1. SWEBOK

SWEBOK 先后发布了 4 个版本。本书将以 2014 年发布的 SWEBOK 3.0 为主进行介绍。SWEBOK 3.0 将软件工程教育的知识体系组织为三个层次：知识领域（knowledge area，KA）、知识单元（knowledge unit，KU）和知识点（knowledge topic，KT）。知识领域是指构成软件工程学科知识的子领域，它是软件工程知识体系的重要组成部分，是对软件工程知识进行组织、分类和描述的最高层结构元素。每个知识领域包含一组知识单元，知识单元是知识领域中独立的主题模块。每个知识单元又包含若干知识点，知识点是构成知识体系的最底层要素，它不可再分解。因此，软件工程的知识体系可被描述为由若干知识领域、知识单元、知识点所构成的层次式树形结构[43]。

SWEBOK 3.0 将软件工程知识体系划分为 15 个知识领域，其中 11 个知识领域属于软件工程实践知识领域，即软件需求、软件设计、软件构造、软件测试、软件维护、软件配置管理、软件工程管理、软件工程过程、软件工程模型和方法、软件质量、软件工程职业实践；另外 4 个知识领域属于软件工程基础知识领域，即软件工程经济学、计算基础、数学基础和工程基础。SWEBOK 3.0 共有 102 个知识单元。

图 2.12 描述了 SWEBOK 3.0 中知识领域、知识单元、知识点及其之间的关系。SWEBOK 不断更新内容以反映软件工程学科的发展以及社会对软件人才的需求变化，已成为开展软件工程教育、制定软件工程专业培养方案和课程体系的重要参考依据和指南。

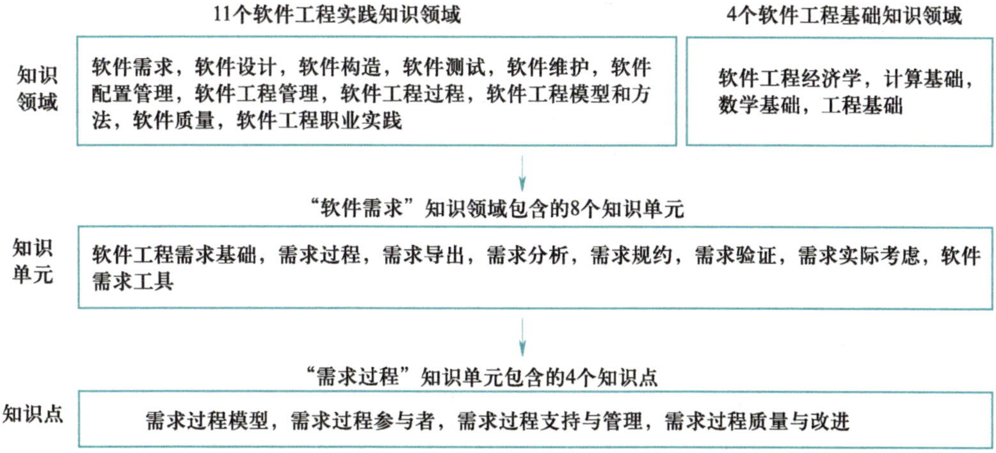

	11个软件工程实践知识领域	4个软件工程基础知识领域
知识领域	软件需求，软件设计，软件构造，软件测试，软件维护，软件配置管理，软件工程管理，软件工程过程，软件工程模型和方法，软件质量，软件工程职业实践	软件工程经济学，计算基础，数学基础，工程基础

↓

"软件需求"知识领域包含的8个知识单元

知识单元	软件工程需求基础，需求过程，需求导出，需求分析，需求规约，需求验证，需求实际考虑，软件需求工具

↓

"需求过程"知识单元包含的4个知识点

知识点	需求过程模型，需求过程参与者，需求过程支持与管理，需求过程质量与改进

图 2.12　SWEBOK 3.0 中知识领域、知识单元和知识点示意图

2. CCSE

CCSE 侧重于软件工程本科教育，其核心是软件工程教育知识体系（SEEK）。SEEK 包括软件工程本科教育知识体系，并给出专业课程体系及课程应覆盖的知识单元等方面内容，建立了软件工程知识体系、课程体系及其对应关系，从而为软件工程本科教育提供了更为详细和可操作的指南。

CCSE 明确了本科软件工程教育计划的毕业生需达到以下目标：

① 掌握软件工程知识和技能，以及作为软件工程师开始工作所必须具有的专业素质。

② 作为个人和团队成员开展工作，并能开发和交付高质量的软件产品。

③ 协调冲突的项目目标，在有限开销、时间、知识、已有系统和组织间找到一个可接受的折中方案。

④ 使用软件工程方法，在一个或多个应用领域中设计合适的方案，并综合考虑道德、社会、法律和经济等方面的因素。

⑤ 理解并能运用当前理论、模型和技术，可为问题识别和分析，软件设计、开发、实现、验证和文档化等工作奠定基础。

⑥ 能够理解和正确评价典型软件开发环境中以下因素的重要性：协商、高效的工作习惯、领导力、与投资方良好的沟通能力。

⑦ 当出现新的模型、技术和工艺时，能积极开展学习，能认识到专业知识持续发展的必要性。

SEEK 给出了软件工程本科教育的 10 个知识领域，即计算基础、数学和工程基础、职业实践、软件建模与分析、软件设计、软件验证与确认、软件进化、软件过程、软件质量和软件管理。在此基础上，CCSE 设计了 5 组课程以指导软件工程教育计划培养方案的制定：计算机科学优先课程、软件工程优先课程、共性基础和专业课程、软件工程核心课程Ⅰ、软件工程核心课程Ⅱ。CCSE还给出了15个参考知识领域，以指导面向这些领域的培养方案制定，如以网络为中心的系统，信息系统与数据处理，金融与电子商务系统，容错与抗毁系统，高安全性系统，安全关键系统，嵌入式与实时系统，生物系统，科学系统，电信系统，航空与运输系统，工业过程控制系统，多媒体、游戏和娱乐系统，小型与移动平台系统，基于代理的系统等。

为了帮助教师和学生基于教程更好地开展软件工程课程教学，CCSE还给出了本科软件工程教程设计和讲授时应考虑的问题及采用的指导方针：

① 教程设计者和讲授者须有足够的知识与经验，并能理解软件工程的特点。

② 教程设计者和讲授者须根据培养目标进行教学。

③ 教程设计者须权衡和折中教学内容的全面性、可选性和灵活性。

④ 在教程中需反复提及软件工程概念、原理和观点，帮助学生深刻领会软件工程观念。

⑤ 注意知识点讲授和学习的先后次序。

⑥ 学生须学习一个或多个软件工程以外的应用领域。

⑦ 教学中须认识到软件工程是计算和工程两个学科的结合体。

⑧ 学生须加强特定技能方面的训练，而不仅仅是课程学习。

⑨ 学生须具备持续学习的热情和能力。

⑩ 须让学生认识到软件工程是解决问题的一门学科。

⑪ 针对不断出现的新技术和软件工具，应更强调软件工程内在、持久的原理。

⑫ 尽管工具不是学习焦点，但课程须给学生使用相关工具的机会并积累经验。

⑬ 教程内容应是正确和有用的，或者具有科学或数学基础，或者在具体实践中被广泛使用和接受。

⑭ 应尽可能以良好的研究和数学或科学理论为基础，或在实践中已被广泛接受。

⑮ 教程应结合现实世界的具体问题、项目、实践和实例。

⑯ 教学中应经常讨论软件工程的道德、法律、经济利益等内容，使学生确立这些原则。

⑰ 用有趣、具体、令人信服的示例激发学生学习，帮助学生理解概念和知识。

⑱ 思考各种教学方式和手段，采用灵活多样的授课形式。

⑲ 科学设计教程，使学生可高效和协同地学习多种类型的知识。

⑳ 持续审查和更新课程和教程。

2.6.4 软件工程教育挑战

尽管软件工程教育已有几十年的发展历程，开展了诸多的教育和教学实践，为业界培养出大批高素质软件人才，积累了大量的人才培养经验，但其发展和实践仍然面临着来自软件工程自身和外部环境的多方面需求和挑战[2]。

1. 与时俱进的发展

软件工程是一个发展非常快的学科领域，各种新技术、新方法、新工具层出不穷，产业界对软件人才的需求也在不断变化，软件系统规模和复杂性的不断增长对人才的知识、能力、素质和技能等提出了更高的要求。软件工程教育需与时俱进，跟上时代、学科和产业界的发展步伐，不断更新和优化学科知识体系，调整和完善人才培养目标，发现教育中存在的问题和不足，探索新颖和高效的教学方法，为业界培养所需的软件人才。

2. 理论与实践结合

软件工程既是科学又是工程，是一个实践性要求非常高的学科。软件工程本身就是要服务于软件开发、运行和维护这一实践性目标，其许多方法是对软件开发和运维具体实践的总结，因而要真正理解、掌握并能应用软件工程知识，需要在教育教学过程中强化实践，结合具体的实践项目开展教学，在教学过程中让学生开展软件开发和运维实践。软件工程教育规范不仅要给出学科知识体系，还要提供实践指南和要求。

3. 教育和产业结合

软件工程教育旨在为软件工程产业界培养人才，它既是教育界的事情，也是产业界的事情，因而需要加强教育界和产业界之间的合作。当前软件工程教育界与产业界之间存在一定程度上的脱节问题，具体表现为软件工程教育知识体系未能反映产业界的具体实践和方法，软件工程教育界所培养的人才与软件产业界的需求存在一定的差距。

4. 跨行业和领域教育

随着计算平台不断向物理世界和人类社会的快速延伸，软件作为"集成器"在连接物理系统和社会系统中发挥着日趋重要的作用，软件泛在化和人机物融合的趋势日益明显，软件成为诸多行业和领域解决其特定问题的核心手段和必不可少的工具。这些行业、领域的专业人士需要掌握软件工程学科的基础知识和核心能力，学会运用软件工具来解决特定领域的问题；与此同时，软件工程学科的专业人才也需要向特定领域扩展和渗透，软件工程学科教育呈现出与其他学科教育日益交融的趋势，需要在其他学科教育中引入软件工程教育，同时在软件工程教育中适当引入其他领域的知识。

5. 教学生态建设

教育是一项非常复杂的工作，涉及多方人员，包括教学管理人员、教师、学生等；教育教学的开展需要相配套的资源，包括知识体系、教材、课件、视频、案例、规范、工具、教学平台等。软件工程教育需建立面向教师和学生的教学生态，不仅包括各种形式的教学资源，还要汇聚各类教学参与者，积累其群智知识，包括遇到的问题、解决问题的方法、软件开发经验、可分享的教学成果（如模型、代码、数据）等，形成开放、多样、丰富的教学支撑环境和生态。

2.6.5 "软件工程"课程教学

"软件工程"课程是软件工程本科教育课程体系的主干课程，也是计算机大类专业的核心课程，旨在介绍软件工程的概念、思想、目标、理念和原则，讲授软件工程的过程、方法学和工具，培养学生运用软件工程方法开展需求分析、软件设计、编码实现、软件测试、项目管理、软件维护、质量保证等方面的能力和素质。与其他课程相比较，"软件工程"课程具有以下几个方面的特点及要求：

1. 内容抽象

"软件工程"课程内容包含软件及其开发的诸多原则、过程、策略和方法等，如模块化设计原则、信息隐藏策略、抽象和建模思想、迭代开发过程等。它们是大量软件开发实践经验的总结，就知识本身而言具有思想性、方法性、经验性、抽象性等特点，因而要将这些知识讲清楚、讲透彻，让学生真正理解这些知识，并能灵活运用它们来开发软件系统是一项重要挑战。这就要求"软件工程"课程教学不能照本宣科、空洞讲授，而是要将课程内容与开发经验相结合来诠释其内涵和思想，要通过具体的案例分析解释抽象的知识，更要通过课程实践让学生领会软件工程知识，不仅要让学生知其然，还要让他们知其所以然。

2. 知识多样

"软件工程"课程涉及的知识具有多样化、多学科的特点，不仅包括建模、设计、编码、实现、测试等技术性内容，还包括人员组织、团队激励、成本估算、过程管理等非技术性内容。这些内容不仅与计算机科学与技术相关，而且交叉了数学、管理学、工程学、社会组织学等多个学科，因而要将这些内容进行系统的组织和剪裁，讲清楚它们各自的关注点以及相互之间的关系，并能综合运用它们来解决软件开发和运维中的问题。这就要求课程教学不能将各个教学内容孤立地讲授，而是要融会贯通，尤其是要将这些教学内容综合和集成，以更为系统地诠释软件开发的工程内涵。图 2.13 描述了软件工程课程应包含的知识点。

3. 实践性强

软件工程是一门实践性非常强的课程，实践教学在"软件工程"系列课程教学中起着极为重要的作用。如果"软件工程"课程仅有课堂讲授而没有相应的实践环节，则学生不仅难以深入理解抽象的知识，更谈不上软件开发经验的积累以及软件工程能力的培养。因而这就需要针对软件工程教学内容抽象性、知识多样性等特点，明确课程的实践教学目标，设计科学和合理的课程实践任务及要求，确保实践任务的实施和效果。

"软件工程"课程教学存在"不好教""不易学"的突出问题，实践教学面临着

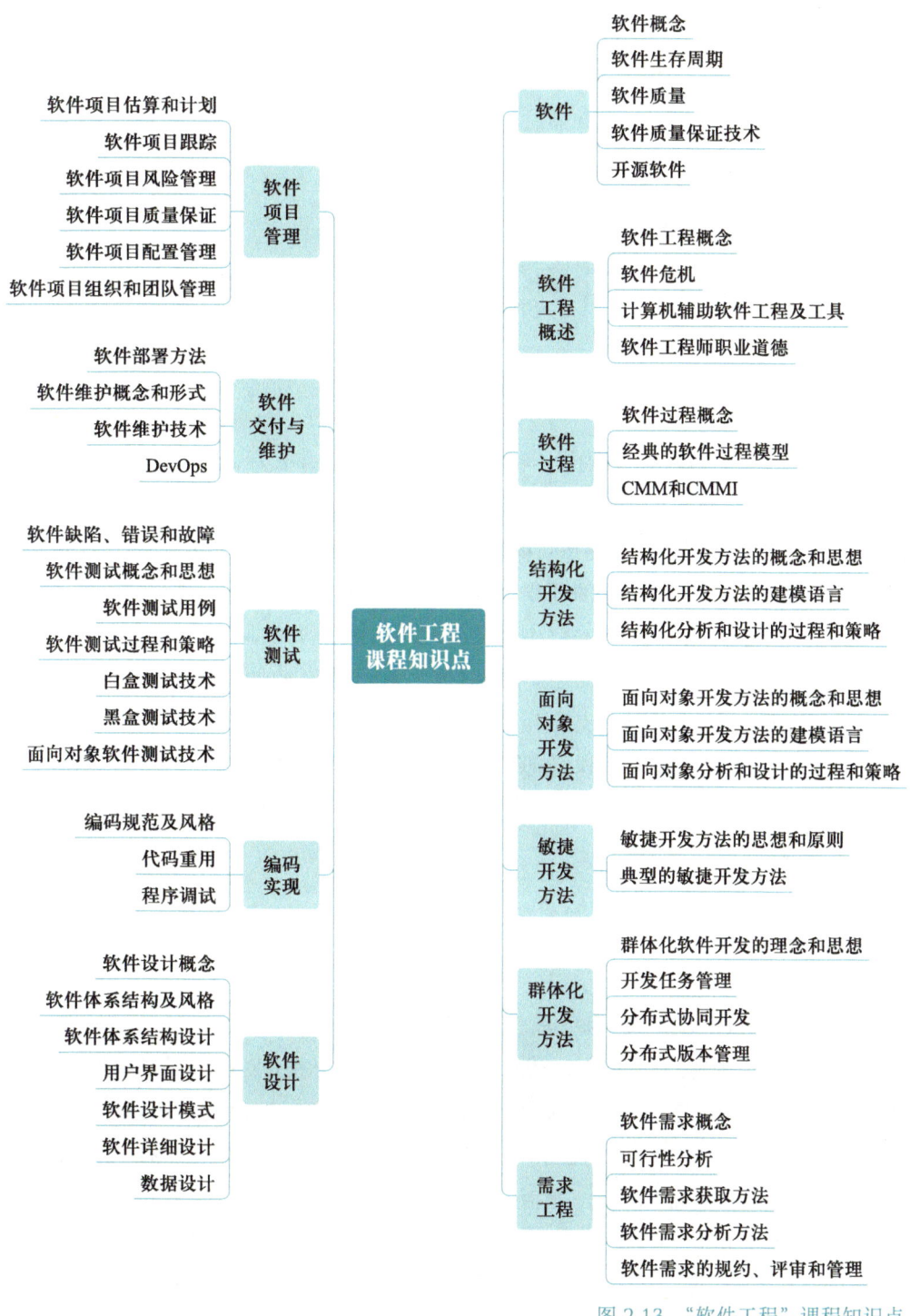

图 2.13 "软件工程"课程知识点

"知难做更难"的突出矛盾。为了指导"软件工程"课程教学大纲的制定、教材的编写和教学内容的评价，全国高等学校计算机教育研究会组织制定了"软件工程课程规范"，其内容构成如图 2.14 所示。

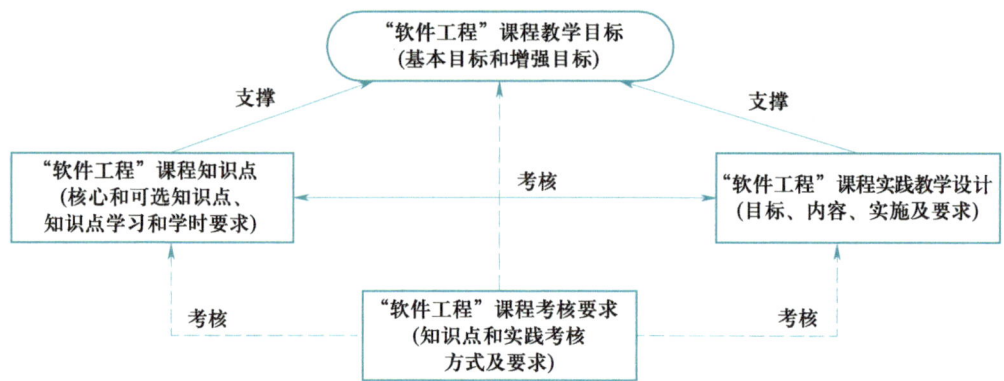

图 2.14   "软件工程课程规范"的内容构成

　　"软件工程课程规范"明确了"软件工程"课程的教学目标、知识点、实践教学设计、考核要求等；描述了"软件工程"课程的不同层次教学目标，包括基本目标和增强目标；给出了课程的知识点，包括核心知识点和可选知识点，以及不同知识点应达成的学习要求和学时要求等。此外，"软件工程课程规范"还针对"软件工程"课程实践教学的特点和要求，就实践教学目标、内容设计及实施等提出建议，并就课程的考核提出了要求。

　　"软件工程课程规范"遵循的基本原则有：符合现有的软件工程教育规范，确保培养目标和知识体系的先进性，支持不同高校结合各自情况和需求进行灵活剪裁，提供具体的指导性规范和示例以确保课程规范的实用性和可操作性等。

本章小结

　　本章围绕"软件工程"这一核心概念，分析了软件工程的产生背景，介绍了软件工程的概念、思想、目标、原则、要素和手段；从软件工程视角阐述了软件开发的本质，即软件开发是创作和生产的过程；概述了软件工程的发展历程和特点，以及不同发展阶段的主要成果；聚焦软件工程教育，介绍了软件工程教育的服务对象、发展历程和知识体系，分析了"软件工程"课程教学的特点、难点及课程规范等内容。概括而言，本章具有以下核心内容：

　　● 软件开发不同于编写代码，要考虑的因素更为多样化，要解决的问题更为复杂，要管理的制品和人员更为广泛。

　　● 软件危机是促使软件工程产生的主要因素，也是推动软件工程发展的主要驱动力。尽管软件危机表现为软件开发成本高、效率低、质量难以保证等表面现象，但其本质是软件工程方法跟不上软件需求和规模的增长。截至目前，软件危机依然存在。

　　● 软件工程概念包含两方面内容，一是将系统化、规范化和可量化的方法应用于软件开发、运行和维护，二是针对软件工程方法的研究。软件工程产业界更多关注前者，学术界则主要关注后者。然而这两方面内容不可分割，因此软件工程的研究和实践需要加强产业界和学术界的合作。

- 软件工程的三要素包括过程、方法学和工具。过程是指软件开发和运维的步骤和活动，以及相应的实施和管理举措；方法学提供了系统化和规范化的技术手段，以指导软件开发和运维；工具则为过程和方法学提供辅助和支持。

- 软件工程的目标是要指导软件的开发和运维、满足工程的约束和确保软件质量。在长期的研究和实践中，软件工程形成了一系列行之有效的原则，如抽象和建模、模块化、软件重用、信息隐藏、关注点分离、分治、双向追踪、工具辅助等。这些原则不同程度地反映在软件工程的各项过程和方法学之中。

- 在软件工程的发展历程中，软件开发范式经历了工程范式和开源范式的变革，衍生出了软件开发群智范式。每一种范式都是时代发展的产物，体现了对软件开发理念和方法的不同认识与实践。

- 借助计算机软件辅助软件开发和运维是软件工程倡导的一项基本原则，也是提高开发效率和质量的有效方法。软件工程提供了诸多 CASE 工具和环境，以帮助软件工程师完成相应的工作。

- 以 ChatGPT、Copilot 等工具和平台为代表，软件智能化开发已进入一个新的阶段。借助软件开发大数据以及大模型技术，当前的智能化开发可以辅助软件开发人员完成从需求分析到编码实现、软件测试等全方位的工作，极大地提升了软件开发的效率和质量，并将对软件工程的研究与实践产生重要影响。

- 从软件工程的视角，软件开发包含软件创作和软件生产两项活动。软件创作极为重要，其成果反映了软件的价值。软件生产则负责将创作的成果通过工程化的方式加以实现。软件工程方法需要充分发挥软件创作和软件生产的各自优势，将两者紧密地交织在一起，融入软件开发过程和方法学之中。

- 在软件工程的发展历程中，几乎每隔 10 年就有较大的技术飞跃。在不同的发展阶段，软件工程面临着不同的需求和挑战，反映了不同时代计算技术发展带来的问题以及软件工程对此提出的应对方法。近年来，软件工程多学科交叉研究与实践的趋势日益突出。

- 软件工程是一个独立学科，教育是软件工程学科的重要组成部分。软件工程教育的目标是培养软件人才。软件工程教育已取得 SWEBOK、CCSE、SEEK 等方面的重要成果。

- “软件工程”课程有其特殊性和教学难点，是一门实践性非常强的课程。“软件工程课程规范”可有效指导高校开展“软件工程”课程教学。

推荐阅读

JONES C. 软件工程通史: 1930—2019 [M]. 李建昊, 傅庆冬, 戴波, 译. 北京: 清华大学出版社, 2017.

Capers Jones 是 2014 年国际软件测试卓越奖（ISTQB）得主, 也是软件工程方法论专家、软件经济数据与度量专家。Jones 从大历史观的角度追古鉴今, 从大趋势、典型企业、赢家和输家、新技术、生产力 / 质量问题、方法、工具、语言、风险等角度介绍软件工程发展史, 检视重要发明, 指出企业、职业兴衰的底层原因, 同时还梳理了一些优秀的软件企业的商业逻辑和模式。

基础习题

2-1   为什么作坊式个体编码无法应对大中型软件系统开发带来的挑战？

2-2   软件开发和编写代码这两项工作有何本质性区别？

2-3   软件危机的主要表现形式是什么？请结合身边的软件系统例子, 说明软件系统的开发难在哪里, 为什么？

2-4   软件工程发展至今已取得很大的进步, 为什么说当前软件危机依然存在？

2-5   《人月神话》提到人狼是传说中的妖怪, 只有银弹才能将其杀死。在该书中 Brooks 认为 "软件工程领域没有可应对软件危机的银弹"。请结合软件工程的发展历程, 分析这一观点和论断的合理性。

2-6   软件工程中的 "工程" 是指什么含义？它反映了软件工程具有什么样的基本理念和思想？

2-7   软件工程要为软件开发和运维提供系统的、可量化的、规范化的方法。请诠释 "系统的、可量化的、规范化的" 有何含义。

2-8   软件工程的三要素间存在什么样的关系？请说明面向对象软件工程的三个构成要素的具体内涵。

2-9   请说明软件工程目标与一般工程目标二者间有何共性和差异性。

2-10   请说明面向对象程序设计体现了哪些软件工程基本原则, 并举例加以说明。

2-11   何为计算机辅助软件工程？为什么要借助计算机软件来辅助软件开发和运维？

2-12   查找相关的资料, 分析诸如微软、Google、IBM、华为、腾讯等企业内部都采用哪些 CASE 工具和环境来辅助软件开发和运维工作。

2-13   举几个使用过的 CASE 工具或环境, 说明它们可辅助哪些软件开发活动, 并分析它们对于提高开发效率和质量起到什么作用。

2-14　软件创作和软件生产有何区别？为什么说软件开发集成了软件创作和软件生产？请结合计算机程序设计实践，说明它体现了什么样的软件创作和软件生产。

2-15　在软件工程的发展历程中，软件工程哪些方面发生了变化，哪些方面没有发生变化？请说明理由。

2-16　"软件工程"课程有何特点和难点，学好"软件工程"课程需要注意哪些方面？

2-17　软件工程师应具备哪些方面的知识、能力和素质？

2-18　了解 ChatGPT 和 Copilot 等工具，分析它们能够对软件开发提供哪些方面的支持，讨论它们生成结果的质量和水平，并尝试在具体的软件开发实践中运用这些工具。

综合实践

1. 综合实践一

实践任务：理解和分析开源软件的整体情况。

实践方法：运行和使用开源软件，理解软件功能；泛读开源代码，分析代码的构成，包括：有哪些子系统、模块，模块与功能的对应关系，软件模块间的关系等，在此基础上绘制软件系统的体系结构图（可以用 UML 的包图和类图来描述）；利用 SonarQube 工具分析开源代码的质量情况。

实践要求：理解开源软件提供的功能和服务，掌握软件系统的模块构成，分析开源软件的质量水平。

实践结果：① 软件需求文档，描述开源软件的大致需求；② 软件体系结构图，描述开源软件的模块构成；③ SonarQube 的开源软件质量报告。

2. 综合实践二

实践任务：分析相关行业和领域的状况及问题。

实践方法：选择感兴趣的行业和领域（如老人看护、防火救灾、医疗服务、出行安全、婴儿照看、机器人应用等）开展调查研究，分析这些行业和领域的当前状况和未来需求，包括：典型的应用，采用的技术，存在的不足和未来的关注。

实践要求：调研要充分和深入，分析要有证据和说服力。

实践结果：行业和领域调研分析报告。

第 3 章

软件过程模型和开发方法

软件工程强调软件开发要遵循规范化的过程，要分步骤、有序、循序渐进地开展工作，每一个步骤都有明确的任务、目标和输出，不同步骤之间有严格的次序，从而确保整个软件开发工作的有序开展并保证质量。软件过程（software process）定义了软件开发和运维所涉及的任务、活动和制品，以指导软件开发和运维工作。至今，软件工程已提出诸多软件过程模型，它们对软件开发和运维都有其独立的认识，因而有各自的特点和适合的领域。人们还围绕软件过程提出了许多软件开发方法，如敏捷方法、群体化开发方法、形式化方法等，针对软件过程中的人员组织、活动组织、变化响应、产品交付等提供指导理念、原则和策略，从而促进软件过程的具体实施。

本章阐述软件过程的概念和思想，并介绍一些软件过程模型和开发方法，分析其特点和适用领域。读者可带着以下问题来学习和思考本章的内容：

- 软件开发为什么需要遵循过程模型？
- 当前有哪些软件过程模型，它们有什么样的特点，适合什么样软件的开发？
- 为什么称瀑布模型、迭代模型、螺旋模型等是一类重型化的过程模型？它们有什么共同的特点？所谓的"重型"是指什么含义？
- 如何根据应用的特点、开发团队的具体情况来选择合适的过程模型和开发方法？
- 何为敏捷方法？与重型过程模型相比较，它有哪些优势？
- 敏捷方法适用于指导什么类型软件项目的开发？
- 何为群体化开发方法？与传统团队开发方法相比较，它有什么样的特点和优势？
- 群体化开发方法适用于指导什么类型软件项目的开发？
- 开源软件实践如何体现群体化软件开发的思想和方法？

3.1 软件过程模型

对于软件开发和管理人员而言，他们参与软件开发需要具体软件过程的指导。自软件工程产生以来，业界已提出了诸多软件过程模型，每一种软件过程模型都有其特点和适合的应用场所。软件开发人员和管理人员应根据所开发的软件系统、开发团队等方面的特点来选择或构建适合的软件过程模型。

微视频：软件过程模型

3.1.1 何为软件过程

在日常生活、学习和工作中，人们通常遵循特定的过程（process）来开展工作和完成任务。例如，当人们要建造一座大楼时，首先要明确大楼的用途，然后交给设计院进行设计，设计方案评审通过后，再交由施工队按照设计图纸进行施工，最后对所建成的大楼进行验收，验收通过后这项任务才算顺利完成。

软件过程定义了软件开发和维护的一组有序活动集合（见图 3.1），它为相关人员参与软件开发、完成开发任务提供了规范化的路线图。这里所述的活动是指为开发软件项目而执行的一项具有明确任务的工作，既包括技术活动，如需求分析、软件设计、编码实现、软件测试、软件维护等，也包括管理活动，如制订计划、配置管理、质量保证、需求管理等。每一项活动都有其明确的任务、目标、输入和输出。例如，软件体系结构设计活动的输入是软件需求文档，任务是开展软件体系结构设计，产生满足需求的高质量软件体系结构设计模型；该活动结束后将输出软件体系结构设计文档和模型。

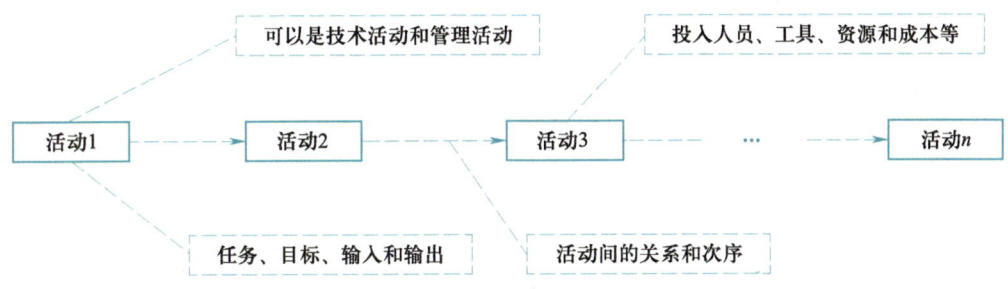

图 3.1 软件过程示意图

构成软件过程的活动间存在逻辑关系，活动的实施需要遵循一定的次序。假设某项活动 A 的实施需依赖另一个活动 B 的输出，那么只有等到活动 B 完成并输出相应的软件制品之后，才能开始实施活动 A。例如，在后面将要介绍的瀑布模型中，软件设计活动依赖需求分析活动的输出（即软件需求文档），因此它必须等到需求分析活动完成之后才能开始实施。软件过程模型用于描述和定义软件过程，它刻画了软件过程中的各项活动、每项活动的具体描述，以及活动间的逻辑和时序关系。

显然，软件过程的每一项活动都需要人员去完成，活动的实施需投入必要的成本、资源和工具，活动的完成需要时间，结束之后会产生相应的软件制品。因此，软件过程将软件项目相关的人力、成本、进度、资源、制品、工具等组织在一起，不仅软件项目的实施需要软件过程的指导，软件项目的管理也依赖具体的软件过程，比如基于软件过程来制订项目实施计划、跟踪计划的开展、估算软件项目的成本等。

需要说明的是，软件过程与软件生存周期是两个不同的概念。软件生存周期是针对软件而言的，它是指软件从提出开发开始到最终退役所经历的阶段。软件过程是针对软件开发而言的，它关注的是指导软件开发的相关步骤和活动。因此，有些文献也将软件过程称为软件开发过程。

3.1.2　代表性的软件过程模型

软件工程领域已提出了诸多软件过程模型，不同模型包含有不同的软件开发技术活动和管理活动，刻画了活动间的不同次序，从而反映了对软件开发的不同理解和认识，展示了不同的软件开发理念和思想。本节介绍业界常用的软件过程模型，并分析它们之间的区别和联系。

1. 瀑布模型

瀑布模型将软件开发过程分为若干步骤和活动，包括需求分析、软件设计、编码实现、软件测试和运行维护。这些步骤严格按照先后次序和逻辑关系来组织实施。需求分析活动完成之后，产生了软件需求文档，才能开展软件设计，以此类推。每个阶段的末尾需要对该阶段产生的软件制品（文档、模型和代码等）进行评审，以发现和纠正软件制品中的问题和缺陷，防止有质量问题的软件制品进入下一步骤。评审通过后意味着该阶段的开发任务完成，随后就可以进入下一个阶段的工作。因此，在瀑布模型中上一步骤的输出是下一步骤的输入，下一步骤需等到前一步骤完成之后才能实施。整个软件开发过程的步骤和实施次序与软件生存周期相一致。软件开发过程中的活动被组织为线性形状，类似于瀑布，故而因此得名（见图 3.2 (a)）。

瀑布模型非常清晰和简洁，易于理解、掌握、运用和管理，因而在早期受到广大软件开发人员的欢迎，用于指导诸多软件项目的开发和管理。该过程模型隐式包含两项基本假设，一是软件开发活动完成之后，经过各种评审或测试，不会出现问题；二是在需求分析阶段能够获得关于软件系统的完整软件需求，并以此来指导后续的软件设计、编码实现等工作。因而该模型适合那些需求易于定义、不易变动的软件系统的开发。

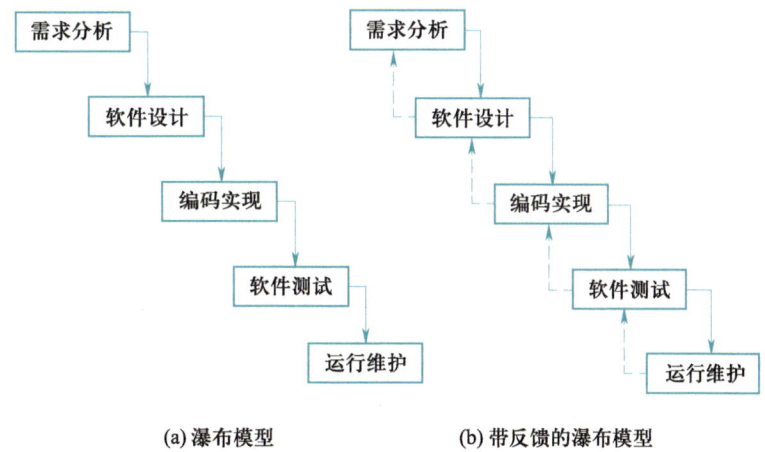

(a) 瀑布模型　　　　　　(b) 带反馈的瀑布模型

图 3.2 瀑布模型示意图

　　显然，上述假设有些不切实际。对于假设一而言，即使进行了全面的评审和系统的测试，软件开发活动所产生的软件制品仍然会存在各种问题和缺陷，这是由于软件的逻辑性、系统的复杂性、缺陷的隐蔽性等特点所决定的。在具体的项目实施中，即使开发人员水平再高，也很难产生无缺陷和无问题的软件制品。基于这一实际情况，人们对经典的瀑布模型进行了改造，产生了带反馈的瀑布模型（见图 3.2（b））。当某个开发活动发现问题时，该过程模型允许回溯到前一项活动，对相关的问题加以解决。如果在解决问题的过程中发现这些问题源自更早前的步骤，则还可以继续再向前回溯，直至回到适当的开发步骤并解决相应的问题。

　　后人还对瀑布模型做了进一步改进，细化软件测试的活动，建立软件开发与软件测试活动之间的对应关系，以强化基于软件测试的质量保证，从而产生了 V 形瀑布模型（见图 3.3）。在该过程模型中，单元测试是要对编码实现阶段的各个模块进行单独测试；集成测试基于软件设计的具体成果设计测试用例，并对模块之间的接口进行测试；确认测试基于需求分析的具体成果设计测试用例，并对软件是否满足用户的需求进行测试。

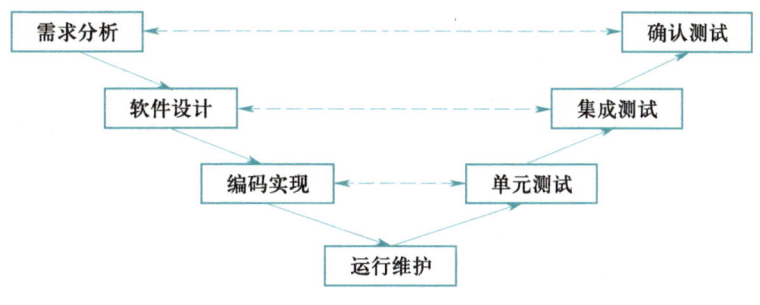

图 3.3 V 形瀑布模型示意图

瀑布模型的假设二对于软件开发而言很难成立。软件需求具有多变和易变的特点，其经常变化已成为常态。对于复杂软件系统而言，用户和开发人员一开始甚至不清楚软件的需求是什么，许多软件需求是在持续的开发和使用过程中才逐渐清晰。因此，通过需求分析给出软件系统的完整需求这一假设不现实，过于理想化。这成为瀑布模型的一大局限。

此外，瀑布模型及其各种改进模型还有一个不足，软件开发人员要等到后期阶段才能产生可运行的软件系统，此时用户才可以接触和使用可运行软件，了解软件的功能和行为，发现软件中存在的质量问题，如用户界面不友好、实现的功能与需求不一致、反应速度太慢等。显然，如果此时用户提出软件改进要求将会对软件开发和管理带来很大的冲击，诸多软件制品需要修改将使软件项目蒙受人力、财力和时间上的损失，导致项目管理更为困难，且容易引发进度延迟、成本超支、质量低下等一系列问题。正因为如此，人们提出了其他软件过程模型，以弥补瀑布模型的不足。

2. 原型模型（prototype model）

在日常生活和工作中，人们经常会构造一些系统的原型，以便为用户直观地展示所关心的内容。例如，房地产售楼处常在销售大厅布置楼盘的原型沙盘，直观地展示楼盘地理位置、布局和各种房型的户型结构。一些楼盘甚至还没有开始建设，开发商就构建好了相关的原型，以便向顾客推介和销售。所谓原型（prototype），是指在产品开发前期所产生的产品雏形或仿真产品。相较于实际产品，原型具有可直观展示产品的特性、贴近业务应用、能自然地反映产品需求等特点。

基于原型的上述特点，人们将原型思想引入软件工程领域，在软件开发早期（通常在需求分析阶段）根据用户的初步需求构建软件原型并将其交给用户使用，获得用户的评价和反馈，帮助用户导出软件需求、发现开发人员与用户之间的需求认识偏差，进而有效地支持软件需求分析。这一过程模型即为原型模型。

原型模型的步骤大致描述如下（见图 3.4）：

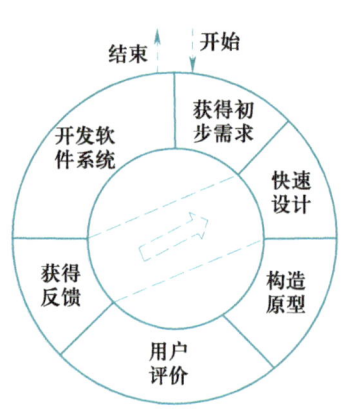

图 3.4 原型模型示意图

① 开发人员（通常是需求分析工程师）与用户进行初步沟通，获得一组初步需求，然后借助 Microsoft Visual Studio、Eclipse 等 CASE 工具，采用快速设计的方式，快速开发出基于初步需求的可运行软件原型。该原型仅向用户展示其所关心的内容，具体表现为待开发软件系统的用户界面、操作流程、交互方式等。原型无须实现具体的功能，以便需求分析工程师能够快速构造出软件原型。

② 需求分析工程师将软件原型交给用户使用和操作，用户在使用过程中对原型提出具体的评价和改进

意见，如应增加哪些需求、需修改哪些业务流程、用户界面缺少某些内容等，这些评价和意见实际上反映了用户的软件需求。

③ 需求分析工程师根据用户的反馈持续改进原型，再次交给用户使用、操作和评价，进一步获得用户的反馈，并以此再次改进软件原型，如此反复，直至用户认可软件原型所展示的软件需求。此时，需求分析工程师大致完整和准确地获取了用户的期望和要求，随后可基于软件原型所反映的软件需求，开展软件设计、编码实现、软件测试等一系列软件开发工作。

在应用原型模型的过程中，需求分析工程师所产生的软件原型会有几种不同的类型。一类是抛弃型原型，即一旦通过软件原型掌握了用户需求之后，软件开发人员会抛弃软件原型，开展全新的软件设计和实现工作。此类软件原型不会成为目标软件系统的组成部分。另一类是开发型原型，即通过软件原型掌握了用户需求之后，软件原型会被继续使用，开发人员在软件原型的基础上开展进一步设计和实现，最终形成软件产品。此类软件原型会成为最终软件产品的组成部分。

原型模型的特点是它将软件原型作为用户需求的载体，使其成为开发人员与用户之间的交流媒介，支持用户通过对软件原型的评价和反馈积极参与软件项目的早期开发，帮助用户导出软件需求、发现需求理解的偏差，进而促进需求分析工作，确保软件需求质量。原型模型比较适用于那些软件需求难以导出、不易确定且持续变动的软件系统。但由于软件原型的修改和完善需要多次和迭代进行，这一开发模型给软件项目的管理带来了一定的困难。

3. 增量模型（incremental model）

瀑布模型要等到软件开发后期才能给用户提供可运行的软件系统，这一点往往不利于用户使用。此外，滞后的软件交付和使用必然会导致软件缺陷和问题的滞后发现，加大软件开发的成本和工作量，影响软件质量。出现这一状况的根本原因在于，获取软件需求后瀑布模型要求一次性实现所有的软件需求，这势必会导致软件设计和实现的工作量大、开发周期长，使软件交付延后。

针对这一问题，增量模型（见图 3.5）对瀑布模型做了适当改进。它不再要求软件开发人员一次性实现所有的软件需求，而是在软件需求和总体设计确定好之后，采用增量开发的模式渐进式地实现软件系统的所有功能，从而确保软件开发人员可以尽早为用户提交可运行的软件系统。增量模型的另一个显著优点是允许软件开发人员平行地开发软件、实现软件系统的各个独立模块，从而提高软件开发效率，加快交付目标软件系统的进度。

4. 迭代模型（iterative model）

无论是瀑布模型还是改进后的增量模型，它们都有一个共同的不足，均假定软件需求在需求分析阶段就可以完整、准确地定义清楚，并以此来指导后续的软件设计和实

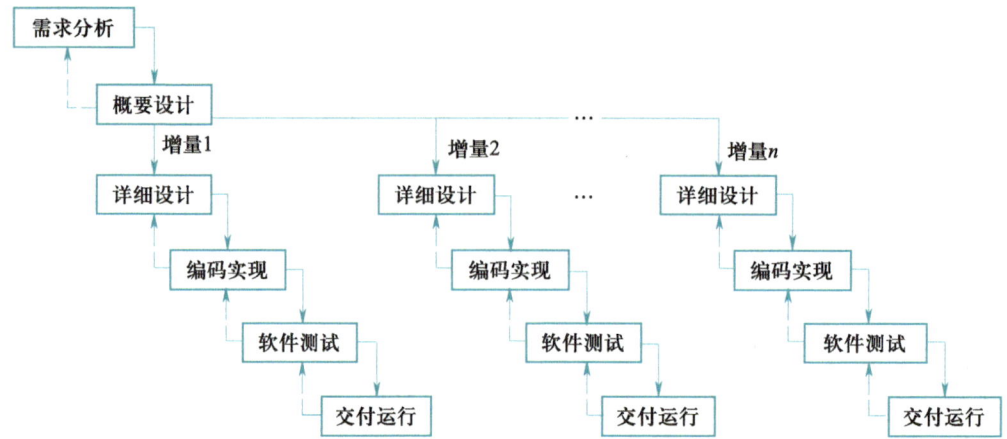

图 3.5   增量模型示意图

现。这一假设对于现在的许多应用而言难以成立。在软件开发的初期想要完全、准确地获得用户的需求基本是不可能的。软件需求在整个软件开发过程中会经常发生变化。例如，许多互联网应用的软件需求是在软件的持续使用过程中才逐步产生和形成的，一些复杂软件系统（如城市交通、医疗服务）的需求是持续演化的。

针对这一问题，人们提出了迭代模型（见图 3.6）。迭代模型将软件开发过程分为若干次迭代，每次迭代针对部分可确定的软件需求完成从需求分析到交付运行的完整过程，提交可运行的软件系统。每次迭代都是在前一次迭代基础上对软件功能的持续完善。由于每次迭代只针对部分软件需求，因而开发人员可较为快速地交付可运行的软件系统。迭代过程模型与增量模型似乎很相似，但它们在软件开发理念和原则上有本质的区别，是两个不同的软件过程模型。

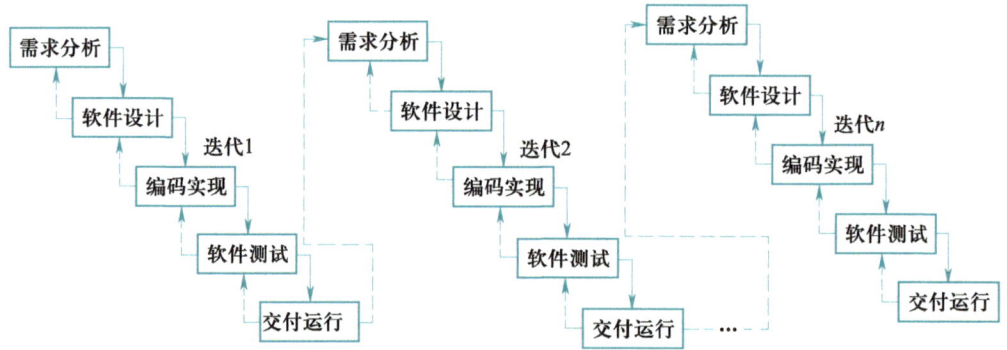

图 3.6   迭代模型示意图

迭代模型不要求一次性完整地获取软件需求，而是采用多次迭代的方式逐步获取和掌握软件需求，允许软件需求在每次迭代开发过程中发生变化；每次迭代只针对本次迭代可以掌握和确定的需求进行软件开发，体现了"小步快跑"的开发理念。迭代模型通过多次不断的迭代来逐步、渐进式地细化对问题及需求的理解。迭代的次数取决于具体的软件项目，当某次迭代的结果（即软件产品）完全反映了用户需求，迭代就可终止。迭代模型将软件开发视为是一个逐步获取用户需求、完善软件产品的过程，因而该模型能够较好地适应那些需求难以确定同时不断变更的软件系统的开发。但是，由于迭代开发的次数难以事先确定，因而迭代模型会加大软件项目管理的复杂度。

5. **基于构件的过程模型**（component-based process model）

构件（component）是软件系统中具有相对独立功能和明确接口的可运行逻辑单元，是软件体系结构的基本组成元素。可以认为，软件系统就是通过一个个构件及其之间的交互来构成的。因此，构件的开发是软件系统设计和实现的主要工作之一。

在软件开发过程中，如果能够找到并重用已有的构件来支持软件开发，显然可极大地提高软件开发效率。基于构件的过程模型就是以构件重用为目标，将搜寻、选择/构造和组装构件作为独立的开发活动，以此来指导整个软件开发过程。图 3.7 描述了基于构件的过程模型示意图。通过需求分析确定软件需求，进行软件体系结构设计，在此基础上围绕构件开展以下三项开发工作：

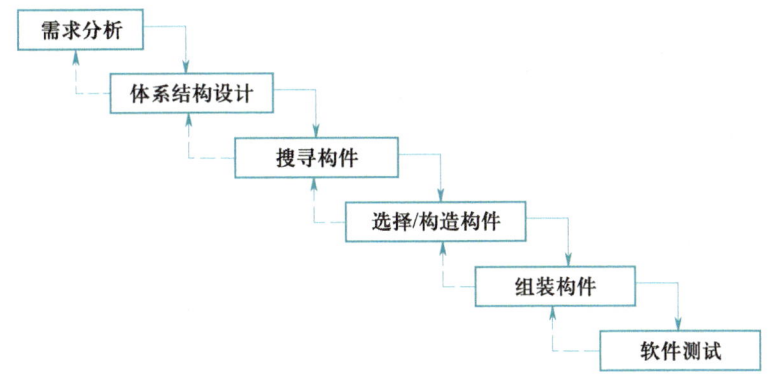

图 3.7 基于构件的过程模型示意图

① 搜寻构件。根据软件需求定义和软件体系结构设计，从构件库中搜寻适合的构件。构件库是一个已有的可重用构件的集合。一些 CASE 工具和环境会提供通用的构件库，如图形化界面开发的构件库；一些特定领域的软件开发框架会提供针对特定问题域的构件库，如机器人软件开发领域的 ROS 节点开发包；还有一些构件库需要通过购买才能得到，如科学计算的构件库。

② 选择/构造构件。每个构件都实现了特定的功能、提供了明确的接口。开发人员基于搜寻的结果理解构件提供的功能和接口，从中选择所需的构件，有时需要做适当的改编使之能完全匹配和符合软件开发需求。如果找不到这样的构件，开发人员须自己开发，并遵循相关的规范，提高所开发构件的可重用性，将其加入相关的构件库中，以备将来为其他软件项目所重用。

③ 组装构件。根据软件体系结构设计,将选择的构件或新构建的构件组装在一起,形成目标软件系统。通常情况下,开发人员还需要编写相关的代码,将这些构件黏合在一起,以实现构件间的数据流和控制流交互。

基于构件的过程模型以软件重用为指导思想,通过搜寻、选择/构造和组装构件来代替经典软件过程模型中的软件详细设计。显然,这一过程模型可有效提高软件效率和质量,降低软件开发的成本和风险,缩短软件交付的时间。

6. 螺旋模型(spiral model)

原型模型有助于导出和获取需求,增量模型有助于并行开发和及早交付可运行软件,迭代模型可有效应对不确定的软件需求并持续向用户交付可运行的软件系统。在实际的软件开发实践中,人们发现大中型软件系统的开发存在着多样化的软件开发风险,如软件需求不清、设计存在缺陷、软件制品没有经过评审等。在开发过程中如果不对潜在的风险进行有效的管理,如发现风险、分析风险和解决风险,那么软件项目将很难取得成功。

基于上述认识,人们提出了螺旋模型,试图将多种过程模型的优点集成在一起,并引入风险管理活动,从而为大中型软件系统的开发和管理提供更为有效的指导。图3.8 描述了螺旋模型的示意图。整个软件开发分为若干个螺旋周期,每个螺旋周期都要经历制订计划、风险分析、实施工程、客户评估 4 个阶段,每个阶段又包含一组软件开发的技术活动(如软件产品设计、详细设计、编码等)和管理活动(如制订计划、风

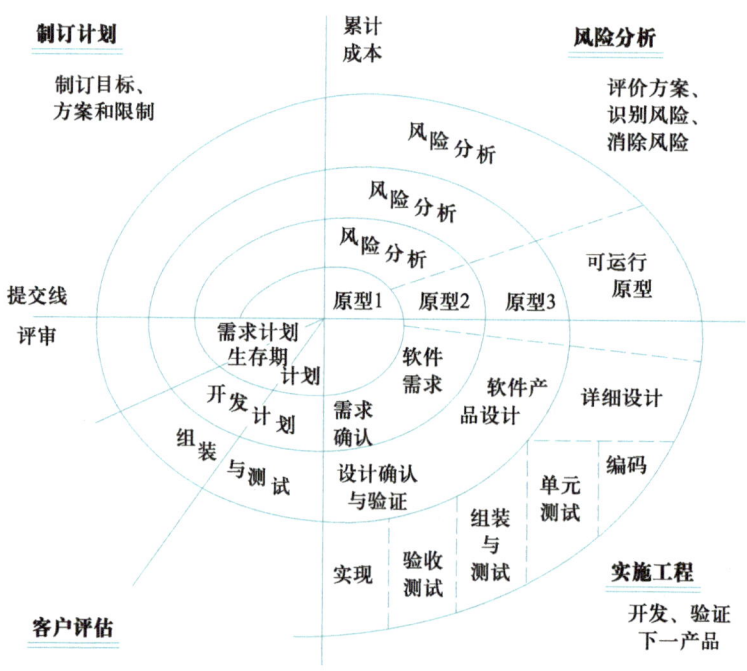

图 3.8 螺旋模型示意图

险分析、客户评估等）。在制订计划阶段，软件开发人员和管理人员需要确定本次螺旋周期的目标、方案和限制，即要明确本次迭代的任务。在风险分析阶段，软件开发人员和管理人员要对实施计划和方案进行评价和分析，识别计划和方案中潜在的风险并寻求方法加以解决。在实施工程阶段，软件开发人员通过一系列开发活动，完成软件原型的开发。在客户评估阶段，软件原型将交给客户评估，以完善软件需求、发现不一致的需求，并以此来指导下一轮螺旋周期。螺旋模型的每一次螺旋周期都建立在上一次螺旋的成果基础之上，因而也会将软件开发和交付再向前推进一步。最后一次螺旋将通过详细设计、编码和单元测试、组装与测试、验收测试等，产生和交付最终可运行的软件系统。

螺旋模型是一种风险驱动的过程模型，在每个螺旋周期开始时都必须首先进行风险管理，比较适合于需求不明确、开发风险高、开发过程中需求变更大的软件项目。由于螺旋模型集成了多种过程模型，因而其较为复杂，也会给软件项目管理带来诸多挑战。如果软件开发人员和管理人员缺乏足够的经验和技能，将很难驾驭该类模型。

7. 统一过程（unified process，UP）模型

上述过程模型都有一个共同的特点，即定义了软件开发过程要做什么（即按照什么样的步骤开展开发工作、需开展哪些活动等），但是没有明确或强制要求如何来做（即采用什么样的策略、技术和规范来实施活动和开展工作）。在长期的软件开发实践中，人们总结出了许多行之有效的最佳软件开发实践，如用例驱动、需求管理、以体系结构为中心的软件设计、可视化建模、软件质量验证、变更控制等，并在面向对象的软件工程及其应用中得到了检验，取得成功。20 世纪 90 年代，由于面向对象的软件工程逐步趋于成熟，如制定了面向对象的统一建模语言（unified modeling language，UML）、C++/Java 成为主流程序设计语言等，Rational 公司联合多位学者提出了统一过程模型，它试图将软件过程模型与软件开发的最佳实践相集成，形成一个更具可操作性和指导性、能为大家所广泛接受的过程模型。

概括而言，统一过程模型是一种用例驱动、以体系结构为核心、借助 UML 语言的迭代式软件过程模型。图 3.9 示意描述了统一过程模型的完整信息，它把整个软件开发过程分为若干个循环，每个循环由 4 个阶段工作组成，这些阶段的工作结束后将交付一个正式的软件版本。

① 初始（inception）阶段。该阶段的任务是将最初的想法形成软件产品的高层描述，明确软件系统的边界，用 UML 用例图来描述和定义软件系统的需求，给出软件系统的初始体系结构。

② 细化（elaboration）阶段。该阶段的任务是在细化软件需求的基础上，设计软件系统的体系结构，建立软件体系结构的不同视图模型，包括分析视图、设计视图、过程视图和物理视图等。

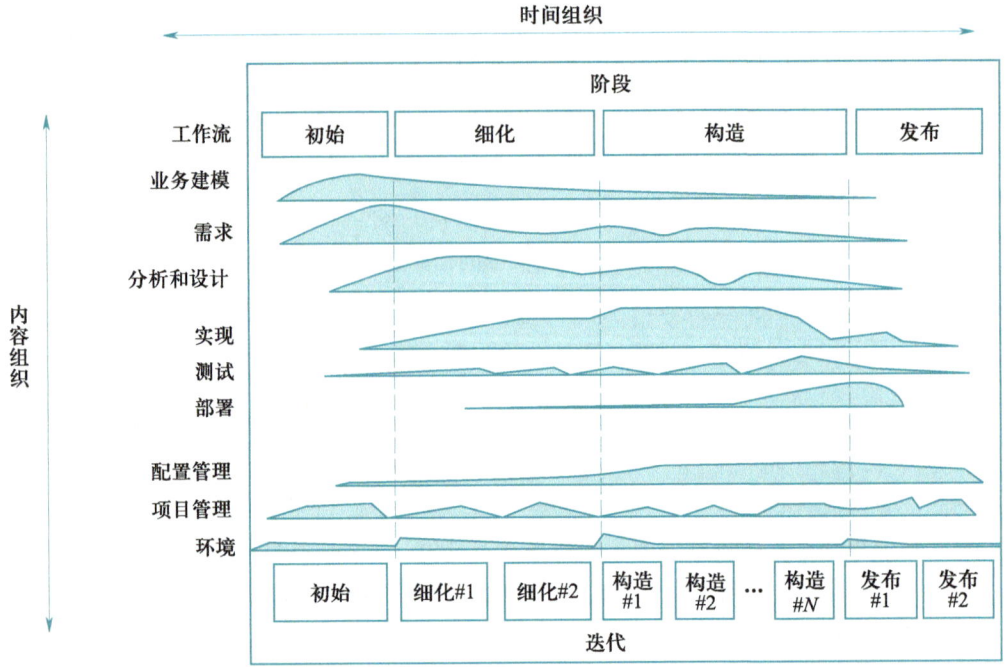

图 3.9　统一过程模型示意图

③ 构造（construction）阶段。该阶段的任务是基于软件体系结构的各类设计视图模型实现软件系统，产生可运行的软件版本。该阶段还可对软件设计做细微调整，并开展必要的软件测试。

④ 发布（transition）阶段。该阶段的任务是将可用的软件系统交付给用户使用，并完成相关的收尾工作，包括交付必要的软件文档、安装软件、培训用户等。

统一过程模型定义了 9 个工作流以支持上述 4 个阶段的工作，其中包括 6 个核心工作流，即业务建模、需求、分析和设计、实现、测试、部署；3 个核心支持工作流，即配置管理、项目管理和环境。

① 业务建模（business modeling）。借助用例描述软件系统的业务流程，定义系统的用例模型，明确软件系统的边界、利益相关者、用例等内容。

② 需求（requirement）。提取、组织和文档化软件需求及相关约束，明确系统的问题边界和范围，描述系统应该做什么，并使开发人员和用户就软件需求达成共识。

③ 分析和设计（analysis & design）。基于软件需求开展软件的分析和设计，以体系结构设计为中心，形成稳健的软件设计模型，以指导软件的实现。

④ 实现（implementation）。基于软件设计编写程序代码，以构件的形式（源文件、二进制文件、可执行文件）进行封装，定义程序代码的组织结构，并开展程序单元测试。

⑤ 测试（test）。开展集成测试和确认测试等测试工作，检验构件是否集成、整个

软件是否满足用户的需求。

⑥ 部署（deployment）。将生成的软件版本分发给最终用户，包括软件打包、软件安装、为用户提供培训和帮助等。

⑦ 配置管理（configuration management）。对上述软件开发活动所产生的多样化软件制品（文档、数据、代码等）进行配置管理，并跟踪软件制品及其版本的变化。

⑧ 项目管理（project management）。管理软件开发项目，包括冲突协调、风险管理、计划制订、项目跟踪等。

⑨ 环境（environment）。为软件开发组织开展上述活动提供必要的工具和环境。

在统一过程模型中，同一个工作流在不同阶段的任务强度是不一样的。例如，业务建模工作流的任务主要发生在初始阶段和细化阶段，在构造和发布阶段的工作相对较少；配置管理工作流在前期的初始阶段和细化阶段较少，原因是所产生的软件制品数量相对较少，而到了构造和发布阶段其任务则不断增加，原因是这两个阶段会产生大量的软件制品，尤其是程序代码。可以说，统一过程模型将诸多过程模型、开发理念和最佳实践集于一身，为大型复杂软件系统的开发提供过程、策略、规范等指导。但是这类模型同样较为复杂，对于软件开发人员和管理人员而言，要用该模型来指导软件开发和管理需要一定的经验和技能。

3.1.3 软件过程模型的重型化特点

无论是瀑布模型、增量模型，还是螺旋模型和统一过程模型，它们都有一个共同的特点，即以文档为中心来指导软件开发。在软件开发过程中，尤其在分析和设计阶段，开发人员需要将开发活动所产生的阶段性成果撰写成文档，并以文档作为媒介来指导后续的开发活动。例如，需求分析活动结束之后，需求分析工程师需撰写软件需求文档以详细描述软件需求；软件设计工程师基于软件需求文档了解软件的具体需求，并以此为基础开展软件设计；程序员则依据软件设计活动所产生的软件设计文档编写代码；到了软件维护阶段，维护人员基于软件的设计文档理解待维护的软件，并以此定位代码缺陷、增补软件功能。

以文档为中心的软件开发过程可为软件系统的开发和运维提供系统化的指导，但同时也存在一个明显的不足，即整个软件开发过程非常"笨重"。主要表现在以下几个方面：

① 软件开发和运维的大量工作用于撰写和评审文档，而非编写程序代码。这一工作方式导致软件开发的前期努力和工作重点集中在软件文档上，用户要等到软件开发后期才可得到可运行的软件产品，使得软件开发交付滞后。如果交付完成后发现软件存在问题，此时软件项目就会面临非常大的开发风险。

② 软件需求变化是常态，一旦需求发生变化，开发人员不得不首先去修改软件需求文档，并据此来调整其他文档，如软件设计文档、软件测试文档等，最后再根据修改后的文档来修改程序代码。软件开发人员疲于撰写、修改和评审软件文档，无法将精力放在程序代码上，不能及时给用户提交可运行的软件产品，导致软件开发的应变能力差、开发效率低下、软件质量无法得到保证。导致这一状况的根本原因在于软件文档已成为影响软件快速交付、及时应对需求变化的一种负担。在整个开发过程中，开发人员不得不背负着软件文档这一沉重的软件制品，艰难前行。

③ 软件开发过程中会花费大量的时间和精力在软件文档评审上，以确保软件质量。由于软件开发会产生一系列软件文档，这些文档的质量会最终影响到程序代码，因而开发人员不得不投入时间和精力来评审软件文档，包括其格式、形式和内容等方面。显然，软件文档的评审是一项费时、低效和乏味的工作。由于软件文档通常用自然语言进行表述，因而要快速、准确地发现软件文档中的问题较为困难。例如，对于同一个软件需求项，软件需求文档在不同的章节存在不一致的表述，这一问题很难被发现。

正因为软件过程模型的上述特点，人们通常将这些过程模型所提供的方法称为重型软件开发方法。

3.1.4　软件过程模型的选择

不同软件过程模型在指导软件开发方面有其各自的考虑和基本假设，因而各有其优缺点及适用场合，如表 3.1 所示。

表 3.1　不同软件过程模型的特点

模型名称	指导思想	关注点	适用场合	管理难度
瀑布模型	为软件开发提供系统性指导	与软件生存周期相一致的软件开发过程	需求变动不大、较为明确、可预先定义的应用	易
原型模型	以原型为媒介指导用户的需求导出和评价	需求获取、导出和确认	需求难以表述清楚、不易导出和获取的应用	易
增量模型	快速交付和并行开发软件系统	软件详细设计、编码和测试的增量式完成	需求变动不大、较为明确、可预先定义的应用	易
迭代模型	多次迭代，每次仅针对部分明确的软件需求	分多次迭代来开发软件，每次仅关注部分需求	需求变动大、难以一次性说清楚的应用	中等
基于构件的过程模型	基于构件重用来开发软件	构件的搜寻、选择、构建和组装	需求明确，具有丰富构件库的应用	中等

续表

模型名称	指导思想	关注点	适用场合	管理难度
螺旋模型	集成迭代模型和原型模型，引入风险分析等管理活动	软件计划制订和实施，软件风险管理，基于原型的迭代式开发	开发风险大，需求难以确定的应用	难
统一过程模型	集成迭代过程模型和面向对象最佳实践	参考最佳实践，借助面向对象技术来指导迭代开发	软件需求不明确且经常变化的应用	难

在具体的软件开发实践中，软件开发人员和管理人员需根据各个软件过程模型的特点和适用场合，结合所开发软件项目的实际情况和具体要求，合理地选择或制定软件项目的过程模型。

1. 考虑软件项目的特点

考虑软件项目的特点，尤其是所开发软件的业务特点，如业务领域是否明确、软件需求是否易于确定、用户需求是否会经常变化等。如果业务应用需求较为明确，并且用户要求必须在需求定义基础上进行软件开发，如针对航空航天、装备软件、嵌入式应用等一类软件项目，可以考虑选择以瀑布模型为基础的一类软件过程模型，如瀑布模型、增量模型、基于构件的过程模型等。如果软件需求不明确，用户也难以说清楚，并且需求会经常发生变化，如互联网软件、企业信息系统等，可以考虑采用以迭代模型为基础的一类逻辑过程模型，如迭代模型、统一过程模型、螺旋模型等。

2. 考虑软件项目开发的风险

如果在软件项目实施之前就可以预估到该项目可能会面临多样化的软件风险，可以考虑采用螺旋模型等过程模型。

3. 考虑团队的经验和水平

需要结合软件开发团队的能力和水平来选择过程模型，以防开发团队和管理人员无法掌控和驾驭过程模型。在上述过程模型之中，统一过程模型、螺旋模型等模型涉及的要素多，管理的难度大，对开发人员的个体能力以及团队协作要求较高。如果软件项目团队和管理人员缺乏经验，可以考虑选择一些易于管理和实施的过程模型。

总之，软件过程模型的选择要具体问题具体分析，从实际出发，考虑诸多因素，结合项目及团队的具体情况找到或制定出适合、可用的过程模型。

3.2　敏捷方法

20 世纪 90 年代以来，软件工程领域出现了一批新颖的软件开发方法，它们主张软件开发要以代码为中心，只编写少量文档，主动适应需求变化。这些方法称为敏捷方法。

微视频：敏捷软件开发方法

3.2.1　何为敏捷方法

敏捷方法是一类软件开发方法的统称，它们主张软件开发要以代码为中心，快速、轻巧和主动应对需求变化，持续、及时交付可运行的软件系统。该方法与以文档为中心，实施起来非常"笨重"，要到开发后期才能提交可运行软件系统的重型开发方法形成了鲜明的对比。

1. 敏捷方法的理念和价值观

早在 20 世纪 90 年代，软件产业界的诸多软件工程实践者已意识到敏捷开发的重要性，并在一些软件项目中加以应用，取得了积极成效。2001 年，Kent Beck 等 17 位软件工程专家成立了敏捷联盟（Agile Alliance），共同发布了"敏捷宣言"（Agile Manifesto），阐述敏捷软件开发的以下理念和价值观，标志着敏捷方法的正式诞生：

① 较之于过程和工具，应更加重视人和交互的价值。人及开发团队是软件开发中最为重要的因素，软件开发应坚持以人为本。团队成员间的交流与合作是团队高效率开发的前提和关键，这比遵循过程和使用工具更为重要。

② 较之于面面俱到的文档，应更加重视可运行软件的价值。软件文档固然重要，但它们不是客户或用户最为关心的，也不是软件系统的最终制品。软件开发应将精力集中于可运行和可交付的软件产品上，并尽量精简项目内部或开发中间成果的软件文档。

③ 较之于合同谈判，应更加重视客户合作的价值。软件开发的目的是服务软件客户，尽量满足客户要求。与其费力与客户就合同等事宜进行谈判，不如请客户加入，共同参与软件开发。

④ 较之于遵循计划，应更加重视响应用户需求变化的价值。开发过程中软件需求会不可避免地发生变化，从而打乱预先制订的开发计划。响应需求变化的能力常常决定软件项目的成败。与其不断调整和遵循计划来开发软件，不如主动适应和积极响应软件需求的变化。

概括起来，敏捷方法具有以下一些特点：

① 更加重视可运行软件系统，即代码，弱化软件文档，以可运行软件系统为中心来开展软件开发。

② 以适应变化为目的来推进软件开发，鼓励和支持软件需求的变化，针对变化不断优化和调整软件开发计划，及时交付软件产品。

③ 软件开发要以人为本，敏捷软件开发是面向人的而不是面向过程的，要让方法、技术、工具、过程等来适应人，而不是让人来适应它们。

2. 敏捷方法的实施原则

基于上述 4 项价值观，人们进一步提出了 12 条敏捷开发原则，以指导开发人员运用敏捷方法来开发软件，这些原则使得敏捷方法更具可操作性：

① 尽早和持续地交付有价值的软件，以确保客户满意度。敏捷软件开发最关心的是向用户交付可运行的软件系统。诸多软件工程实践表明，初期交付的功能越少，最终交付软件系统的质量就越高；软件产品交付得越频繁，最终软件系统的质量就越高。尽早交付可以让软件开发团队尽快获得成就感，提升软件开发团队的激情和效率，尽早从用户处获取对需求、过程、产品等的反馈，及时调整项目实施的方向和优先级。

② 支持客户需求变化，即使到了软件开发后期。需求多变性和易变性是软件的主要特点，也是软件开发面临的重要挑战。软件开发不应惧怕需求变化，而应积极和主动地适应需求变化，从而为用户创造竞争优势。为了支持需求变化，应采用设计模式、迭代开发和软件重构等方法和技术，软件体系结构应具有足够的灵活性，以便当需求变化时能以最小的代价快速做出调整。

③ 每隔几周或一两个月就须向客户交付可运行软件，交付周期宜短不宜长。软件开发团队应采用迭代的方式，每次迭代选择对用户最有价值的功能作为本次迭代的任务，经常向用户交付可运行的软件系统。交付的周期要适宜，周期太长用户易失去耐性，团队也无法从用户处及时获得反馈信息，周期过短会使用户难以承受持续不断的软件产品版本。

④ 在软件开发全过程，业务人员和开发人员须每天一起工作。为了使开发过程保持"敏捷"性，开发人员须及时从用户处获得各种反馈信息，因此需要使用户与软件开发者在一起工作，以便在需要时及时获得用户的反馈。

⑤ 由积极主动的人来承担项目开发，支持和信任他们并提供所需的环境。在影响软件项目成功的诸多因素中，人是其中最为重要的因素。因此参与软件项目的人应积极主动，并要为他们参与项目开发创造良好的环境和条件。

⑥ 面对面交谈是团队内部最有效和高效的信息传递方式。软件开发团队成员之间应采用面对面的交谈方式进行沟通，文档不作为人员交流的默认方式，只有在万不得已的情况下才去编写软件文档。

⑦ 交付可运行软件作为衡量开发进度的首要衡量标准。可运行软件是指完成了用户的部分或全部需求，经过测试可在目标环境下运行的软件系统。敏捷方法不以编写的文档和代码量，而是基于可运行的软件系统及其实现的软件需求来衡量软件开发进度。

⑧ 项目责任人、开发方和用户方应保持长期、稳定和可持续的开发速度。软件开发是一个长期的过程，软件开发团队应根据自身特点来选择合适、恒定的软件开发速度，以确保软件开发的可持续性，不应盲目追求高速。过快的开发速度会使开发人员陷入疲惫，出现一些短期行为，以至于给软件项目留下隐患。

⑨ 追求卓越的开发技术和良好的软件设计，增强团队和个体的敏捷能力。良好的软件设计是提高软件系统应变能力的关键。开发人员从一开始就须努力做好软件设计工作，在整个开发期间不断审查和改进软件设计；须编写高质量的程序代码，不要为了追求短期目标而降低工作标准和质量。

⑩ 在保证质量的前提下，采用简单的方法完成开发任务。软件开发工作应着眼于当前欲解决的问题，不要把问题想得过于复杂（如预测将来可能出现的问题），须采用最为简单的方法解决问题，不要试图构建华而不实的软件系统。

⑪ 组建自组织的开发团队，以出色地完成软件架构、需求和设计等工作。敏捷团队应是自组织的，以快速和主动地应对需求变化。软件开发任务不是从外部直接分配到团队成员，而是交给软件开发团队，然后再由团队自行决定任务应怎样完成。团队成员有权参与软件项目的所有部分。

⑫ 团队应经常反思如何提高工作效率，并以此调整个体和团队的行为。敏捷方法不是一成不变的，敏捷本身即含有适时调整和优化的内涵。随着项目的推进，软件开发团队应不断对其组织方式、规则、关系等方面进行反思并进行调整，以不断优化团队结构、提高软件开发效率。

3. 支持敏捷方法的开发技术和管理手段

至今人们已经提出诸多敏捷软件开发技术，它们不同程度地支持敏捷方法的上述理念和原则，包括极限编程（extreme programming，XP）、适应性软件开发（adaptive software development，ASD）、特征驱动的开发（feature driven development，FDD）、测试驱动的开发（test driven development，TDD）、敏捷设计、Scrum 方法、动态系统开发方法（dynamic systems development method，DSDM）等，并应用于具体的软件开发，取得了积极成效，受到广泛关注和好评。

从管理的角度来看，敏捷开发方法的应用对软件项目管理提出了以下一些要求：

① 管理软件需求，支持需求的变化和跟踪。尽管软件需求在整个软件开发过程中是动态变化的，但是每次迭代欲实现的软件需求应是稳定的，所生成的需求文档应处于受控状态，作为迭代开发的依据，与项目计划、其他软件制品和开发活动相一致，并以此跟踪可运行软件系统及其变化。开发人员须通过与用户的交流开展软件需求的确认、评审和反馈。

② 选择和构建合适的软件开发过程，支持迭代式软件开发和持续性软件交付。

③ 管理开发团队，加强开发人员之间、开发人员与用户之间的交流、沟通和反馈。

要以人为本，发挥人的积极性和主动性，将用户作为软件开发团队中的成员，并与开发人员一起工作和交流；要为软件开发团队提供良好的交流环境，如拥有共同的办公空间和工作时间。

④ 开发人员和用户一起参与项目计划的制订和实施。针对每次迭代，参照迭代要实现的软件需求来制订项目计划。项目计划不应过细，应保留一定的灵活性。每次迭代要量力而行，实现的功能不要太多。每次迭代的软件开发周期要适中，不同迭代的周期要大致相当，防止周期剧烈变化，支持稳定和可持续的软件开发。

⑤ 加强跟踪和监督，及时化解软件风险。在跟踪和监督过程中，管理人员要特别关注以下软件风险：对软件规模和开发工作量的估算过于乐观，影响按期交付软件产品；开发人员与用户间的沟通不畅，导致软件需求无法得到用户的确认；软件需求定义不明确，导致迭代开发所交付的软件系统与用户要求不一致；项目组成员不能在一起有效地工作，导致软件开发效率低，项目组敏捷度下降；任务分配与人员技能不匹配，导致软件开发不能做到以人为本。

目前已有许多支持敏捷方法的 CASE 工具，包括由 Microtool 公司开发的 Actif Exetreme，它支持敏捷过程管理；由 Ideogramic 公司开发的 Ideogramic UML，它支持敏捷过程的 UML 建模；由 Borland 公司开发的 Together Tool Set，它支持敏捷开发和极限编程的诸多活动等。

3.2.2 极限编程方法

极限编程方法是由 Kent Beck 提出的一种特殊的敏捷方法。它并没有引入任何新的概念，其创新之处在于将经过数十年检验的软件开发准则结合在一起，并融入敏捷方法之中，确保这些准则相互支持并能得到有效执行。

与敏捷方法相比较，极限编程方法的核心理念和价值观更为具体和明确。具体如下：

① 交流。交流对于软件开发非常重要，鼓励基于口头（而不是文档、报表和计划）的直接和平等的交流。

② 反馈。从团队内外获得持续和明确的反馈，获得软件及其开发的状态，它对于软件项目的成功实施至关重要。

③ 简单。用尽可能简单的过程和技术来指导开发、解决开发问题。

④ 勇气。勇于进行个体决策、快速开发，并在必要时具有重新进行开发的信心。

极限编程方法的上述价值观更侧重于从"人"的角度来落实敏捷方法。从开发过程的视角上看，它是一种近螺旋式的开发过程（见图 3.10），将软件开发分解为一个个相对较为简单的短周期；通过开发人员与用户的积极交流、持续反馈、勇于应对挑战、

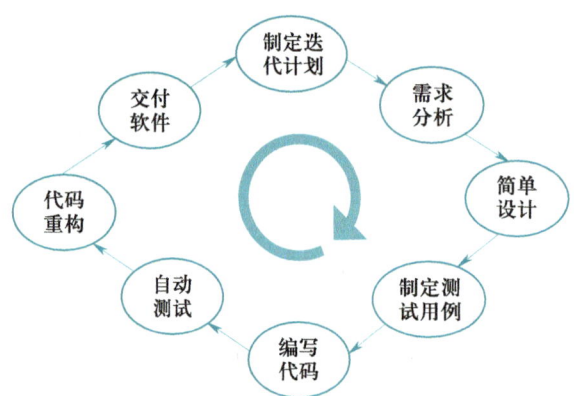

图 3.10　极限编程方法的软件开发过程示意图

简单化解决问题等策略，可清晰地掌握开发进度、需求变化、存在问题和潜在困难等情况，并由此开展针对性的工作。

在上述价值观和理念的基础上，极限编程方法制定了一些更为具体、更易于操作的活动和实施原则，以指导其应用。具体如下：

① 计划游戏。计划游戏旨在帮助开发团队快速制订下次迭代的软件开发计划。参与计划游戏的人员包括业务人员和软件开发人员。业务人员负责提出软件需求、规定需求优先级、明确每一次迭代所发布的软件版本等。软件开发人员负责估算每项功能所需的工作量、成本和进度。

② 隐喻。简单而言，隐喻是指用业务相关的术语来描述和交流软件需求，促使软件开发人员和业务人员就软件需求达成共同和一致的理解。使用业务术语（而不是技术术语）进行交流，不仅有助于用户和业务人员更好地参与软件项目，还可以帮助开发人员及时从用户或业务人员处获得需求反馈。

③ 小型发布。经常给用户发布可运行的软件系统，每次发布的软件仅增加少量的功能。小型发布有助于缩短软件开发周期，提高软件开发团队对软件开发进度的估算能力和精度。由于每个小型发布包含了对用户最有价值的核心功能，因而有助于改善和提高客户或用户的满意度。

④ 简单设计。所谓简单设计是指保持软件设计方案的简单性，不添加任何不必要的设计元素。软件设计只针对当前（本次迭代）的软件需求，不必考虑将来可能的需求变化，以免增加软件开发的复杂度以及不必要的开发成本和开销。

⑤ 测试驱动开发。采用测试驱动的方法来开发软件和测试程序。在简单设计之后，程序员应首先编写测试程序和设计测试用例，随后再正式编写目标软件的程序代码。测试程序是对程序代码进行重构的基础，通过运行测试程序，程序员可以检查重构是否引入了新的错误。

⑥ 重构。重构是指在不改变程序代码功能的前提下，改进代码设计和结构，使程

序代码具有更高的质量，如更加简单、更易于扩展、更为稳健和可靠等。

⑦ 结对编程。极限编程方法要求所有程序代码都通过结对编程的方式来完成，以加强代码审查，提高编程效率和质量，降低人员流动带来的软件风险。

⑧ 集体拥有代码。开发团队的任何成员需对整个软件系统负责，可查看并有权修改任何部分的代码。

⑨ 持续集成。新代码一旦经过验证后就可集成到整个软件系统之中，代码集成应经常进行，周期应尽可能短，每隔几小时或几天（而不是几周或几个月）集成一次。

⑩ 每周 40 小时工作制。应倡导质量优先，不要为了追求速度而片面延长工作时间。加班可能增加产量，但却无法确保质量。即使程序员自愿，也不提倡加班。每周 40 小时工作制可确保软件开发以恒定的速度持续进行。

⑪ 现场用户。让用户和业务人员成为团队成员参与软件开发的全过程，确保软件开发人员能及时与他们交流，获得业务和需求的反馈信息。

⑫ 编码标准。依据行业或组织的编码标准来编写程序代码，力求代码遵循编码风格，具有良好的可读性、可理解性和可维护性。

3.2.3　Scrum 方法

Scrum 是英式橄榄球运动中的一个专用术语，意指"争球"。Scrum 方法是一种特殊的敏捷方法，产生于 20 世纪 90 年代中期，旨在通过增量和迭代的方式加强软件项目的管理。应用该方法的软件开发团队如同橄榄球队一样，每个人都有明确的角色和分工，大家目标一致，高效协作工作，完成软件开发任务。

Scrum 团队一般包含三类角色：产品拥有者（product owner）、敏捷教练（scrum master）和开发团队。他们基于 Scrum 方法参与软件开发的流程大致描述如下（见图 3.11）：

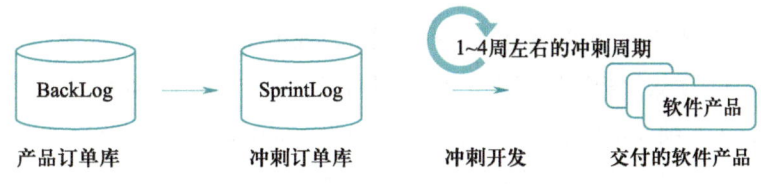

图 3.11　Scrum 方法的软件开发流程示意图

① 产品拥有者需要创建软件产品订单库 Backblog，描述软件产品需提供的功能需求及其优先级排序。

② 敏捷教练基于 Backblog 中各项软件需求及其优先级，筛选出最应实现的软件需求，形成待实现的软件产品冲刺订单库 SprintLog。

③ 软件开发进入冲刺（sprint）周期，以实现所选定的软件订单。每个冲刺实际上

就是一次增量开发，一般持续 1~4 周，由开发团队负责完成软件设计、编码实现、软件测试等工作。团队成员每天召开 Scrum 会议，共同商讨前一天的任务完成情况、当天要开展的工作以及存在的困难和问题。

④ 一次冲刺完成后，产品拥有者、敏捷教练和开发团队将共同开展 Scrum 评审，每个团队成员演示自己的开发成果，大家共同审查成果是否高质量地实现了既定功能，并就其中的问题进行反思，以指导和改进下一次冲刺。每次冲刺完成之后，开发团队需要交付本次冲刺所实现的功能需求，并将其集成到软件产品之中。

3.2.4　测试驱动的开发方法

软件测试是软件开发过程中的一项重要活动，是发现软件缺陷、确保软件质量的一条重要途径。在传统的软件开发过程中，程序员先编写好程序代码，再编写测试代码和设计测试用例，随后运行程序代码和测试代码进行软件测试，以发现代码中的缺陷。

软件测试的上述方式应用广泛，但存在以下不足：

① 程序员编写完代码后常因进度方面的压力无法投入足够的时间对代码进行详尽和充分的测试，导致代码中会有许多缺陷未被发现，影响软件质量。

② 软件测试通常在编码完成后才开展，因而无法保证编写代码与软件测试相同步。

③ 对于许多程序员而言，他们更愿意编写代码而不愿意测试代码，因为他们通常会认为软件测试是一件乏味的工作，不具有成就感。

1. 测试驱动的开发思想和理念

所谓测试驱动的开发方法是指程序员依据待实现的功能，首先编写测试代码和设计测试用例，再编写功能代码，然后运行两类代码进行软件测试，测试通过后就意味着功能代码通过了检验，可集成和交付使用。如此循环反复，直至实现了软件的全部功能。

测试驱动的开发方法思想新颖，体现了如下软件开发理念：

① 根据测试编写功能代码。将软件测试方案的设计和实现提前到编写功能代码之前，先编写出用于测试某项功能代码的测试代码和测试用例，然后再编写相应的功能代码，编码完成且通过测试后即意味着编码任务的完成。

② 程序员既是功能代码的编写者，也是功能代码的测试者，他们所编写的测试代码和设计的测试用例不仅用于检验功能代码能否正常工作，还被作为待开发程序代码的行为规约，以此来指导功能代码的编写，并检验功能代码是否遵循了测试用例集所定义的行为规约。

③ 这一方法可确保任何功能代码都是可测试的，有助于实现软件测试自动化，可有效发现代码中的缺陷，提高软件质量。

测试驱动的开发方法有助于得到有效和洁净的程序代码，即所谓的"Clean Code that Works"。其中"有效"是指所编写的程序代码实现了软件功能并通过了相应的测试，"洁净"是指所有代码均按照测试驱动的方式来开发，没有无关的程序代码。

2. 有关软件工具

至今人们已经开发了许多支持测试驱动的开发的软件工具，包括 cppUnit、csUnit、CUnit、DUnit、DBUnit、JUnit、NDbUnit、OUnit、PHPUnit、PyUnit、NUnit、VBUnit 等。这里介绍 Java 代码测试软件工具 JUnit。

JUnit 是由 Erich Gamma 和 Kent Beck 开发的一个开源的 Java 单元测试框架。它封装了一组可重用的 Java 类，实现了单元测试的基本功能，程序员可重用这些 Java 类来编写测试代码，集成并运行测试代码和被测试代码，以自动发现被测试代码是否存在缺陷。目前许多集成开发环境（如 Eclipse）集成了 JUnit 软件工具，以支持软件测试工作。JUnit 提供的 Java 类结构如图 3.12 所示。其中：

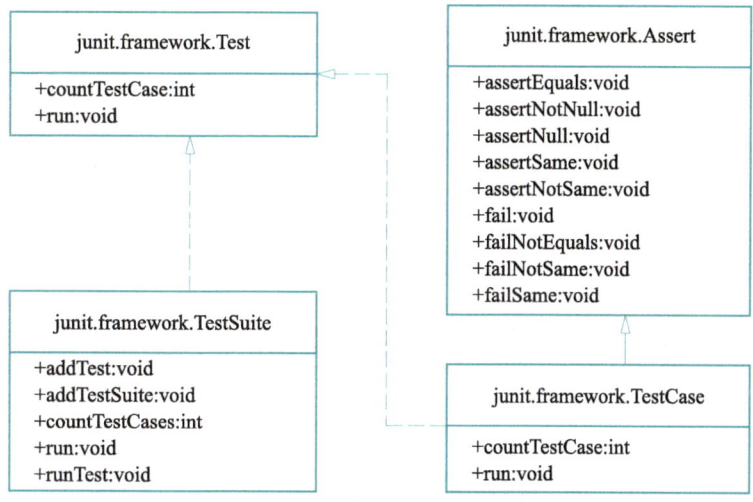

图 3.12　Junit 提供的 Java 类结构

① Test 接口提供两个方法接口。其中，countTestCases() 方法用于返回测试用例的数目，run() 方法用于运行一个测试并收集其测试结果。所有测试类（包括 TestCase 和 TestSuite）必须实现该接口。

② Assert 类定义了软件测试要用到的各种判断方法。例如，assertEquals() 方法用于判断程序运行结果是否等同于预期结果，assertNull() 方法和 assertNotNull() 方法用于判断对象是否为空等。

③ TestCase 类实现了 Test 接口并继承了 Assert 类。程序员在编写测试程序代码时必须扩展该类，并利用该类提供的方法对程序单元进行测试。

④ TestSuite 类实现了 Test 接口并提供了诸多方法来支持软件测试。当程序员试图将多个测试集中进行时必须扩展该类。

概括而言，JUnit 具有以下特点：它是一个测试框架，提供了一组应用程序接口，支持程序员编写可重用的测试代码，整个框架设计良好、易于扩展；它是一个软件测试工具，实现自动化的软件测试，直观和详尽地显示软件测试结果，提供成批运行测试用例的功能。

3. 测试驱动的开发方法的软件开发过程及原则

测试驱动的开发方法非常简单，这里结合一个具体的案例来介绍其软件开发过程（见图 3.13）。该案例是要开发一个机票查询功能模块，实现以下功能：帮助用户查询航班信息，并将查询的结果放置在一个航班列表中。实现该功能的航班列表类具有以下的方法：保存查询得到的航班信息，从航班列表中取出一个或者多个航班信息，计算航班信息列表的长度等。

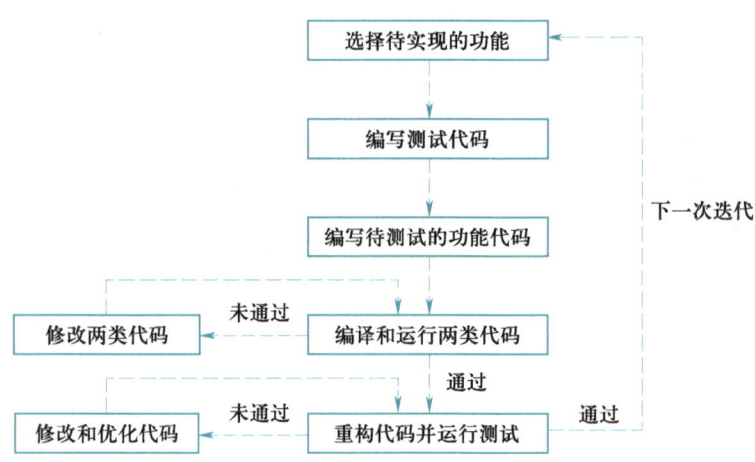

图 3.13　测试驱动的开发方法的软件开发过程示意图

（1）选择待实现的功能

测试驱动的开发方法是一个迭代过程。每一次迭代实现一个相对单一和独立的功能。因此，在每次迭代开始时，程序员首先要选择本次迭代欲实现的功能，并根据该功能设计相应的测试用例。每个测试用例实际上是一个对偶〈InputData，ExpectedResult〉，其中 InputData 是指要提供给程序处理的数据，ExpectedResult 是指程序处理完之后的预期结果。功能选择应遵循先简后繁的原则。针对该案例，程序员可以考虑先实现空列表，并根据这一功能设计测试用例，即当一个航班列表刚被创建时应为一个空列表，列表中的元素个数为 0，因而测试用例为〈Null，0〉，其中 Null 表示没有输入数据，0 表示列表的长度为 0。

（2）编写测试代码

基于所选择的功能以及针对该功能所设计的测试用例，程序员可编写出相应的测试代码。为了对空列表的长度进行测试，程序员编写了如下所示的测试代码。它定义了

一个测试类 testAirlineList，用于对航空列表模块进行单元测试。testAirlineList 类继承了
JUnit 的 TestCase 类，包含 testEmptyListSize() 方法。该方法首先创建一个 AirlineList 空
列表对象，这是一个被测试的对象，然后判断该对象的长度是否为 0。

```
import junit.framework.TestCase;
public class testAirlineList extends TestCase {
    public void testEmptyListSize() {
        AirlineList emptyList = new AirlineList ();        // 被测试的代码类
        assertEquals(0,emptyList.size());                  // 判断运行结果
    }
}
```

需要注意的是，按照 JUnit 的规定，所有测试类必须继承 junit.framework.TestCase
类；测试类中的每个测试方法必须以"test"开头，为 public void 类型，而且不能有任
何参数；在测试方法中，使用 assertEquals 等 TestCase 类所提供的断言方法来判断待测
试程序的运行结果是否与预期的结果相一致。

（3）编写待测试的功能代码

此时如果对上述程序代码进行编译，将会发现编译无法通过，编译器提示"AirlineList
cannot be resolved to a type"。其原因非常简单，即程序员还没有编写 AirlineList 这个类
及其 size() 方法，它们实际上对应于待实现的功能代码。为此，程序员需编写如下功能
代码：

```
public class AirlineList {
    private int nSize;
    public void AirlineList () {
        nSize = 0;
    }
    public int size () {
        nSize = nSize  + 1;
        return nSize;
    }
}
```

该代码实现了 AirlineList 类及两个方法：AirlineList() 和 size()。需要注意的是，此
时程序员仅仅增加了满足本次测试所需的代码，即创建 AirlineList 空列表，而没有完整
地实现整个 AirlineList 类。这正体现了测试驱动的开发思想，即根据测试来编写程序。

再次编译上述代码，此时编译能够正常通过。

（4）编译和运行两类代码

运行上述所有的程序代码，包括测试代码和功能代码，此时 JUnit 工具将弹出如

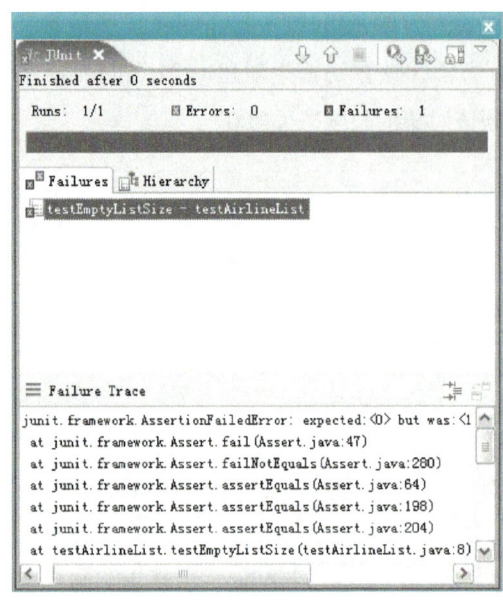

图 3.14 所示的界面。此时窗口上部测试状态栏的颜色为红色，表明功能代码未通过测试。进一步观察 "Failure Trace" 子窗口，它显示以下信息 "junit. framework.AssertionFailedError:expected: 〈0〉 but was: 〈1〉"，表示预期结果应该是 0，但是实际结果是 1。

通过进一步调试可以发现，原来 AirlineList 类的 size() 方法中出现了一行多余的代码 "nSize = nSize + 1"。程序员可删除该行代码，重新编译和运行测试，此时 JUnit 软件工具的测试状态栏颜色为绿色，表明功能代码通过了本次测试。

图 3.14   JUnit 运行测试程序后弹出的界面

（5）重构代码并运行测试

程序员进一步查看上述代码，确认是否存在重复和冗余的代码，是否需要任何形式的重构以优化代码。如果有，则修改代码，随后再次运行代码以进行测试，判断修改后的代码能否通过测试。如果顺利地完成了本次代码编写和测试，程序员就可以进入下一轮测试驱动的开发流程。

如果想成批地运行测试用例，程序员必须利用 TestSuite 类提供的 addTestSuite() 方法。TestSuite 类将把一组测试集中在一起，作为一个整体来运行。

一般地，测试驱动的开发方法应遵循以下一些原则：

① 测试隔离。不同代码的测试应相互隔离。对某一代码的测试只考虑此代码本身，不考虑其他代码。

② 任务聚焦。由于在开发过程中程序员往往要开展多方面的工作并进行多次迭代，因此程序员应将注意力集中在当前工作（即当前欲实现的功能）上，而不要考虑其他方面的内容，避免无谓地增加工作的复杂度。

③ 循序渐进。程序员应针对软件模块的功能逐一开展测试驱动的开发，防止疏漏，避免干扰其他工作。

④ 测试驱动。如要实现某个功能，程序员应先编写相应的测试代码、设计相关的测试用例，然后在此基础上编写待测的功能代码。

⑤ 先写断言。在编写测试代码时，程序员应先根据测试用例编写对功能代码进行测试判断的断言语句，然后再编写相应的辅助语句。

⑥ 及时重构。在编码和测试过程中，程序员应对那些结构不合理、重复和冗余的

代码进行重构，以提高代码质量。

3.2.5 敏捷方法的特点和应用

敏捷方法的提出反映了人们对软件开发思想和理念的新认识，丰富了软件工程领域的开发方法。它不具备深奥的理论，也没有提出新的开发技术，只是将经过实践检验的一些新颖的软件开发理念有机地融合在一起，以有效应对软件需求变化和快速交付软件产品。敏捷方法的本质是轻盈不笨重、灵巧无过多负担、以代码为中心、快速响应变化，以及持续及时地交付软件产品。敏捷方法蕴含了迭代开发的思想，是对迭代过程模型的进一步深化。概括而言，敏捷方法具有以下特点：

① 少。软件开发只需生成少量的软件文档，每个软件文档的规模要小；采用迭代的方式进行软件开发，每次迭代要实现的软件功能的数量要少，且规模要小，开发周期要短。

② 简。软件开发所采用的技术、使用的工具以及每次迭代要实现的功能要尽可能简单；每次迭代只关注当前欲实现的功能需求，而不要考虑将来的问题，不要人为地增加开发的复杂性。

③ 快。软件开发要以代码为中心，通过面对面的交流、让用户参与开发等手段，快速获得需求变化及用户反馈，尽快给用户交付软件产品，持续对软件产品进行迭代和更新。

④ 变。支持和拥抱需求变化，主张要以变应变，通过构建自组织开发团队、迭代开发、小步快跑等举措，快速和有效应对软件需求变化。

从总体上看，敏捷方法与重型软件开发方法有以下本质差别：

① 敏捷方法强调方法本身的适应性，针对软件项目及需求变化不断优化和调整方法，以主动适应变化；而重型软件开发方法则以预测性和计划性为主，倾向于预先制订详细的计划，通过计划来指导软件项目的实施，并期望开发计划与实际执行二者之间的偏差越少越好。

② 敏捷方法强调以人为本，认为软件开发是面向人的而不是面向过程的，要求让软件开发所需的各种方法、技术、工具和过程等适应人，而不是让人去适应它们；而重型软件开发方法则试图定义一种广泛适用的软件开发过程，并要求开发团队来遵循和执行该过程，从而指导软件系统的开发。

③ 敏捷方法以代码为中心，强调可运行软件系统的重要性，弱化了文档在软件开发中的作用；重型软件开发方法则以文档为中心，重视软件文档的撰写和管理，强化软件文档在不同开发活动之间和不同人员之间所起到的交流媒介作用。

不过，敏捷方法强调以代码为中心、弱化文档的作用，易导致在开发阶段软件文档缺失，进而影响后续的软件维护工作。敏捷方法特别需要良好的团队协作，确保团队中的成员能够围绕软件需求及其变化开展针对性的工作，因而对团队成员的协作能力提出更高的要求。此外，由于软件需求的变化和不确定性，项目管理人员难以把控敏捷方法的整体进度和资源要求，软件项目的整体规划较为困难。

敏捷方法的特点使其更加适合于需求不明确和易变的一类软件系统的开发，如互联网软件等，并可实现尽早和持续交付软件产品。

3.3   群体化开发方法

传统的过程模型和开发方法有这样的基本假设：软件开发主要依靠成员固定、边界封闭的软件开发团队，通过客户、用户和开发人员之间的交流与合作共同完成软件开发任务。这一基本假设意味着软件开发工作只能依靠项目开发团队的有限人员及其智慧，团队之外的人员不能参与软件开发，也不允许他们获取软件开发成果。

随着软件规模和复杂性的不断增长，以及需求创意和软件质量要求的不断提升，这些过程模型和开发方法的局限性日渐突出。一方面，即使像微软、IBM、Google 等大型软件企业也无法提供充足的人员来满足不断高涨的软件开发要求，如不断增长的软件数量、不断提速的软件交付要求等；另一方面，在互联网上有大量的高水平软件开发人员，他们经常处于闲置状态，这些人员及其智慧未能得到有效的利用，许多极有价值的贡献（如有创意的软件需求）无法融入软件项目。概括而言，传统的软件开发方法无法有效应对互联网环境下软件规模和复杂性不断提升带来的挑战。为此，需要突破现有软件开发方法的思维枷锁，改变固有的认知模式，探索新的开发理念。在此背景下，群体化软件开发方法应运而生，并成功应用于开源软件开发和软件开发知识分享等具体实践。

3.3.1   何为群体化开发方法

微视频：群体化软件开发思想

从软件开发人员的组织模式视角，软件工程的发展经历了个体编程、结对编程、团队开发和群体化开发等多个阶段（见图 3.15）。现有的软件过程模型和开发方法都建立在团队开发的基础之上，将软件项目的开发人员组织为具有共同目标、边界封闭的项目团队，明确团队成员的任务和分工，制定激励机制和手段，激发团队成员的工作及相互的交流与合作活力，采用计划驱动的方式有序地开展软件开发工作。

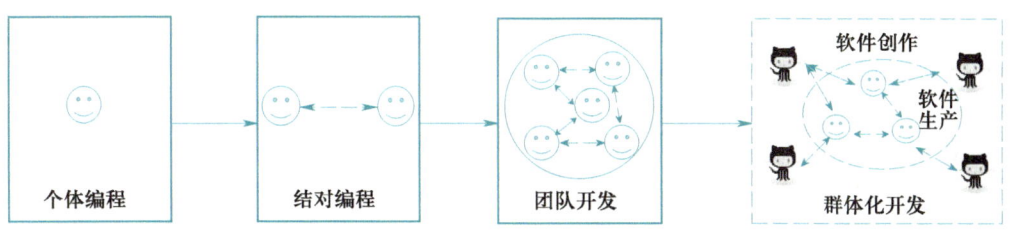

图 3.15 软件开发人员组织模式的变化

本质上，团队开发是一种封闭的软件开发模式。它借助一个或若干个组织内部（如 IT 企业）的人员来组建软件开发团队，具有非常明确的团队边界，可清晰地界定哪些人在团队中、哪些人不在团队中，所有软件开发工作由团队内部的成员来完成，团队之外的人员不能加入团队，参与各项开发工作和获得团队开发成果（如文档和代码）。软件项目的成功高度依赖于团队有限个体的开发技能、工作投入以及整个团队的合作和管理水平。这一组织模式和相关的开发方法应用于诸多软件产品的开发并取得了成功实践，如 IBM 组建了上千人的项目团队研制 OS/360 软件，微软公司成立了由数千人组成的项目团队开发出 Windows XP、Windows 10、Office 等重要的软件产品。绝大部分软件企业也都采用这种模式来组建软件项目的开发团队。

进入 21 世纪，互联网的广泛使用不仅改变了软件的互联方式，也催生了群体化软件开发方法。首先，软件开发活动在互联网平台上进行，随着分布式协同开发工具（如版本管理系统 Git、缺陷跟踪系统 Issue Tracker 等）的出现，它们为互联网大众参与软件开发和开展合作提供了平台基础。软件开发人员可在互联网上开展协同开发工作，如报告软件缺陷、提交程序代码等。其次，项目的开发人员可以利用软件开发工具和平台在互联网上为软件项目建立中心仓库，分布在不同地域的开发人员可将自己创作的软件成果和生产的软件制品提交到软件仓库之中，并实现软件成果和制品的自由共享。这为互联网大众贡献开发成果提供了平台基础。本质上，互联网的出现打破了物理时空对大规模群体协同的限制，形成了基于互联网大众群体的新颖问题解决模式，产生了基于互联网的群体智能，并在诸多领域取得了成功的应用与实践。

群体化软件开发方法实际上就是基于互联网的群体智能在软件工程领域的应用和实践。它是指依托互联网平台来吸引、汇聚、组织和管理互联网上的大规模软件开发人员，通过竞争、合作、协商等多种自主协同方式，让他们参与软件开发、分享软件开发知识和成果、贡献智慧和力量的一种新颖的软件开发方法（见图 3.16）。该方法将软件开发的适用范围从局域空间拓展到了互联网空间，将开发人员从特定组织中的有限、封闭的人员拓展到互联网空间中的海量、开放、多样化的人群。

群体化软件开发方法在软件开发实践中的应用可表现为基于群智的软件开发、基于群智的知识分享等多种形式：

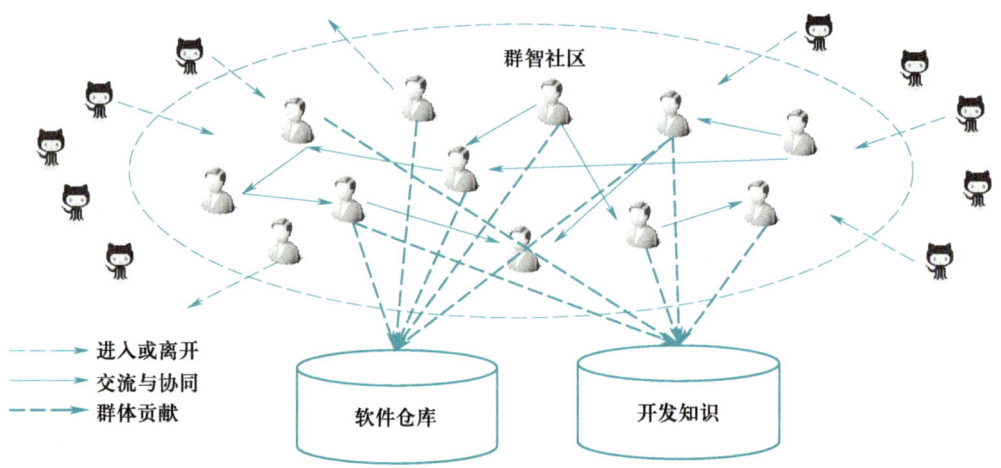

图 3.16　群体化软件开发方法示意图

　　① 基于群智的软件开发。它试图打破传统软件开发方法的封闭性特点，吸引互联网上的开放大众参与到软件项目之中，并基于互联网平台来开展群体间的交流、合作和共享，利用开放大众的智慧和力量来支持软件开发。

　　该类实践通常包含两类软件开发人员：核心开发人员和外围开发人员。核心开发人员通常是软件项目的主要贡献者，他们采用工程化的生产模式和方法来开发软件，分析和评估外围开放大众所发现的软件缺陷和提出的软件需求，将其转化为生产性软件开发计划，评审和分析开放大众所提交的程序代码，并将通过评审的代码融入软件仓库之中。这是一个典型的软件生产过程。外围开发人员的数量会非常大，他们借助互联网平台获得软件项目信息（如软件需求、源程序代码、软件缺陷报告等），结合个人的兴趣爱好、经验和技能，自发地为软件项目贡献自己的力量，如提出软件需求建议、汇报发现的代码缺陷、提交编写的程序代码等。这是一个典型的软件自由创作过程。

　　② 基于群智的知识分享。它吸引互联网上的开放大众一起交流软件开发问题，促进软件开发知识的分享，帮助开发人员快速、便捷和有效地解决软件开发中遇到的多样化和个性化问题。

　　传统基于团队组织模式和工程范式的软件开发方法体现的是自上而下、组织严密的大教堂模式，它具有有组织、封闭、垂直、集中式开发的特点，反映了一种严格的开发层级制度。例如，团队之外的成员无法加入团队，不能参与软件开发和贡献智慧，开发团队有特定的层次化组织结构，不同团队成员在其中扮演不同的角色，软件项目按照预先制订的计划来严格实施，严格规范并管控开发团队生产出预期的软件产品。群体化开发方法则体现的是松散、类似于集市、自下而上的自组织模式，它具有并行、点对点、动态的多人协同开发特点。全球各地的软件开发者可以自由地加入软件项目，贡献其智慧和成果，项目成员之间呈现的是一种扁平的结构，不同成员之间不存在严格意义上的等级和控制关系，软件开发成员之间通过自发的协同来推动软件项目的实施和演化，开源项目的实施和推进具有不确定等特点。然而，这种貌似混乱而无序的软件开发模式产生了高质量和高生命力的软件，如 Linux 这种世界级的开源操作系统。

概括而言，群体化软件开发方法体现了以下几个方面的新颖开发理念：

① 开放。吸引开放的互联网大众自主参与到软件开发之中，通过汇聚大众群体的智慧和力量来快速打造软件产品，解决软件开发问题，起到"众人拾柴火焰高"的效果。

② 共享。依托互联网平台汇聚大规模开发人员群体的智慧和成果，支持互联网上开发人员方便地获取和共享软件项目成果，如获得软件代码、问题的解答。

③ 发散。不同于传统开发方法的计划驱动和集中管理模式，群体化开发方法采用的是去中心化的分布式协同开发模式，所有开发活动以及开发人员间的协同采用发散而非集中、自主而非强制、兴趣驱动而非计划驱动的方式进行。

④ 融合。将软件创作和软件生产有机地融合在一起，以支持软件开发；将开放大众的多样化贡献融合在一起，以形成高质量的软件产品和海量的群智知识。

3.3.2　基于群体的软件开发技术

为了实现基于群体的软件开发，需要解决以下几个问题：

微视频：开源项目组织
方式和任务管理方法

① 大规模群体参与软件开发的问题，即如何吸引互联网上数量众多的自主个体参与软件项目，并为其做出贡献。

② 大规模群体之间的协同问题，即如何支持大规模群体之间的自主交流与合作，以高效地开展软件开发。

③ 大规模群智的融合问题，即如何有效地将每个个体所提供的贡献进行融合，在群体层次上形成高质量的软件制品。

针对上述问题，基于群体的软件开发提供了以下组织策略和技术手段：基于核心开发人员和外围开发人员的开发社区组织、基于 Issue 的开发任务管理、基于 Git 的分布式版本管理和基于 Pull/Request 机制的分布式协同开发。这里以 Git 工具和 GitHub 平台为例进行介绍。

1. 基于核心开发人员和外围开发人员的开发社区组织

基于群体的软件开发将软件项目的核心开发人员与互联网上的外围开发人员有机地结合在一起，促进他们之间的交流与合作，进而实现基于群体的软件开发，确保软件质量（见图 3.17）。

无论是核心开发人员还是外围开发人员，他们都可在软件仓库中看到其他人员围绕软件项目所做出的贡献（包括提出的需求、发现的缺陷和提交的代码），也可以下载

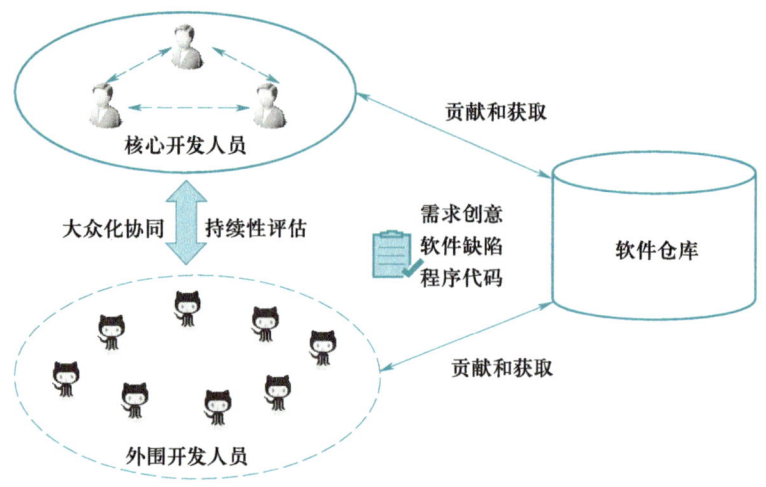

图 3.17　群体化软件开发示意图

软件项目的源代码。一个开发人员可以针对其他开发人员发现的缺陷来修复代码，也可以针对其他开发人员提出的软件需求来编写相应的实现代码。所有开发人员均可将修复或编写的代码提交到软件仓库中，以接受严格的测试和审查。核心开发人员和达到一定水准的外围开发人员都可对大众群体贡献的代码进行评审。大众群体所提出的贡献可能会被接纳并作为软件项目代码的组成成分，也可能由于质量问题等原因不被接纳。因此，群体化开发方法将基于核心团队的软件生产与基于开放大众的软件创作有机地结合在一起，实现大规模群体软件创新；将软件创作过程融入软件生产流程，充分发挥开放大众和核心团队在软件开发过程中各自的优势，在软件开发目标不明确时核心团队协调开放大众高效创作，在软件开发目标定型后核心团队组织开放大众高效生产，从而有效支持互联网环境下的软件开发。

2. 基于 Issue 的开发任务管理

软件开发涉及多种不同形式的任务，完成这些任务既需要开发人员各自的独立工作和贡献，也需要他们之间的交流与合作。因此，基于群体的软件开发需对软件开发任务进行有效的管理。Issue 机制是实现开发任务管理的常用手段。一个 Issue 代表一项软件开发任务，它可以表现为多种形式。项目管理团队通过维护软件项目的 Issue 列表来管理软件开发任务。

大众群体可通过创建新的 Issue 来报告发现的软件问题，或提出自己的软件需求构想。一旦 Issue 被创建之后，项目管理团队就可对其进行有效管理和持续跟踪，包括指派相关人员来解决 Issue、讨论 Issue 的实际意义和价值、掌握 Issue 的解决进展状况等。大众群体可以看到并获得软件项目的所有 Issue 及其信息、参与 Issue 的讨论或直接解决 Issue。GitHub 平台会保存软件项目的所有 Issue 信息，包括 Issue 内容、讨论交流情况、解决情况等。显然，Issue 机制有效地支持了软件开发任务的管理和维护，提高了开发任务的可追踪性及其处理的透明性。概括而言，基于 Issue 的任务管理机制包含以下几方面内容：

（1）创建 Issue

任何开发人员均可在软件项目中创建 Issue，清晰地描述任务的标题、具体内容及细节，也可提供必要的标签以补充说明任务的性质和特征。

（2）管理 Issue

软件项目需对大众群体提交的 Issue 集合进行有效管理。首先，项目管理团队需确认 Issue 的有效性。如果一个 Issue 是因开发人员使用软件不当造成的，那么它将被视为无效的 Issue；如果是软件本身的问题，它将被视为有效的 Issue。在此基础上，项目管理团队还需进一步分辨 Issue 的类别，如关于代码缺陷修复的 Issue 或新增功能开发的 Issue。

其次，项目管理团队需评估 Issue 的优先级和开发工作量等。如果 Issue 属于代码缺陷修复类别，还需评估缺陷能否重现、严重程度等情况；如果 Issue 属于新增功能类别，则需评估其是否满足项目的发展计划、需投入多少工作量、是否值得去实现等。项目管理团队可根据对项目 Issue 的理解，为其贴上适当的标签，以更为直观地展示其特征信息。例如：可用"Bug"标签表示该 Issue 对应的是一个缺陷修复任务；用"help wanted"标签表示希望有更多社区开发者解决的开发任务，比如解决了一半的问题或者适合新人解决的问题。如果一个新创建的 Issue 与已有的 Issue 相似或相同，则用"duplicate"标签表示这是一个重复的 Issue 来减少管理团队的工作量。

（3）指派 Issue

项目管理团队需将每一个开发任务指派（即分配）给相应的开发人员加以解决。大众群体也可基于自己的兴趣和特长来认领相关的任务。如果一个软件开发人员对某个 Issue 所涉及的领域知识、开发技术、程序代码比较熟悉，或者有相关的软件开发经验，那么由他来解决该 Issue 的效率就会比较高，开发任务的完成质量也能得到一定的保证。因此，Issue 的指派不仅要考虑任务本身，还要考虑各个开发人员的能力和精力等具体情况。在基于群体的软件开发场景下，Issue 的指派并不是强制性的，而是具有通知和推荐的性质，接收到任务指派的开发人员有权决定是否接受该指派，可自愿参加或拒绝指派。

（4）跟踪 Issue

Issue 的解决不是一蹴而就，往往需要一个过程，或者持续一段时间。因此，软件项目管理团队需要跟踪和记录 Issue 的解决过程，掌握其解决状况，使得任一时刻加入解决过程的开发人员都可方便地获取 Issue 的解决信息，包括提出、讨论、打标签、关联 Issue 等事件。每一个事件都要注明其发起者、发生的时间点、具体内容等，最主要的事件是开发人员针对 Issue 的讨论。为了提高 Issue 讨论的效率，开发人员可使用

"@" 工具指明和哪一位特定的开发人员进行交互。此外，每一个对软件项目具有写权限的人员（通常是核心开发人员）可以将 Issue 与 Pull/Request 相关联，一方面可以掌握 Issue 的解决过程，另一方面在合并 Pull/Request 时会自动将该 Issue 关闭。

图 3.18 描述了 GitHub 平台上 jquery 开源项目中发布的一个 Issue，中间栏详细描述了该 Issue 的标题和内容；右侧栏标注了 Issue 的其他相关信息：是否已指派给相关的开发人员处理，Issue 的三个标签 "Ajax" "Bug" "help wanted"，以及 Issue 处理的里程碑等。开发人员也可订阅该 Issue，以获得关于该 Issue 的任何讨论方面的信息。

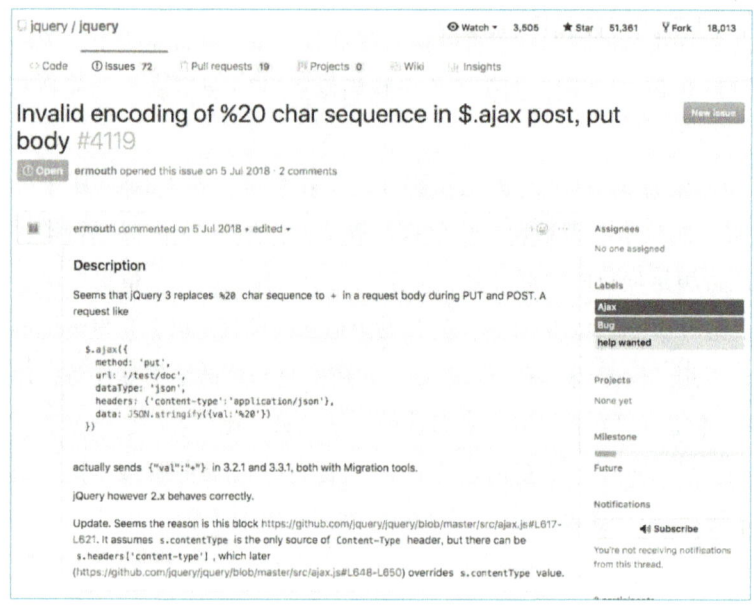

图 3.18　GitHub 上的 Issue 示意图

3. 基于 Git 的分布式版本管理

软件开发过程中会产生大量多样的软件制品，如代码和文档等。这些制品的内容会随群体的修复缺陷、增强功能等开发活动而改变，并产生新的版本。因此，软件项目管理团队需要对软件开发的制品及其版本进行有效的管理。软件版本管理旨在保存软件开发的成果，记录和追踪软件制品的变更情况，包括什么人在何时更改了哪些制品或文件中的哪几项内容等。

目前业界有诸多软件版本管理工具，如 Concurrent Versions System（CVS）、Subversion（SVN）等，它们大多采用集中式版本管理方法。每个软件项目都有一个中心代码库（code repository），开发人员可借助软件版本管理工具从中获取软件当前的最新版本，并在此基础上开展修改和完善代码等工作。代码编写完之后，开发人员可向中心代码库提交（commit）代码，进而实现对中心代码库的读写操作。由于软件项目的开发活动是由多人并行进行的，不同开发人员可能同时开发同一模块的相同代码，当他们向中心代码库提交该部分代码时，势必会产生写代码冲突。为此，项目管理团队有时须采用对象锁定或延迟提交等策略来确保中心代码库的一致性和稳定性。这在一定程度上影响了大规模群体工作的持续性和并行性，容易造成软件开发过程和软件版本的混乱。例如，开发人员会由于沟通不及时、操作失误等原因，使得代码提交出现冲突，在解决冲突时易错误地修改他人代码。为了解决这一问题，一些软件项目只允许少数核心开发人员拥有向中心代码库提交代码的权限，大量的外围开发人员只能通过间接方式（如通过邮件向核心开发人员发送代码补丁）来贡献自己编写的代码。这极大地影响了大众群体参与项目的积极性以及贡献软件制品的及时性，妨碍了他们围绕软件项目的协同开发。

为了吸引更多的大众群体参与软件的代码创作和自由贡献，提高软件开发人员之间的协同效率，实现真正意义上的分布式协同开发，以 Git 工具为代表的版本管理系统提出了分布式版本管理的思想。该思想一经问世就受到广泛关注，并在开源软件开发实践中得到成功应用。

为提高 Linux 内核项目的协同开发效率，Linus Torvalds 专门设计了分布式版本管理系统 Git。它采用分级处理方式来区分软件项目文件的不同状态。项目文件可根据开发状况存放在本地工作区、暂存区、本地版本库和远程版本库（见图 3.19）。其中，本地工作区、暂存区、本地版本库建在开发人员自己的计算机之中，远程版本库建在远程的中心服务器上。本地工作区对应于开发人员计算机中的软件项目文件夹，日常的软件版本管理可在本地工作区中进行。例如，更改和保存软件项目文件夹中某个 Java 代码的文件。暂存区和本地版本库中的文件放在 .git 目录下，并可追踪文件的版本历史，其中暂存区相当于本地工作区和本地版本库之间的一个过渡区域。当本地工作完成后，开发人员可把本地版本库的最新数据（如更改后的代码）同步推送到远程版本库中，也可从远程版本库中读取（fetch）最新的代码到本地版本库中。

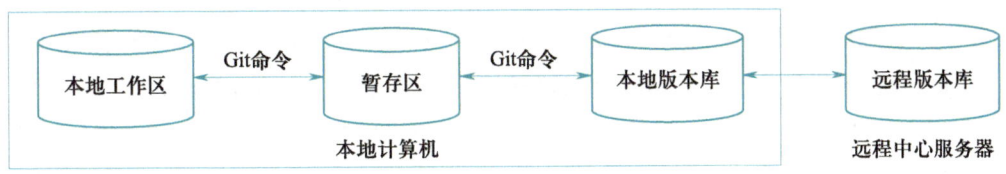

图 3.19　Git 工具对文件状态的分级处理

一般地，开发人员借助 Git 版本管理工具可完成两方面的工作，一是管理本地版本库，如代码更新、日志查看、状态追踪等；二是同步和更新远程版本库，如合并代码、冲突解决等。

（1）管理本地版本库

① 初始化本地版本库。利用 "–git init" 命令，在本地计算机中创建一个空的本地

版本库，产生一个".git"的文件夹，用于存放软件项目的成果（如代码）。

② 在本地暂存区中添加文件。利用"-git add"命令，把已修改的文件或新创建的文件加入本地暂存区等待提交。

③ 查看本地工作区和暂存区中的文件状态。利用"-git status"命令，查看被修改的文件和文件夹状态以及上次提交后是否对文件进行了再次修改。

④ 向本地版本库提交修改文件。利用"-git commit"命令，把本地暂存区中的文件提交到本地版本库中。

⑤ 查看本地版本库中的版本提交历史信息。利用"-git log"命令，查看各个提交的历史记录。

（2）同步和更新远程版本库

为支持大众群体针对同一个软件项目的代码分享和协同开发，需要为该软件项目建立公共的远程版本库，并实现各个开发人员的本地版本库与远程版本库的同步与更新。

在创建软件项目的远程版本库时，需要说明版本库的名称并设置一些基本配置信息，如版本库的访问权限是公开的还是私有的。对于具有公开权限的版本库而言，互联网上的任何人员都可查看并获得该版本库中的内容，而私有版本库只有创建者自己或相关授权人员才能访问。远程版本库创建好之后，开发人员可在其中建立自己的分支仓库以开展分布式版本管理。

对于开源软件而言，可能存在多名软件开发者同时对开源软件进行维护，如增加新功能或修复代码缺陷，因此可能会产生该开源软件的多个不同版本。这些版本均有意义和价值，且需要进行独立的管理和维护。为了满足上述需求，Git 提供了分支机制和功能，可以有效支持同一个软件项目同时进行多个软件开发的版本管理。

分支是实现并行开发的一种"支线"，软件开发者可以利用分支实现不同开发任务的并行执行与变更合并。Git 版本库中有 master 和 develop 两类常见的分支。master 分支一般为软件项目的主分支，负责存储对外发布的项目版本，软件开发者须确保 master 分支的稳定性，一般不轻易直接修改其中的代码。develop 分支为软件项目的开发分支，通常是各分支代码的汇总分支，始终保持最新完成功能以及修复缺陷后的代码。

软件开发者基于分支的软件版本管理工作如下（见图 3.20）：

① 创建 master 分支。它属于软件项目的主分支库，合并了 develop 分支库中经审查和测试的代码。master 分支库处于稳定、可运行和可部署的状态。通常情况下，只有软件项目管理人员才有权限把 develop 分支的代码合并到该分支中。

② 创建 develop 分支。它属于开发人员的分支库，只有经过审查和测试的任务分支代码才可合并到 develop 分支库中。develop 分支库在合并任务分支后须经过充分测

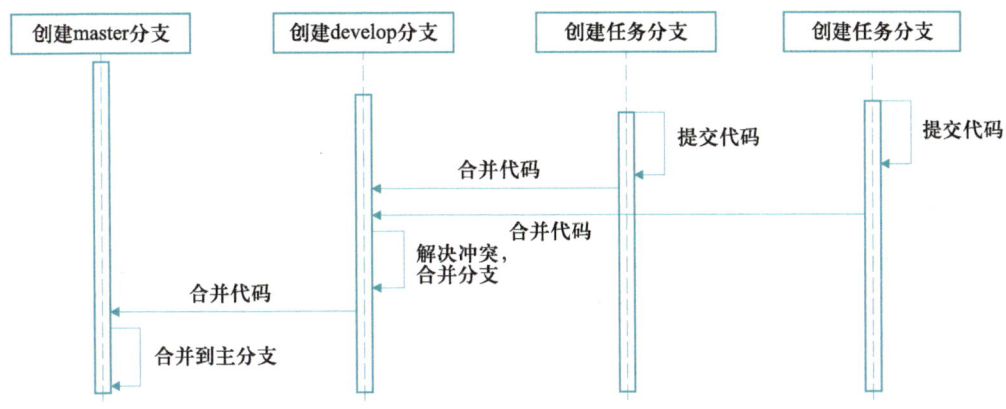

图 3.20 基于分支的软件版本管理工作

试，其本身不直接做代码修改。只有项目管理人员 / 组长才有权限把任务分支合并到 develop 分支中。

③ 创建开发人员自己的任务分支。每个开发人员可根据自身的开发任务创建自己的任务分支。

④ 合并代码。开发人员在各自的任务分支上编写和修改代码，经软件测试和审查确认后，可通过项目管理人员将自己编写的代码同步合并到 develop 分支中。

⑤ 解决冲突。由于有多个开发人员会同时修改同一个文件中的相同代码，因此项目管理人员在合并多个任务分支时，需分析待合并的分支是否存在冲突。如果有冲突，则需要妥善解决后再进行分支合并。

⑥ 同步软件版本。软件开发者在开始下一阶段的开发工作之前，需先将 develop 分支上的最新版本同步到本地自己的任务分支上，然后基于更新后的分支内容开展工作。

4. 基于 Pull/Request 机制的分布式协同开发

在分布式软件版本管理的基础上，GitHub 平台提供了 Pull/Request 机制（简称 PR 机制）以支持开发群体之间的分布式协同开发。每个开发人员在本地完成编程工作后，不是直接向中心仓库推送代码，而是通过发送一个 PR 合并请求，将原始代码库的克隆库推荐合并到中心仓库之中。合并的内容对应于一个代码修改补丁，包含软件开发人员对软件的一次代码修改。接收到 PR 合并请求后，软件项目管理团队和开发人员群体可参与该请求的审查流程，评估其所贡献代码的质量，将符合质量要求的代码集成到中心代码库合适的分支中。PR 机制将"代码开发"与"决策集成"两个群体区分开来，以实现真正意义上的分布式协同开发。

① 克隆（clone）/ 派生（fork）。开发人员通过克隆或派生操作，将软件项目的仓库复制到自己的个人空间中，从而获取软件仓库中的软件代码。

② 本地修改。开发人员基于克隆后的软件仓库在本地进行软件开发活动，如修复

缺陷、开发新的功能等，所产生的代码变更将只影响其本地的克隆库，而不会影响原始的软件仓库。

③ 提交合并。当开发活动完成后，开发人员可将变更的代码以 PR 合并请求的形式发送到原始的软件仓库。在提交合并请求时，开发人员需提供关于本次代码合并的相关信息，包括合并的概要性标题、合并内容的详细描述，以说明该 PR 完成了哪些工作、代码测试结果等情况。

④ 质量保证。GitHub 平台将采用人工审查和自动测试相结合的方式，检查 PR 代码的质量情况。其他开发人员可参与贡献的审查过程，以评述（comment）的方式发表自己的意见。一些软件项目还会通过持续集成工具自动编译及测试所收到的 PR 代码，并向开发人员反馈测试结果。PR 的提出者接收到反馈后，可根据评述意见和测试结果更新原始 PR 中的相关代码。

⑤ 合并决策。软件项目核心开发团队综合评估上述所有因素，决定接受还是拒绝某项贡献的合并请求。如果 PR 被接受，则开发人员所贡献的代码和提交历史都将被合并到项目的中心仓库中；反之，被拒绝的代码变更不会对项目的中心代码库产生任何影响，但贡献的提交记录、大众审查过程的讨论意见、集成测试的结果等所有相关的中间过程数据仍会在项目开发主页上保存下来。

概括而言，基于 PR 机制的分布式协同开发技术具有以下三方面优势：

① 简单。PR 机制使用门槛低，开发人员可方便地贡献代码并评述他人贡献，极大地提高了开发人员参与软件项目开发的积极性。

② 规范。PR 机制提供了规范化的协同开发流程，促进互联网上大众群体围绕代码贡献的交流与合作，并与大众评述、软件测试、代码审查等环节结合，确保软件开发质量。

③ 透明。所有软件开发历史信息和社交活动信息都会被保留下来，在开发人员主页或软件项目主页中展现。开发人员主页展示了该开发人员所关注、贡献的软件项目及其流行程度，每日软件开发动态，以及他在社区中的社交活动和社交地位等信息。这些历史数据将为评估软件项目的质量和软件开发人员的能力提供有效的证据。

图 3.21 描述了 GitHub 平台上 MySQL 开源项目中由开发人员"HQidea"提交的一个 PR 合并请求，左侧上方详细描述了其标题、提交的数量及内容；左侧下方描述了开发人员展开的讨论；右侧栏标注了该 PR 的其他相关信息，包括审阅者、标签、关联的 Issue 及参与者等。开发人员也可订阅该 PR，以获得有关讨论等方面的信息。

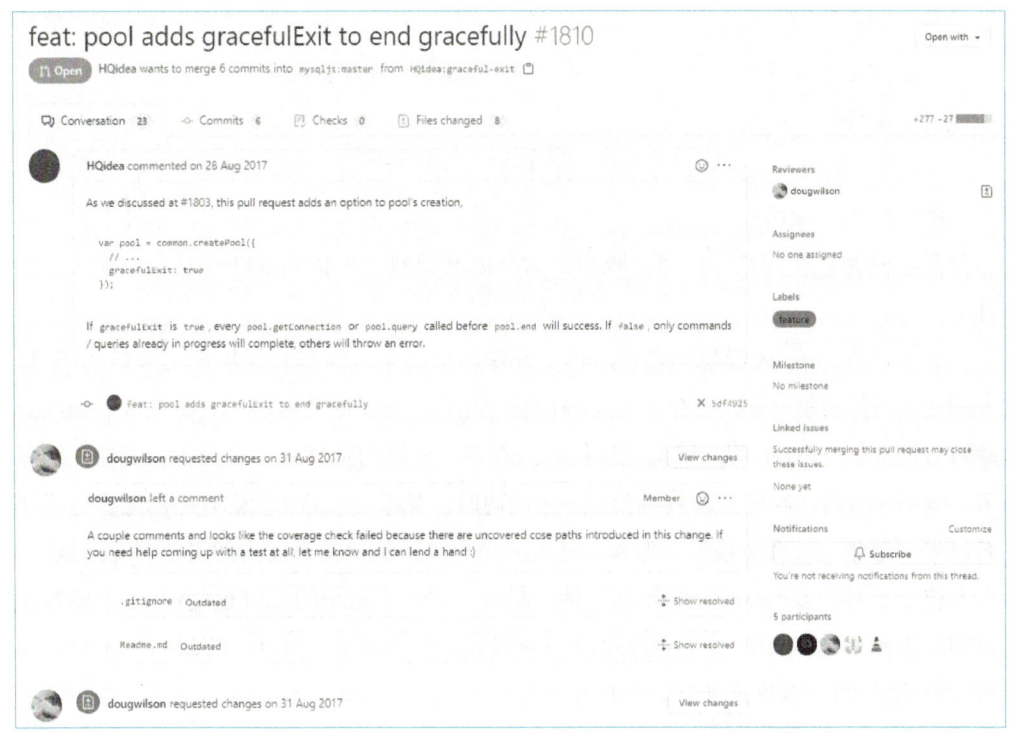

图 3.21 MySQL 软件项目基于 PR 机制的分布式开发协同

3.3.3 开源软件开发实践

基于群体的软件开发成功应用于开源软件实践。依托开源软件托管平台，互联网上的大规模群体通过自组织方式，围绕开源软件项目汇聚在一起，形成相应的开源软件社区，自发贡献智慧，自主开展交互和协同，创造了大量优秀开源软件，展现出超乎想象的创新活力、开发效率和软件质量。

在基于群体的开源软件开发模式下，软件核心开发团队与大规模开发群体紧密地连接起来，通过互联网进行资源的开放共享及协同开发，逐渐形成了一种类似"洋葱"结构的"小核心—大外围"式群体化开发组织结构。在该结构中，"小核心"是指项目的创始人及少量的核心开发人员；"大外围"是指互联网上的大量开发人员群体，他们扮演软件开发人员、用户以及其他利益相关者的角色。整个结构具有边界开放、人员众多、角色多样、组织松散的特点。核心团队人员负责决策开源软件项目生产的技术路线、方向和进度等；外围人员在核心团队的指引下，完成软件项目的具体任务、参与软件创意、贡献开源代码等，从而快速推动开源软件项目的开发工作。

在开源软件发展之初，参与开源软件建设的软件开发人员通过电子邮件进行交互，开发过程数据及代码都存放在邮件列表中。Linux 内核的发布点燃了互联网群体参与软件开发的热情，吸引了越来越多的软件开发人员参与其中，出现了一批独立的开源软件项目门户社区，如 Linux、Apache 等。这些开源软件社区除了提供邮件列表的功能外，还推出了软件缺陷管理、软件版本库等重要的开发管理工具，并提供 FAQ 等功能以方便软件开发人员对软件开发问题进行讨论交流，促进了他们之间的交流和协作。随后出现的 SourceForge 等开源软件项目托管社区整合了多种软件开发工具，包括版本库、邮件列表、缺陷库等，进一步加强了软件开发人员的交流与协同，降低了互联网用户参与开源软件开发的门槛，吸引了大量的开源软件项目和软件开发人员加入开源社区。

在 SourceForge 火爆数年之后，单一开源社区已无法满足社区用户的多样化需求，开源社区开始出现分化，产生了一批面向特定用户、提供特定服务的开源社区，如社交编程开发社区 GitHub 等。这类社区提供了在某一领域内更优秀、更全面、更专业的服务，吸引了大量的软件开发人员参与。与此同时，开源社区的功能也在不断分化，呈现多样化、专业化的发展趋势，为软件开发人员提供了从协同开发到问答学习等多维度、全方位的支持。以 Linux 开源软件为例，超过 1 730 个组织的 20 000 名开发人员参与其中，以邮件为载体开展了超过 400 万次讨论，产生了超过 100 万次的 Commit、超过 700 次的 PR，以及超过 2 000 万行的代码。

开源软件是无国界的，开源软件的开发实践是自由的。然而在实际操作中，一些开源组织或开源软件托管平台会受属地国出口管制政策（如美国的《出口管理条例》）的制约，进而在某些情况下对开源软件开发者的行为施加限制。例如：2019 年 GitHub 就曾禁止伊朗程序员访问托管在其上的软件仓库；2022 年随着俄乌战争的升级，GitHub 开始封禁俄罗斯开发者的账户。

3.3.4　基于群智的知识分享

软件开发是一个知识密集型的集体活动。软件开发过程中会涉及多方面综合知识（包括软件工程专业知识和软件所服务的业务领域知识），应用多种软件开发技术，并需要借助多样化的 CASE 工具和环境，因而对开发人员的知识、经验、技能等提出很高的要

微视频：软件开发和知识分享

求。在软件开发过程中，开发人员无疑会经常遇到多样化的开发问题，从业务需求的理解到程序代码的调试等，不同开发人员遇到的问题会有所不同，因此如何快速、高效地解决这些软件开发问题成为软件开发过程中的一项重要工作。

在基于团队的软件开发模式中，软件开发人员遇到困难和问题时，通常会在项目团队范围内进行交流和寻求帮助，以获得问题解决的方法。显然，这种问题解决方式存在多方面不足。例如：

① 问题交流的范围小。只能在封闭的开发团队和有限的人员之间进行讨论，无法

获得团队之外的人员帮助。

② 分享的知识有限。由于参与交流的人员数量少，必然导致这些人员可分享的知识和经验非常有限，经常会出现一些问题在团队内部找不到有效解决方法的情况，也无法利用团队之外其他人员的知识和经验。

③ 问题解决的效率低。通常采用面对面的方式进行交流，一些具体的内容不便表达和分享（如程序代码、开发技能等），问题解决方法和软件开发经验等无法积累下来，供其他开发人员重用和分享。

导致上述状况的根本原因在于，软件开发问题解决和经验交流的范围局限在项目团队之中，不能充分利用团队之外的智慧和力量。针对上述状况，如何分享和利用互联网大众的丰富开发知识和多样化开发经验，以促进各类软件开发问题的及时和有效解决，成为软件工程领域的一项关注话题。

1. 群体化知识分享的思想

所谓"群体化知识分享"是指开放的大众群体依托互联网平台（如软件开发知识分享社区），通过提问、回答、评论、支持、反对和修改等多种社交方式，交流软件开发问题，分享问题解决的经验和方法，共享相关的软件资源（如代码片段、软件文档）。这种知识分享方式中参与分享的对象是开放的互联网大众，分享的内容表现为从问题到解答等多种知识形式，分享的平台建立在互联网之上。它不仅有助于产生海量、多样、极有价值的群智软件开发知识，促进这些群智知识在互联网上的重用，而且加速了软件开发知识的传播速度，拓展了软件开发知识的分享范围，体现了基于群体的软件开发问题解决方法。

群体化知识分享的代表性成果为 Stack Overflow 编程问答社区（简称 SO 社区）。软件开发人员可加入社区，并通过以下方式实现知识分享：

① 提问。开发人员在社区中进行提问，详细描述问题的标题和具体内容，以获得其他人员的讨论和解答。

② 讨论和回答。开发人员可针对相关提问或回答进行评论，阐述自己的看法或提供问题的解决方法，必要时可附相关细节，如问题解决的代码片段。

③ 接受。如果某个回答有效地解决了问题，那么问题的提出者可以接受该回答，表示该问题已经得到了解决。

④ 搜索。开发人员可针对自己遇到的开发问题在社区进行搜索，检索是否有相同或类似问题，并找到相应的问题解答。

⑤ 阅读。开发人员可点击某个问题或回答获取其信息，包括具体内容、投票数、收藏数、回答数、标签等。

图 3.22 展示了 SO 社区中发布的某个问题信息，具体包括：问题的标题"How can I prevent SQL injection in PHP?"；问题的具体内容；问题的一组标签，如"php" "mysql""sql"等，以直观地展示问题的关键特征信息。该问题总共得到 28 个回复和讨论，有多达 190 万次阅读，得到 2 773 次点赞。

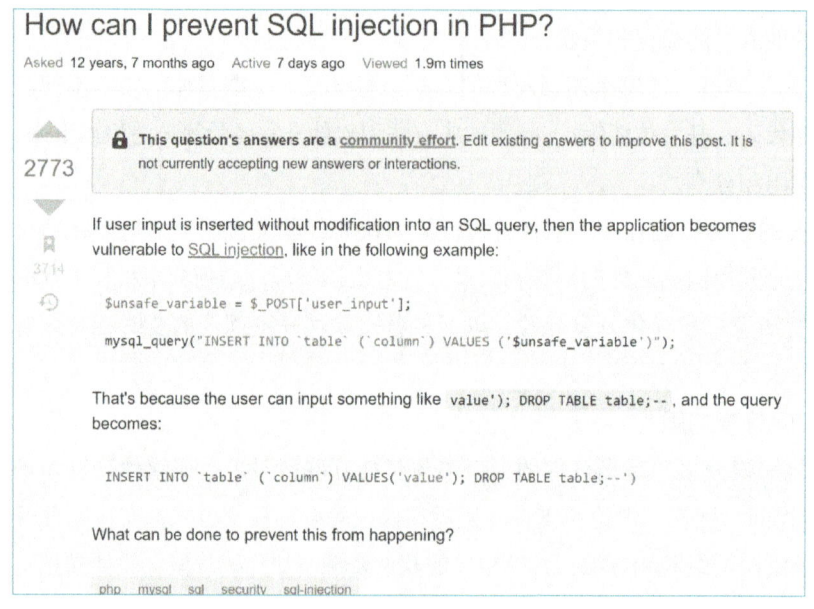

图 3.22　SO 社区中发布的问题信息示例

2. SO 社区中的软件开发群智知识

SO 社区面向编程人员群体，是目前业界极具活跃度和影响力的软件开发知识问答社区。截至 2023 年初，它吸引了超过 1 900 万个用户在平台上交流软件开发知识，问答的主题非常宽泛，涉及 Web 开发、数据管理、安全、编程实践等诸多方面，涵盖 Android、iOS、Eclipse 等软件开发平台，包括 C＋＋、Java、Python、Ruby 等各种编程语言及开发技术。至今，SO 社区已发布超过 2 100 万道编程问题，得到超过 3 100 万条回答、超过 8 000 万条评论，有超过 6.1 万个标签，形成了一个非常庞大、极具价值的群智知识库。

据统计，用户在 SO 社区中的提问，获得解答的反馈平均时间约为 13 分钟，成为目前最为便捷的知识获取方式和问题解决渠道。在 SO 社区中，用户可通过平台提供的搜索功能快速查找所关心的问题。平台将基于查询关键词进行检索，并按照相关性、最新程度等不同维度对查询结果进行排序。用户可以查看每个问题对应的用户投票数、回答数、问题提出时间等信息，并以此为依据选择查看相应的问题。

本章小结

本章围绕软件开发过程和开发方法介绍了常见的软件开发过程模型，分析了这些过程模型的重型化特点及各自适合的应用领域；针对敏捷方法、群体化方法两类流行的软件开发方法，介绍其开发理念、思想、技术、特点和应用。概括而言，本章具有以下核心内容：

- 软件过程模型与软件生存周期是两个不同的概念，前者是针对软件开发而言的，服务于软件开发和管理人员；后者是针对软件系统而言的，刻画的是软件发展和演化的不同阶段。

- 软件工程领域提出了诸多软件过程模型，以指导软件开发和运维。典型的软件过程模型包括瀑布模型、增量模型、迭代模型、原型模型、基于构件的模型、统一过程模型、螺旋模型等。每种过程模型对软件开发和运维都有其认识，提供了不同的步骤和活动，因而有不同的适应场合。

- 许多软件过程模型以文档为中心，依托文档来记录开发成果和开展交流，呈现出重型的特点，难以有效应对变化，无法快速给用户交付可运行的软件系统。

- 软件开发人员应根据软件项目的具体情况、软件开发团队的水平、软件开发潜在的风险等，为软件项目选择适合的过程模型。

- 敏捷方法实际上是在迭代开发的基础上，采用以代码为中心的指导思想，提出了一组可操作性强、能有效应对需求变化、可快速交付软件产品的理念和原则。

- 极限编程、Scrum、测试驱动的开发等都属于敏捷方法。它们在敏捷方法的基础上，针对软件开发和运维的某些方面，进一步提出了更为具体的指导原则、技术和工具，以实现敏捷开发的思想和理念。

- 敏捷方法具有少、简、快、变等特点，适合需求不明确和易变、用户要求快速交付的一类软件系统的开发，如互联网应用软件。

- 传统的开发过程模型和开发方法基于团队的组织方式开发软件，具有团队边界封闭、参与人员有限等特点，所开发的软件代码通常不允许开放共享，表现为闭源软件。

- 群体化开发方法借助互联网平台，采用开放而非封闭、基于群体而非仅仅依赖团队，通过社会化的交互和协同来进行软件的开发和运维。大众群体采用自主和自愿的方式参与软件开发并贡献智慧。

- 群体化软件开发借助基于 Issue 的开发任务管理、基于 Git 的分布式版本管理、基于 PR 机制的分布式协同开发等技术及相应的 CASE 工具。

- 基于群智的软件开发成功应用于开源软件实践，借助开源软件托管平台 GitHub，吸引了千万级的软件开发人员参与开源软件创作和生产，开发出大量优秀的开源软件，展现了超乎想象的创新活力、开发效率和软件质量。

- 基于群智的知识分享成功应用于软件开发知识分享，借助 SO 社区开展提问、评论、搜索等社交化协同，汇聚了大量软件开发群智知识。

推荐阅读

BROOKS F P. 人月神话 [M]. 40 周年中文纪念版. 汪颖, 译. 北京: 清华大学出版社, 2015.

基础习题

3-1　软件过程模型和软件生存周期这两个概念有何区别和联系?

3-2　请对比和分析迭代模型、增量模型、螺旋模型、统一过程模型之间的差异性。

3-3　开发一个软件项目为什么需要软件过程模型? 如果没有过程模型的指导, 将会产生什么样的情况?

3-4　当开发一个软件项目时, 应考虑哪些方面的因素来选择合适的软件过程模型?

3-5　如果要开发一个军用软件项目, 用户方具有明确的需求, 对软件质量提出非常高的要求, 请问采用何种软件过程模型和方法较为合适? 为什么?

3-6　如果要为某企业开发一个业务信息系统, 系统的需求来自一线业务工作人员, 但是用户并不清楚要做成什么样的信息系统, 需要不断进行交流和反馈。针对这一软件项目, 请问采用何种软件过程模型或者方法较为合适? 为什么?

3-7　软件开发方法与软件过程模型二者有何差别? 请结合迭代模型和敏捷方法, 说明它们之间的区别和联系。

3-8　为什么说传统的软件过程模型是重型的, 体现在哪里? 为什么说敏捷方法是轻型的, 体现在哪里?

3-9　请以传统的软件过程模型为参照物, 分析敏捷方法有何特点, 适合哪些类别应用的软件开发。

3-10　请结合日常生活和工作介绍几种群智方法的应用(如大众点评、地图标注、共享酒店等), 说明这些应用是如何吸引互联网大众自发参与贡献的, 对应用问题的解决提供了什么样的新颖方式和方法。

3-11　群体化软件开发方法是一种基于群体的开发方式, 请对比分析基于群体的开发与基于团队的开发二者有何本质的区别。

3-12　请分析哪些因素促成了群体化软件开发方法的提出和应用。

3-13　群体化开发方法采用发散而非集中的方式进行管理, 采用分布式协同而非局域协同的方式开展工作。请解释何为发散式管理、何为分布式协同。为什么要采用发散式管理和分布式协同方式?

3-14 基于 Issue 的开发任务管理与团队开发中的任务指派优化有何区别?

3-15 基于 Git 的分布式版本管理与传统的集中式版本管理(如 CVS)有何区别?

3-16 请结合 GitHub 中的开源软件项目说明群体化软件开发方法有何特点。它是如何吸引互联网大众参与软件项目,并为此做出贡献的?

3-17 利用 Trustie-Forge、EduCoder、Git 等工具,开展基于 Issue 的开发任务管理、基于分支的分布式版本管理、基于 PR 机制的分布式协同开发。

① 在本地新建一个软件项目。

② 穿插练习"git add""git commit""git log""git status"等基本命令的使用。

③ 在远程版本库的 master 分支上新建一个分支"fix-1",在该分支上添加新内容并提交。

④ 提出一个新的 Issue,写明其标题、描述等信息,并将该 Issue 任务指派给某个开发人员。

⑤ 针对某个 Issue,与其他人员进行必要的讨论,跟踪其状态。

⑥ 在 master 分支上,对一个文件的某部分内容进行修改并提交,随后切换到 fix-1 分支,对同一个文件的同一部分内容进行修改并进行比较;把 fix-1 分支合并到 master 分支并解决合并冲突,随后删除 fix-1 分支。

⑦ 在本地版本库修改文件,提交 PR 以合并修改的内容,同步到远程版本库。

3-18 访问 GitHub 平台,选择一个感兴趣的开源软件项目(如 OpenStack、Linux、MySQL等),进入该开源项目社区,开展以下的实践工作。

① 了解该开源软件的基本信息,如软件仓库数量、代码数量、Commit 数量、Issue 数量、代码的编程语言、参与该项目的群体数量、PR 数量等。

② 针对该开源软件项目的某个 Issue,跟踪其具体情况,包括 Issue 的内容、提出者、开展的讨论、解决者及其进展等。

③ 针对该开源软件项目的某个 Commit,跟踪其具体情况,包括提出时间、贡献者、代码所做的变化等。

④ 针对该开源软件项目的某个 PR,跟踪其具体情况,包括提出者、具体内容、代码的审查和测试情况、处理进展和情况等。

3-19 注册和登录 SO 社区,掌握其提供的功能和知识,了解平台汇聚的人群规模和群智知识的数量。

3-20 登录 SO 社区,在其中开展操作和实践。

① 查找感兴趣的开发问题,看看是否能找到相关的历史提问。结合某个自己感兴趣的提问,分析群体围绕该提问开展的讨论。

② 发布一个自己的提问,并跟踪平台用户针对该提问给予的回答和开展的讨论。

③ 针对感兴趣的提问或回答,给出赞成或反对票以及投票的原因。

综合实践

1. 综合实践一

实践任务：精读开源软件的程序代码。

实践方法：逐行阅读代码，结合上下文详细了解各行代码的功能和作用，分析代码的设计水平和质量情况。精读过程中如果遇到困难和问题，可到 SO 社区寻找答案，或在软件工程学习社区中交流讨论。

实践要求：所谓的"精读"是指要深入理解代码的具体语义内涵，理解为什么要这样编程，领会其中的编程要领和编码风格；精读的代码量要有一定规模，建议在 1 000～4 000 行。

实践结果：理解开源代码的语义，撰写技术博客，总结精读的成果及心得体会。

2. 综合实践二

实践任务：分析行业和领域面临的实际问题。

实践方法：深化行业和领域的调研分析，将注意力聚焦到大家所关切的核心问题，分析行业和领域问题的本质，描述问题的内涵并讨论其意义和价值。

实践要求：所提出的行业和领域问题要中肯、有实际意义，能够反映行业和领域的关注点、体现当前或未来的实际需要，切忌脱离实际，拍脑袋空想。

实践结果：撰写软件需求构思文档，阐述要解决的问题是什么、问题的现实意义和价值。

第 4 章

软件需求工程基础

前面三章介绍了软件工程的基础知识，从本章开始将介绍软件工程的方法学，系统阐述如何应用软件工程方法、技术、原则、策略、语言和工具等来开发和维护软件。

获取和分析需求是软件开发的前提，只有明确了软件需求才能开展软件设计、编码实现、软件测试等工作。在实际的软件开发实践中，获取和分析需求是一项极为重要和具有挑战性的工作。一方面，如果软件需求定义不清、内涵不明或缺乏价值，后续的软件开发工作将难以开展，所开发的软件系统也将无法赢得用户的认可。另一方面，软件系统的需求往往很隐晦，常常说不清、道不明，许多软件需求潜藏在繁杂的业务和领域知识之中，并且会经常发生变化。不同用户所提出的软件需求可能存在冲突，用户也可能会漏掉重要的软件需求，用户和开发者对软件需求的理解可能存在不一致、有偏差等，所有这些都会影响软件需求的质量。需求工程（requirements engineering，RE）是系统工程和软件工程之间的重要桥梁，旨在为需求工程师、软件用户和客户、软件开发人员等提供系统的方法学，指导他们开展需求获取、分析、规约、确认和验证等工作。

本章聚焦于软件需求工程，介绍软件需求的概念、类别、特点和质量要求，需求工程的任务、过程和原则。在此基础上，阐述两个经典的需求工程方法学：结构化需求分析方法学和面向对象的需求分析方法学，介绍需求工程的 CASE 工具、软件制品输出及软件需求管理。读者可带着以下问题学习和思考本章的内容：

- 何为软件需求？软件需求包含哪些形式？为什么软件需求很重要？
- 高质量软件需求有何特点？
- 获取和分析软件需求难在哪里？
- 何为需求工程？需求工程包含哪些内容？遵循怎样的步骤？
- 何为需求分析方法学？它如何指导软件需求的获取、分析和规约？
- 结构化需求分析方法学和面向对象的需求分析方法学如何支持需求工程工作，二者有何差别？
- 需求工程最终会产生哪些软件制品？
- 有哪些 CASE 工具可支持需求工程？
- 为什么要对软件需求进行管理，要管理哪些方面的内容？

4.1　软件需求

在计算机出现的早期，软件通常作为独立的系统而存在，软件系统的用户或客户会对软件系统提出明确的期望和清晰的要求。随着计算机应用的不断拓展和深化，软件越来越多地与其他系统融合在一起，成为人机物共生系统、信息物理系统、社会技术系统。典型例子包括飞机中的飞行控制软件、机器人中的任务规划软件、工业控制中的软件系统、智能手机中的微信和 QQ 等应用软件、鸿蒙操作系统等。在这种情况下，一些软件不再单独存在，而是作为更大系统的组成部分，需要服从于整个系统的建设目标；软件系统的利益相关者也变得更加复杂和多样化，不仅包括软件的用户或客户，还包括与其发生交互的软硬件系统。这些系统会对软件提出要求。概括而言，软件系统有其多样化的利益相关者，它们受益于软件系统建设，会对软件提出各自的期望和要求。

4.1.1　何为软件需求

可以从软件本身和软件利益相关者两个不同的角度来理解软件需求（software requirements）。从软件本身的角度，软件需求是指软件用于解决现实世界问题时所表现出的功能和性能等要求；从软件利益相关者的角度，软件需求是指软件系统的利益相关者对软件系统的功能和质量，

微视频：何为软件需求

以及软件运行环境、交付进度等方面提出的期望和要求。《计算机科学技术名词》将软件需求定义为：为解决用户或客户的问题或实现其目标，软件系统必须具备的能力及必须满足的约束条件。本质上，软件需求刻画了软件系统能够做什么、应表现出怎样的行为、需满足哪些方面的条件和约束等要求。

软件系统的利益相关者会对软件系统提出各种期望和要求，这些期望和要求对应于软件需求。软件系统的利益相关者是指从软件系统建设中受益或需与软件系统发生交互的人、组织或者系统。软件系统的需求与该软件的利益相关者密切相关。要理解软件的需求有什么、是什么，必须站在软件的利益相关者视角，分析他们会对软件提出什么样的期望和要求（见图 4.1）。

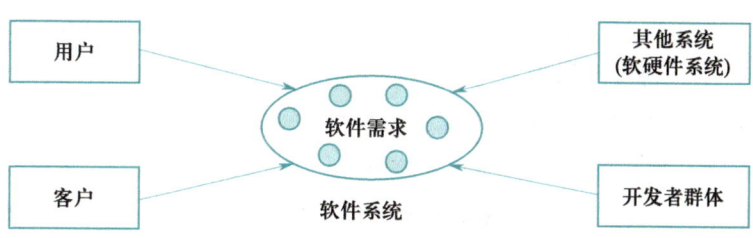

图 4.1　软件系统的利益相关者及其提出的软件需求

一般地，软件系统的利益相关者可以表现为用户、客户、其他系统及开发者群体等形式。

1. 用户（user）

用户是指使用软件并获得软件所提供功能的人或组织。例如，对于"空巢老人看护"软件而言，其用户包括老人、老人家属、医生等；对于"12306"软件而言，旅客则是该软件系统的主要用户。软件需要为用户提供功能和服务。例如，"空巢老人看护"软件将为老人提供在线视频交互、分析异常状况、接收呼叫命令等一系列服务，"12306"软件将为旅客提供购票、退票、改签、查询车次等功能。当然，软件系统的主要用户还包括对软件进行管理和维护的相关人员。

2. 客户（customer）

客户是指投资软件系统建设或委托软件系统开发的人或组织。他们从软件系统的建设中受益，如解决所关心的业务问题、获得经济利益等。例如，国家铁路集团有限公司是"12306"软件的客户，它委托中国铁道科学研究院集团有限公司研发了"12306"软件，解决了铁道部门长期存在的购票不便问题。还有一些组织通过投资研发软件来占领市场和获得收益。例如，微软公司投资研制了 Windows 软件系统，以占领 PC 端操作系统市场和获得经济利益；腾讯公司投资研发了微信软件 WeChat，产生了巨大的经济和社会效益；华为公司投入大量人力和物力研制了鸿蒙操作系统 HarmonyOS，旨在于万物互联时代抢占操作系统市场先机。

3. 其他系统

其他系统是指与待开发软件系统进行交互的其他软硬件系统。软件的利益相关者不仅可以表现为人或组织，还可以表现为系统。对于信息物理系统而言，软件所驻留的物理系统也是该软件系统的利益相关者，因为软件需要为其提供数据和控制信息，因而它们会对软件提出要求。例如，对于"空巢老人看护"软件而言，该软件系统需要与机器人硬件系统进行交互，以控制机器人的运动，获取机器人感知部件所获取的视频、声音和图像等信息，此时机器人就构成了"空巢老人看护"软件的利益相关者。当前，越来越多的软件系统表现为系统之系统，即软件系统需要与其他独立的遗留系统进行交互和协作。这些遗留系统会对待开发软件系统提出要求，因而也是软件系统的利益相关者。例如，"12306"软件需要与公安部门的身份认证系统进行交互，通过访问其接口以检验用户身份的合法性，因而身份认证系统就成为"12306"软件的利益相关者。

4. 开发者群体

软件开发者群体既负责软件开发，同时也会结合各自的开发经验和业务认识对软件提出要求。对于一些软件系统而言，在开发早期软件开发者很难找到该软件系统的实际用户，并从他们那里获得软件需求。在这种情况下，软件开发者需要充当软件用户的角色来构思软件需求。实际上，许多互联网软件的需求来自软件开发者。

此外，互联网上的大众群体会对开源软件感兴趣，加入开源软件社区之中，关心开源软件的建设，参与开源软件的开发，如发现代码缺陷，提出软件需求等。他们实际上充当了这些开源软件的利益相关者角色。例如，Stack Overflow 开源软件社区中有众多软件开发者群体，他们在社区中提出了诸多开发问题，其中不少问题实际上就是软件需求。

概括而言，软件系统的利益相关者既可以表现为人，也可以表现为组织，甚至是系统。它们与软件系统存在某种形式的关联，或使用系统，或与系统发生交互，或存在利益关系，或对软件感兴趣，或参与软件开发。

4.1.2 软件需求的类别

概括而言，软件需求主要表现为三种形式：功能需求（functional requirements，FR）、软件质量需求（quality requirement）和软件开发约束需求（constraint requirement）。后两种形式统称为非功能需求（non-functional requirements，NFR）。

1. 功能需求

软件的功能需求描述了软件能做什么、具有什么功能、可提供怎样的服务，刻画了软件在具体场景下所展现的行为及效果。软件的功能需求大多来自软件的用户、客户和开发者群体。对于一些人机物共生系统而言，目标系统的某些功能需要通过软件加以实现，因而会对软件提出特定的功能要求。

> **示例 4.1 "空巢老人看护"软件的功能需求**
>
> 对于"空巢老人看护"软件而言，系统的利益相关者老人、老人家属、医生等会从各自的视角对软件提出功能需求。对于老人而言，他期待软件系统能够控制机器人在安全距离之外自主跟踪、自动发现异常状况并能主动进行报警，提醒他按时服药，并实现与家属的在线语音和视频交互等。对于老人家属和医生而言，他们期待软件系统能够实时分析老人在家的视频和语音信息，及时发现老人在家的异常状况，一旦出现突发情况能将相关事件信息迅速通知到他们的手机上。

2. 软件质量需求

软件质量需求是指软件的利益相关者对软件应具有的质量属性所提出的具体要求。软件的质量属性既包括内部质量属性，也包括外部质量属性。通常而言，软件系统的客户、用户、开发者群体或者与软件发生交互的其他系统都会对软件的外部质量属性提出要求，如运行性能、可靠性、易用性、安全性、私密性、可用性、持续性、可信性等。软件系统的开发者群体还会对软件系统的内部质量属性提出要求，如软件的可扩展性、可维护性、可理解性、可重用性、可移植性、有效性等。

示例 4.2 "空巢老人看护"软件的质量需求

在"空巢老人看护"软件中，老人要求软件必须确保其个人信息的私密性，确保其安全地控制机器人，不会影响人身安全，对其呼叫语音的识别率达到 90% 以上。老人家属要求软件必须确保信息提供的实时性，一旦老人出现异常状况，须在 1 s 内分析得出突发状况信息，语音交互的延迟不超过 1 s，视频交互的延迟不超过 2 s。而医生对软件提出的质量要求是，当他通过手机来操控机器人移动时，操作延迟须控制在 1 s 内，软件要保证机器人运动的安全性，不会碰到老人等。

对于用户或客户而言，他们通常关注软件系统的功能需求。因为对他们而言，软件只有首先满足了功能需求才有实际的意义和价值。如果"12306"软件不支持在线实时购票，那么这一软件对于旅客而言根本就没有吸引力。近年来，随着软件系统与物理系统、社会系统的日益融合，软件质量需求变得日益重要和关键。功能需求的缺失只会导致软件缺少某些服务，不好用不易用，但是如果某些质量需求的忽视或缺失则会使得软件不能用，严重时会导致重大生命和财产损失。例如，在"空巢老人看护"软件中，如果不对软件的私密性和安全性等提出明确需求，那么所开发的软件系统就无法保证机器人的安全运行，也无法保证老人的人身安全，这样的软件系统显然谁也不敢用，它不仅难以起到看护老人的功效，而且极易出现安全问题。

随着越来越多的软件部署和运行在互联网之上，软件的用户接入数量、平台可提供的计算和存储能力等会出现波动，此时软件客户和开发者会对软件运行的质量属性（如弹性、稳健性、适应性等）提出要求。例如，对于"12306"软件而言，在重要节假日车票开始售票之时，用户的访问数量会急剧增长，这就要求软件系统需具有良好的适应能力和服务弹性，会随用户数量和计算需求的变化给用户提供稳定和优质的服务。

3. 软件开发约束需求

软件开发约束需求是指软件的利益相关者对软件系统的开发成本、交付进度、技术选型、遵循标准等方面提出的要求。站在客户或开发者的视角，软件开发是一项工程，需要投入资源和成本，产品交付需要时间。为了获益，他们会对软件产品的开发成本和进度提出明确要求。例如，投资建设"空巢老人看护"软件的客户要求该系统的研发成本控制在 200 万元之内，并在 6 个月之内交付该软件产品。

软件开发需要特定技术（如编程语言），其运行需依赖特定平台（如中间件或操作系统）。不同的技术手段、运行平台不仅会影响软件产品的使用，而且还会影响其开发和交付。例如，当开发一个手机 App 时，需对运行操作系统进行选型，确定是 Android、iOS 还是 HarmonyOS，因为不同的移动操作系统给 App 提供不同的开发支持。此外，为了与遗留系统进行集成和互操作，软件系统的开发还须考虑遗留系统所采用的技术标准和规范，这同样会影响软件开发的技术和标准选型。例如，如果待开发软件系统要与遗留系统进行数据交换，那么就需要考虑遗留系统是用什么编程语言来开发的、如何借助某些互操作标准（如 CORBA）来实现二者之间的集成和交互。

三种形式的软件需求对比见表 4.1 所示。

软件需求描述了软件系统有什么需求、需要解决什么问题，即 What，而不关心如何来实现软件系统、采取什么样的技术途径来解决问题，即 How。软件系统的利益相关者所提出的任何期望和要求并非都是软件需求，只有归属于这三种形式且与该软件相关的期望和要求才是软件需求。

示例 4.3 软件利益相关者提出的要求并非都是软件需求

如果"空巢老人看护"软件的利益相关者提出如下两项要求：软件系统要提供康复理疗服务、软件代码量要控制在一万行之内，则它们均非"空巢老人看护"软件的需求。前一项要求与"空巢老人看护"软件不相关；后一项要求虽然是一类约束要求，但是属于不合理的要求。

表 4.1 三种形式的软件需求对比

形式	内涵	关注的利益相关者	示例
功能需求	软件具有的功能、行为和服务	用户、客户、开发者群体	– 分析和识别老人的语音呼叫 – 分析异常状况
软件质量需求	内部质量需求	开发者群体	– 可维护性、可扩展性、可理解性、可重用性等
	外部质量需求	用户、客户、开发者群体、其他系统	– 界面操作要在 1 s 内响应 – 视频延迟不超过 2 s
软件开发约束需求	软件开发需满足的要求	客户、开发者群体	– 要求在 6 个月内交付产品 – 软件运行在 Android 之上 – 采用 Java 语言实现

4.1.3 软件需求的特点

软件系统的需求通常呈现出以下一些特点：

① 隐式性。软件需求来自软件的利益相关者。然而，软件系统的一些利益相关者隐式存在，需求工程师很难辨别，甚至会遗漏一些重要的利益相关者。例如，需求工程师通常很容易识别出软件系统的用户和客户，但常常会忽视或遗漏与软件系统发生交互的其他系统，它们也是软件的利益相关者，也会对软件提出各种要求。

② 隐晦性。由于软件的逻辑特征，对于许多利益相关者而言，他们在开发初期很难直接和直观地表达对软件的期望和要求；即使给出了软件需求的描述，也常常存在不

清楚、不明确等问题。

③ 多源性。一个软件系统可能会存在多方利益相关者，他们会站在各自的立场提出软件的期望和要求，因而软件需求可能会源自多个不同的利益相关者，他们甚至会提出相冲突和不一致的软件需求。

④ 易变性。随着软件利益相关者对软件认识的不断深入以及其他相关系统的不断演化，他们对软件提出的期望和要求也会经常发生变化。尤其对于复杂软件系统而言，用户和客户对软件需求的认知是一个渐进的过程。例如，随着"12306"软件的持续应用，客户和用户逐步明确了软件需求，同时提出一些新的需求，如订餐、会员服务等。

⑤ 领域知识相关性。不管是应用软件还是系统软件或支撑软件，它们都有其所属的业务领域。例如，"12306"软件与铁路旅行服务领域相关，操作系统软件与计算机基础软件领域相关，SonarQube 支撑软件与软件质量保证领域相关。软件需求的内涵与软件所在领域的知识息息相关。需求工程师只有深入理解和掌握了业务领域知识，才有可能清晰和准确地理解软件需求。

⑥ 价值不均性。不同的软件需求对于其客户或用户而言所体现的价值是不一样的。这意味着有些软件需求极为关键，属于核心需求，缺少了这些需求软件就失去了"灵魂"。有些软件需求则可有可无，仅起到锦上添花的作用，属于附属需求。例如，对于"12306"软件而言，购票、退票和改签等功能都属于核心需求，而餐饮预订等功能属于附属需求。

正因为软件需求的上述特点，在开发和维护软件系统时，要获取完整、清晰和一致的软件需求是一项极具挑战性的工作。它不仅考验需求工程师的专业技术水平，还对其掌握业务领域知识提出了很高的要求。

4.1.4   软件需求的质量要求

正因为软件需求在软件开发过程中的重要性，确保软件需求的质量就成为一项极为关键的工作。如果软件需求的质量出现问题，不仅会误导软件开发，导致所开发的软件无法通过验收，还会使软件没有价值和失去市场，严重时甚至会导致财产和生命损失。一般地，软件需求的质量主要表现为以下几个方面：

① 有价值。针对相关行业或领域的特定问题，为其寻求基于计算机软件的解决方案，体现了问题解决的新方式和方法，反映了基于软件的业务流程新模式，从而有效提高问题解决的效率和质量，促进相关行业和领域的业务创新。

② 正确。软件需求来自软件的利益相关者，因此它必须正确地反映利益相关者的期望，不能曲解或误解他们的要求。

③ 完整。软件需求必须全面反映利益相关者的期望和要求，不能有遗漏或丢失。

④ 无二义。软件需求的描述应该是清晰和准确的，对于同一个软件需求描述，不同的人不会产生不同的理解。

⑤ 可行。软件需求的实现在技术、经济、进度等方面应该是可行的，不要提出超出团队能力、现有技术水平、已有项目资源等约束范围之外的软件需求。

⑥ 一致。不同利益相关者所提出的软件需求应该是相互一致的，不应存在冲突。

⑦ 可追踪。任何软件需求都不是平白无故产生的，均可追踪到其源头，即存在提出软件需求的利益相关者。

⑧ 可验证。可找到某种方式来检验软件需求是否在软件系统中得到实现。不可检验的软件需求难以通过软件验收。

对于需求工程师而言，确保软件需求的上述质量要求是其职责之一。在实际的软件开发实践中，要达成上述质量目标极具挑战性，对于复杂软件系统而言甚至不可能做到。一些软件系统长期处于演化之中，软件需求不断变化，开发者对软件需求的认知会随着软件的使用不断清晰，在这种情况下要在开发初期获得完整、一致、正确的软件需求几乎是不可能的。此外，需求工程师在获取和分析软件需求的过程中还会人为地引入一些错误，产生需求缺陷，影响软件需求质量。例如，曲解利益相关者的期望和要求；对软件需求的描述不准确和不严谨，导致不同人员对软件需求有不同的理解；遗漏一些重要的软件需求；提出一些用户或客户不需要的无效需求；一些软件需求在技术上做不到、在经济上不可行、在进度上难保证等。

4.1.5 软件需求的重要性

软件需求对于软件系统自身及其开发而言极为关键，失败的软件需求必然会导致失败的软件产品，因而其重要性不言而喻，主要反映为以下几个方面（见图 4.2）。

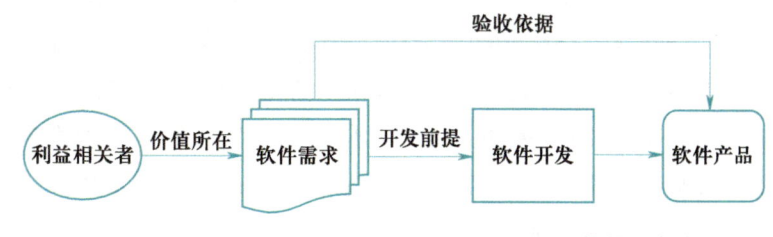

图 4.2 软件需求的重要性

1. 软件价值所在

软件系统的客户之所以要投资研制软件，是因为软件能够帮助其解决特定行业或领域的问题，或者能够帮助其获得经济或社会影响等方面的利益。用户之所以要使用软件，是因为软件能够为其提供所需的功能和服务，带来学习、生活和工作上的便利。软件需求本质上反映的是软件的客户和用户等利益相关者的期望和要求。正是由于软件需求，一个软件才有意义，才能赢得客户的投资，得到用户的认可，进而产生社会和经济价值。对于许多软件而言，尤其是互联网软件，能否为用户提供核心需求决定了该软件能否赢得用户、占领市场。例如，微信提供了有别于其他软件的社交功能，从而获得大量手机用户的青睐，并在国内外得到广泛应用；"12306"软件为用户提供购票、改签等关键功能，方便了用户乘火车出行，从而吸引大量的用户安装使用。正因为如此，当研制一个软件系统时，需求工程师需要与用户或客户深入沟通，从他们那里获得有意义的软件需求，或者对软件需求进行充分的构思，以产生有价值的软件需求。

2. 软件开发前提

获取软件需求是软件开发的基础和前提。只有明确了软件需求，软件开发者才能以此来指导软件开发，开展软件设计、编码实现、软件测试等一系列工程化生产工作。如果将软件开发视为一类问题求解，那么软件需求实际上对应于问题本身，而软件开发则给出了问题的解决方法。因此，如果软件需求不清，则意味着问题不明，从而会导致软件开发者迷失方向，不知道如何开展开发工作。因此，对于每一次软件开发迭代，软件开发者必须清晰界定并明确定义本次迭代需要实现的软件需求。

大量的软件开发实践表明，"需求不清不明"是导致软件项目失败的主要因素之一。"丹佛机场的行李处理系统""佛罗里达州的福利救济系统"等软件项目在开发之时都存在不同程度的需求不明问题，直接影响了软件项目的开展，最终导致这些项目失败。

3. 软件验收依据

任何一项工程或产品完成之后，都需要对其进行验收，以确认所实施的工程和研制的产品是否满足用户和客户的各项要求。软件系统的开发和研制也不例外，当软件开发者完成了软件项目开发并产生了软件产品之后，需要对软件系统进行验收。软件项目验收的依据就是软件需求，也即开发者、用户和客户要围绕软件需求，判断各项软件需求是否得到满足，比如是否实现了所有的软件功能，是否满足了各项质量要求，是否遵循了各项约束等。因此，如果软件需求定义不明，势必造成验收标准不清，软件验收工作也将很难开展。例如，在"空巢老人看护"软件中，"要求系统不会对老人的安全产生影响"这项质量需求定义得不清楚，因为它没有说清楚何为"对老人的安全产生影响"。到了验收阶段，这一安全性需求很难进行验证。反之，"视频交互延迟不超过2 s，语音交互延迟不超过1 s"这两项软件需求定义得非常清晰和明确，可以很容易判断可运行的软件系统是否满足了这一需求。

4.2 需求工程

在软件开发过程中，需求工程师要获得高质量的软件需求是一项极具挑战的工作，需要行之有效的方法支持。需求工程为上述目标提供有效的过程、方法学和工具支持。

4.2.1 何为需求工程

需求工程旨在用工程的理念和方法来指导软件需求实践。它提供了一系列过程、策略、方法学和工具，帮助需求工程师加强对业务或领域问题及其环境的理解，获取和分析软件需求，指导软件需求的文档化和评审，以尽可能获得准确、一致和完整的软件需求，产生软件需求的相关软件制品。从 20 世纪 90 年代以来，随着软件系统规模和复杂性的不断增长，需求工程日渐受到学术界和产业界的重视，成为软件工程领域的一个重要研究方向。

微视频：需求工程

需求工程将获得高质量的软件需求视为一项工程，有其明确的任务和目标。该项工作需要多方人员共同参与完成，应采用系统化和工程化的方法和手段，包括遵循严格的过程、采用系统的方法学指导，借助有效的 CASE 工具支持等，在此过程中要对软件需求及其变化及软件产品等进行有效的管理，进而确保需求工程的效率和质量。

基于需求工程的理念和思想，需求工程师首先需要掌握待开发系统的领域知识，理解拟解决的问题及其边界，明确软件系统的利益相关者，通过与其交互理解他们的诉求，或者基于对问题的理解来构思软件需求。在此基础上，需求工程师需要对软件需求做进一步精化、建模和分析，以获得软件需求更为详细的信息，发现并解决软件需求中存在的缺陷和问题，最终形成软件需求模型和文档。

不同于软件设计、实现和运维等工作，需求工程具有以下一些特点。需求工程师、客户和用户等参与人员需要根据需求工程的这些特点，有针对性地开展相关工作，以抓住主要矛盾，寻求最佳方法和实践。

1. 知识密集型

需求工程是一项知识密集型工作，需要交叉多学科的知识。任何软件都有其特定的行业或领域背景，其需求与所属领域的知识密切相关。软件系统的多样性决定了需求工程会牵涉诸多行业和领域。因此，需求工程需要交叉多行业和多领域知识。例如，要开发"12306"软件就需要充分掌握铁路旅行服务的相关知识，包括火车调度、车次安排、票务服务等；要为银行开发业务软件系统就需要充分掌握银行领域的相关知识，如业务流程、服务要求、操作规范等。需求工程的成功实践一方面需要依赖软件所属行业和领域的业务专家，也称领域专家；另一方面要求需求工程师要深入软件所属行业和领域，理解和掌握领域知识，在此基础上导出、构思、分析和重用软件需求。

2. 多方共同参与

不同于软件设计和编码等工作，软件需求是不可能自动获取和产生的。需求工程师不要寄希望于在软件开发时客户或用户会自发提供完整和清晰的软件需求。软件需求的获得需要多方人员的共同参与，包括不同类别的用户、客户、领域和业务专家、各类开发者（如需求工程师、软件工程师）、质量保证人员等，并通过他们之间的充分交流、沟通和讨论，逐步导出软件需求，或者构思出软件需求。因此，单纯依靠软件开发者无法完成需求工程的任务，难以获得令人满意的高质量软件需求。

3. 多种获取形式和源头

需求工程的目的是获得软件需求。然而，软件需求获取并非简单听取用户或客户的意见、提炼出他们的期望或要求，而是要采用多种形式和手段，以产生有价值的软件需求。需求工程师需要基于自己对应用问题和业务需求的理解，帮助用户和客户导出有意义的软件需求。此外，他们还可以参照类似的软件系统，重用这些软件中某些重要的软件需求。在日常应用软件中，我们常常发现许多软件的功能非常相似（如百度地图 App 和高德地图 App），但是表现形式可能存在差异性。软件需求的获取也是一项软件创作的过程，需要开发者通过对问题的理解，寻找基于软件的独特解决方法，从中构思出有创意、独特和有价值的软件需求。除了依靠开发者和用户、客户等之外，软件需求的获取还可利用互联网大众的智慧，吸引他们参与软件开发，为软件提供有价值的需求。开源软件的许多软件需求就是由大量外围贡献者所提供的。

4. 持续迭代和逐步推进

需求工程不能一蹴而就，不要寄希望于通过一次需求工程就可获得软件的所有需求。一方面，软件的用户、客户和开发者等做不到一次性提出完整的软件需求，许多软件需求是通过他们之间的不断交流和讨论逐步获得的。另一方面，软件系统应提供哪些需求受诸多因素的影响，包括社会发展、行业进步、国家政策等，因此软件需求自身会随时代发展、软件使用而不断变化。例如：没有移动互联网技术和智能手机的支持，就不会有"12306"App；没有移动支付的进步，也就没有基于微信或支付宝的购票在线支付功能。需求工程应持续进行，贯穿于软件整个生存周期，即使在软件开发、运行、使用和维护阶段也要开展需求工程，以不断完善软件需求，产生有价值、符合时代特点的软件需求。

需要说明的是，需求工程存在技术"钝性"，也即无法通过技术革新来从根本上提升其过程效率和需求质量。导致这一现象的原因在于，需求工程的工作主体还是人与人之间的沟通和交流。

4.2.2 需求工程的一般性过程

需求工程提供了一般性过程（见图4.3），以指导软件需求的获取、分析和文档化。它包含了若干与需求工程密切相关的活动，明确了每项活动的具体任务以及不同活动间的关系，以帮助需求工程师等循序渐进地开展需求工程工作。

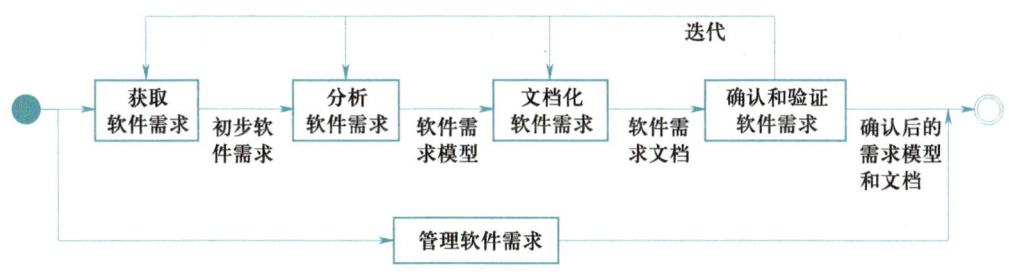

图 4.3 需求工程的一般性过程

1. 获取软件需求

该项活动的任务是要获得软件利益相关者对软件的期望和要求，进而获取初步软件需求。该任务的完成涉及一系列具体的工作，包括理解待开发软件的领域背景和知识，掌握客户投资开发软件的动机，明确软件所要解决的问题及其边界，识别软件系统的利益相关者，并通过与其交互导出软件需求，或者站在他们的视角来构思软件需求，进而获取初步的软件需求，并用结构化的自然语言、用例图、软件原型等方式对软件需求进行刻画和描述，产生初步的软件需求。

2. 分析软件需求

该项活动的任务是要在初步软件需求的基础上，对软件需求进行精化、建模和分析，获得软件需求在功能、行为、特征和约束等方面更为详细的信息，发现并解决软件需求中潜在的问题，产生准确、一致和完整的软件需求及其描述。获取软件需求工作所获得的软件需求之所以称为是初步的，是因为它们不够具体和详尽，可能存在问题，如有冲突、有遗漏、描述不准确、没有意义等。需求工程师需在初步软件需求的基础上开展一系列针对性工作，包括通过与利益相关者的进一步交互以深入理解业务问题、掌握软件需求更为详细的信息，借助图形化建模语言（如数据流图、UML图等）建立软件需求的抽象模型，发现软件需求模型中存在的问题，并通过协商等一系列手段来消解冲突和解决问题，形成清晰、直观、准确、一致的软件需求模型。

3. 文档化软件需求

该项活动的任务是要在获取和分析软件需求及其成果的基础上，撰写软件需求文档，产生软件需求规格说明书。通过前面两项工作，开发者不断获取和汇聚软件需求信息，发现和剔除软件需求中的问题，得到更为准确、一致和完整的软件需求。所有这些内容都需要记录下来，形成详细的文字材料，并以规范化文档的形式呈现。为了完成该项工作，开发者需要遵循软件需求文档的规范或标准，按照其要求，撰写软件需求文档。

4. 确认和验证软件需求

该项活动的任务是要对前面工作所产生的软件需求模型和文档进行评审，让软件系统的利益相关者确认和验证软件需求，发现其中的问题和存在的缺陷，并加以解决和纠正，确保经评审后的软件需求模型和文档符合利益相关者的诉求并满足质量要求。需求工程师需邀请多方人员共同参与软件需求模型和文档的评审工作，以确保对软件需求的确认和验证是充分和周全的。

5. 管理软件需求

由于需求工程贯穿于整个软件生存周期，软件需求会持续发生变化，并且需求变化会对软件开发和运维产生重要的影响，因此必须对软件需求变化以及相应的软件需求制品进行有效的管理，包括明确和验证软件需求变更、追踪需求变化、分析和评估需求变化所产生的影响、对变化后的软件需求制品进行配置管理等。

4.2.3　需求工程的方法学

需求工程的方法学旨在为需求工程师、用户和客户等开展需求工程的各项活动提供具体步骤、建模语言和 CASE 工具的支持，包括精化软件需求、建立需求模型、分析需求缺陷、撰写需求文档等。概括而言，需求工程的方法学主要解决以下几个方面的问题：

1. 如何理解和抽象软件需求

如前所述，软件需求主要表现为三种形式：软件的功能需求、软件的质量需求和软件开发的约束需求。需求工程的目的是要帮助需求工程师给出这三类软件需求的准确、完整和一致的描述。为此，需求工程师需要采用某些技术手段来清晰地描述软件需求，以促进软件需求的理解和交流，防止认识上的偏差。那么软件需求的本质是什么？应该采用什么样的抽象来刻画软件需求？在过去的几十年，软件工程和需求工程领域的诸多学者提出了一系列思想来认识软件需求，并提供了多样化的抽象来表示软件需求。

在 20 世纪 70 年代，一些学者认为软件的功能主要表现为对数据的处理，要理解软件的功能需求，就要清楚地知道软件具有哪些数据以及要对这些数据进行什么样的处理。为此，他们提出了一组抽象来表征软件的功能需求，包括数据流、数据字典、数据加工或处理、数据源等，设计了数据流图（dataflow diagram，DFD）建模语言，产生了面向数据流的需求分析方法学，并成为结构化需求分析方法学（structured requirement analysis methodology) 中最有影响力的一员。

到了 20 世纪 90 年代，随着面向对象软件技术的发展，一些学者认为软件的功能具体表现为系统中的对象所展示的行为，要理解软件的功能需求，就要清楚地知道软件有哪些对象、这些对象有什么样的行为、不同对象之间存在怎样的交互和协作来解决应用问题。为此，他们提出了一组基于面向对象技术的抽象来表征软件的功能需求，包括对象、类、消息传递、用例等，设计了相应的面向对象建模语言，产生了面向对象的需求分析方法学，并成为面向对象的软件工程重要的组成部分。

进入 21 世纪，伴随着越来越多的软件系统与物理系统和社会系统交织在一起，系统中存在大量的自主行为实体，它们运行在开放的环境中，并通过相互协作来解决问题。一些学者认为，要理解软件的功能和非功能需求，就要清楚地知道软件具有哪些具有自主行为的主体（agent）、每个主体具有什么样的自主行为、不同主体之间如何通过复杂的协同解决应用问题。为此，他们提出了一组以多主体系统（multi-agent system，MAS）为核心的抽象和思想来认识软件系统的功能和非功能需求，包括主体、依赖（dependency）、任务（task）、软目标（soft-goal）和硬目标（hard-goal）等，设计了相应的面向主体建模语言，如 AUML、MAS-ML，产生了面向主体的需求分析方法学，并成为面向主体软件工程的重要组成部分。

概括而言，需求工程方法学提供了多种不同的思想来理解软件需求，提出了不同的概念和抽象来表示软件需求。这些认知和抽象体现了不同时期人们对软件需求的不同认识，反映了需求抽象层次的不断提升，从底层的数据抽象到基于对象行为的高层抽象，以及基于多主体系统的认知和协同抽象。显然，高层次的需求抽象有助于帮助需求工程师、用户和客户等用更接近问题域的概念来直观和自然地表示软件需求，加强对软件需求的理解和分析，促进不同人员之间的交流和沟通。

2. 如何刻画和建立软件需求模型

需求工程师、用户和客户等可以采用自然语言或结构化的自然语言来描述软件需求。这一需求描述方式易于理解，但是存在诸多不足：

① 描述不直观。需求工程师、用户、软件设计工程师等需要认真阅读大量的文字才能理解软件需求是什么，无法很快得到软件需求的整体概况。

② 易产生理解偏差。自然语言存在二义性和模糊性，同样一段软件需求的文字描述，不同的人阅读可能会产生不一样的理解，易导致软件需求的歧义性。

③ 不易发现软件需求中存在的问题。基于自然语言的软件需求描述文字比较多，需求工程师和用户等很难发现其中存在的问题。例如，若需求文档中多处刻画了同一项软件需求，人们很难基于这些文字描述发现其中存在的需求不一致、相冲突等方面的问题。

为此，需求工程方法学需要在软件需求抽象的基础上，为需求工程师、用户或客户等提供图形化的需求建模语言，从多个不同的视角和层次建立直观的可视化需求模型，进而加强对软件需求的理解，促进不同人员之间的交流和讨论。20 世纪 70 年代，人们提出了数据流图等建模语言，通过绘制软件的数据流图等来建立软件的需求模型。20 世纪 90 年代，人们提出了面向对象的统一建模语言（UML），通过绘制软件的用例图、交互图、分析类图等来建立软件的需求模型。21 世纪，人们提出了多主体系统建模语言，如 AUML、MAS-ML、AML 等，通过绘制软件的目标依赖图、系统角色图、角色交互图等来建立软件的需求模型。

图 4.4 是一个用多主体系统建模语言所刻画的软件需求模型示例，它直观地描述了待开发软件系统的利益相关者，每一个利益相关者的意图以及它们之间的相互依赖关系。基于图形化的软件需求表示有助于需求工程师、用户、客户等把握核心软件需求，理解软件需求的内涵，分析不同需求要素间的关系，从而指导需求的精化、发现并解决需求问题。表 4.2 对比分析了不同需求工程方法学提供的代表性需求建模语言。

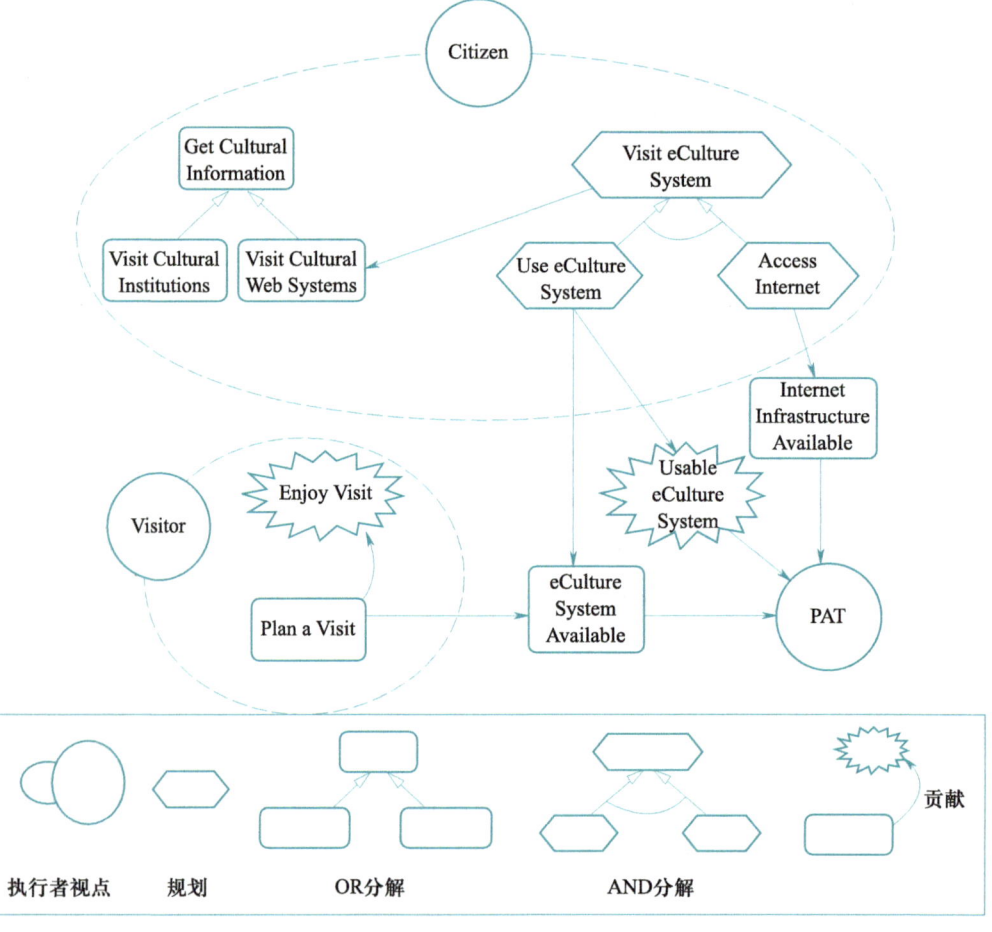

图 4.4　基于多主体系统建模语言的软件需求模型示例

表 4.2 不同需求工程方法学提供的代表性需求建模语言

名称	所属方法学	软件需求模型
DFD	面向数据流的需求分析方法学	支持功能需求的可视化建模，软件功能具体表现为对数据的处理，软件需求可由不同抽象层次的数据流图来加以刻画
UML	面向对象的需求分析方法学	支持功能需求的可视化建模，软件功能表现为对象间的交互协作来实现需求用例，软件需求可由不同视点和抽象层次的用例图、交互图、分析类图等来刻画
i*	面向主体的需求分析方法学	支持功能和质量需求的可视化建模，用战略依赖（strategic dependency）图表示待建设系统及其利益相关者间的依赖关系，用战略原理（strategic rationale）图描述系统内部的各要素（如目标、任务、资源等）以及相互之间的关系
AML	面向主体的需求分析方法学	支持功能和质量需求的可视化建模，用本体图、社会结构图、通信交互图等描述软件需求，刻画软件所属领域的知识、系统中的主体职责和相互之间的关系等内容

3. 如何精化和分析软件需求

对于复杂的软件系统而言，需求工程师需要通过不同的精化和分析，循序渐进地获得软件需求细节，进而逐步得到详细的软件需求。为此，需求工程方法学要为需求工程师、用户和客户等提供策略和手段，指导他们一步步地精化和分析软件需求，建立准确和一致的软件需求模型，防止遗漏重要的软件需求，发现并解决其中的问题和存在的缺陷，以保证软件需求的质量。

面向数据流的需求分析方法学提出要不断地精化数据流图中的转换，并在精化过程中确保父图和子图的平衡，进而形成不同抽象层次的数据流图，循序渐进地获得需求细节。面向对象的需求分析方法学提出要从创建软件的用例模型出发，分析用例的交互模型，导出分析类图，依此来获得用例的具体细节，掌握详尽的业务逻辑。面向主体的需求分析方法学则提出要从分析系统与其环境入手，刻画利益相关者与系统之间的各种依赖关系，并以此为基础，分析系统内部如何通过具体的任务、目标和资源等实现这些依赖关系，进而获得软件系统的详细需求。

概括而言，需求工程需要提供结构化的步骤，可视化的建模语言，可操作的策略等，指导需求工程师、用户和客户等导出和构思软件需求，建立不同抽象层次、多视点的软件需求模型，并确保精化过程中的软件需求质量。

4.2.4 需求工程师

在软件项目团队中，需求工程师（也常称为分析师）具体负责需求工程的各项工作，包括与用户和客户的沟通、导出和构思软件需求、协商需求问题或解决冲突、建立软件需求模型、撰写软件需求文档、组织召开各类会议、确认和验证软件需求等。要胜任上述工作，需求工程师须具备多方面的知识、技能和素质，既要掌握多样化的业务领域知识，也要具备需求工程技能，还要有非常强的组织、协调和交流能力。因此，需求工程师应既是专才，也是通才。一般地，需求工程师应具有以下的知识、能力和素质：

1. 软件工程和需求工程知识

需求工程师需要掌握软件工程和需求工程的相关知识，具有软件需求获取、建模和分析等方面的技能和经验，理解需求工程的任务、过程和方法，了解需求工程可能面临的困难和问题，能够借助经验协助用户和客户导出软件需求，发现软件需求中潜在的问题。

2. 业务或领域知识

由于软件有其应用行业和领域，需要解决相关行业和领域中的问题，因此需求工程师还必须掌握软件所在行业的相关领域知识，了解领域背景，洞悉业务和领域问题，理解业务工作流程。

3. 组织、沟通和协调能力

需求工程的主要任务是从软件的客户、用户等处获得软件需求，协调解决需求冲突等问题，确认和验证软件需求，因而其主要工作是与人沟通。需求工程师需要具备良好的组织、沟通和协调能力，能够组织多方进行需求讨论、交流和评审。

4. 语言表达能力

需求工程师需具备良好的语言表达能力，能够清晰地表达用户和客户等所提出的软件需求，准确地刻画软件需求的内涵，直观地建立软件需求模型，撰写易读、易懂和规范化的软件需求规格说明书。

5. 创新能力

需求工程师绝非简单和被动地从用户或客户处获得软件需求，而是要结合自己对领域知识和业务问题的理解，提出基于软件的业务问题解决方案，结合软件工程经验，构思和创作可促进问题有效解决的软件需求，或者引导用户和客户提出有意义和有价值的软件需求。

4.3　结构化需求分析方法学

20 世纪 70 年代，软件工程领域产生了一系列软件开发方法学，如面向数据流的软件开发方法学、面向控制流的软件开发方法学、面向数据的软件开发方法学等。这些方法学虽然在具体的技术细节上有所差别，但它们有一些共同特点，均采用自顶向下、逐步求精、模块化设计等基本原则来指导软件系统的分析、设计和实现，因而将它们统称为结构化软件开发方法学。

结构化软件开发方法学的技术简单、思想成熟、方法有效，在软件开发实践中得到广泛的应用，因而在软件工程学术界和产业界具有重要的影响。直到现在，仍有不少软件企业和软件项目采用结构化的软件开发方法学。其中，面向数据流的软件开发方法学是结构化软件开发方法学家族中的重要一员，它由面向数据流的需求分析方法学、面向数据流的软件设计方法学组成。本节以面向数据流的软件开发方法学为例，聚焦软件需求分析，介绍面向数据流的需求分析方法学。

4.3.1 基本概念和思想

面向数据流的需求分析方法学认为，软件的功能具体表现为对数据的处理。也就是说，如果说清楚了软件有哪些数据以及要对这些数据做什么样的处理，也就说清楚了软件具有什么样的功能。这一思想非常朴素和简单，因为计算的本质就是对数据的处理。例如，查询车次实际上就是检索和获取数据，购买车票本质上就是要修改相关的数据库，以记录购买车票的信息并修改剩余座位的信息。

根据上述对软件功能需求的认知，面向数据流的需求分析方法学提供了一组抽象及可视化图形符号来表示软件需求的构成要素，包括数据流、转换、数据源、外部实体等。

① 数据流：即数据在不同转换、外部实体、数据源之间的流动。数据流用有向边来表示，边上附上数据流的名称。

② 转换：对数据进行的加工和处理，以产生新的数据。转换用椭圆形或圆形表示，其内部附上转换的名称。

③ 外部实体：位于软件系统边界之外的数据产生者或消费者。外部实体可以表现为人，也可以表现为系统，用矩形框表示，其内部附上实体的名称。

④ 数据存储：数据的存放场所，可以表现为文件、数据库等形式。数据存储可以作为转换的数据源，也可以作为转换所产生数据的存储之处，用两条水平平行线来表示，线条之间附上数据存储的名称。

基于这些抽象，面向数据流的需求分析方法学提出了可视化的数据流图模型，通过绘制数据流图建立软件系统的需求模型；基于自顶向下、逐步求精的原则，提供了一系列步骤和策略，帮助需求工程师循序渐进地对数据流图进行精化，以获得更为详尽的需求信息，形成不同抽象层次的数据流图模型，并在此过程中确保需求模型的一致性、完整性和准确性。

4.3.2　数据流图及软件需求模型

面向数据流的需求分析方法学提供的图形化符号如图 4.5 所示，以表示构成数据流图的各个模型要素。

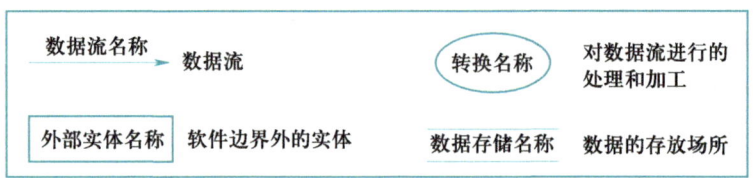

图 4.5　数据流图的图形化符号

基于这些图形符号，需求工程师可以绘制数据流图并建立软件需求模型。图 4.6 示意了一个数据流图的大致形式。外部实体或数据存储提供的数据流入某个 / 某些转换，经过处理和加工后会产生新的数据，这些数据连同其他数据将进一步流入其他转换，进行进一步处理，进而再次产生新的数据。新产生的数据也可以存放在数据存储之中。

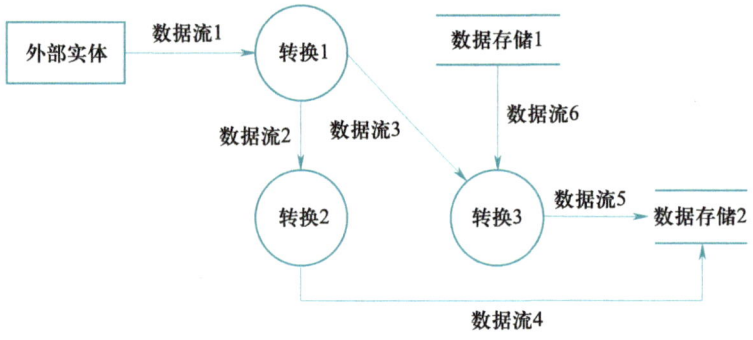

图 4.6　数据流图示意图

数据流图的绘制需要遵循一组基本的规范和约束，以确保需求模型的正确性。例如，图中任何图符都不应是孤立节点，任何边（即数据流）都应有源头和目的去处。

4.3.3　面向数据流的需求分析步骤和策略

面向数据流的需求分析方法学提供了结构化的步骤（见图 4.7）和一系列策略，帮助模型的建立者正确地绘制数据流图，逐步精化软件需求模型，确保需求模型的质量。下面结合"空巢老人看护"软件案例，介绍面向数据流的需求分析具体步骤、策略和质量保证手段。

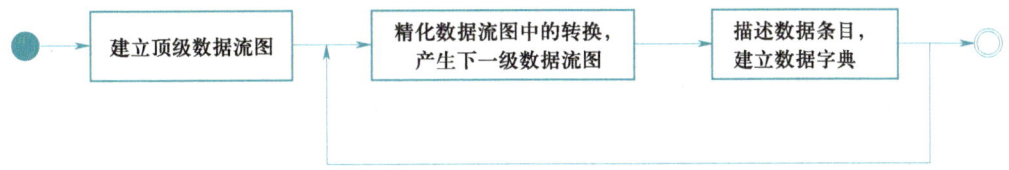

图 4.7 面向数据流的需求分析步骤

1. 建立顶级数据流图

在需求分析初始,需求工程师首先需厘清待开发软件系统与其外部环境之间的关系,包括外部环境有哪些实体,它们与软件系统要进行什么样的交互,以此建立关于软件系统的顶级数据流图。该图将待开发的软件系统抽象和表示为一个转换,仅仅关注和刻画软件与其环境之间的交互(如图 4.8 所示),无须关注软件系统的内部细节,属于最高抽象层次的需求模型,也称之为 0 级数据流图。

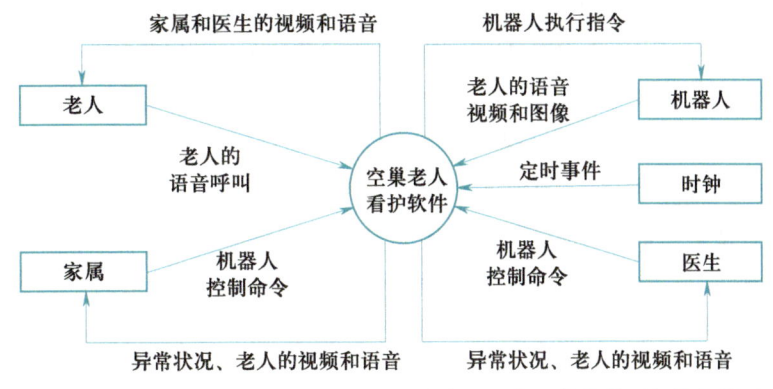

图 4.8 "空巢老人看护" 软件的顶级数据流图

"空巢老人看护"软件的外部环境包括 5 类实体,分别是老人、家属、医生、机器人和时钟。它们与"空巢老人看护"软件之间的交互如图 4.8 所示。

① 老人:向系统发出各种语音呼叫,以指示系统按照要求来控制机器人为其提供服务。系统需将家属和医生的视频和语音展示给老人,以实现他们之间的双向交互。

② 家属和医生:接收系统提供的老人异常状况报警信息;可向系统发出多种控制命令控制机器人的运行,以便查看老人的状况,获得老人的视频和语音信息,实现与老人的双向交互。

③ 机器人:向系统提供多种感知信息(如语音、视频、图像等)。系统也需将各种执行指令发给机器人,以控制其运动或感知。

④ 时钟:按照设定的时间定时发出相关的事件,提供定时服务。

2. 精化数据流图中的转换,产生下一级数据流图

顶级数据流图仅仅刻画了待开发软件系统与其外部环境之间的交互。它所描述的软件需求很粗略,既不详尽也不具体。例如,图 4.8 既没有说明系统如何处理机器人和

老人传送过来的视频、图像和语音数据，也没有说明系统是如何对老人的语音呼叫进行处理的。为此，需要在顶级数据流图的基础上，对软件系统内部的处理做进一步详细的精化和分析，从而获得更为详尽的软件需求。

面向数据流的需求分析方法采用自顶向下、逐步求精的策略对数据流图进行精化和分析。首先基于用户的文字性需求描述逐个分析数据流图中的转换，如果某个转换的功能粒度大，则需要对其进行精化，产生针对该转换的下一级数据流图，进而形成一组层次化的数据流图。它们共同构成了基于数据流的软件需求模型。

（1）分析软件需求文字描述

分析的目的是要理解用户或客户所提出的软件需求，识别与软件需求相关的外部实体、数据流、数据存储和转换，以此来精化软件需求。需求描述中的名词或名词短语将构成潜在的外部实体、数据存储和数据流，动词或动词短语将构成潜在的转换。

例如，"空巢老人看护"软件有一段软件需求描述：系统要对机器人提供的语音呼叫、视频和图像等信息进行分析，解释老人发出的语音呼叫并以此来控制机器人运行，从而为老人提供服务；分析机器人提供的老人视频和图像信息，如果出现异常状况（如摔倒、表情痛苦），则需及时向老人家属和医生反馈有关老人的异常信息，并建立老人与其家属和医生的视频通信连接。在该描述中，"语音呼叫""视频和图像""异常状况"等都是名词或名词短语，它们可能对应于数据流图中的数据流；"分析""解释""控制""反馈""建立连接"等均为动词或动词短语，它们可能对应于数据流图中的转换。

（2）精化生成下一级数据流图

按照自顶向下、逐步求精的原则对上一级数据流图的一个或多个转换进行精化，产生一个或者若干个下一级数据流图。被精化的转换所在的数据流图称为父图，精化后所产生的数据流图称为子图。所谓的"自顶向下"，是指基于上一层的数据流图开展精化，针对图中的转换引入更多的需求模型要素（包括数据流、转换、数据存储等），形成下一级更为具体的软件需求模型，即子图。所谓"逐步求精"，是指对软件需求的精化要循序渐进地开展，以确保精化过程的有序性和精化内容的详尽性。图 4.9 描述了基于数据流的需求精化过程及所产生的由诸多不同抽象层次数据流图组成的软件需求模型。

一个数据流图中会有许多转换，哪些转换需要精化，哪些转换不需要精化呢？面向数据流的需求分析方法学提供了一个基本原则来指导精化工作，即如果一个转换所提供的功能粒度大，内部所包含的数据和处理等要素多，相互之间的关系松散，那么就需要对该转换进行精化。到了设计阶段，这些转换将被映射为相应的软件模块。如果在分析阶段就能确保转换的功能粒度适中，那么这些转换所对应的软件模块就可满足功能单一、高内聚、低耦合的模块化设计要求，从而确保软件设计的质量。

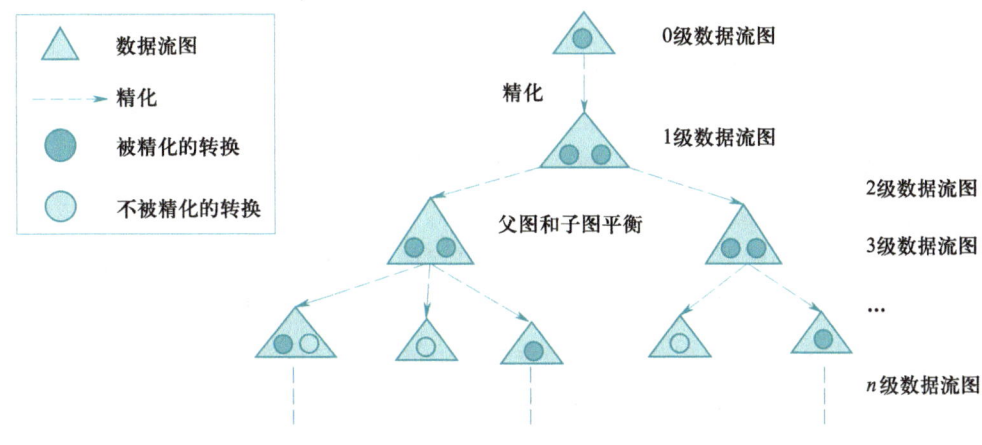

图 4.9 精化数据流图中的转换，产生下一级数据流图

显然，图 4.8 所示的顶级数据流图中只有一个转换，即待开发的软件系统。该转换的功能粒度大，需要对其进行精化。根据用户对"空巢老人看护"软件的文字需求描述及其分析，图 4.10 描述了对顶级数据流图中"空巢老人看护"转换进行精化后所产生的下一级数据流图，即 1 级数据流图。它描述了"空巢老人看护"软件更为详尽的需求信息。

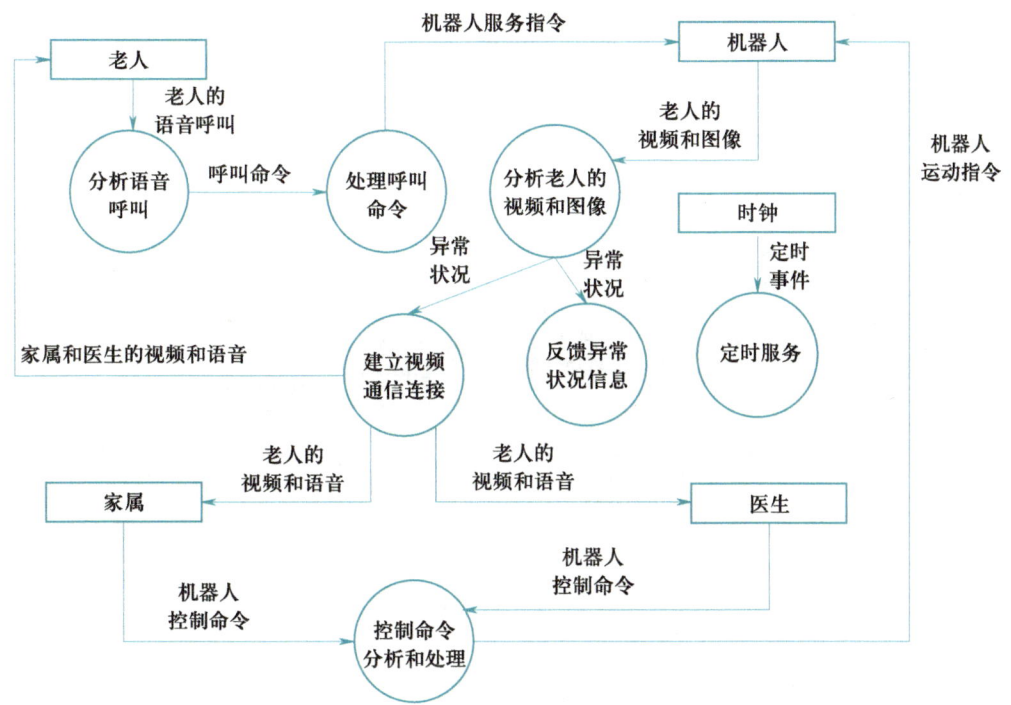

图 4.10 "空巢老人看护"转换精化后的 1 级数据流图

① 新引入一系列数据流，如"呼叫命令""机器人服务指令""机器人运动指令"等。这些数据流的名称都用名词或名称短语来描述。

② 新引入一系列转换，如"分析语音呼叫""处理呼叫命令""分析老人的视频和图像""建立视频通信连接""反馈异常状况信息""控制命令分析和处理"等。这些转换的名称都用动词或动词短语来描述。

面向数据流的需求分析方法学还提供了相关的策略来指导精化工作，确保精化过程及精化所得到需求模型的质量。对某个转换进行精化产生新的数据流图时，必须保持父图和子图之间的平衡，以确保软件需求模型的一致性和正确性。针对父图中被精化的转换，它的每一个输入和输出数据流要与精化后所产生的数据流图中的输入或输出数据流保持一致。这一策略确保精化过程中不会漏掉待精化转换的所有输入和输出数据流，也不会在精化所产生的数据流图中平白无故地增加外部的输入或输出数据流。例如，图4.8 中"空巢老人看护"转换的 5 项输入和 4 项输出均反映在图 4.10 被精化的数据流图中。

开发者可以针对每一级数据流图中的转换不断进行精化，产生更为底层、包含更多需求细节的数据流图。针对图 4.10 所示 1 级数据流图中的"控制命令分析和处理"转换，图 4.11 描述了对其进行精化所产生的 2 级数据流图。开发者还可以对图 4.10 所示数据流图中的其他转换进行精化，生成更多的 2 级数据流图。当然这种精化不能无休止地进行下去，必须适合即止。如果精化得到的数据流图中的转换所提供的功能单一、粒度小，就无须对其做进一步的精化。

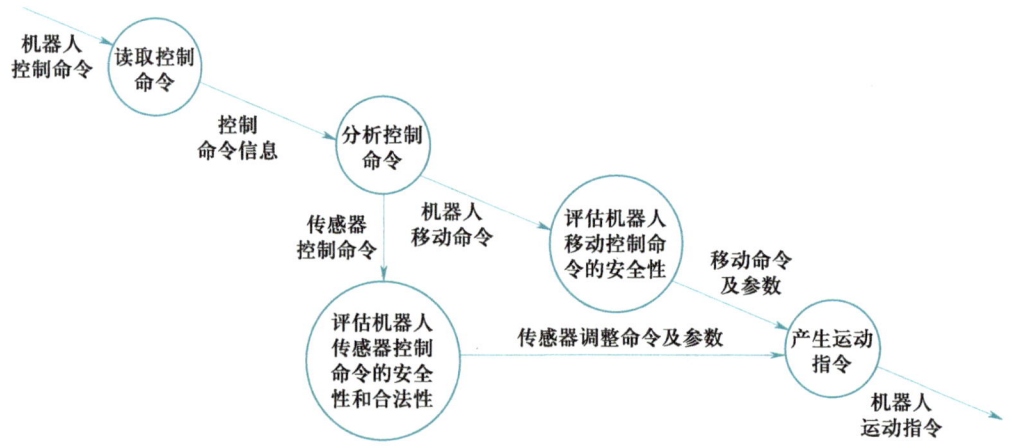

图 4.11   "控制命令分析和处理"转换精化后的 2 级数据流图

3. 描述数据条目，建立数据字典

数据流图可直观和清晰地表述软件需求，支持软件需求的精化，但是它也有不足之处，即提供的需求信息不够详尽。图 4.11 所示的 2 级数据流图描述了针对老人家属

和医生的机器人控制命令的处理流程，但是图中并没有详尽地说清楚"机器人控制命令""机器人移动命令""传感器控制命令"等数据流的具体细节是什么，如命令的要求、附带的参数等。针对这一问题，面向数据流的需求分析方法学还提供了数据字典，字典中的每一个条目可用于详细描述各个数据流、外部实体、数据存储、不再被精化的转换，进而获得关于这些建模元素的详细信息。表 4.3 为"机器人移动命令"的数据条目描述。

表 4.3 "机器人移动命令"的数据条目描述

数据条目	描述
向前移动命令	MovingForward + StepLength
向后移动命令	MovingBackward + StepLength
左转命令	TurnLeft + TurningDegree（default = 30 degree）
右转命令	TurnRight + TurningDegree（default = 30 degree）
StepLength	表示移动距离，类型为实数，默认为 30 cm
TurningDegree	表示转向角度，类型为整数，默认为 30°

移动命令 = 向前移动命令 + 向后移动命令 + 左转命令 + 右转命令

概括而言，面向数据流的需求分析方法学为需求导出、建模、精化、质量保证等提供了系统的方法学支持，包括一组基本抽象（如数据流、转换、外部实体等）、建模语言（数据流图）、精化步骤和分析策略（如自顶向下、逐步求精、针对转换的精化、生成层次化的需求模型）、质量保证策略（如父图和子图的平衡、精化适合即止）等。这一方法学的思想直观、方法简单，可为软件需求分析提供有效的指导。但是它也存在不足和问题，主要在于数据流图将软件的功能需求用数据及其处理来表示，数据、处理、存储等均是计算机领域中的概念，这意味着需求工程师、用户或客户需要对软件功能进行抽象，形成用上述概念所描述的需求模型，这既不自然，也会给需求工程师、用户或客户带来开发负担，增加了需求导出、建模和分析等环节的复杂性和工作量。

4.4 面向对象的需求分析方法学

20 世纪 80 年代，面向对象程序设计（object-oriented programming，OOP）技术开始广泛应用于软件系统开发。这一技术的特点是将程序中的属性与其处理的方法封装在一起，形成对象（object），将对象类（object class）作为软件的基本模块单元、对象作为软件的基本运行单元，以此来指导软件系统的开发和运维。

与结构化软件开发技术相比较，面向对象软件开发技术具有模块封装粒度大、可重用性好、易于维护等一系列优点，可有效应对复杂软件系统带来的编程挑战，因而受到人们的关注和好评。软件工程学术界和产业界先后提出了几十种面向对象程序设计语言，如 Borland C++、Visual C++、Smalltalk、Eiffel、Java 等。直到现在，面向对象程序设计技术仍然是业界的主流技术，一些面向对象程序设计语言（如 C++、Java、Python 等）仍然是软件产业界最受欢迎的编程语言。

面向对象程序设计技术及语言的成功实践促使人们思考：能否将面向对象的相关技术和思想用于指导软件系统的分析和设计。20 世纪 90 年代，许多学者投身于该项工作并取得了诸多成果，代表性工作包括 Booch 方法学、Peter Coad 方法学、OMT 方法学等。这些方法学虽然在技术细节上有所差异，但都强调要借助以对象为核心的一组抽象和概念来认识现实世界、分析软件需求、建立需求模型，并逐步产生了系统化的面向对象分析（object-oriented analysis，OOA）方法学，成为面向对象软件工程的重要组成部分。

微视频：面向对象软件工程概述

4.4.1　基本概念和思想

面向对象的软件工程认为，无论是现实世界（应用问题）还是计算机世界（软件系统），它们都是由多样化的对象所构成的，每个对象都有其状态并可提供功能和服务，不同对象之间通过交互来开展协作、展示行为、实现功能和提供服务。例如，在"空巢老人看护"软件中，机器人就是一个对象，它可处于不同的状态，并可提供诸如获取视频和图像信息、播放语音、向前运动、向后运动等一系列功能。

需求工程师可借助面向对象软件工程所提供的对象、类、属性、操作、消息、继承等一系列概念来抽象表示现实世界的应用，分析其软件需求的特征，建立软件需求模型，描述软件系统需求。例如，基于类、包、关联等概念分析应用系统的构成，借助类的方法等概念描述对象所具有的行为，利用对象间的消息传递等概念分析多个不同对象如何通过协作来实现应用功能。面向对象的需求分析方法学还提供了可视化的建模语言，帮助需求工程师建立多视点的软件需求模型，如用例模型、交互模型、分析类模型等。

概括而言，面向对象的需求分析方法学基于一组以对象为核心的概念和抽象，建立自然和直观的软件需求模型，简化需求分析工作，实现多视点的需求建模，以加强对软件需求的理解和分析。具体地，面向对象的需求分析方法学提供了以下一组核心概念。

1. 对象（object）

对象既可以表示现实世界中的个体、事物或者实体，也可以表示在计算机软件中的某个运行元素或单元（如运行实例）。例如，"空巢老人看护"软件中的机器人就是一个对象。每个对象都有其属性和方法，属性表示对象的性质，属性的值定义了对象的状态；方法表示对象所能提供的服务，它定义了对象的行为。对象的方法作用于对象的属性之上，使得属性的取值发生变化，导致对象状态发生变化。例如，每个机器人都有属性"编号"，不同的机器人有不同的编号；机器人还有属性"运行状态"，这个属性可取不同的值以表示其处于不同的状态，如"空闲""正常""故障"等；机器人还有一个方法"调整运行状态"，这一方法将改变"运行状态"属性的取值，使得机器人在不同的时刻处于不同的运行状态。

2. 类（class）

顾名思义，类是一种分类和组织机制。它是对一组具有相同特征对象的抽象。通俗地讲，通过类可以将不同的对象进行分类，把具有相同特征的一组对象组织为一类。所谓的"相同特征"，是指具有相同的属性和方法。例如，"空巢老人看护"软件中可能有两个机器人对象：编号为"1"的 NAO 机器人和编号为"2"的 Turtlebot 机器人，这两个不同编号的机器人对象都属于"机器人"类。

在现实世界和计算机世界中对象的数量非常多，我们不可能对每个对象都进行单独的分析和设计，这样既无必要也不可能，但可以将不同类别的对象通过类的方式进行组织和归类，通过对类的分析和设计达成针对对象的分析和设计。在面向对象编程中，程序员针对类编写代码。当分析和设计软件时，在理解具体对象的基础上，将注意力和精力集中于对类的分析和设计上，通过类的抽象、分析和设计来指导对象的分析和实现。类是对一组对象的抽象，也是创建对象的模板。对象是类的实例，也即可以根据类来理解对象、基于类模板来实例化创建具体的对象。一旦基于某个类创建某个对象后，那么该对象就具有这个类所封装的属性和方法。相比较而言，类是静态和抽象的，对象是动态和具体的。

3. 消息（message）

每个对象都不应是孤立的，它们之间需要进行交互以获得对方的服务，通过相互协作来共同解决问题。对象之间通过消息传递进行交互，消息传递是对象间的唯一通信方式。一个对象通过向另一个对象发送消息，从而请求相应的服务。当一个对象发送消息时，它需要描述清楚接收方对象的名称以及消息的名称及参数。对象接收到相关的消息后，根据消息的具体内容实施相应的行为，提供对应的服务。对象之间的消息既可以是同步的，即发送方对象需要等待接收方对象的处理结果才能做后续的工作；也可以是异步的，即发送方对象发出消息后继续自己的工作，无须等待接收方对象返回结果。例如，在"空巢老人看护"软件中，"老人"对象向"机器人"对象发送一个语音呼叫，要求机器人为其提供某项服务，如拨通家属的电话进行视频通信；"机器人"接收到该消息后将开展一系列工作，以提供该项服务。

4. 继承（inheritance）

在现实世界中，不同类别的事物之间客观存在着一般与特殊的关系。例如，汽车、火车都从属于交通工具，鸟、鱼都从属于动物。继承描述了类与类之间的一般与特殊关系，它本质上是对现实世界不同实体间遗传关系的一种直观表示，也是对计算机软件中不同类进行层次化组织的一种机制。一个类（称为子类）可以通过继承关系来共享另一个类（称为父类）的属性和方法，从而实现子类对父类属性和方法的重用。当然，子类在共享父类属性和方法的同时，也可以拥有自己独有的属性和方法。继承既可以表现为单重继承，即一个子类至多继承一个父类，也可以表现为多重继承，即一个子类可以继承多个父类。例如，NAO 机器人和 Turtlebot 机器人是两类不同的机器人，它们的硬件配置不同，提供的功能也不一样；NAO 机器人的运动采用行走的方式，Turtlebot 机器人的运动采用轮式移动的方式。然而，NAO 机器人和 Turtlebot 机器人都属于机器人，它们与"机器人"类之间存在一般和特殊关系，可通过继承"机器人"类来共享一般性的属性和方法，如"机器人编号"属性、"运动"方法等。

5. 关联（association）

关联描述了类与类之间的关系，它有多种形式，如聚合（aggregation）、组合（composition）等。聚合和组合均刻画了类与类之间的部分—整体关系，即部分类的对象是整体类对象的组成部分，或者说整体类对象由部分类对象所组成。相比较而言，聚合描述的是一种简单的整体—部分关系，而组合刻画的是一种更为特殊的整体—部分关系，它更加强调整体类对象和部分类对象之间的共生关系。

6. 多态（polymorphism）

多态是针对类的方法而言的，它是指同一个方法作用于不同的对象上可以有不同的解释，并产生不同的执行结果。换句话说，同一个方法虽然其操作名称和接口定义形式相同，但是该方法在不同对象上的实现形态不一样。因此，当一个对象给若干个对象发送相同的消息时，每个消息接收方对象将根据自己所属类中定义的这个方法去执行，从而产生不同的结果。例如，NAO 机器人和 Turtlebot 机器人都可提供"运动"的方法并采用相同的接口，但是这两种机器人采用不同的方式实施运动，一个是步行，另一个是轮式移动。

7. 覆盖（override）

一个子类可以通过继承来获得父类的属性和方法。当然子类也可以在自己的类中增加或者重新定义所继承的属性和方法，从而用新定义的属性和方法来覆盖所继承的来自父类的属性或方法。

8. 重载（overload）

一个类中允许有多个名称相同但是参数不同的方法，由于这些方法在具体的参数数目及类型上有所区别，因而系统将根据接收到消息的实参来引用不同的方法。

4.4.2 面向对象建模语言 UML

20 世纪 90 年代，以 Booch 方法学、Peter Coad 方法学、OMT 方法学等面向对象开发方法学为代表，人们提出了许多图形化的面向对象建模语言，以对软件需求和设计模型进行可视化的描述。这些建模语言虽然具有共同的概念抽象，但是所提供的模型、图符、语义等方面各不相同，极大地阻碍了面向对象建模语言的应用，有必要形成统一的建模语言表示和语义，以促进语言的使用和理解。此外，这些建模语言各有其优缺点，有必要统筹兼顾、吸纳各方的优点，形成更为完整的统一建模语言。

UML 是由对象管理组（OMG）联合诸多学者和企业共同提出的标准化面向对象建模语言。它吸收了 Booch 方法学、Peter Coad 方法学、OMT 方法学中有关面向对象建模方法、模型和语言的优点，形成了一种具有统一模型、图符、语义等特征的建模语言。UML 目前已成为学术界和工业界所公认的标准，具有概念清晰、表达能力强、适用范围广、支撑工具多等特点，广泛应用于软件开发等应用和实践。

既然是一种语言，UML 就有其语法、语义和语用。UML 采用图形化的符号描述模型要素，并且有其特有的语法规则。例如，用矩形图符表示一个类，每个类必须要有名字；用有向或无向的实线描述关联关系，实线的两端只能连接类、子系统等建模元素，不能用它来连接对象。UML 提供了半形式化的语义来理解图符以及相关表示的内涵，如有向或无向实线表示关联关系，带虚线的箭头表示依赖关系。UML 所提供的各种图符可用于建立不同视点的模型，包括描述系统结构的模型（如类图、包图等）和描述系统行为的模型（如交互图、状态图、活动图等）。

对于软件开发者而言，UML 是一种用来可视化、描述、构造和文档化软件密集型系统，支持不同人员之间交流的统一化建模语言。

① 可视化：UML 采用图形化的语法形式直观地描述系统，建立系统的可视化模型。

② 描述：UML 是一种用于刻画系统结构和行为的描述性语言。

③ 构造：UML 所描述的系统模型类似于工程建设的图纸，可有效用于指导系统的构造。

④ 文档化：UML 所描述的系统模型可作为软件文档的组成部分，用于记录软件需求分析和设计等方面的信息。

⑤ 建模：UML 用于对现实应用和软件系统进行可视化描述，建立这些系统的抽象模型。

⑥ 交流：用 UML 描述的系统模型可交由不同的人员阅读，形成共同的理解，从而起到交流的目的。

⑦ 统一化：UML 提取不同方法中的最佳建模技术，采用统一、标准化的表示方式。

本质上，UML 是一种可视化的建模语言，它提供了图形化的语言机制，包括语法、语义和语用，以及相应的规则、约束和扩展机制。UML 支持从结构、行为、用例等多个视点对软件系统进行建模，可表示软件系统的不同抽象层次模型，如软件体系结构的高层逻辑模型和底层部署模型，以满足不同软件开发阶段和软件开发活动的建模需求，实现自顶向下、逐步求精的系统建模策略。UML 的主要视图如表 4.4 所示。

表 4.4　UML 的主要视图

视点类别	视图	建模内容	支持的开发阶段
结构视点	包图	系统高层结构	需求分析、软件设计
	类图	系统类结构	需求分析、软件设计
	对象图	系统在特定时刻的对象结构	需求分析、软件设计
	构件图	系统构件组成	软件设计
行为视点	状态图	对象状态及其变化	需求分析、软件设计
	活动图	系统为完成某项功能而实施的操作	需求分析、软件设计
	交互图	系统中的对象间如何通过消息传递来实现系统功能	需求分析、软件设计
部署视点	部署图	软件系统制品及其运行环境	软件设计、部署和运行
用例视点	用例图	软件系统的功能	需求分析

1. 结构视点（structural view）

结构视点的模型主要用于描述系统的构成。UML 提供了包图（package diagram）、类图（class diagram）、对象图（object diagram）和构件图（component diagram），从不同的抽象层次来表示系统的静态组织及结构。

① 包图用于描述系统（用包来表示）是由哪些子系统（用包来表示）所构成的，不同的子系统之间存在什么样的关系，如构成、依赖等。包图既可用于支持需求分析阶段的高层系统分解，也可用于支持软件设计阶段的软件体系结构建模。

② 类图用于描述系统的静态结构，用于刻画系统中有哪些类、不同类之间存在什么样的关系，如继承、关联、依赖等。类图既可用于支持需求分析阶段的分析类建模，也可用于支持软件设计阶段的设计类建模。

③ 构件图用于刻画软件系统的构件组成，包括有哪些构件、不同构件间存在什么样的关系，如依赖、关联等。构件图支持在软件设计阶段的软件构件建模。

④ 对象图用于描述在某个特定时刻系统中的对象以及对象之间的关系。它实际上是

类图在某个特定时刻的实例。一个类图在不同的时刻可能会有不同的对象图，以反映系统在不同时刻的发展和演化。对象图可用于需求分析和软件设计阶段对系统对象的建模。

2. **行为视点**（behavioral view）

行为视点的模型用于刻画系统的行为。UML 提供了状态图（state diagram）、活动图（activity diagram）与交互图（interaction diagram），从不同侧面刻画系统的动态行为。

① 状态图用于刻画对象的状态及其变化，包括有哪些状态、状态是如何变迁的。状态图可支持需求分析阶段和软件设计阶段的对象状态建模。

② 活动图用于刻画系统为完成某项功能而实施的操作，包括有哪些对象参与其中、对象之间的交互，不同活动的并发和同步等。活动图可支持需求分析阶段和软件设计阶段的活动建模。

③ 交互图用于描述系统中的对象间如何通过消息传递来实现功能。UML 的交互图包括顺序图（sequence diagram）和通信图（communication diagram）。二者的差别在于，顺序图强调对象之间消息发送的时序，而通信图则强调对象间的动态协作关系。交互图既可支持需求分析阶段的用例分析和建模，也可支持软件设计阶段的用例设计和实现建模。

3. **部署视点**（deployment view）

部署视点的模型用于刻画目标软件系统的软件制品及其运行环境。UML 提供了部署图（deployment diagram）来描述软件系统的部署模型。

部署图用于描述软件系统中的各个制品（如构件、文件、数据等）是如何部署在物理环境（如计算机、手机、机器人）中运行的。该图既可支持软件设计阶段的软件部署建模，也可支持部署和运行阶段的软件实际部署工作。

4. **用例视点**（use case view）

用例视点的模型用于刻画系统的功能。UML 提供了用例图（use case diagram）以描述系统的用例及其与外部执行者之间的关系。

用例图用于刻画一个系统的外部有哪些执行者，从其视角观察到的系统用例（即功能），不同用例之间的关系等。该图可支持需求分析阶段的功能建模。

4.4.3 面向对象的需求分析步骤和策略

面向对象的需求分析方法学提供了结构化的步骤来开展需求获取和分析工作（见图 4.12），并借助 UML 对每一个步骤的结果进行建模，产生软件需求模型。

① 明确问题边界，获取软件需求，建立用例模型。在该阶段，需求工程师需要和用户进行沟通，理解待开发软件系统的边界，识别系统的利益相关者，并从其视角导出或构思软件需求，绘制软件的用例图，建立软件的用例模型。

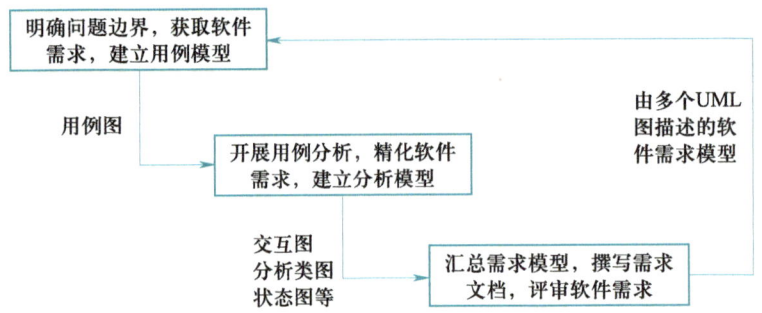

图 4.12　面向对象的需求分析方法学的步骤

② 开展用例分析，精化软件需求，建立分析模型。针对用例图中的每一个用例，分析用例是如何通过一组对象之间的交互和协作来完成的，从而精化软件需求，建立用例的交互模型，并依此导出系统的分析类图，必要时绘制状态图和对象图等，形成软件需求的分析模型。

③ 汇总需求模型，撰写需求文档，评审软件需求。汇总上述所得到的不同视点、不同抽象层次的需求模型，撰写软件需求文档，对软件需求模型和文档进行评审，以确保它们的质量，并对发现的问题进行协商解决。

面向对象的需求分析方法学还提供了一系列策略来指导软件需求的精化和分析，确保所产生的软件需求模型的质量。有关面向对象的需求分析的具体步骤和活动、相关策略等，将在第 5、6 章进行详细介绍。

相较于结构化需求分析方法学，面向对象的需求分析方法学具有以下优势和特色：

① 自然建模。面向对象提供了一系列更加贴近现实世界的概念和抽象来描述软件需求、表示软件设计、组织程序代码，因而有助于软件开发人员更为自然、直观地理解问题和需求，可有效管理和控制软件系统的复杂度，提供软件开发的解决方案，并最终实现目标软件系统。

② 统一的概念和抽象。面向对象的软件工程可为软件分析、设计、实现和测试等不同阶段提供统一的概念和抽象，方便用户和软件开发人员用同一个概念模型理解问题、分析问题和解决问题。它无须采用模型转换的方式，而是采用不断精化模型的方法进行软件开发，从而简化了软件开发的复杂度。

4.5　需求工程的 CASE 工具

为了提高需求工程的效率和质量，降低复杂性，软件工程领域提供了一系列 CASE 工具帮助需求工程师、用户等开展需求工程工作，主要包含以下几类工具：

① 需求文档撰写工具。借助 Microsoft Office、WPS 等工具编写软件需求规格说明书等相关文档。

② 需求建模工具。利用 Microsoft Visio、Rational Rose、StarUML、Argo-UML 等工具绘制、分析和管理软件需求模型（如 UML 图、数据流图）。

③ 软件原型开发工具。这类工具有 Mockplus、Axure RP Pro、UIDesigner、Eclipse、Visual Studio、GUI Design Studio 等。这些工具提供了强大的界面设计和原型开发能力，可帮助需求工程师快速设计软件系统的界面、构建软件原型，支持 Web 页面、Android 和 iOS 移动应用 App 等软件原型的开发。

④ 需求分析和管理专用工具。这类工具有 IBM Rational RequisitePro、DOORS Enterprise Requirements Suite 等。RequisitePro 是一个软件需求和用例管理工具，支持需求采集、组织、沟通和跟踪，可与 Microsoft Word 工具进行集成以支持软件需求文档化，促进对软件需求过程的管理。DOORS 是一款跨平台、企业级的需求管理工具，可为不同人员（如项目经理、需求工程师、软件开发者、用户等）的工作提供需求识别、描述和管理功能。

⑤ 配置管理工具和平台。这类工具有 Git、GitHub、Gitlab、PVCS、Microsoft SourceSafe 等，支持软件需求制品的配置、版本管理、变化跟踪等。

4.6 需求工程的输出和评审

需求工程完成之后，将会产生一系列软件制品，这些制品记录了软件需求的具体信息，并将作为主要的媒介支持需求工程师、软件开发者、用户和客户之间的交流。为了保证软件需求制品的质量，需求工程师需要召集多方人员一起对软件需求制品进行确认和验证。

4.6.1 软件需求制品

需求工程将产生多种类型的软件需求制品。一类是软件需求模型，主要用于描述软件的功能需求，提供软件功能的直观描述和可视化表示，方便不同人员对软件需求的理解和交流。例如，采用面向数据流的需求分析方法时将产生不同抽象层次的数据流图以及相应的数据字典，采用面向对象的需求分析方法时将产生一组用例图、交互图、分析类图等 UML 模型。另一类是软件需求文档，主要采用自然语言的形式，结合软件需求模型，详细和完整地描述软件系统的需求。还有一类是软件原型，以可运行软件的形式向用户和客户展示目标软件系统的功能以及与用户的交互，有助于帮助用户和客户导出和确认软件需求。

软件需求模型虽然直观，易于理解，但是它无法提供细节性描述。软件需求文档可以采用图文并茂的方式对软件需求模型做必要的文字补充，并可对其他类别的软件需求进行描述。

为了指导软件需求文档的撰写，确保需求文档内容的完整性和结构的规范性，促进软件需求文档的理解和交流，许多标准化机构、企业和组织提供了标准化的软件需求文档规范。不同的规范有其不同的考虑，如军用软件项目的需求文档规范会特别关注软件的质量要求，因而会有不同的内容和书写格式要求。一般地，一个软件需求文档的规范通常需要包括以下几方面内容。其中软件功能需求是软件需求文档的主体，但是对一些软件系统而言，非功能需求尤其是质量需求变得越来越重要。

① 系统和文档概述：主要概述待开发系统的目标、边界和范围，介绍文档的结构、读者对象、术语定义、用户假设等。

② 软件功能需求：主要介绍软件系统的功能需求，给出每一项功能需求的标识，提供软件功能的需求模型，包括用例图、交互图、分析类图、状态图等，并提供必要的文字描述。

③ 软件质量需求：描述待开发软件系统的质量要求，确保对每一项质量要求的描述清晰、准确和可验证。

④ 软件开发约束需求：描述软件系统开发的诸多约束要求，包括软件产品交付进度、技术选型、成本控制、产品验收等方面的要求。

⑤ 软件需求的优先级：描述各项软件需求的重要性和优先级。

图 4.13 给出了软件需求规格说明书的内容组织结构。

1. 文档概述	4. 软件质量要求
1.1 文档编写目的	4.1 软件系统的质量要求
1.2 文档读者对象	4.2 质量要求的优先级
1.3 文档组织结构	5. 软件开发约束需求
1.4 文档中的术语定义	5.1 软件设计约束
1.5 参考文献	5.2 运行环境要求
2. 软件系统的一般性描述	5.3 进度和交付要求
2.1 软件系统概述	5.4 验收要求
2.2 软件系统的边界和范围	5.5 用户界面要求
2.3 软件系统的用户特征	5.6 软硬件接口要求
2.4 假设与依赖	6. 附录
3. 软件功能需求	
3.1 软件系统的功能概述	
3.2 软件功能需求的优先级	
3.3 软件功能需求描述	

图 4.13　软件需求规格说明书的内容组织结构

4.6.2 软件需求缺陷

在需求工程过程中，需求工程师、用户和客户所获得的软件需求可能会存在多种缺陷和问题，通常表现在以下方面：

① 软件需求缺失，即漏掉了一些重要的软件需求。这会导致所开发的软件系统缺失一些关键的功能和特征。需求缺失对软件项目开发带来的负面影响非常大。如果缺失的软件需求非常重要，用户势必会要求进行调整，这会极大地影响软件的设计、实现和测试。防止这种状况出现的有效措施是尽早开发出软件原型，并基于原型来帮助用户和客户导出所需的重要软件需求。

② 软件需求描述不正确。软件需求工程师没有正确地理解用户或客户所提出的软件需求，导致他们之间对软件需求的理解存在偏差。

③ 软件需求描述不准确。需求工程师虽然正确地理解了用户和客户所提出的软件需求，但未能准确地表达软件需求的内涵，导致软件需求的表述与用户的要求不一致。

④ 软件需求有冲突、不一致。某项软件需求涉及多个软件利益相关者，他们对该项软件需求的要求不一样，进而产生冲突和不一致的软件需求。

⑤ 软件需求不可行。软件利益相关者所提出的软件需求在技术、经济、进度等方面存在可行性问题，这些软件需求可能无法实现或实现的代价非常大，不值得去做。

⑥ 软件需求不详尽。针对软件需求的描述不具体，软件开发人员很难基于软件需求进行软件设计和实现。

待开发软件系统的规模越大，软件需求越难在短时间内收集并整理好，极易遗漏一些重要的软件需求，缺失的软件需求数量可能就会越多，软件缺陷的密度也会越大。一般地，用户会在使用软件的过程中逐步发现缺失的软件需求，进而引发软件的长期演化。

软件需求缺陷会给软件成功开发带来一系列负面影响，甚至导致软件项目的失败。已有的统计表明，超过 50% 的代码缺陷源自需求缺陷，这些代码缺陷的修复和维护工作量占总工作量的 80%，耗费 20%~40% 的软件开发成本。

4.6.3 软件需求评审

软件需求模型和文档等产生之后，需求工程师需邀请软件的多个利益相关者，尤其是客户和用户共同确认和验证软件需求，即查看所定义的软件需求是否为用户或客户所需要的，是否正确地反映了用户和客户的要求，是否符合相关的标准、法律和法规等。

本质上，软件需求确认（requirements validation）是要站在用户和客户的角度确保软件需求的正确性，通常采用需求评审（requirements review）、原型确认等方式。例如，"12306"软件的开发者可邀请一些旅客作为软件的用户代表，评审该软件的需求文档以及所开发的软件原型，逐条确认各项软件需求的合法性和正确性。基于原型的确认是一种常用且有效的方式。用户或客户基于软件原型所提供的直观界面和操作流程，可以一目了然地理解软件需求，快速判断软件需求的正确性。本书第 5、6 章将详细介绍软件需求确认的内容。

软件需求验证（requirements verification）是指要判断软件需求文档和模型是否准确刻画了用户和客户的要求，后续的软件设计制品、程序代码等是否正确实现了软件需求。在实际的软件开发过程中，一些软件开发者易脱离软件需求开展设计和实现，导致一些软件需求没有相应的实现内容，而一些设计和代码找不到相应的软件需求。显然，这样的软件设计或代码未能准确地实现软件需求。本质上，软件需求验证是站在开发者的角度，检查其开发活动及产生的软件制品是否与软件需求相一致。

4.7　软件需求变更管理

软件需求模型和文档在软件开发过程中极为重要，它不仅详细定义了软件项目要达成什么样的目标、软件系统需要具备哪些要求，指导软件的开发工作，而且还可看作软件开发者与用户或客户之间的"协议"或"合同"，用于指导软件项目的验收。正因为软件需求制品的重要性，在软件开发过程中，由于软件需求在整个开发过程中的动态变化，需求工程师须与软件质量保证人员、软件配置管理人员等一起对软件需求制品进行有效的管理。

1. 软件需求的变更管理

多变性和易变性是软件需求的基本特点之一。在软件开发过程中，软件需求极易发生变化，并对软件设计、编码实现、软件测试等产生影响，导致调整设计方案、修改程序代码、重新进行软件测试等，进而影响软件交付进度、开发成本和软件质量。因此，软件开发过程中必须对软件需求的变更进行有效的管理，包括明确哪些方面的需求发生了变化、这些变化反应在软件需求模型和文档的哪些部分、由此导致软件需求模型和文档的版本发生了什么样的变化等。

2. 软件需求的追溯管理

软件需求变更的管理包括多方面内容。例如，开展溯源追踪，掌握是谁提出需求变更、为什么要进行变更等，以判别需求变更的合法性。如果不合法，则可以终止软件需求变更；评估需求变更的影响域，基于对需求变更的理解，分析需求变更会对哪些软件制品会产生什么样的影响，会有哪些潜在的软件质量风险，进而有针对性地指导软件开发工作；评估需求变更对软件项目开发带来的影响，包括软件开发工作量、项目开发进度和成本、需要投入的人力和资源、软件开发风险等，以更好地指导软件项目的管理工作。

3. 软件需求的配置管理

一旦软件需求模型和文档通过了确认，则意味着软件需求已经形成了一个稳定的版本，开发者可以依此为标准来开展后续的软件开发工作，此时的软件需求制品将可以作为基线（baseline）纳入配置管理。

本章小结

本章围绕软件需求和需求工程两个核心内容，介绍软件需求的概念、类别和质量要求，分析软件需求的特点和重要性；阐述需求工程的概念、过程、方法学和 CASE 工具；详细介绍结构化需求分析方法的具体内容，概述面向对象的需求分析方法学的主要思想、建模语言、主要过程和基本策略；最后介绍需求工程的输出及管理。概括而言，本章具有以下核心内容：

- 软件需求来自软件的利益相关者，刻画了他们的期望和要求。

- 软件需求表现为三种形式：功能需求、质量需求和开发约束需求。其中，功能需求是核心，质量需求是关键。

- 软件需求具有隐式性、隐晦性、易变性、多源性、领域知识相关性、价值不均性等特点，只有了解和把握这些特点才能更好地开展需求工程和软件开发工作。

- 高质量的软件需求必须有价值，满足正确性、一致性、完整性、无二义性、可行性、可验证性等质量要求。

- 软件需求是软件开发的基础，软件验收的标准。

- 需求工程提供了一系列过程、策略、方法学和工具，帮助多方共同参与，开展一系列工程化工作，产生高质量的软件需求制品。

- 需求工程的过程包括获取软件需求、分析软件需求、文档化软件需求和验证软件需求等步骤。

- 需求工程提供了多种方法学以指导需求分析、精化和建模等工作，确保软件需求的质量，包括结构化需求分析方法学、面向对象的需求分析方法学等。

- 需求工程提供了多样化的 CASE 工具，辅助开展绘制需求模型、显示和分析需求模型、撰写软件需求文档、生成软件原型等工作。

- 面向数据流图的需求分析方法学提供了以数据流、转换等为核心的概念和抽象；采用数据流图和数据字典来描述软件需求，建立需求模型；通过对转换的不断精化来分析软件需求，获得需求的详细信息，建立层次化的数据流图模型。

- 面向对象的需求分析方法学提供了以对象、类、消息传递等为核心的概念和抽象；以用例模型为核心逐步精化和细化软件需求，建立多视点、不同抽象层次的软件需求模型。
- 需求工程的输出包括软件需求模型和软件需求文档。
- 在软件开发过程中，开发者必须持续地验证软件开发的成果（如设计模型、程序代码）是否正确地实现了软件需求。

推荐阅读

WIEGERS K E, BEATTY J. 软件需求 [M]. 3 版. 李忠利，李淳，霍金健，等，译. 北京：清华大学出版社，2016.

本书由软件工程领域的著名专家和咨询师 Karl E. Wiegers 撰写，是软件工程和需求工程方面的经典图书。作者曾担任过软件开发人员、软件经理以及软件过程和质量改进负责人，有丰富的从业经验。本书详细介绍了贯穿开发过程的需求工程实用技术，包括促进用户、开发人员和管理层之间有效沟通的方法，提供了诸多实例及作者在实际工作中遇到的各种实际案例和解决方案，并配有软件需求示例文档以及故障诊断指南等。

基础习题

4-1   软件系统的利益相关者可以表现为哪些形式？硬件或软件系统是否可以作为软件系统的利益相关者？

4-2   软件开发者是否可以作为软件系统的利益相关者，他们能否提出软件需求？

4-3   软件需求有哪些形式？每种形式的软件需求关注点有何差别？

4-4   "软件需要用 Java 语言编写""所开发的软件需部署在 Linux 上运行"，这两项描述是否为合法的软件需求？请说明原因。

4-5   如果软件需求有遗漏不完整、软件需求的描述不清晰和不准确，这样的软件需求会对后续的软件开发产生什么样的影响？

4-6   "12306"软件的两项需求描述"必须快速响应用户的各项操作""系统必须具备弹性以满足大量用户同时操作的需要"是否存在问题，为什么？如果存在问题，应该如何改正？

4-7 为什么软件需求很重要？如果软件需求不可验证，会对软件项目的验收带来什么样的问题？

4-8 需求工程包含哪些要素？每一种要素有何用途？

4-9 需求工程的过程有哪几个步骤，每个步骤的任务和目的是什么？

4-10 为什么需要对软件需求进行建模，或者说需求建模有什么好处？

4-11 何为需求工程的方法学？它可为需求工程的开展提供哪些方面的支持？

4-12 面向数据流需求分析方法学提供了哪些抽象来表示软件需求？为什么这些抽象可以表示软件需求？

4-13 数据流图是一类特殊的图，它由哪些节点和边组成，分别表示什么需求抽象并用于表示软件需求的哪些要素？

4-14 面向数据流的需求分析方法学中，为什么是针对数据流图中的"转换"进行精化，而不是针对"数据流"进行精化？

4-15 面向数据流的需求分析方法学提供了哪些策略来确保数据图模型的质量？

4-16 结合具体的应用说明类和对象这两个概念有何区别。

4-17 UML 可从哪些视点、提供了哪些图来描述和分析软件需求？

4-18 面向对象的需求分析方法学认为软件需求是什么，提供了什么样的步骤来开展需求工程？

4-19 用自然语言来描述软件需求会存在什么样的问题？只提供软件需求模型又会存在什么样的不足？

4-20 面向数据流的需求分析方法学和面向对象的需求分析方法学各有何优点和不足？

4-21 有哪些常见的软件需求缺陷？应采用哪些方法来避免软件需求缺陷？

4-22 为什么软件测试和软件需求评审无法解决软件需求缺失的问题？

4-23 需求工程结束后会产生哪些类别的软件制品？这些软件制品之间存在什么样的关系？

4-24 何为软件需求确认，何为软件需求验证？二者之间有何区别？

4-25 为什么需要对软件需求进行确认和验证？

综合实践

1. 综合实践一

实践任务：标注代码。

实践方法：在软件开发环境（如 Eclipse）中标注代码，也可借助 CodePedia 等软件工具标注代码。

实践要求：对类、方法、语句块和语句等多个层次代码标注；注释要简洁和正确，确保质量；标注的代码量要有一定规模，建议在 1 000—4 000 行。

实践结果：具有标注的开源软件代码及其文件。

2. 综合实践二

实践任务：初步构思基于软件的问题解决方案。

实践方法：针对行业或领域问题构思软件解决方案，讨论如何利用软件工具集成相关设备（如机器人、智能手机、无人机、可穿戴设备等）和计算系统（如云服务、遗留系统等），并提供关键功能来解决问题，以创新问题解决方式，为用户提供更好的服务。要确保软件解决方案有新意、能有效地解决问题。开发团队共同参与构思，也可邀请其他人员一起讨论。要集思广益，精益求精，不断完善和优化方案，以突出方案的有效性和新颖性。

以下是学生构思的一些软件项目，供读者参考：

① 空巢老人看护系统，通过软件控制机器人对空巢老人进行看护。

② 无人值守图书馆，借助软件和机器人完成图书的自动化借阅。

③ 多无人机联合搜寻系统，借助软件控制无人机，对一个区域的人群进行搜寻。

④ 驾驶危险行为检测系统，借助软件和手机对驾驶人的危险行为进行检测。

⑤ 访客接待系统，借助软件和机器人实现客人的自主接待。

⑥ 3D 导航系统，借助软件和手机实现 3D 导航。

实践要求：根据对行业或领域问题的分析构思软件解决方案，确保解决方案有新意，并需讨论其可行性。

实践结果：撰写软件需求构思文档，重点阐述欲解决的问题是什么、如何基于软件来解决问题、软件的主要职责和关键性需求有哪些等。

第 5 章

获取软件需求

  获取软件需求是需求分析的基础，也是软件开发的首要工作。软件需求不会无缘无故地产生，也不应是无源之水、无本之木，任何软件需求都有其出处以及动机，即它从何而来、目的是什么。本质上，任何软件都是为了解决特定行业或领域的问题，并为其提供基于软件的解决方案。因此，必须针对软件欲解决的问题，从问题出发，寻求有意义和有价值的软件需求，根据利益相关者的诉求来获取软件需求。

  获取软件需求的工作看似简单，实则不易开展且难以取得预想的结果，因为从具体业务和实际问题中提炼软件需求本质上是一项创造性工作，为此必须寻求有效的方式和方法，帮助需求工程师从业务问题出发，从软件利益相关者的视角导出或构思软件需求。此外，软件利益相关者所提供的软件需求是初步的，可能粗略、有遗漏、存在冲突或有风险。为此，需求工程师需将所获取的软件需求描述清楚，记录下来并进行可行性分析，从而为后续的软件需求分析工作提供素材和奠定基础。

本章聚焦于获取软件需求的工作，介绍获取软件需求的任务、方式、过程和策略，结合具体的案例详细阐述获取软件需求的方法，并介绍软件需求确认及质量保证。读者可带着以下问题来学习和思考本章的内容：

- 何为软件需求？软件需求从何而来？
- 为什么获取需求是一项创造性工作？难在哪里？
- 如何获得软件需求？软件需求的源头在哪里？
- 哪些人员需要介入获取软件需求的工作之中？
- 怎样辨识一项软件需求是否有意义、有价值？
- 如何界定软件的边界及其欲解决的问题？
- 为什么要对软件需求进行可行性分析？
- 何为初步软件需求？它有何特点？
- 如何描述初步的软件需求？
- 获取软件需求任务结束后，应产生哪些软件制品？
- 如何保证获取软件需求工作及其成果的质量？

5.1 获取软件需求概述

获取软件需求是需求工程过程中一项非常关键的工作，因为该项工作所产生的软件需求将直接决定该软件是否有意义和有价值、能否帮助用户解决实际问题、能否帮助客户赢得市场和创造价值。

5.1.1 软件需求从何而来

软件系统需求不会无缘无故地产生。要搞清楚软件需求从何而来，就需要清晰地知道软件开发的目的是什么、谁会关注软件需求、软件要为谁提供服务。因此，获取软件需求必须掌握软件需求的源头。

1. 软件开发的动机

任何软件系统的开发都有其目的，都是为了帮助用户解决特定行业和领域的问题。例如，"小米便签"软件是为了帮助用户编写和管理便签；"12306"软件是为了帮助旅客解决购买火车票费时费力的问题；"空巢老人看护"软件是为了解决空巢老人在家无人看护的问题。显然，一个软件系统的需求必须针对该软件所要解决的问题，只有这样软件需求才有意义和价值。为此，在需求分析阶段，需求工程师需要明确软件所关注和欲解决的问题是什么，分析判断软件需求是否与问题相关、是否有助于问题的解决。

2. 软件的利益相关者

任何软件都有其利益相关者，并为其提供功能和服务，帮助其解决问题。它们一方面是软件系统的受益者，另一方面也是软件需求的提出者。因此，要获取软件需求，需求工程师须明确待开发软件系统的利益相关者有哪些，他们会对软件提出什么样的期望和要求。

本书第 4 章 4.1.1 小节已介绍了软件系统的利益相关者的具体表现形式。需要注意的是，与软件发生交互的其他系统（如物理硬件系统、遗留系统）也是软件的利益相关者，它们也会对软件提出各种要求。例如，对于飞机的飞行控制系统而言，它需要通过软硬件系统来实现飞行控制功能。软件仅仅是整个系统的组成部分，它需要与硬件系统进行交互来实现系统的整体功能和性能，为此需要从整个系统的视角以及站在硬件系统的角度来分析需要将哪些需求交给软件来实现。

此外，在需求工程过程中，人们常常有认识上的偏见或误区，认为需求分析工作只与软件需求工程师、用户等相关，软件开发工程师没有职责和义务提出软件需求。实际上，当前许多软件系统的需求来自软件系统的开发者，而非最终的用户。一些行业和领域的软件系统，如企业信息系统、银行业务系统等，很容易找到软件的用户和客户，并通过与他们的交互来获得软件需求。还有许多软件系统，虽然有其目标用户或客户，但是在现实世界中很难找到这样的实际人群并由他们提出软件需求。在这种情况下，软件开发者需要充当软件的用户或客户，构思和提出软件需求。例如，"空巢老人看护"软件尽管服务于老人，但是在现实世界中找不到特定的老人能够全程参与该软件的需求获取工作，在这种情况下软件开发者需要充当老人的角色来构思和提出软件需求。

在开源软件中，绝大部分需求来自软件开发者，而非最终的用户。大量的软件开发者成为软件需求的产生源头，构思并形成了大量有创意的软件需求。图 5.1 描述了开源社区 Gitee 上的软件开发者针对开源软件 OpenHarmony 提出的一项软件需求，要求该软件提供统一的密钥管理和加密解密能力，并用自然语言详细描述了该软件需求的具体内容。

图 5.1   开源社区中的软件开发者针对开源软件提出的软件需求示例

5.1.2 获取软件需求的方式

获取软件需求的任务是针对待开发的软件系统，考虑其开发的目的和动机，从软件的利益相关者处获得软件需求，并对其进行整理、加以描述，形成初步的软件需求，从而为后续的需求分析工作奠定基础。因此，获取软件需求是要解决软件需求从无到有的问题，是一项创新性工作。例如："空巢老人看护"软件的需求获取本质上是要构思出一套基于软件、借助机器人的老人看护新模式；"12306"软件的需求实际上颠覆了传统的火车票购票方式，形成一种基于软件的全新的购票业务模式。

需求工程师需要充分了解软件需求的利益相关者，借助软件开发者及互联网大众的智慧，参考和借鉴已有的软件系统，从多个源头和渠道、采用多种方式和手段来获取软件需求（见图 5.2）。

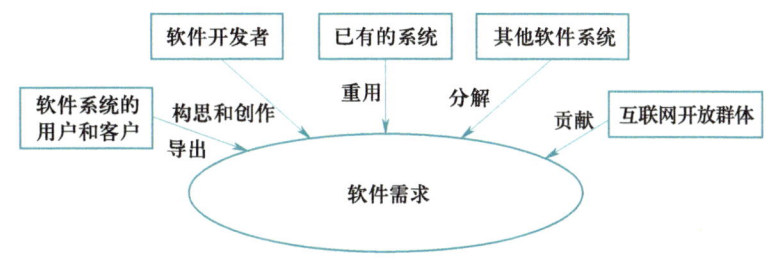

图 5.2　软件需求的获取方式

1. 从软件系统的用户和客户处导出软件需求

在获取软件需求的过程中，如果在现实世界能够找到软件系统的潜在用户和实际客户，那么需求工程师可以通过与这些用户或客户进行交互，从他们那里导出软件系统的需求。例如，如果要为银行开发一个业务系统，那么银行通常会有实际的业务人员来参与软件开发，提出软件需求。然而，软件需求并不等同于实际的业务流程，而是要将其转化为基于软件的业务处理新模式。因此，即使能够找到实际的用户或客户来配合需求获取工作，他们通常也很难想明白软件需求是什么，并将需求清晰地告诉给需求工程师。为此，需求工程师须与用户或客户一起，通过持续和深入的沟通，通过对业务流程和领域知识的理解，引导用户或客户提出他们的要求，挖掘潜在的软件需求。

2. 分解其他系统的需求产生软件需求

许多软件系统并不是独立存在的，而是作为更大系统的一个组成部分，负责完成整个系统的部分需求。许多软硬件相结合的信息物理系统就是一类这样的系统。整个系统由诸多硬件、软件系统组成，软件系统负责其中的部分功能，并需要与硬件系统相集成和交互，一起实现整个系统的功能。例如，飞机的飞行控制系统是一个软硬件相结合的复杂信息物理系统，其中一部分功能交由硬件系统完成，另外一部分功能则交由软件系统完成，并且要确保硬件系统和软件系统之间的交互和协作。在这种情况下，需求工程师需要与整个系统的工程师进行合作，对整个系统的需求进行分解，并确定软件系统需要完成的功能。

3. 重用已有的系统的需求

当前人们已经开发出大量的软件系统，应用于各行各业。据统计，在 GitHub 和 Gitee 上就有上千万个不同的软件系统。在实际应用中可以发现，许多软件系统针对相同的问题已提供有相类似的功能。例如，智能手机上的导航 App 有百度地图、腾讯地图、高德地图等，浏览器软件也有 Internet Explorer、Chrome、360 等多种。当开发一个软件系统时，如果类似的软件产品已经存在，需求工程师可通过对已有软件产品的功能和特点进行分析形成待开发软件系统的需求。

4. 通过软件开发者构思和创作软件需求

软件开发者（包括需求工程师）也可以充当软件的用户或客户，提出软件需求。例如，需求工程师结合自身对业务需求的理解以及软件开发经验，提出一些用户没有想到或者考虑过的软件需求。许多软件系统，尤其是互联网软件，其软件需求创意主要来自软件开发者自身。他们发现现实世界中的实际问题，构思出有创意和有价值的软件需求，提出软件开发的构想。

5. 激励互联网开放群体贡献软件需求

开源软件的成功实践表明，互联网开放群体是进行软件需求创作的重要力量。采用群智的方式创作软件需求已成为开源软件创新实践的一种重要方式。在开源社区中，大量的外围开发者群体围绕开源软件提出各种需求构想，产生大量的 Issue，由此推动开源软件的持续演化。

5.1.3　获取软件需求的困难

获取软件需求既是一项多方人员共同努力的集体性智力工作，也是一项集成多方智慧的创造性工作。在具体的软件开发实践中，高质量地完成这项工作实非易事，会面临诸多困难和问题。

1. 需求想不清

软件创作并非简单地实现应用领域中的业务流程，而是要将业务流程进行改造，形成基于软件的解决方案。软件的利益相关者虽然对业务流程非常熟悉，但是要对其进行改造、形成软件需求实则较为困难。用户在软件开发之初往往提不出太多的软件需求，但是随着开发的推进以及软件的使用，用户才开始逐步"醒悟"过来，产生更多的需求想法。这一状况同样发生在软件开发者身上。一些学者将这一现象称为"用得越多，需要就越多"。例如，对于"12306"软件而言，它绝对不是简单地实现传统"车站窗口"的售票模式，而是要将其改造为一套基于软件的信息系统解决方案，因而需要对售票业务流程进行必要的调整和优化。

此外，一些待开发的软件系统可能是全新的，在现实世界没有可模仿和参照的对象。在此情况下，软件的利益相关者和需求工程师要构思出软件需求将变得更加困难。例如，"空巢老人看护"软件的开发者在现实世界中找不到这样的实际系统，其软件需求获取需要充分借助开发者的创作和构思。

上述困难易导致软件需求不足（deficiency），具体表现为：软件需求没有完全和准确地反映现实需要，缺失一些关键性软件需求，会产生一些无意义和无价值的软件需求。这些状况极易导致软件项目开发的失败。

2. 需求道不明

即使软件系统的利益相关者想清楚了如何通过软件来解决问题，他们常常道不明软件需求的具体内涵，很难清晰、准确和翔实地讲明白软件需求是什么，从而无法获取足够多的软件需求信息。一般地，一项具体和翔实的软件需求应提供足够多的信息，须回答以下 6 方面的问题。这里以"空巢老人看护"软件中的"分析异常状况"软件需求为例来加以说明。

① Who：谁会关心该项软件需求，他们有何特点和诉求。例如，老人、家属和医生等利益相关者都会关注该项软件需求。

② What：该项软件需求的内涵是什么。例如，该项软件需求是要分析老人的声音、图像和视频等信息，以判断老人是否出现了异常突发情况，如摔倒、疾病发作等。

③ Why：为什么需要该项软件需求，它想解决什么样的问题。例如，这是一项核心软件需求，因为看护老人的前提是要发现老人是否出现了异常状况。

④ Where：软件需求归属于哪些子系统。例如，该项软件需求须由机器人端的软件系统提供。

⑤ How：该项软件需求包含哪些行为，它们是如何来解决问题的。例如，"分析老人异常状况"软件需求的业务流程大致如下：持续获取老人的语音、图像和视频信息；分析语音信息的特征，判断是否是老人的呼叫信息；分析老人的图像信息，判断老人是否处于正常的体位；分析老人的形体特征，判断老人是否摔倒；分析老人的面部表情，判断是否处于痛苦状态。通过上述分析来判断老人是否处于异常状况。

⑥ When：什么时候需要该项软件需求。例如，"空巢老人看护"软件持续需要"分析老人异常情况"这项软件需求。

上述需求获取问题同样易导致需求获取不到位，具体表现为：软件需求不明确、需求内容不翔实、需求质量低等，不仅难以有效地指导后续的软件设计和实现工作，而且极易导致软件产品和项目开发的失败。大量的软件开发实践表明，软件需求不到位和不足意味着软件项目需要返工，会导致进度延缓和迟滞。

上述问题意味着需求工程师需具备非常专业的需求工程经验和技能，需熟悉应用领域的相关问题和知识，通过与用户和客户的有效沟通，正确理解他们的想法和意图，协助他们一起导出和构思有价值的软件需求，防止无用和无意义的软件需求。为此，需求工程师需要借助有效的过程，采用科学的方法等来开展获取软件需求的工作。

5.1.4 获取软件需求的方法

为了从用户、客户、开发者甚至互联网大众中获得待开发软件系统的需求，克服获取软件需求的困难，避免出现需求不足的状况，

微视频：软件需求获取的方法

需求工程师须采取有效的方法和策略开展获取软件需求的工作。

1. 面谈

需求工程师可以和软件系统的用户或客户展开面对面的交流。该方法既可以帮助需求工程师理解业务问题和领域知识，也有助于需求工程师从用户或客户那里逐步导出软件需求，并理解每一项软件需求的内涵。

需求工程师须精心准备每一次面谈，如选定面谈的对象、清楚他们所从事的业务工作以及在业务中所扮演的角色，预先设定面谈的具体问题等，以提高面谈的针对性和效率，防止杂乱和随意的交流。面谈的业务内容可遵循从整体到局部、从抽象到具体等原则，也可以对上一次面谈未解决的问题做进一步交流。总之，面谈要有备而来，有计划地开展，这样既可以减少对用户或客户正常业务的干扰，也可以快速从用户或客户处获得重要的软件需求。该方法通常适用于那些软件用户或客户明确且能主动配合需求工程师开展工作的软件项目，也被视为最传统且高效的需求获取方法。需求工程师一般要组织多次面谈才有可能有效获得软件需求。例如，需求工程师可以邀请负责日常售票的用户进行面谈，以理解售票的业务流程和知识，获取售票业务方面的软件需求。

2. 调查问卷

如果软件系统的用户不明确，找不到具体的人群来配合需求工程师开展需求获取工作，或者用户群的数量非常大，难以通过一次次面谈来获得其想法和需求，此时可以采用调查问卷的方法。

在开展该项工作之前，需求工程师需要首先设计好问卷的内容，这就要求需求工程师对软件系统所在的业务领域或需求有所认识，否则设计出来的问卷针对性不强，调查的效果也难以保证。总体而言，调查问卷的内容要有针对性，尽可能采用单选或多选题，以减少用户填写问卷的工作量，这样才有更多的用户愿意参加调查问卷；问卷所提出的每一项问题要描述得很准确，每一个选择项的内容要很清晰，以方便用户选择。例如，为了获取"空巢老人看护"软件的需求，需求工程师设计了一个调查问卷发布在微信群中，以了解老人和家属对该系统要解决的问题、问题解决的方法、软件系统应提供的功能、系统运行需注意的问题等方面的看法，从中收集软件需求。

3. 头脑风暴

如果获取软件需求无从下手，或者需要做深入的需求构思和创作，此时可将与软件系统相关的人组织在一起，非正式地、开放地甚至没有明确主题地散漫讨论，从中捕捉软件需求的灵感和认识。该方法适用于那些需要对软件需求进行开放构思和自由创作的软件系统。例如，为了更好地解决空巢老人看护问题，软件开发者可以在一起进行头脑风暴，以寻求更有创意和独特的软件解决方案。

4. 业务分析和应用场景观察

如果软件系统的用户或客户能提供业务应用的详细资料，则可以通过分析这些业务资料学习业务流程和领域知识、掌握领域术语和概念、了解业务处理细节，帮助用户导出有价值和有意义的软件需求，并加强对软件需求的理解和认识。显然，这种需求获取方法不会干扰用户或客户的正常工作，但是带来的问题是需求工程师需要投入大量时间和精力来研读文档资料。实际上，在阅读和分析业务资料的过程中，他们还是要不断与用户或客户进行交互，以帮助他们解决阅读中遇到的问题、深入理解具体的业务知识。例如，需求工程师可以研读和分析铁路部门的相关业务培训资料来了解具体的售票业务流程、政策法规、实施细节等。

如果软件系统对应的业务在现实世界中有实际的应用场景，那么需求工程师可以去实际场所进行现场观摩，以更为直观和具体地了解现实世界中的业务细节，加强对业务流程的理解，发现业务应用有待解决的问题。例如，需求工程师可以到一线售票窗口进行观察，具体了解旅客和售票员的完整售票流程，分析当前业务存在的问题，构思和提出基于软件的解决方案。

5. 软件原型

软件原型方法是指需求工程师根据用户的初步需求描述，快速构造出一个可运行的软件原型，以展示基于软件的业务操作流程以及每一个步骤中用户与软件之间的交互。用户可以通过操作和使用该软件，分析需求工程师是否正确地理解了他们所提出的软件需求，发现软件原型所展示的软件需求中存在的问题，导出尚未发现的新的软件需求。该方法以软件原型作为需求工程师和用户之间的交流媒介，有助于直观地展示软件需求，激发用户投入到需求讨论和导出之中，因而是一项极为有效的需求获取和分析方法。

6. 群体化方法

上述获取需求方法将需求产生的源头局限在软件系统的用户、客户或开发团队中的有限开发者之中，这极大地限制了需求获取的范围。实际上，需求工程师可以借鉴开源软件的成功实践，采用群体化的软件开发方法，让互联网上海量的开放群体参与获取软件需求的工作，提出他们对软件需求的想法，并通过组织、汇聚和筛选，从中遴选出有价值的软件需求。群体化方法的优势在于集思广益，吸纳更多的人参与需求创作和构思，有助于获得超出开发团队和用户常规思路形成的软件需求。

在整个需求工程过程中，需求工程师有必要与软件系统的用户、客户或其他相关人员一起，组建一个需求工程联合工作小组，以更好地促进不同人员之间的交流与合作，及时发现软件需求的相关问题，持续从用户或客户处导出软件需求。

在具体的软件开发实践中，需求工程师应根据软件项目、业务领域、软件用户、开发团队等的具体情况，选取合适和高效的需求获取方法。例如，如果软件的用户不明确，找不到具体的负责人群，那么就不宜采用面谈的方法，可采用诸如头脑风暴、群体化等方法；如果软件所对应的业务领域和知识非常复杂，如银行业务、电力业务等，则可以综合业务分析、场景观察、用户面谈、调查问卷等多种方式；如果用户对自己所提出的软件需求说不清道不明，则可以考虑采用软件原型的方法。

需要特别强调的是，开发软件系统的目的是要为各类业务问题提供基于软件的解决方案，以提高工作效率、降低业务成本等。因此，软件需求需要建立在业务流程之上，但不应简单对应于业务流程，而是要对业务流程进行适当改造，使其能够通过软件的方式加以实现，进而促进问题的高效解决。这些改造后的功能、行为和流程才是真正意义上的软件需求。例如，传统的旅客购票流程大致为：旅客提出购票的需求，售票员查询是否有剩余的车票，如有则旅客支付费用，售票员将车票交给旅客。而对于"12306"软件，用户和需求工程师则需要将上述业务流程进行如下改造，形成有价值和有意义的软件需求：旅客查询车次信息，如果有剩余的车票，旅客可以通过在线支付完成购票业务，系统将为旅客提供电子车票。显然，改造后的业务流程与原先的业务流程截然不同。

5.2   获取软件需求的过程

获取软件需求涉及一系列工作，包含多方面任务，将产生多种软件制品，需循序渐进和有序地开展，其步骤如图 5.3 所示。需求工程师、用户、客户甚至软件开发者都需要参与到这一过程之中。

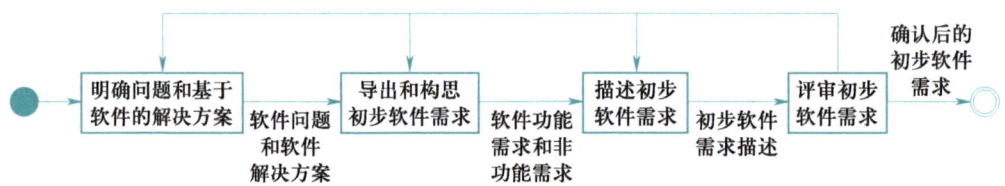

图 5.3   获取软件需求的步骤

1. 明确问题和基于软件的解决方案

明确待开发软件系统欲解决什么样的问题，给出清晰的问题描述；明确如何通过软件来解决问题，需要集成哪些其他的系统（包括物理系统或遗留系统）、与它们进行怎样的交互（包括数据和服务的共享）等；界定软件系统的目标和范围，讲清楚软件系统要做什么、不做什么。

2. 导出和构思初步软件需求

在识别软件利益相关者的基础上，从软件利益相关者那里导出软件需求；或者针对软件欲解决的问题构思出软件系统的需求，形成初步的软件需求，包括功能需求和非功能需求。

3. 描述初步软件需求

描述所获得的软件需求，详细刻画和记录软件需求的具体内涵，促进不同人员围绕软件需求进行交流，支持后续的需求分析工作。需求工程师可采用多种方式来描述软件需求，如自然语言、软件原型、用例模型等。

4. 评审初步软件需求

需求工程师组织多方人员（包括用户和客户等）评审初步软件需求及其描述，发现和解决软件需求中存在的各类问题，确保初步软件需求的质量。

5.3 明确问题和基于软件的解决方案

无论是应用软件、基础软件还是支撑软件，每一个软件都试图解决特定领域中的问题，并提供基于软件的问题解决方案。软件需求必须服从和服务于软件欲解决的问题，只有这样软件需求才有意义和价值。因此，获取软件需求必须从定义软件问题出发，明确基于软件的问题解决方案，在此基础上导出和构思初步软件需求。需求工程师必须和用户、客户等一起，共同完成该项工作。

5.3.1 明确软件要解决的问题

该项工作的目的是要清晰地界定软件欲解决什么样的问题。该问题不是泛泛而谈的，而是与特定领域及其业务相关联。实际上，任何客户投资开发软件系统都有其明确的目的，或提高业务工作效率，或解决业务瓶颈问题，或提升业务服务水平和质量等。例如，"12306"软件与铁路旅客服务这一领域及业务相关联，国家铁路集团有限公司投资研制该软件的目的是要改变落后的旅客服务和业务模式，提高服务质量，降低服务成本。

需求工程师需要与软件的用户和客户进行充分的交流，深入了解当前领域相关业务的实际情况及存在的问题，清晰理解客户的意图和动机，在此基础上明确软件所要解决的问题。一般地，这些业务问题反映在现实世界的具体业务流程之中。需求工程师需要与客户、用户一道，在观察业务流程、分析业务问题、深入调查研究等工作的基础上，逐步明确和聚焦软件欲解决的问题，切忌拍脑袋凭空想一些不切实际的问题。例如，如果有到火车站彻夜排队购票的经历，就非常清楚铁路旅客服务存在什么样的问题，买票难一直是铁路系统面临的"老大难"问题。

下面以"空巢老人看护"软件为例，详细介绍该软件系统的需求获取工作。

示例 5.1   空巢老人看护问题的调研分析

近年来我国人口老龄化问题越来越严重，独居老人日益增多。第六次人口普查数据表明，我国 60 岁以上的老人有 1.77 亿，占人口总量的 13%。《中国人口老龄化发展趋势预测研究报告》预估，到 2050 年我国独居和空巢老年人将占老人总量的 54% 以上。当前，空巢老人已成为全社会关注的对象，空巢老人的护理已成为一个社会性问题。

许多空巢老人单独在家，无人照看，一旦出现突发状况，如心脏病发作、摔倒受伤等，因无人知晓而失去最佳救治时机，不仅会影响治疗，甚至会出现生命危险。对于老人家属而言，他们在老人看护方面常常面临着诸多现实困难，如没有足够的时间来陪护老人、不能及时掌握老人在家情况、难以快速联系到老人、无法适时提醒老人按时做事（如服药）等。空巢老人通常存在听力、视力不佳，记忆力衰退，无法熟练使用现代通信设备（如智能手机）等实际问题。

解决上述问题的方法之一是聘请家政服务人员，但是这一方法成本高，而且许多老人更希望单独生活。因此，迫切需要寻找一种有效的方法来解决空巢老人的看护问题，对独居老人在家的状况进行实时掌控，对异常情况进行有效分析，并及时将突发事件通知给家属和医生，以便进行快速和高效的处理。

在定义软件欲解决问题的过程中，需求工程师需注意以下几方面事项：

1. 开展调研分析，切忌拍脑袋凭空想问题

需求工程师必须针对相关应用领域以及相应的问题进行调查研究，与客户和用户进行沟通，查阅相关的文献和资料，了解领域现实状况和实际需求，分析已有技术和产品，掌握问题解决的现有方式和方法，了解客户和用户的诉求及动机，在此基础上形成对软件问题的理解、认识和判断。软件问题的提出和分析要做到有理有据，不能靠凭空想象或者拍脑袋来构思问题及其解决方案。例如，需求工程师必须通过深入调研了解空巢老人看护的现有方法，并对比分析这些方法的特点和不足，只有这样才能找准问题。

2. 不断反复论证，寻找适合软件解决的问题

定义软件问题需要进行缜密的论证。在掌握业务问题的基础上，要对所关注的问题进行反复思考、推敲、研究和论证，分析哪些问题适合通过软件加以解决以及如何通过软件解决等。例如，铁路旅客服务存在诸多现实问题，如购票难、候车环境差、公厕少等。显然购票难这一问题非常适合通过软件来解决，而候车环境差、公厕少等问题则仅靠软件是无法解决的。对于空巢老人看护而言，软件适合解决老人的状况分析和通知等问题，无法解决突发情况下的现场抢救等问题。因此，定义软件问题既要针对实际的业务问题，也要考虑软件的特点及能力范围，放弃一些不现实、不切实际的软件问题；

否则由此导出的软件需求将缺乏基石，所开发的软件系统将会失去用户和市场。

3. 寻求有意义、有价值的软件问题

软件问题要有意义是指它针对的是业务领域中的实际问题。软件问题要有价值是指软件问题的解决有助于提高业务效率和质量，降低业务成本，创新业务模式等。例如，"12306"软件就是要解决买票难的业务问题，如果能通过软件支持用户随时随地在线购票，那么它就从根本上解决了这一问题。

5.3.2 明确基于软件的解决方案

一旦明确了软件欲解决的问题，下面就要思考如何通过软件来解决问题。需要强调的是，该项工作是要在宏观层面寻求基于软件的问题解决方案，不要去涉及具体的技术细节；要确保解决方法总体上有效，能够取得更好的问题解决效果，比如提高效率、降低成本、减少人员介入、提高质量等。

计算机软件既可以完成各种复杂计算，也可以作为一种黏合剂来连接不同的设备和系统，实现不同设备和系统之间的交互和协同，从而解决问题。需求工程师可将计算机软件作为工具，与其他物理设备或信息系统进行集成和综合，从而为问题解决提供新颖和有效的途径。

例如，在"空巢老人看护"软件案例中，可以将计算机软件与机器人、智能手机等设备相结合来寻求新颖的问题解决方案。机器人在家中负责自主跟随老人，获取有关老人的图像、语音和视频信息，提醒老人按时服药等；智能手机可以及时获取并播放老人在家的视频、图像和语音信息，实现与老人的视频和语音交互，并对远端的机器人进行远程控制，如调整观察角度、运动方向和速度等，以更好地获取和掌握老人的状况。在该解决方案中，计算机软件负责将机器人和智能手机紧密地连接在一起，把机器人感知的信息发送给智能手机，将手机端的控制命令发送给机器人，并通过对老人语音和图像数据的分析判别老人在家的状况，当出现异常或突发情况时可与远端的智能手机进行交互和报警。

示例 5.2　空巢老人看护问题基于软件的解决方案

根据"空巢老人看护"软件的问题描述，可借助机器人和智能手机，通过它们与计算机软件进行交互和协同，为空巢老人看护问题提供基于软件的解决方案（见图 5.4）。主要包含以下三个部分：

① 自主机器人系统。机器人作为物理系统，负责通过移动和感知持续跟踪和获取老人在家的信息，包括声音、视频和图像等。

② 智能手机系统。智能手机作为家属和医生的个人终端，负责接收老人的突发异常信息，显示和播放老人的声音、图像和视频信息。

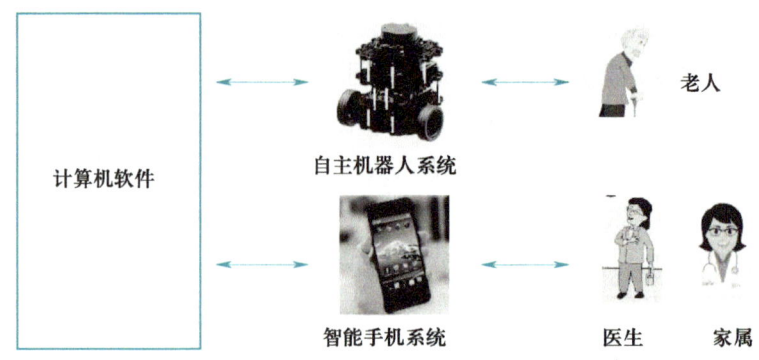

图 5.4   空巢老人看护问题基于软件的解决方案

③ 计算机软件。计算机软件作为连接机器人和智能手机的桥梁，负责控制机器人的运动以跟随老人，获取机器人传感器所感知到的视频、图像和语音信息，并通过对这些信息的分析发现突发异常状况并进行相应的处理，包括消息通知、建立视频链路连接等。

基于上述解决方案，对老人的看护是由基于计算机软件的信息系统来完成的，而非依靠老人家属或者家政服务人员。这一方法不仅可以帮助老人家属解决不能在家照看老人、无法及时掌握老人状况的实际问题，而且还做到了便捷、快速、持续、低成本的看护，减少了雇佣人员的费用，并能够及时和快速地应对老人的突发异常状况。

整个解决方案可能涉及多个不同的系统和设备，计算机软件仅仅是整个解决方案的某个组成部分。需求工程师需要在解决方案的基础上，进一步明确方案的业务目标，描述软件的范围，确定软件的边界。其中，方案的业务目标描述基于软件解决方案的关注点以及要达到的指标；软件的范围说明软件需要完成哪些业务领域中的功能；软件的边界描述软件的界限，即哪些要素属于软件、哪些不属于软件，哪些需求由软件完成、哪些需求由其他设备和系统完成。

示例 5.3   "空巢老人看护"软件的业务目标、范围和边界

基于上述解决方案，"空巢老人看护"软件的业务目标描述如下：

① 持续观察老人的状况，获取老人的声音、图像和视频三类信息。

② 准确识别老人的突发异常情况，识别率不少于 90%，误报率少于 5%。

③ 及时将突发异常信息通知给老人家属和医生，延迟时间不超过 2 s。

"空巢老人看护"软件的范围描述如下：

① 控制机器人运行，获取和分析机器人传感器所获得的老人信息。

② 向老人家属和医生通知突发情况信息。

③ 支持老人、家属和医生三者之间的语音和视频交互。

"空巢老人看护"软件的边界描述如下:

① 负责完成上述范围所定义的各项需求。

② 软件需要与机器人硬件系统、智能手机系统进行交互。

5.4　导出和构思初步软件需求

在明确软件问题及其解决方案的基础上,需求工程师需要识别软件的利益相关者,并通过与他们的交互导出软件需求,或者充当软件系统的利益相关者,构思出软件需求,从而得到初步的软件需求。

5.4.1　识别软件的利益相关者

根据前面所述,软件需求来自软件的利益相关者。因此,要获取软件需求,首先要搞清楚软件系统有哪些利益相关者。需求工程师须系统分析是谁提出了软件开发任务,有哪些人群、组织需要使用和操作软件,有哪些系统需要与软件进行交互,这些人群、组织和系统就构成了软件系统的利益相关者。务必注意:软件系统的利益相关者可以表现为特定的人群和组织,也可以是一类系统;不仅软件用户或客户可以是软件的利益相关者,软件的开发者也可以成为软件的利益相关者。

示例 5.4　"空巢老人看护"软件的利益相关者

"空巢老人看护"软件有以下利益相关者。

① 老人(Elder):与系统通过语音方式进行交互,命令系统为其完成某些事务,如连通家属或者医生。

② 医生(Doctor):突发或紧急情景时接收呼叫,与系统进行交互以获取老人状况,或者与老人进行视频语音交互。

③ 家属(Family Member):突发或紧急情景时接收呼叫,与系统进行交互以获取老人的状况信息。

④ 管理员(Administrator):对软件系统进行必要的配置和管理,如设置用户、配置运动参数、调整安全距离等。

⑤ 机器人(Robot):其运动受软件系统的控制,将感知到的老人视频、图像和语音等信息反馈给软件系统。

5.4.2　导出和构思软件的功能需求

一旦确定了软件的利益相关者，需求工程师就可从这些利益相关者的角度出发，采用以下方式来获取软件的功能需求。功能需求是软件需求的主体，它刻画了软件系统具有哪些功能和行为，可提供什么样的服务。获取功能需求是软件需求分析阶段的一项主要工作。

1. 导出软件的功能需求

如果在现实世界中可以找到利益相关者的具体人群或者其代表，那么需求工程师可以通过与这些人的交互，听取他们对软件的期望和要求，从他们那里导出软件需求。例如，"12306"软件的利益相关者包含旅客，可以在火车站的候车厅找到具体的旅客，通过与他们的交谈了解他们对软件的诉求，进而形成软件需求。对于一些业务管理系统而言，如银行服务系统，软件系统的客户会组织相关的人群（如银行工作人员），专门配合软件项目团队提出软件需求。在此情况下，需求工程师可以与这些人员进行充分交流和持续沟通，以了解他们的日常工作流程，掌握业务实施方式，从他们那里导出软件需求。

需求工程师可以综合采用多种方法来导出软件需求，包括与用户或客户的面谈、分析业务资料、观察业务流程、进行问卷调查、构造软件原型等。在此过程中，需求工程师需要加强自己对领域知识、业务流程等方面的理解，结合自身的软件开发经验，帮助软件的客户和用户提出具体的要求，并将其提炼为软件需求。例如，针对"空巢老人看护"软件，需求工程师可以设计一组问卷，请独居在家的老人填写，获得他们对软件需求的认识和反馈。

2. 构思软件的功能需求

如果在现实世界中找不到利益相关者的具体代表，此时需求工程师需要充当软件利益相关者的角色，站在他们的视角来构思软件需求。许多软件系统（尤其是互联网软件）在其开发初期找不到具体的用户，更谈不上依靠他们来提出软件需求。例如，对于腾讯公司的微信软件而言，虽然该软件有其潜在的用户群，但在该软件开发之时，开发团队无法找到具体的用户人群。在这种情况下，软件开发者需要针对软件需求开展创作，结合软件解决方案，提出可有效促进问题解决的软件需求。尤其是对于那些没有现成软件可参考和借鉴的软件系统而言，软件需求的创作极为重要和关键，所构思的软件需求是否有意义和价值、能否有效促进问题的解决、是否有新意和特色等，将最终决定软件能否获得用户的认可和市场的青睐。

需求工程师可以采用头脑风暴、群体化方法、问卷调查、软件原型等多种方式来开展需求构思工作。这对他们的领域知识理解、业务流程掌握、对问题认识的深度以及创新能力提出了更高的要求。此时，要充分发挥需求工程师和开发者群体的自由创新精神，鼓励他们提出多样化、不同形式的软件需求，从中筛选和提炼出有创意、有价值的软件需求。

示例 5.5 "空巢老人看护"软件的功能需求

针对空巢老人看护问题及其软件解决方案，需求工程师从老人、家属、医生和机器人视角出发，构思出一组软件功能需求，并通过问卷调查的方式进一步确认了其中的软件需求。

（1）老人视角

① 自主跟随老人。软件控制机器人随老人的移动而自主地移动，并和老人保持在安全和可观察的距离，以对老人进行持续跟踪和感知，获取老人信息。

② 提醒服务。提醒老人按时服药、检查身体等事宜。

③ 分析异常状况。对老人信息进行分析，判断是否出现突发异常情况。

（2）机器人视角

获取老人信息，包括图像、视频和语音等。

（3）家属和医生视角

① 监视老人状况。通过智能手机在远端监视老人在家的状况，获得老人的视频、图像和语音等方面的信息。

② 通知异常情况。将老人的突发异常信息发送给老人家属和医生。

③ 远程控制机器人。通过智能手机在远端控制机器人移动，从不同的角度和距离来获取老人的图像、视频和语音信息。

④ 视频 / 语音双向交互。实现老人、医生和家属之间的视频和语音交互。

（4）普通用户和系统管理员视角

① 用户登录。对于家属和医生而言，需要首先登录到系统中才能使用该软件系统。

② 系统设置。可配置软件系统的运行参数和数据，如设置用户账号和密码、机器人移动时与老人的安全距离、机器人的 IP 地址和端口号、机器人的运动速度、提醒和报警的频率和次数等。

还可借助互联网大众的智慧和力量获取软件需求，寻求开放群体的想法和建议。这一方法有助于广开思路、获得灵感、发现需求问题、不断完善软件功能。需求工程师可充分利用开源社区中的开发者大众来推动需求构思，获得多样化和有新意的软件需求。开源社区中的开发者群体数量众多，领域知识和背景多样化，拥有多样的软件开发知识和丰富的软件开发经验，对许多问题及其解决方法有其独特的认识，因而会提出多样化、独特和有新意的软件需求。需求工程师可通过开源社区与这些大众进行交互，提出相关的问题，征询大众的意见，寻求大众的建议。例如，需求工程师可在 Stack Overflow、CSDN、开源中国等开源社区中发布某些软件问题，征求大众对软件解决方案的意见，获取软件需求的建议。

需要强调的是，并非软件利益相关者所提出的每一项期望和要求都是软件需求。如果他们提出的要求与软件及其欲解决的问题无关、没有实际的意义和价值，那么这些要求不应成为软件需求。这就要求需求工程师要理性看待用户或客户提出的要求，既充分尊重其诉求，又不盲从，认为他们提出的所有要求都是必须采纳的；要有一双"火眼金睛"，能够鉴别不同用户和客户不同要求，从中发现真正有意义和有价值的重要软件需求。

在获取软件需求的过程中，需求工程师需要对软件需求进行溯源，即明确每一项软件需求来自何处，防止软件需求成为"无源之水、无本之木"。需求溯源有助于分析软件需求的合理性和必要性，指导后续的需求细化和优先级定义，防止出现一些无意义的软件需求。

5.4.3 导出和构思软件的非功能需求

非功能需求包括软件质量需求和软件开发约束需求。软件质量需求进一步包括内部质量需求和外部质量需求。软件质量需求会影响软件的设计和构造，对软件测试提出要求。软件开发约束需求包括开发进度要求、成本要求、技术选型等，它们会对软件项目的管理和技术方案的制定等产生影响。

对于现代软件系统而言，软件的非功能需求变得越来越重要，在某些情况下它们直接决定了软件是否能用和易用、是否高效和可靠运行、是否便于维护和演化等。例如，如果"12306"软件不能确保私密性需求，那么用户的个人信息（如身份证信息、个人爱好、银行账号等支付信息）就可能会被人窃取或泄露；如果"空巢老人看护"软件无法控制机器人的安全移动，就不能保证老人的安全。

软件需求工程师同样需要与软件的用户和客户进行交互，导出软件的非功能需求，或者代表软件的用户和客户，构思出软件的非功能需求。

示例 5.6 "空巢老人看护"软件的非功能需求

从"空巢老人看护"软件利益相关者的视角，该软件系统需满足的非功能需求如表 5.1 所示。

表 5.1 "空巢老人看护"软件的非功能需求

类别	非功能需求项	非功能需求描述
外部质量需求	性能	– 用户界面操作的响应时间不超过 0.5 s – 视频交互的滞后延迟时间不超过 3 s – 声音交互的滞后延迟时间不超过 1 s – 突发异常信息的通知延迟时间不超过 2 s – 手机端的机器人运动控制延迟时间不超过 1 s – 异常状况的识别率要不少于 90%,误报率要少于 5%
	可靠性	– 软件系统每周 7 天、每天 24 小时可用 – 在机器人和网络无故障前提下,系统正常运行时间的百分比在 95% 以上 – 系统任何故障都不应导致用户已提交数据丢失 – 发生故障后系统需在 5 分钟内恢复正常使用
	易用性	– 老人通过语音方式与系统进行交互,系统正确理解老人语音指令的百分比应达到 90% 以上 – 家属、医生和管理人员通过操作手机 App 使用系统,且 App 界面操作简单和直观
	安全性	– 只能在老人处于突发异常状况时,方可允许医生控制机器人查看老人的状况 – 在自主运行状态,须确保机器人与老人始终处于安全的距离
	私密性	– 所有用户(包括家属和医生)均需通过账号和密码相结合的方式,经系统验证通过后方可使用本软件系统 – 须确保系统中老人信息的私密性,不被非授权人员访问
内部质量需求	可移植性	– 手机 App 将来需移植至 iOS 环境下运行
软件开发约束需求	运行环境约束	– 手机端 App 须运行在 Android 4.4 及以上版本的操作系统 – 控制机器人的软件系统须运行在 Ubuntu 14.04 及以上版本的操作系统 – 考虑到机器人计算资源的有限性,针对部署在机器人上的软件,其运行时占用的内存空间不超过 128 MB
	本地化与国际化	– 支持中文和英文两种用户界面

5.4.4　持续获取软件需求

需要强调的是，在整个软件生存周期中，需求工程师要和用户、客户甚至开发人员一道持续进行需求获取工作。实际上，对软件欲解决的问题、基于软件的解决方案和软件需求的理解和认识是一个渐进的过程。需求工程师、用户和客户一开始接触到的是一些表面性内容，随着软件开发的推进，他们才会逐步认识到问题的本质及解决方案的关键，也才会真正认识到待开发软件系统的核心需求。因此，不能寄希望于通过某次需求分析就能完成需求获取工作。随着软件的交付和使用，用户和客户会对软件提出更多的要求。在软件的持续演化过程中，软件开发者也会结合开发和使用经验，对软件提出更多的要求。

5.5　描述初步软件需求

经过上述工作，需求工程师可获得软件系统的初步软件需求。这些软件需求还很粗略，只是一个初步的需求轮廓，不够具体和详尽，可能有遗漏，会存在不一致和相冲突等问题，后续还需要对其开展进一步的精化和分析。尽管如此，需求工程师还应将其记录下

微视频：初步软件需求的描述方法

来、描述清楚，形成相关的软件文档，以便不同人员（如需求工程师、用户、客户等）之间进行交流和讨论，及时发现需求理解上存在的偏差，支持后续的需求分析工作。需求工程师可以采用多种方式来描述初步的软件需求，包括自然语言、软件原型和用例建模等。

5.5.1　自然语言描述

无疑，自然语言是最为常用的需求描述手段。它可以描述软件需求的各个方面，详细刻画需求的具体内容和细节。用自然语言描述的软件需求可为各方所理解，便于交流和讨论。但是这一表示方式也存在问题和不足，即自然语言具有二义性和歧义性。同样一段用自然语言描述的软件需求，不同的人阅读之后，可能会有不同的理解和认识，这会导致需求工程师曲解和误解软件需求，使得所开发的软件系统不符合软件需求。以下示例了用自然语言描述的"空巢人看护"软件需求。

示例 5.7　用自然语言描述的"空巢老人看护"软件需求

① 功能需求描述。软件系统需要对老人在家的状况进行分析，判断是否出现突发异常情况。一旦出现异常情况，就需要通知老人家属和医生。

② 质量需求描述。老人通过语音方式与系统进行交互，系统正确理解老人语音指令的百分比应达到 90% 以上。

③ 软件开发约束需求描述。客户端 App 须运行在 Android 4.4 及以上版本的操作系统。

上述用自然语言描述的软件需求乍一看似乎能明白其大致内涵，但是仔细推敲就会发现，这些软件需求描述实际上存在诸多问题，具体表现如下。

① 不具体。如老人的信息是指什么，上述自然语言描述没有刻画清楚。

② 不准确。何为突发异常情况，上述自然语言描述没有定义明确。

③ 有二义。需要将哪些信息通知老人的家属和医生，不同的人看完这段描述后可能会有不同的理解。有人可能会认为只需通知有关突发异常信息，还有人可能会认为需要将异常突发信息以及老人的信息（如图像和视频）等一起通知家属和医生。

④ 不直观。用自然语言描述的软件需求可能会洋洋洒洒写上几十页甚至数百页文档。对于用户或需求工程师而言，他们都很难从中厘清软件系统到底有哪些功能需求和非功能需求、这些需求之间存在什么样的关系。

5.5.2　软件原型描述

需求工程师可以采用软件原型的方法来描述和展示初步软件需求。软件原型只需刻画实现业务的具体流程、每个流程的交互界面，以描述系统与用户间的输入输出以及不同步骤之间的界面跳转关系。

软件原型的优势在于直观、可展示和可操作。以软件原型为媒介，有助于需求工程师与用户或客户之间的交流和沟通，便于在操作和使用软件原型的过程中帮助用户和客户确认和导出软件需求，发现不同人员对软件需求理解上的偏差以及软件需求描述中存在的问题。

示例 5.8　用软件原型描述的"空巢老人看护"软件需求

图 5.5 描述了"空巢老人看护"软件手机端 App 的原型。图 5.5（a）为系统的登录界面，登录成功后将进入图 5.5（b）所示的主业务界面。它刻画了家属和医生如何通过该软件来建立与机器人的连接，显示老人在家的视频、图像和语音信息，实现与老人的交流，并可通过点击"控制""通话""设置"等按钮进入其他界面窗口，以提供相关功能。

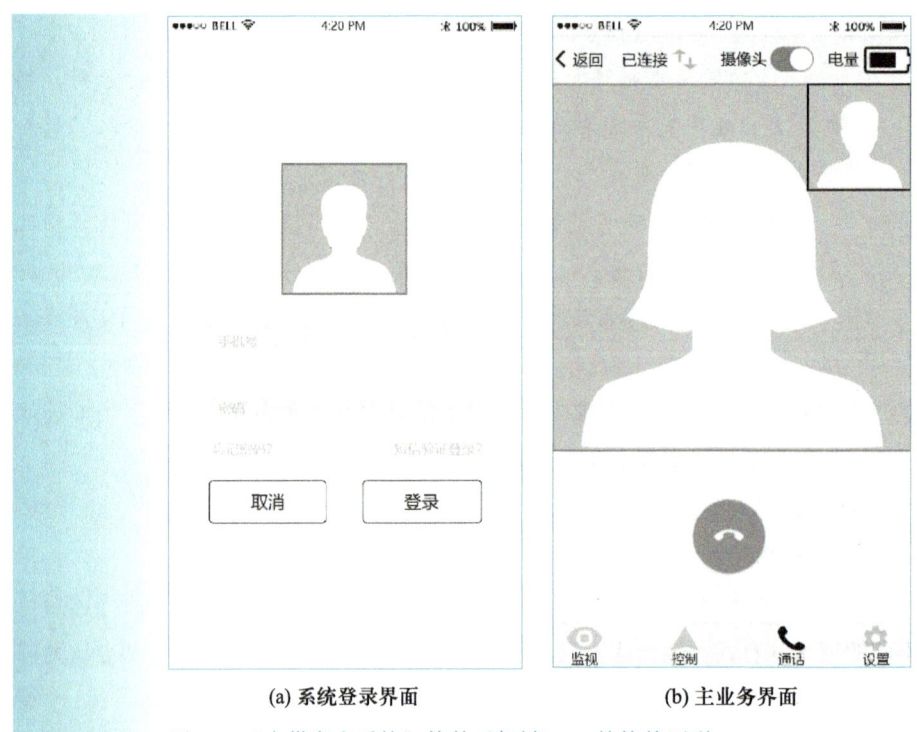

(a) 系统登录界面　　　　　　　(b) 主业务界面

图 5.5　"空巢老人看护"软件手机端 App 的软件原型

软件原型的不足在于，它主要以操作界面的形式展示软件需求的梗概，主要是软件与用户之间的输入输出（如用户需要输入哪些信息、系统应该给用户展示哪些信息），业务的大致流程（如从一个操作界面进入另一个操作界面）等，无法描述软件需求的具体细节。因此，单纯依靠软件原型无法给出软件需求的详细表述。

软件原型不仅可以作为需求工程师与用户进行交流的媒介，还可以在后续设计和实现阶段通过不断的精化、美化和优化，成为设计阶段的软件产品以及最终目标软件系统的组成部分。

5.5.3　UML 用例图

除自然语言描述和软件原型描述两种方法外，还有一种初步软件需求的描述方法，即基于用例的需求表示。它利用用例来描述软件的需求，分析不同功能需求之间的关系，并提供图形化的符号来直观地描述软件的边界、软件中的用例及其相关关系。

不同于软件原型方法，用可视化图符描述的用例需求不可运行，但是便于多方人员对软件需求的理解。同时，需求工程师还可借助自然语言来对用例图中的用例图符给出具体的细节刻画。本小节先介绍 UML 用例图及其用法，5.5.4 小节将介绍如何用 UML 用例图来描述初步软件需求。

UML 用例图用于表示一个系统的外部执行者以及从这些执行者的角度所观察到的

系统功能。它可用于刻画一个软件系统的功能需求。在软件需求获取阶段，需求工程师通常借助用例图来刻画软件系统的功能，从而建立软件系统的用例模型。一般地，一个软件系统的用例模型包含一到多幅用例图。

用例图中有两类节点，一类是执行者（actor），另一类是用例（use case）。用例图中的边用于表示执行者与用例之间、用例与用例之间、执行者与执行者之间的关系。矩形框表示所研究系统的边界。图 5.6 描述了"12306"软件的用例图，它仅刻画了该软件的部分功能。

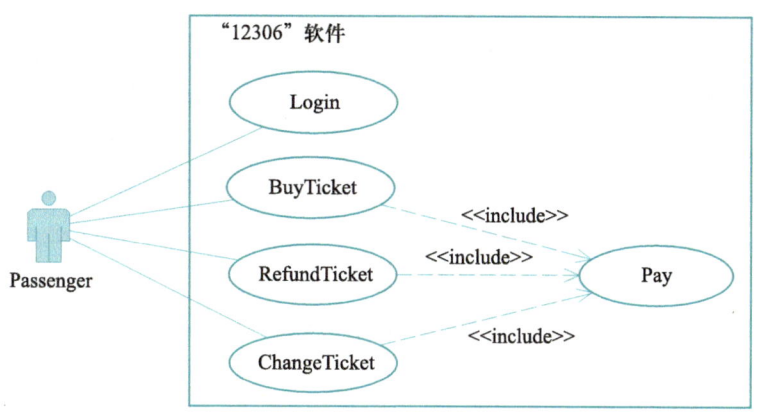

图 5.6 "12306"软件的用例图

1. 执行者

执行者是指处于系统之外并且使用软件系统功能、与软件系统交换信息的外部实体。执行者可以表现为一类具体的用户，也可以是其他软件系统或物理设备。例如，图 5.6 所示的用例图描述了"12306"软件有一个名为"Passenger"（即旅客）的执行者。

2. 用例

用例表示执行者为达成一项相对独立、完整的业务目标而要求软件系统完成的功能。对于执行者而言，用例是可观察的、可见的，具体表现为执行者与软件系统之间的一系列交互动作序列，以实现执行者的业务目标。例如，图 5.6 所示的用例图描述了"12306"软件具有 5 个用例："BuyTicket"（买票）、"RefundTicket"（退票）、"ChangeTicket"（改签车票）、"Login"（登录）和"Pay"（支付）。

3. 关系

用例图通过边来连接不同的用例、不同的执行者以及用例与执行者，不同的边表示不同的关系信息。

（1）执行者与用例间的关系

在用例图中，如果一个执行者可以观察到系统的某项用例，那么意味着执行者与用例间存在着某种关系，需要在执行者与用例间绘制一条连接边。执行者与用例间关系的内涵具体表现为执行者触发用例的执行，向用例提供信息（如输入信息）或者从用例获取信息（如显示信息）。例如，执行者"Passenger"需要使用系统的用例"BuyTicket"，因而这两个节点间存在一条连接边，表示"Passenger"执行者会触发"BuyTicket"用例的执行，"BuyTicket"用例会向"Passenger"返回购票结果的相关信息。

（2）用例之间的关系

用例间有三类关系：包含（include）、扩展（extend）和继承（inherit）。

① 如果用例 B 是 A 的某项子功能，并且建模者确切地知道 A 所对应的动作序列何时将实施 B，则称用例 A 包含用例 B，用标注"<<include>>"符号的边来表示。例如，"BuyTicket""RefundTicket""ChangeTicket"三个用例都需要用到"Pay"子功能，因而它们之间存在包含关系。包含关系可将多个用例中公共的子功能项提取出来，以避免重复和冗余。

② 如果用例 A 与 B 相似，但 A 的功能较 B 多，A 的动作序列是通过在 B 的动作序列中的某些执行点上插入附加的动作序列而构成的，则称用例 A 扩展用例 B，用标注"<<extend>>"符号的边来表示。

③ 如果用例 A 与 B 相似，但 A 的动作序列是通过改写 B 的部分动作或扩展 B 的动作而获得的，则称用例 A 继承用例 B，用带有空心箭头的实线来表示。

（3）执行者之间的关系

如果两个执行者之间存在一般和特殊关系，那么它们之间就具有继承关系，在用例图中可以用继承边来表示。

绘制用例图和构建用例模型时需要遵循以下一组策略：每个执行者至少与一个用例相关联，否则这样的执行者对软件系统而言就没有意义；除了那些被包含、被扩展的用例外，每个用例至少与一个执行者相关联，否则这样的用例也没有意义。

5.5.4 UML 用例图描述

需求工程师可以借助用例图，基于以下的步骤和方法来描述初步软件需求，建立软件的用例模型。

1. 识别和表示软件的执行者

需求工程师识别出软件的利益相关者并将其抽象为软件系统的执行者，用相关的图符来表示。

2. 描述软件的用例

从软件每个执行者的视角来观察软件，识别出一组系统行为并抽象表示为用例，从而形成软件系统的用例列表，用相应的图形符号来表示。在执行者与用例之间绘制一条边，意指执行者与用例之间存在交互。

示例 5.9 "空巢老人看护"软件的执行者及用例

根据对"空巢老人看护"软件的理解，该软件系统有以下一组执行者：老人、家属、医生、机器人、系统管理人员和时钟。站在这些执行者的视角，该软件系统具有如表 5.2 所示的一组用例。

表 5.2 "空巢老人看护"软件的用例列表

用例名称	用例标识	执行者	用例描述
监视老人	UC-MonitorElder	家属、医生	获取老人视频、图像和语音等信息，分析老人状况，出现异常时通知家属和医生
控制机器人	UC-ControlRobot	家属、医生	在远端控制机器人移动
视频/语音交互	UC-BiCall	家属、医生、老人	实现老人与家属和医生间的语音视频交互
提醒服务	UC-AlertService	时钟、老人，机器人	提醒老人按时服药和保健
自主跟随老人	UC-FollowElder	机器人、老人	控制机器人，使其随老人的移动而移动，并保持安全距离
获取老人信息	UC-GetElderInfo	机器人	获取老人的视频、图像和语音等信息
用户登录	UC-UserLogin	家属、医生、管理员	用户通过账号和密码登录系统
系统设置	UC-SetSystem	管理员	配置系统信息，如用户信息、安全移动速度、安全距离等
检测异常状况	CheckException	家属、医生	检测老人是否处于异常状态
通知异常状况	NotifyException	家属、医生	将老人处于异常状况的信息通知给家属和医生

对于识别出的每一个软件用例，需求工程师还可对它们进行必要的分解，以加强对用例的组织和理解。例如，可将业务上相关或功能上相似的多个用例合并为一个用例；通过用例之间的包含关系，分解产生多个用例中的公共子过程。如果一个用例的粒度太大、包含的功能太多，可以对其进行适当分解，产生一组粒度较小、任务和目标更为明确的用例；反之，如果有多个用例较为独立和分散，可以考虑将它们加以合并以形成一个粒度更大的用例。

示例 5.10   "空巢老人看护"软件中"监视老人"用例的分解

针对"监视老人"用例，考虑到它涉及的功能多、粒度大，可以将该用例分解为一组用例，包括"获取老人信息""检测异常状况""通知异常状况"三个用例，并描述"监视老人"用例与这三个分解用例之间的包含关系。

需求工程师还可针对每一个用例，大致分析其基本的交互动作序列，描述用例所涉及的基本行为。一个用例通常包含一系列交互动作序列，它刻画了为达成用例目标，用例的执行者与软件系统之间的一系列交互事件，反映了它们之间的分工和协作。用例的基本交互动作序列是指在不考虑任何例外的情况下最简单、最直接的交互动作序列。在描述交互动作序列时，要从执行者的视角来描述系统行为的外部可见效果，尽量避免描述系统内部的动作。此时需求工程师不必追究用例的具体细节，也无须考虑非典型的应用场景或异常处理。

示例 5.11   "空巢老人看护"软件中"用户登录"用例的基本交互动作序列描述

用例名：用户登录

用例标识：UC-UserLogin

主要执行者：家属、医生、管理员

目标：通过合法身份登录系统以获得操作权限

范围："空巢老人看护"软件

前置条件：使用 App 时

交互动作：

（1）用户输入账号和密码

（2）系统验证用户账号和密码的正确性和合法性

（3）验证正确和合法则意味着登录成功

一般情况下，执行者和软件系统之间会按照基本交互动作序列来执行，但是当某些特殊情形出现时，二者之间的交互会出现其他分支，或者说会采用其他方式来进行交互。扩展交互动作序列是指在基本交互动作序列的基础上，对特殊情形引发的动作序列进行描述，以分析执行者与软件系统之间的其他交互情况。一般地，导致出现执行分支的原因主要来自以下两种情况：一种是存在不同于基本交互动作序列的非典型应用场景，如在"用户登录"用例中，用户输入的账号和密码错误，此时基本的交互动作序列不可执行，需要用户重新输入账号和密码。另一种是执行者在交互过程中产生了基本交互动作序列无法处理的异常情况。需求工程师可基于上述两种情况来扩展交互动作序列，从而获得关于用例新的交互动作序列，得到用例更为详细和完整的需求信息。

示例 5.12 "空巢老人看护"软件中"用户登录"用例的扩展交互动作序列描述

用例名：用户登录

用例标识：UC-UserLogin

主要执行者：家属、医生、管理员

目标：通过合法身份登录系统以获得操作权限

范围："空巢老人看护"软件

前置条件：使用 App 时

交互动作：

（1）用户输入账号和密码

（2）验证用户输入账号和密码的合法性，如不合法

（2.1）提示并要求重新输入账号和密码

（3）验证用户账号和密码的正确性

（4）如正确则登录成功，否则

（4.1）提示用户并要求重新输入账号和密码，转到（2）

（4.2）如果输入账号和密码登录不成功次数超过 3 次，则结束用户登录

（4.3）如果用户要求提示密码，则给用户账号预留的邮箱发送密码信息

　　严格分离基本交互动作序列和扩展交互动作序列，既可以防止过早陷入用例中的处理细节，也可以保持用例描述的简洁性。扩展交互动作序列可以帮助需求工程师获得关于软件需求更为详尽的细节，进一步促进对软件需求的理解和认识。需要强调的是，需求工程师要尽可能使用应用领域的业务术语与简洁的词汇来准确表述用例图中的用例、执行者和交互。例如，采用名词或名词短语表述执行者和交互信息项，用动词或动词短语表述用例及其与执行者间的交互，采用业务而非技术术语描述每个动作和行为。下面示例了"空巢老人看护"软件中其他用例的基本描述。

示例 5.13 "空巢老人看护"软件中其他用例的基本描述

用例名：监视老人

用例标识：UC-MonitorElder

主要执行者：家属、医生

目标：掌握老人状况，获取突发异常状况信息

范围："空巢老人看护"软件

交互动作：

（1）从机器人处获取老人的视频、图像和声音等信息

（2）分析老人信息，检测是否出现异常（如摔倒、表情痛苦等）情况

（3）如果出现异常，将该异常信息通知给家属和医生

用例名：控制机器人

用例标识：UC-ControlRobot

主要执行者：家属、医生

目标：基于手机端 App 控制机器人移动，在适当的位置监视老人的状况，获取老人信息

范围："空巢老人看护"软件

前置条件：当老人出现异常状况时，或者需要更为准确地掌握老人状况时

交互动作：

（1）用户发出机器人控制命令

（2）软件根据命令向机器人发出执行指令

（3）机器人执行指令，并将运动状况和结果反馈给软件

（4）显示控制命令的执行情况

用例名：视频／语音交互

用例标识：UC-BiCall

主要执行者：老人、家属和医生

目标：老人与家属和医生间进行视频和语音交互

范围："空巢老人看护"软件

前置条件：任何一方需要时

交互动作：未明确

用例名：提醒服务

用例标识：UC-AlertService

主要执行者：时钟、老人、机器人

目标：提醒老人按时服药和保健

范围："空巢老人看护"软件

前置条件：当到达设定的时间时

交互动作：

机器人移动到接近老人的安全距离

播放语音提醒老人按时完成相关事务（如服药和保健）

用例名：自主跟随老人

用例标识：UC-FollowElder

主要执行者：机器人

目标：控制机器人，使其始终与老人保持在可观察和安全的距离

范围："空巢老人看护"软件

前置条件：当老人发生移动或机器人与老人的距离太大难以观察老人时

交互动作：未明确

用例名：获取老人信息

用例标识：UC-GetElderInfo

主要执行者：机器人

目标：获取老人的视频、图像和语音等信息

范围："空巢老人看护"软件

前置条件：当系统处于"监视老人状态"时

交互动作：

（1）控制机器人移动到可观察老人的安全距离

（2）通过机器人传感器获取老人的视频、图像和语音等信息

（3）将老人信息通过互联网传送到家属和医生的 App 上

用例名：系统设置

用例标识：UC-SetSystem

主要执行者：管理人员

目标：配置系统，设置系统参数

范围："空巢老人看护"软件

交互动作：

（1）显示和配置系统参数

（2）保存系统参数

用例名：检测异常状况

用例标识：CheckException

主要执行者：无

目标：分析老人信息以发现老人出现的异常状况

范围："空巢老人看护"软件

交互动作：未明确

用例名：通知异常状况

用例标识：NotifyException

主要执行者：无

目标：将老人出现异常状况的信息通知家属和医生

范围："空巢老人看护"软件

交互动作：未明确

3. 绘制软件的用例模型

一旦明确了软件系统的外部执行者、用例集及其之间的关系，需求工程师就可绘制软件系统的一幅或多幅用例图，建立软件系统的用例模型。如果软件系统较为简单，则通常一张 UML 用例图即可刻画软件的用例模型；如果系统较为复杂，包含若干子系统，每个子系统也有复杂的用例，则需绘制多张 UML 用例图，从而完整和清晰地表述整个系统的用例及其关系。

示例 5.14   "空巢老人看护"软件的用例模型

图 5.7 描述了"空巢老人看护"软件的用例模型。它刻画了系统中的执行者：老人、家属、医生、管理员、机器人、时钟，这些执行者可观察的用例：控制机器人、监视老人、用户登录、视频 / 语音交互、获取老人信息、自主跟随老人、检测异常状况、通知异常状况、提醒服务、系统设置，以及执行者与用例之间、用例与用例之间的关系。

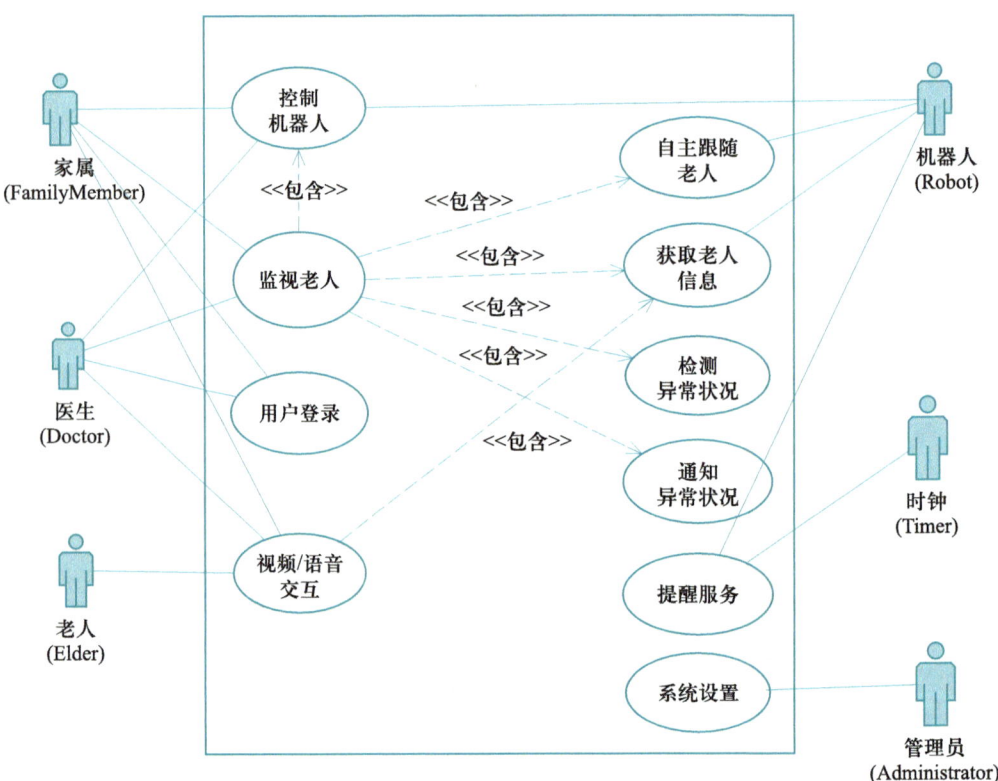

图 5.7   "空巢老人看护"软件的用例模型

5.5.5 撰写软件文档

获取软件需求工作完成之后，需求工程师可以撰写一个"初步软件需求描述"文档。该文档主要记录和描述待开发软件系统欲解决的问题、基于软件的问题解决方案、软件系统的主要功能需求和非功能需求等。在撰写该文档时，需求工程师需要将注意力聚焦在整体层面的软件需求，不要过多陷入需求细节，并力求做到表达准确和语言简练。

下面的示例描述了"初步软件需求描述"文档的内容结构。

> **示例 5.15 "初步软件需求描述"文档的内容结构**
>
> 1. 软件背景介绍
>
> 介绍与本软件系统相关的应用领域及背景。
>
> 2. 欲解决的问题
>
> 说明本软件系统欲解决什么样的问题。
>
> 3. 软件解决方案
>
> 说明如何基于软件来解决问题，包括集成了哪些硬件和设备、已有的系统和服务，不同系统所承担的职责，软件与这些系统之间的交互。
>
> 4. 软件的功能需求描述
>
> 说明软件系统包含哪些主要的功能需求，可绘制软件的用例图，描述各个用例的行为。
>
> 5. 软件的非功能需求描述
>
> 说明软件系统包含哪些主要的非功能需求，包括质量需求和软件开发约束需求。
>
> 6. 可行性及潜在风险
>
> 从技术、条件、进度等方面讨论该软件开发的可行性及可能存在的风险。

需求工程师可以将"初步软件需求描述"文档发给不同的人员，一起分享和讨论所获取的软件需求，评审初步软件需求中的问题，对其进行改进，并以此指导后续的需求分析工作。

5.6 评审初步软件需求

上述工作完成之后，将产生一组与需求相关的软件制品。需求工程师、业务领域专家、用户和客户代表、软件项目经理等需要围绕这些软件制品，一起评审初步软件需求，并从多个方面分析其可行性。

5.6.1   输出的软件制品

获取软件需求的工作结束之后将输出以下一些软件制品，每种制品从不同的角度、采用不同的方式描述了初步软件需求。

① 软件原型。该制品以可运行软件的形式展示软件的业务流程、操作界面、用户输入输出等功能需求信息。

② 软件用例模型。该制品以可视化图形符号的形式刻画软件系统的执行者、边界、用例及其相互关系，描述软件的功能需求。

③ 软件需求文档。该制品以自然语言的方式描述初步软件需求，包括功能和非功能软件需求。

5.6.2   评审初步软件需求

确认和验证软件需求通常采用多方评审的方式。初步软件需求的评审工作主要针对获取软件需求阶段所产生的初步软件需求制品，包括软件原型、用例模型和需求文档，旨在确认用户和客户的各项软件需求，发现初步软件需求中存在的问题，分析各项初步软件需求的可行性，防止将有问题的初步软件需求带入后续的软件开发阶段。

需求工程师可通过组织需求评审会议，召集用户、客户、项目经理等多方人员一起，围绕软件欲解决的问题，基于软件的解决方案、软件功能和用例、软件的非功能需求等，针对以下几个方面进行集体评审：

① 中肯性。软件问题是否反映了实际问题，是否有现实意义和价值。

② 合理性。基于软件的解决方案是否科学和合理。

③ 完整性。各项软件需求是否覆盖了利益相关者的期望和要求，是否遗漏了重要的软件需求。

④ 必要性。每一项软件需求是否有必要，与软件产品的目标是否一致，是否有助于软件问题的解决。

⑤ 溯源性。每一项软件需求是否都有其来源并且对来源做了标注。

⑥ 准确性。对软件需求的描述是否清晰和准确地反映了软件需求的内涵。

⑦ 正确性。对软件需求的理解和描述是否正确反映了该需求提出者的真实想法和关注点。

⑧ 一致性。软件需求文档、用例模型以及软件原型对软件系统需求的表述（包括术语等）是否一致。

⑨ 可行性。各项软件需求是否存在技术、经济、进度等方面的可行性问题。

通过集体评审，可发现初步软件需求存在的缺陷和问题，多方人员需一起讨论并加以解决。

5.6.3　软件需求可行性分析

软件需求评审工作还有一项重要的任务是分析软件需求的可行性。利益相关者在提出软件需求时可能只关注他们的期望和诉求，没有认真考虑实现这些软件需求的可行性。实际上，软件产品的开发是一项工程，会受到成本、资源、进度、技术等多种因素的制约和影响。因此，需求工程师须围绕以下几个方面逐项分析软件需求的可行性：

① 技术可行性。软件需求的实现需要哪些技术，相关的技术是否成熟，现有技术能否支撑软件需求的实现，软件项目团队是否已经掌握了某些关键技术等。

② 设备可行性。基于软件的解决方案需要哪些设备或系统，软件项目团队是否已经具备了这些设备和系统。

③ 进度可行性。软件用户或客户对软件提出什么样的进度要求，针对开发团队的人力资源及技术水平，能否遵循进度约束开发出满足这些需求的软件产品。

④ 成本可行性。基于软件项目成本约束，软件项目团队能否开发出满足软件需求的产品。

⑤ 商业可行性。软件需求是否有商业价值，能否获得用户的青睐以及市场的认可，针对这些软件需求的投入能否获得预期的收益。

⑥ 社会可行性。当前软件系统已成为国家和社会的重要组成部分，需要从社会的角度评估软件的各项需求是否遵守社会道德、文化伦理、法律法规、行业标准等，或者与它们是否存在冲突。

本章小结

本章聚焦软件需求获取这一核心内容，介绍软件需求的来源、需求获取的方式和方法，讨论软件需求获取面临的困难，阐述获取软件需求的具体步骤和过程，并结合具体的案例详细介绍如何开展获取软件需求的具体工作，包括明确问题和软件解决方案、导出和构思软件需求、描述和评审初步软件需求。概括而言，本章具有以下核心内容：

- 软件需求源自软件的利益相关者，可以表现为用户、客户、系统和软件开发者等多种形式。

- 软件需求的获取可以采用多种形式，包括从利益相关者处导出需求、开发者构思软件需求、参考和重用已有软件需求、大众群体贡献软件需求以及分解整个系统的需求来产生软件需求等。

- 需求工程师须和用户、客户等一起，通过面谈、问卷调查、业务分析、现场考察、群体贡献、头脑风暴、软件原型等多种方法来获取软件需求。

- 软件需求不等同于业务流程，而是要基于软件对业务流程进行优化和重组，形成软件可以处理的形式，并能有效促进业务问题的解决。为此，软件系统的利益相关者在提出软件需求时，常常面临说不清、道不明的困境。

- 获取软件需求是一项创造性的工作，是软件创作的代表性工作之一。

- 需求工程师需要在掌握领域知识、分析业务问题的基础上，协助用户和客户导出软件需求，有时甚至需要代表软件的利益相关者构思出软件需求。

- 获取软件需求的过程大致可分为 4 个步骤：明确软件问题和软件解决方案、导出和构思软件需求、描述初步软件需求、评审初步软件需求。

- 任何软件都试图解决特定领域和行业的问题，要获取软件需求，首先必须要明确软件欲解决什么样的问题。

- 软件可作为一种重要工具，连接各种物理设备和信息系统，从而为业务问题的解决提供方案。因此，当前越来越多的软件系统表现为人机物共生系统、系统之系统。

- 需求工程师需要通过与软件利益相关者交互，从他们的视角出发导出软件需求。

- 在获取软件需求的过程中必须进行溯源工作，明确每一项软件需求源自何处，防止无用和没有价值的软件需求。

- 需求工程师可以综合运用自然语言、软件原型、用例图等多种方式来描述初步软件需求，每种需求描述方法各有其优缺点。

- 用例图刻画了系统的外部执行者以及从这些执行者角度所看到的系统功能，可用于描述软件系统的功能需求。

- 用例图的节点表示执行者和用例，边表示执行者之间、执行者与用例之间、用例之间的关系。需求工程师需要正确掌握用例图的图符及其使用方法。

- 需求工程师需要联合多方对获取的初步软件需求进行评审，以发现初步软件需求中存在的问题，对其改进和完善。

- 需求工程师需要从技术、进度、人员、经费、市场等多个方面对获取的初步软件需求进行可行性分析，以尽早发现初步软件需求中潜在的风险，剔除不可行的软件需求。

- 需求工程师和用户可借助各种软件工具的支持，开展需求获取、管理、建模和描述、配置管理等工作。

推荐阅读

KLAUS P, RUPP C. 需求工程基础: 需求工程专业认证考试学习指南基础级 /IREB 标准 [M]. 2 版. 夏勇, 王晓滨, 陈德超, 译. 北京: 清华大学出版社, 2019.

本书是需求工程专业认证（CPRE）基础级官方教材。本书针对需求工程专业人士认证考试, 根据国际需求工程委员会制定的大纲编写, 包括需求获取、文档记录、验证、确认和协商、管理, 并介绍了软件需求工具。本书适用于准备进行认证培训和认证考试复习的专业人士。Pohl Klaus 和 Chris Rupp 是软件工程领域的知名学者, IREB（国际需求工程委员会）的共同创办人。

基础习题

5-1　请选择一个自己常用的软件, 分析该软件欲解决一个什么样的问题以及如何通过软件来解决问题。

5-2　针对 "12306" 软件, 分析该软件的利益相关者有哪些, 说明他们对该软件提出什么样的功能和非功能需求。

5-3　软件的利益相关者有哪些形式？结合开源软件实践, 说明为什么开发者也是软件的利益相关者, 也会对软件提出期望和要求。

5-4　机器人软件是一类特殊的软件系统, 它要完成各种计算, 规划机器人的行为, 控制机器人的运行。请分析机器人软件与机器人硬件之间的关系, 并从机器人硬件的视角, 分析它会对机器人软件提出什么样的要求。

5-5　为什么要从分析软件的利益相关者入手来获取软件需求？

5-6　请说明获得软件需求的具体步骤。

5-7　能否用 UML 的用例图来描述软件的非功能需求, 为什么？通常应采用何种方式来描述软件的非功能需求？

5-8　针对 "12306" 软件, 将自己视为该软件的用户, 试说明对该软件会提出哪些功能需求。目前的软件版本已经实现了哪些软件需求？还有哪些软件需求没有实现？已经提供的软件功能有哪些是你所不需要的？

5-9　针对 "12306" 软件, 将自己视为该软件的用户, 试说明对该软件会提出哪些质量需求, 并分析当前的软件版本是否实现和满足了你的需求。

5-10　请用 UML 用例图描述 "12306" 软件的需求, 要求正确使用 UML 的图符以及准确描述该软件的需求。

5-11　"12306" 软件提供了退票功能, 请用自然语言详细描述该用例的基本交互动作序列和扩展交互动作序列。

5-12   在 UML 用例图中，矩形框表示软件的边界，请说明为什么要描述软件的边界，为什么执行者处于软件的边界之外？

5-13   在 UML 用例图中，执行者与用例之间通常用一条边来表示二者之间的关系，请说明这条边刻画了执行者与用例间的什么关系？可以是单向边吗？

5-14   为什么要对软件需求进行可行性分析？要从哪些方面进行可行性分析？

5-15   请说明为什么获取软件需求是一项软件创作活动。

5-16   在获取软件需求阶段所得到的软件需求可能会存在哪些方面的问题？

5-17   初步软件需求的评审需要哪些人员来参加？为什么？

5-18   获取软件需求工作结束后会产生哪些软件制品？这些软件制品之间存在什么样的关系？为什么要对初步软件需求进行文档化的描述？

5-19   学习 IBM Rational RequisitePro 软件，分析它提供了哪些核心功能来支持获取软件需求的工作。

5-20   为什么要对软件需求开展溯源工作？该工作有何意义和价值？

5-21   如果一项软件需求项存在质量问题（如无意义、没有价值等），会对后续的软件开发带来什么样的问题？

5-22   如果一项软件需求项存在可行性问题，但是在需求分析阶段没有发现，会对这个软件项目的开发产生什么影响？请举例说明。

综合实践

1. 综合实践一

实践任务：构思开源软件的新需求。

实践方法：采用集体讨论的方式构思开源软件的新需求，结合实际问题构思软件需求，以完善开源软件的功能和性能。

实践要求：所构思的软件需求要有意义和价值，存在技术可行性，具有一定的规模，需用 1 000 行以上的代码加以实现；用自然语言和 UML 用例图来描述所构思的软件需求，撰写相应的软件需求文档。

实践结果：UML 用例图模型和软件需求描述文档。

2. 综合实践二

实践任务：构思待开发软件系统的需求。

实践方法：构思软件需求，也可借助互联网大众的力量来帮助构思需求；从分析软件的利益相关者入手，站在他们的视角来构思软件需求，以解决软件问题；要从规模、创新、可行性等多个方面分析所构思的软件需求，确保其质量，满足实践的基本要求；借助 UML 用例图来刻画初步软件需求，参考示例 5.15 撰写初步软件需求的文档。

实践要求：结合软件欲解决的问题以及基于软件的解决方案构思软件需求，要求所构思的需求有意义和价值、软件功能有新意、各项软件需求存在技术可行性，确保整个软件系统有一定的规模，需用 10 000 行以上的代码加以实现，需逐项讨论每一项软件需求的可行性。

实践结果：初步软件需求的 UML 模型和软件文档。

第 6 章

分析软件需求

　　分析软件需求工作在整个需求工程中扮演着极为重要的角色，起到"承上启下"的关键作用。所谓"承上"是指，分析软件需求是对上一阶段（即获取软件需求）所产生的初步软件需求的进一步精化（refine），以获得软件需求的具体细节，确保软件需求的质量。所谓"启下"是指，分析软件需求的输出制品（即软件需求模型及软件需求规格说明书）是指导后续软件设计的基础和前提，只有分析软件需求工作做好了，后续的软件设计工作才能做好。

本章主要介绍分析软件需求工作的目的、任务、过程和策略，描述支持软件需求表示的 UML 模型及语言；结合"空巢老人看护"软件案例，详细阐述面向对象的需求分析方法学，包括分析和确定软件需求的优先级、分析和建立软件需求的 UML 模型、文档化软件需求、确认和验证软件需求。读者可带着以下问题来学习和思考本章的内容：

- 既然已经获得了初步软件需求，为什么还要对软件需求进行分析和建模？

- 应采用什么样的方法和策略来分析软件需求？

- 借助 UML 的哪些图可描述软件需求，建立需求模型？

- 分析软件需求完成之后，会产生和输出哪些软件制品？

- 为何要确定软件需求的优先级？确定软件需求优先级时要考虑哪些因素？

- 建立用例交互模型的目的是什么？交互模型要细化到什么程度？

- 分析类模型可用于刻画软件需求的哪方面信息？类图中的类为何称为分析类？

- 如何撰写软件需求规格说明书？要注意哪些方面的问题？

- 为什么要确认和验证软件需求制品，哪些人员应参与软件需求的评审工作？应该对软件需求制品的哪些内容进行评审？

6.1 分析软件需求概述

获取软件需求阶段所得到的初步软件需求并不足以有效支持后续的软件设计工作。需求工程师需要针对初步软件需求的不足与后续软件设计的要求来进一步分析软件需求，以获得内容更翔实、表达更清晰、质量更高、可有效指导设计的软件需求。

6.1.1 为何要分析软件需求

在获取软件需求阶段，尽管需求工程师从软件利益相关者处获得一组软件需求，但是从软件设计者的角度，这些软件需求尚存在下述诸多问题，不足以支持他们开展软件设计工作。

1. 需求不详尽

初步软件需求中有关软件需求的描述是十分粗略的，只给出了功能和非功能需求的概括性表述，没有提供软件需求的细节性内容。例如，软件用例功能在什么情况下发生、与哪些用户存在什么样的交互、有哪些对象会参与其中并发挥什么样的作用、系统需要展示什么样的行为等。如果缺乏这些详细的软件需求信息，软件设计工程师将很难开展软件设计工作。需要说明的是，上述需求细节仍然关注于软件需求本身，回答软件"能做什么"而非"如何来实现这些功能"。

2. 表达不清晰

在获取软件需求阶段，需求工程师通常采用自然语言描述初步的软件需求。这一表示方式虽然易于理解，但是不直观，阅读和理解起来比较费劲，而且存在二义性和歧义性问题。软件原型的表示方式虽然直观，但是它只能聚焦于用户与软件的交互方式和界面。用例模型的表示方法虽然提供了图符来描述软件用例的概况，但是它仅能刻画软件用例及其关系，无法描述完成用例的具体行为。因此，针对软件需求的描述仍然不够清晰、直观和翔实。

3. 关系不明朗

初步软件需求的需求项之间实际上存在多样化的关系，相互影响和制约。一个软件需求的功能可能依赖于另一个软件需求的功能，软件的某项质量需求可能作用于软件的另一项功能需求。显然，软件需求项之间的关系分析对于指导软件设计、管理软件需求变化等非常重要。在获取需求阶段，需求工程师尚未深入分析不同软件需求项之间的关系。

4. 存在潜在缺陷

在获取软件需求阶段，虽然用户可以通过评审的方式参与初步软件需求的确认，但由于缺乏对软件需求的深入分析,一些潜在的需求缺陷难以被发现。需求工程师、用户和客户等无法清晰地界定某些软件需求的必要性,难以澄清软件需求中潜在的不一致、冲突、不准确等方面的问题。

5. 未区分不同需求项

初步软件需求未区分不同需求项。不同的软件需求项在软件项目中的地位和作用是不一样的,有些软件需求项极为关键和重要,属于核心软件需求;有些软件需求项起到锦上添花的作用,属于外围软件需求。无疑,需求工程师有必要鉴别初步软件需求中不同软件需求项的重要性差别,区分不同软件需求项的开发优先级。

6.1.2   分析软件需求的任务

分析软件需求工作的任务是基于前一阶段所获得的初步软件需求,以有效支持后续的软件设计工作为目标,通过与软件利益相关者更为深入的交流和沟通,进一步精化和分析软件需求,确定软件需求的优先级,建立软件需求模型,发现和解决软件需求缺陷,形成高质量的软件需求规格说明书(见图 6.1)。

微视频:软件需求分析的任务

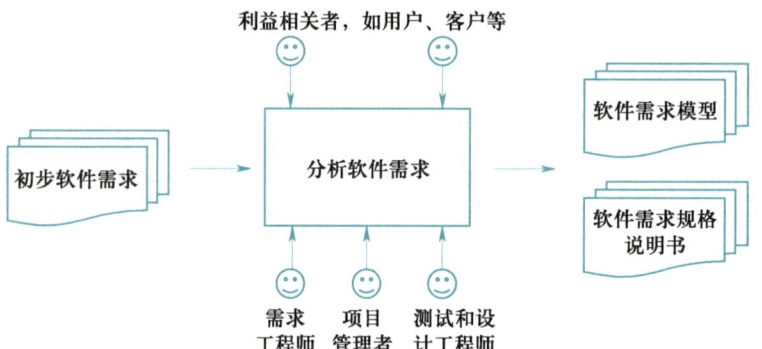

图 6.1   分析软件需求的任务

1. 精化软件需求

针对初步软件需求中的各项软件需求,需求工程师需与提出该需求的利益相关者进行更为深入的沟通,以挖掘和精化软件需求,获得更为具体和详尽的需求细节,包括每项软件功能需求所对应的行为、参与的系统对象以及它们之间的交互协同。

例如,针对"空巢老人看护"软件中"用户登录"这项功能需求,其实施涉及多个系统中的对象,包括用户"User"、管理员"LoginManager"、用户信息库"UserLibrary"等。其中,用户需要输入账号和密码(这反映了用户对象在用例实施过程中的行为),并将账号和密码信息发给管理员进行确认(这反映了对象之间的交互协同),管理员需要对接收到的用户账号信息进行分析（这反映了管理员在用例实施过程中的行为），并与用户信息库对象进行协同（这反映了对象之间的交互协同），以确认该账号和密码是否合法（这反映了用户信息库在用例实施过程中的行为），并将确认的结果信息返回给用户（这反映了对象之间的交互协同）。显然，以上描述提供了"用户登录"需求更为详细的细节，可为软件设计和测试工程师等开展软件设计和测试提供有效指导。

为了精化软件需求和获得需求细节信息，需求工程师须加强对领域知识和业务流程的理解，与软件需求的提出者进行更为深入和针对性的沟通，从需求参与对象、对象间的交互和协同、应具有的行为等方面来挖掘软件需求。

2. 建立软件需求模型

仅用自然语言描述软件需求的细节显然是不够的。上述"用户登录"软件需求项的自然语言描述不仅不直观，而且较为烦琐，不易于理解，容易产生二义性和歧义性问题。解决这一问题的方法就是用可视化图符的形式来描述软件需求细节，建立软件需求的图形化模型。

需求工程领域提供了多种软件需求建模方法和语言来帮助需求工程师建立软件需求模型，如数据流图、UML 等。需求工程师可借助建模语言提供的图符，从多个不同的视角和层次建立软件需求的多样化模型。例如，针对"空巢老人看护"软件，需求工程师可以为每一项功能需求绘制一个或多个用例交互模型，刻画用例功能的工作流程和行为细节；也可以绘制一个或多个类图，描述这些功能用例所涉及的领域概念和分析类及其之间的结构关系。

3. 分析需求间的关系

需求工程师需要从逻辑相关性的角度分析不同软件需求项之间的关系，此项工作有助于评估软件需求之间的关联性以及软件需求变化的影响域和范围。此外，需求工程师还需分析不同软件需求的重要性，如哪些需求是必须的，哪些需求是可要可不要的，以此来确定软件需求的优先级，即哪些需求要优先实现，哪些需求可以滞后交付。

需求工程师可借助软件需求模型（如用例图）来分析不同软件需求之间的关系。实际上，用例之间的"include""extend""inherit"等关系描述的就是用例间的逻辑关联性。此外，一项软件需求的重要性如何，取决于该项软件需求在解决软件问题中所起到的作用和所扮演的角色。例如，在"空巢老人看护"软件中，"监视老人"这项功能极为关键和重要，缺失了该功能整个软件就没有意义和价值，显然应列为优先开发。

4. 发现和解决需求问题

在初步软件需求中，由于软件需求只有粗略性的描述信息，因此一些问题尚未暴露。随着软件需求的不断精化和细化，以及对软件需求的直观和可视化建模，越来越多的软件需求问题和缺陷就会逐步显现，如多个软件需求的不一致问题、冲突问题、描述不准确和不正确问题等。

不同视角的可视化软件需求模型可帮助需求工程师有效地发现软件需求及其描述中存在的各类问题。针对这些问题，需求工程师需要与相关的利益相关者进行协调，就需求问题以及解决方法达成一致。例如，在"空巢老人看护"软件案例中，关于机器人与老人间的安全观察距离，老人期望机器人离其远一些，因而建议安全距离为 3 m，因为他担心机器人的移动影响他在家中的生活；老人的家属则希望机器人离老人近一些，以便更为准确和及时地获取老人信息和发现异常状况，因而建议安全距离为 2 m。为此，需求工程师需要与上述双方进行协调，就安全距离的大小达成一致。

5. 撰写和评审软件需求文档

在分析软件需求阶段，需求工程师最终要形成规范化的软件需求文档，以详细、准确和完整地描述软件需求。需求工程师可参照相关的标准和模板撰写软件需求文档，并邀请多方人员，采用评审等方式来确认和验证软件需求，以便尽早地发现并解决软件需求问题，避免将存在问题的软件需求带到后续的软件开发阶段。

6.2   软件需求模型及 UML 表示方法

在分析软件需求过程中，需求工程师需将利益相关者提出的各项软件需求记录下来、表达清楚，以便在不同人员之间进行交流和讨论。描述软件需求的方法有多种，其中可视化建模是一项极为常用和有效的方法。软件工程和需求工程领域提供了多种不同的方法和语言来支持软件需求建模。本节详细介绍软件需求模型及其三类 UML 表示机制：交互图、类图和状态图。

6.2.1   软件需求模型

软件需求模型是从某个视角对软件需求的抽象表示。根据面向对象的需求分析方法学基本思想，软件需求的面向对象模型基于面向对象的一组抽象和概念来刻画软件的功能和服务。需求工程师可从用例、行为、结构等视角分析和建立软件需求模型（见表 6.1）。

微视频：软件需求建模的 UML 图

表 6.1   基于 UML 的软件需求模型

需求模型	UML 表示机制	视角	软件需求的内涵	阶段
用例模型	用例图	用例	软件的功能及相互间的关系	获取软件需求
交互模型	交互图	行为	功能完成所涉及的对象及相互间的交互和协作	分析软件需求

续表

需求模型	UML 表示机制	视角	软件需求的内涵	阶段
状态模型	状态图	行为	对象的状态变化	分析软件需求
类模型	类图	结构	业务领域概念及相互关系	分析软件需求

1. 用例视角

基于该视角，需求工程师可描述和分析软件具有哪些功能、不同功能间存在什么关系、每项功能与软件的利益相关者存在什么样的交互。UML 提供了用例图来分析和描述用例视角的软件需求模型。在获取需求阶段，需求工程师可借助用例图来描述和分析软件的用例，建立用例模型。

2. 行为视角

基于该视角，需求工程师可描述和分析软件的用例是如何通过业务领域中的一组对象以及它们之间的交互来达成的。UML 提供了交互图、状态图来描述行为视角的软件需求模型。在分析软件需求阶段，需求工程师需针对用例模型中的每一个用例，绘制一个或多个交互图以建立用例的交互模型。状态图描述一个实体（如对象）在事件刺激下所实施的反应行为以及由此导致的状态变迁，可用于刻画业务领域中具有复杂状态的实体在其生存周期中的动态行为及状态变迁情况。

3. 结构视角

基于该视角，需求工程师可描述和分析业务领域有哪些重要的领域概念以及它们之间具有什么样的关系。UML 提供了类图来描述和分析业务领域的概念模型。领域概念对应于类图中的类，通常将其称为分析类，领域概念间的关系对应于类与类之间的结构关系。

6.2.2 交互图

UML 的交互图描述了系统中的一组对象通过消息传递而形成的协作行为。它可用于描述系统的功能、用例和服务是如何通过对象间的交互和协作来实现的。UML 提供了两种不同形式的交互图：顺序图和通信图，它们均可用于刻画系统中对象间的协作行为，只是在描述侧重点和关注角度上有所差别。顺序图强调的是对象间消息传递的时间顺序，而通信图突出的是对象间通过消息传递而形成的协作关系。这两个图的表达能力是等价的，且可相互转换，即用顺序图描述的协作行为模型同样也可以用通信图来表示，反之亦然。可将用顺序图描述的交互模型转换为具有等价语义的通信图模型，反之亦然。因此在建立交互模型时，需求工程师没必要同时绘制这两类图。

在分析软件需求阶段，需求工程师可借助交互图来分析用例的实现方式和业务流程，进而精化软件需求，建立软件需求的行为模型。

1. 顺序图

顺序图是一张二维图，图的纵轴代表时间，沿垂直方向向下流逝；横轴由参与交互的一组对象构成，每个对象有其生命线。连接两个对象的有向边表示对象间的消息传递。图 6.2 描述了"12306"软件中"查询车次"用例实现的 UML 顺序图。

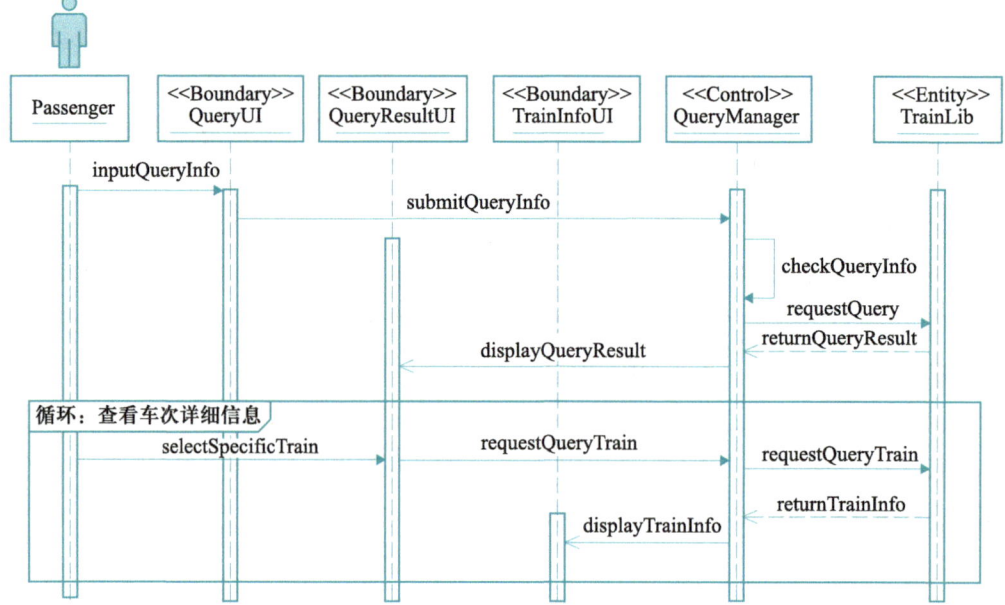

图 6.2 "12306"软件中"查询车次"用例实现的 UML 顺序图

概括而言，一张顺序图由两类图形符号构成：对象和消息传递。

（1）对象

在 UML 顺序图中，对象用矩形框或人形符号表示，其中人形符号表示一类特殊的对象，即软件的外部执行者。每个对象的名字嵌于矩形框内，采用形如"[对象名]：[类名]"的文本形式来描述，其中对象名、类名可分别省略。如果仅有类名，那么类名的文字下面必须有下划线，以表示由该类实例化所生成的对象。例如，"Passenger"表示是由"Passenger"类实例化得到的对象。

对象下面的垂直虚线是对象的生命线，表示对象存在于始于对象表示图元所处的时间起点、止于对象生命终结符之间的时间段内。对象执行操作的时间区域称为对象的活跃期，它由覆盖于对象生命线之上的长条形矩形表示。一个对象发送和接收消息时，该对象须处于活跃期中。

（2）消息传递

对象间的消息传递表示为对象生命线之间的水平有向边，消息边上可采用以下模式来标注消息的细节信息：

[∗]［监护条件］［返回值:＝］ 消息名［(参数表)］

其中:"∗"为迭代标记,表示同一消息对同一类的多个对象发送;当出现迭代标记时,监护条件表达式表示迭代条件,否则它表示消息传递实际发生的条件;返回值表示消息被接收方对象处理完成后回送的结果;一般地,消息名应采用动名词来表示,以便对消息的直观理解。

顺序图中的消息有以下几种类别,并用不同的图符表示(见图 6.3):

① 同步消息。此类消息表示消息的发送方对象需要等待消息接收对象处理完该消息后才能开展后续的工作。UML 用实心三角形箭头表示同步消息。例如,图 6.2 中的"requestQuery""requestQueryTrain"是同步消息,该消息的发送方需要等待消息的接收方返回处理的结果,之后才能继续做后续的工作。

② 异步消息。此类消息表示发送方对象在发送完消息后不等待接收方对象的处理结果即可继续自己的处理。也即消息发送方对象发完消息后就不管了,继续做自己的事情。UML 用普通箭头来表示。例如,图 6.2 中的"displayQueryResult"是一个异步消息,对象"QueryManager"发送完该消息后就可处理自己的事情,不用等待接收方对象的回复。

③ 返回消息。如果一条消息从对象 a 发给对象 b,那么其返回消息是一条从对象 b 指向对象 a 的虚线有向边。它表示原消息的处理已经完成,处理结果(如果有的话)沿返回消息传回。例如,"returnQueryResult"是一个返回消息,它反馈"requestQuery"消息的处理结果。

④ 自消息。它是指一个对象发送给自身的消息,即接收方对象就是发送方对象。例如,"checkQueryInfo"是一个自消息,对象"QueryManager"通过给自己发消息来完成检查输入的工作。

⑤ 创建消息和销毁消息。它们分别表示创建和删除消息传递的目标对象,消息名称分别为"create""destroy",或者在消息边上标注构造型 <<create>><<destroy>>。

MsgName	MsgName	MsgName	MsgName
同步消息	异步消息	返回消息	自消息

图 6.3 顺序图中不同消息类型的图符表示

2. 通信图

通信图同样由对象和消息传递两类图形符号构成。图中的节点表示对象,对象间的连线表示对象之间的消息通道。它可以是无向的,表示支持双向消息传递;或者是单向的,表示只能按照箭头的方向进行消息传递。对象间的连线上可以标示一到多条消息,每条消息都有其传递方向,用靠近消息的箭头来表示。每条消息可采用以下模式来标注其细节信息：

　　[序号][*][：][监护条件][返回值：＝] 消息名 [(参数表)][：返回类型]。
其中，"序号"表示消息层次化的数字或字符表示，如"2.1"表示第 2 个步骤的第 1 个
子步骤。

3. 构建用例交互模型时需遵循的策略

　　需求工程师在构建用例的交互模型时需遵循一组基本策略，以确保模型的可读性
和质量。下面以绘制顺序图为例加以说明：

　　① 根据对象所处的层次来组织对象在顺序图中的位置，接近用户界面的对象靠左，
接近后台处理的对象靠右。

　　② 尽量使消息边的方向从左至右来布局。

　　③ 在绘制顺序图时，要根据构建交互模型的不同目的决定顺序图描述的详尽程度，
既要防止在表述顺序图时陷入实现细节，又要防止在一张顺序图中表达各种可能的协作
情况，导致顺序图过于复杂，影响对系统对象协作关系的理解和分析。

6.2.3　类图

　　UML 的类图用于表示系统中的类以及类与类之间的关系，它刻画了系统的静态结
构特征。这里所说的系统既可以是计算机世界中的软件系统，也可以是现实世界中的应
用系统；既可以是整个系统，也可以是某个子系统。类图中的节点表示系统中的类及其
属性和方法，边表示类间关系。

　　在分析软件需求阶段，需求工程师可借助类图来分析和描述业务领域中的概念模
型。一般地，一个软件需求类模型可包含一到多幅类图。图 6.4 描述了"12306"软
件中"查询车次"用例的类图模型。它刻画了在"查询车次"这一功能中，系统有哪

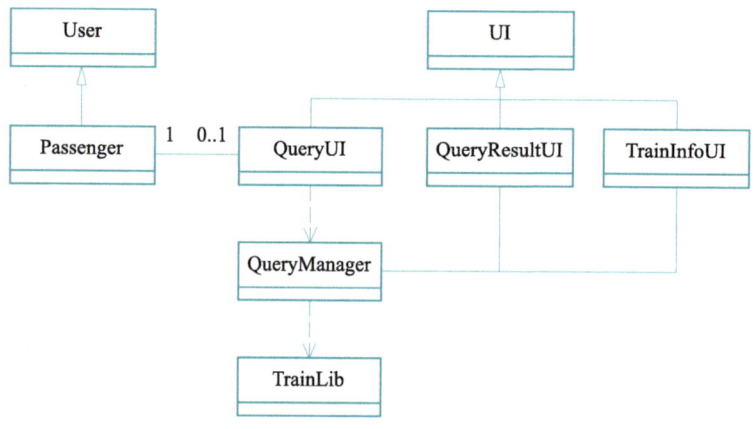

图 6.4　"12306"软件中"查询车次"用例的类图

些分析类、这些分析类之间有何关系。例如，"Passenger" 类是一类特殊的用户，它与 "QueryUI" 查询界面类之间存在关联关系，"QueryUI" 是一类特殊的用户界面，它依赖于 "QueryManager" 类所提供的功能。一般地，类图由两类图形符号构成：类和类间的关系。

1. 类

类是构成系统的基本建模要素，它封装了属性和方法，对外公开了访问接口，以提供特定的功能和服务。在绘制类图时，通常采用名词或名词短语作为类的名字。UML 类图中还有一种特殊的类称为 "接口"（interface），它是一种只提供了方法接口、不包含方法实现部分的特殊类。在表示接口时，通常在其名字的上方注明构造型 <<interface>>，以表示它是接口。一个类可能包含有属性和方法，通常用名词和名词短语描述类的属性，用动词和动词短语来描述类的方法。

UML 采用以下表示形式来描述类的属性：

[可见性] 名称 [：类型] [多重性] [＝初始值] [{约束特性}]

UML 采用以下表示形式来描述类的方法：

[可见性] 名称 [(参数表)] [：返回类型] [{约束特性}]

（1）可见性

无论是类、属性还是方法，都有对其进行访问的范围，也即类、属性和方法在什么范围内可被访问，或者是哪些范围内的对象可以访问类、属性和方法。一般地，可见性有三种形式：Public、Private 和 Protected。其中：Public 是指可对外公开访问，或者说任何对象均可访问；Private 是指私有的，不能为外部对象所访问，只有自己（即该类实例化所产生的对象）才可以访问；Protected 是指受保护的，只有特定的类对象才可以访问，如该类的子类对象。

（2）多重性

多重性描述了位于关联端的类可以有多少个实例对象与另一端的类的单个实例对象相联系，刻画了参与关联的两个类的对象之间存在的数量关系。UML 采用以下方式来表示不同的多重性：

- 1：表示 1 个
- 0..1：表示 0 个或 1 个
- 0..*：表示 0 个或任意多个
- 1..*：表示 1 个或任意多个
- $m..n$：表示 m 到 n 个
- $n..*$：表示 n 至任意多个

（3）约束特性

约束特性描述了类属性和方法的某些特定性质和特征。例如，某些属性的取值是有序的，因而将其约束特性描述为 {Order}。约束特性的描述有助于加强对类属性和方法的理解，指导其设计和实现。

在绘制类图时，根据建立类图的不同目的，有针对性地描述类的属性和方法。例如，在需求分析阶段，需求工程师可以暂时不需要标识类的属性和方法，或者只标注部分关键的属性和方法，以便将注意力聚焦于业务领域中的概念及其关系，有关这些类的属性和方法可以等到后续的设计阶段再详细定义。到了软件设计阶段，尤其是详细设计阶段，软件设计工程师必须标识每个类的属性及方法，描述其细节，如名称、可见性、参数及类型等，以指导软件系统的编码和实现。

2. 类间的关系

类图中类与类之间存在多种关系，包括关联、聚合与组合、继承、实现、依赖等。

（1）关联（association）

关联表示类与类之间存在某种逻辑关系，表达了一种极为普遍的类关系。UML 用实线表示关联关系。例如，图 6.4 中旅客"Passenger"需要通过"QueryUI"界面输入查询信息，这意味着"Passenger"和"QueryUI"两个类之间存在某种关联关系。两个类间的关联关系可以用连接两个类的边来表示，在边的两端可以标识参与关联的多重性、角色名和约束特性。角色名描述了参与关联的类的对象在关联关系中扮演的角色或发挥的作用。约束特性说明了针对参与关联的对象或对象集的逻辑约束。

（2）聚合（aggregation）与组合（composition）

聚合与组合是两种特殊的关联关系，均可用于表示类与类之间的整体—部分关系，即一个类的对象是另一个类的对象的组成元素，只不过它们在具体的语义方面有细微的差别。

如果两个类具有聚合关系，那么作为部分类的对象可以是多个整体类的对象中的组成部分，也即部分类的对象具有共享的特点，可以在多个整体类的对象中出现。例如，一位研究人员可以加入多个学术组织，既可以是中国计算机学会（CCF）的会员，也可以是 IEEE、ACM 的会员。UML 用空心菱形和实线表示聚合关系，菱形指向整体类。

相比较而言，如果两个类之间存在组合关系，那么部分类的对象只能位于一个整体类的对象之中，一旦整体类对象消亡，其中所包含的部分类对象也无法生存。从设计和实现的角度上看，整体类的对象必须承担管理部分类对象生存周期的职责。例如，一个对话框包含文本、按钮、多选框等图形化界面对象，一旦对话框不存在，那么这些图形界面元素也就不再存在。UML 用实心菱形和实线表示组合关系，菱形指向整体类。

（3）依赖（dependency）

依赖是一种特殊的关联关系，表示两个类之间存在某种语义上的关系。如果一个类 B 的变化会导致另一个类 A 必须做相应修改，则称 A 依赖于 B。例如，如果类 A 对象需要向类 B 对象发送消息 m，那么一旦类 B 的方法 m 发生了变化（如变更了名称或者参数），那么类 A 必须相应地修改其发送的消息，显然此时类 A 依赖于类 B。UML 用虚线和箭头表示依赖关系，箭头指向被依赖方。

（4）实现（implementation）

实现用于表示一个类实现了另一个类所定义的对外接口，它是一种特殊的依赖关系。通常，实现关系所连接的两个类，一个表现为具体类，另一个表现为接口。UML 用空心三角箭头加虚线表示实现，箭头方向是从具体类指向接口类。

（5）继承（inheritance）

继承表示两个类之间存在一般和特殊的关系，作为特殊的类（子类）可以通过继承共享一般类（父类）的属性和方法。继承关系实际上也是一种特殊的依赖关系。UML 用空心三角箭头加实线来表示继承，箭头由子类指向父类。

以上介绍的 UML 类间的关系及其表示图符如图 6.5 所示。

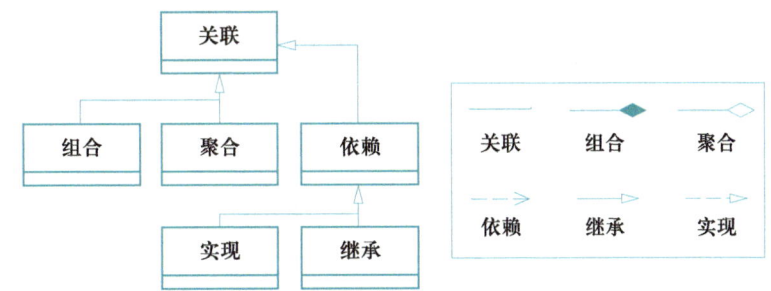

图 6.5　UML 类间关系及其表示图符

构建类模型和绘制类图时需要遵循以下一些策略：根据构建类图的不同目的描述类图中类的不同详尽程度，并采用不同的 UML 表示图元，如采用仅需描述类名称、隐藏类属性和方法的图元，或者隐藏方法部分的类图元，或者既包括属性也包括方法的类图元；尽可能地用接近业务领域的术语作为类图中类、属性和方法的名称。

6.2.4　状态图

状态图用来描述一个实体所具有的各种内部状态，以及这些状态如何受事件刺激、通过实施反应行为而改变。它刻画的是系统的动态行为特征。这里所说的实体既可以是某个对象，也可以是某个软件系统或其部分子系统，又可以是某个构件，但不是类。对于那些具有较为复杂状态的实体而言，绘制其状态图有助于理解实体内部状态是如何变迁的，并深入和详尽地分析实体的行为。软件开发人员可以在需求分析、软件设计等阶段，结合具体实体的实际情况（主要是要看实体是否具有多种状态），构建实体的状态图。

状态图中的节点表示实体的状态，边表示状态的变迁。图 6.6 描述了在"12306"软件中，一张车票（可视为是一个对象）所具有的状态及其变迁情况。

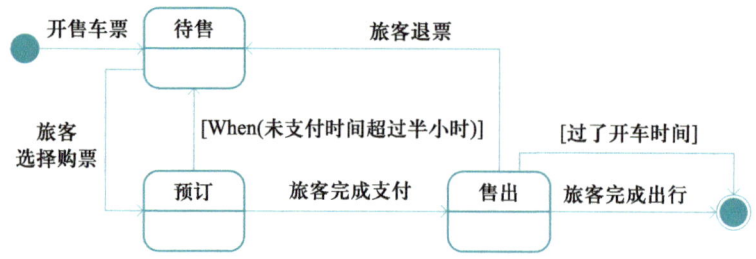

图 6.6　"车票"对象的状态图示例

1. 状态（state）

在对象生存周期中，其属性取值通常会随外部事件而不断发生变化。对象状态是指对象属性取值所形成的约束条件，用于表征对象处于某种特定的状况，在该状况下对象对同一事件的响应完全一样。随着对象属性取值的变化，对象的状态也随着发生变化。例如，针对某张车票对象而言，它可能会处于 { 待售，预订，售出 } 等状态集中的某个状态，并且其状态会随着外部事件的发生而变化，如处于"预订"状态的车票会由于用户完成了费用支付而转变为"售出"状态。UML 用圆角矩形来表示状态（见图 6.7）。

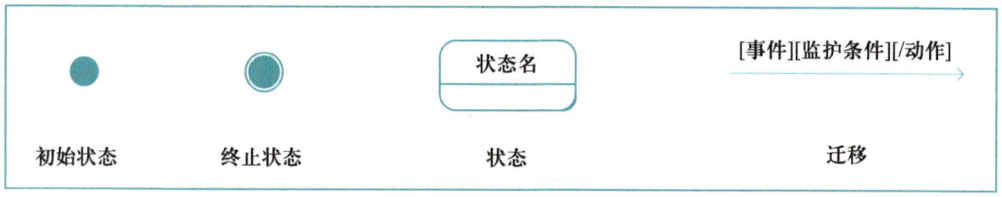

图 6.7　UML 状态图的图符表示

一个状态节点由状态名及可选的入口活动、do 活动、内部迁移、出口活动等诸多要素构成。它表示一旦对象经迁移边从其他状态进入本状态，那么本状态入口活动将被执行；当对象进入本状态并执行完入口活动（如果有的话）后，就应该执行 do 活动；内部迁移不会引起对象状态的变化，当对象离开该状态时将执行出口活动。最简单的状态仅包含状态名。状态图中有两种特殊的状态：初始状态和终止状态（见图 6.7）。

2. 迁移（transfer）

迁移表示对象从一个状态进入另一个状态，它由连接两个状态节点间的有向边来表示。有向边上可以标注"[事件] [监护条件] [/ 动作]"等信息（见图 6.7）。其中，"事件"表示触发状态迁移的事件，"监护条件"表示状态迁移需满足的条件表达式，"动作"表示状态迁移期间应执行的动作（action）。自迁移是一类源状态节点与目标状态节点相同的特殊迁移。

3. 事件（event）

事件是指在对象生存周期中所发生的值得关注的某种瞬时刺激或触动，如用户完成了车票费用支付、用户预订了车票等。它们将引发对象实施某些行为，进而导致对象

状态的变化。对象所关注的事件包括以下几种:

① 消息事件,即其他对象向该对象发送的消息,可表示为"消息名 [(参数表)]"。例如,如果旅客完成某张车票的费用支付,那么支付中心将向票务中心发送该张车票支付成功的消息,一旦接收到该消息,系统就将该车票设置为"售出"状态。

② 时间事件,即时间到达指定的观察点,如到达某个时刻。例如,如果某张车票的开车时间已过,那么该车票将处于"终止"状态。

③ 条件事件,即某个特定的条件成立或者得到满足,表示为"when(条件表达式)"。例如,如果某个旅客选择购买车票,但是在半小时之内没有完成支付,那么该车票将从"预订"状态变迁为"待售"状态。

4. 活动(activity)和动作

它们都指一种计算过程,二者之间的差异在于:动作位于状态之间的迁移边上,其行为简单、执行时间短;活动位于状态之中,其行为较为复杂、执行时间稍长。

构建状态图时需要遵循以下一组策略:一个状态图仅有一个初态,但是可以有多个终态;在软件需求分析和软件设计等阶段,无须为所有的对象构建状态模型,只需对那些具有明显状态和变迁特征、行为较为复杂的对象才绘制其状态图。

6.3 分析软件需求的过程

分析软件需求涉及一系列工作,要完成多方面任务,应循序渐进地开展。图 6.8 描述了分析软件需求的具体步骤以及每一步骤应产生的分析结果。需求工程师、用户、客户甚至软件开发人员都需要参与到这一过程之中。

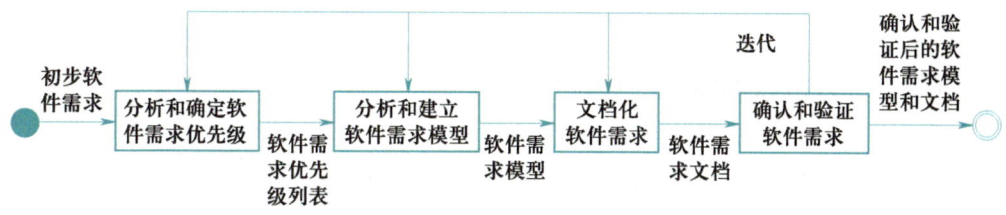

图 6.8 分析软件需求的具体步骤

1. 分析和确定软件需求优先级

针对初步软件需求,结合软件项目的具体情况(如进度、成本等约束),分析每一个软件需求项的重要性、紧迫性等特性,以此来确定软件需求的优先级,产生具有不同优先级的软件需求项列表。

2. 分析和建立软件需求模型

根据前一步骤得到的不同优先级的软件需求，逐项开展需求用例的分析，以精化软件需求，获得软件需求更为详尽的细节信息，在此过程中建立软件需求模型，产生由交互图、类图、状态图等描述的需求分析模型。

微视频：软件需求分析和建模的方法

3. 文档化软件需求

根据软件需求规格说明书的标准规范和书写要求，结合前面步骤所得到的软件需求分析结果，撰写规范化的软件需求文档。

4. 确认和验证软件需求

对前面步骤所得到的软件需求分析模型和软件需求规格说明书进行确认和验证，发现并解决软件需求中存在的缺陷和问题，确保软件需求模型和文档正确、准确和完整地刻画了软件利益相关者的要求。

6.4　分析和确定软件需求优先级

在获取软件需求阶段，需求工程师会从软件利益相关者那里得到一系列软件需求项，这些软件需求项之间相互依赖，存在千丝万缕的关系。从软件项目的角度，软件开发存在时间、成本、进度等方面的约束和限制，难以同时实现所有的软件需求项，因此有必要分析不同软件需求项的开发和交付次序。从软件利益相关者的角度，他们对各个软件需求项的认识也不一样，有些需求对他们而言很重要、很紧迫，须马上实现和提供；有些软件需求项是次要性的和辅助性的，可以略晚些提供。因此，需求工程师需要分析不同软件需求项的紧迫性和重要性等特征，依此来确定软件需求的优先级。

6.4.1　分析软件需求的重要性

从用户和客户的视角，软件系统所提供的各项需求的重要性是不一样的。根据软件需求项在解决行业或领域问题中所发挥作用的差异性，需求工程师可分析和评估不同软件需求项的重要性。

前已提及，软件系统所提供的某些软件需求在解决行业或领域问题中扮演着极为关键的角色，不可或缺。如果缺少了这些软件需求，软件系统就不能正常地开展工作和服务，这些软件需求属于核心需求。也有一些软件需求起到的是辅助性、锦上添花的作用，属于外围功能。对于软件产品而言，核心软件需求在解决问题方面起到举足轻重的作用，提供了软件系统所特有的功能和服务，体现了软件系统的特色和优势，也是吸引用户使用该软件、有别于其他软件系统的关键所在，因此也称为"杀手"功能。相比较而言，外围软件需求则提供了次要、辅助性的功能和服务。

示例 6.1 "空巢老人看护"软件的核心软件需求和外围软件需求

"空巢老人看护"软件试图解决空巢老人的看护问题。在获取的初步软件需求中，"监视老人"用例及其所包含的其他 4 项用例"检测异常状况""自主跟随老人""获取老人信息"和"通知异常状况"属于核心软件需求。如果缺失了这些软件需求，该软件系统将无法实现空巢老人看护的目的。相比较而言，其他几项软件需求，即"系统设置""用户登录""控制机器人""视频 / 语音交互"和"提醒服务"则属于外围需求。

上述分析工作完成之后，需求工程师将提供软件需求的重要性列表（见表 6.2），以标识不同软件需求对于用户、客户以及整个软件系统而言，分别处于什么样的地位和作用。

表 6.2 "空巢老人看护"软件的需求重要性列表

用例名称	用例标识	重要性
监视老人	UC-MonitorElder	核心
自主跟随老人	UC-FollowElder	核心
获取老人信息	UC-GetElderInfo	核心
检测异常状况	CheckEmergency	核心
通知异常状况	NotifyEmergency	核心
控制机器人	UC-ControlRobot	外围
视频 / 语音交互	UC-BiCall	外围
提醒服务	UC-AlertService	外围
用户登录	UC-UserLogin	外围
系统设置	UC-SetSystem	外围

6.4.2 分析软件需求的优先级

确定软件需求重要性列表后，需求工程师需结合软件项目开发的具体约束，确定软件需求的实现优先级，确保在整个迭代开发中有计划、有重点地实现软件需求。一般地，需求工程师可采用以下策略来确定软件需求的优先级。

1. 按照软件需求的重要性来确定其优先级

通常情况下，那些处于核心地位的软件需求应有更高的优先级，外围的软件需求处于低优先级。这样可以确保核心软件需求优先得以实现，并优先提供给用户使用，而那些外围软件需求则可以在资源和时间不是很紧张的情况下加以实现。例如，"监视老人"属于核心功能，应给予高优先级；"用户登录"属于外围需求，应给予低优先级。

2. 按照用户的实际需要来确定软件需求的优先级

也即根据用户对软件需求使用的紧迫程度来区分不同软件需求的优先级。用户急需的软件需求应具有高优先级，不是急需的软件需求应处于低优先级。例如，用户认为"提醒服务"并不是很紧迫，那么可以将其设置为低优先级，放在后续的迭代中加以实现；而对于"检测异常状况"功能而言，用户认为急需，可以考虑将其设置为高优先级。

需求工程师可以通过调查问卷的方式来征询用户和客户对软件需求的紧迫性、重要性等方面的意见，并结合软件项目的具体约束和限制，与用户和客户共同确定软件需求的优先级。该活动完成之后，需求工程师将提供一个软件需求的优先级列表（见表 6.3）。软件开发人员可以根据软件需求的优先级，在迭代软件开发过程中有序地组织软件需求在不同迭代阶段的开发工作，以确保在每次迭代结束后能够向用户交付急需的软件功能和服务。

示例 6.2   确定"空巢老人看护"软件的需求优先级

根据对"空巢老人看护"软件各项软件需求的重要性分析，结合客户对软件需求的紧迫性要求，确定"监视老人""获取老人信息""自主跟随老人""检测异常状况""通知异常状况"5 项功能具有高优先级。经过与用户的商讨，"视频 / 语音交互"这项功能也很重要，其优先级次之，为中优先级。相比之下，"系统设置""用户登录""控制机器人""提醒服务" 4 项软件需求为低优先级。

表 6.3   "空巢老人看护"软件的需求优先级列表

用例名称	用例标识	重要性	优先级
监视老人	UC-MonitorElder	核心	高
获取老人信息	UC-GetElderInfo	核心	高
检测异常状况	CheckEmergency	核心	高
通知异常状况	NotifyEmergency	核心	高
自主跟随老人	UC-FollowElder	核心	高
视频 / 语音交互	UC-BiCall	外围	中
控制机器人	UC-ControlRobot	外围	低
提醒服务	UC-AlertService	外围	低
用户登录	UC-UserLogin	外围	低
系统设置	UC-SetSystem	外围	低

6.4.3 确定用例分析和实现的次序

一旦确定了软件需求的优先级，软件项目经理、需求工程师等就可以结合软件开发的迭代次数、每次迭代的持续时间、可以投入的人力资源等具体情况，充分考虑相关软件需求项的开发工作量和技术难度等因素，确定需求用例分析和实现的先后次序，确保有序地开展需求分析、软件设计和实现工作，使得每次迭代开发有其明确的软件需求集，每次迭代开发结束之后可向用户交付他们所急需的软件功能和服务。

示例 6.3 确定"空巢老人看护"软件的用例分析和实现次序

在"空巢老人看护"软件案例中，假设整个软件系统的开发需通过 4 次迭代来完成，那么可根据每次迭代的持续时间、软件需求的优先级、各项软件需求的工作量估算等，确定用例分析和实现的次序，即各项需求的迭代开发安排（见表 6.4）。

表 6.4 "空巢老人看护"软件各项需求的迭代开发安排

用例名称	用例标识	优先级	迭代次序
监视老人	UC-MonitorElder	高	第一次迭代
获取老人信息	UC-GetElderInfo	高	
检测异常状况	CheckEmergency	高	
通知异常状况	NotifyEmergency	高	第二次迭代
自主跟随老人	UC-FollowElder	高	
视频／语音交互	UC-BiCall	中	第三次迭代
控制机器人	UC-ControlRobot	低	
提醒服务	UC-AlertService	低	第四次迭代
用户登录	UC-UserLogin	低	
系统设置	UC-SetSystem	低	

第一次迭代实现高优先级的软件需求。由于这些功能实现的工作量较大，存在一定的技术难度和风险，因此第一次迭代安排"监视老人""获取老人信息""检测异常状况"三项软件需求的分析、设计和实现。

第二次迭代要在第一次迭代的基础上，完整地实现软件系统的核心功能。因此，第二次迭代需要分析和实现"通知异常状况""自主跟随老人"两项软件需求。

第三次迭代需要实现"视频／语音交互""控制机器人"两项软件

需求。

　　第四次迭代结束之后要给用户交付完整的软件系统，因此该次迭代开发需要实现剩余的软件需求，即"提醒服务""用户登录"和"系统设置"。

6.5　分析和建立软件需求模型

　　一旦确定了软件需求的优先级，下面就可以按照软件需求的优先级次序逐一、深入分析软件用例的需求细节，构建用例的交互模型、软件需求的分析类模型和对象的状态模型，获取软件需求的详细信息。该项工作的具体步骤如图 6.9 所示。

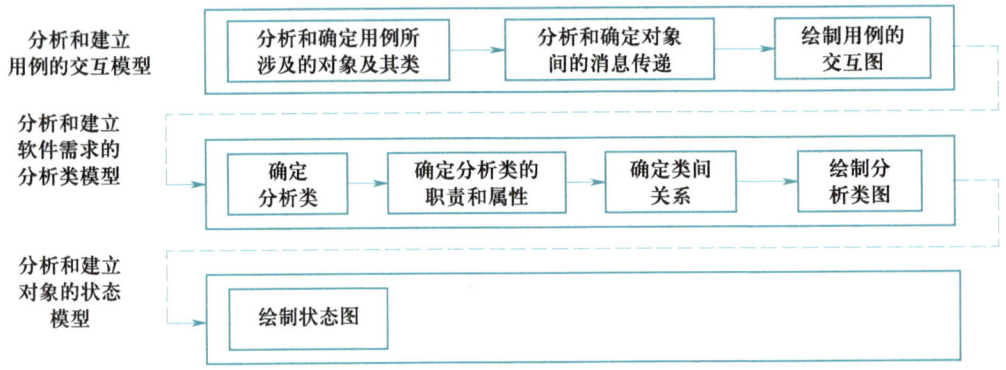

图 6.9　分析和建立软件需求模型的具体步骤

6.5.1　分析和建立用例的交互模型

　　在获取软件需求阶段，需求工程师得到的软件需求仍然是比较粗略的。对于每一个用例而言，只清楚其大致的功能，不清楚其具体的工作细节及行为，如有哪些对象参与用例功能，在用例完成的过程中这些对象需实施什么样的行为，对象间如何协作来实现用例功能等。

　　分析需求用例就是要针对上述问题，获得软件需求的具体行为细节，用 UML 交互图进行可视化描述，建立关于用例的更为详尽的交互模型。

1. 分析和确定用例所涉及的对象及其类

　　一般地，软件需求用例描述了特定的业务逻辑，其处理主要涉及边界类、控制类、实体类三种不同类对象以及它们之间的交互和协同。由于这些对象所对应的类是在用例分析阶段所识别并产生的，通常将它们称为分析类。需求工程师应尽可能用应用领域中通俗易懂的名词术语来表达用例交互模型中的对象及类，以便用户和需求工程师等能直观地理解对象及类的语义信息。

（1）边界类

每个用例或者由外部执行者触发，或者需要与外部执行者进行某种信息交互，因而用例的业务逻辑处理需要有一个类对象来负责目标软件系统与外部执行者之间的交互。由于这些类对象处于系统的边界，需与系统外的执行者进行交互，因而将这些对象所对应的类称为边界类。一般地，在需求用例的完成过程中，边界类对象主要起到交互控制、外部接口等作用：

① 交互控制。边界类负责处理外部执行者的输入数据，或者向外部执行者输出数据。例如，在图 6.10 用顺序图表示的"用户登录"用例的交互模型中，边界类对象需要接收用户输入的账号和密码信息，并向用户提示登录成功与否的信息。

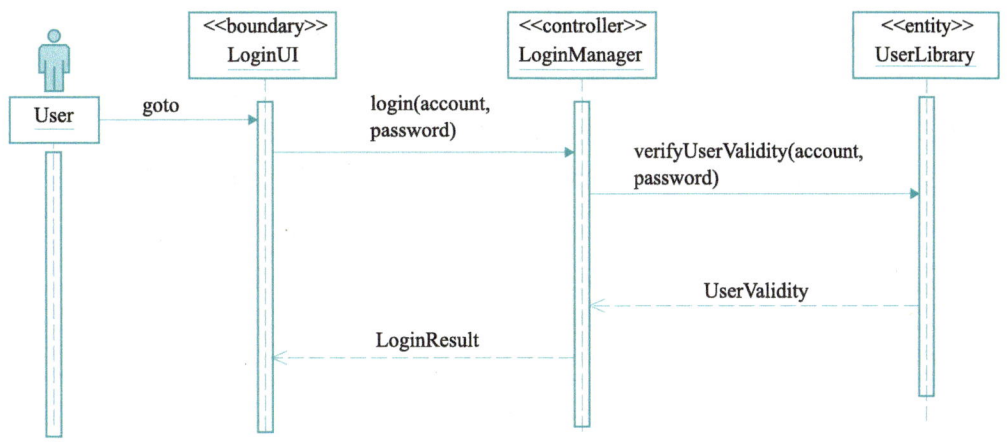

图 6.10 "用户登录"用例的交互模型

② 外部接口。如果外部执行者表现为其他的系统或者设备，那么边界类对象需要与系统之外的其他系统或设备进行信息交互。例如，在"获取老人信息"用例中，边界类需要通过机器人（外部设备）提供的接口与其进行交互，以控制机器人的自主运行，获取机器人传感器所感知到的老人视频、图像和语音等信息。

概括而言，边界类对象负责系统与外部执行者进行交互，提供输入和输出、功能访问等服务。一般地，边界类可以表现为用户界面类（如窗口、对话框等）或者系统访问的接口。在 UML 的交互图中，可以在类对象名字上方附加 <<boundary>> 版类信息，以补充说明该对象所属的类属于边界类。

示例 6.4   "用户登录"（UC–UserLogin）用例中的边界类及其职责

"用户登录"是"空巢老人看护"软件中的一项外围用例，其主要功能是完成用户身份检验以登录系统。显然，该用例需要一个边界类对象以支持与用户的交互，并表现为用户界面的形式，如图 6.10 中的边界类对象"LoginUI"。外部执行者（即用户"User"）通过该边界类对象与目标软件系统进行交互，提供登录的账号和密码信息，提交登录请求，同时边界类对象"LoginUI"还负责将登录成功与否的信息反馈给用户。

需要强调说明的是，需求分析阶段所得到的边界类对象是概念性的。需求工程师只需将其抽象为某些用户界面的形式，无须关注这些用户界面是如何实现的，如内部包含哪些界面元素，如何对这些界面元素进行合理组织等。

（2）控制类

边界类对象负责接收来自外部执行者、外部系统或设备等的消息，随后将这些信息交给系统中的另一个特定类对象进行处理，称为控制类。控制类对象作为完成用例任务的主要协调者，负责处理边界类对象发来的任务请求，对任务进行适当的分解，并与系统中的其他对象进行协同，以便共同完成用例规定的任务或行为。一般而言，控制类并不负责处理具体的任务细节，而是负责分解任务，通过消息传递将任务分派给其他对象类来完成，协调这些对象之间的信息交互。在 UML 的交互图中，可以在类对象名字上方附加 <<controller>> 版类信息，以补充说明该对象所属的类属于控制类。

示例 6.5   "用户登录"用例中的控制类及其职责

在"用户登录"用例中，外部执行者用户"User"通过边界类对象"LoginUI"提交了登录账号和密码信息。边界类对象通过消息传递（即发送消息"login（account，password）"），将用户登录请求及信息交由控制类对象"LoginManager"来进行处理。"LoginManager"会对用户的账号和密码信息进行初步验证，如果合法则将用户登录请求的任务转发给"UserLibrary"类对象进行具体处理。随后，"LoginManager"会通过返回消息将登录成功或失败的信息返回给"LoginUI"。

需要强调说明的是，控制类对象可能在业务应用中客观存在，即有专门的业务对象负责协调业务流程；也可能是由需求工程师或用户人为引入的，其目的是更加清晰地表述业务的实施逻辑。通常情况下，控制类对象起到一个协调者的角色，充当边界类对象和实体类对象之间的沟通桥梁。

（3）实体类

用例所对应业务流程中的所有具体功能最终要交由具体的类对象来完成，这些类称为实体类。一般地，实体类对象负责保存目标软件系统中具有持久意义的信息项，对这些信息进行相关的处理（如查询、修改、保存等），并向其他类提供信息访问的服务。实体类的职责是要落实目标软件系统中的用例功能，提供相应的业务服务。在 UML 的交互图中，可以在类对象名字上方附加 <<entity>> 版类信息，以补充说明该对象所属的类属于实体类。

示例 6.6　"用户登录"用例中的实体类及其职责

在"用户登录"用例中，目标软件系统中存在实体类对象"UserLibrary"，它负责保存系统中所有用户的基本信息（包括账号和密码等），并对外提供一组接口以支持对用户信息的访问，包括注册用户、更改用户信息、检验用户身份合法性、查询用户信息等。在用户登录过程中，控制类对象"LoginManager"向实体类对象"UserLibrary"发送消息，要求根据用户输入的账号和密码检查用户身份的合法性。实体类对象完成检验之后，将检验的结果反馈给控制类对象"LoginManager"，以确认用户的账号和密码是否正确。

需要强调说明的是，与边界类、控制类不同的是，实体类才是真正"干活的"，即完成业务流程中的具体工作。在"用户登录"用例中，实体类完成注册用户、查询用户信息、修改用户信息等具体功能和服务。在分析用例功能的过程中，将用例工作流程中的类对象抽象为界面类、控制类和实体类，旨在使每个类的职责明确且清晰，相互之间不会混淆，并尽可能地与现实世界中的问题解决模式相一致，有助于在软件设计阶段得到功能单一的软件模块。表 6.5 对比分析了这三种类的职责及绘图位置的差异性。

表 6.5　用例交互模型中的界面类、控制类和实体类三者的对比分析

类别	职责	交互图中的位置	对象数量	版类表示
界面类	与系统外部的执行者（包括外部用户、外部系统等）进行交互，提供输入和输出、功能访问等服务	靠近外部执行者，位于图的最左或最右边	$1..n$	<<boundary>>
控制类	充当边界类对象和实体类对象之间的协调者角色，完成任务分解和分派的工作	位于界面类对象和实体类对象之间	1	<<controller>>
实体类	完成业务流程中的具体工作，包括保存数据、对数据进行处理等	位于控制类对象的右侧	$1..n$	<<entity>>

用例交互模型的工作流程大致描述如下：

① 外部执行者与边界类对象进行交互以启动用例的执行。

② 边界类对象接收外部执行者提供的信息，完成必要的解析工作，将信息从外部表现形式转换为内部表现形式，并通过消息传递将相关的信息发送给控制类对象。

③ 控制类对象接收到边界类对象提供的信息后，根据业务逻辑处理流程产生任务并对任务进行分解，与相关的实体类对象进行交互以请求完成相关的任务，或者向实体类对象提供业务信息，或者请求实体类对象持久保存业务逻辑信息，或者请求获得相关的业务信息。

④ 实体类对象实施相关的行为后，向控制类对象反馈信息处理结果。

⑤ 控制类对象处理接收到的信息，将业务逻辑的处理结果通知边界类对象。

⑥ 边界类对象对接收到的处理结果信息进行必要的分析，将其从内部表现形式转换为外部表现形式，并通过界面将处理结果展示给外部执行者。

基于上述用例执行流程，构造用例交互模型的关键在于将用例的功能和职责进行适当分解，将其分派至合适的分析类（界面类、控制类和实体类），并在此基础上分析它们之间的交互和协同。概括起来，用例分析就是要识别用例所涉及的分析类，描述这些分析类对象之间的交互和协同过程。

在需求分析过程中，需求工程师可遵循以下一组策略来确定需求用例中的界面类、控制类和实体类。下面以"用户登录""系统设置"和"老人监视"三个用例为例，分析和阐述如何识别用例交互模型中的三类对象及其所对应的类。在用例交互模型中，如果某个用例与执行者之间有一条通信连接（即存在一条边），那么该用例的执行就需要有一个对应的边界类，以实现用例与外部执行者之间的交互。

示例 6.7   分析和识别用例交互模型中的界面类

用户执行者（包括家属和医生）与"用户登录"用例之间存在一条通信连接，那么对于"用户登录"用例而言，其交互图中就需要有一个边界类"LoginUI"，以支持外部执行者用户与系统进行交互。

系统管理员执行者与"系统设置"用例之间存在一条通信连接，那么对于"系统设置"用例而言，其交互图中就需要有一个边界类"SettingUI"，以支持外部执行者系统管理员与系统进行交互。

家属和医生两个执行者与"监视老人"用例之间存在一条通信连接，那么对于"监视老人"用例而言，其交互图中就需要有一个边界类"MonitoringUI"，以支持家属和医生获得老人的相关信息。

一般地，一个用例通常对应有一个控制类。它负责接收边界类提供的信息，基于该信息与实体类进行交互，并将实体类对象的处理结果反馈给边界类。在需求分析阶段，需求工程师可将控制类作为一个概念类，引入用例交互模型之中，以自然反映业务处理流程。在后续的分析和设计阶段，可根据控制类所承担的职责对其进行优化，如将控制类与其他类进行合并等。负责某个用例的控制类通常只有一个实例化对象，以防止对实体类对象的多方控制以及由此导致的控制混乱。

示例 6.8 分析和识别用例交互模型中的控制类

对于"用户登录"用例而言，它需要有一个控制类对象"LoginManager"，用于接收外部执行者"User"提供的登录信息（账号和密码），并将该信息发送给实体类对象"UserLibrary"以请求进行用户身份验证。

对于"系统设置"用例而言，它需要有一个控制类对象"SettingManager"，用于接收外部执行者"Administrator"的设置命令，并根据不同的设置命令与不同的实体类进行交互，以完成相应的系统设置任务，返回设置的结果。如果外部执行者想设置用户信息，那么它需要与负责用户管理的实体类对象"UserLibrary"进行交互；如果外部执行者想设置机器人与老人之间的安全观察距离，那么它需要与负责参数管理的实体类对象进行交互。

对于"监视老人"用例而言，它需要有一个控制类对象"MonitoringManager"，负责与实际的监视类对象进行交互，以启动或终止对老人的监视。

实体类主要来自用例描述中具有持久意义的信息项，其作用范围往往超越单个用例而被多个用例所共享。也即，实体类往往对应于应用领域中的类，其主要职责是完成具体的业务工作，并为多个用例提供信息保存、读取、处理等服务，如保存用户的账号和密码信息，完成具体的监视功能。

示例 6.9 分析和识别用例交互模型中的实体类

对于"用户登录"用例而言，它需要有一个实体类对象"UserLibrary"，负责完成用户信息（包括账号和密码）的存储、更改、查询等功能。

对于"系统设置"用例而言，它需要有若干个实体类，分别用于存储和管理系统设置，如基于"UserLibrary"实体类对象管理用户信息，基于"ParaLibrary"实体类对象管理其他的参数设置。

对于"监视老人"用例而言，它需要一个专门的实体类对象"ElderMonitor"负责监视老人，获得老人的语音、视频和图像信息；同时还需要一个实体类对象"ElderInfoAnalyzer"，专门负责对老人的语音、图像和视频信息进行分析，以发现老人的异常状况。

2. 分析和确定对象之间的消息传递

分析和识别用例交互模型中的界面类、控制类和实体类之后，下面就需要分析这些类的对象间是如何通过协作来完成用例功能的。根据面向对象的需求分析思想及UML模型，一个对象向另一个对象发送消息时，可以通过消息的名称来表示交互和协作的意图，通过消息的参数来传递相应的信息。因此，为了分析用例的执行流程和构建用例交互模型，需求工程师需确定三种类的不同对象间存在什么样的消息传递、要交换哪些信息。该项工作的方法和策略描述如下。

（1）确定消息的名称

消息的名称直接反映了对象间交互的意图，也体现了接收方对象所对应的类需承担的职责和任务，也即发送方对象希望接收方对象提供什么样的功能和服务。一般地，消息名称用动名词来表示。需求工程师应尽可能用应用领域中通俗易懂的术语来表达消息的名称和参数，以便用户和需求工程师等能直观地理解对象间的交互语义。

示例 6.10   分析和识别用例交互模型中的消息名称

在"用户登录"用例中，边界类对象"LoginUI"需要向控制类对象"LoginManager"发送消息"login"，以请求完成用户登录的功能；控制类对象"LoginManager"接收到该消息之后，需要向实体类对象"UserLibrary"发送消息"verifyUserValidity"，以请求验证用户身份的合法性。

在"系统设置"用例中，边界类对象"SettingUI"需要向控制类对象"SettingManager"发送消息"setPreference"以请求设置用户输入的配置信息；控制类对象接收到该消息之后，根据不同的配置类别，分别向相应的实体类对象（如"UserLibrary"和"SettingLibrary"）发送消息，以请求保存配置信息。

在"监视老人"用例中，边界类对象"MonitoringUI"向控制类对象"MonitorManager"发送消息"startMonitor"，以请求开始对老人进行监视。一旦得到这个请求后，控制类对象需向实体类对象"ElderMonitor"发送消息，以请求监视老人的状况。

（2）确定消息传递的信息

对象间的交互除了要表达消息名称和交互意图之外，在许多场合还需要提供必要的交互信息，这些信息通常以消息参数的形式出现，也即一个对象在向另一个对象发送消息的过程中，需要提供必要的参数，以向目标对象提供相应的信息。因此，在构建用例的交互图过程中，如果用例的业务流程能够明确相应的交互信息，那么就需要确定消息需附带的信息。通常，消息参数用名词或名词短语来表示。

示例 6.11   分析和识别用例交互模型中的消息参数

在"用户登录"用例中，边界类对象"LoginUI"需要向控制类对象"LoginManager"发送消息"login"以完成用户登录功能。显然"login"消息需要提供用户输入的登录账号"account"和密码"password"两项信息。同样地，当控制类对象"LoginManager"完成用户登录之后，它需要向边界类对象"LoginUI"发送消息以反馈登录是否成功，因而需要提供

"LoginResult"信息。

在"系统设置"用例中，边界类对象"SettingUI"需要向控制类对象"SettingManager"发送消息"setPreference"以请求设置用户输入的配置信息，该消息需要提供具体的配置项及配置参数信息。

在"监视老人"用例中，当实体类对象"EldMonitor"获得老人的语音、图像和视频信息后，需要将其作为消息参数，通过返回消息将它们传递给控制类对象"MonitorManager"，且通过异步消息将它们传递给实体类对象"ElderInfoAnalyzer"，以对老人信息进行分析和处理。

3. 绘制用例的交互图

一旦识别和确定了用例所涉及的类以及类对象间的消息，需求工程师就可以绘制用例的交互图，建立用例交互模型。UML 中的交互图有顺序图和通信图两类，一般情况下，需求工程师只需选用其中的一类图，并遵循以下策略来绘制用例的交互图。

① 用例的外部执行者应位于图的最左侧，紧邻其右的是用户界面或外部接口的边界类对象，再往右是控制类对象，控制类的右侧应放置实体类对象，它们的右侧是作为外部接口的边界类对象。

② 对象间的消息传递采用自上而下的布局方式，以反映消息交互的时序先后。按照该布局，顺序图中将不会出现穿越控制类生命线的消息，即边界类对象不应直接给实体类对象发送消息。这种处理有助于实现前后端职责的分离，促进后续的模块化软件设计，提高软件的可维护性。

一般地，需求工程师需要为用例模型中的每一个用例至少构造一个交互图，以刻画用例的行为模型。对于那些功能和动作序列较为简单的用例，为其构造一张交互图就足够了；而对于较复杂的用例而言，一张交互图难以完整、清晰地刻画其所有的动作序列（如扩展的动作序列）。在这种情况下，需要为此用例绘制多张交互图，每张交互图刻画用例在某种特定场景下的交互动作序列。

示例 6.12 "用户登录"用例的异常交互模型

图 6.10 描述了"用户登录"用例的正常交互模型。但在实际的操作过程中，用户输入的账号或密码可能不正确，导致"用户登录"用例无法按照正常的流程执行。在此情况下，需求工程师需要针对"用户登录"用例的异常流程构建相应的交互模型，以获得更为详细的软件需求信息。图 6.11 描述了当用户输入的账号或密码不正确的情况下，"用户登录"用例的工作流程。基于图 6.10 和图 6.11 这两个用例的交互图，需求工程师和用户等即可获得关于"用户登录"用例的完整需求信息。

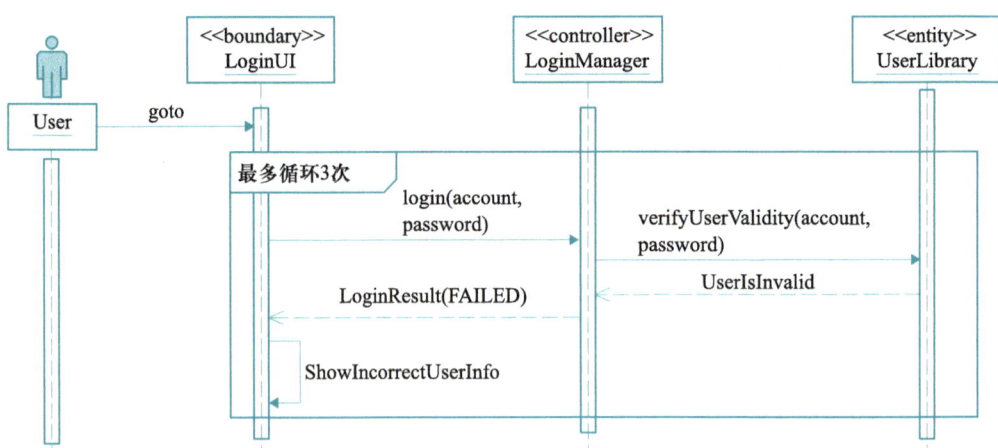

图 6.11　"用户登录"用例的异常交互模型

下面结合"空巢老人看护"软件案例，解释和示例如何构建用例的交互图。

示例 6.13　"监视老人"用例的交互模型

"监视老人"用例旨在通过获取老人的视频、图像和语音等信息，通过对这些信息的分析来判断老人是否出现异常状况，并将监视的结果展示给用户（老人家属和医生）。图 6.12 用顺序图详细描述了该用例的工作流程。

① 外部执行者"User"首先通过边界类对象"MonitoringUI"请求监视老人状况，从而启动用例的执行。

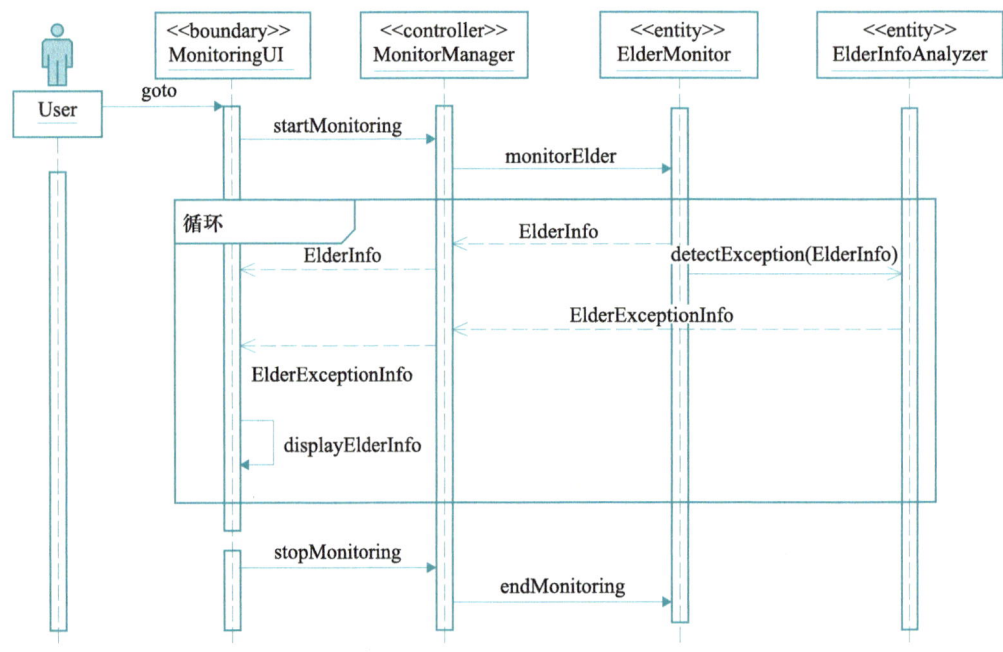

图 6.12　"监视老人"用例的交互模型

② 边界类对象"MonitoringUI"向控制类对象"MonitorManager"发消息"startMonitoring"以开启监视。

③ 控制类对象"MonitorManager"收到监视老人的请求后，向实体类对象"ElderMonitor"发消息"monitorElder"以实施监视。

④ 实体类对象"ElderMonitor"将获取的老人信息反馈给控制类对象"MonitorManager"，并将该消息同时发送给实体类对象"ElderInfoAnalyzer"，以分析老人的异常情况。

⑤ 控制类对象"MonitorManager"将所接收到的老人信息通过消息传递的方式发送给边界类对象"MonitoringUI"，它经过进一步处理后将信息展示给"User"。

⑥ 如果实体类对象"ElderInfoAnalyzer"通过分析发现老人存在异常情况，则将相关信息通过控制类对象"MonitorManager"反馈给"User"。

⑦ 上述用例的工作流程将循环进行，直至"User"对象不需要监视老人状况，那么它将通过边界类对象"MonitoringUI"向控制类对象"MonitorManager"发送消息"stopMonitoring"，控制类对象"MonitorManager"进一步向实体类对象"ElderMonitor"发消息"endMonitoring"以结束对老人的监视。

示例 6.14　"系统设置"用例的交互模型

"系统设置"用例旨在设置系统的运行参数，包括用户的账号及密码、机器人的 IP 地址和端口、机器人监视老人的安全距离等。图 6.13 描述了该用例的工作流程及详细的需求信息。

① 外部执行者"Administrator"通过边界类对象"SettingUI"向控制类对象"SettingManager"发消息"setPreference（<SettingItem，SettingValue>）"，设置相关的配置项参数。

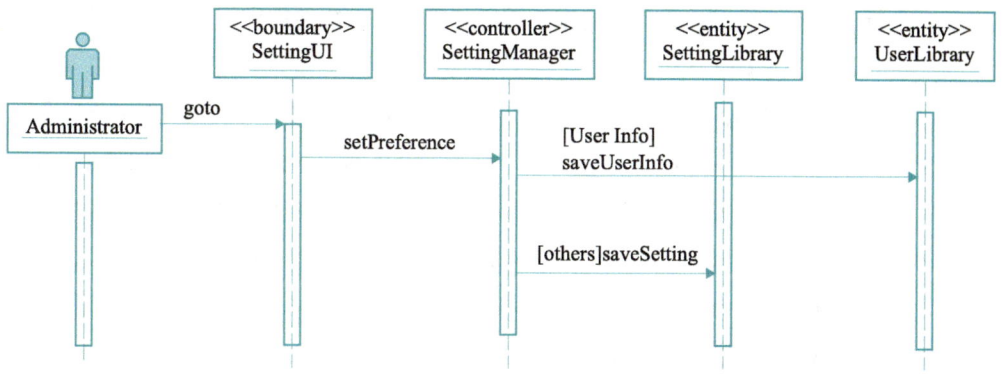

图 6.13　"系统设置"用例的交互模型

② 控制类对象"SettingManager"对接收到的消息进行分析。如果是用户账号信息,控制类对象将向实体类对象"UserLibrary"发消息"saveUserInfo(<UserId, UserPsw>)",以保存用户账号信息;否则将向实体类对象"SettingLibrary"发消息"saveSetting(<SettingItem, SettingValue>)",以保存其他配置信息。

6.5.2　分析和建立软件需求的分析类模型

通过分析和建立用例的交互模型,需求工程师可获得关于软件需求更为具体的细节性信息及其 UML 模型描述。在此基础上,需求工程师可根据软件需求的用例模型、用例的交互模型,导出并绘制软件需求的分析类模型,以描述应用系统有哪些分析类、每个分析类的主要职责是什么、不同分析类间存在什么样的关系等(如图 6.14 所示)。这一工作可为后续的软件设计与实现奠定"物质"基础。

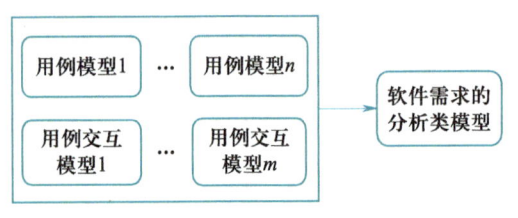

图 6.14　根据用例模型和用例交互模型导出软件需求的分析类模型

需要说明的是,该阶段得到的类属于分析类,这些类反映的是业务流程中所涉及的类,而非软件实现所对应的类。在软件设计阶段,这些分析类或者直接映射为构成软件系统的设计类,或者与其他分析类等进行组合和优化,形成新的设计类。因此,分析类仅仅刻画了业务流程中的相关要素,并非构成软件系统的实际类。分析和建立软件需求的分析类模型主要步骤如下:

1. 确定分析类

该工作是根据软件需求的用例模型和用例交互模型识别出系统中的分析类,具体方法描述如下。首先,用例模型中的外部执行者应该是分析类图中的类。其次,在各个用例的顺序图中,如果该图中出现了某个对象,那么该对象所对应的类属于分析类,应出现在分析类图中。经过该步骤,需求工程师将得到刻画软件需求的一组分析类。

示例 6.15　根据用例模型和用例交互模型来确定分析类

根据"空巢老人看护"软件的用例模型(见图 5.7),图中的 6 个外部执行者"FamilyMember""Elder""Doctor""Robot""Timer"和"Administrator",它们应成为分析类图中的类。针对图 6.10 所描述的"用户登录"用例的交互模型,其中的"User""LoginManager""UserLibrary""LoginUI"应是分析类图中的类。

2. 确定分析类的职责

分析软件需求阶段所产生的每一个分析类都应有意义和有价值,需为系统功能的实现做出某种贡献。因此，每一个分析类都有其职责，需提供相关的服务。

在用例的交互模型中，每个对象都有可能向其他对象发送消息或接收来自其他对象的消息。一旦对象接收到某条消息，它就会对消息做出反应，实施一系列动作，提供相关的服务，并给发送方对象反馈处理结果。一般地，对象接收的消息与其承担的职责之间存在一一对应关系，即如果一个对象能够接收某项消息，它就应当承担与该消息相对应的职责。如果分析类的对象可以接收到多条不同类别的消息，并且这些消息具有某些共性，可以抽象为某个公共的职责，那么就意味着分析类的某项职责具有响应多条消息的能力。

需求工程师可用类的方法名来表示分析类的职责，并采用简短的自然语言来详细刻画类的职责。在后续的软件设计中，分析类的职责将进一步分解和具体化为相关的类方法，以支持最终的代码实现。

示例 6.16　根据顺序图中的消息来确定类的职责

在图 6.10 用顺序图描述的"用户登录"用例交互模型中，边界类对象"LoginUI"向控制类对象"LoginManager"发送消息"login（account，password）"，则意味着控制类对象"LoginManager"具有 login 的职责，用自然语言描述为"负责登录的职责"。

控制类对象"LoginManager"接收到"login"消息后，将向实体类对象"UserLibrary"发送消息"verifyUserValidity（account，password）"，则意味着实体类对象"UserLibrary"具有 verifyUserValidity 的职责，用自然语言描述为"具有验证用户身份是否合法的职责"。

3. 确定分析类的属性

根据面向对象的模型和方法，一个类除了方法之外，还可能封装有相应的属性。分析类具有哪些属性，取决于该类需要持久保存哪些信息。用例顺序图中的每个对象所发送和接收的消息中往往附带有相关的参数，这意味着发送或接收对象所对应的类可能需要保存和处理与消息参数相对应的信息，因而可能需要与其相对应的属性。一个分析类可有零个或多个属性。

示例 6.17　根据用例交互模型中的消息参数来确定类的属性

在图 6.10 所描述的"用户登录"用例交互模型中，实体类对象"UserLibrary"可接收和处理来自控制类对象"LoginManager"发来的消息"login（account，password）"，这意味着"LoginManager"和"UserLibrary"对象类需保存和处理 account 和 password 两项信息，因此具有 account 和 password 这两个属性。

需求工程师也可根据分析类的职责来确定分析类应具有的属性。例如，分析多个用例的顺序图可以发现，"UserLibrary"类承担了管理用户账号和密码的职责，包括增加、删除、更改和检验等，因而该类需要保存系统中所有用户的账号和密码信息，进而具有有关用户账号和密码的属性。

需要注意的是，在分析软件需求阶段，需求工程师无须关心分析类的属性是否完整，也无须尝试确定这些类属性的类型，这些工作将在软件设计阶段完成。如果在该步骤需求工程师还无法清晰地确定分析类的属性，则可将该工作交由后续的软件设计活动完成。在软件设计阶段，软件设计人员将根据每个类的职责和方法来定义其属性，以指导后续的代码实现。

4. 确定分析类之间的关系

通过上述分析，需求工程师基本确定了应用系统中有哪些类，每个类具有什么样的职责和属性。在此基础上，需求工程师还需进一步分析这些类之间的关系（包括继承、关联、聚合和组合、依赖等），从全局视角理解和描述不同分析类间的关系。具体的方法和策略描述如下：

① 在用例的顺序图中，如果存在从类 A 对象到和类 B 对象的消息传递，那么就意味着类 A 和类 B 之间存在关联、依赖、聚合或组合等关系。

② 如果经过上述步骤所得到的若干个类之间存在一般和特殊的关系，那么可对这些分析类进行层次化组织，标识出它们之间的继承关系。

示例 6.18　确定类间的关系

① 在图 6.10 所描述的"用户登录"用例交互模型中，控制类对象"LoginManager"向实体类对象"UserLibrary"发送消息"verifyUserValidity（account，password）"，那么意味着"LoginManager"类与"UserLibrary"类之间存在关联关系，在类图中表现为这两个分析类之间存在一条关联边。

②"FamilyMember"和"Doctor"是系统中的两类用户。它们都属于系统的用户，需要首先登录到系统之中，方可对老人的状况进行监视。因此，它们是一类特殊的用户，与"User"分析类之间存在继承关系。

5. 绘制分析类图

经过以上 4 个步骤的精化和分析工作，需求工程师可绘制出系统的分析类图，建立分析类模型。该图直观描述了系统中的分析类、每个分析类的属性和职责、不同分析类之间的关系。如果系统规模较大，分析类的数量多且关系复杂，难以用一张类图来完整和清晰地表示，那么可以划分子系统来绘制分析类图。

示例 6.19　绘制"空巢老人看护"软件的分析类图

根据"空巢老人看护"软件的用例图及用例交互图，可绘制出该系统的分析类图。由于该分析类图涉及的类数量多，类间关系较为复杂，可将整个系统划分为若干子系统，并针对每个子系统来分别绘制分析类图，从而更为简洁和直观地展示系统中的类及其关系。

图 6.15 描述了"空巢老人看护"软件的子系统划分。根据职责的差异性,该系统可以划分为两个子系统,即"老人状况监控终端(ElderMonitorApp)"子系统和"机器人感知和控制(RobotControlPerceive)"子系统。前者以 App 的形式部署在智能手机上,负责给用户展示老人在家的状况,显示老人的各类监视信息(如视频、图像、语音、告警等);后者部署在机器人端的计算机上,负责控制机器人运动,通过机器人的传感器获取老人信息并对这些信息进行分析,以获得老人在家的状况及异常信息。

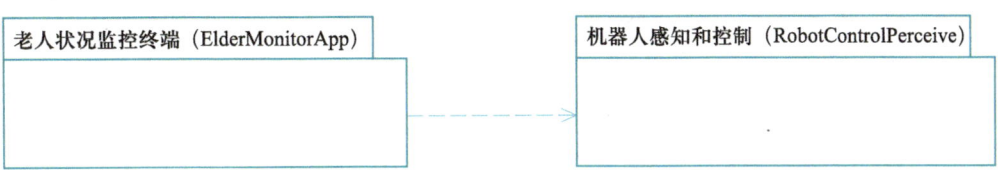

图 6.15 "空巢老人看护"软件的子系统划分

图 6.16 为"老人状况监控终端(ElderMonitorApp)"子系统的分析类图,描述了该子系统中的边界类、控制类和实体类,以及这些类之间的相互关系。

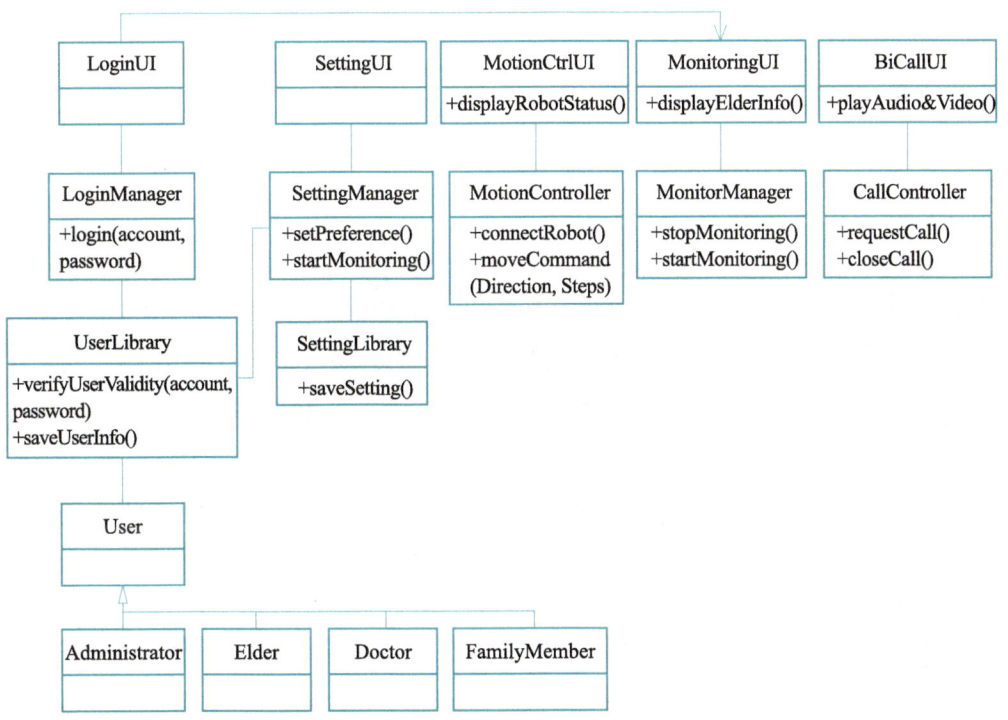

图 6.16 "老人状况监控终端(ElderMonitorApp)"子系统的分析类图

图 6.17 为"机器人感知和控制（RobotControlPerceive）"子系统的分析类图，描述了该子系统中的各个边界类、控制类和实体类，以及这些类之间的相互关系。

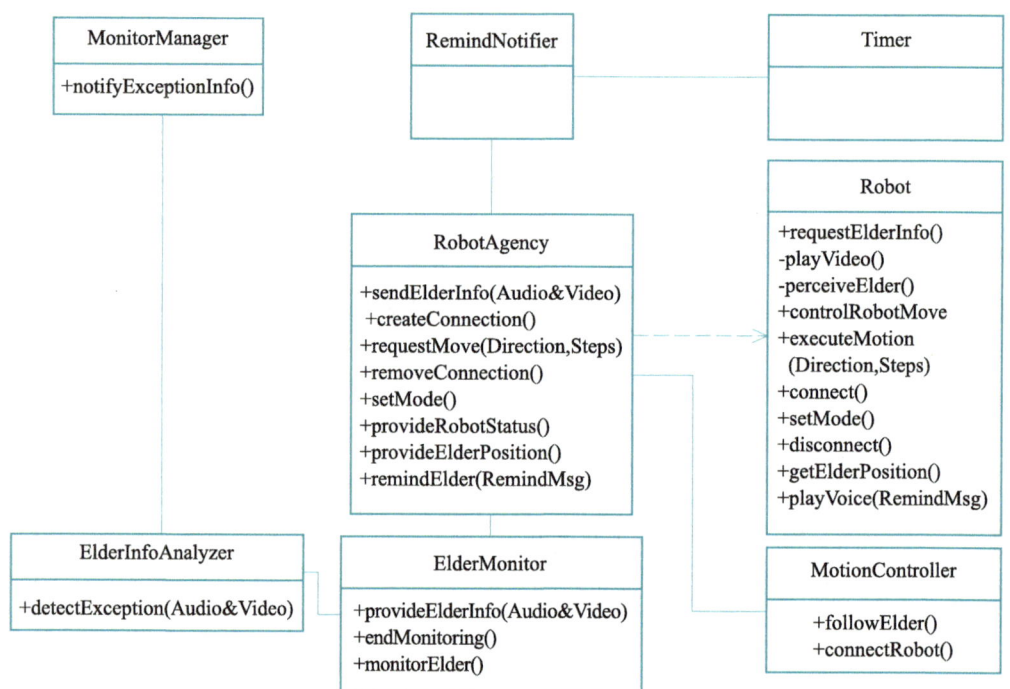

图 6.17   "机器人感知和控制（RobotControlPerceive）"子系统的分析类图

6.5.3   分析和建立对象的状态模型

分析软件需求的目的之一就是要获得足够具体的软件需求，以指导后续的软件设计。分析用例的交互模型、建立软件需求的分析类模型这两项工作有助于获得有关软件的功能、行为、概念类等方面的需求信息。对于分析类模型中各个分析类而言，其对象可能拥有多个状态，需根据相关事件在不同的状态间进行迁移和转换。为了指导后续针对这些类的设计和实现，有必要在分析需求阶段获取这些类对象的状态模型。

需求工程师首先识别出具有多样化和复杂状态的类对象，然后采用 UML 的状态图来描述这些对象的状态模型，以刻画对象拥有哪些状态、对象的状态如何受事件的影响而发生变化。需要说明的是，状态模型是针对对象而言的，而非针对分析类；在此阶段需求工程师无须为所有的类对象建立状态模型，只需针对那些具有复杂状态的对象建立状态模型。

示例 6.20 "空巢老人看护"软件中"Robot"类对象的状态模型

"Robot"类对象具有多种不同的运行状态,包括自动运行状态"Autonomous"和手动运行状态"Manual"。在"Autonomous"状态下,机器人自主决策和控制自己的运动行为,在此状态下机器人可能处于两种子状态:"安全"运行状态和"不安全"运行状态,取决于机器人与老人间的距离是否在安全距离范围内。在"Manual"状态下,由医生或者老人家属在远端通过手机来控制机器人的运动。图 6.18 描述了"Robot"类对象的状态模型。

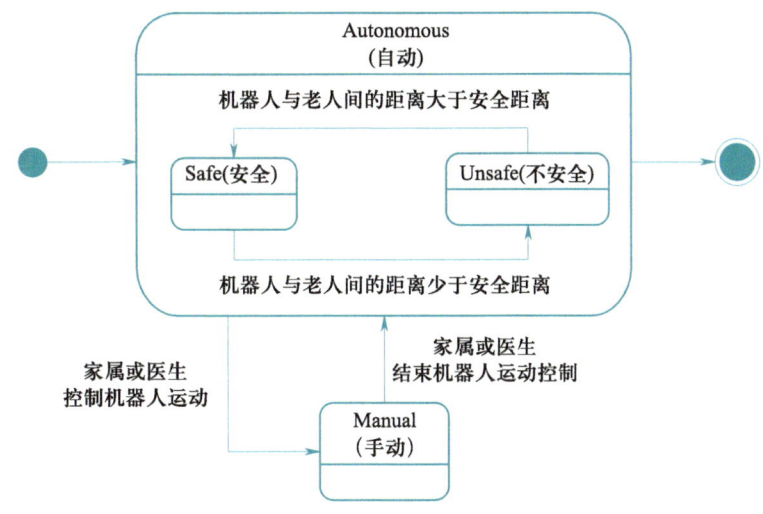

图 6.18 "Robot"类对象的状态模型

至此,需求工程师分析和建立了软件的用例图、用例交互图、分析类图、对象状态图等,它们分别从用例、行为和结构三个不同的视角刻画了软件需求,共同构成了软件需求的分析模型。

6.6 文档化软件需求

一旦完成了需求分析工作,需求工程师就需要进一步文档化软件需求,撰写软件需求规格说明书,以详细、完整和准确地描述软件需求。虽然 UML 模型能够直观地刻画软件的功能和行为,但是它不适合描述软件的非功能需求,也无法给出软件需求的详尽描述。因此,需求工程师需要采用图文并茂的方式,结合 UML 的可视化模型描述和自然语言的详尽描述来撰写软件需求文档。

微视频:软件需求文档的撰写和评审

6.6.1　撰写软件需求规格说明书

软件需求规格说明书的书写格式可参考第 4 章 4.6.1 小节的相关介绍。需求工程师在撰写软件需求文档时需要注意以下几点：

① 遵循规范。按照软件需求规格说明书的规范来撰写软件需求文档。

② 图文并茂。将基于 UML 的软件需求模型以及基于自然语言的软件需求描述二者结合在一起，给出软件需求的清晰、准确和翔实的表述。

③ 完整表述。要给出软件功能需求和非功能需求的描述。

④ 共同参与。需求工程师要与用户、客户等一起参与软件需求规格说明书的撰写，以便在撰写的过程中发现和解决软件需求问题，形成对软件需求的共同理解。

⑤ 语言简练。软件需求规格说明书的语言表述要简练，便于阅读和理解。

⑥ 前后一致。在软件需求文档中，对同一个软件需求的表述前后要一致，不要产生相互矛盾或不一致的需求表达。

示例 6.21　"空巢老人看护"软件的软件需求规格说明书

1. 文档概述

// 介绍本需求文档的基本情况

2. 软件系统的一般性描述

// 介绍软件系统的基本情况

3. 软件功能需求

3.1 软件功能概述

// 给出软件需求的概要介绍

3.2 软件功能需求的优先级

// 给出软件需求的优先级列表

3.3 软件功能需求描述

// 根据优先级逐个描述功能需求

（1）软件的用例模型及描述

// 给出整个软件的用例模型，逐一描述每个用例的功能和行为

（2）用例的交互模型及描述

①"监视老人"用例的交互模型及描述

// 给出该用例的交互模型以及自然语言表述

②"自主跟随老人"用例的交互模型及描述

// 给出该用例的交互模型以及自然语言表述

③……

（3）软件需求的分析类模型及描述

// 给出分析类模型以及自然语言表述

（4）对象的状态模型及描述

// 给出部分对象的状态模型以及自然语言表述

3.4 软件质量需求

// 逐条描述软件质量需求

3.5 软件开发约束需求

// 逐条描述软件开发约束需求

6.6.2　输出的软件制品

需求分析阶段的工作完成之后，将输出以下一组软件制品。每种制品从不同的角度、采用不同的方式来描述软件需求。

1. 软件原型

以可运行软件的形式，直观地展示了软件的业务工作流程、操作界面、用户的输入输出等方面的功能需求信息。

2. 软件需求模型

以可视化的图形方式，从多个不同的视角直观地描述了软件的功能需求，包括用例模型、用例的交互模型、软件需求的分析类模型、对象的状态模型等。

3. 软件需求文档

以图文并茂的方式，结合需求模型以及需求的自然语言描述，详尽地刻画了软件需求，包括功能和非功能软件需求、软件需求的优先级列表等。

需要特别强调的是，这些软件需求制品之间（文档与模型之间，不同需求模型之间，软件原型与模型和文档之间）是相互关联的。需求工程师需要确保这些软件需求制品之间的一致性、完整性和可追踪性。

6.7　确认和验证软件需求

需求工程师实施分析软件需求工作、产生软件需求制品之后，并不意味着该项工作就完成了。在具体的工程实践中，需求工程师所得到的软件需求制品中可能潜藏有诸多需求缺陷和问题。因此，需求工程师须与用户、客户等一起对软件需求进行确认和验证。

6.7.1 评审软件需求

在需求工程各个阶段中，用户、客户、需求工程师等会无意识地引入各种各样的需求问题（见图6.19），导致所产生的软件需求制品未能完整、正确和准确地描述用户的实际要求。

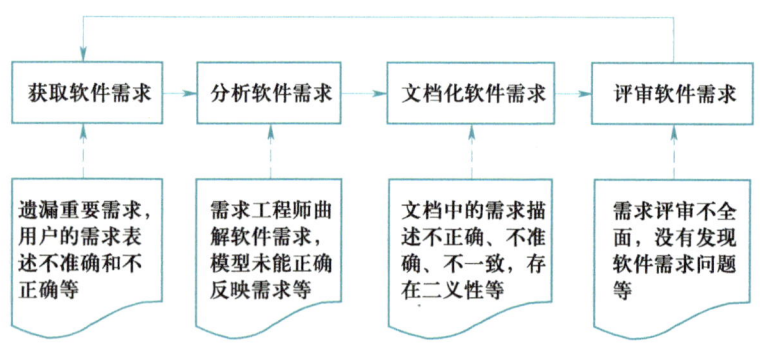

图 6.19　需求工程各个阶段可能引入的软件需求问题

在获取软件需求阶段，用户和需求工程师可能会漏掉一些重要的软件需求，给出不正确和不准确的软件需求表述。在分析软件需求阶段，需求工程师可能会曲解用户的软件需求，绘制出不正确的软件需求模型。在文档化软件需求阶段，需求工程师和用户等撰写的软件需求文档未能准确地表述软件需求，对软件需求的描述不够具体和详尽，软件需求的自然语言描述与UML描述二者之间存在不一致等。在评审软件需求阶段，多方参与的需求评审工作不细致，未能发现存在的需求问题等。

因此，一旦产生了软件需求制品，需求工程师就需要与用户、客户、项目经理等一起来确认和验证软件需求，以发现软件需求制品中存在的软件需求问题。确认和验证软件需求通常采用评审的方式，即软件需求相关人员一起来对软件需求制品进行评审，以发现和解决其中存在的问题。

1. 软件需求评审的参与人员

一般地，至少以下几类人员需要参与软件需求评审：

① 用户（客户）。因为软件需求是他们提出的。

② 需求工程师。他们在理解用户和客户需求的基础上，构建了软件需求原型、模型和文档，并且还需要根据大家反馈的问题和建议对软件需求制品做进一步改进。

③ 质量保证人员。他们需要参与评审以发现软件需求制品中存在的质量问题，并进行质量保证。

④ 软件设计人员和编程人员。他们需要正确地理解软件需求制品的内容，以指导软件的设计和实现。

⑤ 软件测试工程人员。他们需要以软件需求制品为依据设计软件测试用例，开展

相应的确认测试工作。

⑥ 软件配置管理人员。他们需要对软件需求制品进行配置管理。

⑦ 软件项目经理。他们负责整个软件项目的组织和协调工作。

2. 软件需求评审的内容

一般地，上述人员主要针对软件需求的内容和形式两方面开展软件需求评审。

（1）软件需求的内容评审

该方面的评审是要发现软件需求制品中有关软件需求内容的质量问题，具体表现为以下几个方面：

① 内容完整性。软件需求制品是否包含了用户和客户所有的软件需求，是否遗漏了用户和客户所期望的重要软件需求。

② 内容正确性。软件需求制品所表达的软件需求是否客观、正确地反映了用户和客户的实际期望和要求，防止软件需求描述与用户的真实想法有出入。

③ 内容准确性。软件需求制品对软件需求的描述是否存在模糊性、二义性和歧义性，是否准确地反映了用户和客户的期望和要求，是否存在不清晰的软件需求表述。

④ 内容一致性。软件需求制品所描述的软件需求是否存在不一致问题，防止有相互冲突的软件需求描述。

⑤ 内容多余性。软件需求制品中所描述的软件需求是否都是用户所期望的，防止出现不必要的软件需求。

⑥ 内容可追踪性。软件需求制品中的每一项软件需求是否为可追踪的，能够找到其出处（如需求是由哪个用户提出的），防止没有源头的软件需求。

（2）软件需求的形式评审

该方面的评审是要发现软件需求制品中有关格式、规范、语法等方面的质量问题，具体表现为以下几个方面：

① 文档规范性。软件需求规格说明书的书写是否遵循文档规范，是否按照规范化的方式来组织文档的结构和内容。

② 图符规范性。软件需求模型是否正确地使用了 UML 图符，以防错误地表达软件需求。例如，类图中不同类间的关系图符是否使用得当。

③ 表述可读性。软件需求文档的文字表述是否简洁、可读性好，防止冗长、令人费解的软件需求文档。

④ 图表一致性。软件需求制品中的图表引用是否正确。

3. 软件需求评审的步骤

一般地，对软件需求制品的评审主要包含以下工作步骤：

① 阅读和汇报软件需求制品。参与评审的人员可以采用会议评审、会签评审等多种方式，认真阅读软件需求规格说明书、软件需求模型、软件原型等相关内容，或者听

取软件需求工程师关于软件需求制品的汇报，进而发现软件需求制品中存在的问题。

② 收集和整理问题。记录软件需求评审过程中各方发现的所有问题和缺陷，并加以记录，形成相关的软件需求问题列表。

③ 讨论和达成一致。针对发现的每一个需求问题，相关的责任人进行讨论，并就问题的解决达成一致；在此基础上，根据问题的解决方案修改软件需求制品。

④ 纳入配置。一旦所有的问题得到了有效解决，并对软件需求制品进行了必要修改，就可以将修改后的软件需求制品置于基线管理控制之下，以作为指导后续软件设计、实现和测试的基线。

需要强调的是，需求评审要以用户为中心。软件需求评审很难一次性完成，这在很大程度上取决于软件需求的质量。如果前期工作所得到的软件需求质量低、存在的问题多，那么软件需求评审可能需要经历多次才能完成。

6.7.2 解决软件需求问题

如果软件需求评审过程中发现软件需求制品存在缺陷和问题，那么软件需求工程师需要与用户、客户、项目经理等一道来协商解决。针对一些典型问题的具体解决方法如下：

① 对于遗漏的软件需求，软件需求工程师需要再次征求用户、客户、领域专家等意见进行补充，并尽可能正确和准确地描述这些软件需求。

② 对于无源头的软件需求，软件需求工程师可剔除或暂时不考虑该部分的软件需求，或者将这些软件需求置于低优先级。

③ 对于不一致、相冲突的软件需求，软件需求工程师需要找到产生不一致和相冲突的软件需求的原因，如果多个用户或客户对同一个软件需求有不同的要求，那么需求工程师可尝试找到具有更高级别的用户或客户，由他们来最终确定软件需求。

④ 对于不正确和不准确的软件需求，软件需求工程师需要与用户、客户、领域专家等进行深入的沟通，以正确地理解软件需求内涵，给出软件需求的准确表述。

⑤ 对于不规范的软件需求文档，软件需求工程师需要对照软件需求规范标准和模板，按照其要求来撰写并产生软件需求规格说明书。

⑥ 对于不规范和不正确的软件需求模型，软件需求工程师需要认真学习 UML 图符和模型的用法，在此基础上绘制出正确和规范的 UML 模型。

⑦ 对于令人费解的软件需求文档，软件需求工程师需要消除冗余的文字表述，提高语言表达的简洁性，系统梳理和组织软件需求文档的格式，以提高软件需求文档的可读性。

本章小结

本章聚焦于分析软件需求这一核心内容，讨论为什么要分析软件需求，分析软件需求的任务、过程以及分析结果的 UML 表示及模型；结合"空巢老人看护"软件案例，详细阐述分析和确定软件需求的优先级、分析和建立软件需求模型、文档化软件需求的具体步骤、方法、策略以及输出的软件制品，并介绍了软件需求确认和验证的要求及方法。概括而言，本章具有以下核心内容：

- 分析软件需求的目的是要在初步软件需求的基础上，获得更为具体和详尽的软件需求，消除软件需求中的缺陷和问题。
- 分析软件需求的任务是要细化软件需求，建立软件需求模型，撰写软件需求规格说明书。
- UML 提供了多个不同视角和层次的模型来表示软件需求，包括用例图、交互图、状态图等。
- 分析软件需求包含多个步骤，即分析和确定软件需求的优先级、分析和建立软件需求模型、文档化软件需求、确认和验证软件需求。
- 由于不同软件需求对于用户的实际需要及重要性有所差别，因而要区分不同软件需求的优先级，并以此为依据来开展需求分析、设计和实现。
- 分析软件需求的一项重要工作就是要细化各个用例的功能和行为，获得更为详尽的需求细节。
- 需求工程师可借助 UML 交互图来详细描述用例的具体行为以及对象间的协作，建立用例的交互模型。
- 需求工程师可为每一个用例建立一个或者多个交互图，以刻画在不同场景（如正常工作场景和异常工作场景）下的用例行为以及对象间的协同。
- 软件需求分析类图中的每个类之所以称为分析类，是因为这些类还停留在概念层面，与软件系统的具体实现无关。
- 需求工程师需要针对具有复杂状态的对象，为其绘制状态图。
- 需求工程师构建的需求模型和撰写的软件需求文档可能会存在多方面的缺陷和问题，包括内容和形式上的，因此需要对软件需求制品进行确认和验证。
- 软件需求确认和验证通常采用评审方式。
- 软件需求评审要以用户为中心，多方人员共同参与；除了用户和客户之外，软件设计人员、质量保证人员、软件测试人员等也应参与该项工作。

推荐阅读

BEATTY J, CHEN A. 软件需求与可视化模型 [M]. 方敏, 朱嵘, 译. 北京: 清华大学出版社, 2016.

需求文档的模糊性和歧义性是导致很多软件项目最终无法满足用户需求的主要原因。针对这一问题, 本书侧重于以可视化的方式来表示软件需求, 介绍了 4 大类 22 个可视化需求模型, 旨在指导读者通过软件需求的可视化模型来进一步明确需求, 促进开发人员和用户等对需求的理解, 推动软件项目的成功开发。本书的内容取自需求领域两位专家十多年的实践经验, 具有重要的指导和参考意义, 可帮助读者准确地描述软件需求, 开发出满足用户需求的软件产品。本书的作者之一 Anthony Chen 是 Seilevel 公司的联合创始人兼总裁、战略负责人和软件需求创新技术的负责人。

基础习题

6-1   为什么初步软件需求不足以指导软件开发? 从软件设计和实现的角度, 初步软件需求缺失哪些方面的内容?

6-2   为什么软件测试工程师、设计工程师等也要参与分析软件需求的工作?

6-3   分析软件需求的任务是什么? 它与获取软件需求工作有何区别和联系?

6-4   UML 的哪些图可用于表示软件需求? 这些图对软件需求的描述有何区别? 为何需要整合这些图所描述的软件需求模型以形成完整的软件需求表述?

6-5   为什么要对软件需求进行优先级分类? 你觉得什么样的软件需求应该优先开发?

6-6   为什么要建立用例的交互模型? 顺序图和通信图如何描述对象间的交互行为?

6-7   顺序图和通信图均属于 UML 的交互图, 这两类图有何区别? 能否将顺序图所描述的交互模型等价转换为用通信图所描述的交互模型?

6-8   请简述如何根据用例图、用例的交互图等来生成软件的分析类图。

6-9   软件的分析类图本质上是一个类图, 在分析软件需求阶段将分析类图中的类称为分析类, 分析类有何特点? 它与软件系统自身内部的设计类有何区别?

6-10   为什么要建立状态图? 是否需要为所有的类对象建立其状态图? 状态图刻画了什么样的需求信息?

6-11   在分析软件需求阶段, 需求工程师旨在获得关于软件需求的更为详细的信息, 尤其是软件的行为信息。分析软件需求阶段的哪些 UML 模型刻画了软件的行为信息?

6-12 软件需求有多种描述方法，如基于 UML 的可视化建模、自然语言的描述、软件原型展示等，请分析这三类需求表示方法有何特点。

6-13 需求工程工作结束之后，通常会输出哪些软件制品？这些软件制品之间存在什么样的关系？

6-14 为什么分析软件需求结束后，还要对软件需求进行评审？如果不评审而直接进入软件设计工作，会带来什么样的后果？

6-15 通常情况下，哪些类别的人员应参与软件需求的评审工作，为什么？

6-16 什么样的软件需求规格说明书是高质量的？要确保软件需求文档的质量，需求工程师应注意哪些方面的问题？

6-17 在京东和淘宝购物时，其"确认订单功能"的描述如下：一旦用户确认支付，计算购物车中订单的价格，并向支付中心发出支付请求，支付中心将提醒用户选择支付方式（如用微信、支付宝或银行卡支付），根据不同的支付方式向不同的支付方发送具体金额的支付请求，并等待特定支付方的支付结果信息。如果支付成功，则订单确认功能结束；如果支付不成功（如支付方余额不足等），需要向用户反馈支付不成功的原因，并等待用户再次选择支付方式。

① 根据上述"确认订单功能"的描述，用顺序图绘制出该功能的业务流程。

② 根据该功能的顺序图模型，绘制出该功能所对应的分析类图。

综合实践

1. 综合实践一

实践任务：分析开源软件的新需求。

实践方法：借助 UML 进行需求建模，遵循软件需求规格说明书的标准或模板撰写开源软件新增软件需求的文档。

实践要求：建立新增软件需求的用例交互模型、分析类模型和必要的状态模型，按照软件需求规格说明书的规范标准撰写相应的软件需求文档。

实践结果：开源软件新增需求的用例交互图、分析类图、状态图以及软件需求规格说明书。

2. 综合实践二

实践任务：精化和分析软件需求。

实践方法：整个开发团队一起精化和细化软件需求，采用 UML 的交互图、类图、状态图等，对精化的软件需求进行描述和建模，建立软件需求模型。在此基础上，遵循软件需求规格说明书的模板撰写软件需求文档。要求确保软件需求模型和文档的质量，对最终的软件需求制品进行评审。读者可参考示例 6.21 撰写软件需求文档。

　　实践要求：建立软件需求的用例交互模型、分析类模型和必要的状态模型，按照软件需求规格说明书的规范标准撰写相应的软件需求文档。

　　实践结果：软件需求的 UML 模型和软件需求规格说明书。

第 7 章

软件设计基础

　　一旦确定了软件需求，软件开发工作就可进入软件设计阶段。如果说需求工程是要明确问题和定义软件需求，那么软件设计就是要提供解决问题和实现软件需求的技术方案，并确保方案是高质量的。软件设计工作较为复杂，需要考虑诸多因素，涉及多个不同层次的设计任务，因此软件设计必须遵循特定的过程，循序渐进地开展。确保设计质量是软件设计需要解决的关键问题之一。本质上，软件设计是连接需求工程和软件实现的桥梁。

本章聚焦于软件设计，介绍软件设计的概念、类别和质量要求，软件设计工作的任务、过程和原则，在此基础上介绍两个经典的软件设计方法学：结构化软件设计方法学和面向对象的软件设计方法学，最后介绍软件设计的 CASE 工具、输出、评审及管理。读者可带着以下问题来学习和思考本章的内容：

- 何为软件设计？为什么要引入软件设计而不直接根据需求来编写程序？
- 要开展哪些方面的设计工作？这些软件设计工作之间存在什么样的关系？
- 软件设计难在何处？要考虑哪些方面的要素？
- 软件工程提供了哪些策略和原则来指导软件设计？它们在软件设计中发挥了什么样的作用？
- 软件设计工程师应具备哪些方面的要求？
- 何为软件设计方法学？它为软件设计提供了哪些方面的支持？
- 如何在软件设计过程中开展软件重用？
- 结构化软件设计方法学和面向对象软件设计方法学如何指导软件设计？二者有何本质的区别？
- 有哪些常用的软件设计 CASE 工具，它们为软件设计提供什么样的功能和服务？
- 软件设计完成之后会产生哪些软件制品？
- 为什么质量对于软件设计而言极为重要？高质量的软件设计应具备哪些特点？
- 如何评审软件设计？哪些人需要参与软件设计评审工作？

7.1 软件设计

任何一个产品的开发都离不开设计环节，软件系统的开发也不例外。例如，汽车、手机等产品的研发首先需要完成产品的设计，然后才能在生产车间进行流水线生产。软件设计不仅要满足软件需求，还要确保质量。软件设计的质量将直接影响软件产品的质量。

微视频：何为软件设计

7.1.1 何为软件设计

在日常生活和工作中，我们会接触到诸多类型的设计，如建筑物、服装、汽车、手机等设计。这些设计都有一组共同特点，即设计工作都是由人来完成，要依靠工具的支持，是基于智力活动的创作过程。

软件设计是指针对需求工程所定义的软件需求，考虑软件开发的各种制约因素，遵循软件设计的基本原则，定义构成软件系统的各个设计元素，提供可指导软件实现的解决方案，形成软件设计模型和文档。

1. 软件设计起到承上启下的作用

在软件开发过程中，软件设计是连接需求工程和软件实现的桥梁，起到承上启下的作用。所谓"承上"是指设计要针对软件需求，提供软件需求的解决方案和实现蓝图；所谓"启下"是指设计要考虑软件实现和运行的各种制约因素、条件和资源，并为软件实现提供"施工图纸"（见图 7.1）。

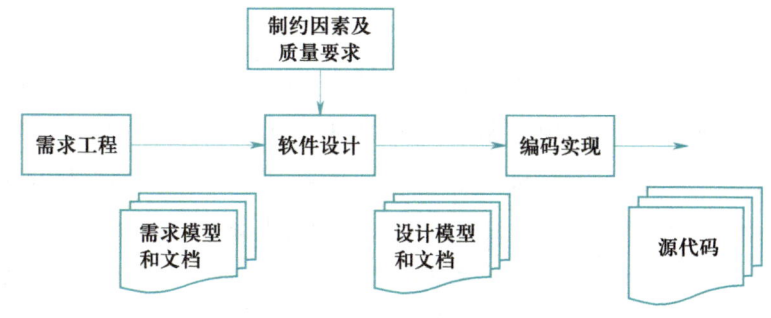

图 7.1 软件设计的承上启下作用

那么程序员为什么不直接基于软件需求来编写代码呢？这其中的道理非常简单，当面对一个小规模、功能简单的软件时，如开发一个计算器软件，程序员可基于软件需求来直接编码。但一旦软件的规模较大、整个系统较为复杂，比如要开发一个类似"12306"软件的软件系统，程序员则很难做到基于需求直接编程，更谈不上保证软件实现方案的质量。更为重要的是，如果程序员直接基于软件需求来编码，那么有关软件的设计和实现信息就停留在程序员的脑子里，隐藏在程序代码之中。由于缺乏软件设计的相关描述及制品，软件开发人员之间难以围绕软件设计进行交流和沟通，无法确定所编写的代码是否实现了软件需求，也无法评估软件设计的质量。此外，一旦软件需求发生了变化，由于缺乏高层的软件设计信息来帮助软件开发人员理解软件设计方案，软件开发人员只能通过阅读程序代码来获得设计细节信息，进而使得软件维护的代价和成本非常高。因此，当软件系统规模越大，软件设计就越重要，所需的投入也就越大。

2. 软件设计是一项创作的过程

在软件设计过程中，人是软件设计的主体，软件是设计的对象，软件设计是一个基于智力的软件创作过程。承担软件设计的人员（统称为软件设计工程师）基于软件需求、设计约束和条件，结合自己的知识、经验、技术、爱好和价值观等，通过综合的智力思考、权衡和折中，形成软件设计的模型及文档，产生软件实现的解决方案。因此，软件设计工程师也可视为软件设计的创作者。

既然软件设计是一项创作的过程，这也意味着同样的软件需求和制约因素交由不同的软件设计师来进行设计，会产生不同的软件设计结果。结果的差异性在很大程度上表现在软件设计的质量方面。有些软件设计的质量很高，所设计的软件不仅满足软件需求，而且具有良好的可扩展性、可维护性、可靠性、灵活性和弹性等；有些软件设计的质量低劣，所设计的软件不仅未能完全满足软件需求，而且很脆弱、难以扩展、不易维护、可靠性低等。

3. 软件设计需要考虑诸多因素

软件设计是一项复杂的工作。软件设计工程师需要采用自顶向下和自底向上相结合的方式。所谓"自顶向下"是指软件设计要针对软件需求，只有这样软件设计才有意义和价值。所谓"自底向上"是指软件设计要充分考虑到与软件相关的制约因素，如实现技术选型、程序设计语言选择、软件运行环境、遗留系统、已有的可重用软件资源等。

软件设计工程师要从多个不同的视角和抽象层次对软件进行设计，不仅要从结构视角开展设计，还要从行为视角设计软件。软件工程师还需要站在不同的抽象层次循序渐进地开展软件设计，先进行高层的体系结构设计，最后开展底层的详细设计。

软件设计不仅要满足和实现软件的功能需求，还要充分考虑和实现软件的非功能需求，并确保软件设计的质量。相比较而言，软件的功能需求易于为设计工程师所关注，而非功能需求常常为人们所忽视。随着软件规模和复杂性的不断增长，针对软件非功能需求的设计变得越来越重要。

4. 软件设计为软件实现提供"施工图纸"

软件设计完成之后，软件设计工程师将产生软件设计模型以及相应的软件设计文档。这些软件设计制品将充当软件实现的"蓝图"和"图纸"，指导程序员编写软件系统的程序代码。无疑，这些"图纸"必须是详尽、具体和易于理解的，这样才有可能指导程序员基于"图纸"进行"施工"，即编写代码。因此，软件设计工程师必须确保软件设计足够详细，所产生的软件设计制品易于理解和足够清晰。

7.1.2   软件设计模型及设计元素

在软件设计阶段，软件设计工程师需要开展一系列针对不同对象、不同抽象层次的设计工作，产生多样化的软件设计模型，以指导后续的软件实现和测试工作。软件设计模型是对软件实现方案的逻辑表示，描述软件设计的内容，可表现为多种形式，如软件体系结构设计模型、用户界面设计模型、类设计模型等。设计模型中的元素通常称为设计元素，包括构件、子系统、类、属性、方法等。到了编码阶段，这些设计元素将对应于软件系统的相关程序代码，如封装某些功能的构件文件、某个程序包、特定类及其属性和方法的程序代码等。

1. 子系统

子系统是指完成特定功能、逻辑上相互关联的一组模块集合。子系统通过接口与其他设计元素进行交互。对于复杂软件系统而言，软件设计工程师可将整个软件系统分解为若干个子系统，并分别针对每个子系统进行单独的设计、实现和部署。这种设计方式有助于管理软件系统的复杂度，简化软件设计和实现。

示例 7.1   "空巢老人看护"软件中的子系统

6.5.2 小节已介绍过，"空巢老人看护"软件包含两个子系统，即部署和运行在手机端的"老人状况监控终端（ElderMonitorApp）"子系统，以及运行在后端并与机器人相连接的"机器人感知和控制（RobotControlPerceive）"子系统。前者负责接收老人的异常状况信息、实现家属和医生与老人的交互；后者负责对机器人的移动控制，获取和分析机器人所感知到的老人视频、声音和图像信息。这两个子系统分别提供了相关的接口以实现与对方的信息交换和协作。

2. 构件

每个构件都有相应的接口，以便其他设计元素对它进行访问并获得相应功能和服务。与子系统不同的是，构件作为设计元素的主要目的是促进对构件的重用。例如，动态链接库（.dll）、可运行的 Java JAR 包、微服务镜像等都属于构件。

3. 设计类

相比较而言，子系统和构件都是粗粒度的设计元素，而类则是细粒度的设计元素。在面向对象的软件设计模型中，类既是最基本的设计单元，也是最基本的模块单元。软件设计工程师依托一个个的设计类来形成子系统和构件设计，最终得到整个软件系统的设计。

图 7.2 描述了软件系统、子系统、构件和设计类这几种设计元素之间的关系。一个软件系统可由若干个子系统、构件和设计类组成。当然，对于简单的软件系统而言，它也可能没有子系统和构件，而是直接由若干设计类组成。每个子系统可由更小的子系统、构件和设计类组成。每个构件可能包含了若干个设计类元素。

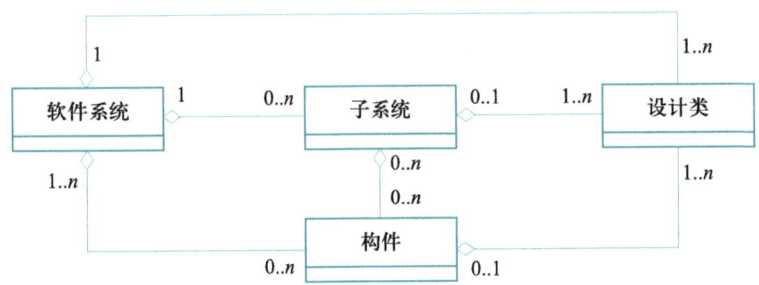

图 7.2   不同软件设计元素之间的关系

需要说明的是，类既可以作为分析元素，也可以作为设计元素。在需求分析阶段，类作为需求分析类图中的元素，用于表征问题域中的抽象概念。在软件设计和实现阶段，类作为设计元素，成为目标软件系统的组成部分。

7.1.3   软件设计的质量要求

软件设计不仅要产生软件实现方案，而且还要确保软件设计模型的质量。一个高质量的软件设计对于设计工程师、程序员和软件测试人员而言都是极为重要的，并将直接决定最终软件产品的质量，对软件产品的持续运行和长期演化产生重要影响。一般地，高质量的软件设计应满足以下要求：

1. 满足需求

软件设计所提供的解决方案应完整地覆盖并实现所有的软件需求，即任何一个软件需求项都可在软件设计方案中找到相应的设计元素，以支持这些软件需求的实现。反过来，软件设计模型中的每一个设计元素都是有意义的，均用于支持某个或某些软件需求项的实现。

2. 遵循约束

软件设计模型须满足软件项目的实现约束，如技术选型、编程语言、运行环境和基础设施等，只有这样设计模型在编码阶段才是可实现的。

3. 充分优化

软件设计应根据软件设计原则，权衡折中多种因素和考虑，对软件设计方案进行优化，以有效应对软件需求的变化，提高软件设计的质量。

4. 足够详细

软件设计模型既有高层次的概貌性设计信息，也有低层次的细节性设计信息。各个软件设计元素需得到充分细化，使程序员拿到软件设计模型之后，无须做进一步的细化设计就可以进行直接编程。

5. 通俗易懂

软件设计模型及相关的设计文档应通俗易懂，使程序员和软件维护人员可以很容易读懂这些模型和文档，并基于它们进行编码。

7.2　软件设计的过程和原则

软件设计需要完成一系列不同抽象层次和不同任务的工作，需要循序渐进、有序地开展。为了确保软件设计的质量，软件设计工程师在软件设计过程中需要遵循一系列软件设计原则和策略。

7.2.1　软件设计的一般性过程

如果说需求工程是为了回答"问题是什么"，即"What"，那么软件设计就是要回答"如何来解决问题"，即"How"。在需求工程阶段，需求工程师通过获取和分析软件需求等工作，借助用例图、交互图、分析类图、状态图等建立了软件需求模型。在软件设计阶段，软件设计工程师需要基于软件需求模型，通过一系列软件设计活动，产生由各种设计元素所表述的软件设计模型，以此来指导程序员编写目标软件系统的代码。为此，软件设计工程师需要在充分理解软件需求的基础上，有序地开展一系列软件设计工作，产生支撑目标软件系统的设计模型和文档。软件设计的一般性过程如图 7.3 所示。

微视频：软件设计过程

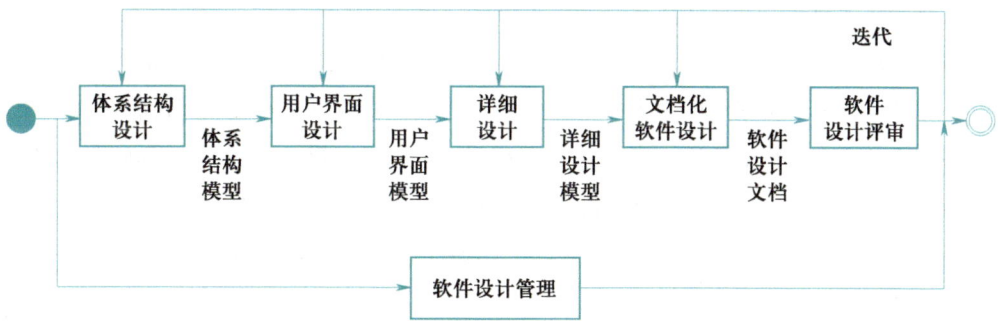

图 7.3　软件设计的一般性过程

1. 体系结构设计

软件设计首先需要回答软件系统应具有什么样的软件体系结构 (software architecture, SA), 也称为软件架构。该项工作是从全局和宏观的视角, 站在最高抽象层次来说明目标软件系统的构成, 即整个软件系统由哪些子系统、构件或设计类组成, 这些设计元素分别承担什么样的职责和具有什么样的功能, 提供了什么样的接口, 相互之间存在什么样的关系等。该项工作完成之后将产生不同视角的软件体系结构设计模型, 如逻辑视角、物理视角、开发视角的体系结构模型。

2. 用户界面设计

当前, 绝大多数软件系统通过用户界面的形式实现人与计算机之间的双向交互, 包括用户向软件系统输入信息和软件系统给用户显示处理后的信息。用户界面设计就是要明确目标软件系统有哪些用户界面 (如窗口和对话框等), 这些界面之间的跳转关系 (如在一个窗口点击确认后将弹出另一个窗口), 每个界面内部的输入输出元素及其布局, 包括输入框、按钮、文本显示框、菜单项等。所有的界面设计元素可由设计类来表示。例如, 可以将一个窗口设计为一个类, 窗口的输入元素对应于类的属性, 窗口的各项操作对应于类的方法。该项设计工作完成之后将产生用户界面的设计模型。

3. 详细设计

在上述两项软件设计的基础上, 软件设计工程师须进一步细化软件设计。所谓的详细设计, 顾名思义就是要给出软件系统更为具体的细节性设计, 需要详细到足以支持程序员的编码实现。软件详细设计需要开展以下 4 方面的工作:

① 用例设计。此项工作旨在明确软件体系结构设计模型和用户界面设计模型中的设计元素如何相互协作来实现每一项用例功能。用例设计实际上是在需求工程所产生的用例交互模型的基础上, 通过引入各种设计元素, 最终形成关于每个用例的实现方案。不同于分析软件需求阶段所产生的用例交互模型, 在详细设计阶段所产生的用例设计方案中的每一个类都是设计类, 它们在编码实现阶段均有相应的代码对应物。

② 子系统和构件设计。明确每个子系统和构件内部的设计元素。

③ 类设计。针对前面各个阶段所产生的设计类, 详细设计类的属性、方法或接口, 提供类的实现细节。

④ 数据设计。任何软件都是对数据的处理。对于那些需要持久保存的数据而言, 软件设计工程师还必须给出这些数据的持久保存设计方案, 以及对这些数据进行访问和存取的设计方案。数据的持久保存设计方案需要明确数据以什么样的形式存放在数据库或数据文件之中, 数据访问和存取设计方案刻画了对数据进行读写操作的模块设计。该项设计工作完成后将产生由用例设计模型、类设计模型、数据设计模型等所组成的详细设计模型。

4. 文档化软件设计

软件设计工程师需在上述软件设计及其成果的基础上，按照软件设计规格说明书的规范和要求撰写软件设计文档，详细记录软件设计的具体信息，并以此作为与其他人员进行交流和评审的媒介。该项工作完成之后将产生软件设计规格说明书。

5. 软件设计评审

软件设计工程师需要组织多方人员一起对软件设计制品进行评审，验证软件设计是否实现了软件需求，分析软件设计的质量，发现软件设计中存在的缺陷和问题，并与多方人员一起协商加以解决。该项工作完成之后将产生经评审后的软件设计制品。

6. 软件设计管理

由于软件设计在软件生存周期中会发生变化，并且设计变化会对软件的编码、测试和运维产生重要影响，因此必须对软件设计变化以及相应的软件设计制品进行有效的管理，包括追踪软件设计变化、分析和评估软件设计变化所产生的影响、对变化后的软件设计制品进行配置管理等。

概括而言，软件设计是一个从高层的体系结构设计逐步过渡到底层详细设计的过程（见图 7.4）。每一个层次的软件设计都有其明确的任务和目标，产生不同的设计元素，形成多样化的软件设计模型。与此同时，任何软件设计都需考虑目标软件系统的各种设计约束、制约因素和现实条件，确保设计能够充分重用现有的软件资源，所产生的设计结果符合各类设计要求。

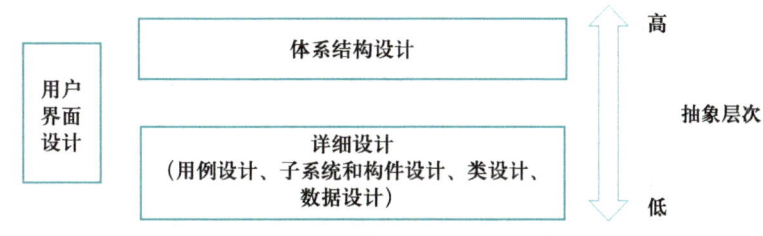

图 7.4 不同抽象层次的软件设计

7.2.2 软件设计的约束和原则

软件设计是一项较为复杂的过程，需要考虑和权衡多方面的制约因素，力求获得一个既能满足用户需求，又能确保其质量，切实可行的软件实现方案。软件设计约束包含多方面的内容，如资源约束因素，即在目标软件系统开发过程中可获取的时间、人力、财力、辅助工具和可重用的软件资源等；技术制约因素，即待开发软件系统需采用的技术、工具和平台。对于软件设计工程师而言，设计约束既是一种负担，又起到了重要的辅助作用，因为它限制

微视频：软件设计原则

了设计工程师的工作范围，收紧了设计工程师的设计空间，使其工作更加专注、高效和有针对性。在软件开发过程中，合理和适度的设计约束是有必要的，过多的约束会束缚设计工程师的创造性，过少的约束则会令设计空间过大而让设计工程师无法专注于设计工作。

示例 7.2　"空巢老人看护"软件的设计约束

① 采用 Turtlebot3 机器人，装配有视觉、红外、声音传感器。

② 基于机器人操作系统（ROS）及其可重用软件包开发机器人控制软件。

③ 采用 MySQL 存储永久数据。

④ 最多可支持五方人员同时流畅地进行视频和语音交互。

⑤ "老人状况监控终端（ElderMonitorApp）"子系统需运行在 Android 手机上。

显然，上述设计约束将对"空巢老人看护"软件的设计产生影响。影响范围包括采用什么样的方式来控制机器人、可以重用哪些构件来实现机器人的控制、如何存储和访问数据库、采用什么样的工具和平台开发和运行手机端 App 等。

软件设计需遵循一系列经过实践检验、行之有效的设计原则，以得到高质量的软件设计成果。其原则有些与软件工程的原则一致，在第 2 章 2.2.4 小节已有介绍，这里不做过多解释。

1. 抽象和逐步求精原则

抽象是指在认识事物、分析和解决问题时，忽略那些与当前研究目标不相关的部分及要素，以便将注意力集中在与当前目标相关的方面。抽象是管理和控制系统复杂性的基本策略和有效手段。例如，在体系结构设计时，软件设计工程师需要关注与软件体系结构相关的要求，即有哪些子系统、构件和设计类以及它们之间存在什么样的关系，而无须关注这些设计元素的内部细节及行为。

逐步求精是指在分析问题和解决问题过程中，先建立关于问题及其解的高层次抽象，然后以此为基础，通过精化获得更多的细节，建立问题和系统的低层次抽象。逐步求精为分析和解决问题提供系统的方法学指导。例如，在软件开发过程中，首先要定义问题和需求，即明确要解决什么样的问题，建立软件系统的高层次抽象。其次进行软件设计，提供软件实现的解决方案，即说明如何解决问题，建立软件系统的中间层次抽象。最后进行编码实现，得到软件系统的源代码和可运行的系统，即建立软件系列的低层次抽象。

2. 模块化与高内聚度、低耦合度原则

模块化是软件工程的一项基本原则，即在开发软件时将整个软件系统设计为一个

个功能单一、接口明确、相对独立的模块单元，并通过这些模块之间的交互来实现软件系统的功能。软件系统的模块可以表现为过程、函数、方法、类、构件、子系统、包等不同的形式。模块化原则充分体现了软件工程的分治原则，它是促进复杂问题解决的一种常用手段，也是提升软件系统可维护性的有效举措。

那么一个模块到底应该封装多大的功能才是比较合理的呢？软件工程进一步提出了高内聚度、低耦合度的原则。其中，内聚度是指模块内各成分间彼此结合的紧密程度，耦合度是指不同模块之间的相关程度。高内聚度、低耦合度原则要求每个模块内部的内聚度要高，不同模块之间的耦合度要低。这两项基本原则可以用来有效指导软件模块的设计，确保得到高质量的模块设计。

如果一个模块内部的各要素间紧密程度不高，则意味着该模块的独立性不好，可能封装和实现了若干个（而非单个）功能。在这种情况下可以将该模块进行分解，根据内部要素的紧密程度分为若干个模块，经分解后的这组模块之间的耦合度就比较低。如果一组模块之间的相关程度很强，则意味着这些模块间关系非常密切。可以考虑将这些模块进行合并，形成一个模块。合并后的模块必然具有功能单一、内聚度高的特点。

3. 信息隐藏原则

信息隐藏原则在软件工程原则中已有介绍，该原则有助于设计出高质量的软件系统。其优点具体表现为以下几个方面：

① 它使模块的独立性更好，其内部尽可能少地受其他模块的影响。

② 由于模块的独立性好，因而有助于模块的并行开发（设计和编码），提高了软件开发的效率。

③ 由于模块内部的信息对外不可访问，因而它可以有效地减少错误向外传播，便于软件测试，提高软件系统的可维护性。

④ 便于软件系统增加新的功能，也即新功能的增加可以通过增加相关的模块来完成，而非对已有模块的修改。

⑤ 将模块内部的信息隐藏起来，可以防止对模块内部的不必要访问。一旦软件模块出现问题，可以方便地寻找错误原因和定位错误源头。

实际上，现有的软件设计和程序设计技术均在不同程度上支持信息隐藏。例如，在结构化程序设计中，过程和函数内部的局部变元和语句对其他过程和函数而言是不可访问的；在面向对象程序设计中，一个类可以将自身的属性和方法设置为"private"，从而使得这些属性和方法不可为其他对象所访问。

4. 多视点及关注点分离原则

一个软件系统的设计包含多个不同的方面，需要从不同的视点对它进行设计。例如，可以从结构的视点来考虑软件系统的组成，因而需要开展软件体系结构的设计，构建软件体系结构模型；也可以从行为的视点来设计软件系统，因而需要考虑各个模块如何进行交互与协同、对象状态如何变迁等问题，进而构建软件系统的交互图、协作图、状态图等。因此，一个完整的软件系统设计需要从多个不同的侧面分别考虑软件设计的不同问题，进而形成多视点的完整设计模型及解决方案。

当然，软件设计的不同视点有其各自的独立性和关注点，或者说不同视点所关心的问题以及欲达成的设计目标是不一样的，不可将它们混为一谈。例如，对于结构视点的体系结构设计与行为视点的交互设计而言，它们要考虑的问题、开展的设计内容、产生的设计模型有着根本性的差别。因此，在软件设计过程中不应将不同关注点的设计混杂在一起，以免导致设计目标不清晰、内容混乱，而应将不同关注点的设计相分离，确保针对每个关注点独立开展软件设计，然后将这些关注点的设计成果加以整合，形成关于目标软件系统的局部或全局性设计结果，建立多视点、完整的设计成果。

5. 软件重用原则

软件重用也是软件工程的一项基本原则，它是指在软件开发过程中要尽可能地重用已有的软件资产来实现软件系统的功能，同时要确保所开发的软件系统易于为其他软件系统所重用。无疑，软件重用可以提高软件开发效率和质量，降低软件开发成本，因而在软件开发实践中得到了广泛的应用。

软件工程提供了诸多的技术手段来支持软件重用，如封装、继承、信息隐藏、多态等。软件重用的形式也从早期基于过程和函数的细粒度重用，逐步过渡到基于类、构件、服务和镜像的粗粒度重用，以及近年来出现的基于开源软件的更大粒度重用。重用的内容不仅表现为源代码和可执行程序代码，而且还可以重用体系结构风格、软件设计模式、软件开发知识等。软件重用不仅发生在编码实现阶段，而且在需求分析、软件设计、软件测试阶段也可以进行软件重用。例如，在需求分析阶段，需求工程师可以参考其他软件系统，重用它们的功能和非功能需求；在软件设计阶段，设计工程师可以通过重用体系结构风格和软件设计模式开展软件设计；在软件测试阶段，测试工程师可以重用其他软件系统的测试方案和用例开展软件测试工作。

为了有效地开展软件重用，软件设计工程师在进行软件设计时，既要考虑如何重用已有的软件资产来支持软件系统的开发，同时也要考虑如何提高所开发软件系统的可重用性，使得它能为其他软件系统所重用。

6. 迭代设计原则

根据前面的阐述，软件设计极为复杂，要考虑的问题和因素很多，期望通过一次性设计就完成相关的设计任务是不现实的。软件设计需要经过多次反复迭代才能完成。每次迭代都是在前一次迭代的基础上，对产生的设计模型进行反复权衡、折中、优化等工作，以得到更为合理、高效、高质量的软件设计成果。

7. 可追踪性原则

概括而言，软件设计的目的是为软件需求的实现提供解决方案。因此，任何软件设计活动以及由此而产生的设计结果都应围绕着软件需求，或者说，其最终都要服务于特定的软件需求，也即软件设计模型与软件需求模型之间存在一定的对应性。软件设计应能通过逆向追踪找到其对应的软件需求，或者软件需求可以通过正向追踪找到其对应的设计元素，否则相应的软件设计及其成果就没有任何的意义和价值。

8. 权衡抉择原则

在软件设计过程中，软件设计工程师必须明白没有一项设计是十全十美的，强化了某项设计必然会弱化其他的设计，常常会出现顾此失彼的状况，为此设计工程师需要进行权衡抉择。首先，选择什么样的技术来设计和开发软件，新技术也许会让软件产品及其开发具备一定的技术优势，但是也会由于缺乏足够的实践和检验、未能熟练地掌握等因素而带来相关的技术风险，旧技术虽然老旧，但是成熟，利用它们来开发软件相对而言风险较小。为此，设计工程师需要在新旧技术之间进行合理的权衡抉择。

其次，在实现软件需求时，不同软件需求项之间可能存在"负相关"的关系，尤其对于质量需求而言体现得更加明显，也即当增强某些质量需求的同时可能会导致另一些质量需求的变弱。例如，为了提高软件系统的可靠性，设计工程师在软件系统中设计了冗余和备份模块，但是这些工作显然会增加软件的运行负载，导致软件系统的响应速度变慢。因此，设计工程师需要在不同的设计考虑、不同的设计方案之间进行权衡抉择，以得到符合其要求和关注点的合理设计。

7.2.3 软件设计工程师

在软件项目团队中，软件设计工程师具体负责软件设计的各项工作，不管从事哪一项软件设计工作，软件设计工程师都需要完成相应的软件设计任务，与用户或客户进行沟通，建立软件设计模型，撰写软件设计文档，组织多方召开评审会议以验证软件设计等。要胜任上述工作，设计工程师须具备多方面的知识、技能和素质，既要理解软件需求及业务知识，也要具备高水平的软件设计技能，还要有非常强的组织、协调和交流能力。一般地，设计工程师应具有以下的知识、能力和素质：

1. 创新能力

软件设计本质上是一项创新性的智力活动。针对软件需求所定义的问题，软件设计工程师须基于自己所掌握的软件开发知识和所具有的软件开发经验，结合自己对软件需求的理解，提出软件设计的解决方案。这个过程是一个从无到有、从问题到解决问题方法的创新性过程。软件设计工程师需要有非常强的创新能力，只有这样才能创作出可行、高效和有效的软件设计方案。

2. 抽象和建模能力

软件设计是一个自顶向下、逐步求精的抽象和建模过程，从高层次的体系结构设计到低层次的详细设计，软件设计工程师需要掌握诸如 UML、模块图等抽象建模语言和工具，具备理解和绘制抽象模型，对多个视角、不同抽象层次的问题解决方案进行抽象表示、分析和建模的能力。

3. 质量保证能力

软件设计的质量直接决定了软件产品的最终质量，因而软件设计工程师必须要有质量意识，不仅要给出软件的解决方案，更要确保软件设计的质量；不仅要关注软件系统的外部质量以满足软件的功能和非功能需求，也要确保软件设计的内部质量，以支持软件系统的长期维护和演化。

4. 组织、沟通和协调能力

软件设计工程师需要具备良好的组织、沟通和协调的能力，与多方人员进行沟通，如用户、程序员、软件测试工程师、软件质量保证人员等，组织多方人员一起进行软件设计的讨论、交流和评审。

5. 权衡抉择能力

同一项软件需求会有多种不同的软件设计方案。显然，不同设计方案考虑问题的角度、关注的焦点、设计的优劣会有所差别。软件设计工程师需要结合自身的软件开发经验，抓住主要矛盾，解决关键问题，并就技术选型、方案优化、关注焦点等方面进行权衡折中，以产生高质量的软件设计结果。

7.3　结构化软件设计方法学

一般地，软件设计方法学主要为软件工程师开展软件设计提供以下三方面支持：

① 过程。明确软件设计要开展哪些工作、按照什么样的步骤展开。

② 建模语言。明确如何构建软件设计模型，采用什么样的建模语言来表征软件设计模型。

③ 工具。明确提供什么样的 CASE 工具辅助软件设计工作。

至今，人们提出了多种软件设计方法学，每一种设计方法学基于不同的设计概念和抽象，对软件设计模型的构成、描述和产生等提供不同的技术手段。

结构化软件设计方法学（structured software design methodology）产生于 20 世纪 70 年代，其代表性成果是面向数据流的软件设计方法学。它的基本思想是基于结构化的需求分析结果，经过软件设计产生以逻辑功能模块为核心的软件设计模型，最后交由结构化程序设计语言加以实现。面向数据流的设计方法学主要用于支持软件的体系结构设计，其思想简单、技术成熟，在面向对象技术流行之前在软件产业界得到广泛应用，即使到现在仍应用于诸如过程控制、科学与工程计算、实时嵌入式系统等领域软件的开发。

　　本节以面向数据流的软件设计方法学为例，详细介绍该方法学的基本思想、设计步骤以及软件设计建模语言。

7.3.1　基本概念和模型

　　面向数据流的软件设计方法学旨在针对用数据流图表示的需求模型，经过一系列设计转换，产生由模块图表示的软件设计模型。这一设计方法学遵循模块化设计的基本思想，认为一个软件系统的高层设计具体反映在该软件系统具有哪些模块、每个模块具有什么样的功能，不同模块之间存在什么样的调用关系。因此，面向数据流的软件设计方法学的输出对应于用模块图表示的软件结构。

　　图 7.5 示意描述了软件系统的模块图。图中的节点对应于软件系统中的模块，边表示模块之间的调用关系。整个模块图构成了一个层次性的模块调用关系，上层的模块可以调用下层的一个或多个模块，下层的模块可以为上层的一个或多个模块所调用。实际上，软件的模块图刻画了软件系统的整体组成，定义了软件的体系结构。基于软件的模块图，软件设计工程师可以进一步明确每个模块的内部实现算法，程序员可以借助结构化程序设计语言对每个模块进行编程实现。

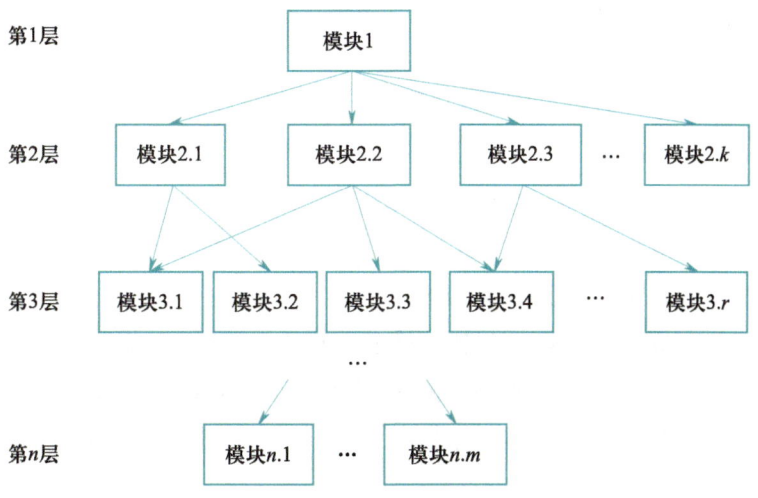

图 7.5　软件系统的模块图

　　为了将结构化需求分析所产生的数据流图转换为合适的软件模块图，面向数据流的软件设计方法学进一步区分了两类数据流图：变换型数据流图和事务型数据流图，并针对不同形式的数据流图采用不同的设计转换方法。

1. 变换型数据流图

　　实际上，任何数据流图都呈现出以下形式：数据以"外部世界"的形式进入系统，沿着输入路径从"外部形式"变换为"内部形式"，经过一系列加工和处理，又沿着输出路径从"内部形式"转换为"外部形式"而离开系统。这种形式的数据流图称为变换型数据流图（见图 7.6 (a)）。

变换型数据流图主要由三个不同的部分组成，每个部分发挥着不同的作用：

① 输入流。它负责将数据由"外部形式"变换为"内部形式"。

② 输出流。它负责将数据由"内部形式"变换为"外部形式"。

③ 变换流。它负责对"内部形式"的数据进行各种处理和加工。

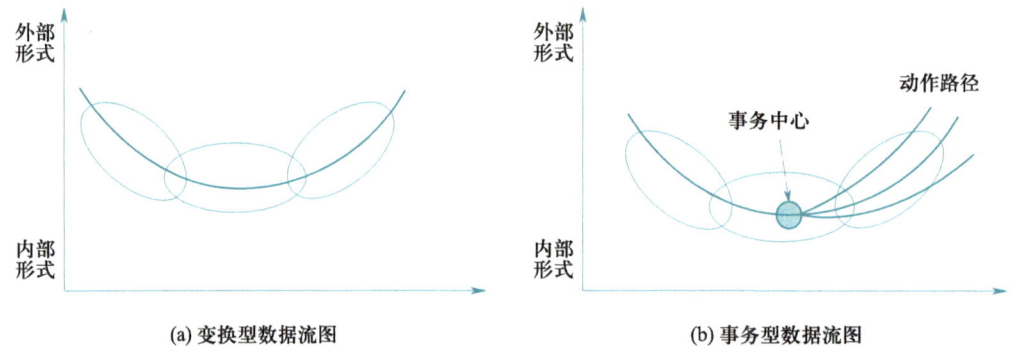

图 7.6　两种类型的数据流图

2. 事务型数据流图

事务型数据流图本质上是一类特殊的变换型数据流图，其特殊性主要变现为：数据经过流入路径进入某个特殊的转换（也称事务中心）后，该转换根据数据的不同情况，从多条动作路径中选择其中的一条加以执行，这种形式的数据流图称为事务型数据流图（见图 7.6 (b)）。

由上述描述可知，两种数据流图经转换后所得到的软件模块控制结构不一样，变换流经转换得到的模块控制结构通常是线性的，而事务流经转换得到的模块控制结构通常是有分支的，因此要采用不同的设计转换方法。

需要说明的是，在实际的数据流图中，变换型数据流图和事务型数据流图常常交织在一起。例如，某个数据流图从整体上看属于事务型数据流图，但是其动作路径又属于变换型数据流图。这类数据流图常常需要综合运用多种转换方法。

7.3.2　变换型数据流图的转换方法

面向数据流图的软件设计过程如图 7.7 所示。下面以"空巢老人看护"软件为例，介绍如何基于该方法学开展软件设计。

图 7.8 描述了对"空巢老人看护"软件 1 级数据流图（见图 4.10）中"反馈异常状况信息"转换进行精化后所得到的 2 级数据流图，显然该图属于变换型数据流图。

下面介绍针对变换型数据流图的转换方法，即对变换型数据流图进行一系列转换，按照一定的模式将其映射为相应的软件结构。

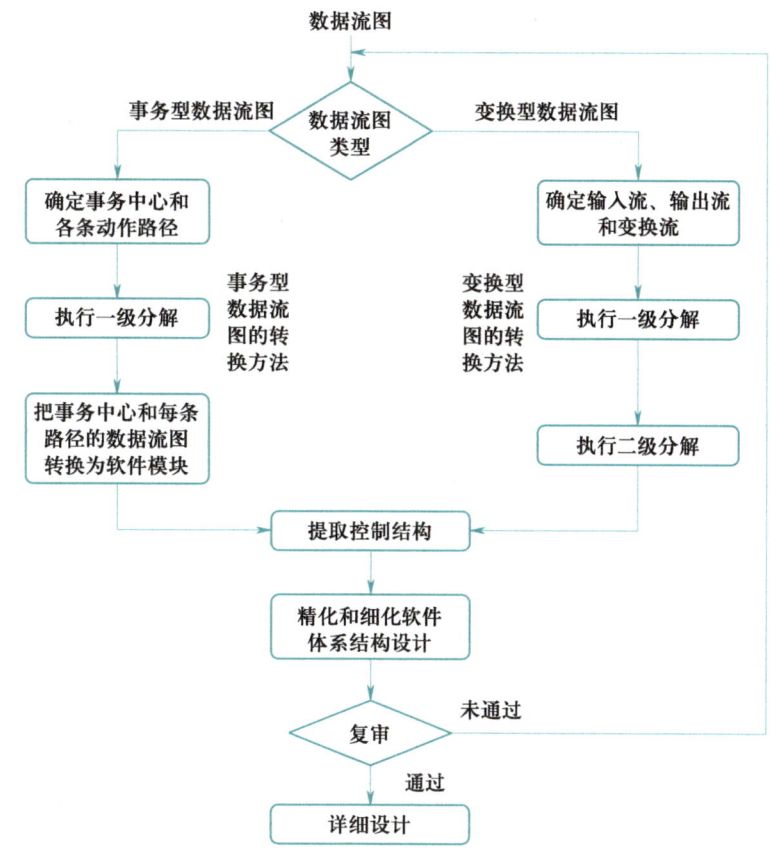

图 7.7 面向数据流图的软件设计过程

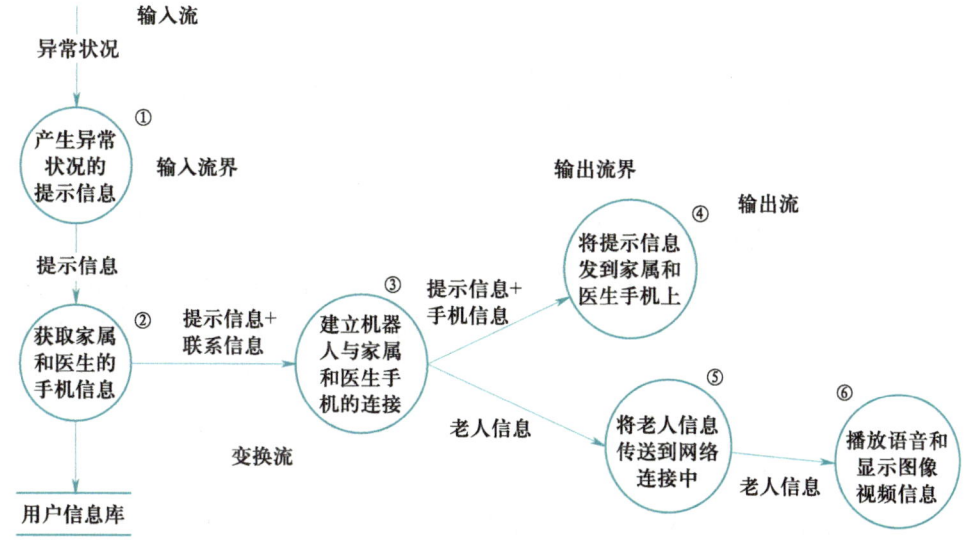

图 7.8 对"反馈异常状况信息"转换精化后的 2 级数据流图

1. 确定输入流、输出流和变换流

根据对变换型数据流图所表达语义信息的理解，分析哪些转换负责将信息从"外部形式"转换为"内部形式"、哪些转换负责将信息从"内部形式"转换为"外部形式"，由此可以划定变换型数据流图的输入流界和输出流界。数据流图中那些处于输入流界之外的转换及数据流将被划定为输入流部分，处于输出流界之外的转换及数据流将被划定为输出流部分，介于输入流和输出流之间的转换和数据流将被划定为变换流部分。

图 7.8 显示了输入流界和输出流界，该数据流图被划分为输入流、输出流和变换流三部分。其中输入流包含图中左侧的转换①，输出流包含图中右侧的三个转换④、⑤、⑥，变换流包含图中间的两个转换②、③。

2. 执行一级分解

一级分解的任务是导出具有三个层次的软件结构，其中顶层为主控模块，负责协调和控制中间层的模块；底层对应于输入流、输出流和变换流中的转换经过变换后所映射的软件模块；中间层包含三个控制模块，分别用于协调和控制底层的软件模块。整个软件结构如图 7.9 所示，图中灰色背景的方框对应于数据流图中转换映射过来的模块。需要说明的是，顶层和中间层的 4 个控制模块是专门引入的协调和控制模块，它们与数据流图中的转换没有对应关系。

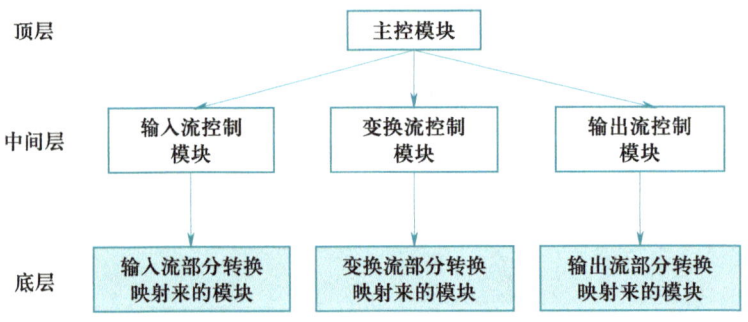

图 7.9   执行一级分解后所得到的软件体系结构

3. 执行二级分解

二级分解的任务是将输入流、输出流、变换流中的转换映射为软件模块，并将它们放在软件结构底层的适当位置，得到一个初步的软件体系结构。具体的映射方法描述如下。

① 沿着输入流界和输出流界往外移动，把所遇到的每一个转换映射为一个相应的模块。输入流部分的转换所映射的模块放置在"输入流控制模块"之下，受"输入流控制模块"的协调和控制。输出流部分的转换所映射的模块放置在"输出流控制模块"之下，受"输出流控制模块"的协调和控制。由于沿着输出流界往外移动时同时遇到两个

转换，因此需要将这两个转换分别映射为对应的模块，并置于"输出流控制模块"之下受其控制。

② 沿着输入流界向输出流界移动，把所遇到的每一个转换映射为一个相应的模块，放置在"变换流控制模块"之下，受"变换流控制模块"的协调和控制。图 7.10 描述了执行二级分解后所得到的初步软件体系结构。

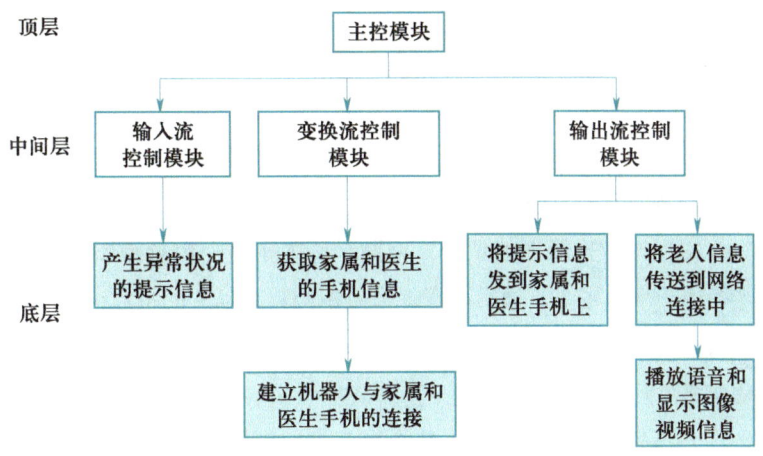

图 7.10　执行二级分解后所得到的软件体系结构

4. 优化软件结构

遵循模块化的原则，对上一步得到的初步软件体系进行适当的优化，删除不必要的模块、合并高耦合度的模块、拆分低内聚度的模块，最终得到高内聚度、低耦合度、易于实现和测试的软件体系结构。

中间层的三个模块是专门引入用来协调和控制其下属模块。其中"输入流控制模块"和"变换流控制模块"的下属模块只有一个，无须进行协调和控制，因而这两个中间层模块可以删除。最终得到如图 7.11 所示的经过优化后的软件体系结构。

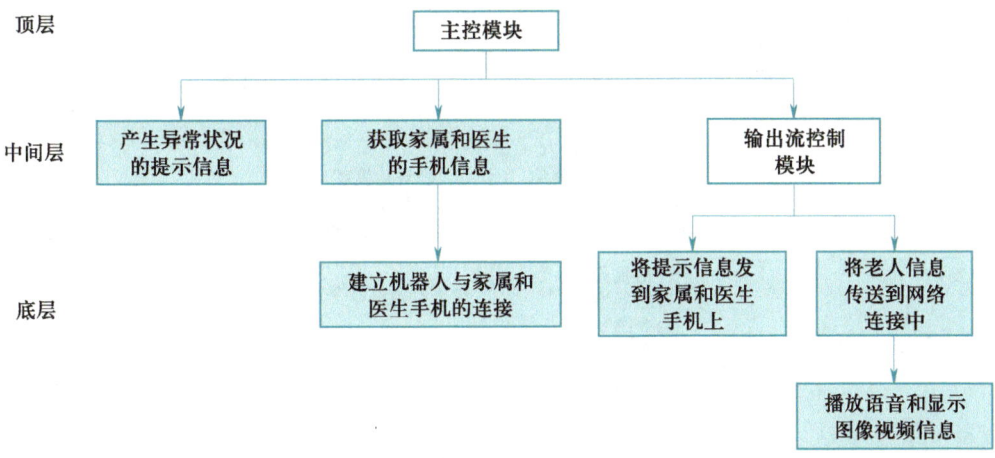

图 7.11　经过优化后的软件体系结构

通过上述步骤，软件设计工程师可以获得软件系统的整体结构，明确体系结构中的模块及其功能、不同模块的控制和协调关系。在此基础上，软件设计工程师就可以针对每个模块进行进一步的详细设计，指导后续的编码实现。

7.3.3　事务型数据流图的转换方法

由于事务型数据流图的结构与变换型数据流图的结构不同，因而其转换方法也有所不同。下面以"空巢老人看护"软件中"控制命令分析和处理"转换精化后所产生的2 级数据流图（见图 4.11）为例，介绍事务型数据流图的转换方法。

1. 确定事务中心和动作路径

根据对数据流图的理解，判断是否为事务型数据流图。如果是，进一步分析哪个转换属于事务中心。通常而言，事务中心具有以下的特点：接收某项数据流的输入，根据数据流的不同特征，在后续的多条动作路径中选择某一条动作路径（而非执行所有的动作路径）来执行。

一旦确定了事务中心，整个事务型数据流图就可分为三部分：事务中心；接收事务的输入流部分，也称接收路径；动作路径集合。

如图 7.12 所示，"控制命令分析和处理"事务型数据流图的事务中心为"分析控制命令"转换。图中有两条动作路径，事务中心将根据不同的命令类别选择其中一条路径来执行。接收路径部分仅包含一个转换"读取控制命令"。一旦确定了接收路径和动作路径集合，下面就需要进一步分析每一条动作路径上数据流图的特征，判断它们的数据流图类型。显然，接收路径和两条动作路径都非常简单，属于变换型数据流图。

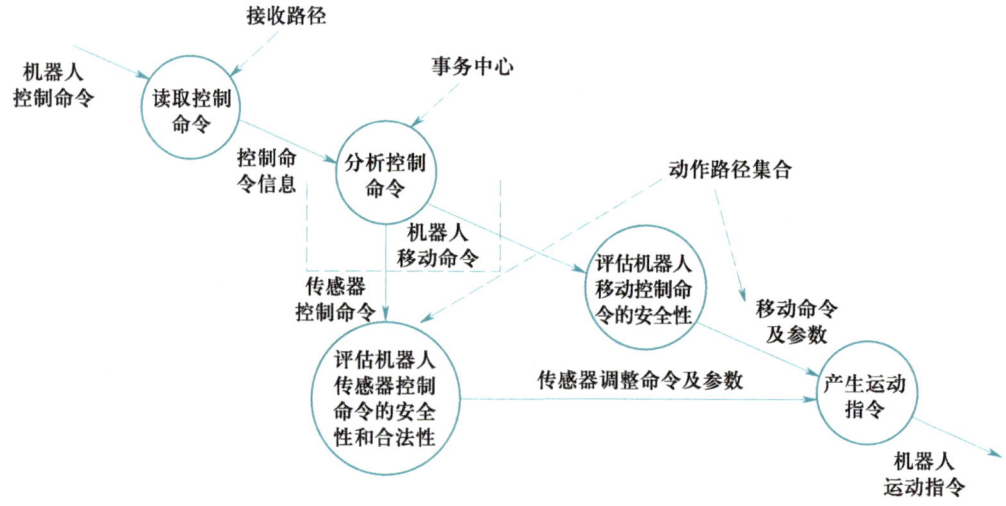

图 7.12　确定"控制命令分析和处理"事务型数据流图的事务中心和动作路径

2. 执行一级分解

首先对事务型数据流图执行一级分解，得到如图 7.13 所示的软件体系结构整体框架。它主要由"接收路径控制"和"散转"两部分模块组成。

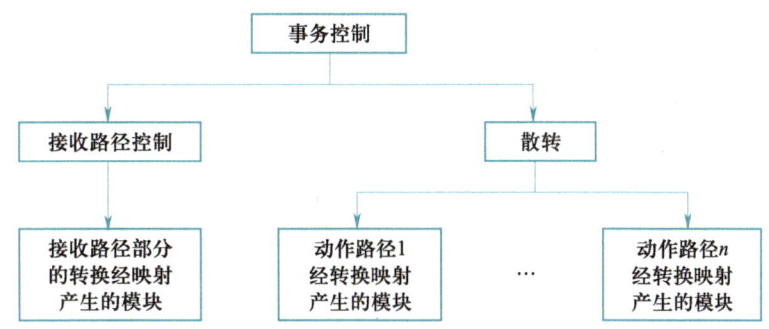

图 7.13 事务型数据流图经一级分解得到的软件体系结构整体框架

3. 把事务中心和每条路径的数据流图的转换映射为软件模块

首先将事务中心转换映射为软件体系结构中的散转模块。其次，对于接收路径以及每一条动作路径，分析判断它们属于什么样的数据流图类型，然后按照前面所述的方法，将每一条路径中的转换映射为软件模块，并将其置于适当的位置。

对于图 7.12 接收路径的数据流图而言，其中的转换所映射的模块置于"接收路径控制"模块之下。对于每一条动作路径，其中的转换所映射的模块置于"散转"控制模块之下。图 7.14 描述了"控制命令分析和处理"事务型数据流图的转换经映射后所得到的软件体系结构。

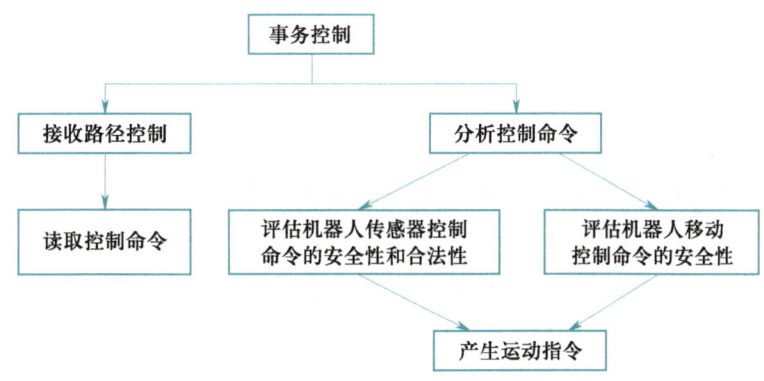

图 7.14 "控制命令分析和处理"事务型数据流图的转换映射后的软件体系结构

4. 优化转换后的软件体系结构

对上述得到的软件体系结构进行优化处理，以便提高整个软件体系结构的模块化程度和质量，其方法与变换分析方法类似。图 7.15 描述了经优化后的软件体系结构图。

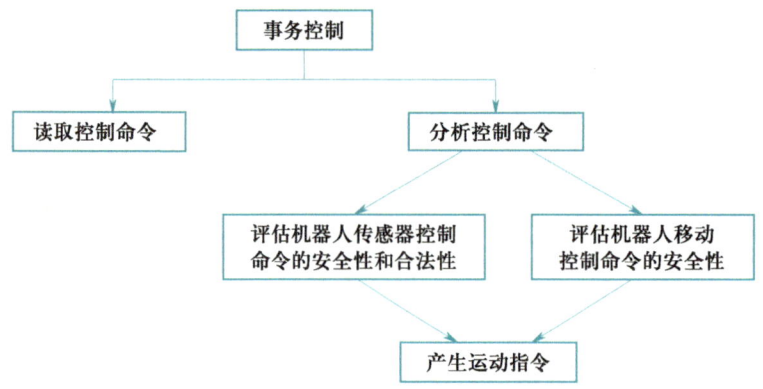

图 7.15   优化后的软件体系结构

7.4   面向对象的软件设计方法学

面向对象的软件设计方法学以面向对象的基本概念和抽象为核心，针对面向对象的需求分析所得到的软件需求模型，对其进行不断精化（而非转换），获得软件系统的各类软件设计元素，产生不同视点、不同抽象层次的软件设计模型，形成软件系统完整和详尽的设计方案，最后交由面向对象程序设计语言加以实现。

7.4.1   基本思想

在面向数据流的软件开发方法学中，软件需求分析是基于数据流、转换、数据存储、外部实体等一组概念和抽象加以表示，而软件设计是基于模块、函数、过程、调用等一组概念和抽象进行刻画，显然需求分析和软件设计分别处于不同的概念空间，因而需要通过转换的方式，将用数据流、转换等概念描述的需求模型通过映射（如一级分解、二级分解等），生成用模块、调用等概念描述的软件设计模型。

面向对象的软件设计方法学则不同。面向对象的软件设计与需求分析基于相同的抽象和概念，即都是基于诸如对象、类、消息传递、继承、关联等概念来表示，因而从需求分析模型到软件设计模型无须进行转换，而是通过不断的精化和优化，将支持软件实现的更多设计元素引入分析模型之中，形成可有效支持软件构造、包含详细设计元素的软件设计方案。这一设计方法学可实现从软件需求到软件设计的自然过渡，减少了分析和设计两个阶段之间的概念鸿沟，有助于简化软件设计阶段的工作。

1. 面向对象的软件设计过程

面向对象的软件设计遵循先整体后局部、先抽象后具体的设计原则，借助模块化软件设计的基本思想和策略，先开展软件体系结构设计，明确软件系统的整体架构，在此基础上开展用户界面设计。上述两项设计完成之后，将开展一系列详细设计工作，包括用例设计、构件/子系统设计、数据设计、类设计等，最终将这些设计进行整合，形成完整的软件设计方案（见图 7.16）。

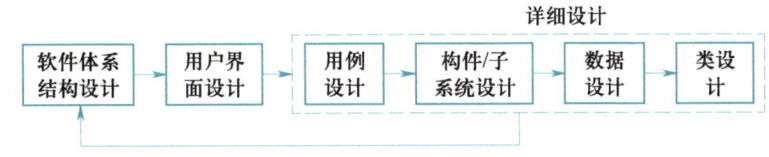

图 7.16 面向对象的软件设计过程

2. 面向对象的软件设计建模语言

在面向对象的软件设计过程中，不同的阶段将产生不同的软件设计模型，这些模型需要建模语言加以表述。面向对象的软件设计方法学借助 UML 表示软件设计模型，即用包图描述软件系统的体系结构，用类图表示用户界面设计及数据库设计，用交互图表示用例设计模型，用构件图表示构件设计，用活动图表示对象间的交互和协作，用状态图表示特定对象的状态变迁，用部署图表示软件系统的部署设计。

本书后续几章将详细介绍面向对象的软件设计。表 7.1 从支持的软件设计活动、软件设计方式、建模语言等方面，对面向数据流的软件设计方法学与面向对象的软件设计方法学进行了对比分析。

表 7.1 两种软件设计方法学的对比分析

方法学	支持的软件设计活动	软件设计方式	建模语言
面向数据流的软件设计方法学	仅支持软件体系结构设计	模型转换和精化	软件模块图，软件层次图
面向对象的软件设计方法学	支持所有软件设计工作，包括体系结构设计、用户界面设计、详细设计等	模型精化	UML

7.4.2 面向对象的软件设计原则

面向对象的软件设计方法学提供了以下一些原则来指导软件设计，提高设计水平，产生高质量的软件设计模型：

1. 单一职责原则

单一职责原则要求每个类只承担一项职责，也即类的职责要单一化，它充分体现了软件模块化设计的思想。该原则有助于控制类的粒度大小，提高类设计的模块化程度以及类的内聚性，降低类实现的规模和复杂性，减少类变更的因素和频度。

如果通过设计所产生的类有多项职责，那么可以考虑对该类进行拆分，使得所产生的每个类对应一个职责。图 7.17 描述了类职责的分解示例，如果一个类 A 封装了一组属性和行为，它们分属于两种不同的职责，那么可以将类 A 进行分解，产生类 A1 和类 A2，它们各自封装的属性和行为均属于一类职责。

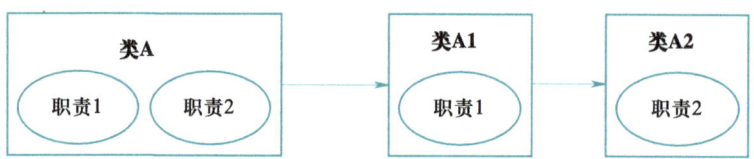

图 7.17   类职责的分解示例

例如，如果要封装实现一个"充当助教的研究生"类，一种实现方式是直接将该实体封装为一个类，显然该类需要封装"助教"类和"研究生"类的相关属性和行为，带来的问题是该类违背了单一职责原则。解决该问题的方法是将"助教"类和"研究生"类单独抽象出来，形成不同的抽象类或接口，然后构造一个类分别实现上述接口，如图 7.18 所示。

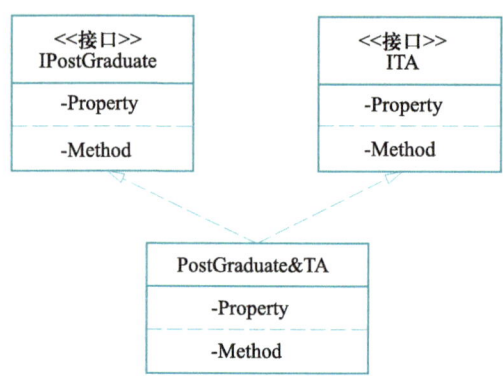

图 7.18   单一职责原则示意图

2. 开闭原则

开闭原则要求每个类对于扩展是开放的，对于修改是封闭的。所谓"扩展的开放性"是指类的功能是可扩展的，当应用需求发生改变时，在不修改软件实体源代码或二进制代码的前提下，可扩展类的功能使其满足变化的需求。所谓"修改的封闭性"是指每个类不允许对其内部进行修改，当应用需求发生改变时，尽可能不修改类的原有设计及源代码，而是采用扩展的方式应对变化。概括而言，该原则要求类是通过不断的扩展（而不是修改）以满足变化的需求。

在面向对象的软件设计过程中，软件设计工程师可通过"抽象约束、封装变化"的方式实现开闭原则。首先，通过接口或抽象类为软件实体定义稳定的抽象层。其次，一旦需求或实现有变化，那么可通过派生出具体的类来实现功能扩展，如图 7.19（a）所示。所谓"抽象类"是指描述了一组未实现的抽象行为的类，其核心思想是通过接口或抽象类为软件实体定义稳定抽象层，将可变因素封装在实现类中。

该设计原则有助于提高软件设计的灵活性、可重用性和可维护性。但是，该原则的应用也必然会给软件设计带来额外的抽象和设计成本，包括通过一系列抽象来定义接口或抽象类，区分不同类之间的关系，以及构造抽象类和派生类等。

实际上，要做到类对修改完全封闭是不可能的。有时软件需求的变化不仅表现在对功能的增加，还表现在对已有功能的修改。在这种情况下，就需要对类中的功能进行必要的修改。更严格地讲，上述原则应表述为：每个类通过扩展而非修改来应对功能需求的增加。

3. 里氏替换原则

里氏替换原则由图灵奖获得者 Barbara Liskon 提出，故称为里氏替换原则。它是指须确保父类所拥有的性质在子类中仍成立，或者说，对于父类在软件中出现的所有地方，均可由子类进行代替，反之则不成立。这项原则是面向对象程序设计语言中继承机制的理论基础，也是遵循开闭原则的前提条件。

这一原则要求子类可以扩展父类功能，但不能改变父类原有功能。这就要求子类继承父类时除添加新的方法完成新增功能外，尽量不要重写父类的方法，如图 7.19 (b) 所示。这也从另一个侧面刻画了继承使用的基本原则，即何时应使用继承，何时不应使用继承。

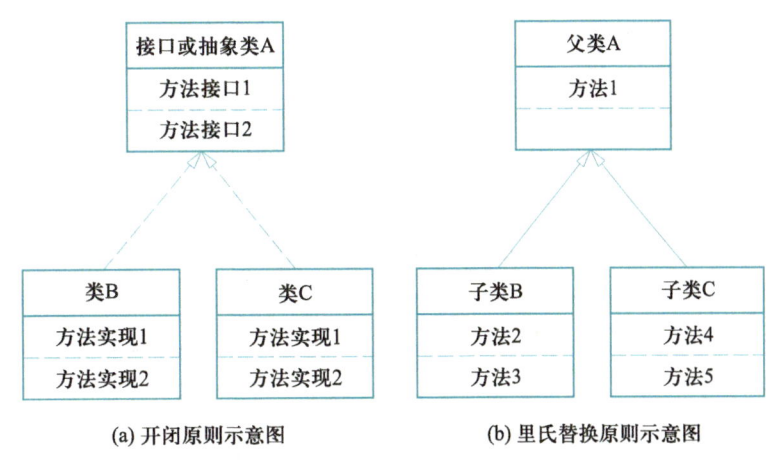

图 7.19 开闭原则和里氏替换原则示意图

4. 接口隔离原则

接口隔离原则的基本思想是尽量将臃肿庞大的接口拆分成更小和更具体的接口，让接口中只包含使用者感兴趣的方法，即根据使用者的需要来定义接口。对于某个类 A 而言，所有访问该类公开方法和属性的其他类称为类 A 的使用者。一个类通常有多个使用者，应根据使用者所需的服务对使用者进行分类。

接口隔离原则要求一个类对另一个类的依赖应建立在最小的接口上，要为各个使用者类建立它们需要的专用接口，而不要试图去建立一个庞大的接口以供所有依赖它的使用者类去访问。图 7.20 描述了接口隔离原则的使用方法，图中两个使用者类 B1、B2 具有相同的服务需求，因而通过接口 C1 访问类 A 的服务；使用者类 B3、B4 分别通过接口 C2、C3 获得类 A 的服务。

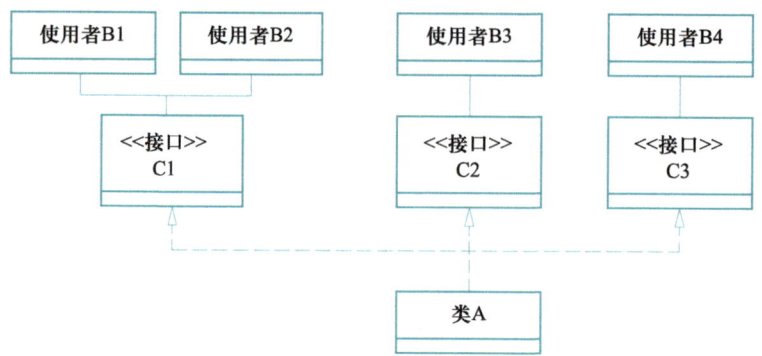

图 7.20 接口隔离原则示意图

5. 依赖倒置原则

依赖倒置原则的基本思想是：高层模块不应该依赖底层模块，两者都应该依赖其抽象；抽象不应该依赖细节，细节应该依赖抽象。这里所指的抽象是指面向对象设计中的接口或抽象类，它们均不能直接实例化，细节是指具体的类。因此，依赖倒置原则更为直接的描述为：高层的类不应该依赖底层的类，接口或抽象类不应该依赖具体的实现类，具体的实现类应依赖接口或抽象类。

之所以称为"依赖倒置"，是相对于传统的结构化软件设计方法学所蕴含的软件设计思想而言的。在结构化软件开发方法学中，软件设计工程师设计出层次化的软件结构，其中高层模块依赖底层模块，通过底层模块的功能实现来达成高层模块功能的实现；高层模块反映了更高的抽象层次，因而在该设计方法学中抽象依赖细节，这些构成了结构化软件开发方法学的设计理念。该设计方法会导致设计僵化，不易于软件模块的变更和重用。一旦底层的细节发生了变化，那么高层次的抽象以及相应的模块也将随之发生变化，导致变化随着不同的抽象层次而不断进行传播。

面向对象的软件设计方法学认为，在软件设计中细节具有多变性，而抽象层则相对稳定，因此要采用面向接口的编程，不要采用面向实现的编程，也即无论是高层模块还是底层模块，它们都应依赖抽象，与之相对应的是，具体的细节也要依赖抽象。其本质就是要通过抽象，借助接口和抽象类，使得各个模块实现彼此的独立性，减低类之间的耦合度，尽可能不相互影响。为此，每个类尽可能有相关的接口或抽象类，任何类都尽量不要从具体实现类中派生得到，尽量不要重写基类的方法，见图 7.21 所示。

这一设计原则使得高层模块（即抽象模块）独立于底层模块（即细节），有助于降低变化带来的影响。同时，该原则提高了高层模块的可重用性、可扩展性，减少了类之间的耦合度，使软件系统的稳定性得到提升，并提高了代码的可理解性和可维护性。

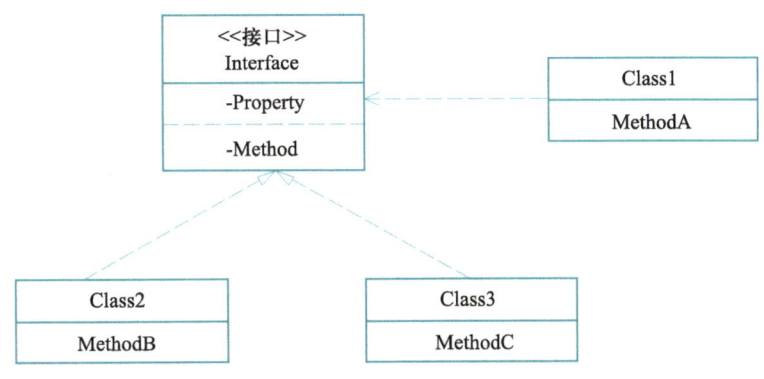

图 7.21　依赖倒置原则示意图

6. 最少知识原则

最少知识原则的基本思想是：只与你的直接朋友交谈，不与陌生人说话。也即一个类只对与自己存在耦合关系的类进行交互，尽可能少地与其他不相关的类发生交互。这意味着一个类应该为与其发生交互关系的其他类提供最少的知识。

在面向对象的软件设计中，每个类都不是孤立的，都需要与其他类进行交互，孤立的类没有存在的意义和价值。但是，如果一个类与太多的类发生交互，甚至与一些逻辑上不相关的类进行交互，这势必会增加这个类与其他类之间的耦合度。图 7.22 示例解释了最少知识原则，其中"明星"只与自己最亲近的"经纪人"交互，不与大量的"粉丝"和"媒体公司"发生交互，这样就可以有效减少"明星"与"粉丝""媒体公司"等的耦合度。

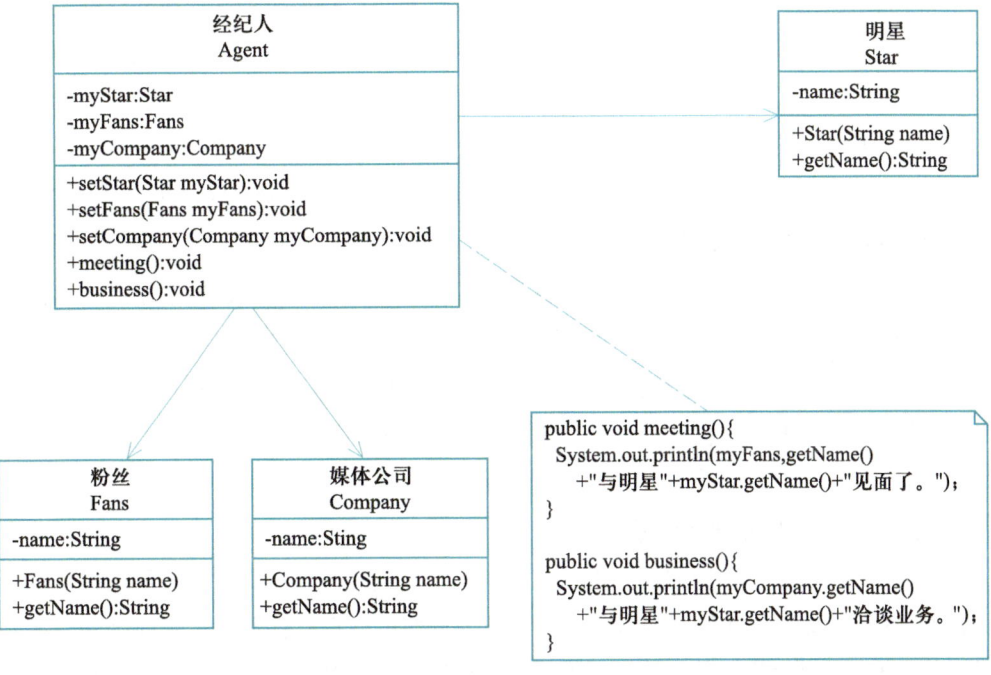

图 7.22　最少知识原则示例

显然，最少知识原则有助于实现类间解耦，使得每个类与其他类是弱耦合甚至无耦合，从而提高类的可重用性。当然，这一原则带来的问题是需要额外的中间类或跳转类，如图 7.22 中的"经纪人"类，这势必又会提高软件系统的复杂性，给软件维护带来难度。

7.4.3   面向对象的软件设计优势

相较于结构化软件设计方法学，面向对象的软件设计方法学具有以下一些优势，因此更适用于大型复杂软件系统的开发。

1. 高层抽象和自然过渡

面向对象的设计方法学提供了诸如对象、类、消息传递、继承等概念来刻画应用、构造软件和开展设计。与结构化软件开发方法学中的数据流、转换等概念相比较，这些概念更贴近于现实世界，有助于对应用问题以及软件系统的直观理解和建模。更为重要的是，无论是需求分析还是软件设计，它们均采用相同的一组抽象和概念进行描述和分析，因而从需求分析到软件设计的工作不是基于模型转换的方法，而是基于模型的精化手段，这极大地简化了软件设计工作，有助于从需求到设计的自然过渡。相比较而言，面向对象模型更易于为人们所接受，可减少软件工程师与用户之间的交流鸿沟，有助于支持大型复杂软件系统的开发。

2. 多种形式和粗粒度的软件重用

面向对象的方法学提供了多种方式支持软件重用，进而有助于提高软件开发的效率和质量。首先，将封装了属性和方法的类作为基本的模块单元，每个类具有更强的独立性和模块性，与结构化软件开发方法学相比较，可以实现粗粒度的软件重用。其次，提供了继承的概念和机制，不仅可以自然地刻画类与类之间的一般与特殊关系，而且还可以实现子类对父类属性及方法的继承，进而有效支持子类对父类的软件重用。

3. 系统化的软件设计

结构化软件开发方法学仅支持软件设计阶段的部分工作，如面向数据流的软件设计仅支持软件体系结构设计的工作。面向对象的软件设计方法学则不同，它可以系统地支持软件设计阶段的所有工作。它所提供的抽象模型具有普适性，如类模型不仅可用于表示软件系统中的类结构，而且还可用于描述用户界面设计的结构、数据库设计的结构等。

4. 支持软件的扩展和变更

面向对象的软件设计方法学提供了接口、抽象类、继承、实现等多种机制以及相应的软件设计原则，如开闭原则、接口隔离原则等，使得软件设计工程师可以设计出易于扩展和变更的软件设计模型。借助接口和抽象类机制，软件设计工程师可以抽象出软件系统中不变和稳定的部分，并通过实现机制来完成具体的变化部分。借助继承机制，一个子类可以方便地扩充父类的功能。遵循依赖倒置、接口隔离等设计原则，软件设计工程师可以设计出软件结构更为稳健、更便于扩展和可有效应对需求变化的软件系统。

7.5 软件设计的 CASE 工具

为了提高软件设计的效率和质量，降低软件设计的复杂性，软件工程领域提供了一系列 CASE 工具，以帮助软件设计工程师开展软件设计工作。

1. 软件设计文档撰写工具

例如，借助 Microsoft Office、WPS 等工具编写软件设计规格说明书等相关文档。

2. 软件设计建模工具

例如，利用 Microsoft Visio、StarUML、Argo UML 等工具绘制和管理软件设计的各类模型，包括体系结构设计模型、数据设计模型、用例设计模型、构件设计模型、部署设计模型等。

3. 软件设计分析和转换工具

例如，通过 IBM Rational Rose 等工具对软件设计模型进行分析，发现设计模型中存在的不一致、不完整、相互冲突等方面的问题，并提示开发者加以解决。有些工具还支持软件设计模型的自动转换，将某个视角和抽象层次的设计模型转换为另一个视角和抽象层次的设计模型，或将软件需求模型（如数据流图）自动变换为软件设计模型（如模块图）。

4. 配置管理工具和平台

例如，借助 Git、GitHub、Gitlab、PVCS、Microsoft SourceSafe 等工具进行软件设计制品（如模型、文档等）配置、版本管理、变化跟踪等。

7.6 软件设计的输出和评审

软件设计工作完成之后，将输出一系列软件制品。这些制品记录了软件设计的具体信息，并将作为主要的媒介来支持软件设计工程师、程序员、质量保证人员、用户和客户之间的交流。为了确保

微视频：软件设计的输出

软件制品的质量，软件设计工程师要组织多方人员对软件设计制品进行评审，以发现并解决其中存在的问题。

7.6.1　软件设计制品

软件设计将产生两类主要的软件制品。一类是软件设计模型，它从多视点、不同抽象层次描述了软件的设计信息，并采用诸如 UML、模块图、层次图等图形化的方式来加以刻画。一般地，软件设计模型由多种不同的图组成。对于结构化软件设计方法学而言，它将产生诸如模块图、层次图等一系列设计模型。对于面向对象的软件设计方法学而言，它将产生体系结构图、部署图、用例交互图、类图、活动图等一系列设计模型。另一类是软件设计文档，它采用自然语言的形式，结合软件设计模型，详细描述软件系统的各项设计，包括体系结构设计、子系统/构件设计、用户界面设计、用例设计、数据设计等。

为了指导软件设计文档的撰写，确保设计文档内容的完整性和结构的规范性，促进软件设计文档的理解和交流，许多标准化机构、企业和组织提供了标准化的软件设计文档规范。不同的规范有其不同的考虑。一般地，一个软件设计文档规范通常需要包含以下几方面的内容：

1. 软件设计文档概述

介绍软件设计文档的编写目的、组织结构、读者对象、术语定义、参考文献等。

2. 软件系统概述

概述待开发软件系统的整体情况，包括软件系统描述、软件系统建设的目标、主要功能、边界和范围、用户特征、运行环境等。该部分的内容需要与软件需求规格说明书中的"系统概述"保持一致。

3. 软件设计目标和原则

陈述软件设计欲达成的目标，包括实现哪些功能和非功能需求，软件设计过程遵循哪些基本的原则，经过设计得到什么样的结果，它们起到什么样的作用，还有哪些需求在本文档中没有加以考虑和设计等。

4. 软件设计约束和实现限制

说明开展软件设计需要遵循什么样的约束，需要考虑哪些实际情况和限制。

5. 软件体系结构设计

采用可视化模型和自然语言相结合的方式，详细介绍软件体系结构设计的结果。如果软件较为复杂，体系结构设计的内容较多，可以考虑将体系结构设计作为单独的文档加以刻画，并在本文档中直接引用软件体系结构设计文档。

6. 用户界面设计

介绍用户界面的原型设计、界面间的跳转关系，以及界面设计对应的类图。

7. 子系统/构件设计

介绍子系统/构件设计的具体细节，包括用包图和构件图刻画子系统/构件的组织结构、用类图刻画子系统/构件中的类及其关系、用交互图刻画子系统/构件设计中对象间的动态交互和协作关系、用状态图描述特定对象的状态变迁及行为等。

8. 用例设计

阐述软件系统中各用例的实现方案，展示具体的用例交互模型。

9. 类设计

描述每个类的设计细节，包括类的职责、属性的定义、算法的设计等。

10. 数据设计

描述软件系统中永久存储数据的设计，包括数据库表和数据文件的设计、数据操作的设计，并用 UML 类图和活动图等来表示数据设计的细节。

11. 接口设计

描述软件系统与外部其他系统之间的交互接口。

图 7.23 给出了软件设计文档的内容组织结构。

```
1. 文档概述                          4. 设计约束和实现限制
    1.1  文档编写目的                 5. 软件体系结构设计
    1.2  文档读者对象                 6. 用户界面设计
    1.3  文档组织结构                 7. 用例设计
    1.4  文档中的术语定义             8. 子系统/构件设计
    1.5  参考文献                     9. 数据设计
2. 软件系统概述                      10. 类设计
    2.1  软件系统描述                 11. 接口设计
    2.2  软件系统的边界和范围
    2.3  软件系统的用户特征
    2.4  软件系统的运行环境
3. 设计目标和原则
    3.1  软件设计目标
    3.2  软件设计原则
```

图 7.23　软件设计规格说明书的内容组织结构

7.6.2　软件设计缺陷

在软件设计过程中，设计工程师可能会因为这样或者那样的原因，使得软件设计的结果（即软件设计模型和文档）中存在缺陷和问题，并主要表现为以下形式：

1. 软件设计未能满足需求

软件设计工程师对软件需求的理解存在偏差，未能正确理解用户的软件需求，导致所设计的软件无法满足用户的需要。此外，软件设计工程师也可能在设计过程中漏掉了某些重要的软件需求，导致软件设计存在缺失，尤其是非功能需求，常常不受软件设计工程师的关注和重视。在某些情况下，软件设计工程师会额外增加一些超出软件需求范围的设计，使得出现无法追踪源头的软件设计。

2. 软件设计质量低下

软件设计工程师虽然开展了软件设计，但是由于在设计过程中未能遵循设计原则、缺乏设计经验，导致软件设计质量低下，具体表现为：未能遵循模块化、信息隐藏等原则，使得所设计的软件不易于维护和扩展；由于对已有的可重用资源不清楚，导致软件重用程度不高，影响了后续的软件开发效率和质量；由于未能对异常情况（如大批量的用户访问）进行考虑和处理，导致软件的可靠性不高；没有对软件设计进行优化，导致软件结构混乱，逻辑不清等。

3. 软件设计存在不一致

软件设计的内部存在不一致问题，具体表现为以下几种形式：不同软件设计制品对同一个设计有不同的描述，或者存在不一致甚至相冲突的设计内容；多个不同软件设计要素之间存在不一致。这些情况往往使得程序员不知道应该按照哪一个设计来开展编码和实现工作。

4. 软件设计不够详尽

软件设计不够详尽，未能提供设计的细节信息，导致程序员无法根据设计来开展编码和实现工作。

7.6.3　软件设计验证与评审

软件设计工作完成之后，软件设计工程师需邀请软件的利益相关者，包括程序员、软件测试工程师、用户、质量保证人员、软件项目经理、配置管理人员等，一起对软件设计进行验证，以检验软件设计是否正确、完整和一致地实现了软件需求。

软件设计验证通常采用评审的方式，即参与验证的多方人员一起对软件设计模型和文档进行研读，发现并解决其中的问题。软件设计工程师也可以事先将软件设计模型和文档分发给各个参与评审的人员，随后大家一起通过会议的方式进行评审。软件设计评审可以围绕以下几个方面进行：

① 文档的规范性：软件设计文档是否符合软件设计规格说明书。

② 设计制品的可理解性：软件设计模型和文档的表达是否简洁、易于理解。

③ 设计内容的合法性：设计结果是否符合相关的标准、法律和法规。

④ 设计的质量水平：软件设计是否遵循设计原则、软件设计的质量如何。

⑤ 设计是否满足需求：设计是否完整和正确地实现了软件需求。

⑥ 设计优化性：软件设计是否还有待优化的内容。

7.7　软件设计管理

软件设计模型和文档将用于理解软件系统的整体设计，指导程序员的后续编码工作，协助软件测试工程师开展软件测试工作，并将为软件长期维护和演化提供指南，因而是极为重要的软件制品。在软件开发和运维的过程中，软件设计模型和文档受多方因素的影响会出现变化，这些因素包括：软件需求发生变化、对已经设计好的软件系统进行再设计以提高软件设计质量、由于对软件的维护而导致更改软件设计等，因而软件设计工程师需要与软件质量保证人员、软件配置管理人员等一起对软件设计制品进行有效的管理。

1. 软件设计的变更管理

软件设计一旦发生变化，将会对编码实现、软件测试、运行部署等产生影响，导致相关部分的代码需要修改、软件测试需要重做、可运行的代码需要重新部署等，也会影响整个软件项目的进度、质量和成本等。为此，软件设计工程师需要和相关人员一起对软件设计变更进行有效的管理，包括明确哪些方面发生了变更、这些变化反应在软件设计模型和文档的哪些部分、由此导致软件设计模型和文档版本发生了什么样的变化等。

2. 软件设计的追溯管理

要对软件设计变更进行溯源追踪：

① 弄清是什么原因导致软件设计的变更，是软件需求发生了变化，还是需要对软件进行再设计以提高软件质量，或者是由于某些维护请求导致了需求变更等。软件设计工程师需要和相关人员一起来判别设计变更的合理性。如果不合理，则可以终止软件设计变更。

② 评估设计变更的影响域，基于对设计变更的理解，分析设计变更会对哪些软件制品产生什么样的影响，会有哪些潜在的质量风险，进而针对性地指导软件开发工作。

③ 评估设计变更对软件项目开发带来的影响，包括软件开发工作量、项目开发进度和成本、需要投入的人力和资源、软件开发风险等，以更好地指导软件项目的管理工作。

3. 软件设计的基线管理

一旦软件设计模型和文档通过评审，则意味着软件设计已经形成了一个稳定的版本，软件开发者可以以此为规范开展后续的软件开发工作，此时的软件设计制品将可以作为基线纳入配置管理。

本章小结

本章围绕软件设计这一核心内容，介绍了软件设计的概念、结果输出和质量要求，软件设计的过程和原则，结构化软件设计方法学和面向对象软件设计方法学，支撑软件设计的 CASE 工具，最后讨论了软件设计的评审和管理。概括而言，本章具有以下核心内容：

- 软件设计是要针对软件需求给出其实现解决方案。
- 软件设计是需求分析和编码实现之间的桥梁，起到承上启下的作用。
- 软件设计既是一项生产活动也是一项创作活动。
- 软件设计应对照需求、遵循原则、充分优化和简单易懂。
- 软件设计通常需要完成体系结构设计、用户界面设计、详细设计等一系列设计工作，产生不同视角和抽象层次的设计模型，并撰写软件设计规格说明书文档。
- 为了得到高质量的软件设计，设计工程师需要遵循模块化与高内聚度、低耦合度原则，信息隐藏原则，软件重用原则，抽象和逐步求精原则，多视点与关注点分离原则，迭代设计原则，可追踪性原则，权衡抉择原则等设计原则。
- 软件设计工程师应既是通才又是专才，需要掌握特定领域的知识和软件设计技术，还要有创新能力和软件质量意识。
- 结构化设计方法学基于模块化软件设计思想，将软件需求映射为软件模块。面向数据流的软件设计本质上是一个将数据流图转换为软件模块图的过程。
- 面向对象的软件设计是一个对软件需求模型不断进行精化的过程。
- 面向对象的软件设计应遵循单一职责原则，开闭原则，里氏替换原则，接口隔离原则，依赖倒置原则，最少知识原则等设计原则，以获得高质量的软件设计。
- 软件设计工程师应充分利用各类软件设计 CASE 工具，以提高软件设计的质量和效率。
- 软件设计工程师应组织多方人员共同对软件设计的制品进行验证，以发现和解决软件设计制品中存在的问题。
- 为了应对软件设计的变化，追踪设计变化的原因，并对设计制品进行版本控制，软件设计工程师需要与软件配置管理人员等对软件设计制品进行有效的管理。

推荐阅读

BROOKS F P. 设计原本：计算机科学巨匠 Frederick P. Brooks 的反思 [M]. 高博，朱磊，王海鹏，译. 北京：机械工业出版社，2013.

该书是《人月神话》作者、著名计算机科学家 Frederick P. Brooks 的另一部重要著作。该书从工程师和架构师的视角深入探讨软件设计的过程，尤其是复杂系统的设计过程，旨在提高软件产品的实用性与有效性，以及设计的效率。作者分析了软件设计过程的演进，探讨了协作和分布式设计，阐明了哪些因素造就真正卓越的软件设计者。

基础习题

7-1 软件设计与软件需求二者有什么本质的区别？

7-2 为什么说软件设计是一项创作活动？

7-3 软件设计一般会产生哪些方面的设计模型？它们分别从什么样的视角对软件系统开展设计？

7-4 软件设计会产生哪些设计元素？设计元素与分析元素有何区别？

7-5 软件设计一般遵循什么样的过程？它如何体现抽象和逐步求精的原则？

7-6 软件设计要遵循相关的约束，这里的约束是指什么内涵？体现为哪些方面？

7-7 软件设计要遵循哪些原则？为什么遵循这些原则有助于得到好质量的软件设计？

7-8 何为软件设计方法学？它为软件设计提供哪些方面的支持？

7-9 在面向数据流的软件设计方法学中，为什么要区分变换流和事务流，并分别进行相应的转换以产生软件设计模型？

7-10 请简要说明针对变换流的转换步骤，并解释说明在转换过程中为什么要引入一些额外的控制模块？

7-11 结构化软件设计方法学采用什么图来表示软件设计模型？为什么说面向数据流的软件设计方法学主要支持软件体系结构设计，不支持软件的详细设计？

7-12 软件设计工程师应具备哪些方面的知识、能力和素质？

7-13 UML 的哪些图可用于表示软件设计模型？它们分别从什么视角和抽象层次来描述软件设计？

7-14 面向对象的软件设计为什么只需要进行精化，无须进行转换就可以得到软件设计模型？这类软件设计方法学有何优点？

7-15 为什么软件设计会引入缺陷和错误？它们通常表现为哪些形式？如何有效地发现软

件设计中的缺陷和错误?

7-16　哪些人员需要参与软件设计的评审? 用户是否需要参与评审? 为什么?

7-17　如果软件设计发生了变化, 会对哪些软件制品产生影响?

7-18　通常有哪些因素会导致软件设计发生变化? 如果不对变化的软件设计制品进行管理, 会产生什么样的后果?

7-19　安装 IBM Rational Rose 软件工具, 尝试用该软件进行面向对象的软件设计, 包括绘制、分析和管理软件设计模型。

综合实践

1. 综合实践一

实践任务: 搜寻可支持新需求实现的开源软件或其他可重用软件资源。

实践方法: 分析开源软件的实现技术和运行环境, 到开源软件托管平台中寻找合适的开源软件。

实践要求: 深入理解软件设计需要满足的约束和限制, 找到可有效支持新需求实现的可重用软件资源。

实践结果: 搜寻到的可重用软件资源。

2. 综合实践二

实践任务: 搜寻可有效支持软件实现的开源软件或其他可重用软件资源。

实践方法: 基于软件开发平台 (如编程语言环境) 所提供的软件开发包寻找可重用的软件资源, 或者到开源软件托管平台 (如 GitHub、Gitee) 寻找合适的开源软件。

实践要求: 结合软件开发的各种约束和限制来理解软件设计的约束和限制, 尽可能多地找到可支持软件实现的可重用软件资源。

实践结果: 搜寻到的可重用软件资源。

第 8 章

软件体系结构设计

软件设计从体系结构设计开始，该项设计工作旨在给出软件系统的整体结构，明确软件系统由哪些要素组成、每个要素的职责和功能、不同要素之间存在什么样的关系，从而明确软件系统如何实现软件需求。与软件详细设计相比较，体系结构设计是从整体视角和宏观层面开展软件设计工作，其设计结果不仅决定了软件系统能否以及在多大程度上实现软件需求，而且还将用于指导后续的详细设计，因而将对软件系统的整个设计工作产生全局性的影响。随着软件系统规模和复杂性的不断增长，软件体系结构设计的重要性日益突出，软件体系结构设计的质量将直接决定整个软件系统的质量。软件体系结构设计工程师（也称为软件架构师）需要综合考虑多方面的因素，包括软件需求、已有的软件资产、可重用软件资源等开展软件体系结构设计工作。

本章聚焦于软件体系结构设计，介绍软件体系结构的概念和风格，软件体系结构设计的任务、过程和重要性，软件体系结构模型及表示方法，软件体系结构设计的详细过程和策略，以及软件体系结构设计的文档化及评审。读者可带着以下问题来学习和思考本章的内容：

- 何为软件体系结构？软件体系结构由哪些要素构成？
- 可从哪些视角来描述软件体系结构？为什么要从多个视角来分析软件体系结构？
- 何为软件体系结构风格？它对于指导软件体系结构设计有何作用？
- 如何基于 UML 图来表示软件体系结构？
- 软件体系结构设计要考虑哪些因素？
- 应采取什么样的设计策略以得到高质量的软件体系结构？
- 为什么在软件体系结构设计时要尽可能地重用已有的软件资产？
- 软件体系结构设计工作完成之后会产生什么样的设计成果？
- 应从哪些方面对软件体系结构设计进行评审？

8.1 软件体系结构设计概述

"体系结构"这一概念广泛应用于各类工程开发，如计算机体系结构、建筑物体系结构等。"软件体系结构"概念来源于计算机软件范畴，因而有其特殊的内涵。在长期的软件开发实践中，软件架构师总结和提炼出了一系列软件体系结构风格，以指导软件体系结构的设计工作。

8.1.1 何为软件体系结构

软件体系结构，也称为软件架构，刻画了软件系统的构成要素及它们之间的逻辑关联。一般地，软件体系结构由三类要素组成：构件、连接件（connector）和约束。下面以机器人操作系统（ROS）软件为例，解释软件体系结构及其构成要素。

微视频：何为软件体系结构

1. 构件

构件的概念已在第 3 章和第 7 章介绍过，它具有以下特点：

① 可分离。构件对应于一个或数个可独立部署的可执行代码文件，从物理的视角看，构件是可分离和可执行的文件。

② 可替换。构件实例可被其他任何实现了相同接口的另一构件实例所替换。

③ 可配置。可通过配置机制修改构件的配置数据，进而影响构件对外提供的功能和服务。

④ 可复用。构件可不修改其源代码，无须重新编译即可应用于多个软件项目或软件产品。

概括而言，构件不是源代码，而是可运行的二进制代码；构件是客观存在的（即有实际的文件），而非仅仅是逻辑存在的；构件是可被访问的，以获得其功能和服务。此外，构件应该是粗粒度的，封装了一组相关的功能。

ROS 是一个基于构件的软件开发框架。它将机器人应用的各项功能（如导航、避障等）封装为一个个独立的构件，称为节点。每个节点可独立部署和运行，并对外提供功能和服务。

2. 连接件

连接件表示构件之间的连接和交互关系。构成软件系统的各个构件并非是孤立的，它们之间存在连接和交互。不同的构件之间如何交互，取决于构件提供的接口形式及其访问方式。构件之间的典型交互方式包括过程调用、远程过程调用（remote procedure call，RPC）、消息传递、事件通知和广播、主题订阅等。

　　在 ROS 中，不同的构件（即节点）之间可以通过两种方式进行交互（其示意图见图 8.1 所示）。一种是基于话题（topic）方式进行交互和通信，如果一个节点 A 要获得节点 B 提供的服务和信息，那么节点 A 可以充当订阅者（subscriber）的角色来订阅某项话题 T，而节点 B 则充当发布者（publisher）的角色来发布话题 T。一旦节点 B 发布了话题 T 的某个消息 M，节点 A 就可以接收到消息 M。图 8.1 中节点 A 与节点 C 之间也采用了这种方式进行交互。基于话题的交互机制简单且灵活，发布者无须知道谁是订阅者，而订阅者只需声明所需订阅的话题，无须知道背后的发布者。另一种是基于服务访问方式进行交互和通信，需要服务的节点作为"客户端"向服务提供方"服务端"节点发出服务请求，服务端节点接收到请求后向客户端节点发送响应，两个节点之间采用同步的方式进行交互。图 8.1 中节点 B 与节点 C 之间即采用了这种方式进行交互。

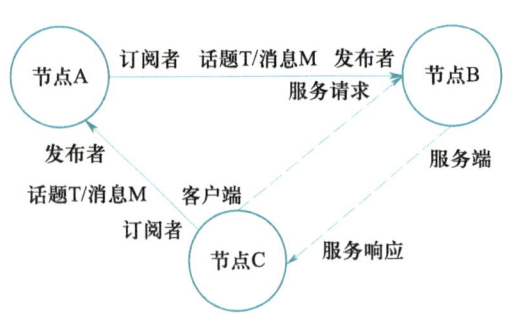

图 8.1　ROS 中的构件及交互示意图

3. 约束

　　软件体系结构中的约束表示构件中的元素应满足的条件，以及构件经由连接件组装成更大模块时应满足的条件。例如，在层次式软件体系结构中，高层次构件可向低层次构件发出请求，低层次构件完成计算后需向高层次构件发送服务应答，反之不可。这种约束可以有效地界定不同层次构件的功能以及在交互中所扮演的角色。

　　ROS 中每个构件节点的实现须遵循统一的构件接口规范。图 8.2 展示了用 C++ 语言构造 ROS 节点和实现话题发布任务的代码示例。代码引入 ROS 核心库的头文件以复

```cpp
#include <ros/ros.h>            // 引入ROS核心库
#include <std_msgs/Float64.h>

int main(int argc, char **argv)
{
  // 初始化节点，设置节点名称
  ros::init(argc, argv, "node_name");
  // 实例化节点通信的代理NodeHandle，建立节点间通信
  ros::NodeHandle n;
  // 在节点内部创建一个话题"发布器"，设置话题消息类型和话题名称
  ros::Publisher my_publisher = n.advertise<std_msgs::Float64>("topic_name", 1);
  std_msgs::Float64 input_msg;
  input_msg.data = 0.0;
  while (ros::ok())
  {
    // 通过publish函数发布消息
    my_publisher.publish(input_msg);
  }
}
```

图 8.2　ROS 节点构造的基本约束示例

用其核心类和函数，在主程序中首先初始化节点并设置节点名称，所有的 ROS 节点均需通过该语句声明其节点类型。为实现该节点的话题通信，需要实例化 NodeHandle 对象，并基于该对象声明一个话题发布者，指定话题消息类型和话题名称。用户根据节点功能逻辑需要，调用 publish（）函数即可将指定消息发布到话题上。ROS 节点和节点通信须严格遵循统一的开发接口和命名规范，所有节点都具有唯一确定的名称，所有节点的话题 / 服务具有明确的消息 / 服务类型和唯一确定的话题 / 服务名称。

8.1.2 软件体系结构表示的抽象层次和表示视图

在软件开发过程中，软件体系结构通常涉及两类不同的抽象层次。一类是抽象的体系结构，该类体系结构通常产生于软件设计阶段，其主要特点是体系结构中的元素（如构件）仅仅是一个逻辑概念，只有针对它们的描述（如功能、职责和接口等），具体的代码实现需在后续完成。另一类是具体的体系结构，该类体系结构通常产生于软件实现和运维阶段，其主要特点是基于特定的编程语言，产生了构件的实现体，并可部署在实际的计算机上运行。

微视频：软件体系结构的视图及表示

对于大中型软件系统而言，其软件体系结构通常会比较复杂，软件开发过程中不同人员对软件体系结构有不同的关注点。在此情况下，对软件体系结构的单一视角描述不足以帮助不同的人员理解和认识软件体系结构。因此，有必要从多个不同的视角对体系结构进行刻画，以获得软件体系结构的完整视图（见图 8.3）。

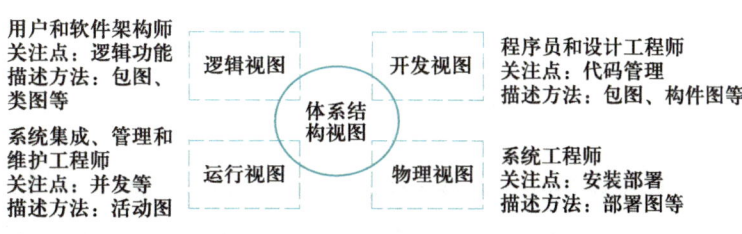

图 8.3 软件体系结构的不同视图表示及关注点

1. 逻辑视图

该视角的软件体系结构主要关注目标软件系统的模块构成，每个模块的功能和职责划分，以及软件模块间的协作关系。一般而言，用户及软件架构师会关注该视图的软件体系结构描述。在面向对象的软件开发方法学中，人们通常用 UML 的包图、类图等来表示软件体系结构的逻辑视图。

2. 开发视图

该视角的软件体系结构主要关注目标软件系统的代码组织以及与逻辑视图中软件

模块的对应关系，也即逻辑视图的各个功能模块是如何通过源代码实现的。一般地，软件架构师和程序员会关心该视图的软件体系结构描述。在面向对象的软件开发方法学中，人们通常用 UML 的包图、构件图等来表示软件体系结构的开发视图。

3. 物理视图

该视角的软件体系结构主要关注软件体系结构中的各个构件在物理设备（如个人计算机、智能手机、服务器、网络设备等）中的安装部署位置以及它们之间的网络连接。一般地，系统工程师会关心该视图的软件体系结构描述。在面向对象的软件开发方法学中，人们通常用 UML 的部署图等表示软件体系结构的物理视图。

4. 运行视图

该视角的软件体系结构主要关注软件体系结构在不同时刻的运行情况，包括软件系统的运行进程 / 线程以及它们之间的同步和并发，活跃的对象以及它们之间的交互和协作。一般地，系统集成、管理和维护工程师会关心该视图的软件体系结构描述。在面向对象的软件开发方法学中，人们通常用 UML 的活动图等表示软件体系结构的运行视图。

需要说明的是，这些不同视角的体系结构视图是相互关联的，在绘制时需要保持它们之间的一致性和完整性。体系结构的逻辑视图是开发视图和物理视图的基础，因而是基础性的软件体系结构模型；开发视图和物理视图又是运行视图的基础。例如，对于逻辑视图中的每个软件模块，需要在开发视图中描述其代码的组织和管理，并在物理视图中说明这些构件是如何安装和部署在实际计算机上的。逻辑视图的体系结构是一类抽象的体系结构，开发视图、物理视图和运行视图的体系结构则对应于具体的软件体系结构。

8.1.3   软件体系结构设计的任务

软件体系结构设计的任务就是根据具体的软件需求（包括功能需求、质量需求和开发约束需求），考虑遗留系统和可重用软件资源，参考软件体系结构风格，给出软件系统在体系结构层面的解决方案，得到软件体系结构模型，以指导后续的软件设计和实现工作（见图 8.4）。

微视频：软件体系结构设计的任务和目标

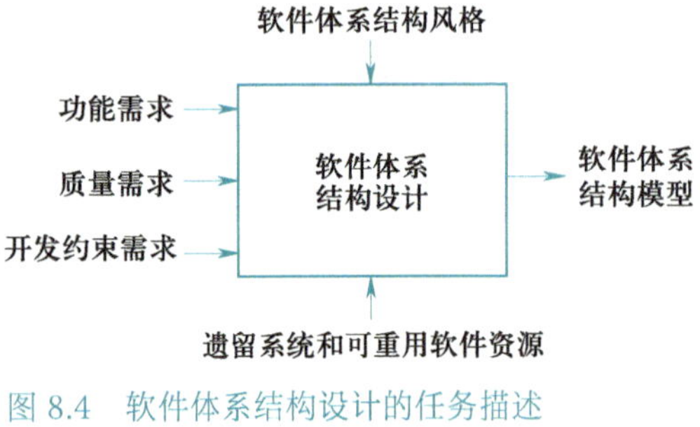

图 8.4   软件体系结构设计的任务描述

1. 基于软件需求开展体系结构设计

如何实现软件需求是软件体系结构设计首先需要关注并解决的问题，因此软件体系结构设计必须针对软件需求来开展。软件体系结构中各个构件的功能要完整地覆盖软件系统的各项功能需求。此外，软件系统的非功能需求，即开发约束需求（如技术选型等）和质量需求在软件体系结构的设计过程中发挥着关键性的作用，软件架构师需充分考虑这些非功能需求来合理组织和优化构件及其相互之间的交互和协作。

2. 充分考虑遗留系统及可重用软件资源

软件重用是软件工程的一项基本原则。为了充分利用可重用的软件资源以及与遗留系统的集成，软件架构师在开展软件体系结构设计时必须考虑如何尽可能充分地重用已有的软件资源（如各类构件、开源软件等），并通过设计接口或者利用遗留系统的接口，实现与遗留系统的交互。

3. 创造性的活动

本质上，软件体系结构设计是一项创作过程。同样的软件需求交由不同的软件架构师进行设计，会产生不同的体系结构设计结果，展现出不同的设计水准。设计水平的差异性在很大程度上取决于软件架构师的设计经验、技能和知识。

4. 质量是关键

软件体系结构设计不仅要满足软件需求的实现，还要确保设计质量，使其具有诸如可扩展性、灵活性、弹性、易维护性等质量属性。在实际的软件开发过程中，软件架构师不仅要满足功能需求，也需要满足非功能需求，如并发访问、容错性、可靠性等。

8.1.4 软件体系结构风格

给定一个软件系统的需求，如何设计该软件的体系结构呢？这个问题的回答在很大程度上与软件架构师的设计经验和工程水平密切相关。在长期的软件开发实践中，人们对大量软件体系结构设计进行总结和分析之后发现，相似的应用常采用相同的软件体系结

微视频：何为软件体系结构风格

构形式，因而提炼形成了一系列软件体系结构风格（software architecture style），也称为软件体系结构模式（software architecture pattern）。每种体系结构风格描述了特定应用领域的软件系统顶层体系结构的惯用模式。本节介绍一些常见和通用的软件体系结构风格。

1. 管道 / 过滤器风格

管道 / 过滤器风格将软件系统的功能实现为一系列处理步骤，每个步骤完成特定的子功能并封装在一个称为"过滤器"的构件中。相邻过滤器之间以"管道"相连，也即连接件，前一个过滤器的输出数据通过管道流向后一个过滤器。整个软件系统的输入由数据源提供，它通过管道与某个过滤器相连。软件系统的最终输出由源自某个过滤器的管道流向数据宿（data sink），也称数据汇。典型的数据源和数据汇包括数据库、数据

文件、其他软件系统、物理设备（如智能手机）等。

在该体系结构风格中，过滤器、数据源、数据汇与管道之间可通过以下方式进行交互和协作：

① 过滤器主动方式。过滤器以循环方式不断地从管道中提取输入数据，经过处理后将输出数据压入输出管道，此种过滤器称为主动过滤器。

② 过滤器被动方式。管道将输入数据压入位于其目标端的过滤器，过滤器被动地接收输入的数据，此种过滤器称为被动过滤器。

③ 管道主动方式。管道负责提取位于其源端过滤器中的输出数据。

如果管道连接的两端均为主动过滤器，那么管道必须负责它们之间的同步，典型的同步方法是先进先出的缓冲器。如果管道的一端为主动过滤器，另一端为被动过滤器，那么管道的数据流转功能可通过前者直接调用后者来实现。此种实现方法虽然简洁、高效，但却增加了两个过滤器之间的耦合度，使过滤器重组变得非常困难。

基于管道 / 过滤器风格，软件架构师可通过升级、更换部分过滤器构件以及处理步骤的重组来实现软件系统的扩展和演化。但该风格仅适用于采用批处理方式的软件系统，不适用于交互式、事件驱动式的软件系统。

例如，编译器采用的就是典型的管道 / 过滤器风格（见图 8.5）。源代码输入编译器之后，先进行词法分析，再进行语法分析，随后生成中间码，通过对中间码进行代码优化后输出可执行代码。

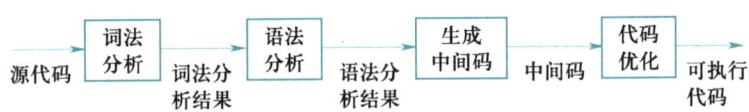

图 8.5   管道 / 过滤器风格示例

2. 层次风格

层次风格将软件系统按照抽象级别划分为若干层次，每层由若干抽象级别相同的构件组成，因而整个软件体系结构呈现出层次化的形式（见图 8.6）。每层构件仅为紧邻其上的抽象级别更高的层次及其构件提供服务，并且它们仅使用紧邻下层及其构件提供的服务。一般而言，处于顶层的构件直接面向用户提供软件系统的交互界面，处于底层的构件则负责提供基础性、公共性的功能和服务。相邻层次间的构件连接通常采用两种方式：一种是高层构件向低层构件发出服务请求，低层构件在计算完成后向请求者发送服务应答；另一种是低层构件在主动探测或被动获知计算环境的变化后，以事件的形式通知高层构件。每个层次可以采用两种方式来向上层提供服务接口：一种是层次中每个提供服务的构件对外公开其接口；另一种是将服务接口封装于层次的内部，每个层次提供统一的服务接口[14]。

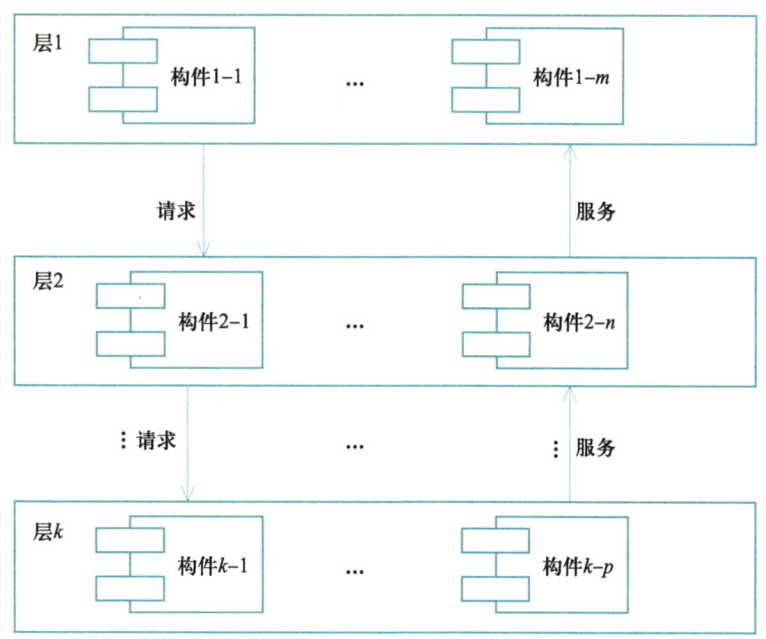

图 8.6 层次风格示意图

在层次风格中，合理地确立一系列抽象级别是分层体系结构设计的关键。一般地，层次风格具有松耦合、可替换性、可复用性等优点，但该风格也存在性能开销大等不足。

3. MVC 风格

MVC 风格将软件系统划分为三类主要的构件：模型（model）、视图（view）和控制器（controller）（见图 8.7）。模型构件负责存储业务数据，提供业务逻辑处理功能；视图构件负责向用户展示模型结果；控制器构件在接收模型的业务逻辑处理结果后，负责选择适当的视图作为软件系统对用户的界面动作的响应，它实际上是连接模型和视图之间的桥梁。

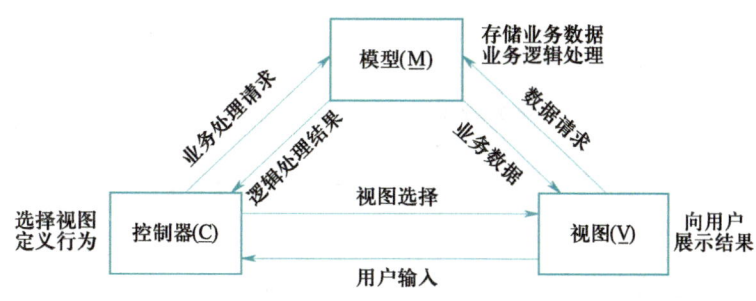

图 8.7 MVC 风格示意图

在具体的业务逻辑实施过程中，一旦模型中的业务数据有变化，模型构件负责将变化情况通知视图构件，以便其及时向用户展示新的变化。视图构件还负责接收用户的界面输入（如鼠标点击、键盘输入等），并将其转换为内部事件传递给控制器，控制器再将此类事件转换为对模型的业务逻辑处理请求，或者对视图的展示请求。一般地，采用 MVC 风格的软件系统的典型运行流程描述如下：

① 创建视图，视图对象从模型中获取数据并呈现在用户界面上。

② 视图接收用户的界面动作，并将其转换为内部事件传递给控制器。

③ 控制器将来自用户界面的事件转换为对模型的业务逻辑处理功能的调用。

④ 模型进行业务逻辑处理，将处理结果回送给控制器，必要时还需将业务数据已经发生变化的事件通知给所有现行视图。

⑤ 控制器根据模型的处理结果创建新的视图、选择其他视图或维持原有视图。

⑥ 所有视图在接收到来自模型的业务数据变化通知后，向模型查询新的数据，并据此更新视图。

MVC 风格将模型与视图相分离，以支持同一模型的多种展示形式，界面的式样和观感可动态切换、动态插拔而不影响模型；将视图与控制器相分离，以支持在软件运行时根据业务逻辑处理结果选取最适当的视图；将模型与控制器相分离，以支持从用户界面动作到业务处理行为之间映射的可配置性。

此外，模型与视图之间的变更 / 通知机制确保了视图与业务数据的适时同步。MVC 风格特别适合于远程分式应用，但是该风格也存在一些局限性，如由于模型、视图、控制器三者之间的分离而导致的开发复杂性和额外增加的运行时性能开销。

4. SOA 风格

SOA（service-oriented architecture，面向服务的体系结构）风格将软件系统的构件抽象为一个个服务（service），每个服务封装了特定的功能并提供了对外可访问的接口。在具体的业务处理过程中，任何一个服务既可以充当服务的提供方，接受其他服务的访问请求，也可以充当服务的请求方，请求其他服务为其提供功能。任何服务需要向服务注册中心进行注册登记，描述其可提供的服务以及访问方式，才可对外发布服务（见图 8.8）。

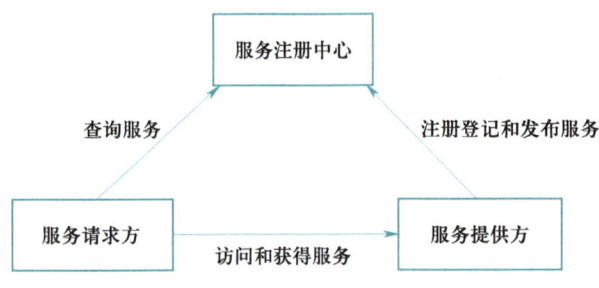

图 8.8　SOA 风格示意图

SOA 风格的特点是将服务提供方和服务请求方独立开来，因而支持服务间的松耦合定义；允许任何一个服务在运行过程中所扮演角色的动态调整，支持服务集合在运行过程中的动态变化，因而具有非常强的灵活性。SOA 风格提供了诸如 UDDI、SOAP、WSDL 等协议来支持服务的注册、描述和绑定等，因而可有效支持异构服务间的交互。

5. 消息总线风格

消息总线风格包含了一组构件和一条称为"消息总线"的连接件来连接各个构件。消息总线成为构件之间的通信桥梁，实现各个构件之间的消息发送、接收、转发和处理等功能。每一个构件通过接入总线，实现消息的发送和接收功能（见图 8.9）。

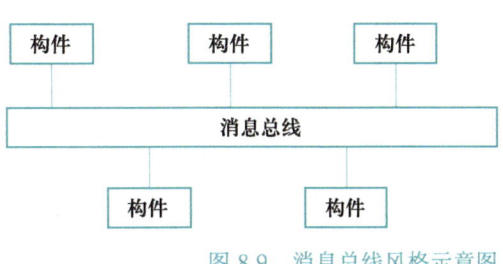

图 8.9　消息总线风格示意图

8.1.5　软件体系结构设计的重要性

软件体系结构设计是从全局、宏观和高层的角度给出软件系统的基础性、战略性和关键性的技术解决方案。它本质上是定义了软件系统的"骨架"，其质量与水平直接决定了它能够承受的重量（即软件系统的功能）以及整个系统的稳健性，因而软件体系结构设计在整个软件开发过程中起着极为重要的作用。

1. 承上启下

软件体系结构设计的工作介于软件需求和详细设计之间，起到了承上启下的作用。首先，它给出了软件需求实现的整体性框架，提供了问题解决的总体性技术方案，因而软件体系结构设计的好坏直接决定了软件需求实现的程度。其次，它是指导后续软件设计的"蓝图"，软件详细设计须建立在软件体系结构设计的基础之上。如果软件体系结构设计存在问题，那么必然会影响后续的软件设计，使得这些设计也会存在各种各样的问题。正因为该项工作的重要性，一些学者指出，在没有设计出体系结构时，整个项目不能继续下去，体系结构应该看作是软件开发中可交付的中间产物。

2. 影响全局

软件体系结构设计是软件生存周期中的重要产物，它影响到软件开发的各个阶段。

① 软件体系结构设计为不同的软件开发人员提供了共同交流的对象和媒介，也是理解系统的基础。

② 软件体系结构设计体现了系统最早的设计决策，这些决策将在很大程度上影响后续开发活动的设计和决策，如详细设计决策、编码实现决策等。

③ 软件体系结构设计形成了对软件的约束，如构件的呈现形式与交互方式、软件

的基础设施等，软件系统的其他软件制品（如设计类、构件、子系统等）均受此影响。

④ 软件体系结构设计决定了在多大程度上开展软件重用，如重用了哪些构件、开源软件、基础设施等，因而影响软件开发的效率和质量。

由此可见，软件体系结构设计体现了软件系统早期的设计决策，并作为系统设计的高层抽象，为实现框架和构件的共享与重用、基于体系结构的软件开发提供了有力的支持。显然，待开发软件系统的规模越大，对非功能需求的要求越高，软件体系结构设计的重要性就越大。

3. 定型质量

软件体系结构设计的质量直接决定了软件产品的质量，如软件的运行性能，软件系统的灵活性、安全性、可修改性、可扩充性、弹性等。可以认为，软件体系结构设计的水平对软件质量的影响是决定性和全局性的。如果软件体系结构设计存在质量问题，那么这些问题必然会影响整个软件，并且很难在后续的开发活动（如详细设计等）中加以弥补和纠正。

8.2　软件体系结构模型的表示方法

面向对象的软件设计方法学提供了包图、构件图、部署图和类图等来描述软件体系结构，以建立不同视点的软件体系结构模型。第 6 章 6.2.3 小节已经介绍了类图，本节分别介绍包图、部署图、构件图及其使用方法。

8.2.1　包图

UML 的包图用来表示一个软件系统中的包以及这些包之间的逻辑关系，它刻画了软件系统的静态结构特征。包是 UML 模型的一种组织单元，可用于表示复杂软件系统的各个子系统以及它们之间的关系。可将一个复杂软件系统抽象为一个包，并进一步将其分解和组织为一组子包，所产生的子包还可以进一步分解和组织，形成子子包。因此，包图为表示复杂软件系统提供了一种分解和组织手段，有助于构建大规模、复杂软件系统的结构化、层次化模型，加强对此类软件系统的理解和认识，管理和控制软件系统的复杂度。通常软件开发人员可在需求分析和软件设计的早期阶段绘制包图，建立软件系统的高层结构模型。包图较为简单，图中只有一类节点即包，边表示包与包之间的关系。

1. 包

UML 中的包可视为软件系统模型的组织单元，用于分解和组织软件系统中的模型要素。它也可以作为模型管理的基本单元，软件开发人员可以包为单位来分派软件开发任务、安排开发计划、开展配置管理。此外，包还可以作为模型元素访问控制的基本手段，根据包之间的分解和组织关系，将相关包的名字连接在一起，形成包中模型元素的访问路径。例如，假设包 p1 包含子包 p11，p11 包中包含某个构件 component1，那么该构件的访问路径为 p1.p11.component1。

2. 包关系

包图中包之间的逻辑关系有两类：构成和依赖。两个包之间存在构成关系是指父包图元直接包含了子包图元。两个包间存在依赖关系是指一个包图元依赖另一个包图元。

图 8.10 用包图描述了"小米便签"软件的体系结构。这是一个层次化的体系结构，用包来刻画体系结构的元素，每个包还可能包含了若干个子包。相邻层次的包之间存在依赖关系，即上层软件包依赖于下层软件包所提供的功能和服务。例如，"界面层"可视为一个包，它包含了两个子包"ui"和"res"，"ui"子包依赖于"res"子包；"界面层"对应的包依赖于"业务层"对应的子包。

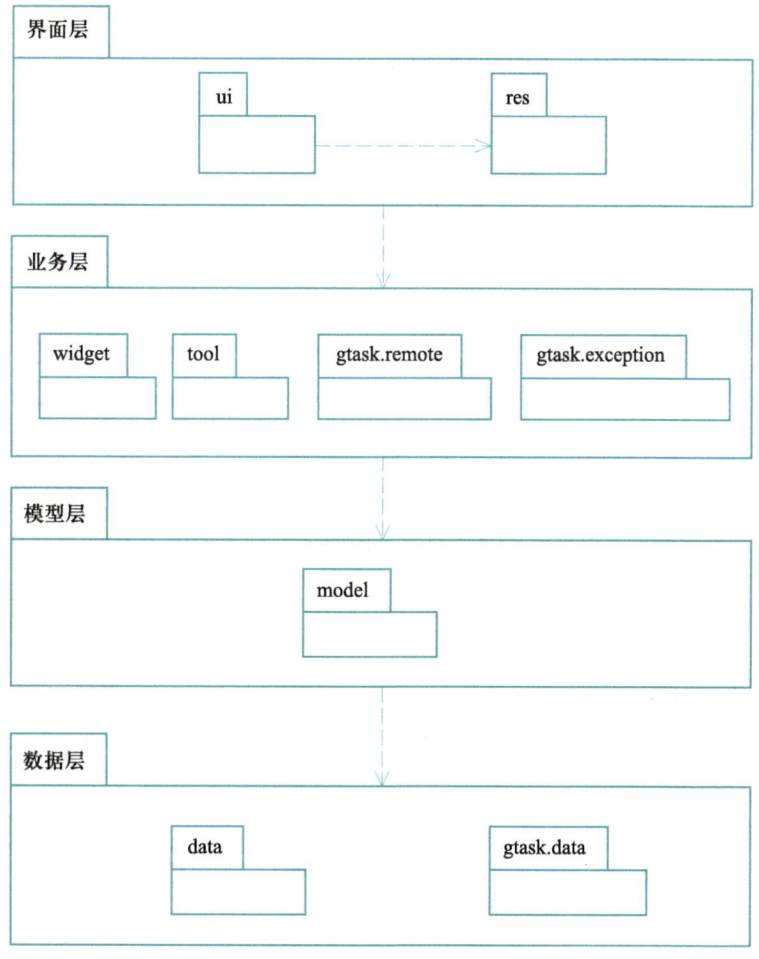

图 8.10 包图描述的"小米便签"软件的体系结构

构建包模型和绘制包图时需要遵循以下策略：

① 包的划分须遵循强内聚、松耦合原则，包图中的每个包须具有一定的独立性。

② 如果一个包的粒度较大，可以考虑对该包做进一步分解。

③ 一个软件系统可以有多个包图，尽可能确保每个包图都是在某个抽象层次而非多个层次对软件系统的分解，所有的包图构成软件系统的层次化模型。

8.2.2　部署图

部署图用来描述软件系统的各个可执行制品在运行环境中的部署和分布情况。它刻画的是系统的静态结构特征。对于大部分软件系统而言，它们拥有多个具有不同形式的可运行单元，这些可运行的制品需要安装和部署到计算节点中运行，并通过这些软件制品间的交互来实现软件系统的整体功能。

部署图的绘制有助于软件开发人员掌握目标软件系统的运行设施，明确各个可运行构件的计算环境。通常软件设计工程师需要在软件设计阶段绘制出目标软件系统的部署图，建立软件系统的部署模型。

部署图有两种表示形式：逻辑层面的描述性部署图和物理层面的实例性部署图。前者描述的是软件制品在计算环境中的逻辑布局；后者则在前者的基础上对运行环境和系统配置等增加了额外的具体描述，也可视为是描述性部署图在具体环境中的实例化。因此，描述性部署图与实例性部署图之间的关系类似于类与对象之间的关系。

图 8.11 示例了某个软件的描述性部署图。该软件系统安装和部署在三个不同的计算节点上，手机端的计算节点安装和部署了 App 软件，它运行在 Android 操作系统之上。应用服务器端的计算节点安装和部署了服务器端软件，它运行在 Ubuntu 操作系统之上。持久数据以数据库的形式，安装和部署在数据库服务器端的 MySQL 数据库管理系统之上。手机端的软件与应用服务器端的软件通过 HTTP 方式进行交互，应用服务器端的软件通过 JDBC 方式访问数据库服务器端数据库的数据。

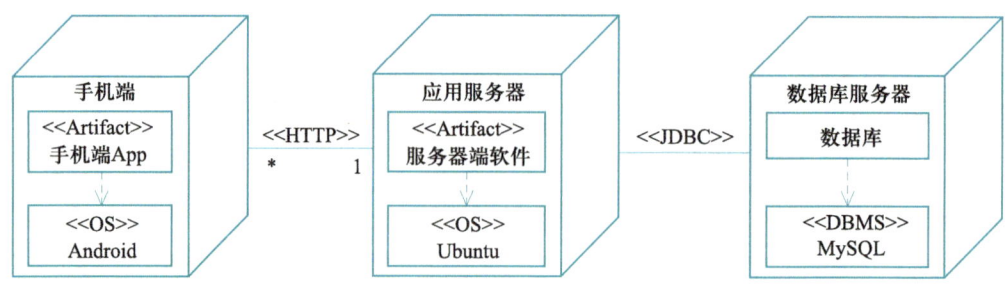

图 8.11　描述性部署图示例

1. 节点

部署图有三类节点，分别用于表示计算节点、软件制品和构件。

① 计算节点。此类节点表示支撑软件制品和构件运行的一些计算资源，如客户端计算机、Android/iOS 智能手机、ROS 服务器、数据库服务器等。它们为软件制品和构件的运行提供计算设施和环境。

② 软件制品。此类节点是软件系统中相对独立、可运行的物理实现单元，如动态链接库（.dll）文件、Java 类（.jar）文件、可执行程序（.exe）文件。

③ 构件。此类节点是一类可重用、可替换、提供对外接口的软件制品。

2. 边

连接节点的边也有三类，分别表示计算节点之间的通信关联、软件制品之间的依赖关系、软件制品与构件之间的依赖关系：

① 计算节点之间的边。此类边用于连接不同的计算节点，表示两个计算节点间的通信连接，可以在通信关联边上以构造型说明通信协议及其他约束。例如，客户端的多个计算节点（如 PC）通过 Socket 连接与服务器端（如应用服务器）的计算节点进行通信。

② 软件制品之间的边。此类边连接不同的软件制品，表示部署在计算节点上的软件制品之间的依赖关系。例如，一个软件制品依赖于另一个软件制品所提供的接口。

③ 软件制品与构件之间的边。此类边用于连接软件制品与构件，用于表示软件制品与构件之间的依赖关系。如果一个软件制品与一个构件之间存在边连接，则意味着该制品具体实现了相关的构件。

绘制部署图时需要遵循以下策略：根据需要绘制描述性部署图和实例性部署图，一般情况下不需要全部绘制这两个图；对部署图中有关软件制品、构件等的描述尽可能不要牵涉过多的细节，只提供关键性软件要素。

8.2.3 构件图

构件图用来表示软件系统中的构件以及它们之间的构成和依赖关系。它刻画的是系统的静态结构特征。构件是软件系统中的一种基本模块形式，基于构件的软件设计不仅有助于提高模块的独立性、支持构件的独立部署和运行，而且还可以提升模块的功能粒度，增强软件的可重用性。软件设计工程师可在软件设计阶段绘制软件的构件图来描述软件系统或子系统中的构件，定义构件的对外接口及构件间的依赖关系。构件图中只有一类节点即构件，图中的边表示构件之间的关系。

1. 构件

任何构件均封装和实现了特定的功能，并通过对外接口为其他模块提供相应的服务。在软件系统的运行过程中，构件实例可被其他任何实现了相同接口的构件实例所替换。每个构件包含两类接口：一类是它对外提供的供给接口（provided interface），支持其他软件模块访问该构件以获得其服务；另一类是需求接口（required interface），支持该构件访问其他软件模块。此外，构件还可以定义若干端口（port）与外部世界交互。每个端口绑定了一组供给接口和 / 或需求接口。当外部请求到达端口时，构件的端口负责将外部访问请求路由至合适的接口实现体；当软件构件通过端口请求外部服务时，端口也知道如何分辨该请求所对应的需求接口。

构件采用实现与接口相分离的封装机制，即同一个接口可以有多个不同的实现方法，但前提是实现部分必须完整地实现供给接口中描述的操作及属性，并遵循需求接口定义访问其他的软件模块。如果构件的两个实现部分完全遵循相同的接口定义，那么它们就是可自由替换的。对于软件构件的使用者而言，他们只需了解构件的供给接口，无须掌握其实现部分就可以访问构件、获得相应的服务；对于构件本身而言，它也只需通过需求接口而无须掌握服务提供方构件的实现部分就可获得所需的服务。因此，构件表示的关键是要描述其名字、供给 / 需求接口及端口。

2. 构件间的关系

构件图的边描述了不同构件之间的依赖关系。可以用多种方式来表示构件间的依赖关系，具体包括：连接两个构件、连接一个构件与另一构件的供给接口、连接一个构件的需求接口与另一构件的供给接口。

图 8.12 示例描述了一个构件图。图中的构件 1 依赖于构件 2；构件 3 依赖于构件 5 所提供的接口 1，构件 4 依赖于构件 5 所提供的接口 2。接口 1 和接口 2 是构件 5 所提供的两个供给接口[14]。

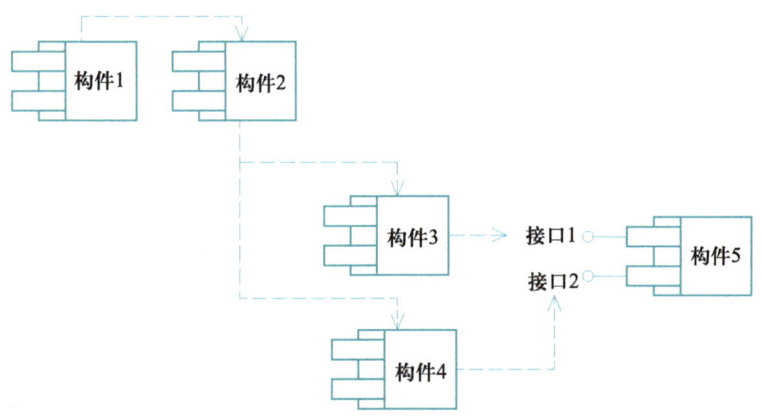

图 8.12　构件图示例

绘制构件图时需要遵循以下策略：构件图是从高层来表示构件之间如何通过接口来相互提供服务；构件采用接口和实现相互分离的形式，在绘制构件图时不要陷入构件细节和实现部分。

8.3 软件体系结构设计过程

图 8.13 描述了软件体系结构设计的整个过程以及其中的开发活动。为了完成软件体系结构设计任务，软件架构师需要结合自己的设计经验，循序渐进地开展以下一系列工作。

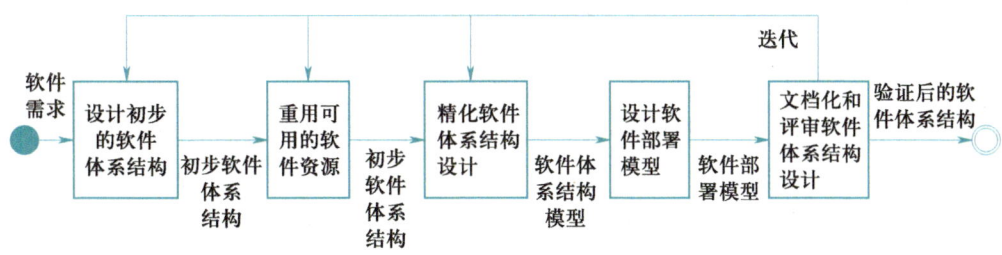

图 8.13 软件体系结构设计的过程

1. 设计初步的软件体系结构

该活动的主要任务是基于软件系统的需求，参考业界已有的软件体系结构设计风格，设计目标软件系统的顶层架构，明确架构中每个构件的职责以及各构件之间的通信和协作关系。本阶段的设计仅需考虑软件的关键性需求，给出软件体系结构的粗略的顶层架构，在后续设计阶段还需要对此顶层架构进行进一步的精化和细化。

2. 重用可用的软件资源

该活动的主要任务是从可重用软件库、开源软件库等搜寻可有效支持本软件功能实现的软件资源，它们可以是粗粒度的构件、子系统，也可以是开源软件。软件架构师可通过对这些可重用软件资源的理解（如阅读其相关的技术文档），分析如何在体系结构层面引入这些软件资源以实现软件系统的整体功能。

3. 精化软件体系结构设计

该活动的主要任务是结合所重用的软件资源，对得到的初步软件体系结构设计进行进一步的精化，以产生可有效满足软件需求的软件体系结构模型。精化的主体工作是要对逻辑视点的体系结构进行进一步细化和分析，确定软件体系结构的公共基础设施和服务，引入重要的软件设计元素，包括子系统、构件和设计类，产生软件体系结构的设计模型。

4. 设计软件部署模型

该活动的主要任务是明确软件系统中各个制品的安装和部署环境，绘制软件系统的部署模型，刻画软件体系结构中各软件制品和构件如何部署在不同的计算节点中、计算节点之间如何进行通信和交互、不同软件制品和构件之间存在什么样的关系等。

5. 文档化和评审软件体系结构设计

该活动的主要任务是按照软件体系结构文档规范，撰写软件体系结构设计文档。软件架构师须邀请多方人员对产生的软件体系结构模型和文档进行评审，验证其是否实现了软件需求，并评审其质量等。

8.4　设计初步的软件体系结构

软件体系结构设计的主要目的是给出软件需求的整体解决方案，因而软件需求是软件体系结构设计时首先需要考虑的因素。但并非所有的软件需求都会影响软件体系结构设计，只有那些占主导地位的关键性软件需求才是软件体系结构设计时需要考虑的内容。此外，初步的软件体系结构设计还与软件体系结构风格相关联，软件架构师要根据关键性软件需求以及软件体系结构风格集合，结合自己的软件开发经验，从中遴选可有效支撑关键性软件需求实现的体系结构风格。一般地，初步软件体系结构的设计主要开展两方面工作：识别关键性软件需求和构建初步的体系结构。

1. 识别关键性软件需求

软件体系结构定义了软件系统的整体"骨骼"，其设计要充分考虑软件系统的需求，并且主要针对那些对软件体系结构的塑形起到主导作用的关键性软件需求。具体如下：

① 能够体现软件特色的核心功能需求。它们在整个软件系统中发挥着关键作用，只有实现了这些功能需求，软件系统才有意义和价值。因此，软件体系结构必须给出这些关键性功能需求的实现方案。

② 对软件系统影响大的质量需求。软件的质量需求对于软件体系结构的塑形发挥着重要的作用。许多质量属性需要在体系结构层面加以考虑和实现。例如，高质量的软件体系结构需有效应对软件需求的动态变化，确保软件的可扩展性和可维护性。

③ 软件开发的约束需求。在软件需求分析阶段，用户和客户可能会对软件系统的高层技术定型给出选择，如采用单机计算还是分布式计算，采用客户机/服务器计算还是面向服务的计算等。显然，不同的计算形式会对软件系统的体系结构选择产生重大的影响。例如，对于面向服务的计算形式，管道/过滤器体系结构、层次式体系结构等风格就不适用，而应选择面向服务的体系结构风格。

④ 实现难度大、开发风险高的软件需求。软件架构师须在早期的体系结构设计阶段就要考虑如何在体系结构层面为这类软件需求的实现提供解决方案，并发现其中可能存在的风险和问题，以便尽早想办法加以解决。

示例 8.1　"空巢老人看护"软件的关键性软件需求

　　针对软件体系结构设计而言，"空巢老人看护"软件具有以下关键性软件需求：

　　① 监视老人、自主跟随老人、获取老人信息、检测异常状况、通知异常状况、控制机器人、视频 / 语音交互、提醒服务这 8 项功能需求为核心功能需求，因而需要将它们纳入关键性软件需求，以指导软件体系结构的设计。其他两项软件需求，即用户登录和系统设置为非关键性软件需求。

　　② 根据对该软件系统的质量需求描述，分析不同质量需求对软件系统的竞争力带来的影响和挑战，可将性能、易用性、安全性、私密性、可靠性、可扩展性等质量需求作为关键性需求。

　　③ 针对该软件的应用场景，"空巢老人看护"软件需要采用分布式的运行和部署形式，前端软件制品部署在 Android 手机上，后端软件制品支持多种机器人的运行，以供老人家属和医生灵活、便捷使用。该开发约束将作为关键性软件需求来指导软件体系结构的设计。

2. 构建初步的体系结构

　　软件架构师可以根据所识别的关键性软件需求，参考不同的软件体系结构风格及其特点，结合自身的软件设计经验，构建初步的软件体系结构。在此阶段，软件架构师只要给出软件体系结构的雏形，确保软件体系结构能够从整体上满足关键性软件需求即可，无须考虑过多的因素和其他设计细节。

　　为此，软件架构师需选择合适的软件体系结构风格作为软件系统的初步软件体系结构。表 8.1 描述了不同软件体系结构风格的特点及其典型应用。在实际中，软件架构师可能会面临多个选择项，也即有多个不同的体系结构风格适用于软件。此时，软件架构师需要结合自己的软件开发经验，看哪一个软件体系结构风格更加适合该软件系统。软件架构师也可以对选择的软件体系结构风格进行必要的调整和改造，以更好地满足软件系统关键性需求的实现。

表 8.1　不同软件体系结构风格的特点及其典型应用

类别	特点	典型应用
管道 / 过滤器风格	数据驱动的分级处理，处理流程可灵活重组，过滤器可重用	数据驱动的事务处理软件，如编译器、Web 服务请求等
层次风格	分层抽象、层次间耦合度低、层次的功能可重用和可替换	绝大部分应用软件
MVC 风格	模型、控制器和视图的职责明确，构件间的关系局部化，各个构件可重用	单机软件系统，Web 应用软件系统

续表

类别	特点	典型应用
SOA 风格	以服务作为基本的构件，支持异构构件之间的互操作、服务的灵活重用和组装	部署和运行在云平台上的软件系统
消息总线风格	提供统一的消息总线，支持异构构件之间的消息传递和处理	异构构件之间消息通信密集型的软件系统

　　一旦确定好了软件系统的体系结构风格，软件架构师就要根据关键性软件需求，确定软件体系结构中的软件模块，明确每个模块的职责及模块之间的逻辑关系，形成软件体系结构的逻辑视图。通过该项工作，软件架构师基本上可勾勒出软件系统的初步软件体系结构，建立关键性软件需求与软件体系结构中的构件二者之间的对应关系，从而确保所设计的软件体系结构可以有效实现关键性软件需求。

示例 8.2　"空巢老人看护"软件的初步软件体系结构

　　根据所识别的关键性软件需求，"空巢老人看护"软件采用层次风格的体系结构实现。整个软件体系结构如图 8.14 所示，分为三个层次：用户界面层、业务逻辑层和基础服务层。

　　① 顶层的用户界面层。该层负责软件与用户（如家属和医生）之间的双向交互，包括接收用户提供的各项命令，如控制机器人运动、调整传感器的感知区域等；向用户展示相关的信息，如老人的语音和视频信息、老人的异常状况信息、机器人的运动状况信息等。

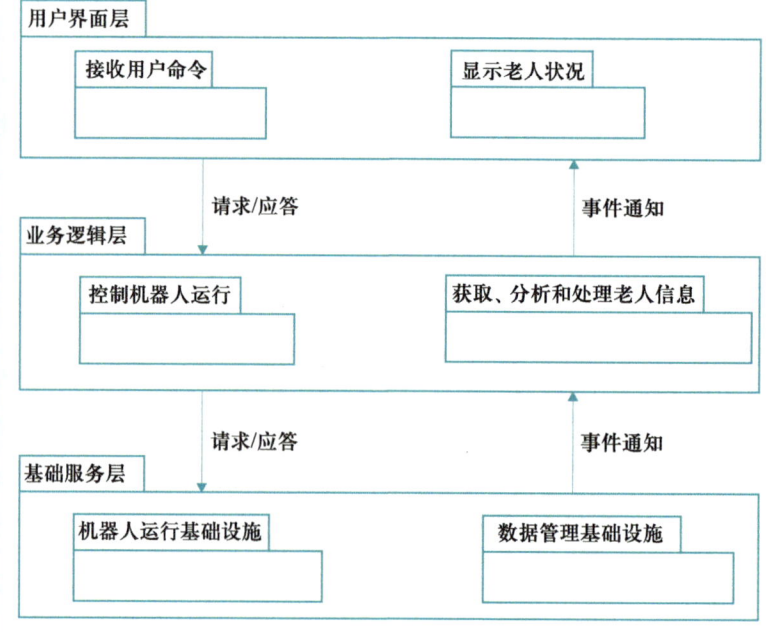

图 8.14　"空巢老人看护"软件的初步软件体系结构

② 中间的业务逻辑层。该层负责处理具体的业务，包括获取、分析和处理老人的信息，如接收传感器的原始传感数据，对老人的声音、图像和视频信息进行处理，分析老人是否处于异常状况等；实际控制机器人的运行，如对接收的机器人控制命令进行处理，将其转化为对机器人物理设备的控制指令等。

③ 底层的基础服务层。该层负责为整个软件系统的运行提供基础设施和服务，包括机器人运行的基础设施、数据管理的基础设施等。

相邻层次的构件之间通过请求应答、事件通知等方式进行交互。上层的构件通过发送请求，要求紧邻下层的构件为其提供所需的服务；下层的构件通过事件通知等形式，向上层的构件返回相关的信息。

例如，在用户界面层，老人家属发出的机器人控制命令将以请求的方式，要求业务逻辑层进行响应。业务逻辑层接收到该请求后将对请求进行分析和处理，结合机器人的当前状况产生机器人的一系列控制命令，并将这些命令以请求的方式发给基础服务层。基础服务层将把这些控制命令转化为机器人物理层面的指令并发送给机器人，以控制机器人的运行。在机器人运行过程中，基础服务层将把机器人的运行状态、当前位置、传感器状况等信息以事件的形式发送给业务逻辑层，业务逻辑层的构件将对接收到的事件信息进行处理，将需要展示的机器人状态信息进一步以事件的形式发送给用户界面层。用户界面的构件将对接收到的事件信息进行处理，并展示相关的机器人状态信息。

8.5 重用可用的已有软件资源

基于初步的软件体系结构，软件架构师需要进一步通过搜寻已有的软件资源，从中找到可用于实现软件功能的可重用软件制品（如构件、开源软件等），从而为初步软件体系结构注入新的设计元素，充实和完善初步软件体系结构的设计。

开发具有一定规模和复杂度的软件系统是一项费时费力的挑战性工作，需要投入大量的人力物力来实现其中的各项功能需求。根据软件工程的思想，全新开发软件系统中的各项功能模块既不现实也无必要，而尽可能地重用已有的软件资源来实现各个功能模块是一项行之有效且高效的方法。

在软件体系结构设计阶段，软件架构师需要寻找粗粒度的软件资源以实现软件系统中的各个构件及其功能。它们主要表现为以下几种形式：

① 可重用的软件开发工具包（software development kit，SDK）。它们封装和实现了软件系统的特定软件功能。

② 互联网上的云服务。它们针对特定的问题提供了独立的功能，如身份验证、图像识别、语音分析等。

③ 开源软件。它们为实现特定功能提供了完整的程序代码，如机器人运动控制、数据库的管理等。

④ 遗留系统。它们是一类已经存在的软件系统，通过访问接口可为软件系统的功能实现提供所需的数据和服务。

对于这些软件资源，软件架构师须结合软件开发的需要从中选择适合的软件制品，并清晰定义它们与目标软件系统之间的交互方式和访问接口，如通过函数调用还是服务访问，采用标准化的访问协议还是自定义的消息格式等。对于那些不能直接使用但具有重用潜力的软件制品，可以考虑采用诸如适配器、接口重构等方法尽可能地将它们引入目标软件系统之中。

下面结合"空巢老人看护"软件案例，介绍如何针对软件需求在开源软件托管社区搜寻开源软件，以实现目标软件系统的功能。

1. 搜寻和重用开源软件

示例 8.3　搜寻和重用 Linphone 和 Linphone4Android 开源软件

根据软件需求用例模型的描述，"空巢老人看护"软件需要实现"视频/语音双向交互"的功能。这一功能的本质是要解决手机端 App 与机器人端软件二者之间的语音和视频通信问题，并要确保通信的实时性以及数据的不失真。全新开发该软件模块不仅工作量大，而且还需学习有关网络编程和语音视频传输方面的技术，难度较高。为此，软件架构师可以考虑利用开源软件来实现该功能。

通过查看开源社区中的帖子以及在开源社区中提问，得知 Linphone 是一款开源的网络视频软件系统，它提供的功能大致可以满足"视频/语音双向交互"用例实现的要求。于是访问 GitHub 并搜寻 Linphone 软件，了解其功能。

在 GitHub 的搜索框中输入"Linphone"，可得到几百条搜索结果（见图 8.15），其中数条与其相关的开源软件项目是用 Java 语言编写的。由于本软件项目期望用 Java 语言来实现软件，所以进一步查看那些用 Java 编写的 Linphone 开源软件，基本可以确定能够用 Linphone 开源软件来满足机器人端的语音视频交互需求。

"空巢老人看护"软件还需要在基于 Android 的智能手机端提供视频/语音交互功能。通过进一步搜索，发现 Linphone4Android 开源软件项目可以满足这一需求，并且该项目活跃度高，技术文档比较详尽，因此可考虑进一步详细了解该开源软件项目的具体情况，见图 8.16。

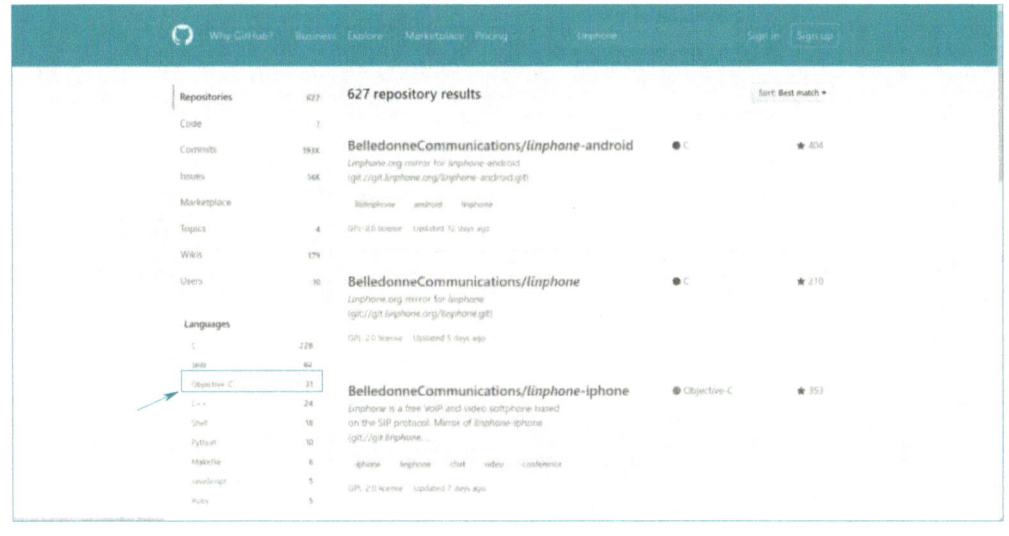

图 8.15 在 GitHub 中搜索 Linphone 开源软件项目

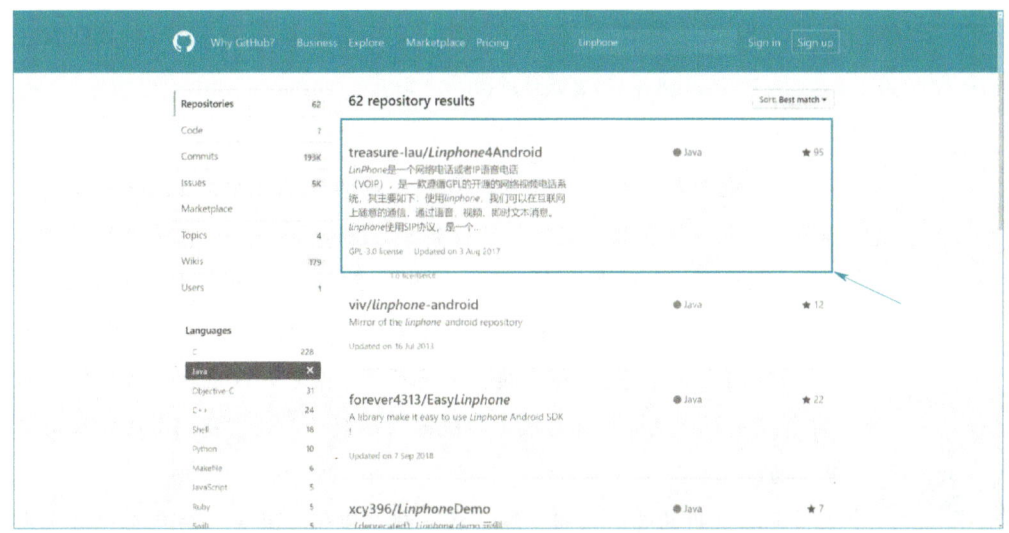

图 8.16 筛选出 Linphone4Android 开源软件项目

点击进入 Linphone4Android 开源软件项目，可以看到该软件项目的基本情况介绍（见图 8.17），包括软件提供的功能、采用的技术、运行在什么环境等。通过对这些信息的阅读和分析，基本可以认定 Linphone4Android 开源软件可以支持手机端"视频／语音双向交互"功能的实现。

点击 Linphone4Android 开源软件项目网页中的"Clone or download"按钮，下载该开源软件的源代码到本地。

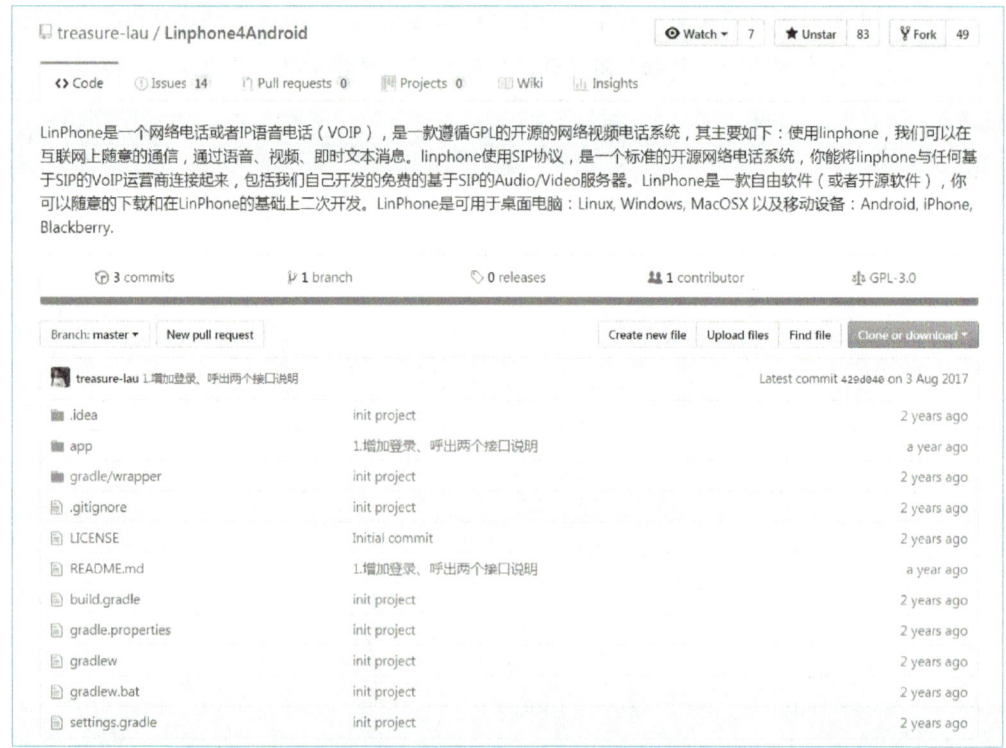

图 8.17　GitHub 上 Linphone4Android 开源软件项目的具体信息

　　"空巢老人看护"软件可在机器人端的电脑上安装 Linphone 软件，作为"视频／语音双向交互"的服务器 LinphoneServer；在手机端则采用 Linphone4Android 开源软件作为"视频／语音双向交互"的客户端。当手机端 App 上的 Linphone4Android 发起视频／语音通话请求时，即可与机器人端的 Linphone 软件相连接，从而实现"空巢老人看护"软件的前端（即智能手机端 App）与后端（即机器人端软件）的"视频／语音双向交互"功能。

　　需要说明的是，采用上述方式实现"视频／语音双向交互"功能基于以下的运行配置：在 Turtlebot 机器人上配置了一台笔记本电脑，它既负责运行 Linphone 软件，又负责通过其麦克风和视频传感器获取老人的语音和视频信息。

2. 搜寻和重用开源代码

　　通过计算机软件来控制机器人是一项较为复杂的工作，涉及诸多的专业知识和技术，如运动控制和算法、运动路径规划、特定机器人的编程接口等。针对这一问题，软件开发人员可以借助机器人操作系统（ROS）开源软件及其提供的软件架构，重用 ROS 开源社区的大量开源机器人程序代码来编写机器人控制软件，获取机器人的感知数据，实现机器人跟随老人等诸多功能。

ROS 是专为支持机器人软件开发、促进异构机器人间代码重用而设计的一套软件架构。它提供了类似于操作系统的一组基础服务，包括硬件抽象描述、底层驱动程序管理、功能执行、消息传递等，以及一系列软件工具和代码库，用于获取、建立、编写和执行机器人软件。

ROS 采用分布式处理框架来设计、实现和运行机器人软件。一个机器人软件包含若干个部署在不同计算节点上的进程，ROS 将其称为节点。可以认为，节点程序是机器人软件的基本模块单元。节点的程序代码可以通过 ROS 库中的函数或者 ROS 社区中的开源代码来实现。每个节点程序高度独立，相互之间通过两种方式进行交互：一种是基于消息的同步服务访问机制，即一个节点可以访问另一个节点提供的服务；另一种是基于话题的异步发布 / 订阅机制，即一个节点可以订阅某个话题，另一个节点可以发布某个话题，两个节点之间可基于话题进行交互。ROS 支持采用多种编程语言来编写节点代码，包括 C++、Python 等。

在"空巢老人看护"软件中，软件架构师可以考虑基于 ROS 来设计、实现和运行该应用的机器人控制和感知软件。下面以机器人"自主跟随"功能的实现为例，介绍如何查找和利用 ROS 开源代码。

示例 8.4　搜寻和重用 ROS 开源代码 turtlebot_follower

"空巢老人看护"软件将采用 Turtlebot 轮式机器人来实现对老人的监视和服务。GitHub 上有许多针对 Turtlebot 应用的开源代码。首先在 GitHub 首页搜索"Turtlebot App"，系统将返回数十条搜索结果（见图 8.18）。浏览这些开源软件项目的简介，可以发现其中的开源软件项目"turtlebot_apps"非常适合本软件系统的开发要求。

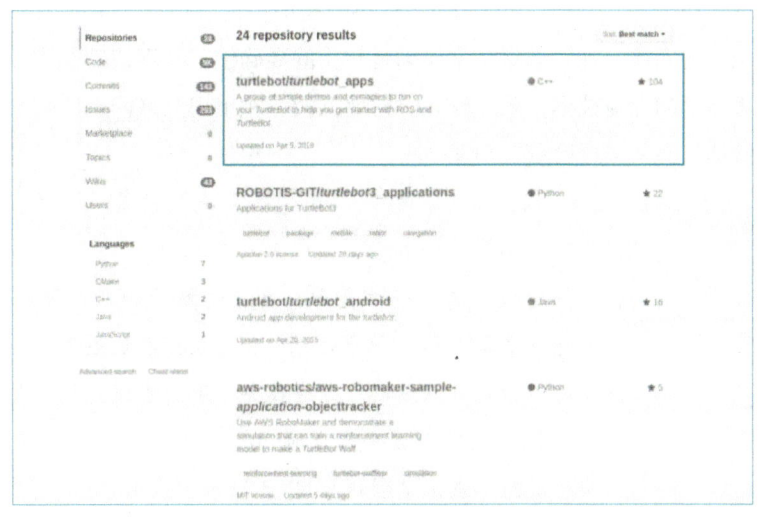

图 8.18　在 GitHub 上搜索"Turtlebot App"的结果

点击进入 turtlebot_apps 项目，阅读其技术文档及功能介绍，可以发现其中有一项开源代码"turtlebot_follower"恰好支持 Turtlebot 机器人的自主跟随功能（见图 8.19）。

"空巢老人看护"软件将把 turtlebot_follower 开源代码作为后端软件的一个 ROS 节点，以控制机器人的运动，实现自主跟随老人的功能。

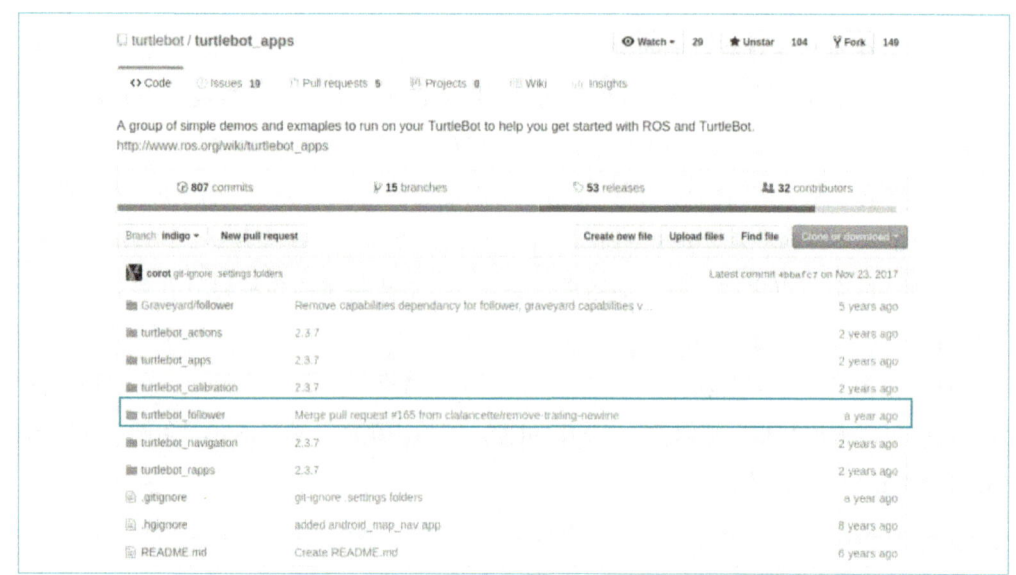

图 8.19　实现自主跟随功能的"turtlebot_follower"开源代码

3. 搜寻和重用软件开发工具包

根据软件需求描述，"空巢老人看护"软件需要实现"提醒服务"功能。这一功能是要通过机器人向家中老人播放有关提醒的语音信息（如提醒老人要服什么样的药，剂量是多少等），其实现面临的主要挑战是解决提醒信息（主要表现为文字）转换为语音信息的问题，并要确保文字与语音转换的准确性。实现该功能需要依赖语音转换和合成等方面的专业技术，难度较大。为此，搜寻和重用互联网上的软件开发包来实现软件系统的"离线语音合成"功能。

示例 8.5　搜寻和重用"离线语音合成"软件开发工具包 OLVTI–SDK

通过交流、查看开源社区中的帖子和在开源社区中提问，得知"讯飞开放平台"是一个开放的智能交互技术服务平台，其提供的"离线语音合成"功能可以满足"提醒服务"用例实现的相关要求。

访问讯飞开放平台主页，登录账户后点击"控制台"按钮，进入控制台页面，点击"创建应用"，输入"应用名称"和"应用分类"等信息，由于本软件项目需要将该 SDK 应用在机器人端的 Ubuntu 操作系统上，所以选取"应用平台"为"Linux"，点击"提交"按钮（见图8.20）。

　　成功创建应用后，需要为该应用添加相应的语音处理新服务，点击"添加新服务"，选择"离线语音合成"服务，平台将生成相应的SDK，点击"SDK下载"，即可下载"离线语音合成"服务的SDK（见图8.21）。在后续编码阶段，程序员将利用该SDK并将其集成到"空巢老人看护"软件的代码之中。

图 8.20　在讯飞开放平台上创建"空巢老人看护"软件的应用

图 8.21　讯飞开放平台生成的语音处理SDK

　　通过搜寻和重用已有的软件资源，软件架构师可获得更为充实的初步软件体系结构，见图8.22所示，它将为后序的精化软件体系结构提供坚实的基础。

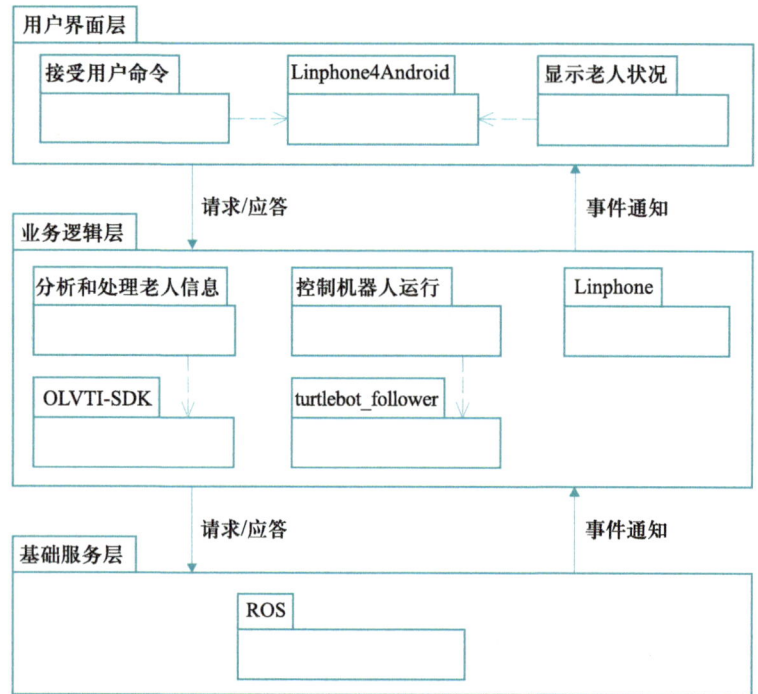

图 8.22　重用软件资源后得到的初步软件体系结构

8.6　精化软件体系结构设计

一旦获得了初步的软件体系结构，软件架构师就可以完成以下两方面工作以精化软件体系结构设计。首先，选择软件体系结构所依赖的公共基础设施，确定其中的基础性服务，从而为目标软件系统的运行提供基础性技术支撑。其次，针对软件系统的所有软件需求（并非仅仅是关键性软件需求），确定软件体系结构中的设计元素，明确其职责和接口，从而为开展详细设计奠定基础。

与初步软件体系结构不同的是，精化后的软件体系结构设计需要达成以下目标：完整地提供所有软件需求项的实现方案，提供软件设计元素的访问接口以及明确目标软件系统的公共基础设施及服务。

8.6.1　确定公共基础设施及服务

无疑，软件体系结构中的各个要素都需要依赖特定的基础设施来运行。这些基础设施可表现为多种不同的形式，从最底层的操作系统到稍高层的中间件、软件开发框架等，或者表现为诸如数据库管理系统、消息中间件等形式。它们不仅为目标软件系统的运行提供基础性技术支持，而且还为目标软件系统的构造提供可重用的基础服务。软件架构师可以通过重用这些基础服务来设计出更高层次的构件，以实现软件系统的各项功能。

示例 8.6   确定"空巢老人看护"软件的基础设施

根据对"空巢老人看护"软件需求的理解，结合初步的软件体系结构设计，"空巢老人看护"软件的开发可以考虑选择以下的基础设施：

① 选择 ROS 作为机器人应用开发和运行的基础设施。ROS 提供了中间件来支持机器人软件的运行，如支持构件之间通过主题和消息机制进行通信，更为重要的是，它提供了丰富的可重用软件库来支持机器人应用的开发。例如，turtlebot_follower 开源代码就是 ROS 提供的一个可重用软件资源。

② 选择 MySQL 作为数据管理的基础设施。"空巢老人看护"软件的"用户登录"和"系统设置"功能均需要对相关数据（如用户账号和密码信息、系统参数设置信息）进行永久保存。为此，需要相关的数据库管理系统进行数据管理。MySQL 是一个开源的数据库管理系统，它可以有效地支持本软件系统的数据库建设和管理工作。

确定了目标软件系统的基础设施之后，软件架构师就可针对目标软件系统的功能实现设计所需的基础服务，如数据持久存储服务、隐私保护服务、安全控制服务、消息通信服务等。这里"基础服务"是指这些服务虽然不是系统应用功能的直接实现，但却是多个应用功能必须依赖的服务。例如，用户账号管理、系统参数配置等多项功能都需要数据持久存储服务。对于某些基础服务而言，基础设施已经提供了相关的功能，因而不需要进行再开发，只要通过接口即可获得相关的功能和服务；对于那些基础设施没有提供的相关功能，需要进行二次开发的基础服务而言，软件架构师需要在这些基础服务的基础上做进一步设计，明确其功能和接口，以提供所需的服务。

为此，软件架构师需要结合软件需求以及基础设施提供的功能与接口开展基础服务的设计。通常情况下，基础服务应具有良好的稳定性，即使软件需求发生了变化，基础服务仍可为其提供服务。为此，软件架构师需要对基础服务进行适当的抽象，以支持其适应变化的软件需求。如果软件体系结构采用的是层次风格，那么这些基础服务通常应处于体系结构中较低的层次。

下面以"空巢老人看护"软件中数据持久存储服务为例，介绍基础服务的设计方法。

示例 8.7   "空巢老人看护"软件数据持久存储服务的设计

该软件系统中有关用户账号信息、系统配置信息等需要进行持久保存，使得目标软件系统结束运行之后，这些数据仍保存在系统的存储介质中，并在下一次运行时仍可供系统使用。数据持久存储服务需要提供数据在介质中的存储、查询、更改和删除等功能。

"空巢老人看护"软件的数据持久存储服务可设计为一个具体的构件"DataService"。它对外提供一组接口以实现以下功能：建立和关闭与数据库的连接，增加、更改和删除某个数据项，查询某个数据项等。该构件与底层 MySQL 数据库管理系统连接，借助该数据库管理系统来实现上述功能。图 8.23 描述了确定基础设施和服务后的软件体系结构。

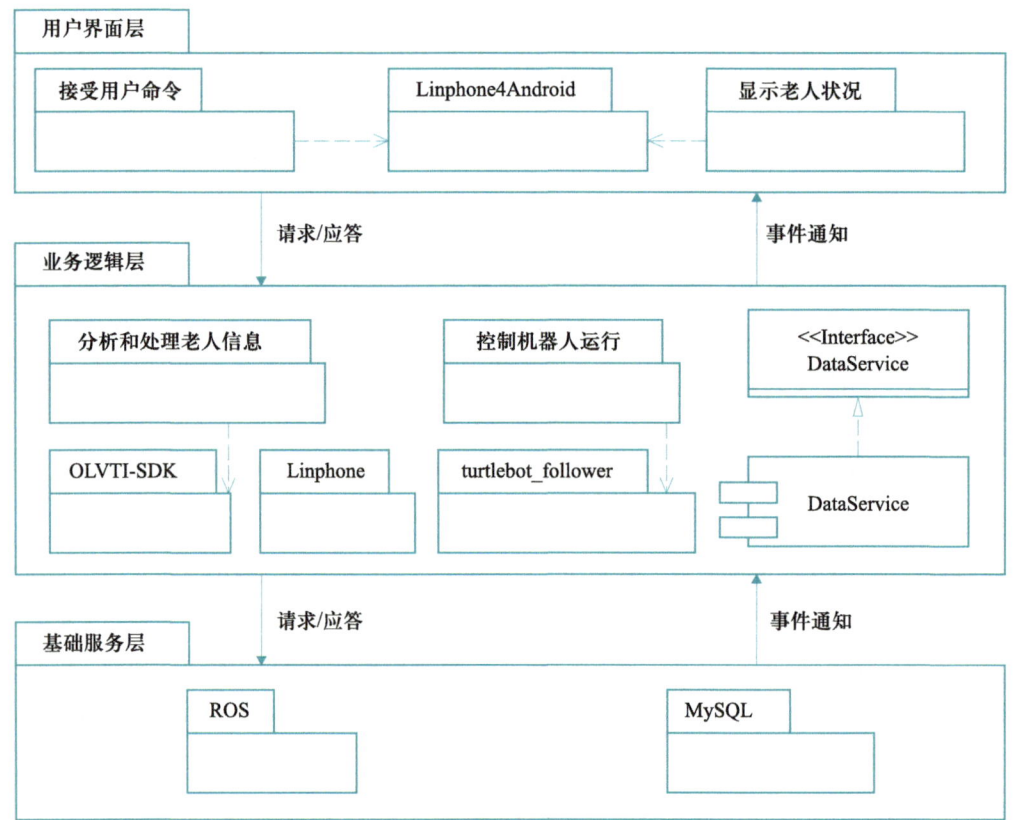

图 8.23　确定基础设施和服务后的软件体系结构

8.6.2　确定设计元素

该项设计工作的主要任务是对照软件的所有需求，进一步确定软件体系结构中的三项设计元素：子系统、构件和设计类。其目的是将软件需求中的用例组织为一系列设计元素，明确各个设计元素的职责和接口，以及它们之间的协作关系。

需要注意的是，在该阶段只需要给出各个设计元素的高层职责和接口设计，无须关注其内部是如何实现的（该项工作将在软件详细设计阶段完成）。软件架构师可采用

以下的策略和方法确定软件体系结构中的设计元素:

①　针对需求分析阶段所产生的用例集合,根据用例在业务方面的相关性或相似性对其进行归类,将同一类用例设计为一个子系统或构件,并根据用例的功能、参与用例实现的分析类的职责两项因素来确定子系统的职责。

②　针对需求分析阶段所产生的分析类模型,将具有相似或相关职责的控制类归为一类子系统或构件;也可将所有控制类的职责进行归并,按照业务上的相关性和相似性重新进行分组,每组的职责归并为一个子系统或构件。

③　针对需求分析阶段所产生的实体类模型,将具有相类似或相关职责的实体类归为一类子系统或构件;也可将所有实体类的职责进行归并,按照业务上的相关性和相似性重新进行分组,每组的职责归并为一个子系统或构件。

一般地,子系统的整体职责来自其包含的各个设计元素的职责。或者说,子系统中各个设计元素的职责之和构成了子系统的职责。经过上述处理和归并后,所产生的每个子系统均具有相对独立的功能。

下面示例介绍"空巢老人看护"软件精化软件体系结构后所得到的软件设计元素。

示例 8.8　"空巢老人看护"软件精化软件体系结构后的设计元素
　　根据"空巢老人看护"软件系统的用例模型以及分析类模型,对其软件体系结构进行精化设计,归并用例和分析类,产生一组构件、子系统和设计类等设计元素,形成更为具体的软件体系结构设计,如图 8.24所示。

　　"空巢老人看护"软件精化软件体系结构后的设计元素如下:

　　①　"ElderMonitoring"子系统,承担老人监视和分析的职责,其中包含"MonitorManager""ElderMonitor""ElderInfoAnalyzer"三个设计类。该子系统与"Robot"子系统相关联,需要其提供的感知数据和信息。

　　②　"Robot"子系统,承担机器人控制的职责,其中包含"MotionController""Robot""RobotAgency"三个设计类。该子系统需要依赖开源软件"turtlebot_follower",以实现自主跟随老人的功能。

　　③　"BiCall"子系统,承担老人与家属和医生之间的双向视频和语音交互职责,其中包含"CallController"设计类。该子系统需要依赖开源软件"Linphone"以实现视频和语音的双向交互。

　　④　"UserReminder"子系统,承担提醒老人的职责,其中包含"RemindNotifier"设计类。该子系统依赖软件包"OLVTI-SDK"。

　　⑤　"UserManaging"和"SystemSetting"子系统,分别承担用户管理和系统设置两项职责。它们需要依赖"DataService"构件提供的数据持久存储服务。

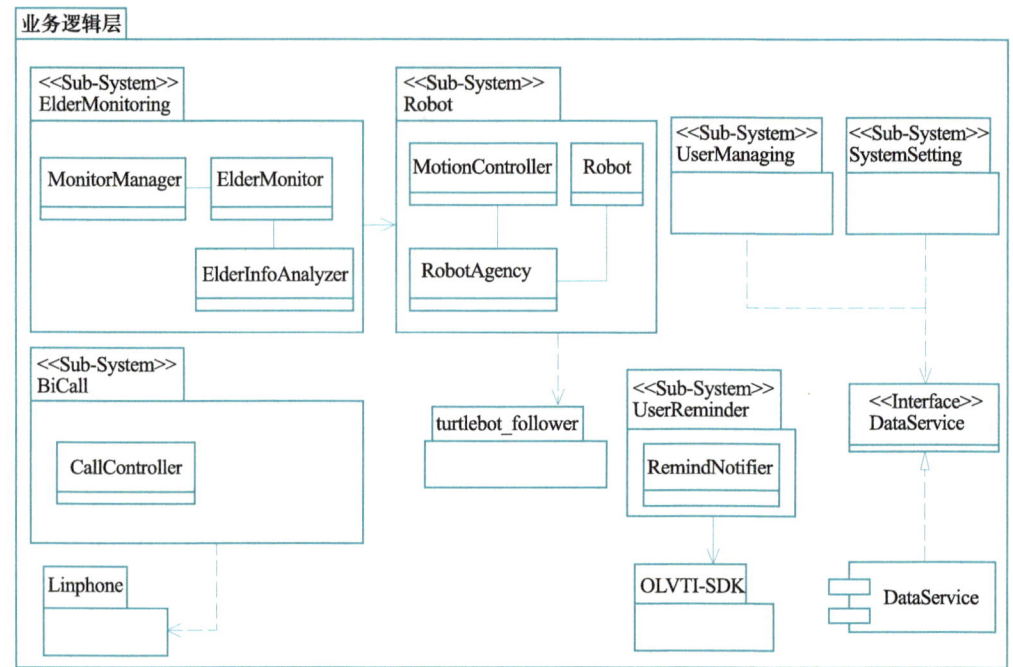

图 8.24　"空巢老人看护"软件精化软件体系结构后的设计元素

8.7　设计软件部署模型

在软件体系结构设计阶段，软件架构师还需要设计软件系统的物理部署模型，以详细刻画软件系统的各个子系统、构件如何部署到计算节点上运行，描述其部署和运行环境。该方面的信息可用 UML 的部署图进行刻画。下面示例描述"空巢老人看护"软件的部署模型。

示例 8.9　"空巢老人看护"软件的部署模型

"空巢老人看护"软件采用分布式部署形式。前端软件以 App 的形式部署在 Android 智能手机上，后端软件部署在 PC 上，二者之间通过局域网或互联网进行连接。部署在手机上的 ElderCarer App 主要服务于老人家属和医生，封装了用户界面和人机交互等基本功能。部署在 PC 上的后端软件包含两部分，即数据持久存储服务构件 DataService 和机器人控制软件 RobotControl。DataService 构件封装了与 MySQL 连接，以及查询、插入、删除和修改数据等基础服务。RobotControl 软件封装了 ElderMonitoring、BiCall、Robot、UserReminder 等子系统的功能。"空巢老人看护"软件的部署图如图 8.25 所示。

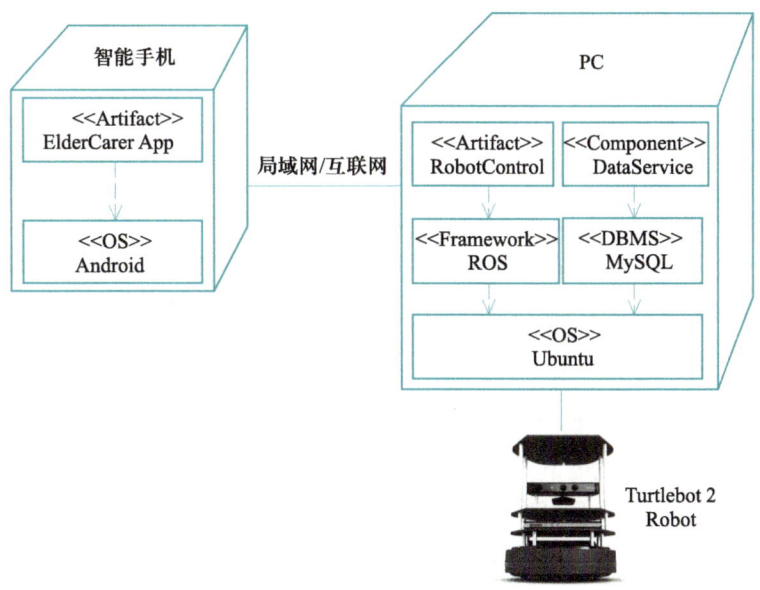

图 8.25　"空巢老人看护"软件的部署图

8.8　文档化软件体系结构设计

软件体系结构设计完成之后，软件架构师可以根据需要撰写软件体系结构设计文档。如果软件系统的体系结构较为复杂，涉及的内容非常多，那么可以考虑撰写单独的软件体系结构设计文档，否则软件体系结构设计文档可以作为软件设计文档的一个组成部分。

一般地，软件体系结构设计文档包含以下几个方面的内容：

① 文档概述。该部分主要介绍本设计文档的编写目的、组织结构、读者对象、术语定义、参考文献等信息。

② 系统概述。该部分主要概述待开发软件系统的整体情况，包括系统建设的目标、主要功能、边界和范围、目标用户、运行环境等。该部分的内容需要与软件需求规格说明书中的"系统概述"保持一致。

③ 设计目标和原则。该部分主要陈述软件体系结构设计欲达成的目标，包括实现了哪些功能和非功能需求，软件设计过程中遵循了哪些基本的原则，需要进行哪些方面的设计考虑，经过设计得到什么样的结果，它们起到什么样的作用等。

④ 设计约束和现实限制。说明开展软件体系结构设计需要遵循什么样的约束、考虑哪些实际的情况和限制。

⑤ 逻辑视点的体系结构设计。采用可视化模型与自然语言描述相结合的方式，详

细介绍软件体系结构逻辑视点的设计结果。

⑥ 部署视点的体系结构设计。采用可视化模型和自然语言描述相结合的方式，详细介绍软件体系结构部署视点的设计结果。

⑦ 开发视点的体系结构设计。采用可视化模型和自然语言描述相结合的方式，详细介绍软件体系结构开发视点的设计结果。该部分的内容属于可选项。

⑧ 运行视点的体系结构设计。采用可视化模型和自然语言描述相结合的方式，详细介绍软件体系结构运行视点的设计结果。该部分的内容属于可选项。

软件体系结构设计阶段的工作完成之后，将输出以下一组软件制品。每种制品从不同的角度、采用不同的方式来描述软件体系结构设计的具体结果。

① 软件体系结构模型。该制品以可视化和图形化的方式，从逻辑视点、物理视点、开发视点、运行视点等多个不同的视角，直观地描述了软件系统的体系结构等。

② 软件体系结构设计文档。该制品以图文并茂的方式，结合软件体系结构模型以及自然语言描述，详尽刻画了软件体系结构的设计结果。

需要特别强调的是，软件体系结构的这些软件制品之间（文档与模型之间，不同体系结构模型之间）是相互关联的。软件架构师需要确保这些软件制品之间的一致性、完整性和可追踪性。

8.9　评审软件体系结构设计

软件体系结构设计在整个软件设计过程中扮演着极为重要的角色，其设计质量将对整个软件系统的质量产生深远的影响。因此，软件体系结构设计完成之后，软件架构师还需要组织多方人员，如用户、需求工程师、软件详细设计工程师等，对软件体系结构的设计结果进行验证，以检验该结果是否有效实现了软件需求，是否存在质量问题等。

对软件体系结构设计的验证通常采用评审的方式。参与评审的人员通过阅读和分析软件体系结构的模型和文档，围绕以下方面开展评审工作：

① 满足性。软件体系结构设计是否完整地满足了所有的软件需求，包括功能需求和非功能需求。

② 可追踪性。是否有软件需求在软件体系结构设计中没有相应的设计元素，软件体系结构设计中的所有设计元素是否有相对应的软件需求项。

③ 优化性。软件体系结构设计是否以充分优化的方式实现了所有的软件需求项，尤其是关键性软件需求项。

④ 可扩展性。软件体系结构的设计是否易于扩展，以应对软件需求的变化。

⑤ 详尽程度。软件体系结构的设计是否详尽得当，既不过于详尽而脱离体系结构的设计内容和关注点，也不过于粗略而影响后续的详细设计。

本章小结

本章围绕软件体系结构设计这一核心内容，介绍了软件体系结构的概念、研究视图和表示方法，软件体系结构设计的任务、过程和输出，软件体系结构风格及常见风格示例；结合具体的案例详细介绍了软件体系结构设计的步骤，包括设计初步的软件体系结构，通过重用开源软件等可用的软件资源来设计软件体系结构，精化软件体系结构，设计部署模型；阐述了软件体系结构的文档化及验证。概括而言，本章具有以下核心内容：

- 软件体系结构包括构件、连接件和约束三要素。它是从结构视点对软件系统的整体性描述。

- 软件体系结构既包括抽象的逻辑层表示，也包括具体的物理层表示。软件架构师可以从逻辑视点、物理视点、运行视点和开发视点来研究和分析软件系统的体系结构。其中，逻辑视点和物理视点的体系结构设计非常关键。

- 在长期的软件开发实践中，人们总结出一系列软件体系结构风格，以指导软件体系结构的设计。软件架构师可以通过重用软件体系结构风格，快速设计出满足软件需求的体系结构模型。

- UML 提供了包图、部署图、类图、构件图等来描述软件的体系结构。

- 软件体系结构的设计大致要完成以下工作：先通过重用体系结构风格设计初步的软件体系结构，再通过重用可用的软件资源充实初步的软件体系结构，并对软件体系结构进行精化设计，最后设计软件体系结构的部署模型。

- 初步软件体系结构设计要充分考虑软件的关键性需求，选择合适的软件体系结构风格，为关键性软件需求的实现提供可行、有效的解决方案。

- 要尽可能重用粗粒度的软件资源开展软件体系结构的设计，包括开源软件、可重用软件包、构件、遗留系统等。

- 通过确定软件体系结构中的子系统、构件和设计类等来精化软件体系结构的设计。

- 部署模型描述软件体系结构各设计要素如何部署在计算节点上运行，它有助于指导软件系统的安装和部署。

- 软件体系结构设计完成之后，要根据实际情况和需要对其进行文档化，并通过评审的方式来验证软件体系结构设计是否满足了软件需求及其质量水平。

推荐阅读

BASS L，CLEMENTS P，KAZMAN R．软件构架实践［M］．3 版．影印版．北京：清华大学出版社，2013.

本书第一作者 Len Bass 是 CMU SEI 的一名高级软件工程师。他曾经领导一个小组开发飞行控制模拟器，设计其软件体系结构。本书是影响深远的经典著作，至今已经进行了多次修订。第 3 版以全新的角度介绍软件架构的相关概念和最佳实践，阐述软件系统是如何构建的，软件系统中的各个要素之间又是如何相互作用的。作者从 4 个方面介绍了多年软件架构设计的研究成果与实践经验，包括架构预想、架构创建、架构分析和架构泛化。

基础习题

8-1　到开源软件社区找寻一个感兴趣的开源软件（如 Hadoop、MySQL 等），阅读其开源代码，分析该软件的体系结构风格、主要的构件以及不同构件之间的连接方式，用 UML 的包图绘制出该开源软件逻辑视点的软件体系结构模型。

8-2　为什么需要从多个不同的视点来描述和分析软件体系结构？软件开发团队的哪些人会关注哪些视点的软件体系结构？

8-3　安装和使用"12306"软件，理解其提供的功能和服务。结合你的开发经验，如果由你来设计该软件，你会选用什么样的体系结构风格？请解释原因。请用 UML 的包图绘制所设计的软件体系结构逻辑模型。

8-4　完整的"12306"软件系统由诸多的软件设计元素构成，包括手机端的 App、Web 端的页面、服务器端的相关软件、数据库存储服务、安全验证服务等，并连接了身份认证系统和在线支付系统等。请结合你对"12306"软件的理解和分析，绘制出该软件的部署模型并解释原因。

8-5　阅读软件体系结构的相关书籍，了解更多的软件体系结构风格，如客户机 / 服务器、发布 / 订阅、对等网络等。结合本书所介绍的软件体系结构风格，分析不同风格之间的差别。

8-6　为什么在设计初步软件体系结构时考虑的是关键性软件需求，而在精化软件体系结构时要考虑满足所有的软件需求？

8-7 在软件体系结构设计时为什么要搜寻和重用已有的软件资源？这样做的目的是什么，会给软件开发带来什么样的效果？

8-8 如何到开源社区中搜寻所需要的开源软件？结合课程实践，到 GitHub、Gitee 中搜寻课程实践软件所需的开源软件，并在软件体系结构设计模型中融入该开源软件。

8-9 初步的软件体系结构设计与精化后的软件体系结构设计有何区别？这种区别主要反映在哪些方面？

8-10 软件体系结构设计有哪几种类型的软件设计元素？它们之间存在什么样的区别和联系？

8-11 假设要开发一个银行自动存取款软件，完成用户登录、存款、取款等基本功能，并对系统的安全性等提出很高的要求。请针对该应用案例给出其软件体系结构设计，说明相关的考虑，并评估体系结构设计的质量。

8-12 在评审软件体系结构设计时，主要对哪些方面进行评审？为什么要对这些方面进行评审？

8-13 当前的许多门户网站（如新浪、网易等）为用户提供了新闻和信息查询服务，请结合这些网站的展示形式和提供的服务，分析这些门户网站可能采用的软件体系结构风格并解释原因。

8-14 在层次风格的软件体系结构中，要求上层的设计元素只能访问紧邻下层的元素，下层的设计元素只能给紧邻上层的设计元素返回结果。如果上层的设计元素可以跨层访问，即某个层次的设计元素可以访问所有属于其下层的设计元素，将会带来什么样的软件设计问题，导致产生什么样的软件质量问题？

8-15 针对层次风格的软件体系结构，说明应按照什么样的原则来确定软件体系结构的层次。层次过多或者过少会带来什么问题？

综合实践

1. 综合实践一

实践任务：开源软件的体系结构设计。

实践方法：针对开源软件新增加的软件需求，考虑软件体系结构风格，搜寻可用的软件资源（包括开源软件），分析原有的软件体系结构能否适应新的软件需求，或者扩展和优化原有的软件体系结构，引入新的设计元素（包括可重用的软件资源），或者重新设计软件体系结构。

实践要求：针对开源软件及其新构思的软件需求，在原有软件体系结构的基础上调整、优化或重新设计开源软件的体系结构，以满足新的软件需求。

实践结果：软件体系结构模型（至少包括逻辑视点和物理视点的体系结构模型），软件体系结构设计文档。

2. **综合实践二**

实践任务：软件体系结构设计。

实践方法：针对关键性软件需求，考虑软件体系结构风格，搜寻可用的软件资源（包括开源软件），设计初步的软件体系结构；在此基础上，对软件体系结构设计进行精化，进一步确定其构件、子系统和设计类等设计元素，以满足所有的软件需求；给出软件体系结构的部署模型。

实践要求：针对构思的软件需求开展软件体系结构设计，产生软件体系结构设计模型。

实践结果：软件体系结构模型（至少包括逻辑视点和物理视点的体系结构模型），软件体系结构设计文档。

第 9 章

用户界面设计

绝大部分软件系统都不是封闭的，它们需要与软件系统之外的人或者其他系统进行交互。因此，软件系统通常有两类界面（interface）。一类是软件系统与其他系统之间的界面（也称为接口），以方便其他系统与软件系统进行交互，获得软件系统的数据、功能和服务。例如，银行业务系统提供了接口以方便其他系统（如"12306"软件）获得其线上支付的服务。另一类是软件系统与使用该软件的用户之间的界面，以方便用户对软件系统进行操作和使用，通常称为用户界面。用户界面的设计是软件设计的一项重要内容，界面设计的质量直接决定了软件系统的可用性以及用户对软件系统的满意度。高质量的用户界面设计需要遵循以用户为中心的设计原则，根据用户的特征、要求、习惯等进行针对性的设计，提高用户界面的可理解性、易操作性和人性化程度。

本章聚焦于用户界面设计，介绍何为用户界面，用户界面包含哪些设计要素，用户界面设计的任务和表示方法；以图形化用户界面设计为例，结合具体的应用案例介绍用户界面设计的过程和原则；阐述用户界面设计的输出及评审。读者可带着以下问题来学习和思考本章内容：

- 用户和软件之间可以采用哪几种方式进行交互？各有什么样的优势和不足？
- 用户界面设计应遵循什么样的原则？
- 图形化用户界面包含哪些类别的设计元素？
- 用户界面设计要完成哪些方面的工作？
- 如何描述用户界面的设计结果？
- 用户界面设计结束之后会产生哪些软件制品？
- 如何对用户界面设计进行评审？评审中要注意哪些问题？

9.1 用户界面设计概述

人和软件系统之间可以采用多种方式进行交互，这在很大程度上取决于软件系统所在计算环境的感知能力以及操作软件系统的具体需要。用户界面设计的主要目的是提供可有效支持人与软件进行交互的用户界面。

9.1.1 人机交互方式

对于早期的计算机系统而言，它只装备了键盘和显示器等输入输出设备，因而用户与软件系统之间的交互方式非常单一，它们之间只能通过文本方式进行交互。图形化用户界面和鼠标的出现，极大地方便了用户对计算机软件的操作。近年来，随着语音识别技术的快速发展以及计算设备（如笔记本电脑、智能手机）普遍装备了麦克风等语音接收设备，通过语音来实现人机交互也成为一种重要的手段。概括而言，用户与计算机软件之间可以通过文本、图形化界面、语音、姿势等交互方式进行交互。

1. 文本交互方式

用户通过键盘输入字符文本命令，计算机软件通过理解文本命令执行相关的操作，并通过文本的形式输出和显示命令处理的结果。在 20 世纪 90 年代之前，计算机系统主要使用文本方式来实现人机交互。图 9.1 描述了用户在个人计算机的 DOS 操作系统中通过文本与计算机之间的交互，即用户输入文本命令，计算机输出文本结果。

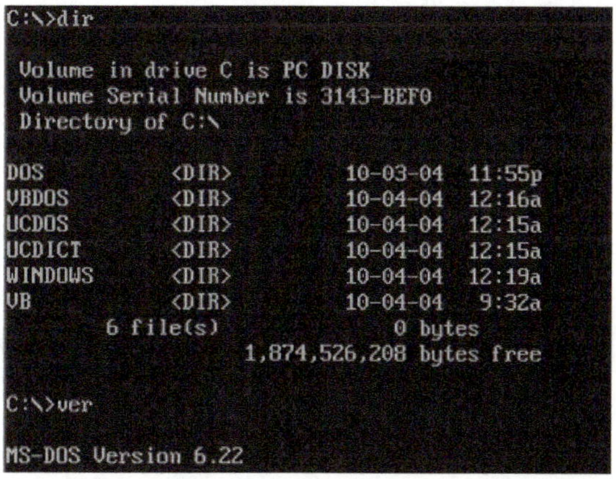

文本交互方式的特点是简便。它要求用户记住各种命令的符号以及具体的语法，但这也同时给用户带来了记忆负担。因此，此类软件通常需配套提供软件使用手册，详

图 9.1 DOS 操作系统的文本交互方式

细介绍软件使用的各项命令文本。此外，计算机软件用文本的形式来显示命令处理的结果，用户需要在充分理解文本的基础上才能掌握处理的情况，因而这一输出方式不够自然和直观。Linux 操作系统的早期版本主要采用文本的方式与用户进行交互。

2. 图形化界面交互方式

由于文本界面交互存在诸多的局限性，后来人们设计出了图形化用户界面。在这种人机交互方式中，计算机软件以图形化的形式向用户展示处理信息，如窗口、按钮、

对话框、菜单等。用户通过键盘和鼠标等方式来操纵图形化界面，向软件输入所需的信息，如点击按钮、选择某项信息等。软件处理完成之后，采用图形化方式向用户显示和反馈处理的结果，如通过窗口、采用图形等形式来显示处理结果。该方面的早期成果是苹果公司推出的 Macintosh 操作系统以及微软公司随后推出的 Windows 操作系统。它们都提供了图形化的手段来实现人与计算机之间的双向交互。目前人们所接触到的绝大部分软件系统均采用图形化的界面形式。

图形化用户界面的特点是界面内容直观、界面操作便捷，尤其是鼠标的出现和使用极大地促进了图形化用户界面的使用。用户无须记住各项命令的文本符号，只需点击菜单项或者按钮就可发出各种命令，通过选择或填写对话框中的各个信息输入项就可完成命令参数的设置，因而极大地便利了用户对软件的操作和使用。

3. 语音交互方式

用户通过语音发出计算机软件的操作指令，计算机软件通过语音识别来理解用户的语音命令，进而执行相应的指令。计算机软件执行完相关的指令后，以语音的方式将处理结果反馈给用户。这种人机交互方式在智能手机 App 上应用得非常广泛。例如，苹果手机中的语音助手 Siri 可以理解用户的语音命令，帮助用户完成相关的手机操作。在诸多导航 App 中都提供了语音交互功能，以便驾驶员在车辆行驶途中操作导航软件。

语音交互方式的特点是将用户的双手解放了出来，使得用户在操作计算机软件的同时还能完成驾驶汽车、操控飞机等其他工作，方便了用户对计算机软件的使用。

4. 姿势交互方式

用户通过身体的姿势（gesture）（如手势、身体姿势、面部表情等）来向计算机软件传输相关的操作指令，计算机软件通过图像识别等手段来理解用户的操作意图，进而执行相关的指令。这种人工交互方式的实现需要借助图像分析和识别技术，以此来分析用户姿势所蕴含的操作意图。

与语音识别相比较，基于图像分析的用户意图识别技术成熟度目前还不够高，软件容易误解用户的操作意图，而且处理的延迟较大，用户的体验感不是很好。通常这类人机交互方式应用于一些特殊的应用场景（如无人机的控制），或者针对特定的人群（如听觉障碍人群）。

9.1.2   用户界面设计的任务及其重要性

用户界面设计的任务是根据软件系统的需求，结合用户的个性化特点，设计目标软件系统的人机交互界面，以支持用户操作和使用软件系统。对于图形化用户界面而言，用户界面的设计主要是支持用户操作软件的各个窗口、每个窗口内部的界面元素（如菜单、选择框、按钮等），以及不同窗口之间的跳转关系。

用户界面是软件系统的一项重要组成部分，它直接面向软件的最终用户。对于许多用户而言，用户界面就是软件系统，因而用户界面设计的质量直接决定了用户对软件系统的评价，影响用户对软件系统的满意度。如何使所设计的用户界面简洁、易用、友好且便于操作，是用户界面设计的关键。

无疑，用户界面设计要以用户为中心，根据用户的个性化特点和需要来有针对性地进行设计。为此，用户界面设计首先要识别软件系统的潜在用户，分析他们的特征，例如谁会使用软件、他们的教育程度和文化背景如何、有何操作习惯等，将用户的特征作为用户界面设计决策的重要依据。其次，要分析用户与计算机系统之间的交互信息及其支撑的手段，针对不同的交互信息及特点来开展设计，如采用列表、表格、柱状图等方式来显示不同的信息项。此外，要尽早地设计出用户界面原型交由用户使用，从中获得用户的反馈，并以此来改进和优化用户界面的设计。总之，用户界面设计要从用户的立场出发，服务于用户操作和使用软件，要以用户体验感受和满意度为依据来改进和完善用户界面设计。

从设计工程师的角度，用户界面设计需要考虑以下一些因素：

① 功能因素。用户界面反映了软件的功能信息，需帮助用户理解软件具有哪些功能。例如，软件界面的按钮和菜单项展示了软件系统的功能。

② 环境因素。任何软件都是运行在特定的环境之中，因而其用户界面的表现形式须与其所处的环境相协调。例如，运行在 Windows 操作系统之下的软件应采用 Windows 窗口风格，而不是 Macintosh 的风格。

③ 社会因素。当前越来越多的软件服务于特定的人群和组织，因此软件的用户界面所展示的内容应与当地的社会、文化、风俗、法律、道德等相协调，不能出现令用户不适的界面内容。

总之，软件用户界面的设计要以用户为中心，同时也要考虑诸多的因素。

9.2 用户界面组成及表示方法

在软件设计过程中，任何设计信息都要进行建模和描述，以支持不同软件开发人员之间的交流。用户界面设计也不例外，需要借助 UML 直观和清晰地表示用户界面设计的内容，以指导后续的用户界面实现工作。

微视频：用户界面元素及其表示

9.2.1 图形化用户界面的组成

用户界面是软件系统与其用户之间的交互媒介。一方面，它接收用户的信息输入，并将其交给软件系统来处理，如用户点击某个菜单项或按钮、输入或选择某些信息选项等；另一方面，它还负责向用户输出信息，显示软件处理的结果。例如在图 9.2（a）所示的用户界面中，用户输入出发地、目的地、出发日期、查询选择项（"只看高铁 / 动车"或"学生票"）等信息，单击"查询车票"按钮，软件系统将输出具体的车次信息息，如图 9.2（b）所示。

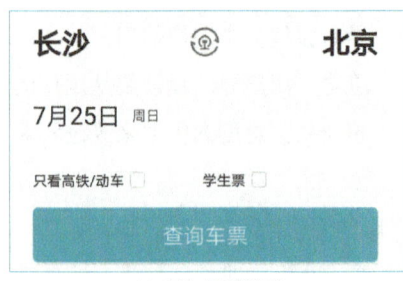

(a) 查询车票界面   (b) 查询结果显示界面

图 9.2 "12306"软件的查询车票及结果显示界面

图形化用户界面主要由以下几类界面元素组成：

1. 静态元素

该类元素负责向用户显示某些信息，这些信息在软件运行过程中不会发生变化，如静态文本、图标、图形、图像等。在图 9.2（a）中，"只看高铁 / 动车"和"学生票"这两项文本信息在软件运行过程中不会发生改变，因而属于静态元素。

2. 动态元素

该类元素负责向用户显示某些信息，这些信息会随软件系统的运行状况而展示不同的内容，且显示的内容不允许用户直接修改，如不可编辑的文本、图标、图形、图像等。在图 9.2（a）中，"长沙""北京""周日"文本属于动态元素，它们会根据用户的不同选择而显示不同的内容。

3. 用户输入元素

该类元素采用可编辑的文本、单选钮（radio button）、多选框（checkbox）、选择列表（select list）等形式，接收用户的信息输入。在图 9.2（a）所展示的用户界面中有两个多选框（"只看高铁 / 动车""学生票"），用户选择其中的元素意味着完成了某项输入。当然，输入元素最常见的形式就是文本框，用户可以在文本框中输入某些文本以表示向计算机软件完成了某项输入。

4. 用户命令元素

该类元素负责接收用户的命令输入，以触发后端的业务逻辑处理或刷新界面，如点击按钮、菜单、超链等。在图 9.2（a）中，"查询车票"按钮就是一个典型的用户命令元素，用户点击该按钮意味着完成了某项输入，即要求计算机软件完成某项功能操作。

9.2.2 用户界面设计模型的 UML 表示

在设计用户界面时，软件设计工程师可以采用两种方法展示所设计的用户界面及其设计细节：一种是借助用户界面设计工具直接给出用户界面的设计元素及其运行展示形式，包括界面中的元素以及这些元素的组织布局等；另一种是借助 UML 的类图和顺序图详细描述用户界面设计的内部具体细节，包括用户界面包含哪些界面元素、这些设计元素的类别、要求输入数据的类型、用户界面之间的跳转关系等。

前一种方式实际上产生了用户界面原型，直观地向用户展示用户界面的设计及其运行效果，帮助用户清晰、一目了然地掌握用户界面元素及其组织与布局，有助于用户确认和评价用户界面设计，如发现用户界面少了哪些界面元素、布局是否合理、界面信息显示是否正确等。后一种方式则可以详细地描述用户界面的设计细节，以支持其最终的实现。例如，将用户界面的设计元素和操作用相关的类及其属性和方法加以表示，有助于软件设计人员，尤其是程序员最终实现这些设计元素。通常，软件设计工程师可以同时采用这两种方式以获得关于用户界面设计的完整信息，便于和用户交流有关用户界面设计的具体细节。

1. 用户界面的类图表示

一般地，可以将用户界面的窗口或对话框等抽象为软件设计中的对象类，窗口或对话框中的静态元素、动态元素、输入元素等抽象为类的属性，用户命令元素抽象为类的方法。

无论是静态元素、动态元素还是输入元素，它们实际上反映了某项属性及其取值。例如，在图 9.2（a）所示的查询窗口中，"长沙"这一界面元素反映的是"出发地"这一属性的取值，用户可以选择不同的车站名以改变其属性值；"7 月 25 日"这一输入元素反映的是"出发日期"这一属性的取值，用户可以选择其他日期以改变其属性值。两个多选框分别对应两个不同的属性值："只看高铁/动车"信息和"学生票"信息，这两项属性值的类型对应于布尔类型，选中表示 True，没有选中表示 False。单击"查询车票"按钮意味着软件需要执行相关的操作，因而它对应类的方法"query()"。图 9.3（a）展示了查询车票用户界面的 UML 类图表示。

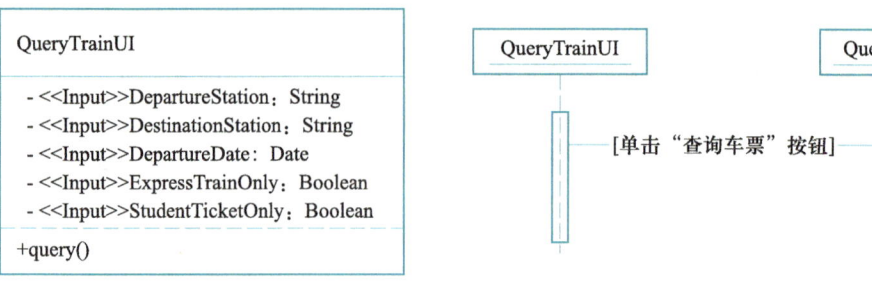

(a) 查询车票用户界面的类图表示 　　　　　　(b) 查询车票用户界面跳转的顺序图表示

图 9.3 "12306"软件查询车票界面的 UML 表示

2. 用户界面的顺序图表示

一个软件系统通常由多个用户界面组成，不同的界面向用户展示不同的信息，实现用户的不同输入和输出。在软件运行过程中，这些用户界面之间存在一定的逻辑关系，具体表现为跳转关系，也即用户在某个界面上进行了某项操作时，软件系统将从一个界面跳转到另一个界面运行。例如，针对图 9.2（a）所示的查询车票窗口，当用户单击"查询车票"按钮之后，软件系统将跳转到图 9.2（b）所示的查询结果界面。

用户界面的跳转关系也是用户界面设计的内容之一，它实际上反映了不同界面对象之间的交互关系，因而可以用 UML 的交互图，尤其是顺序图加以表示。图 9.3（b）用顺序图描述了查询车票与查询结果两个用户界面之间的跳转关系。

9.3　用户界面设计的过程和原则

用户界面设计涉及一系列工作，需要按照一定的过程循序渐进地进行。在此过程中，用户界面设计工程师需遵循一些设计原则，以确保得到高质量的用户界面。

微视频：用户界面设计
的步骤

9.3.1　用户界面设计的过程

用户界面设计的过程如图 9.4 所示，主要包括以下设计活动：

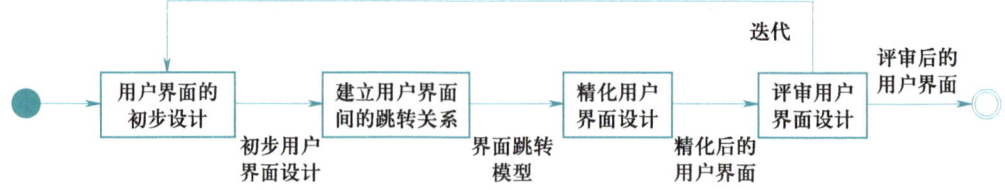

图 9.4　用户界面设计过程

1. 用户界面的初步设计

用户界面设计工程师要以分析阶段的软件需求模型为依据，针对软件需求的用例模型、用例交互模型等，采用自顶向下、逐步求精的设计原则，先从整体上明确完成目标软件系统的功能和操作需要哪些用户界面，每个用户界面需要完成哪些输入和输出，它们分别对应什么样的界面元素。在该阶段，用户界面设计工程师只需关心有哪些用户界面，每个界面有哪些支持输入和输出的设计元素，无须考虑这些用户界面之间的关系以及每一个用户界面设计元素的组织和美化工作，因而得到的是用户界面的"粗胚"和整体框架。

2. 建立用户界面间的跳转关系

完成用户界面的初步设计后会得到一组用户界面。这些用户界面之间存在多种关系，包括主从关系和跳转关系。在众多用户界面中有主用户界面，它负责向用户展示软件的主体功能，并衍生出其他用户界面。不同的用户界面之间存在跳转关系，用户可以从一个用户界面跳转进入另一个用户界面。因此，在该阶段用户界面设计工程师需要确定软件系统的主界面，分析和描述不同用户界面之间的跳转关系。

3. 精化用户界面设计

前两个步骤完成了用户界面的整体设计，确立了用户界面的整体框架，下面就要对每一个用户界面进行细化设计，包括美化用户界面中的元素、优化用户界面中各元素的组织和布局，使得用户界面更加友好和方便用户的操作。

4. 评审用户界面设计

最后，用户界面设计工程师须邀请多方对所设计的用户界面进行评审，从友好性、易操作性、易理解性等多个方面，发现用户界面设计存在的问题和不足，以指导进一步改进和完善。在此过程中，用户界面设计工程师要听取大家关于用户界面的意见和建议，以用户为中心来改进界面的设计。

9.3.2 用户界面设计的原则

用户界面设计要自始至终遵循以用户为中心的基本原则，即从用户的角度、站在他们的立场来开展用户界面的设计，以支持用户方便操作和灵活使用软件为目标，以用户的意见、建议、反馈等为准绳来不断地优化和改进用户界面设计，以用户是否满意为基准来判断用户界面设计的好坏。因此，用户界面设计工程师须分析目标软件系统的用户群及其个性化特点，了解其知识背景、操作技能、使用习惯、审美情趣等，并以此来指导用户界面的设计。在此基础上，用户界面的设计需要遵循以下一些原则：

① 直观性。要尽可能用贴近业务领域的术语或者图符表示用户界面上所呈现的信息，包括文本、数据、状态、菜单、按钮、超链等；文字和图符要非常精练，软件用户

界面对于用户而言应一目了然，确保用户界面的可理解性。

② 易操作性。用户界面应该设计得简洁，尽量减少用户输入的次数和信息量，减少不必要的操作和跳转，以提升用户界面的可操作性。

③ 一致性。软件系统的所有用户界面应保持统一的界面风格和操作方式，并与业界相关的用户界面规范和操作习惯相一致，如用"Ctrl + V"快捷键实现粘贴功能，用"Ctrl + S"快捷键实现保存功能。

④ 反应性。针对用户的输入（尤其是命令输入，如单击"确认"按钮），用户界面须做出反应式响应，并在用户可接受的合理时间范围内快速做出应答（如显示处理结果）。如果相关的操作耗时较长，用户界面须提供处理进度的反馈信息，以帮助用户了解处理的进展情况。

⑤ 容错性。用户界面需对用户可能存在的误操作（如错误的输入）进行容忍和预防，应通过用户界面的设计加以应对。例如，对可能造成损害的动作（如删除操作），必须提供界面元素要求用户再次进行确认；对于错误的输入，应允许用户重新输入。

⑥ 人性化。用户界面应在适当时机给用户提供需要的帮助或建议；在任何情况下用户均能理解软件系统的当前状态和响应信息，清晰地了解自己的操作行为，不会因界面跳转而迷失；界面的布局和色彩应使用户感觉舒适和自然。

9.4 用户界面的初步设计

用户界面的初步设计旨在依据需求用例模型和用例交互模型，明确目标软件系统存在哪些输入和输出，需要哪些用户界面，这些用户界面有哪些界面设计元素。

在用例模型中，如果外部执行者与相关用例之间存在一条连接边，则意味着在该用例的执行过程中，外部执行者需要与软件系统进行相应的交互，包括执行者输入信息、软件系统输出信息。在用例交互模型中，用户与软件系统之间的交互更加明显。如果一个外部执行者对象需要与某个用户界面对象进行交互，则意味着软件系统需要提供相应的用户界面以支持执行者与软件系统之间的输入和输出。因此，根据用例模型中软件系统与执行者间的交互动作序列，可以很容易地识别出软件系统需要有哪些输入和输出要求，以此来规划软件系统需要有哪些用户界面。用户界面设计工程师需要明确每一个用户界面的职责（即需要完成的输入输出工作），设计出相应的界面元素（包括静态界面元素、动态界面元素、用户输入界面元素、用户命令界面元素）以实现职责。为此，用户界面设计工程师需要开展以下工作，以完成初步的用户界面设计。

1. 构思用户界面的设计元素

根据用例模型及用例交互模型，可以发现用户界面类对象与用户和其他类对象之间的交互，每一项交互都有其消息名称及消息参数。用户向用户界面发送的消息参数意味着用户须提供的信息，对应于用户的输入，因此在用户界面上必须有相应的用户输入界面元素，并需要提供相配套的静态界面元素以帮助用户输入信息。这些设计元素就构成了用户界面类的相关属性。例如，在"空巢老人看护"软件的"用户登录"用例交互模型中（图 6.10），由于边界类对象"LoginUI"需要向控制类对象"LoginManager"发送包含有"account"和"password"的消息，这意味着执行者"User"需要在用户界面"LoginUI"中输入这两方面的信息，因此用户界面"LoginUI"应包含有"account"和"password"的输入界面元素。

如果用户界面类对象要向其他对象（包括执行者）反馈信息，那么这些信息对应于用户界面的输出信息，此时在用户界面上必须有相应的动态元素以向用户显示信息处理的结果。同样，这些动态元素就构成了用户界面类的相关属性。例如，在"用户登录"用例交互模型中，由于控制类对象"LoginManager"需要向边界类对象"LoginUI"发送"LoginResult"信息，因此用户界面应包含有展示"LoginResult"的输出界面元素。

2. 确定用户界面的操作

在用例交互模型图中，边界类对象向其他类对象发送的消息表示用户向后端业务处理系统提交的命令。这些命令对应于用户界面中的用户命令界面元素以及相应的操作。这些操作大体表现为以下几种形式：用户命令元素触发的操作（如单击"确认""提交"等按钮），动态界面元素值的改变导致的操作（如显示系统状态发生了变化），从其他用户界面跳转至主界面时要求主界面完成的操作等。

根据上述分析，用户界面设计工程师可确定用户界面中的用户命令界面元素。例如，在"用户登录"用例交互模型中，由于边界类对象"LoginUI"需要向控制类对象"LoginManager"发送"Login"消息，因此"LoginUI"用户界面应包含有类似于"Login"或者"登录"的用户命令界面元素。

基于上述设计工作，用户界面设计工程师可借助用户界面原型设计工具快速设计出用户界面原型，并用 UML 类图表示用户界面的设计要素。需要说明的是，在该步骤用户界面设计工程师只需对界面元素进行初步的布局和组织，形成用户界面的初步展示，不必太关注界面元素的细节和美化，这些工作将交由后续的设计精化活动来完成。

示例 9.1 "空巢老人看护"软件的用户界面及其职责

根据"空巢老人看护"软件的用例描述以及每个用例的交互图可以发现，该软件系统在手机端 App 需要以下一组用户界面以支持用户的操作：

① 引导界面"GuidingUI"。其职责是在加载启动时展示和介绍该软件系统。

② 登录界面"LoginUI"。其职责是帮助用户输入账号和密码信息，以登录到系统之中。

③ 监视老人状况界面"MonitoringUI"。其职责是显示老人在家的视频、图像和状况等信息。

④ 控制机器人运动界面"MotionCtrlUI"。其职责是帮助用户（如老人家属和医生）操纵机器人的移动。

⑤ 与老人交互界面"BiCallUI"。其职责是帮助用户（如老人家属和医生）与老人进行视频和语音交互。

⑥ 系统设置界面"SettingUI"。其职责是帮助管理人员配置系统。

图9.5为"空巢老人看护"软件的用户界面示例。

(a)"MonitoringUI"用户界面　　　　　(b)"LoginUI"用户界面

图9.5 "空巢老人看护"软件的用户界面示例图

示例9.2 监视老人状况界面"MonitoringUI"的设计及其设计类

"MonitoringUI"用户界面（见图9.5（a））提供了软件系统的主体功能，主要分为上、中、下三个界面区域：

① 上部界面区域包含两个动态界面元素"已连接"和"电量"，分别用于显示与机器人的连接状态以及机器人的电池电量信息；一个用户输入界面元素"摄像头"，用于打开/关闭智能手机的摄像头；一个用户命令

界面元素"返回",用于返回界面。

② 中部界面区域包含一个动态界面元素,用于显示系统所感知到的老人图像、视频等信息,播放所感知到的老人语音信息。

③ 下部界面区域包含一组用户命令界面元素,即按钮"监视""控制""通话""设置",帮助用户实施一组操作,包括:监视老人状况、远程控制机器人移动、与老人进行视频/语音交互、设置系统等。用户单击这些按钮即可进入其他用户界面。

该用户界面的设计类图如图9.6所示。"MonitoringUI"界面类包含有一组属性分别对应界面中的动态元素和用户输入元素,如"connectingRobotStatus""batteryofRobot""videoRegion""openCamera"等;同时有一组方法分别对应一组用户命令界面元素实施的操作,包括"monitorElder""controlRobot""interactElder""configureSystem"。

MonitoringUI
-connectingRobotStatus -batteryofRobot <<input>>-openCamera -videoRegion
+monitorElder() +controlRobot() +interactElder() +configureSystem()

动态元素connectingRobotStatus:显示与机器人连接的状态
动态元素batteryofRobot:显示机器人的电池剩余电量
用户输入元素openCamera:打开或关闭摄像头
动态元素videoRegion:显示老人的视频、图像并播放语音
用户命令monitorElder:监视老人状况
用户命令controlRobot:控制机器人运动
用户命令interactElder:与老人进行视频/语音交互
用户命令configureSystem:配置系统

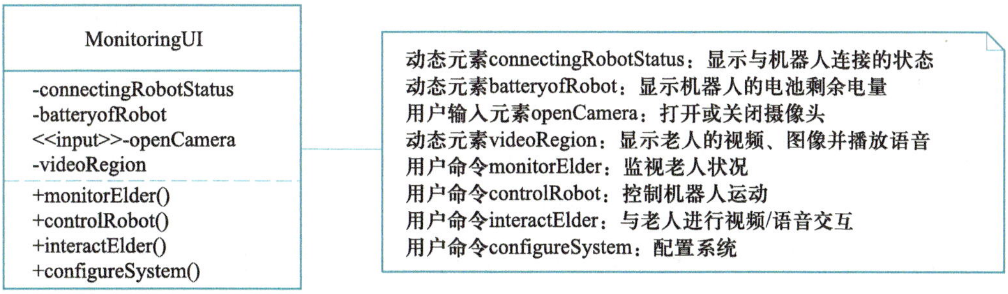

图9.6 监视老人状况界面"MonitoringUI"的设计类图

示例9.3 登录界面"LoginUI"的设计及其设计类

"LoginUI"用户界面的原型设计如图9.5(b)所示,主要包含以下界面设计元素:

① 上部界面区域有一个静态界面元素,用于显示用户登录的图片信息。

② 中部界面区域包含两个用户输入界面元素,分别要求输入用户的"邮箱/手机号""密码"信息。

③ 下部界面区域包含4个用户命令界面元素,用户通过点击这些元素以实施找回密码、短信验证登录、取消登录和确认登录操作。

基于登录界面的上述设计,"LoginUI"界面对应的类图如图9.7所示。它包含一组属性分别对应界面中的静态元素和用户输入元素,如"loginPicture""account""password"等,同时有一组方法分别对应一组用户命令界面元素的操作,如"getPsw""loginByShortMsg""cancel""login"等。

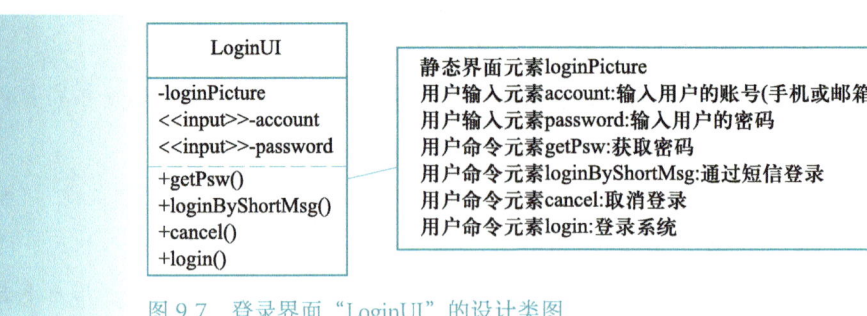

图 9.7　登录界面 "LoginUI" 的设计类图

9.5　建立用户界面间的跳转关系

经过用户界面的初步设计之后，用户界面设计工程师得到一组用户界面，这些用户界面之间存在一定的逻辑关系，且有主次之分。本节介绍用户界面设计工程师如何标识和分析用户界面之间的关系。

首先要标识用户操作软件系统的主界面。所谓主界面是指用户开始使用某项用例时系统呈现的界面，该界面展示软件系统的主要功能，并向用户展示主体信息，其他界面均直接或间接地源自该主界面。用户对其他界面操作后一般会回归到主界面，在主界面上将花费比其他界面更多的停留和操作时间。例如，Word 和 WPS 软件的主界面是用户文件的编辑界面，它向用户展示了所编辑的文件内容信息，其他用户界面（如打印、预览、打开文件等）均源自该界面，用户使用软件的大部分时间停留在编辑界面（主界面）。

其次要标识不同用户界面之间的跳转关系。由于单个界面的空间容量非常有限，无法将所有的信息在一个界面中集中展示，因此在用户界面设计时通常会设计多个不同的用户界面，分别服务于不同的业务流程、完成不同的功能操作。这种设计也使每个用户界面的独立性更好，界面元素的组织和布局更为合理，防止一个界面混杂多种信息、不便于用户的理解和操作。例如，Word 和 WPS 软件将显示编辑内容的界面与预览打印内容的界面区分开来，作为两个不同的用户界面。

软件的多个用户界面并非是相互独立的，它们之间存在跳转关系，即用户在其中一个用户界面中输入某些信息、执行某些命令，系统会进入其他用户界面。例如，在 Word 和 WPS 软件中，如果用户在主界面中选择"打印"菜单项，软件系统就会进入打印的用户界面。为了刻画用户界面之间的上述跳转关系，用户界面设计工程师需要借助有效的手段对界面跳转关系进行设计和建模。

UML 的交互图和类图可用来表示用户界面间的跳转关系。前者表示特定应用场景下的用户界面跳转及跳转发生时的消息传递，后者借助有向关联关系表示在目标软件系统中不同界面间可能发生的跳转及跳转的原因。

示例 9.4　用顺序图表示"空巢老人看护"软件的用户界面跳转关系

在手机端 App 中，系统首先加载引导界面 GuidingUI，加载完成之后将启动用户登录界面 LoginUI，如果登录成功，系统将显示 MonitoringUI 主界面。在主界面，如果用户想控制机器人运动，则可以单击"控制"按钮跳转到用户界面 MotionCtrlUI；如果用户想和老人进行双向的视频/语音交互，则可以单击"通话"按钮跳转到用户界面 BiCallUI；如果用户想设置系统，则可以单击"设置"按钮跳转到用户界面 SettingUI。这些用户界面之间的跳转关系可以用图 9.8 所示的顺序图来表示。

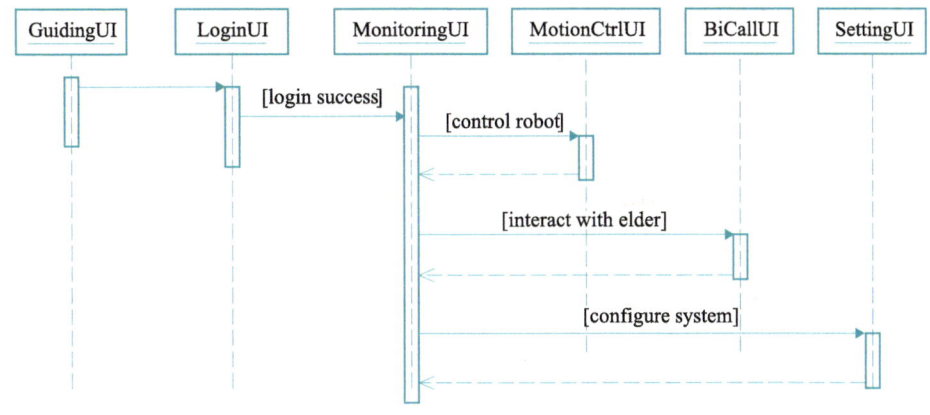

图 9.8　描述"空巢老人看护"软件用户界面跳转关系的顺序图

示例 9.5　用类图表示"空巢老人看护"软件的用户界面跳转关系

用类图来表示用户界面之间的跳转关系，可以更为直观地展示不同界面之间的语义相关性。如果一个用户界面可以通过用户的某些命令而跳转到另一个用户界面，那么这两个用户界面之间就存在一个直接的关联关系。需要说明的是，最好用有向的关联来表示用户界面间的跳转关系，以清晰地表示从哪一个用户界面跳转到另一个用户界面，具体如图 9.9 所示。

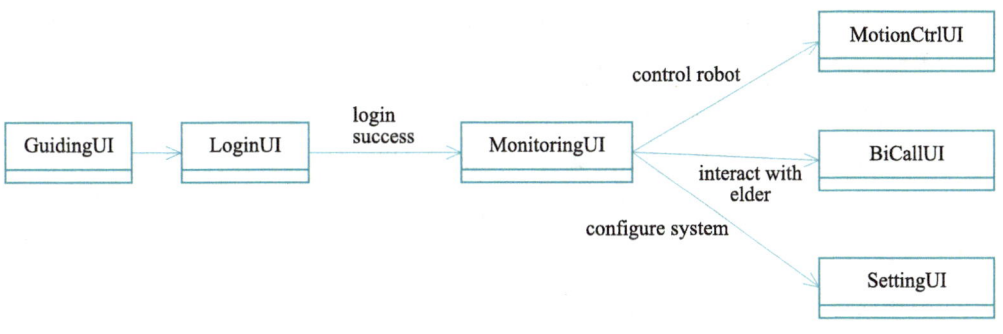

图 9.9　描述"空巢老人看护"软件用户界面跳转关系的类图

9.6　精化用户界面设计

经过用户界面的初步设计和建立用户界面间的跳转关系两个步骤之后，用户界面的设计仍然是十分粗糙的，没有充分考虑到用户界面的细节及友好性。为此，用户界面设计工程师需要对每个用户界面进行精化，以得到更为具体、完整、优化和友好的用户界面。主要包括以下几个方面的工作：

① 查漏补缺。补充用户界面中遗漏的界面设计元素，形成完整的用户界面模型。例如，将在前面设计活动中不受关注的静态设计元素加入用户界面中，从而为用户展示必要和完整的界面信息。

② 建立跳转。将用户界面的跳转动作与相关的界面元素及其操作事件关联起来，建立关于界面跳转的详细工作流程。例如，在"登录"按钮所对应的方法中增加相关的操作，使得用户单击后能够进入其他用户界面。

③ 优化设计。结合用例中用户与软件系统的交互，探讨将用户界面进行合并和拆分的可能性。例如，对于相似或逻辑上相关的多个界面，可以考虑将其合并，以减少不必要的跳转和界面设计；对于一个包含太多界面元素且这些界面元素的耦合性不强的用户界面，可以考虑将它们进行必要的分解，以产生多个不同的用户界面。对界面元素的信息呈现和录入方式进行必要的调整和优化，以更为贴切地反映应用逻辑及其操作模式。例如，选择树形结构或表格方式来显示结构化的信息，采用单选钮、多选框或选择列表来接收用户的选择输入等。

④ 调整布局。对用户界面中的多个界面元素进行组织和布局，即考虑需将哪些界面元素组织在一个区域以加强用户对用户界面的理解、简便用户的操作，需将哪些界面元素按照什么样的方式进行对齐以提高界面的美观性。

⑤ 美化界面。对界面元素进行美化，以提升界面元素的美观性。例如，美化相关的图标，使其更为直观地表示内涵；美化界面字符的大小和颜色，以突出显示重要的信息、弱化一些次要的信息。

⑥ 保持一致。确保软件系统中不同用户界面风格的一致性，包括字体的大小和颜色，界面元素的对齐方式、组织和布局，输入输出方式，图标的大小和位置等。例如，在同一个界面中最好所有字符具有相同的大小。

⑦ 调整模型。在精化、补充、调整和优化用户界面设计的同时，要同步修改用户界面的 UML 模型，如用户界面的类图、界面跳转的顺序图等，以确保用户界面与其描述模型二者之间的一致性。

需要说明的是，上述精化工作要与用户界面原型的构建同步。用户界面设计工程师通过使用界面原型的设计工具，如 Microsoft Visual Studio、Android Studio 等，构建软件的用户界面原型,将上述精化用户界面的工作反映在界面原型的改进和完善之中。

9.7 用户界面设计的输出

软件用户界面的设计活动结束之后,将产生目标软件系统的以下软件制品:

① 可运行的用户界面原型。展示软件系统的各个用户界面、界面中的设计元素、不同用户界面之间的跳转等。

② 用户界面的设计模型。包括描述用户界面设计的类图、描述用户界面间跳转关系的顺序图等。

9.8 评审用户界面设计

用户界面设计完成之后,用户界面设计工程师需要邀请用户、程序员、软件详细设计工程师等多方人员,围绕以下几个方面对用户界面设计模型及原型进行验证和评审,以发现用户界面设计中存在的问题,了解用户的评价和反馈,指导用户界面设计的改进与优化:

① 用户界面是否反映了软件需求,用户的所有软件需求是否都有相应的用户界面。

② 用户界面是否符合用户的操作习惯和要求,用户能否接受用户界面的展示形式。

③ 用户界面的风格是否一致。

④ 用户界面及其设计元素是否美观和直观,易于理解。

⑤ 用户界面的布局是否合理,跳转是否流畅,界面跳转与用例中的交互动作序列在逻辑上是否协调一致。

⑥ 用户界面的原型展示与其 UML 模型描述二者之间是否一致,用户界面的类图和顺序图两个模型之间是否一致。

⑦ 用户界面的不同设计元素之间是否一致,如静态元素的描述与动态元素的显示是否一致、静态元素的描述与用户输入是否一致、静态元素的描述与用户命令元素是否一致等。

本章小结

本章主要围绕软件用户界面的设计，介绍用户界面设计的任务及其重要性、用户界面的组成及其 UML 表示方法、用户界面设计的过程和原则，并结合具体的应用案例详细介绍了用户界面设计的各项活动，包括用户界面的初步设计、建立用户界面间的跳转关系、精化用户界面的设计、用户界面设计的结果输出及内容评审。概括而言，本章具有以下核心内容：

- 人机交互有多种方式，其中图形化用户界面和基于语音的交互方式是目前最为常用的人机交互形式。

- 对于绝大部分用户而言，用户界面是其接触软件的主要媒介，用户界面设计质量直接决定了他们对软件系统的满意度和评价。

- 图形化用户界面主要由静态元素、动态元素、用户输入元素和用户命令元素 4 类界面元素组成。

- 可以用 UML 的类图来表示用户界面中的 4 类元素，用 UML 的顺序图来表示不同用户界面之间的跳转关系。

- 用户界面设计要以用户为中心。

- 用户界面初步设计的任务是要明确有哪些用户界面、每个用户界面有哪些界面元素，以得到用户界面的粗略框架。

- 在众多用户界面中，要识别出主界面，分析和表示不同用户界面间的跳转关系。

- 精化用户界面设计要与构建界面原型一同开展。

- 用户界面设计结束之后，得到用户界面原型及其 UML 模型。

- 用户界面设计工程师要和用户等多方人员一起，对设计的用户界面进行评审，发现界面设计中的问题，获得用户的反馈和评价，以此指导对用户界面的优化和改进。

推荐阅读

拉杰·拉尔. UI 设计黄金法则：触动人心的 100 种用户界面 [M]. 王军锋，高弋涵，饶锦锋，译. 北京：中国青年出版社，2014.

本书作者是知名的数字产品设计与开发领域的研究者，曾参与 50 多个桌面、网络和移动应用程序的设计与开发工作。本书包括多种数字产品的框架视图，总结了作者多年设计开发的经验与准则，同时结合大量实际设计案例提出了诸多杰出产品的用户体验要素。从命令行界面、WIMP 界面、MetroUI、拟物设计，到可缩放用户界面、信息图设计、自适应用户界面等，全书以图文并茂且简单易懂的形式，为读者详细解读了百种数字产品用户界面的设计理念与方法。

基础习题

9-1　人机交互有哪些常见的方式？它们各有什么样的特点及使用的领域？

9-2　针对"12306"App 的某项功能及其所对应的用户界面，如买票、退票、改签、订餐、约车等，分析用户界面包含哪些界面设计元素，并用类图来表示这些用户界面。

9-3　"12306"App 的主界面是哪一个？请用 UML 的顺序图表示该软件不同用户界面之间的跳转关系。

9-4　查阅相关的资源，分析有哪些可用于构建软件用户界面原型的软件。下载和安装相关的软件，并利用它们来构建"12306"App 的主界面。

9-5　图 9.10 是某个软件发送邮件功能的用户界面，请说明该用户界面有哪些静态和动态元素、用户输入和命令元素，并用 UML 的类图来表示该用户界面的设计元素。

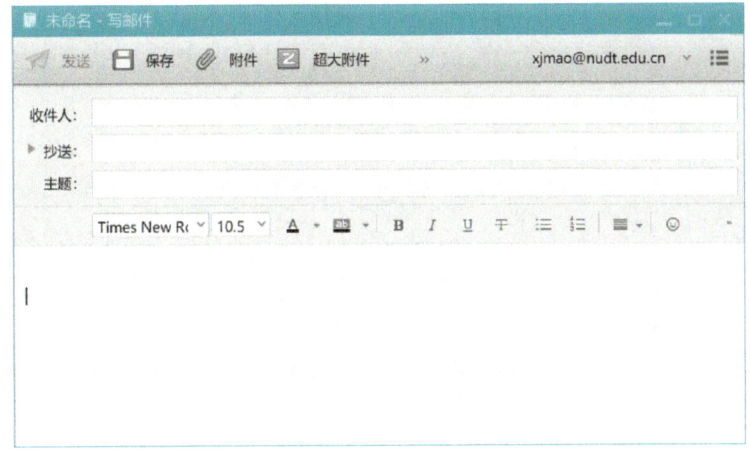

图 9.10　习题 9-5 图

9-6　用户界面设计要遵循哪些原则？为什么遵循这些原则有助于得到高质量的用户界面？

9-7　用户界面的评审要针对哪些方面的内容？为什么要邀请用户参与用户界面的评审？

综合实践

1. 综合实践一

实践任务：开源软件的用户界面设计。

实践方法：针对开源软件新增加的软件需求，考虑软件的用例模型和用例交互模型，对开源软件的用户界面进行设计，以支持用户与开源软件的输入和输出，进而实现开源软件的新功能。

实践要求：基于开源软件新构思的软件需求，针对其用例模型和用例交互模型，以用户为中心进行设计和优化。

实践结果：用户界面原型、用户界面的 UML 类图模型以及界面跳转的顺序图模型。

2. 综合实践二

实践任务：软件用户界面设计。

实践方法：基于用户的软件需求，针对软件系统的用例模型和用例交互模型设计软件系统的用户界面，明确每个用户界面的设计要素及界面之间的跳转关系，以支持用户与软件系统之间的输入和输出。

实践要求：针对所构思的软件需求，包括用例模型和用例交互模型，以用户为中心开展用户界面的设计。

实践结果：用户界面原型、用户界面的 UML 类图模型以及界面跳转的顺序图模型。

第 10 章

软件详细设计

一旦完成了软件体系结构设计和用户界面设计，软件设计工程师即可开展软件系统的详细设计工作。不同于软件体系结构设计，软件详细设计是从微观和局部的视角，给出软件系统的细节性、细粒度和底层的设计信息，其设计成果将用于指导后续的软件实现工作，因而详细设计是连接软件体系结构设计和软件实现的桥梁。软件详细设计需要"兼顾上下"，一方面要基于软件需求分析、软件体系结构设计、用户界面设计的相关成果来开展详细设计，确保详细设计工作的针对性；另一方面还要考虑软件实现时的诸多约束和限制，如编程语言的选择、可重用的软件包或库，甚至软件开发框架和运行基础设施等，以确保详细设计的成果在编程实现阶段可以落地。面向对象的软件设计技术为软件系统的详细设计提供了一系列策略、原则和方法，以有效指导软件详细设计的开展，提高软件详细设计的质量。

本章聚焦于软件详细设计，介绍详细设计的任务、过程和原则，基于 UML 的详细设计模型表示方法，面向对象的软件设计原则和设计模式，用例设计、类设计、数据设计、子系统 / 构件设计等具体的详细设计内容，以及软件详细设计的文档化和评审。读者可带着以下问题来学习和思考本章的内容：

• 何为软件详细设计，其任务与软件体系结构设计和用户界面设计的任务有何差别？

• 软件详细设计与软件体系结构设计、用户界面设计有何联系？

• 软件详细设计需要遵循什么样的原则，以得到高质量的设计结果？

• UML 的哪些图可用于表示软件详细设计模型？它们分别用于刻画软件详细设计哪些方面的内容？

• 面向对象的软件设计提供了哪些原则来指导软件详细设计，以确保软件详细设计的质量？

• 有哪些常见的面向对象的软件设计模式？如何在软件详细设计过程中重用这些模式？

• 面向对象的软件设计提供了哪些机制和手段来支持软件重用？

• 软件设计阶段的用例设计与需求分析阶段的用例分析有何本质性差别？

• 类设计要具体和详尽到什么程度？

• 数据设计包含哪些方面的详细设计工作？

• 软件详细设计结束后会得到哪些软件制品？

• 应遵循什么样的策略和原则来评审软件详细设计及其成果？

10.1 软件详细设计概述

软件体系结构设计和用户界面设计所得到的设计结果仍然是比较粗略的,它们给出的是系统的"骨骼",尚不足以有效支持软件系统的最终实现。因此,软件详细设计需要在软件体系结构设计和用户界面设计的基础上,对其中的设计元素做进一步的精化和细化,为编码实现工作提供具体的指导。

微视频:软件详细设计的任务

10.1.1 何为软件详细设计

顾名思义,详细设计就是要对软件系统给出具体、详尽的设计。它涉及两方面的问题:要对软件系统的哪些元素进行详细设计,要详尽到什么程度才算完成了详细设计。

首先,软件详细设计是基于软件需求,针对软件体系结构设计和用户界面设计所得到的设计元素进行详细设计。软件体系结构设计和用户界面设计会产生一组软件设计元素,包括子系统、构件、用户界面类、关键设计类等。在软件体系结构设计阶段,软件架构师仅仅给出了这些设计元素的职责划分,明确了设计元素的对外接口,这些设计元素还都是一个个"黑盒子",不清楚其内部有哪些具体的设计细节,如构件内部有哪些具体的设计类,每个设计类内部有哪些属性和方法,每个方法采用什么样的算法来实现其功能。详细设计就是要给出这些设计元素的内部细节信息,让每个设计元素从"黑盒子"变为"白盒子",进而指导后续这些设计元素的编码实现。因而软件详细设计是一类针对设计元素、围绕其内部细节信息的细粒度设计。

其次,软件详细设计应细化到什么程度才算是"详尽",一个基本原则是软件详细设计要提供足够的细节信息,以指导软件系统的编码实现。这意味着软件详细设计不仅要提供设计元素内部的结构性信息,如一个构件/子系统内部有哪些设计类/子子系统,而且还要提供设计元素的过程性信息,如设计类中每个方法的实现算法。只有这样,程序员才能基于软件详细设计的细节性内容编写出相关的程序代码。

可以认为,软件详细设计是架设在体系结构、用户界面设计与软件实现之间的一座"桥梁"。桥梁的一端连接的是软件体系结构设计和用户界面设计,其目的是要对体系结构设计和用户界面设计的设计元素进行细化和精化,另一端连接的是软件实现,其目的是要作为后续编码实现的基础和依据,指导相关的程序设计工作。与软件体系结构设计相比较,软件详细设计的抽象层次更低、粒度更小、更加关注软件设计细节及其实现。软件详细设计是确保前期的软件需求和软件体系结构设计得到落实的"关键"。正是由于有了详细设计，软件需求才能得以实现，软件体系结构设计中的各项高层、宏观的设计思想和架构才能得以落地。

10.1.2　软件详细设计的任务和过程

软件详细设计的任务描述如图 10.1 所示，它需要基于以下的输入进行设计。

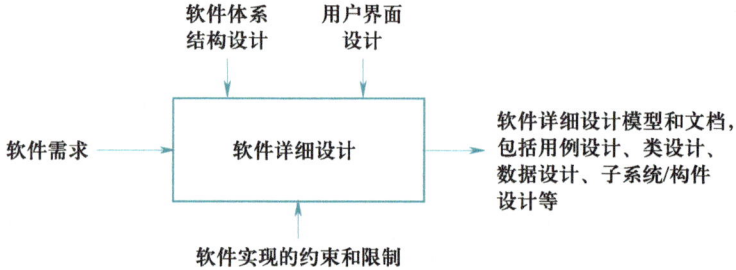

图 10.1　软件详细设计的任务描述示意图

① 软件需求。软件详细设计的目的是给出软件需求的解决方案，因此软件详细设计需要对照软件需求，确保每一项软件需求项都有相应的设计元素，或者每一个软件设计元素都可追踪到它意欲实现的软件需求项。

② 软件体系结构设计和用户界面设计。软件详细设计需要对这两项设计的内容进行细化和精化，以使其能够得以实现。

③ 软件实现的约束和限制。软件详细设计更加接近于软件实现，为编程实现提供指南。因此，软件详细设计需要考虑软件实现的约束和限制，如所选用的程序设计语言、运行基础设施、软件开发框架、可重用的软件包等，确保每一项详细设计内容均可通过具体的实现技术（如程序设计语言）加以实现。例如，不同面向对象程序设计语言的选择将会对软件设计中的继承设计产生影响，C++ 编程语言支持多重继承，Java 编程语言只支持单重继承。因此，如果在实现阶段选择的编程语言是 Java，那么软件详细设计就不应产生多重继承的类设计方案。

为了完成软件详细设计任务，软件设计工程师需要完成如图 10.2 所示的一系列软件详细设计工作。

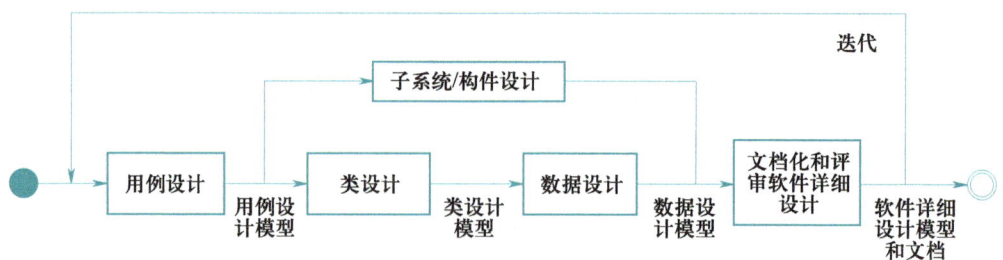

图 10.2　软件详细设计的过程

① 用例设计。针对软件需求分析阶段所产生的各个用例，基于软件体系结构设计和用户界面设计所得到的设计元素，给出用例的具体实现解决方案，即详细描述用例是如何通过各个设计元素的交互和协作来完成的。它既是对软件需求实现的刻画，也可用来评估软件体系结构设计和用户界面设计的合理性。

② 类设计。用例设计会产生目标软件系统的类模型，包含构成目标软件系统的类及其之间的关系。类设计就是在上述设计的基础上，给出每一个设计类的具体细节，包括类的属性定义、方法的实现算法等，使得程序员能够基于类设计给出这些类的实现代码。

③ 数据设计。数据设计是对软件所涉及的持久数据及其操作进行设计，明确持久数据的存储方式和格式，细化对数据进行操作（如写入、读出、修改、删除、查询等）的实现细节。一般地，软件中的持久数据通常会保存在数据库中，因而该设计活动将涉及数据库表及其操作的设计。

④ 子系统／构件设计。如果一个软件系统规模较大，内部较为复杂，需要考虑软件重用等因素，那么软件详细设计还涉及子系统和构件设计。该方面的设计是针对粗粒度的子系统和构件，给出其细粒度的设计元素，如子子系统、设计类等，明确这些设计元素之间的协作关系，使得它们能够实现子系统／构件接口所规定的相关功能和服务。

⑤ 文档化和评审软件详细设计。上述设计工作完成之后，软件设计工程师需要撰写文档，以详细、完整地描述软件详细设计的具体信息及成果，并组织多方人员，尤其是要邀请程序员、软件测试工程师等，对软件详细设计的软件制品进行评审，以发现和纠正软件详细设计中存在的问题和不足。

10.1.3 软件详细设计的原则

为了高质量地完成软件详细设计的任务，软件设计工程师除了需要遵循第 7 章 7.2.2 小节所描述的软件设计原则（如模块化、高内聚度、低耦合度、信息隐藏等）之外，还需要结合软件详细设计的具体要求，遵循以下原则：

① 针对软件需求。软件需求仍然是指导软件详细设计的主要因素。软件设计工程师要从软件需求出发开展软件详细设计，确保每一项软件需求都得到落实，即有相应的详细设计元素（如设计类）实现每一项软件需求，所有的软件设计元素及其交互和协作可完整地实现软件需求。同时也要确保每一个软件元素都有意义和价值，即它们存在于软件设计之中是用于实现特定的软件需求。

② 深入优化设计。软件设计不仅要实现软件系统的功能需求，也要实现软件系统的非功能需求。软件设计工程师需要针对软件需求对软件系统进行精心的设计，以充分

优化软件系统的性能、效能等。此外，软件设计工程师还需要从软件质量的视角对软件详细设计进行优化，以提高软件系统的可靠性、可重用性和可维护性等。

③ 设计足够详细。软件设计工程师要通过软件详细设计，得到翔实程度足以支持程序员编码的软件设计模型。为此，软件设计工程师要从程序员的视角来判断软件设计是否足够详细和准确。尤其是在评审阶段，软件设计工程师要邀请程序员一起对软件设计进行评审，以评判所产生的软件详细设计是否可有效支持程序员的编码工作。

④ 充分重用软件。在软件详细设计阶段，软件设计工程师要从多个不同的维度和层次充分重用软件，以提高软件开发的效率和质量，降低开发成本，具体包括重用软件设计模式来优化软件设计、提高设计质量，重用各种构件来实现软件需求、减少开发投入等。

10.2　软件详细设计模型及表示方法

软件详细设计会产生一系列软件设计模型，它们可用 UML 的相关图加以表示。本节主要介绍活动图，它可以用来表示软件详细设计中不同对象之间的协作以及类方法的实现算法。

活动图用于描述实体为完成某项功能而执行的操作序列，它刻画了实体的动态行为特征。这里所说的实体可以是对象、软件系统、部分子系统或构件。实体的操作序列可以并发和同步实施。在软件详细设计阶段，软件设计工程师可通过绘制用例的活动图，描述软件系统中各实体如何通过一组操作序列来完成用例。图 10.3 是 "用户登录" 用例中 "LoginUI" "LoginManager" "UserLibrary" 三个对象通过相互协作来完成该用例功能的活动图。从这个意义上看，活动图与交互图有些类似，但实际上活动图在刻画系统的行为方面有其特殊的表达能力，它可用来描述多个用例联合起来形成的操作流程，特别适用于精确描述线程之间的并发。

活动图有多种类型的节点，包括活动、决策点、并发控制和对象等，还有两种类型的边，分别是控制流和对象流。活动图引入了泳道机制以表示活动的并发执行。泳道将活动图分隔成数个活动分区，每个区域由一个对象或一个控制线程负责。每个活动节点应位于负责执行该活动的对象或线程所在的区域内。这一机制可以更为清晰地表示对象或线程的职责、它们之间的并发、协同和同步。

① 活动是计算过程的抽象表示，可以是一个基本计算步骤，也可以由一系列基本计算步骤和子活动构成。它用带有圆角的矩形框表示。

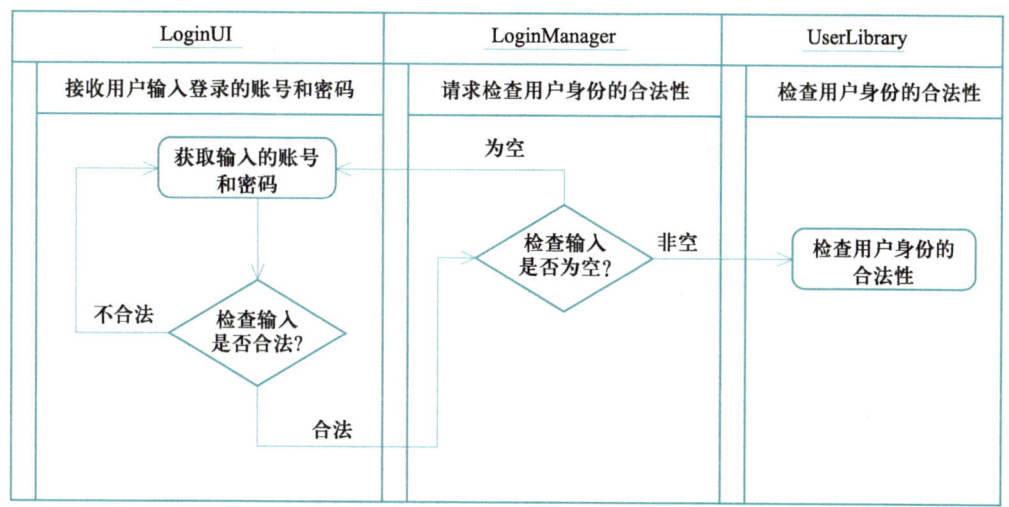

图 10.3 描述多个对象间协作的活动图

② 决策点（decision point）用来实现某种决策和判断，根据到达边的情况，从多条离开边中选择一条来运行。它用菱形框来表示。

③ 并发控制用来表示控制流经此节点后分叉（fork）成多条可并发执行的控制流，或者多条并发控制流经此节点后同步合并（join）为单条控制流。

④ 对象表示活动需要输入的对象或者作为活动处理结果输出的对象。

⑤ 控制流表示为连接两个非对象节点之间的有向边，表示处理流程的顺序推进。

⑥ 对象流是对象节点与活动节点之间的有向边。有向边从对象节点指向活动节点，表示将对象作为输入数据传入活动，从活动节点指向对象节点表示对象是活动的输出数据。

概括而言，活动图是对软件实体行为的刻画。它描述了一个（或一组）实体为完成某项功能所执行的活动以及活动间的并发控制。活动图与数据库流图很相似，但活动图在描述多个实体的行为、活动的并发执行等方面具有更强的表达能力。在软件详细设计过程中，活动图可用于表示类方法的实现算法，即表示类方法的功能是如何通过一系列活动来完成的。针对图 10.3 中对象"UserLibrary"的方法"检查用户身份的合法性"，图 10.4 用活动图描述了该方法的实现算法。

构建活动图时需要遵循以下策略：从决策点出发的每条边上均应标注条件，且这些条件互不重叠、完整覆盖（在任何情况下至少有一个条件成立）；必须确保分叉和合并节点之间的匹配性，对任一分叉节点，其导致的并发控制流必须最终经由一个合并节点进行控制流的同步和合并。

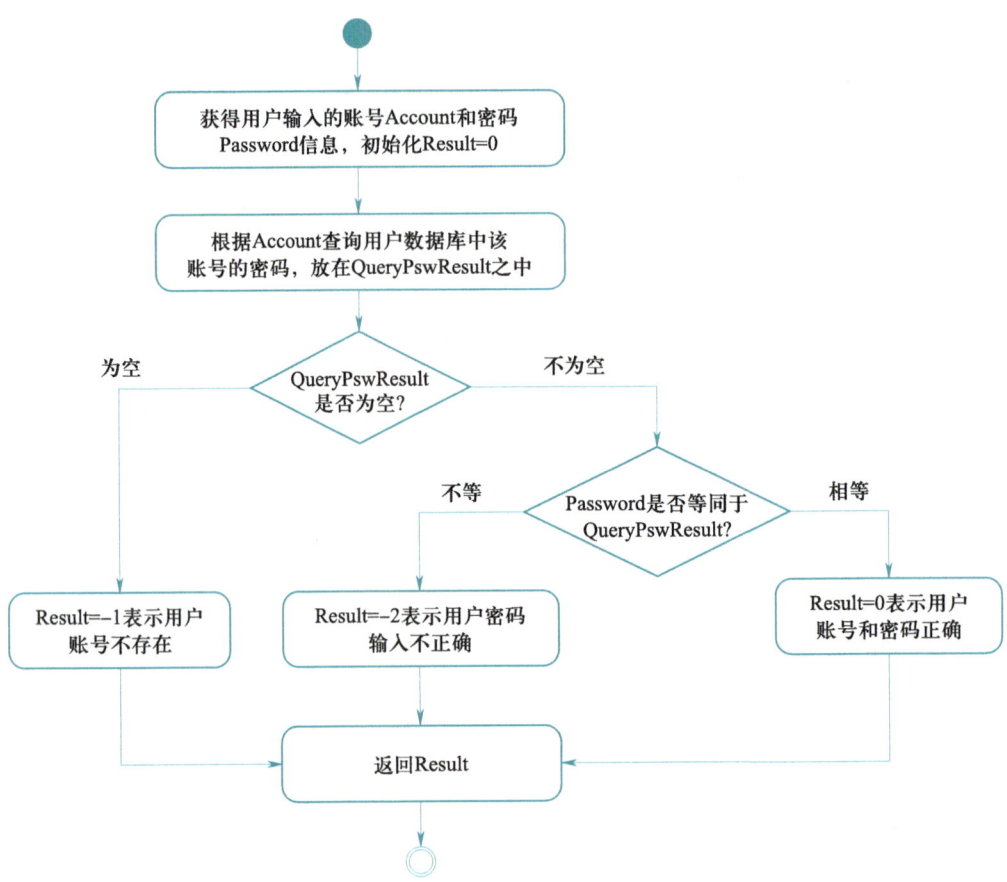

图 10.4　"检查用户身份的合法性"方法实现算法的活动图

10.3　面向对象的软件设计模式

软件工程是一门实践性非常强的学科。它所提出的许多思想、原则和方法是人们长期实践经验的总结。它们经受过实践的检验，并认为是行之有效的。典型的例子就是面向对象的软件设计模式（design pattern）的研究与实践。

10.3.1　何为设计模式

在几十年的软件开发历程中，软件工程师经历了大量、不同领域的软件开发实践。尽管这些软件的需求互不相同，但在抽象层面上看，很多软件系统中人们所面临的软件开发问题以及问题的解决方法具有相似性和相同性。有经验的软件工程师将这些共性的软件开发问题及其软件设计方案提炼出来，形成可供软件开发人员所重用的设计模式。例如，在第 8 章所介绍的体系结构风格就是一类在软件体系结构层面的设计模式。

概括而言，软件设计模式是针对软件设计的一套经验总结。它描述了在软件设计过程中不断重复出现的问题以及问题的解决方案。软件设计模式具有一定的普遍性，反复出现在诸多的软件系统开发之中，并可在不同的软件项目开发中反复使用；它还具有一定的借鉴性，是众多软件设计工程师的经验总结，经过了软件开发实践的检验，并证明是行之有效的。

为了更好地理解软件设计模式、指导其重用，人们对软件设计模式进行了一般性的抽象和结构化描述，提炼出以下几方面来刻画一个软件设计模式的内容：

① 模式名称。每一个模式都有自己的名称，通常用名词或者名词短语来描述。模式的名称需起到一目了然的作用，即通过字面含义就可知道该设计模式想解决什么问题，或者采用什么样的方式来解决问题。例如，"层次式体系结构风格"表示一类具有多个层次的体系结构风格，"单例模式"表示如何设计具有单个实例（即对象）的类这一问题。

② 问题描述。任何一个模式都试图解决一个具体和明确的问题。它描述了软件设计模式的应用上下文，即针对什么样的情况、面临怎样的问题时使用该模式。问题描述可用一句或者若干句话来简洁地概括。例如，"单例模式"的问题描述为"确保某个类只有一个实例"。

③ 解决方案。模式的解决方案刻画了采用什么样的方式和方法来解决问题，包括软件设计的组成要素、它们之间的相互关系及各自的职责和协作方式。由于模式对应一个具有通用性的设计模板，可应用于多种不同场合，因此解决方案并非描述一个特定而具体的设计或实现，而是抽象描述了怎样用具有一般意义的元素组合（类或对象的组合）来解决问题。一般而言，可以用 UML 的类图、顺序图等配合必要的自然语言描述来说明和解释问题的解决方案。

④ 应用效果。该部分描述了软件设计模式的应用效果，如设计模式的优缺点分析以及应用场景描述。对设计模式效果的刻画有助于人们更为深入地理解软件设计模式的本质特征，可促进其在具体应用场景中的重用。

对软件设计模式的重用可起到以下三方面的作用：

① 通过重用标准化的设计模式，可使得软件设计更加规范化，代码编写更为工程化，提高了软件开发的效率，缩短了软件的开发周期。

② 有助于提高软件设计的质量，包括软件设计的可重用性、可读性、可理解性、可维护性、可靠性、灵活性和可扩展性。

③ 对软件设计模式的理解、实践和应用，可以提高软件设计工程师以及程序员的逻辑思维能力、抽象分析能力和高层软件设计能力。

10.3.2   面向对象的软件设计模式

目前人们已提出 20 多种面向对象的软件设计模式。根据设计模式所完成的工作，可将现有的设计模式大致分为创建型模式、结构型模式和行为型模式三类（见表 10.1）。

表 10.1   设计模式的分类

类别	内涵	具体设计模式
创建型模式	关注对象的创建，将对象的创建与使用相分离	单例、抽象工厂、建造者、工厂、原型
结构型模式	关注对象 / 类的组合和组织	代理、适配器、桥接、装饰、组合、外观、享元
行为型模式	关注类和对象间的职责分配和交互协同，以完成特定任务	模板方法、策略、命令、职责链、状态、观察者、中介者、迭代器、访问者、备忘录、解释器

① 创建型模式用于描述"怎样创建对象"，它的主要特点是"将对象的创建与使用相分离"。创建型模式包含 5 种具体的设计模式：单例、抽象工厂、建造者、工厂和原型。

② 结构型模式用于描述"如何将类或对象按某种布局组成更大的结构"，结构型模式包含 7 种具体的设计模式：代理、适配器、桥接、装饰、组合、外观和享元。

③ 行为型模式用于描述"对象之间如何相互协作以共同完成工作"。行为型模式包括 11 种具体的设计模式：模板方法、策略、命令、职责链、状态、观察者、中介者、迭代器、访问者、备忘录和解释器。

这里针对每个类别的设计模式介绍一种具体的设计模式，更多的设计模式可参阅相关的文献。

1. 单例设计模式

在面向对象程序设计中，一个类通常可以实例化多个不同的对象，例如一个文本编辑窗口类可以通过实例化产生多个不同的窗口以支持不同文本文件的编辑需要；但在一些特定的应用场景中，某些类只允许实例化一个对象。单例模式旨在为此类问题寻找解决方法，它属于创建型模式类别。

（1）问题描述

单例设计模式是指一个类只有一个实例，且该类能自行创建这个实例。在现实世界中，我们会遇到许多单个实例的具体应用和现实场景。例如，一所大学只有一位校长，一门课程只有一位主讲老师，一家企业只有一位董事长等。计算机世界也有许多只有单个实例的应用及需求，如 Windows 操作系统有且只有一个任务管理器和回收站、许多软件系统有且只有一个主窗口等。因此，单例问题在现实世界和计算机世界中的应用非常广泛。

（2）解决方案

一般而言，一个类的构造函数是公有的，可对外访问，其他的类可通过"new 构造函数 ()"来生成一个或者多个实例。为了解决一个类只有一个实例的问题，可将类的构造函数设为私有，这样外部类就无法调用该构造函数以生成多个实例。为了生成并获得类的单个实例，还需要定义一个静态（static）的私有实例，并对外提供一个静态公有函数用于创建和获取该静态私有实例。单例设计模式的实现类图如图 10.5 所示，单例类 Singleton 的构造函数被设置为私有的，在类中引入了一个私有变量"instance"，设计了一个公开的方法"getInstance()"，该方法的目的是创建和获取该类的实例。如果"instance"属性的取值为空，那么就主动创建该类的一个实例，否则就返回该类的唯一实例。

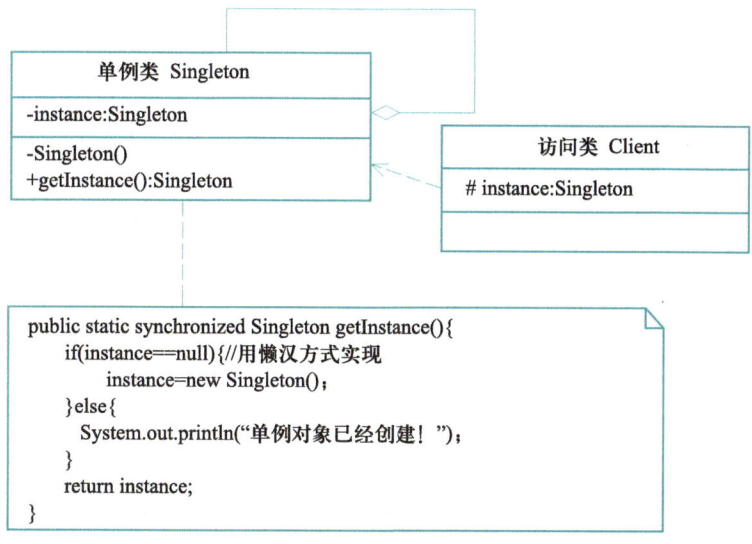

图 10.5　单例设计模式的实现类图

（3）应用效果

单例设计模式具有以下优点：

① 可保证内存中有且只有类的一个实例，减少了内存的开销。

② 由于一个类只有一个实例，因而可降低系统的运行开销，提高系统的运行性能。

③ 可避免对实例资源的多重占用，提高资源的利用率，防止多个实例对同一个资源的同时写操作。

④ 可设置全局的访问点，优化和共享资源的访问。例如，可以设计一个单例类，负责处理所有的数据表。

单例设计模式存在以下缺点和不足:

① 该模式一般没有接口,不易于扩展。如果要扩展则只能修改原来的代码,没有第二种途径,这违背了面向对象的软件设计的开闭原则。

② 不利于代码调试。在调试过程中如果单例中的代码没有执行完则不能进行测试,也不能模拟生成一个新的对象。

③ 功能代码通常封装在一个类中,如果该类的功能设计不合理,很容易违背单一职责原则。

2. 代理设计模式

在现实世界中,人们经常通过中介来做一些事情,如通过房屋中介购买二手房,通过留学中介办理出国学习手续等。在计算机世界,有诸多的应用场景也需要中介。例如,如果不能访问某个互联网节点,那么可以寻找一个"中介",由它负责去访问这个互联网节点,并将获取的访问信息推送给用户。显然,中介是解决问题的一种常用方式,此处所指的"中介"实际上就是代理。代理设计模式旨在为此类问题寻求解决方法。它属于结构型模式类别。

(1)问题描述

如果一个访问对象(如一个旅客)不适合或者不能直接引用目标对象(车站售票窗口),那么应如何通过中介帮助访问对象完成某项任务(如购票)。这里所说的中介实际上是作为访问对象和目标对象之间的代理,帮助访问对象完成具体工作。

(2)解决方案

代理设计模式的问题解决方法比较简单,主要是通过定义一个继承抽象主题的代理来包含真实主题,从而实现对真实主题的访问。图 10.6 描述了代理设计模式的实现类图。

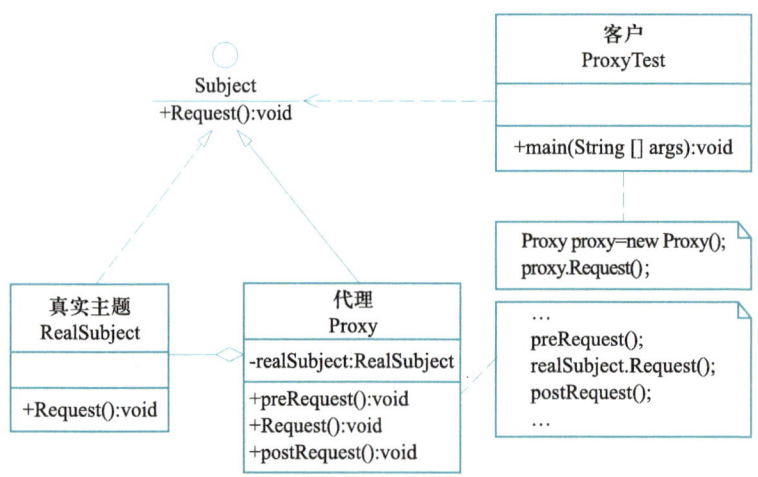

图 10.6 代理设计模式的实现类图

① 抽象主题 Subject：通过接口或抽象类声明真实主题和代理对象实现的业务方法。

② 真实主题类 RealSubject：实现了抽象主题中的具体业务，是代理对象所代表的真实对象，是最终要引用的对象。

③ 代理类 Proxy：提供了与真实主题相同的接口，其内部含有对真实主题的引用，它可以访问、控制或扩展真实主题的功能。

（3）应用效果

代理设计模式具有以下优点：

① 在访问对象与目标对象之间起到中介和保护目标对象的作用。

② 可以扩展目标对象的功能。

③ 能将访问对象与目标对象分离，在一定程度上降低了系统的耦合度，增加了程序的可扩展性。

但这一模式也有其内在的局限性，具体包括：

① 会增加系统设计中类的数量，例如它引入了代理类。

② 在访问对象和目标对象之间增加了一个代理对象，会造成请求处理速度变慢。

③ 增加了软件系统的复杂度。

3. 观察者设计模式

在现实世界中，许多对象并不是独立存在的，而是相互之间存在依赖关系。当一个对象的状态发生改变时，需要通知依赖它的其他对象，以便这些对象能够随之采取适当的行为。这种情况在现实世界中非常普遍。例如，夏天极易发生洪涝灾害，一旦天气预报有特大暴雨时，政府应将此信息通知给所有的市民，以便他们能够采取预防措施。在计算机世界，对象之间的依赖关系以及由此所产生的消息通知也非常普遍。例如，在 MVC 风格的体系结构中，当模型中的数据发生变化时需通知相关视图，使其调整数据显示。观察者设计模式旨在为上述问题的解决提供方法。该设计模式有时也称为发布 / 订阅模式或模型 / 视图模式。它属于对象行为型模式类别。

（1）问题描述

如果有一组对象依赖于某个对象，那么当被依赖的对象发生状态改变时，依赖于该对象的其他一组对象将得到及时的状态变化通知，以便它们能够随之采取相应的行为。

（2）解决方案

观察者设计模式涉及两类主要的对象：观察者对象和具体目标对象，其目的是要将具体目标对象的变化通知给观察者对象。显然，具体目标对象和观察者对象之间不能直接调用，否则将使两者之间的耦合度过强，违反面向对象的软件设计原则。图 10.7 描述了观察者设计模式的实现类图，图中的对象类及主要承担的职责如下：

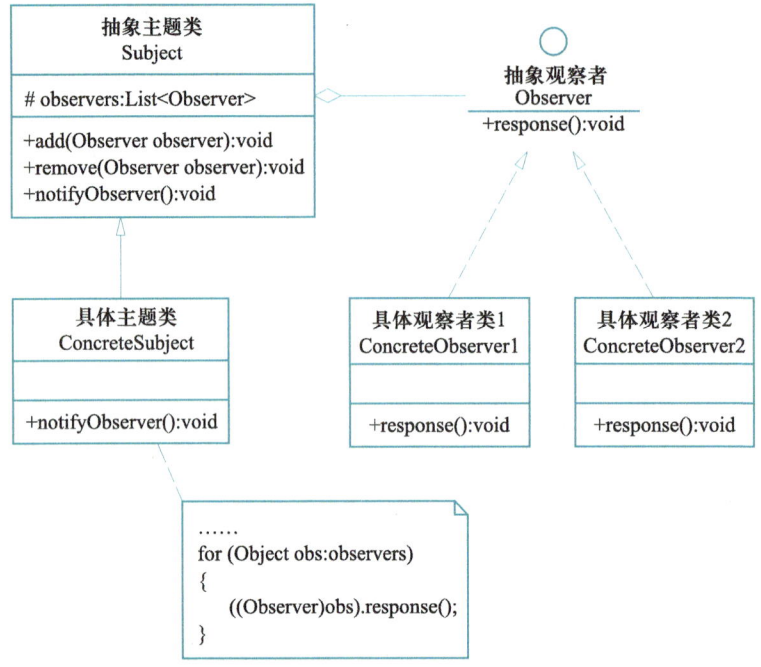

图 10.7　观察者设计模式的实现类图

① 抽象主题类 Subject，也叫抽象目标类。它用于管理和通知观察者，包括将观察者对象注册和保存在列表中、增加和删除观察者对象、将相关的事件信息通知给所有的观察者。

② 具体主题类 ConcreteSubject，也叫具体目标类。它实现抽象目标类中的通知方法，当具体主题的内部状态发生改变时通知所有注册过的观察者对象。

③ 抽象观察者 Observer。它是一个抽象类或接口，包含一个更新自己的抽象方法，当接到具体主题的更改通知时该方法会被调用。

④ 具体观察者类 ConcreteObserver。它实现了抽象观察者中定义的抽象方法，以便在得到目标的更改通知时更新自身的状态。

（3）应用效果

观察者设计模式具有以下优点：

① 降低了目标主题与观察者之间的耦合关系，两者之间是抽象耦合关系，符合依赖倒置原则。

② 目标主题与观察者之间建立了一套状态变化的事件触发机制。

它的主要缺点如下：

① 目标主题与观察者之间的依赖关系并没有完全解除，而且有可能出现循环引用。

② 当观察者对象很多时，通知的发布会花费很多时间，影响程序的效率。

10.4 用例设计

在需求分析阶段，软件需求工程师针对软件系统的各个用例建立了用例交互模型，分析了用例实现的业务逻辑流程。用例交互模型中各个对象所对应的类都属于分析类。到了软件详细设计阶段，软件设计工程师需要基于分析阶段的用例交互模型开展用例设计，结合用户界面设计和体系结构设计所产生的各个设计元素，考虑用例实现的解决方案。在详细设计阶段的用例交互模型中，各个对象所对应的类都属于设计类。

微视频：用例设计

概括起来，用例设计旨在针对每个需求用例给出其基于设计元素的实现方案。这一设计活动有助于从软件需求实现的角度，考虑如何整合用户界面设计和体系结构设计中的设计元素，引入其他必要的设计元素（如设计类），给出用例实现的详细解决方案，并分析用户界面设计和体系结构设计的合理性。

10.4.1 用例设计的过程和原则

用例设计的输入包括两部分：一部分来自软件需求模型，包括用例模型、用例交互模型、分析类模型等；另一部分来自前期的软件设计成果，包括软件体系结构设计模型和用户界面设计模型。其输出包括用交互图描述的用例设计模型和用类图描述的软件设计类模型。用例设计的任务示意如图 10.8 所示。

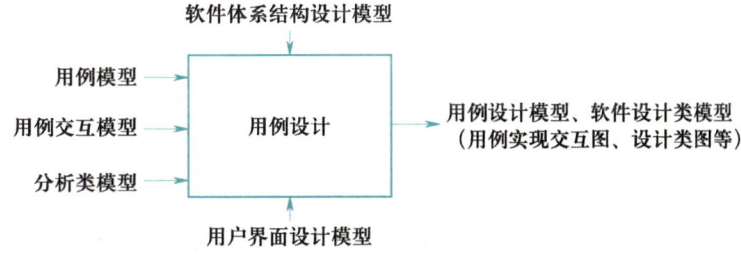

图 10.8　用例设计的任务示意图

用例设计的过程如图 10.9 所示。针对软件系统的每一个用例，用例设计需要完成以下软件设计工作：

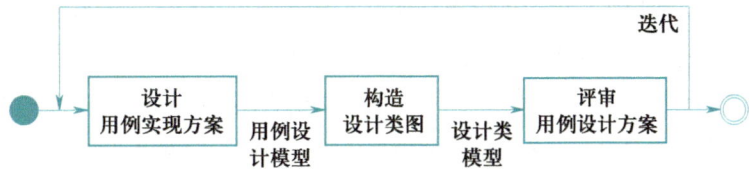

图 10.9　用例设计的过程

① 设计用例实现方案。针对每一个需求用例，基于体系结构设计和用户界面设计元素，给出用例实现的解决方案，详细描述如何通过设计类对象之间的协作和交互动作序列来实现用例。

② 构造设计类图。基于用例实现的解决方案，构造目标软件系统的设计类图，详细描述系统中的设计类以及它们之间的逻辑关系。

③ 评审用例设计方案。从全局和整体的角度来整合所有的用例实现方案，评审用例设计的合理性和正确性等，并对用例设计结果进行优化和完善。

用例设计的目的是给出基于设计元素的用例实现方案，并以此为目标进一步精化软件设计。为此，用例设计需要遵循以下一些原则：

① 以需求为基础。用例设计要以需求分析阶段所产生的软件需求模型为前提进行软件详细设计。软件设计工程师不能抛开软件需求来给出用例的实现方案，否则用例设计就会成为无源之水，无本之木。

② 整合设计元素。在用例设计之前已经开展了软件体系结构设计、用户界面设计等工作，产生了一系列软件设计元素。用例设计要以这些设计元素为基础，基于它们给出用例的实现方案，不能抛开前期设计工作成果。

③ 精化软件设计。用例设计不仅要给出用例实现的解决方案，也要以此为目的进一步精化软件设计，在整合设计元素的基础上，产生用例实现所必需的其他设计类，以获得更为翔实的软件设计信息，从而为软件详细设计的后续工作奠定基础，如类设计和数据设计等。

④ 多视角的设计。用例设计不仅要从用例实现的视角给出软件需求的实现解决方案，还要从系统全局的视角给出目标软件系统的设计类图。

10.4.2 设计用例实现方案

设计用例实现方案活动旨在根据需求分析阶段所获得的用例模型以及每个用例的交互模型，结合软件体系结构设计和用户界面设计所产生的各种设计元素，考虑如何提供基于已有的软件设计元素或者引入新的软件设计元素来给出用例的完整实现方案，产生用例的实现模型。

用例设计的实现方案具体表现为设计元素之间如何通过一系列协作和交互动作序列来实现用例，因而可以用交互图（如顺序图）来表示。在需求分析阶段所产生的用例交互图中，支持用例业务逻辑实现的对象是应用领域中的分析类对象。在用例设计阶段所产生的用例实现模型中，支持用例实现的是目标软件系统中的设计元素，它们将在编码阶段被实现为一系列相应的程序代码。因此，用例设计的一项主要任务就是要在分析阶段用例交互图的基础上，对交互图的分析类进行两方面处理：一是如果分析类对应于体系结构设计和用户界面设计的设计元素，那么就用设计元素来替代分析类；二是如果分析类在体系结构设计和用户界面设计的设计元素中找不到对应物，那么就可以考虑将分析类转化为用例实现的设计类。

将用例交互图中的分析类转换为用例实现方案中的设计类需要考虑多方面的因素，具体包括：设计类是否遵循模块化设计的原则，设计类封装的职责和功能是否高内聚度、低耦合度。

一般地，需求分析阶段用例交互图中的分析类与用例设计阶段用例实现图中的设计类之间有以下转换方式：

① 一个分析类的一项职责由一个设计元素的单项操作来完整地实现。在此情形下，软件设计工程师可将分析阶段用例交互图中的分析类直接转换为设计阶段用例实现交互图中的设计类，分析类之间的消息传递直接对应为设计类之间的消息传递。

② 一个分析类的一项职责由一个设计元素的多个方法来实现。在此情形下，分析类 B 对应于设计类 B1，其在分析模型中的处理消息 msg 被进一步精化和分解为设计类 B1 中的多条处理消息 msg-1，msg-2，$\cdots$，msg-n，其中包括设计类 B1 中的自消息以及设计类 B1 的对象与其他类对象之间的消息传递，如图 10.10 所示。整个转换过程实际上是对分析类 B 进行精化、分解和细化的过程，在确保实现分析类 B 职责的基础上，将目标设计类的职责按照模块化的原则分解为设计类 B1 及其操作。

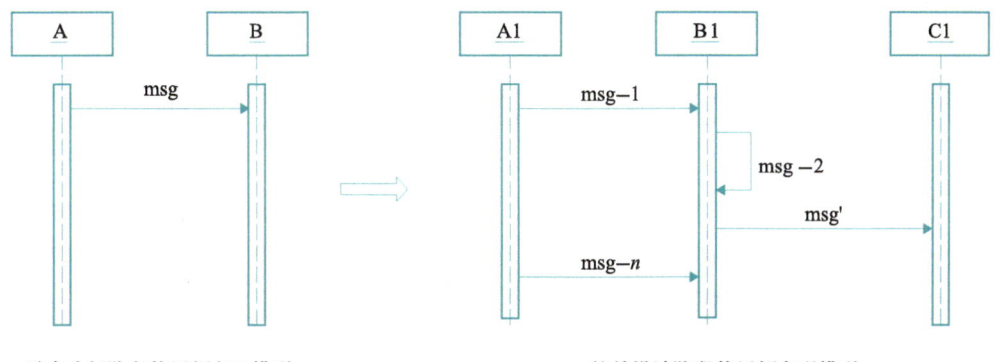

需求分析阶段的用例交互模型　　　　　　　　软件设计阶段的用例实现模型

图 10.10　一个分析类的职责转换为一个设计类中的多个方法

③ 一个分析类的一项职责由多个设计元素协作完成。在此情形下，分析类 B 的职责将交由多个设计类 B1$\cdots$Bm 及其方法来实现。分析类 B 在分析模型中处理消息 msg 的方式被进一步精化和分解为一组设计类的相关方法（如 B2 的方法 msg-2，Bm 的方法 msg-k 等）。整个转换过程实际上是对分析类 B 进行精化、分解和细化的过程，在确保实现分析类 B 职责的基础上，将目标设计类的职责按照模块化的原则组织为一组设计类及其方法，如图 10.11 所示。

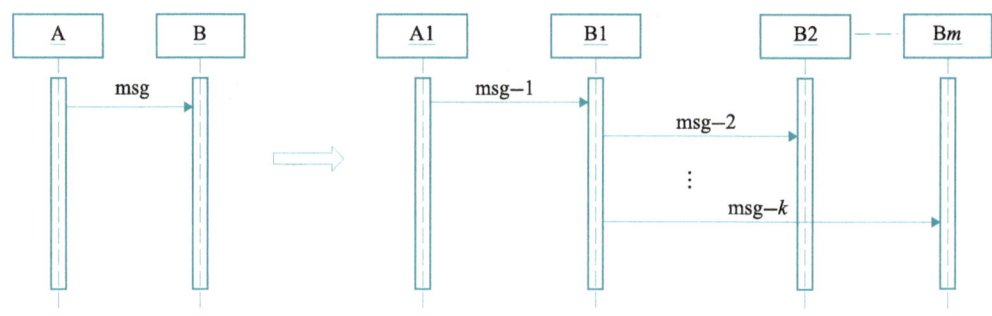

需求分析阶段的用例交互模型　　　　　　　　　　软件设计阶段的用例实现模型

图 10.11　一个分析类的职责转换为多个设计类及其方法

在上述精化和细化的过程中，软件设计工程师不仅要考虑如何将分析类的职责精化为设计类的职责，还需要考虑软件重用，也即在软件详细设计过程中，将已有的可重用软件资源作为设计元素来支持用例的实现。下面针对"空巢老人看护"软件案例，给出其部分用例实现方案的详细设计。

示例 10.1　"用户登录"用例实现的设计方案

"用户登录"功能的实现主要是通过"UserLibrary"对象提供的服务，查询数据库中是否有用户输入的账号和密码信息，从而判定该用户的身份是否合法。具体实现过程见图 10.12 所描述的用例实现顺序图。

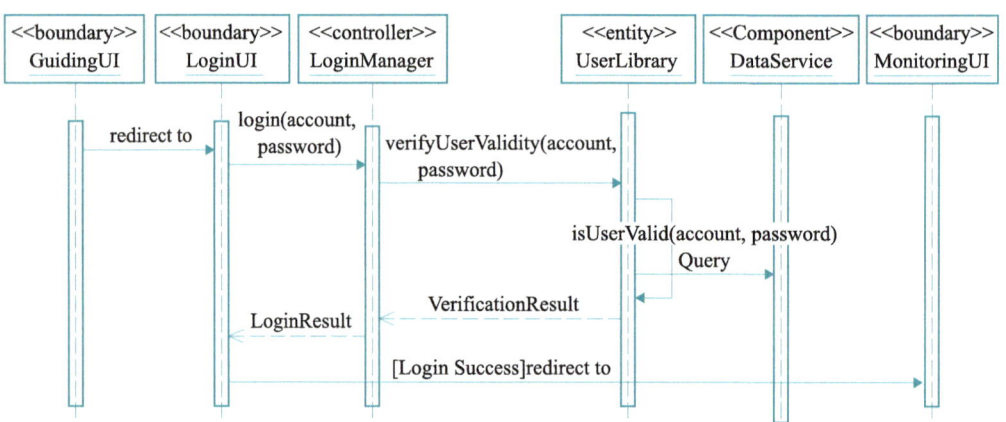

图 10.12　"用户登录"用例实现的顺序图

首先，用户通过边界类"LoginUI"对象输入登录的账户和密码，随后该对象向控制类"LoginManager"对象发消息"login(account, password)"，以请求登录到系统之中。接收到消息后，"LoginManager"对象将向实体类"UserLibrary"对象发消息"verifyUserValidity (account, password)"以验证用户提交的账号和密码是否合法。"UserLibrary"对象通过自身内部的方法"isUserValid (account, password)"来判断用户身份的合法性，为此它需要通过"DataService"构件来查询用户数据库，以获取用户的真实账号和密码信息。"UserLibrary" 对象将验证的结果 "VerificationResult" 返回给 "LoginManager" 对象，"LoginManager" 对象以此进一步将登录成功与否的消息发送给 "LoginUI" 对象。一旦登录成功，系统将界面重定向到 "MonitoringUI" 主界面。

示例 10.2　"系统设置" 用例实现的设计方案

"系统设置" 用例的实现主要通过 "FrontRosNode" 对象，将用户在智能手机 App 端的系统参数设置信息发送给机器人端的 "SystemSettingNode" 对象，随后保存其接收到的系统设置参数信息，并与 "Robot" 对象进行交互以更新其系统信息，具体实现过程见图 10.13 所描述的用例实现顺序图。

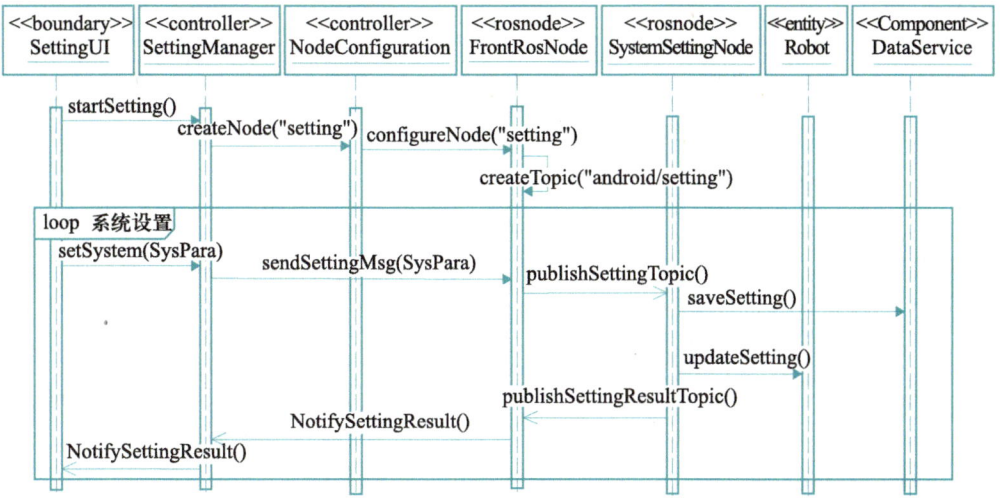

图 10.13　"系统设置" 用例实现的顺序图

边界类 "SettingUI" 对象基于用户输入的系统设置信息（如机器人 IP 地址和端口号、自主跟随的安全距离等），向控制类 "SettingManager" 对象发消息 "startSetting()" 以进行相关的初始化工作。"SettingManager" 对象接收到消息后，向控制类 "NodeConfiguration" 对象发送消息 "createNode ("setting")"，请求创建手机 App 端的 ROS 节点并配置其节点信息。随后该对象将创建 "FrontRosNode" 对象并向其发送消息 "configureNode ("setting")" 以配置该节点的话题，至此系统设置的初始化工作已经完成，可以进行具体的系统配置工作。

边界类 "SettingUI" 对象通过消息 "setSystem (SysPara)" 将用户设置的系统信息发送给控制类 "SettingManager" 对象，随后 "SettingManager" 对象将系统配置信息发送给 "FrontRosNode" 对象，请求将这些配置信息以话题的方式发送给后端的软件来进行处理。机器人端的 "SystemSettingNode" 对象接收到该话题消息后，首先通过与 "DataService" 构件的交互将系统配置信息作为永久数据保存起来，随后通过给"Robot"对象发送消息"updateSetting()"以同步更新该对象中有关系统的参数信息。一旦系统设置任务完成,"SystemSettingNode"对象将通过话题的方式将系统设置结果发送给前端的"FrontRosNode"对象,随后该对象将系统设置的结果信息通过"SettingManager"对象反馈给边界类"SettingUI"对象。

示例 10.3 "监视老人状况"用例实现的设计方案

"监视老人状况"用例的实现描述如下:首先在智能手机端创建可发布有关"monitoring"话题的 ROS 节点,然后通过该节点请求机器人端的"ElderMonitoringNode"对象来持续采集老人的信息(如视频、语音等),并将这些信息反馈给智能手机端 App 显示在界面上,具体实现过程见图 10.14 所描述的用例实现顺序图。

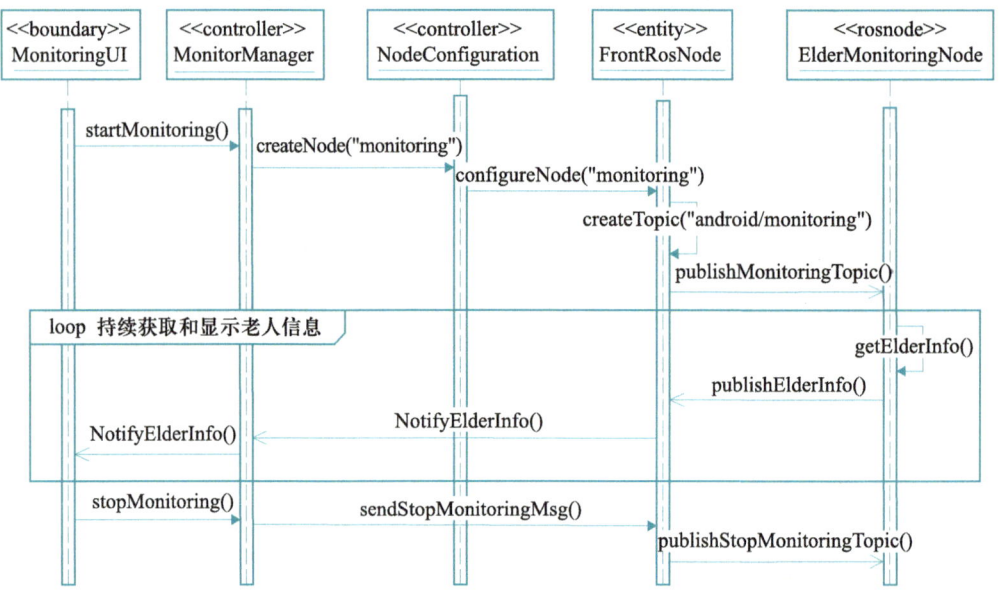

图 10.14 "监视老人状况"用例实现的顺序图

边界类"MonitoringUI"对象向控制类"MonitorManager"对象发消息"startMonitoring()"以初始化相关工作。"MonitorManager"对象接收到消息后,向控制类"NodeConfiguration"对象发送消息"createNode("monitoring")",请求创建手机 App 端的 ROS 节点并配置其节点信息。随后将创建"FrontRosNode"对象并向其发送消息"configureNode("monitoring")"以配置该节点的"monitoring"话题,并向"ElderMonitoringNode"对象发送异步消息"publishMonitoringTopic()"以请求监视老人。

随后,机器人端的"ElderMonitoringNode"对象将持续采集老人的信息,通过异步消息"publishElderInfo()"将老人的信息持续反馈给智能手机端的"FrontRosNode"

对象，由它将老人的信息反馈至边界类"MonitoringUI"对象，并显示给用户。

边界类"MonitoringUI"对象也可向控制类"MonitorManager"对象发消息"stopMonitoring()"以终止对老人的监视。随后"MonitorManager"对象给"FrontRosNode"对象发消息"sendStopMonitoringMsg()"，"FrontRosNode"对象接收到消息后将通过异步消息"publishStopMonitoringTopic()"将终止监视的命令发给"ElderMonitoringNode"对象进行处理。

10.4.3 构造设计类图

以分析类模型为基础，根据用例设计的结果，构造目标软件系统的设计类图。设计类图中的节点既包括用例设计模型中相关对象所对应的类（包括界面类、控制类和实体类等），也包括构成软件系统的各子系统或者构件，或者在设计中新引进的设计类。

在构建设计类图的过程中，需要注意设计类图与分析类图之间、设计类图与用例设计模型之间的一致性，确保分析类图中的类在设计类图中有相应的对应物，用例设计模型中的设计元素（主要指参与用例实现的对象、对象间的消息传递）在设计类图中有相应的对应物（主要指设计类及其方法）。具体细节和策略可以参考 6.5.2 节的阐述。下面通过两个示例说明如何根据单个用例设计模型来产生用例的设计类模型，以及如何根据一组用例设计模型来产生用例的设计类模型。

示例 10.4　"用户登录"用例实现的设计类图

软件设计工程师可以对用例实现模型进行分析，以生成该用例实现相对应的设计类图。针对图 10.12 所描述的用例实现顺序图，它所对应的设计类图如图 10.15 所示。该类图中有 6 个类，包括三个边界类、一个控制类、一个实体类和一个构件。这些类之间的关系描述如下：

① 根据顺序图的描述，"GuidingUI"类会引发显示"LoginUI"，因而这两个类之间存在单向的关联关系，同理可以分析"LoginUI"与"MonitoringUI"两个类间的关系。

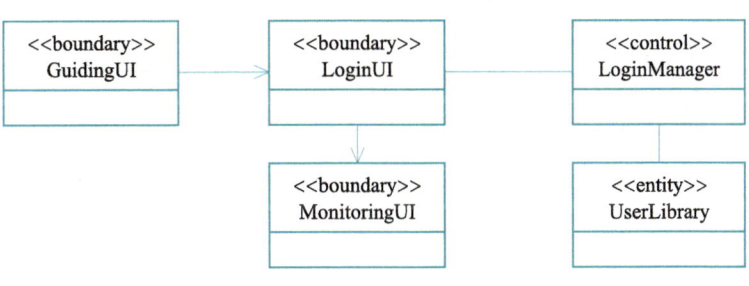

图 10.15　"用户登录"用例实现的设计类图

②"UserLibrary"类需要访问"DataService"构件的接口以访问数据库,因而"UserLibrary"类依赖于"DataService"。

③"LoginManager"与"LoginUI"和"UserLibrary"两个类对象之间存在消息交互,并需要消息处理的结果,因而它们之间存在双向的关联关系。

示例 10.5   多个用例实现的设计类图

软件设计工程师可以参考和分析多个用例的实现模型,以生成这些用例实现相对应的设计类图。图 10.16 描述了"用户登录""系统设置""监视老人状况"三个用例实现的设计类图。该图中各个类以及类间关系的产生方法将在 10.5.3 小节示例 10.6 中介绍。

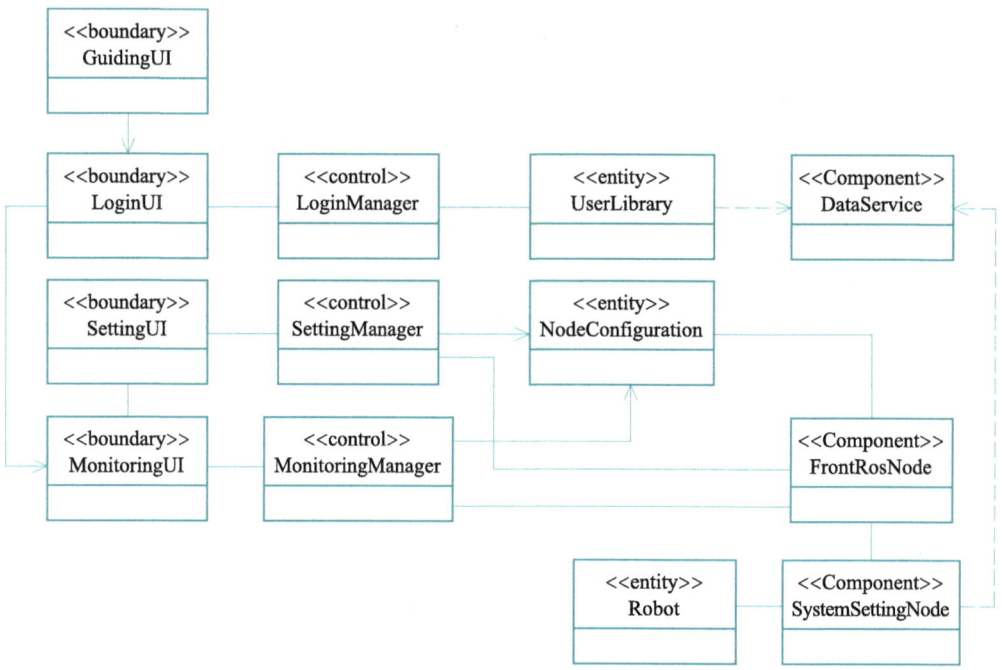

图 10.16   多个用例实现的设计类图

10.4.4 评审用例设计方案

用例设计是一个迭代的过程,每一次迭代都对用例的实现有更为深入的认识,从而获得更为具体和细节的用例实现方案。在该过程中,软件设计工程师需要根据用例实现方案以及由此构建的设计类图,结合软件工程的设计原则,从软件质量的角度来评审用例设计模型以及设计类图,根据评审结果对它们进行不断的整合和优化。具体内容包括:

① 尽可能重用已有的软件资产来实现用例,如开源软件、云服务、遗留系统、软

件开发包等，以此构建用例的实现方案。也即要将已有软件资产引入用例的实现方案之中。

②　借助继承、接口等面向对象的软件实现机制，对软件设计元素进行必要的组织和重组，以发现和标识不同类之间的一般和特殊关系，抽象出公共的接口和方法。

③　将具有相同或相似职责的多个设计元素进行整合，归并为一个设计元素。

④　将设计元素中具有相同或相似功能的多个方法整合为一个方法，以减少不必要的冗余设计。

根据上述整合策略，评审和优化用例设计模型，调整用例设计的顺序图、设计类图等设计模型。

10.4.5　输出的软件制品

用例设计活动结束之后，将输出以下软件制品：
①　用例设计的顺序图。
②　设计类图。

10.5　类设计

类是面向对象软件设计和程序设计的基本单元，也是构成面向对象软件系统的基本模块单元。类设计的任务是对前面软件设计所产生的设计类做进一步精化和细化，明确设计类的内部实现细节，

微视频：类设计

包括类的属性、方法、接口以及类对象的状态变迁，构建用 UML 类图、状态图、活动图等描述的类设计模型，使得程序员通过类设计模型就可进行相应的编码工作。

10.5.1　类设计的过程和原则

类设计的输入包括两部分：一部分来自软件需求模型，包括用例模型、用例交互模型、分析类模型等；另一部分来自前期的软件设计成果，包括软件体系结构设计模型、用户界面设计模型和用例设计模型。其输出包括用类图、活动图、状态图等描述的类设计模型。类设计的任务示意如图 10.17 所示。

类设计的过程如图 10.18 所示，主要完成以下设计活动：
①　确定类的可见范围。即确定类在什么范围内可为其他类访问。

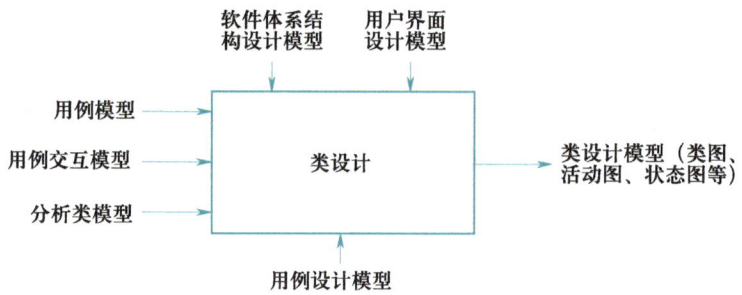

图 10.17   类设计的任务示意图

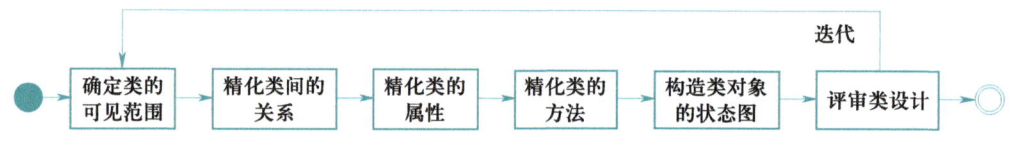

图 10.18   类设计的过程

② 精化类间的关系。深入分析不同设计类之间的语义关系，准确建立类间的关系，包括继承、依赖、关联、聚合或构成，明确类对象间的数量多重性。

③ 精化类的属性。确定类属性的可见性，明确属性的名称、类型、作用范围、初始值、约束条件（如取值范围）及属性说明。

④ 精化类的方法。针对类的方法，细化其实现细节，详细定义方法的名称、参数表（含参数的名称和类型）、返回类型、功能描述、前置条件、出口断言和实现算法等。

⑤ 构造类对象的状态图。如果类实例化生成的对象具有较为复杂的状态和行为，那么需要构建类对象的状态图。

⑥ 评审类设计。对类设计的上述工作及成果进行评审，以确保类设计的质量。

类设计属于详细设计的范畴。概括而言，类设计应遵循以下设计原则：

① 准确化。类设计要对类的内部结构、行为等给予准确的表达，以支持程序员基于类设计来编写代码。

② 细节化。要对类的接口、属性、方法等方面给予足够详细的设计，以便程序员能够对类进行编程。

③ 一致性。要确保类的关系、属性、方法等的设计是相互一致的，类的内部属性、方法等设计与类的职责、关系等是相互一致的。

④ 遵循软件设计的基本原则。按照模块化、高内聚度、低耦合度、信息隐藏等基本原则来进行类设计，并基于这些原则对所设计的类进行必要的拆分和合并，以提高类设计的质量。

10.5.2 确定类的可见范围

一般地，类的可见范围由类定义的前缀表示，主要有以下三种形式：

① public。公开级范围，软件系统中所有包中的类均可访问该类。

② protected。保护级范围，只对该类所在包中的类以及该类的子类可访问。

③ private。私有级范围，只对该类所在包中的类可见和可访问。

遵循信息隐藏的原则，在确定类的可见范围时要尽可能缩小类的可见范围。也就是说，除非确有必要，否则应将类隐藏于包的内部，只对包中的其他类可见。

10.5.3 精化类间的关系

在面向对象的软件模型中，类与类之间的关系表现为多个方面。首先是类间的语义关系，包括继承、关联、聚合和组合、依赖、实现等，它们所刻画的类间语义信息是不一样的。继承描述了类间的一般与特殊关系。关联描述了类间的一般性逻辑关系。聚合和组合刻画了类间的整体和部分关系，是一种特殊的关联关系。依赖关系描述了两个类之间的语义相关性，一个类的变化会导致另一类做相应的修改，继承和关联是特殊的依赖关系。

其次是类对象间的数量对应关系。例如，如果两个类之间存在聚合或组合关系，那么作为整体类对象包含了多少个部分类对象。类间不同的关系（包括语义关系和数量关系）将会导致实现方式和手段有所差别。例如，如果设计模型中类 A 继承类 B，那么在程序代码中就有"class A extends B"；如果类 A 的对象聚合了类 B 的对象并且是一对多关系，那么在类 A 的属性中就需要定义相应的数组或列表以保存类 B 的对象。概括起来，精化类间关系的设计主要包括明确类间的语义关系和确定类间关系的数量对应两方面工作。

1. 明确类间的语义关系

在面向对象软件模型中，类间关系的语义强度从高到低依次是：继承，组合，聚合，（普通）关联，依赖。对类间关系的定义需要遵循两方面的原则：

①"自然抽象"原则。类间关系应该自然、直观地反映软件需求及其实现模型。

②"强内聚、松耦合"原则。尽量采用语义连接强度较小的关系。

2. 确定类间关系的数量对应

在定义类间关系时，还需进一步确定两个类之间存在的数量对应关系，尤其是对于关联、聚合、组合等特定关系，确定类间的数量对应必不可少。类间的数量对应可表现为多种形式：

① 1 : 1，即一对一；

② 1 : n，即一对多；

③ 0 : n，即 0 对多；

④ n : m，即多对多。

示例 10.6　精化类间的关系

在分析类图中有一组分析类"UserLibrary""User""Administrator""Doctor""Elder""FamilyMember"。在软件设计阶段这些类仍然有意义，将成为软件设计模型中的关键设计类。针对这些设计类间关系的精化设计描述如下（见图 10.19）：

① 明确类间的语义关系。"UserLibrary"类负责保存"User"类的信息。在具体实现时，"UserLibrary"类通过提供一组服务将"User"类的信息保存到后台的数据库之中，因而"UserLibrary"类与"User"类之间的语义关系表现为一般的关联关系。"Administrator""Doctor""Elder""FamilyMember"是特殊的"User"，因而它们与"User"之间的语义关系表现为继承关系。

② 确定类间关系的数量对应。"UserLibrary"类需要保存和处理一个或者多个"User"类对象，每个"User"类对象只能交由一个"UserLibrary"类对象进行处理，因而"UserLibrary"类与"User"类之间存在一对多的关系。

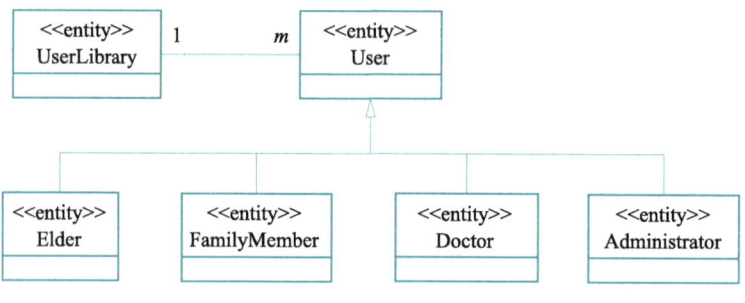

图 10.19　精化用户类间关系以及它们与"UserLibrary"类间的关系

10.5.4　精化类的属性

属性是类的基本组成部分，属性的取值定义了类对象的状态，类设计的主体工作之一就是要设计类的属性。精化类的属性设计就是要针对类中的各个属性，细化和明确其以下几个方面的设计信息：属性的名称、类型、可见范围、初始值。

类属性的名称要用有意义的名词或者名词短语来表示，尽可能使用业务领域的术语来命名类属性的名称。

类属性的可见范围有三种：public 对软件系统中的所有类均可见，protected 仅对本类及其子类可见，private 仅对本类可见。

确定属性的作用范围同样需要遵循信息隐藏的基本原则，即尽可能缩小属性的作用范围，将那些对外部其他类不可见的属性设置为 private 或 protected。此外，类的属性原则上不宜公开，如果确有必要让其他类读取或设置该属性的值，那么应在本类中通过设置相应的 get/set 函数加以实现，而非将类属性直接开放给其他类对象访问。

通常需要结合类关系来精化类属性的设计。或者说，在设计类属性时，需要考虑待设计的类与其他类之间的关系。

① 如果类 A 与类 B 间存在一对一的关联或聚合（非组合）关系，那么可以考虑在 A 中设置类型为 B 的指针或引用（reference）属性。

② 如果类 A 到类 B 间存在一对多关联或聚合（非组合）关系，那么可以考虑在 A 中设置一个集合类型（如列表等）属性，集合元素的类型为 B 的指针或引用。

③ 如果类 A 与类 B 间存在一对一的组合关系，那么可以考虑在 A 中设置类型为 B 的属性。

④ 如果类 A 到类 B 间存在一对多的组合关系，那么可以考虑在 A 中设置一个集合类型（如列表等）属性，集合元素的类型为 B。

示例 10.7　精化 Robot 类属性的设计

Robot 是"空巢老人看护"软件中的一个重要实体类。它至少有 4 项基本属性："velocity"表示机器人移动速度，"angle"表示机器人自身的运动角度，"distance"表示机器人与老人间的距离，"state"表示机器人的当前运动状态。

具体地，Robot 类属性的精化设计描述如下：

① private int velocity，表示机器人的运动速度。

② private int angle，表示机器人的运动角度。

③ private float distance，表示机器人与老人的距离。

④ private int state，表示机器人的工作状态，其中"IDLE-STATE"为空闲状态、"AUTO-STATE"为自主跟随状态、"MANUAL-STATE"为手动控制状态。

10.5.5　精化类的方法

精化类的方法这一设计任务主要针对类中的每个方法细化和明确以下几个方面的设计信息：方法名称、参数表（含参数的名称和类型）、返回类型、作用范围、功能描述、实现算法、前置条件（pre-condition）、后置条件（post-condition）等。

　　类的方法作用范围同属性的作用范围一致，不再赘述。除了要明确每个类方法的接口信息，如方法名称、参数表、返回类型、作用范围等，类方法的设计还需要清晰地描述类方法的功能及其实现算法。类方法的功能描述可以采用自然语言或者结构化自然语言的方式，针对类方法实现算法的描述可以用流程图、UML 活动图等来表示，并且要详细到足以支持程序员以此来编写程序代码的程度。

　　类方法的设计需要遵循高内聚度、低耦合度的模块化原则，必要时需要对类中的方法进行分解和重组，以满足模块化设计的要求。如果某个类方法内部的各个要素之间关系不够紧密（即内聚度不高），或者根据方法功能的描述其功能独立性不强，那么可以考虑将某个类方法拆分为多个类方法，并确保每个类方法的功能独立性和内聚性。如果某几个类方法之间的耦合度很强，那么可以考虑将这几个类方法进行合并，以确保合并后的方法具有高内聚度的特点（见图 10.20）。

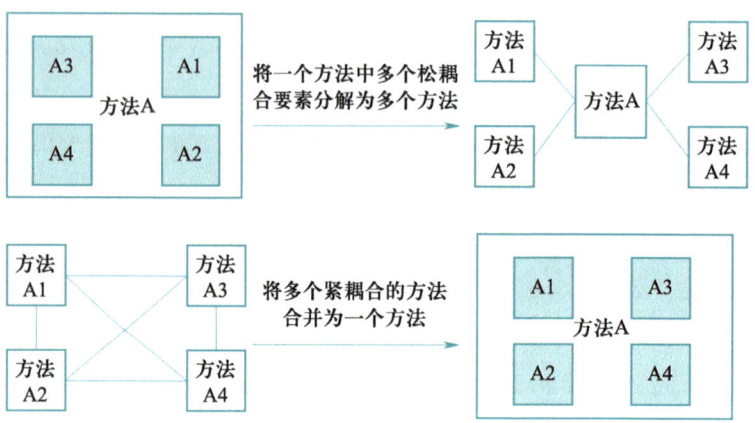

图 10.20　分解和合并类方法示意图

　　在精化类的方法设计过程中，还需要关注以下几种常见且特殊的类方法，考虑是否有必要将它们添加为相关类中的方法，并设计这些方法内部的实现细节：

　　① 对象创建方法。该方法在实例化类对象时会被执行，其职责通常是完成类对象的初始化工作，包括初始化属性值等。

　　② 对象删除方法。该方法在类对象生存周期结束前被执行，其职责通常是完成对象生存周期结束前的一些事务性工作，如释放对象所占用的资源、将处理结果写入数据库中等。

　　示例 10.8　精化"用户登录"用例设计中部分类方法的设计

　　"LoginUI"用户界面类有两个 public 方法，即"cancel()"和"login()"，分别实现取消登录和进行登录的功能。此外，为了在用户登录之前检查其输入账号和密码的合法性，"LoginUI"类有两个 private 方法，即"isAccountValid()"和"isPswValid()"，分别用于判断用户输入的账号和密码是否满足相关的规范和要求，如长度要求等。

　　控制类"LoginManager"有一个 public 方法"login(account，password)"用于实现用户的登录。该方法的主要功能是依据用户输入的 account 和 password 信息判断该用户是否为合法用户，为此可设计一个 private 方法"isUserValid()"，专门用于判断用户的身份合法性。

　　图 10.21 用 UML 的活动图描述了"LoginManager"类中"login()"方法的精化设计。它定义了该方法的接口"public int login(account，password)"，描述了其内部的实现算法：首先判断两个输入参数 account、password 是否为空，如果为空则登录失败；如果不为空，则向"UserLibrary"对象发消息"verifyUserValidity()"判断用户输入的账号和密码是否合法，如果合法则登录成功，否则登录失败。

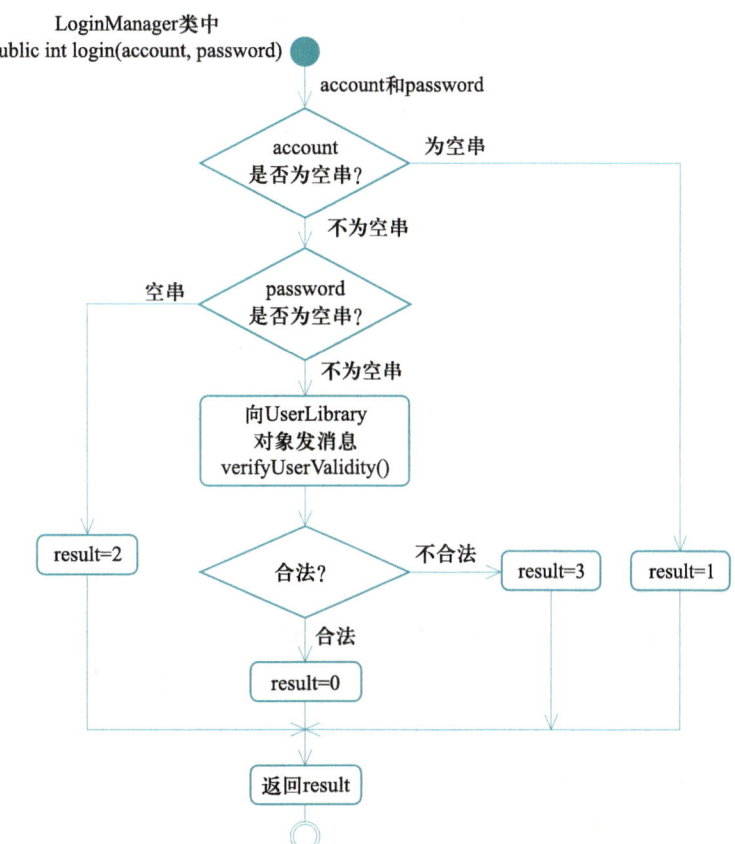

图 10.21　精化"LoginManager"类中"login()"方法的详细设计

示例 10.9　精化"ElderInfoAnalyzer"类中"detectFallDown()"方法的实现算法设计

　　图 10.22 用 UML 的 活 动 图 描 述 了"ElderInfoAnalyzer" 类 中

"detectFallDown()"方法的详细设计。它定义了该方法的接口"boolean detectFallDown()"，描述了其内部的实现算法：首先获取骨骼图数据，计算人体中心点的速度，分析和判断它是否符合摔倒的基本要求 (>1.37 m/s)，随后计算两髋中心点高度，分析和判断它是否符合摔倒的基本要求 (<0.22 m)，最后计算两髋中心点停留时间，分析和判断它是否符合摔倒的基本要求 (>5 s)。当这三个方面均满足特定的阈值，才能判定老人处于摔倒状态。

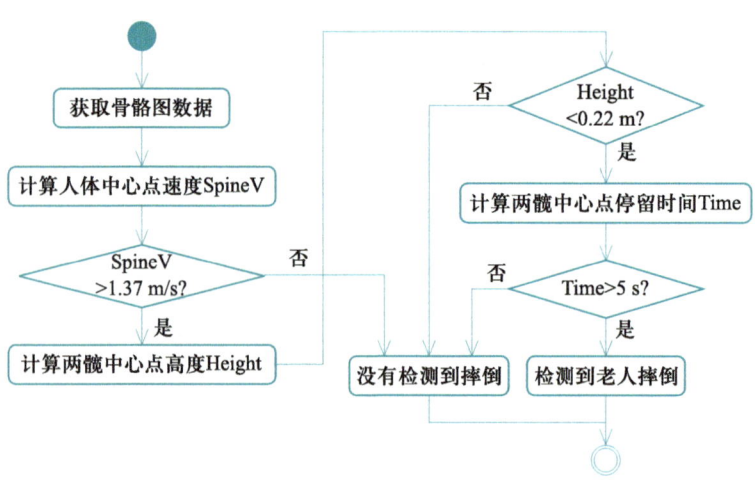

图 10.22　精化"ElderInfoAnalyzer"类中"detectFallDown()"方法的详细设计

10.5.6　构造类对象的状态图

类对象属性的取值定义了类对象的状态。例如，"Robot"类对象的属性"state"在某个时刻取值为"AUTO-STATE"，表示正处于自主跟随状态；在另一个时刻取值为"MANUAL-STATE"，表示正处于手动控制状态。

如果一个类的对象具有较为复杂的状态，且在其生存周期中需要针对外部和内部事件实施一系列活动以变迁其状态，那么可以考虑构造和绘制该类对象的状态图，以清晰地刻画类对象在什么情况下会导致状态发生变迁。状态图有助于设计人员更为深入地理解类对象的属性取值及其变化，更好地掌握相关类方法的存在意义和价值。

"Robot"类对象具有较为复杂的状态，它创建时将处于空闲状态"IDLE-STATE"，一旦开始监视老人状况时将处于自主跟随状态"AUTO-STATE"以自主跟随老人；如果家属或者医生要对其进行运动控制，它将进入手动控制状态"MANUAL-STATE"。图10.23 描述了 Robot 类对象的状态图。

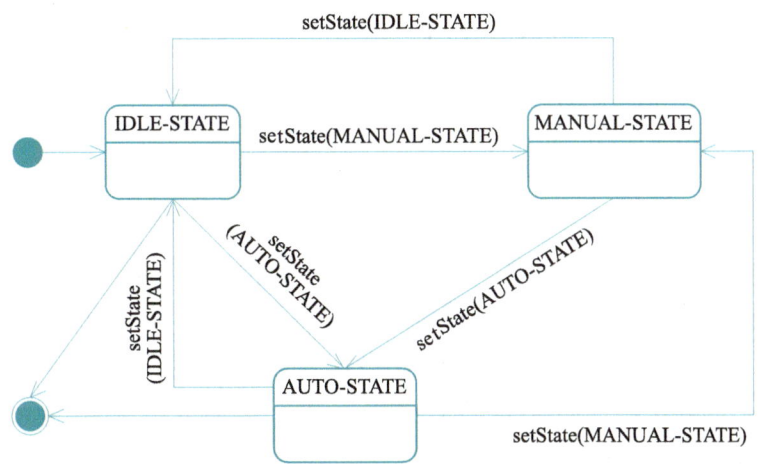

图 10.23 Robot 类对象的状态图

10.5.7 评审类设计

一旦类设计完成之后，软件设计工程师需要从以下几个方面对类设计进行必要的评审，并根据评审的结果对类设计做进一步改进和优化，以产生高质量的类设计模型，更好地指导后续的编码和实现工作：

① 根据模块化原则和强内聚、松耦合原则，判断所设计的类及其方法的模块化程度，必要时可以对类及其方法进行拆分和组合，以确保每一个类及其方法都遵循了模块化原则。

② 评判类设计的详细和准确程度，分析类设计模型是否准确和详尽到足以支持后续的软件编码工作，以此为依据对类设计进行必要的细化和精化。

③ 按照简单、自然等原则，评判类间的关系是否恰如其分地反映了类与类之间的逻辑关系，是否有助于促进软件系统的自然抽象和重用。

④ 按照信息隐藏的原则，评判类的可见范围、类属性和方法的作用范围等是否合适，以尽可能缩小类的可见范围和操作的作用范围，不对外公开类的属性。

10.5.8 输出的软件制品

类设计活动结束之后，将输出以下软件制品：

① 详细描述类属性、方法和类间关系的设计类图。

② 描述类方法实现算法的活动图。

③ 描述类对象状态变化的状态图（可选）。

10.6 数据设计

软件系统的本质就是要对各种数据进行处理，从而提供各类功能和服务。在软件设计阶段，软件设计工程师需要将目标软件系统业务逻辑所涉及的各种信息抽象为计算机可以理解和处理的数据。业务逻辑中的数据有些需要持久保存，存放在永久存储介质中（如外存）；有些数据则需要存放在内存中，由运行的进程对其进行处理。对于后者，前一节的类设计部分已经阐明如何通过类属性的设计来对信息进行抽象，定义内存数据的数据结构；对于前者，则需要开展相应的数据设计工作，以支持永久存储数据的抽象、组织、存储和读取。

数据设计旨在确定目标软件系统中需要持久保存的数据条目，采用数据库或者数据文件等方式，明确数据存储的组织方式，设计支持数据存储和读取的操作，必要时（如数据条目数量非常大、操作延迟达不到用户提出的非功能需求等）还需要对数据设计进行优化，以节省数据存储空间，提高数据操作的性能。

10.6.1 数据设计的过程和原则

数据设计的输入包括两部分：一部分来自软件需求模型，包括用例模型、用例交互模型、分析类模型等；另一部分来自软件设计的前期成果，包括软件体系结构设计模型、用户界面设计模型、用例设计模型和类设计模型。其输出的成果包括用类图、活动图等描述的数据设计模型。数据设计的任务示意如图 10.24 所示。

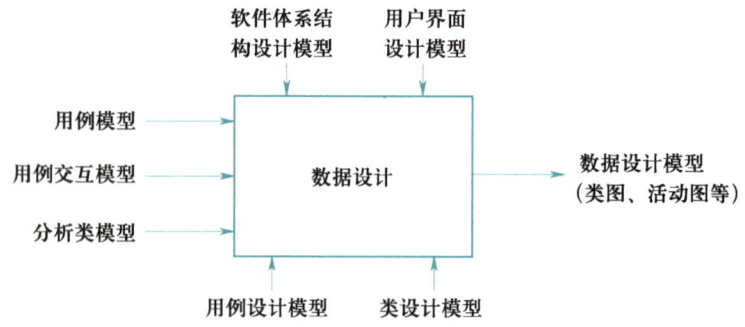

图 10.24 数据设计的任务示意图

数据设计的过程如图 10.25 所示，主要包括以下几个方面的工作：

图 10.25 数据设计的过程

① 确定需要持久保存的数据。从需求模型和设计模型（尤其是类设计模型）中明确软件系统中需要处理哪些数据、哪些信息和数据需要持久保存。

② 确定数据存储和组织的方式。将数据存储为数据文件还是数据库，根据不同的存储方式设计数据的组织方式，如定义数据库的表及其字段。

③ 设计数据操作。设计数据的读取及写入、更改、删除、验证等操作，以支持对数据的访问，开展数据完整性验证。

④ 评审数据设计，分析数据设计的时空效率，结合软件的非功能需求来优化数据设计。

一般地，数据设计需要遵循以下的原则：

① 根据软件需求模型和体系结构设计模型、用例设计模型等来开展数据设计，所设计的任何数据都可追踪到相应的软件需求和设计模型中的信息。

② 无冗余性，尽可能不要产生不必要的数据设计。

③ 考虑和权衡时空效率，尤其对于具有海量数据的数据库设计而言更应如此。反复折中数据的执行效率（如操作数据需要的时间）和存储效率（如存储数据所需的空间），以满足软件系统在时空方面的非功能需求。

④ 数据模型设计基本上要贯穿整个软件设计阶段，在体系结构设计时，应该针对关键性、全局性的数据条目建立最初的数据模型；在后续的设计过程中，数据模型应该不断丰富和完善，以满足用例、子系统/构件、类等设计元素对持久数据存储的需求。

⑤ 要验证数据的完整性，尤其对于那些存在关联关系的数据而言，完整性验证变得非常重要。

10.6.2 确定需要持久保存的数据

在面向对象的软件设计中，目标软件系统需要处理的各种数据通常被抽象为相应的类及其属性。软件设计工程师需要根据软件需求分析模型以及软件设计模型（尤其是类设计），确定哪些类对象及其属性的取值需要持久保存。

例如，"空巢老人看护"软件的用例"UC-SystemSetting"用于设置系统中的参数、配置系统中的数据，其任务之一就是要配置系统中的合法用户，注册用户的账号、密码和类别等。一旦用户信息注册成功，则需要将所注册的用户账号、密码、用户名、类别等信息持久保存在外存中，以支持对用户登录的信息（如账号和密码）进行合法性检验。

软件设计模型中的"User"类封装有一组属性来记录用户的这些信息，包括"account""password""name""type"等。因此，一旦注册和配置好用户信息之后，就需要将该用户的上述信息存储到永久介质中。为此，需要设计支持用户信息存储的数据库表以及支持对用户信息进行插入、删除、修改、查询等操作。

当然，"空巢老人看护"软件所设置的各个系统参数也需要进行持久保存。甚至软件设计工程师可以将每次检测到老人出现异常情况的事件信息以日志的方式写入数据库进行持久保存，以备以后的查验。

10.6.3   确定数据存储和组织的方式

一旦确定好需要持久保存的数据，就需要考虑如何实现数据的持久保存以及采用什么样的方式来组织数据的持久保存。

一般地，数据的持久保存有多种方式和手段。例如，可将数据存储在数据文件中，或者将数据存储在数据库中。对于前者，设计人员需要确定数据存储的文件格式，以便将格式化和结构化的数据存放在文件之中。对于后者，需要设计支持数据存储的数据库表。

面向对象的软件设计模型中的类封装了一组相关的属性，属性类型反映了数据的结构及存储方式，其值反映了该对象的具体数据。例如，"User"类中的属性"name"，其类型是长度为 10 的字符串，那么字符串属性类型实际上定义了该数据的存放方式。为了持久保存这些数据，需要针对设计模型中的类为其设计关系数据库模型中的相应"表格"（table，也称表），类的属性对应于表格中的"字段"（field），属性的类型对应于表格中相关字段的类型，保存在数据库中的类对象属性的值对应于数据库中的"记录"（record）。在设计数据库的"表格"和"字段"时，需要确定表格中的某一个或者某些字段作为"关键字"字段，以唯一地标识关系数据库表格中的一条记录。

在数据设计时，可以用带构造型的 UML 类来表示关系数据模型中的表。其中 <<table>> 表示表格，<<key>> 表示关键字字段。

在数据设计过程中，需要根据类之间的关联关系及数量对应关系来确定相关数据在数据库表中的组织方式，具体策略如下。

1. 两个类之间存在 1：1 或者 1：n 的关联关系

如果有两个设计类 C1 和 C2，它们之间存在一对一或者一对多的关联关系，且存储其永久数据的数据库表分别为 T_C1 和 T_C2。为了在数据库表中表征这两个类间的关系及相关的数量对应，需要将 T_C1 表中的关键字段 T_C1_KeyField 作为 T_C2 表中的外键（如图 10.26 所示）。这样就可以根据 T_C2 表中外键 T_C1_KeyField 索引到 T_C1 表中的相关记录。

2. 两个类之间存在 ＊：＊ 的关联关系

如果有两个设计类 C1 和 C2，它们之间存在多对多的关联关系，且存储其持久数据的数据库表分别为 T_C1 和 T_C2。为了在数据库表设计中表征这两个类间的数量对应关系，需要设计一个新的交叉数据库表 T_Intersection，将 T_C1 和 T_C2 中关键字段作为 T_Intersection 的外键，并在 T_C1 与 T_Intersection 之间、T_C2 与 T_Intersection 之间建立一对多的关系（如图 10.27 所示）。

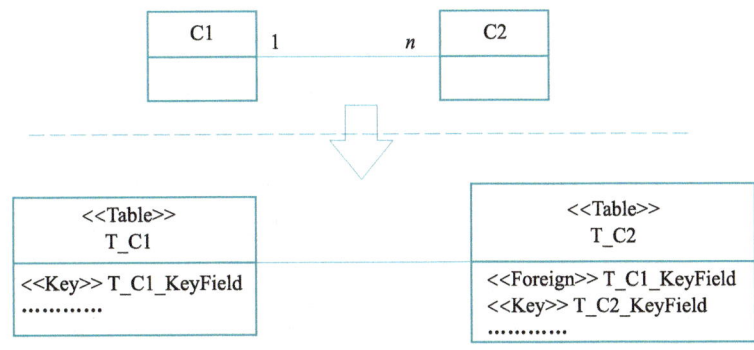

图 10.26　根据一对一或者一对多关联关系设计关系数据库的表及其字段

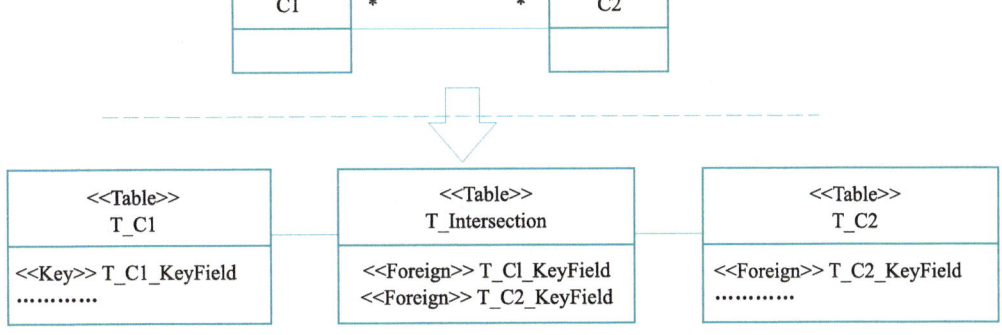

图 10.27　根据类间的多对多关联关系设计关系数据库的表及其字段

示例 10.10　设计持久保存数据的数据库表及字段

针对"空巢老人看护"软件中的"User"类，为其设计持久保存的数据库表"T_User"。该表有 5 个字段：

① 长度为 10 的字符串"name"，表示用户名。

② 长度为 10 的字符串"account"，表示用户账号。

③ 长度为 6 的字符串"password"，表示用户密码。

④ 类型为整数的"type"，表示用户类别，包括家属、医生、老人和系统管理员。

⑤ 长度为 12 的字符串"mobile"，表示用户的手机号，具体见图 10.28 所示。

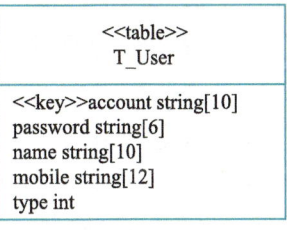

图 10.28　保存"User"类对象的数据库表"T_User"

10.6.4　设计数据操作

一旦确定好持久数据的存储和组织方式，下面就需要设计支持数据读取、写入、更改、删除、验证等的相关操作：

① 数据读取操作。该操作负责提供从数据文件或数据库中读取数据的功能。根据数据存储的不同方式，数据读取操作需要建立与数据文件或者数据库的连接，描述读取数据的要求（如某些字段需要满足什么样的值），并将读取的数据存入特定的数据结构之中。

② 数据写入操作。该操作负责将特定数据结构中的数据写入持久存储介质中。同样地，它需要建立与数据文件或者数据库的连接，通过访问数据文件和数据库提供的接口，将相关的数据写入目标介质之中。

③ 数据验证操作。该操作负责提供数据的验证功能，如验证待写入数据库或者数据文件中相关数据的完整性、相关性、一致性等。

> **示例 10.11　设计持久保存数据的操作**
>
> 为了支持对"T_User"数据库表的操作，设计模型中有一个关键设计类"UserLibrary"，它提供了一组方法以实现将"User"类对象的数据写入"T_User"表中，或者删除、修改表中的数据，或者从数据库表中查询相关用户的信息等，这些方法的具体接口描述如下。同样地，软件设计工程师需要借助 UML 的活动图，详细描述这些方法的实现算法。
>
> - boolean insertUser(User)
> - boolean deleteUser(User)
> - boolean updateUser(User)
> - User getUserByAccount(account)
> - boolean verifyUserValidity(account, password)
> - UserLibrary()
> - ~UserLibrary()
> - void openDatabase()
> - void closeDatabase()

10.6.5　评审数据设计

数据设计完成之后，需要对设计产生的软件制品进行评审，以发现数据设计中存在的问题，确保数据设计的质量。数据设计评审的内容和要求描述如下：

① 正确性。数据设计是否满足软件需求。

② 一致性。数据设计（尤其是数据的组织）是否与相关的类设计相一致。

③ 时空效率。分析数据设计的空间利用率，以此来优化数据的组织；根据数据操作的响应时间来分析数据操作的时效性，以此来优化数据库以及数据访问操作。

④ 可扩展性。数据设计是否考虑和支持将来的可能扩展。

10.6.6 输出的软件制品

数据设计活动结束之后，将输出以下软件制品：

① 描述数据设计的类图。

② 描述数据操作的活动图。

10.7 子系统和构件设计

如果一个软件规模较大、系统较为复杂，软件设计工程师可以考虑将该软件系统分解为若干个子系统，每个子系统承担相对独立的职责和功能。软件设计工程师通过对子系统的设计和构造来达成整个系统的设计和构造，从而体现"问题分解""分而治之"的软件设计思想。

当然，软件设计工程师也可以基于软件重用的考虑，将软件系统的部分独立职责和功能封装和实现为特定的构件，每个构件具有明确的接口，并为其他子系统、构件、设计类等提供相应的功能服务。

因此，软件系统的详细设计还涉及子系统设计和构件设计。这两类详细设计工作均需要完成以下设计任务，其设计方法、策略和原则等较为相似：

① 明确子系统 / 构件内部的设计元素。根据子系统 / 构件的职责，结合软件的非功能需求，设置子系统 / 构件内部的具体设计元素，包括构件、子子系统、设计类等，明确这些设计元素的职责以及它们如何通过协作来实现子系统 / 构件职责，产生用交互图等描述的设计模型。

② 设计子系统 / 构件中的类及接口。根据上一步骤的工作成果（包括内部设计元素以及描述它们相互协作的顺序图），绘制出子系统 / 构件的设计类图，精化每个类的属性和方法，细化子系统 / 构件的对外访问接口，产生用类图、活动图等描述的设计模型。

③ 开展子系统 / 构件的数据设计。根据子系统 / 构件的职责以及需要处理的数据，分析哪些数据需要永久保存，设计永久保存数据的相关数据文件和数据库表，并进一步设计数据操作，产生用类图、活动图等描述的设计模型。

④ 构造子系统 / 构件的状态图和活动图。如果子系统 / 构件具有明显的状态特征，或者需要刻画多个不同设计元素之间的交互和活动，那么需要绘制子系统 / 构件的状态图和活动图，产生用状态图、活动图等描述的设计模型。

⑤ 评审和优化子系统 / 构件的设计。从软件需求的实现程度、软件设计模型的质量等多个方面，评审子系统 / 构件设计模型，并根据评审的结果进一步改进、完善和优化子系统 / 构件设计。

子系统 / 构件的上述设计活动与本章所介绍的用例设计、类设计、数据设计等相类似，在此不做赘述。该阶段的设计活动结束之后，将输出由交互图、类图、活动图、状态图等描述的软件制品。

10.8　文档化和评审软件详细设计

软件详细设计工作完成之后，软件设计工程师不仅需要绘制出由交互图、类图、活动图、状态图等描述的软件设计模型，还需要将这些设计成果加以整合，形成一个系统、完整、翔实的软件设计方案，并对照第 7 章 7.6.1 小节所提供的软件设计规格说明书模板，采用图文并茂的方式撰写软件设计文档。

软件设计工程师需要邀请多方人员一起对软件设计规格说明书进行评审。评审内容主要包括以下几方面：

① 规范性。软件设计规格说明书的书写是否遵循相应的文档规范，是否按照规范的要求和方式来撰写内容、组织文档结构。

② 简练性。软件设计文档的语言表述是否简洁、易于理解。

③ 正确性。文档所表达的软件设计方案是否正确地实现了软件的功能需求和非功能需求。

④ 可实施性。所有的设计元素是否已充分细化和精化，模型是否易于理解，在选定的技术平台和软件项目的可用资源约束条件下，基于所选定的程序设计语言是否可以实现该设计模型。

⑤ 可追踪性。软件需求文档中的各项需求是否在设计文档中都可找到相应的实现方案，设计文档中的每一项设计内容是否对应于软件需求文档中的相应需求条目和要求。

⑥ 一致性。设计模型之间、文档的不同段落之间、文档的文字表达与设计模型之间是否存在不一致的问题。

⑦ 高质量。软件设计方案在实现软件需求模型的同时，是否充分考虑了软件设

计原则，设计模型是否具有良好的质量属性，如有效性、可靠性、可扩展性、可修改性等。

一般地，以下人员需要参与软件设计规格说明书的评审，从不同的角度来发现软件设计规格说明书中存在的问题，并就有关问题的解决达成一致：

① 用户（客户）。评估和分析软件设计是否正确地实现了他们所提出的软件需求。

② 软件设计工程师。他们开展了软件设计工作，建立了设计模型，撰写了软件设计文档，需要根据评审意见来修改软件设计方案。

③ 程序员。软件设计文档是否提供了足够详细的设计方案以指导编码，能否使程序员正确理解软件设计文档所描述的各项内容。

④ 软件需求工程师。软件设计方案对软件需求的理解和认识与软件需求文档是否一致，是否实现了软件需求工程师所定义的软件需求。

⑤ 质量保证人员。他们发现软件设计模型和文档中的质量问题，并进行质量保证。

⑥ 软件测试工程师。他们以软件设计规格说明书为依据设计软件测试用例，开展相应的软件测试工作。

⑦ 软件配置管理工程师。他们对软件设计规格说明书和设计模型进行配置管理。

一般地，对软件设计规格说明书的评审主要包含以下工作和步骤：

① 阅读和汇报软件设计规格说明书。评审可以采用会议评审、会签评审等多种方式，参与评审的人员首先阅读软件设计规格说明书和设计模型，或者听取软件设计人员关于软件设计规格说明书和设计模型的汇报，进而发现软件设计规格说明书和设计模型中存在的问题。

② 收集和整理问题。记录软件设计评审过程中各方发现的所有问题和缺陷，并加以记录，形成相关的文档纪要，给出问题列表。

③ 讨论和达成一致。针对发现的每一个问题，相关责任人进行讨论并就问题解决方案达成一致，在此基础上修改软件设计规格说明书和设计模型。

④ 纳入配置。一旦所有的问题得到了有效解决，对软件设计规格说明书文档和设计模型进行了必要修改，就可以将修改后的设计规格说明书和设计模型置于基线管理控制之下，形成指导后续软件实现和测试的基线。

本章小结

本章围绕软件详细设计，介绍了详细设计的任务、过程和原则，支持详细设计模型描述的方法及 UML 图，面向对象的软件设计原则以及设计模式；针对用例设计、类设计、数据设计、子

系统 / 构件设计等，详细阐述了这些设计的实施过程、原则和方法；讨论了软件详细设计的文档化及评审。概括而言，本章具有以下核心内容：

- 软件详细设计是对软件概要设计、用户界面设计等所产生的设计元素从局部、细节等层次开展的设计。

- 软件详细设计需要详尽到足以支持软件系统的编码。

- 软件详细设计包括用例设计、类设计、数据设计、子系统 / 构件设计等多个方面。

- 软件详细设计需要充分考虑软件需求。

- 可以采用 UML 的类图、活动图、交互图、状态图等来描述软件详细设计的成果。

- 面向对象的软件设计需要遵循开闭原则、单一职责原则、里氏替换原则、依赖倒置原则、接口隔离原则和最少知识原则，以得到高质量的软件设计。

- 软件设计模式是对一类共性软件开发问题及其解决方法的抽象表示，重用设计模式有助于提高软件开发的质量和效率。

- 用例设计是要基于软件体系结构设计和用户界面设计所产生的设计元素，提供需求用例的实现方案。

- 用例设计需要将需求分析阶段所产生的分析类转换为设计类，并充分考虑重用已有的软件资源。

- 类设计是要细化各个设计类，确定其可见范围，精化类间关系、类的属性和方法等，输出更为翔实的类图，必要时需要绘制类对象的状态图。

- 数据设计的主要任务是确定软件系统中需要永久存储的数据，并定义其存储和组织方式，设计数据操作，输出用类图、活动图等描述的数据设计模型。

- 如果一个软件系统包含多个子系统或构件，那么软件详细设计还涉及软件子系统 / 构件的设计，以明确其内部的设计元素，以及它们如何通过交互协作来实现相应的职责。

- 软件设计工程师需要邀请多方人员对软件详细设计方案进行评审，以发现并解决其中存在的问题。

推荐阅读

BRUEGGE B，DUTOIT A H. 面向对象的软件工程：使用 UML，模式与 Java [M]. 3 版. 叶俊民，汪望珠，译. 北京：清华大学出版社，2011.

本书作者曾在 CMU 从事过多年的软件工程课程教学工作，具有非常丰富的教学经验。书中的内容反映了作者开发软件系统以及教授软件工程课程的体会。本书结合面向对象的软件工程的相关技术介绍软件工程的具体内容，包括面向对象建模语言 UML、面向对象的软件设计模式、面向对象的程序设计语言 Java，有助于读者深入理解面向对象的软件工程方法和技术。本书还基于具体的案例给出翔实的知识点解释。

基础习题

10-1 软件详细设计与软件体系结构设计、用户界面设计之间存在什么样的关系?

10-2 软件详细设计需要参考哪些软件需求模型? 为什么需要参考这些软件需求模型?

10-3 软件详细设计需要用到 UML 的哪些图? 它们用于描述软件详细设计哪些方面的信息?

10-4 软件体系结构设计风格与软件设计模式有何区别?

10-5 为什么要遵循面向对象的软件设计原则? 它们在软件设计和编程实现中能发挥什么样的作用?

10-6 软件设计阶段的用例设计与需求分析阶段的用例分析这两个开发活动都涉及对用户的用例进行深入研究。请说明这两项活动有何区别和联系。

10-7 画一张 UML 类图来描述软件系统、子系统、构件、设计类、用户界面类这几个设计元素间的关系。

10-8 在"12306"软件中，用户有以下的购票行为描述: 查询车次，选择要购买的车次; 确认该车次的某个座位; 完成该车票费用的支付，购买成功; 用户由于某种原因完成车票退票，使得该车次车票还可以进行出售。

请根据上述描述完成如下任务:

① 绘制出某车次中某个座位车票的状态图。

② 给出"车票"这个类的属性和方法设计。

10-9 "12306"软件旅客退票功能的设计方案如下: 用户选择需要退票的车票，向"退票管理者"提出退票申请，"退票管理者"向"票务中心"提出请求，检查车票的合法性，如果合法则向"票务中心"提出退票申请，如果退票成功则进一步向"财务中心"发出请求，将车票的费用退回到旅客原先的银行账号中。

请根据上述描述完成如下任务:

① 绘制出实现上述功能设计的顺序图。

② 绘制出实现上述功能设计的类图。

10-10 请说明面向对象的软件开发方法提供了哪些技术手段来支持软件重用。

10-11 分析类和设计类有何区别和联系? 请说明如何将需求分析阶段的分析类转换为软件设计阶段的设计类。

10-12   类间存在多种关系：关联、继承、聚合、组合、实现、依赖等。请说明这些关系有何区别和联系。

10-13   请说明如何根据两个类之间的关系来设计它们的数据库表。

10-14   哪些人员需要参加软件详细设计的评审工作？它们参与评审的目的分别是什么？

综合实践

1. 综合实践一

实践任务：开源软件的详细设计。

实践方法：针对开源软件新增加的软件需求，考虑软件的体系结构设计和用户界面设计，对开源软件进行详细设计，以实现开源软件的新功能。

实践要求：基于开源软件新构思的软件需求，结合软件体系结构设计和用户界面设计的成果进行设计，要详细到足以支持编码。

实践结果：用类图、顺序图、活动图、状态图等描述的软件详细设计模型。

2. 综合实践二

实践任务：软件详细设计。

实践方法：基于软件系统的用例模型、用例交互模型和分析类图，对软件体系结构设计和用户界面设计的具体成果进行精化和细化；通过用例设计、类设计、数据设计、子系统 / 构件设计，产生软件详细设计模型。

实践要求：基于软件需求分析、软件体系结构设计、用户界面设计的具体成果进行设计，所产生的详细设计成果要翔实到足以支持编码。

实践结果：用类图、顺序图、活动图、状态图等描述的软件详细设计模型。

第 11 章

软件实现基础

　　一旦给出了软件系统的"设计蓝图"，软件开发就进入了"施工实现"阶段。在该阶段，程序员根据软件设计规格说明书及相关的软件设计模型，借助程序设计语言，将软件设计模型映射为相应的计算机程序代码，并通过对代码进行一系列测试与修改，最终将可运行的程序代码部署到目标计算机上运行。对于许多程序员而言，编写代码是一项极具吸引力的工作。与软件设计模型和文档相比较，代码才是真正可运行并能演示给用户看的，也是用户最为期待的。编码实现是一项具有挑战性的工作，它不仅要针对软件设计完整地实现软件系统，还要确保程序代码的质量。在软件实现过程中，程序员要借助诸多 CASE 工具的支持，同时需要对编写的代码进行一系列测试以确保代码的质量。

本章聚焦于软件实现，介绍软件实现的概念、过程、原则和质量要求，以及支持软件实现的程序设计语言，在此基础上介绍如何编写高质量的代码，最后介绍支持软件实现的 CASE 工具。读者可带着以下问题来学习和思考本章的内容：

- 何为软件实现？软件实现通常要完成哪些方面的工作？
- 软件实现存在哪些方面的质量要求？
- 程序员应当具备哪些方面的知识、能力和素质要求？
- 程序设计语言有哪些类别？不同类别的程序设计语言有何特点？
- 如何通过遵循编码原则和风格来编写高质量的程序代码？
- 有哪些常见的 CASE 工具可用于支持软件实现工作？
- 软件实现工作完成之后将输出什么样的软件制品？

11.1 软件实现概述

任何软件的运行都建立在可执行的程序代码基础之上。程序是软件的主体，也是程序员创作和生产的产物。程序员、软件测试工程师等需要通过一系列软件实现活动，编写出可运行、高质量的程序代码。

微视频：何为软件实现

11.1.1 何为软件实现

软件设计阶段结束后形成了详细的软件设计模型，包括体系结构设计模型、用户界面设计模型和详细设计模型。这些设计模型可供有关人员阅读和交流，但是不可执行。软件实现的任务是根据软件设计模型编写出目标软件系统的程序代码，并对代码进行必要的测试，以发现和纠正代码中存在的缺陷，并将可运行的目标代码部署到目标计算机上运行（见图 11.1）。概括而言，软件实现不仅要编写出程序代码，还要确保代码的质量，因此软件实现涉及多方面工作，如编码、测试、调试等，并具有以下几个方面的特点：

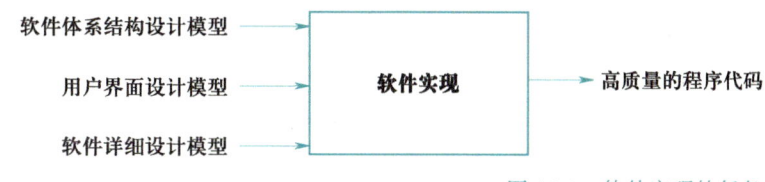

图 11.1　软件实现的任务

1. 软件实现是一项兼具创作和生产的软件开发活动

软件实现首先是一项生产性活动，它需要根据软件设计规格说明书和软件设计模型，生产出与之相符合的软件制品，即程序代码。这一过程不仅要求程序员遵循设计文档和模型编写程序，还要求程序员遵循编码原则和风格编写出高质量的程序代码，并通过单元测试、集成测试、确认测试等一系列软件测试活动来保证代码质量。软件实现还是一项创造性活动，参与该项工作的程序员和软件测试工程师等，需要发挥他们的智慧和主观能动性，创作出目标软件系统的程序代码。这一过程高度依赖程序员的编程经验、程序设计技能和素养，以及软件测试工程师的软件测试水平。同样的软件设计文档和模型，交由不同的程序员进行编码，会得到具有不同质量水准的程序代码；同样一个程序，交由不同的软件测试工程师进行测试，会发现不同的代码缺陷。由此可见，软件实现与软件工程师的能力、技能和素质等密切相关。

2. 软件实现需要考虑多方面的因素

软件实现阶段的工作与多方面人员相关，程序员需要根据软件设计模型和文档编写出目标软件系统的程序代码，软件测试工程师则需要针对程序员编写的程序进行软件测试，以发现代码中的缺陷。无论对于程序员还是软件测试工程师而言，他们开展工作都需要考虑多方面的因素。程序员不仅要对照设计来编写代码，还需要通过遵循编码规范、程序设计原则等来提高代码的质量，如模块化程度、可理解性、可维护性等。软件测试工程师则需要针对代码开展测试，不仅要发现代码中存在的功能缺陷，如代码功能实现不正确，还要发现代码中存在的非功能缺陷，如代码的性能不符合要求等。因此，软件实现需要综合多方面的知识、技能和经验。

3. 软件实现与软件设计之间的关系

理想情况下，我们通常假设软件实现所依赖的软件设计是正确、足够翔实且可实现的，因而程序员只要对照软件设计模型和文档进行编码即可。但是在实际情况下软件设计模型和文档很难达到这一要求，尽管进行了相关评审，仍然会存在一系列问题。例如，设计不够详细，程序员需要在设计模型和文档的基础上进行进一步软件设计和程序设计，才能编写出程序代码；设计考虑不周全，软件设计时没有认真考虑编码实现的具体情况（如程序设计语言和目标运行环境的选择），导致有些软件设计不能通过程序设计语言实现。上述设计问题一到编码阶段就会显现出来，在此情况下，程序员需要根据编码阶段发现的问题回溯到软件设计模型和文档，对其进行纠正和完善，以确保软件设计可有效指导软件实现，软件设计与程序代码相一致。

11.1.2　软件实现的过程与原则

软件实现的最终目的是给出遵循设计、满足需求、可运行的程序代码。为了达成这一目的，软件实现需要开展一系列工作，不仅要编写代码，还要找出代码中的缺陷；不仅要发现代码中存在的问题，还要找出问题症结并加以解决。概括而言，软件实现包含以下软件开发过程（见图 11.2）：

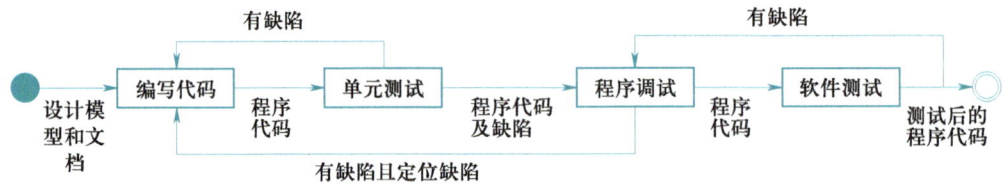

图 11.2　软件实现的过程

1. 编写代码

该项工作的任务是基于软件设计模型和文档，采用选定的程序设计语言，编写出目标软件系统的程序代码。该项工作由程序员负责完成。

2. 单元测试

程序员编写出代码之后还必须对自己编写代码的质量负责，也即要对各个基本模块单元的代码质量进行保证。为此，程序员需要对自己编写的各个基本模块进行单元测试，以发现模块单元中存在的缺陷和问题。该项工作由程序员负责完成。

3. 程序调试

一旦在单元测试中发现程序单元存在代码缺陷，如运行结果不正确、性能达不到要求等，程序员还需要通过调试来发现产生缺陷的原因，定位缺陷的位置，进而对代码缺陷进行修复。该项工作由程序员负责完成。

4. 软件测试

如果程序员编写的程序通过了单元测试，那么这些程序单元就可以逐步进行集成，以形成更大粒度的程序模块，直至最终的目标软件系统。在集成多个程序模块单元的过程中，软件测试工程师需要对集成后的程序模块进行集成测试，以发现单元集成时可能存在的问题，如接口问题、参数传递问题等。一旦所有的程序模块单元集成之后，还需要进行确认测试等，以发现最终软件系统能否满足用户的需求。如果在集成测试和确认测试中发现问题，程序员需要通过调试来定位问题，进而解决问题。一般地，集成测试和确认测试工作由专职的软件测试工程师来完成。

为了高效、高质量地开展软件实现工作，程序员和软件测试工程师需要在开展上述工作过程中遵循以下原则：

① 基于设计来编码。程序员要基于软件设计来编写程序代码，切忌"拍脑袋"写程序。有些程序员习惯于抛开设计文档和模型，按照自己的理解和认识来编写代码，这会带来一系列问题，如只关注某个程序模块单元的代码实现，无法从全局和宏观的层面来规划整个软件系统的设计以及程序结构，导致所编写的程序代码不易于扩展、可维护性差；将注意力聚焦于代码的功能实现，忽略和忽视程序代码的质量问题，尽管代码实现了相关的功能，但是代码可读性和可理解性差、程序不易于维护。

② 质量保证贯穿全过程。无论是程序员还是软件测试工程师都要有非常强的质量意识，要认识到程序代码质量的重要性，并将质量保证工作落实到软件实现全过程。在编码阶段，程序员不仅要编写出相关的程序代码，还要通过重用代码片段、遵循代码风格等提高程序代码的质量，不仅要关注代码的外部质量，也要重视代码的内部质量；每个程序员要对自己所编写代码的质量负责，要通过系统的单元测试来尽可能地发现程序代码中潜在的缺陷和问题，并加以纠正。软件测试工程师的职责则是要发现程序代码中的缺陷，保证程序代码的质量。为此，他们需要精心开展软件测试工作，以尽可能地揭示代码中潜在的问题和缺陷。

11.1.3　程序员

程序员负责编码工作，是软件开发团队的中坚力量。在软件实现阶段，程序员要完成从设计模型到程序代码的映射，进行程序代码的质量保证，并解决编程实践中遇到的多样化问题。因此，程序员需要具备如下知识、能力和素质：

1. 自我学习能力

在编程实践中，程序员会接触到多样化的知识，如软件设计模型中的应用领域知识、程序设计语言中的编程知识、编程 CASE 工具的使用知识，也会遇到各种编程困难和实现问题。针对这种情况，程序员需要具备自我学习的能力，能够通过自身的学习来掌握各类知识，解决多样化的编程问题。

2. 独立解决问题的能力

编程实践有诸多的不确定性，会遇到各种各样的问题。例如，程序存在缺陷致使运行出现错误，为此需要解决代码缺陷定位的问题；要与他人的程序进行集成，为此需要读懂他人编写的代码；需要运用第三方的可重用构件或软件开发包，为此需要解决软件重用的问题等。因此，程序员需要具备应对和解决各类编程实现问题的能力。

3. 良好的编程习惯

代码质量对于一个程序而言极为重要，它反映了程序员的编程技能和水平。这些技能和水平蕴含在程序员的编程习惯和经验之中，一个最直接的体现就是程序的编程风格。此外，许多有经验的程序员常常在编写完程序后开展代码走读和评审工作，以理清代码的执行逻辑、发现代码中存在的问题。好的编程习惯往往意味着高质量、高水平的程序代码。

4. 质量意识

程序员的职责不仅是要编写出目标软件系统的代码，更要确保程序代码的质量。因此，程序员必须要有质量意识，在行动上要有质量保证行为。

5. 学会软件测试

程序单元测试是程序员在编码过程中需要完成的一项工作，以揭示和发现代码中存在的缺陷和问题。因此，程序员不仅要学会编程，还要学会软件测试，包括如何根据代码设计测试用例、如何运行程序代码开展程序单元测试、如何发现程序单元中存在的代码缺陷等。

6. 阅读和学习他人的代码

程序员在编写代码的过程中不可避免地需要阅读他人编写的代码。阅读代码既是理解程序代码的过程，也是学习他人编程经验和技能的过程。在阅读代码的过程中，程序员会遇到各种代码理解方面的问题，如某条代码语句的含义、编写意图等，为此程序员需要具备查阅各种资料（如软件开发技术问答社区中的群智知识）来解决这些问题的能力。

7. 善于利用 CASE 工具

好的软件工具可以极大地提高编程的效率和质量，起到事半功倍的作用。至今人们已开发出诸多的软件实现工具，以支持代码编辑、编译、链接、调试、集成、测试、部署等工作。程序员应能掌握有效的软件工具，并应用它们来辅助软件编码实现工作。

8. 团队合作和沟通

软件开发是一项集体性团队协作行为，软件实现也不例外。例如，程序员编写的代码需要和他人的代码进行集成；在集成和确认测试中，程序员需要与他人一起调试程序以定位和发现代码缺陷的位置。显然，这些工作都需要程序员与他人进行沟通与合作，以推动软件实现以及相关问题的解决。

11.2　程序设计语言

编写程序需要借助程序设计语言的支持。程序设计语言提供了严格的语法和语义，可帮助程序员编写出目标软件系统的程序代码。目前，人们提出了 2 000 多种程序设计语言，不同的语言适合于不同的应用开发。

11.2.1　程序设计语言的类别

本质上，程序设计语言提供了抽象的符号来表征计算。例如，用不同的数据类型表示数据的属性，用不同的计算语句表示计算行为。根据抽象层次的差异性，程序设计语言大致可以分为以下几类：

1. 机器语言

计算机执行的是由"0"和"1"所组成的机器指令。机器语言是用二进制代码来表示的、计算机能直接识别和执行的机器指令集合。一条二进制指令对应机器语言的一条语句，其基本格式由操作码字段和地址码字段两部分构成，其中操作码指明了指令的操作性质及功能，地址码则给出了操作数或操作数的地址。在计算机刚刚出现的时期，程序员就是借助机器语言进行编程的。

为了用机器语言编写程序，程序员需要熟记机器语言的所有指令代码及其含义。在编写机器代码时，程序员要处理好每条机器指令和每一条数据的存储分配和输入输出，记住编程过程中每步所使用的工作单元状态。显然，用机器语言来编程是一件极为烦琐的工作，不仅软件开发效率非常低，而且编出的程序代码全是由"0"和"1"组成的指令代码，可读性非常差，极容易出错，不易于维护。由于不同的计算机采用不同的机器指令，因而指令代码的移植性差。现在几乎很少有人用机器语言进行编程。当然，机器语言也有它的优点，就是程序代码的执行效率会非常高。

2. 汇编语言

汇编语言同机器语言一样，也是一种低级语言。不同于机器语言的是，汇编语言用助记符代替机器指令的操作码，用地址符号或标号代替指令或操作数的地址。例如，用"MOV"表示数据传送指令、用"ADD"表示加法指令、用"SHL"表示逻辑左移指令。显然，与机器语言相比，用汇编语言编写的程序代码的可读性、可理解性有了一定的提高。

汇编语言有诸多优点，如可以直接操作计算机硬件，读取其状态和相关数据，编写的程序代码占用存储空间少、运行速度快、执行效率高，是一类可直接利用计算机硬件特性并控制硬件的编程语言。对于程序员而言，汇编语言仍然较为低级和复杂，用汇编语言编写的程序可读性差，代码编写的效率低，对代码进行维护非常困难，程序调试也不容易，代码兼容性差。目前，汇编语言应用比较少。只有在需要对计算机底层硬件进行操纵的情况下，程序员才会选用汇编语言进行编程。

3. 结构化程序设计语言

正是由于机器语言和汇编语言的诸多不足，20 世纪 60 年代人们提出了结构化程序设计的思想，并研制了诸多结构化程序设计语言以支持编写代码，如 FORTRAN、COBOL、Pascal、C 等语言。

结构化程序设计以模块为基本的编程单元，采用三类控制结构（顺序、条件和循环）来刻画模块的处理过程和流程。结构化程序设计语言提供了专门的语言要素（如过程、函数、过程调用、For、If-Then-Else、While 等）来定义模块，描述模块间的调用、条件语句和循环语句等。

与机器语言和汇编语言相比，结构化程序设计语言属于高级程序设计语言。用结构化程序设计语言编写的程序可读性、可理解性、可维护性等有了明显的提升，其配套的 CASE 工具较为完善，如各种编辑器、编译器和调试器等，并且因为有结构化程序设计方法学的指导，结构化程序设计语言在诸如科学与工程计算、商业事务处理、嵌入式系统软件等领域有着广泛的应用。即使到现在仍有不少程序员在使用结构化程序设计语言。但是总体而言，结构化程序设计方法及其语言仍然存在诸多的不足，具体表现为以过程和函数作为基本模块，模块的粒度小，可重用性差；程序代码抽象层次低，无法对问题域及其求解进行自然抽象。

4. 面向对象程序设计语言

针对结构化程序设计方法及其语言的不足，20 世纪 80 年代人们提出了面向对象程序设计的思想，研制了诸多的面向对象程序设计语言，如 Smalltalk、C++、Objective-C、Java、Python 等语言，从而开启了面向对象编程的时代。

面向对象程序设计以类作为基本的模块单元，以对象作为程序运行的基本要素，以消息传递作为对象之间的交互手段，提供了继承、多态等程序设计机制，帮助程序员建立可直观反映问题域、模块粒度更大、可重用性更好的程序代码。目前，面向对象程序设计语言广泛应用于互联网软件、企业信息系统、系统软件、移动 App 等领域的软件开发，已成为计算机领域的主流编程语言。越来越多的程序员使用面向对象程序设计语言来编写代码。

5. 描述性程序设计语言

前面所讲述的 4 种程序设计语言都属于过程式程序设计语言。这类语言的共同特点是提供了语言符号帮助程序员显式地描述程序的执行过程，如首先执行什么语句，然后再执行什么语句。无论是汇编语言、结构化程序设计语言还是面向对象程序设计语言，它们都体现了这一特点。

计算机科学领域还有一类程序设计语言，它们只需要描述程序需要解决什么样的问题，无须在程序中显式地定义如何解决问题，这类程序设计语言称为描述性程序设计语言，其代表性成果是函数式程序设计语言。目前，人们提出了诸多的描述性程序设计语言，如 PROLOG、LISP、ML 等语言。其中，PROLOG、LISP 语言广泛应用于人工智能领域中的专家系统、智能决策系统等应用的开发。相对于过程式程序设计语言而言，描述性程序设计语言的使用人数较少。

根据以上介绍可以发现，程序设计方法及其语言的抽象层次越来越高，更加贴近于应用本身；基本模块单元的粒度越来越大，以更好地支持软件重用。显然，程序员用高抽象层次的语言来编写程序，编程效率会更高。据统计，同样一个功能点，用不同抽象层次的程序设计语言来编写，其所用的代码量会有显著的差别。

11.2.2　程序设计语言的选择

对于软件开发而言，选择合适的程序设计语言极为重要。适宜的程序设计语言不仅可以有效地解决软件开发问题，还可以提高软件开发的效率和质量。随着软件规模和复杂性的不断提高，一个软件系统的开发可能需要多个不同的程序设计语言。一般地，程序设计语言的选择需要考虑以下因素：

1. 软件的应用领域

不同应用领域的软件通常会选择不同的程序设计语言实现。在长期的软件开发实践中，特定应用领域的软件开发已经形成事实上的程序设计语言选择。例如，科学和工程计算领域的软件开发通常会选用 FORTRAN、C 等语言，数据库应用软件开发通常会选用 Delphi、Visual Basic、SQL 等语言，机器人等嵌入式应用通常选用 C、C++、Python 等语言，互联网应用开发通常选用 Java、ASP 等语言。

2. 与遗留系统的交互

考虑待开发软件系统是否需要与遗留系统存在交互，如果有该方面的实际需要，那么程序员需要解决两个系统之间的互操作问题。在实际的软件开发中，跨语言的交互是一项较为复杂的问题。例如，一个用 Java 语言编写的程序如何与用 C++ 语言编写的程序进行交互和互操作。在此情况下，程序员需要考虑遗留系统实现所采用的编程语言，并基于这一考虑来选择合适的编程语言，尽可能使得这两个系统采用同样的编程语言。

3. 软件的特殊功能及需求

考虑待开发软件系统的特殊功能及需求，如是否需要与底层的硬件系统进行交互，如果需要，可以采用 C 语言、汇编语言等；是否需要丰富的软件库来支持功能的实现，如果需要，可以选择 Python、Java 等具有丰富软件库的编程语言；是否需要对相关的知识进行表示和推理，如果需要，可以考虑选用 PROLOG、LISP 等描述性的程序设计语言。

4. 软件的目标平台

如果目标软件系统需要运行在特定的软件开发框架、中间件、基础设施之上，那么程序员还需要考虑目标平台对程序设计语言的支持，并以此来选定所需要的编程语言。例如，如果目标软件系统需要部署在 J2EE 架构之上，那么就需要选择 Java 语言；如果需要借助 ROS 来开发机器人软件，那么需要选择 C、C++、Python 等语言。

5. 程序员的编程经验

程序设计语言的选择还需要考虑程序员对相关语言的编程经验和水平。在同等条件下，程序员应选择较为熟悉的语言，尽量避免选择没有使用过的程序设计语言。

总之，程序设计语言的选择是多因素综合考虑的结果。例如，对于"空巢老人看护"软件而言，其前端软件需要以 App 形式部署在 Android 手机上，因而选用 Java 语言；后端软件主要用于与机器人进行交互、处理各类传感数据、控制机器人的运行，因而选用 C 语言和 Python 语言。

11.2.3　流行的程序设计语言

尽管人们提出了数千种程序设计语言，但是绝大部分语言已经不再为人们所使用。目前只有数百种程序设计语言仍然还处于活跃状态，用于支持各类应用的开发。表 11.1 描述了 2023 年 2 月使用排名前 10 位的程序设计语言，可以看到 Python、C、

C++、Java 等是目前主流的程序设计语言。下面简要介绍 C/C++、Java、Python 这 4种常用的程序设计语言及其特点。

表 11.1　2023 年 2 月使用排名前 10 位的程序设计语言

排名	语言名称	使用占比
1	Python	15.49%
2	C	15.39%
3	C++	13.94%
4	Java	13.21%
5	C#	6.38%
6	Visual Basic	4.14%
7	Java Script	2.52%
8	SQL	2.12%
9	汇编语言	1.38%
10	PHP	1.29%

1. C/C++ 语言

C 语言是一个面向过程、通用的结构化程序设计语言。它产生于 20 世纪 70 年代，既是一种高级编程语言，同时还兼有汇编语言的诸多优点。C 语言遵循模块化方式对程序进行编程，有清晰的代码层次结构。它具有强大的处理和表达能力，丰富的运算符和多样的数据类型，可方便地完成各种数据结构的设计和操作，既可用于开发系统程序，也可用于开发各类应用软件。因此，C 语言自从产生以来就受到广大程序员的好评。概括而言，C 语言具有以下一些特点：

① 简洁的语言。C 语言具有非常简洁的控制语句和关键字，语句构成与硬件关联较少，语言本身不提供与硬件相关的输入输出、文件管理等功能。

② 结构化的控制语句。C 语言是一种结构化的程序设计语言，提供顺序、条件和循环三类控制结构，可用于刻画函数的控制逻辑，支持面向过程的程序设计。

③ 丰富的数据类型和运算符。C 语言的数据类型非常多样和广泛，不仅包含传统的字符型、整型、浮点型、数组类型等数据类型，而且还有其他编程语言所不具备的数据类型，如指针类型数据。此外，C 语言还提供了 30 多种运算符，极大地增强了 C 语言程序的运算能力。

④ 对物理地址进行直接访问。C 语言允许对内存地址进行直接读写，并可直接操作硬件。因此，该语言不仅具备高级语言所具有的良好特性，也具备许多低级语言的优势。

⑤ 良好的可移植性。C 语言代码与计算机硬件解耦合。针对不同的硬件环境，用 C 语言编写的代码基本一致，不需或仅需进行少量改动便可完成移植。这就意味着用 C 程序写的程序可以方便地从一类计算机移植到另一类计算机上运行，减少了程序移植的工作量。

⑥ 目标代码执行效率高。与其他高级语言相比，C 语言可以生成高效的目标代码，因而该语言经常应用于计算资源有限、对代码执行效率要求高的嵌入式系统编程。

C++ 语言产生于 20 世纪 80 年代，它在 C 语言的基础上增加了面向对象的编程要素。1998 年，C++ 语言的 ANSI/ISO 标准投入使用，这个版本的 C++ 被公认为是标准 C++ 语言。所有的主流 C++ 编译器都支持标准 C++ 语言，包括微软公司的 Visual C++ 和 Borland 公司的 C++ Builder。

可以认为，C++ 语言的语法是 C 语言语法的超集，因而 C++ 语言既支持基于 C 语言的结构化编程，也支持面向对象编程，是一种混合型程序设计语言。C++ 语言借鉴了多种程序设计语言的诸多优点，具体包括：从 Simula 语言中吸取了类的概念和思想；从 ALGOL 语言中吸取了运算符的一名多用、在分程序中任何位置均可说明变量等思想；集成了 Ada 语言的类属和 Clu 语言的模块特点，形成了抽象类；从 Ada、Clu 和 ML 等语言中吸取了异常处理机制；从 BCPL 语言中吸取了用"//"符号表示注释等。C++ 语言保持了 C 语言的紧凑灵活、高效执行、易于移植等优点。

由于 C++ 语言既有数据抽象和面向对象的能力，运行性能又高，实现了从 C 语言到 C++ 语言的平滑过渡，使得 C 语言程序能方便地在 C++ 语言环境中再次使用，因而 C++ 语言自产生之后就得到了广大程序员的欢迎。C++ 语言具有以下一些面向对象编程特点：

① 支持类封装和编程。C++ 语言提供了类来封装数据及其操作，支持程序员通过建立类来实现数据封装和信息隐藏。类可视为是完全封装的实体，可以作为一个整体单元加以使用。程序员不需要知道类的内部是如何工作的，只要知道如何使用它即可。

② 支持继承和软件重用。C++ 语言提供了多重继承机制实现软件重用。通过继承，程序员可以更有效地组织程序的结构，定义类间的层次关系，重用已有的类来完成更复杂的功能和行为。通过继承所产生的类称为子类或派生类，它可以从父类继承所有非私有的属性和方法。

③ 支持多态性和重载。C++ 语言支持类行为的重载性和多态性。重载是指类的多个方法可以共享相同的名称，但方法的参数和返回类型可以有所不同。程序在运行时会根据传递的参数，选择合适的方法来执行。多态是针对类方法而言的，它是指同一个方法作用于不同的对象上可以有不同的解释，并产生不同的执行结果。换句话说，同一个方法虽然其操作名称和接口定义形式相同，但是该方法在不同对象上的实现形态不一样。因此，当一个对象给若干个对象发送相同的消息时，每个消息接收方对象将根据自

己所属类中定义的方法执行，从而产生不同的结果。

Visual C++、C++ Builder 等都提供了庞大的 C++ 类库，以支持软件重用，促进 C++ 程序的快速开发和高质量运行。

2. Java 语言

Java 语言产生于 20 世纪 90 年代，它是一个纯粹的面向对象编程语言，不仅吸收了 C++ 语言的各种优点，而且还摒弃了 C++ 语言让人费解的多重继承、指针等机制，因此 Java 语言具有功能强大和简单易用的特点。

概括而言，Java 语言具有以下一些特点：

① 简单性。可以认为 Java 语言是一个简化版的 C++ 语言。Java 语言的设计者去除了 C++ 语言中较为复杂和令人费解的部分，包括 goto 语句、操作符过载、多重继承机制、指针等，引入了 break 和 continue 语句、自动处理对象的引用、自动收集无用单元、Package 机制等，极大地简化了 Java 语言编程。

② 纯面向对象编程语言。C++ 语言是一种混合结构化和面向对象的编程语言，而 Java 语言是一种纯粹的面向对象编程语言。在基于 Java 语言的编程过程中，程序员要以面向对象的思想和理念来构造程序代码，包括用类来封装属性和操作、用包来组织一个个的类、借助单重继承来产生层次性的类结构、利用类来实例化生成对象、对象之间通过消息传递进行交互等。

③ 分布性。用 Java 语言编写的程序可分布在网络上运行，程序之间既支持各种层次的网络连接，又支持基于 Socket 类的可靠流连接，产生分布式的客户机 / 服务器计算模型。

④ 兼具编译和解释性以及可移植性。Java 语言编译程序生成程序的字节码，而不是通常意义上的二进制机器码。Java 字节码提供了独立于目标计算机的可执行文件格式，因而所生产的代码可在任何实现 Java 语言解释程序和运行系统的计算机系统上运行，体现了非常好的可移植性。

⑤ 健壮性。Java 语言是一种强类型语言，它允许编译时检查潜在类型不匹配的问题。Java 语言要求显式的方法声明，它不支持隐式声明。这些严格的要求保证程序编译时能预先发现调用错误，使得程序更为可靠。此外 Java 语言不支持指针，提供了"无用单元自动收集"机制，可有效防止错误的内存访问。Java 语言解释器提供了运行时检查的功能，如验证数组和串访问是否在界限之内。除此之外，Java 语言还提供了异常处理机制，以对程序的异常运行情况进行分析和处理。

⑥ 安全性。Java 语言的存储自动分配机制是它防御恶意代码的主要方法之一。Java 语言没有指针，程序员不能伪造指针去指向存储器。更重要的是，Java 语言编译程序不处理存储安排决策，所以程序员不能通过查看声明去猜测类的实际存储安排。Java 语言代码中的存储引用由 Java 语言解释程序在运行时动态分配实际存储地址。此外，Java 语

言运行系统使用字节码验证策略，保证代码不违背 Java 语言限制，可有效预防恶意的程序代码。

⑦ 高性能。除了将程序代码编译生成字节码并在解释器上运行之外，Java 语言还提供了另一种程序编译和代码运行形式，即将 Java 字节码直接翻译成目标计算机上的二进制机器代码，从而支持在目标计算机上的直接运行，进而提高代码的运行性能。

Java 语言的编程环境还提供了 Java 开发工具包（JDK）。JDK 是整个 Java 的核心要素之一，它包括 Java 运行时环境、一组 Java 工具和 Java 核心类库（Java API）。主流的 JDK 是 Sun 公司发布的 JDK，除此之外其他公司和组织还开发了自己的 JDK，如 IBM 公司开发的 JDK、BEA 公司的 JRocket，还有 GNU 组织开发的 JDK。

3. Python 语言

Python 语言产生于 20 世纪 90 年代。它是一种面向对象、解释型、通用的脚本编程语言，具有上手简单，功能强大，坚持极简主义等特点。Python 语言的类库极其丰富，这使得 Python 语言几乎无所不能，不管是传统的 Web 应用开发，还是机器学习、大数据分析、网络爬虫，Python 语言都能胜任。

概括而言，Python 语言具有以下特点：

① 语法简单，入门容易。和传统的 C/C++、Java、C# 等语言相比，Python 语言对代码格式的要求没那么严格，这种宽松的编码要求使得用户在编写代码时非常简便，不用在细枝末节上花费太多精力。Python 语言编程极易上手。

② 开源和免费。Python 语言自身的解释器和运行环境是开源的。使用者可以自由地发布这个软件的拷贝，阅读它的源代码、对它做改动，把它的一部分用于新的自由软件中。用户使用 Python 语言进行开发或者发布自己的程序不需要支付任何费用，也不用担心版权问题，即使作为商业用途，Python 语言也是免费的。

③ 可移植性。由于开源特点，Python 语言已被移植在许多平台上，包括 Linux、Windows、FreeBSD、Macintosh、Solaris、OS/2、Amiga、AROS、AS/400、BeOS、OS/390、z/OS、Palm OS、QNX、VMS、Psion、Acom RISC OS、VxWorks 等，这意味着用 Python 语言编写的代码可以在多个不同的平台上运行。

④ 解释性。Python 语言是一种解释性编程语言，语言解释器负责把源代码转换成字节码，然后再把它翻译成计算机使用的机器语言并运行。这使得 Python 语言程序更加易于移植。

⑤ 混合型语言。Python 语言既支持面向过程的编程，也支持面向对象的编程。这一点上它和 C++ 语言很相似。Python 语言支持面向对象编程，但它不强制使用面向对象。

⑥ 功能强大。Python 语言的可重用库功能非常强大，模块众多，实现了几乎所有

的常见功能，从简单的字符串处理到复杂的 3D 图形绘制，借助 Python 语言模块库都可以轻松完成。

正因为具备这些特点，当前 Python 语言已得到越来越多的人使用。

11.3 高质量编码

在编写代码过程中，如何确保代码的质量至关重要。代码质量分为外部质量和内部质量。外部质量主要是针对使用软件系统的实际用户而言的，具体表现为软件系统的正确性、易用性、运行效率、可靠性等方面。内部质量是针对开发和维护软件系统的人员而

微视频：编写高质量代码的原则和方法

言的，具体表现为软件系统的可理解性、可维护性、灵活性、可移植性、可重用性、可测试性等方面。这两方面的质量都很重要，因而在编写代码时既要关注代码的外部质量，也要关注代码的内部质量。确保代码外部质量的有效手段是软件测试，而要确保代码的内部质量，则要求程序员在编写代码过程中必须遵循高质量编码的基本原则和相关规范。

1. 编写代码的原则

① 易读，一看就懂。所编写的代码要易于阅读，便于理解，使得不同的人员（尤其是其他代码编写人员）能够理解代码的语义和内涵，了解相关语句和代码的实现意图，方便修改和维护代码。为此，在编写代码时，程序员要遵循编码规范编写代码语句，采用缩进的方法来组织代码的显示，用括号来表示不同语句的优先级，对关键语句、语句块、方法等要加以注释。

② 易改，便于维护。所编写的程序代码要易于修改，便于程序员对其进行维护，如在适当的位置增加新的代码以完善代码功能，或对某些代码进行修改以便纠正代码中的缺陷和错误。为此，在编码过程中，程序员需要基于软件详细设计模型，对那些将来可能需要进行修改和维护的代码（包括常元、变量、方法等）进行单独的抽象、参数化和封装，以便将来对其修改时不会影响其他部分的代码。例如，尽可能不要在程序代码中直接使用常数（包括字符串、数字），而是将相关的常数在类声明部分定义为常元，并用大写字母来表示常元，这样只需通过对常元的修改就可达成对所有常数的修改。

③ 降低代码的复杂度。要尽可能降低代码的复杂度。为此，程序员需要将一个类代码组织为一个文件，并用统一的命名规则来命名文件，在代码中适当增加注释以加强对代码的理解，不用"goto"语句，慎用嵌套或减少嵌套的层数，尽量选用简单的实现算法等。

④ 尽可能开展软件重用和编写可重用的程序代码。软件重用是提高软件质量和开发效率、降低软件开发成本的有效途径，这一结论已在大量软件开发实践中得到了检验。为此，程序员在编写代码时应尽可能重用已有的软件制品，如函数库、类库、构件、开源软件甚至代码片段等。与此同时，在编码时要考虑所编写代码的可重用性，使得所编写的代码能为他人或在其他软件系统开发中被再次使用。

⑤ 要能处理异常和提高代码的容错性。编写的程序代码不仅要能处理正常的业务逻辑，还需要应对可能的错误或意想不到的情况，也即通常所说的异常。为此，在编写代码时要充分借助程序设计语言提供的异常处理机制，编写必要的异常定义和处理代码，使得程序能够对异常情况进行必要的处理，从而有效防止由于异常而导致的程序终止或崩溃。必要时，程序员还可以编写相关的程序代码以支持故障检测、恢复和修复，确保程序在出现严重错误时仍然能够正常运行，或者当出现崩溃时能尽快恢复执行。

⑥ 代码要与模型和文档相一致。一般地，程序员基于软件设计模型和文档来编写代码，但在很多情况下软件设计模型和文档无法提供足够完整、翔实的信息来指导编码，或在编码过程中程序员发现软件设计模型和文档中存在不合理、有问题的软件设计，进而没有按照设计文档和模型来编写代码。在这种情况下，程序员在编写代码的同时要同步修改和完善相应的软件设计模型和文档，确保代码、模型和文档三者之间保持一致。

2. 编码风格

良好的编码规范有助于得到易读、易改、易测、易于重用的程序代码。在大量的编程实践中，程序员总结出了许多编码风格以加强程序代码的编排和组织，它有助于约束程序员随意和任意的编码行为，产生规范化的程序代码。

① 格式化代码的布局，尽可能使其清晰、明了。

a. 充分利用水平和垂直两个方向的编程空间来组织程序代码，便于读者阅读代码。

b. 适当插入括号 "{ }"，使语句的层次性、表达式运算次序等更为清晰直观。

c. 有效使用空格符，以显式地区别程序代码的不同部分（如程序与其注释）。

② 尽可能提供简洁的代码，不要人为地增加代码的复杂度。

a. 使用简单的数据结构，避免使用难以理解和难以维护的数据结构（如多维数组、指针等）。

b. 采用简单而非复杂的实现算法。

c. 简化程序中的算术和逻辑表达式。

d. 不要引入不必要的变元和动作。

e. 防止变量名重载。

f. 避免模块的冗余和重复。

③ 对代码辅之以适当的文档，以加强程序的理解。

a. 有效、必要、简洁的代码注释。

b. 代码注释的可理解性、准确性和无二义性。

c. 确保代码与设计模型和文档的一致性。

④ 加强程序代码的结构化组织，提高代码的可读性。

a. 按一定的次序说明数据。

b. 按字母顺序说明对象名。

c. 避免使用嵌套循环结构和嵌套分支结构。

d. 使用统一的缩进规则。

e. 确保每个模块内部的代码单入口、单出口。

总之，程序员在编写代码时要遵循相关的原则和风格，规范自己的编码行为，形成简洁、明了、高质量的程序代码。

11.4　支持软件实现的 CASE 工具

当前，人们开发出了许多 CASE 工具和环境以辅助完成软件实现工作，包括代码的编辑、生成、编译、调试、测试、部署等。有效利用这些工具将可以极大地提高软件实现的效率和质量，起到事半功倍的效果。

1. 编辑工具

代码编辑工具主要辅助代码的编辑工作。一款好用的代码编辑工具往往可使代码编辑更加便捷和流畅。常见的代码编辑工具有 Visual Studio Code、Sublime Text、Atom、Notepad++、Brackets、IntelliJ IDEA、PyCharm、WebStorm、PhpStorm 等，其中许多属于开源软件。它们除了提供基本的编辑功能（如复制、粘贴、查找等）之外，还提供了代码高亮、自动补全、代码折叠等功能，并能兼容多种程序设计语言。许多代码编辑工具还可以作为独立的插件集成到软件开发环境（如 Eclipse）之中。

2. 代码生成工具

代码生成工具基于代码大数据，借助人工智能（尤其是大模型）等技术，辅助程序员生成所需的程序代码，完成程序理解，代码推荐、生成、补全、适配、注释编写等一系列编码工作。典型的例子是微软公司推出的 Copilot 工具。该工具是一款人工智能结对编程工具，可以帮助程序员快速高效地编写代码。基于 GPT-4 加强版的 Copilot X 甚至能够根据程序员的语音指令来编写和解释代码。

3. 编译工具

代码编译工具负责将程序员编写的源代码编译生成目标代码，包括二进制的机器代码或可执行的中间码，如 Java 的字节码。每一种程序设计语言都有其配套的编译工具，以支持代码的编译工作，如 Java 语言的编译器 javac.exe 负责将 Java 源程序（.java）编译成字节码文件（.class）。Java 语言还有一个 JIT 编译器，负责将 Java 字节码转成机器码。许多编译器可以作为独立的插件集成到软件开发环境之中。

4. 调试工具

调试工具的主要职责是辅助程序员完成代码的调试工作，以查看语句的执行情况，定位代码的缺陷位置。它提供了代码运行和调试的诸多功能，包括逐条语句执行、逐个过程执行、设置程序断点、查看变量值等。每一种程序设计语言通常都有其配套的代码调试工具，它们可集成到软件开发环境之中，如 Visual Studio 中针对 C/C++ 代码的调试器 Debugger、Eclipse 中针对 Java 代码的调试器。

5. 测试工具

软件测试工具主要辅助程序员、软件测试工程师等完成代码测试工作，它们提供了测试用例自动生成、运行测试代码和测试数据、发现和提示代码缺陷、生成软件测试报告等一系列功能。根据功能和目的的差异性，测试工具还可以进一步分为测试管理工具、接口测试工具、白盒测试工具、性能测试工具等。

6. 集成开发环境

软件实现涉及一系列软件开发活动，每一项开发活动都有相应的 CASE 工具支持。不同的软件开发活动之间还存在相关性，如将编写的代码交给编译器进行编译，将编译后的代码交给软件测试工具进行测试等。这意味着不同的软件工具之间存在交互和信息共享。为此，人们将这些软件开发工具有机地集成在一起，实现数据的共享和交换，从而形成集成开发环境，典型的例子包括 Eclipse 和 Visual Studio。

11.5　软件实现的输出

软件实现工作完成之后，将产生和输出以下的软件制品：
① 源代码。
② 部署在不同计算节点上的可执行程序代码。
③ 软件测试报告等。

本章小结

本章围绕软件实现,介绍了软件实现的概念、过程和原则;程序设计语言的类别和选择,以及常见的主流程序设计语言 C/C++、Java 和 Python;高质量编程的原则和规范;支持软件实现的 CASE 工具和环境。概括而言,本章具有以下核心内容:

- 软件实现旨在基于软件设计模型编写目标软件系统的程序代码,并对代码进行必要的测试,以发现和纠正代码中存在的缺陷,并将目标代码部署到计算机上运行。
- 软件实现包括编码、测试、调试、部署等一系列活动。
- 软件实现要基于软件设计模型开展工作,并将质量保证贯穿全过程。
- 在编程实现阶段,要根据软件所属的应用领域、与遗留系统的交互、程序员的经验等多个方面,考虑选择哪种程序设计语言进行编程。
- 高质量的编程极为重要,它需要程序员遵循编码的原则和规范。
- 在编程实现阶段,程序员和软件测试工程师需要借助一系列软件工具辅助软件编程、测试、调试、编译等工作。

推荐阅读

SUTTER H,ALEXANDRESCU A. C++编程规范:101 条规则、准则与最佳实践 [M]. 刘基诚,译. 北京:人民邮电出版社,2016.

本书作者是两位知名的 C++ 领域专家,他们将 C++ 编程的集体智慧和经验汇集成一套编程规范。该规范可以作为开发团队制定实际开发规范的基础,也是 C++ 程序员应该遵循的行事准则。本书内容涵盖了 C++ 程序设计的诸多方面,包括设计和编码风格、函数、操作符、类的设计、继承、构造与析构、赋值、名字空间、模块、模板、泛型、异常、STL 容器和算法等。书中对每一条规范都给出了言简意赅的描述,并辅以实例说明;另外还给出了从类型定义到错误处理等方面的大量实践示例。

基础习题

11-1 软件实现是否等同于编写代码?它们二者之间存在什么样的关系?

11-2 软件实现包含哪些工作?这些工作分别由哪些类别的人员来完成?

11-3 简要介绍软件实现的过程。

11-4 为什么程序员需要根据软件设计模型来编写程序？如果不按照设计模型来编程会产生什么样的后果？

11-5 程序员的职责是什么？单元测试是由程序员完成还是由软件测试工程师完成，为什么？

11-6 为什么说 C++ 是一类混合型程序设计语言，而 Java 是纯粹的面向对象程序设计语言？

11-7 对比分析 C++、Java 和 Python 三种主流程序设计语言有何本质性的差别。

11-8 简要说明高质量的编程要遵循哪些基本原则。

11-9 阅读 C++ 编程规范方面的书籍，归纳总结 C++ 编程需要遵循哪些主要的风格。

11-10 阅读 Java 编程规范方面的书籍，归纳总结 Java 编程需要遵循哪些主要的风格。

11-11 综合多种语言的编程规范，说明有哪些独立于语言的编程规范。列举出你认为重要的编程规范。

11-12 安装和使用 Visual Studio 和 Eclipse 软件，它们分别提供哪些工具以辅助和支持软件实现的工作。

11-13 列举出你在软件实现过程中最常用的 CASE 工具。

11-14 尝试使用 Microsoft Copilot 工具进行编码工作，分析基于 Copilot 的编程有何特点，它可辅助程序员完成哪些方面的编码工作？生成程序代码的质量如何？

综合实践

1. 综合实践一

实践任务：熟练掌握开源软件的编程语言，熟练掌握支撑开源软件开发的 CASE 工具及其使用。

实践方法：针对开源软件的编程语言，熟练掌握其使用及编程规范；基于开源软件的维护要求，选择并熟练掌握相应的 CASE 工具。

实践要求：熟练掌握并能有效使用开源软件维护的编程语言及 CASE 工具。

实践结果：无。

2. 综合实践二

实践任务：选定软件开发的编程语言及 CASE 工具。

实践方法：针对待开发软件系统的特点和要求，考虑程序员的实际能力和编程经验，选择软件开发的编程语言；结合软件开发的具体要求，选择 CASE 软件工具或环境。

实践要求：熟练掌握编程语言和 CASE 工具及环境的使用。

实践结果：无。

第 12 章

编写代码

对于许多软件工程师而言，编写代码远比需求分析、软件设计、软件测试等更具吸引力。通过编写一行行可运行的程序代码，程序员能够获得更大的成就感。然而，编写代码绝不仅仅是完成代码编写工作，程序员还需要完成与之相对应的质量保证工作，这些工作对程序员的知识、经验、技能等提出了一系列要求。如何编写出缺陷少且可读性好的有效程序代码，是一项重要的挑战。解决这一问题的方法之一，就是借助开源技术问答社区中的群智知识。基于技术问答来解决编程和调试中遇到的问题，重用问答社区中的代码片段来编写代码。为此，程序员需要在掌握程序设计语言的基础上，进一步掌握编写代码的相关技术、技巧和技能。

本章聚焦于编写代码工作，介绍编写代码的任务，基于软件设计编写代码的策略和方法，基于代码片段的软件重用，程序缺陷的概念、状态与应对方法，程序调试的过程与步骤，以及基于群智知识的编程问题解决。读者可带着以下问题来学习和思考本章的内容：

- 编写代码的任务是什么？包括哪些软件开发活动？

- 如何根据软件设计模型和文档编写代码？

- 如何通过技术问答社区重用细粒度的程序代码片段？

- 何为软件缺陷，它与软件错误、失效等概念之间有何差别？

- 如何借助技术问答社区中的群智知识来解决编程和调试中遇到的技术问题？

- 程序调试的任务和目的是什么？

- 程序调试的策略和方法有哪些？

12.1　编写代码的任务

编写代码旨在根据软件设计信息，借助程序设计语言，编写出目标软件系统的源代码，开展程序单元测试、代码审查等质量保证工作，以发现所编写代码中存在的缺陷和问题，并通过程序调试定位缺陷位置和发现问题根源，进而修复缺陷和解决问题。因此，编写代码既是一个生成代码的过程，也是对生成的代码进行质量保证的过程。

微视频：如何编写代码

需要强调的是，编写代码是一个兼具软件创作和软件生产的过程，程序员需要在二者之间进行折中，达成某种平衡。

首先，编写代码是程序员的创作过程。根据软件需求所描述的问题、软件设计所提供的设计方案，程序员通过程序设计语言自由地开展代码创作，编写出满足要求的程序代码。在此过程中，程序员需要充分发挥其创新性和主观能动性，创作出算法精巧、运行高效、反映其编程技巧的代码。

其次，编写代码也是一个生产过程。这就意味着程序员需要基于软件设计模型和文档，遵循特定的编程风格，按照软件质量保证的规范和要求编写出高质量的代码。在此过程中，程序员需要约束其编程行为，防止随意性、自由性的编程活动，确保其编程活动及其所产生的程序代码满足工程化开发的要求。

总之，编写代码既要开展软件生产，按照规范和要求循规蹈矩地编写代码，但是也不能过于僵化和保守，影响程序代码的创作。编写代码也要鼓励代码创作，根据程序员的技能和水平编写出独特、精巧和高效的代码，但也不能过于自由，导致编写代码过于散漫，影响程序代码的质量。

12.2　基于软件设计编写代码

就面向对象程序设计而言，编写代码就是将用 UML 描述的软件设计模型映射为用程序设计语言所描述的程序代码，主要包含三方面工作：编写类代码、编写用户界面代码、编写数据设计代码。

12.2.1　编写类代码

类设计模型（包括设计类图、类方法实现的活动图、状态图等）详细描述了目标软件系统中的类及其属性、方法等详细设计信息。程序员需要将这些 UML 模型中的设计信息（如类名称、可见性、属性、方法、接口及实现算法等）转换为用程序设计语言表达的程序代码。在此过程中，如果软件设计模型没有提供足够详细、具体的设计信息，程序员还需要对软件设计模型做进一步的细化和精化，以获得足以支持编写代码的翔实设计细节。具体地，编写类代码主要完成以下的工作。

1. **编写实现类的代码**

软件设计模型详细描述了软件系统中类的详细设计信息。程序员需要将这些设计信息直接转换为用程序设计语言表示的实现结构和代码。

示例 12.1   编写 User 设计类的代码

根据 User 设计类的 UML 模型信息，程序员可以用 Java 语言编写出 User 类的以下实现代码。为了完整地支持 User 类的实现，程序员还需要补充和细化 User 类的方法设计，增加包括构造函数 User()、getUserName()、getUserMobile()、getUserType() 等方法。

```java
public class User {
    private String account;                          // 用户的账号
    private String password;                         // 用户的密码
    private String name;                             // 用户的名字
    private String mobile;                           // 用户的移动手机号
    private int type;                                // 用户的类别
    public void User(String account, String password);              // 构造函数
    public void User(String account, String password,
    String name, String mobile, int type);
    public String getUserName();                     // 获取用户的名字
    public String getUserAccount();                  // 获取用户的账号
    public int getUserType();                        // 获取用户的类别
    public String getUserMobile();                   // 获取用户的手机号
    public void setUserPsw(String userPsw);          // 设置用户的密码
}
```

示例 12.2   编写 LoginManager 设计类的程序代码

根据 LoginManager 设计类的 UML 模型信息，程序员可以用 Java 语言编写出 LoginManager 类的以下实现代码。由于 LoginManager 类与 UserLibrary 类之间存在单向的关联关系，因而需要精化 LoginManager 类的属性设计，增加 UserLibrary 类对象的属性。同时，LoginManager 类在创建时需要完成一些必要的初始化工作，如实例化 UserLibrary 类对象等，因而需要精化其类方法的设计，增加构造函数 LoginManager() 方法。

```java
public class LoginManager{
    private UserLibrary userLib;                     // UserLibrary 的对象
    public void LoginManager();                      // 构造函数
```

```
        public int login(account, password);          // 用户登录
        public boolean isUserValid(String account,
String password);                                     // 判断用户是否合法
}
```

示例 12.3　编写 EndControlNode 节点类的程序代码

根据 EndControlNode 节点类的设计信息，程序员可用 C++ 语言编写出 EndControlNode 类的以下实现代码。考虑到 EndControlNode 类在创建时需要完成一些必要的初始化工作，因而需要增加 EndControlNode 类的构造函数 EndControlNode()。

```
// 用 C++ 编写的 EndControlNode 程序代码
class EndControlNode{
public:
        void EndControlNode();          // 构造函数
        void publishRobotStatus();      // 发布机器人状态信息
        void publishRobotStatus(int MovingVelocity, int MovingAngle,
        int Distance, int MovingState)  // 发布机器人状态信息
private:
        string ControlCommand;          // 用户的控制命令
        Robot robot;// 系统中的 Robot 对象
};
```

2. 编写实现类方法的代码

一般地，类设计模型还提供了关键类方法的实现算法，以详细描述这些类方法的内部实现细节。类方法的实现细节通常用 UML 的活动图来表示，程序员可以以此为依据编写类方法的实现代码。

示例 12.4　编写 LoginManager 类中 login() 方法的代码

图 10.21 用活动图描述了 LoginManager 类中 login() 方法的实现算法。基于该设计信息，程序员可以用 Java 语言编写出 login() 方法的程序代码，具体如下：

```
public int login(String account, String password) {
        final int ERROR_ACCOUNT_EMPTY = 1;          // 账号为空的错误代码
        final int ERROR_PASSWORD_EMPTY = 2;         // 密码为空的错误代码
        final int ERROR_INVALID_USER = 3;           // 用户非法的错误代码
        final int LOGIN_SUCCESS = 0;                // 用户合法的代码
        int result ;

        if (account.getLength() == 0) {             // 检查 account 是否为空串
            result = ERROR_ACCOUNT_EMPTY;           // 表示账号为空
        } else if (password.getLength() == 0){      // 检查 password 是否为空串
            result = ERROR_PASSWORD_EMPTY;          // 表示密码为空
        } else {
```

```
// 向 UserLibrary 对象发消息以验证用户的身份是否合法
boolean validUser = userLib.isUserValid(account, password);
if (validUser) {
        result = LOGIN_SUCCESS;
    } else {
        result = ERROR_INVALID_USER;
    }
}
return result;
}
```

示例 12.5　编写 ElderInfoAnalyzer 类中 detectFallDown() 方法的代码

根据图 10.22 所描述的 detectFallDown() 方法的实现算法，程序员可以用 C++ 语言编写出实现该方法的以下程序代码：

```
// 以下方法检测老人是否摔倒
bool detectFallDown()
{
    static double tin, tout;
    if (framenumber%11 == 1) {
        tin = static_cast<double>(GetTickCount());          // 初始时间
        SpineHeightin = XN_SKEL_LEFT_HIP.Position.Y +
                    XN_SKEL_RIGHT_HIP.Position.Y;
                    // 获取中心点初始时高度
    }
    if (!(framenumber % 11)) {
        tout = static_cast<double>(GetTickCount());          // 结束时间
        SpineHeightout = XN_SKEL_LEFT_HIP.Position.Y +
                    XN_SKEL_RIGHT_HIP.Position.Y;
                    // 获取中心点结束时高度
        tframe = (tout-tin) / getTickFrequency();            // 计算时间差
        SpineV = (SpineHeightin-SpineHeightout)/tframe;
                    // 计算中心点速度
        if ((SpineV) > 1.37)          // 判断中心点速度是否大于 1.37 m/s
            vDetection = true;
        else
            vDetection = false;
    }

    // 检测高度特征，这里转化为 spine 和 foot 之间的高度
    if ((XN_SKEL_RIGHT_HIP.Position.Y-XN_SKEL_RIGHT_FOOT.Position.Y) <
        0.22)
    {   cv::waitKey(5);                      // 停留 5 s
```

```
                    if ((XN_SKEL_RIGHT_HIP.Position.Y−XN_SKEL_RIGHT_FOOT.Position.Y)
                        < 0.22)
                    {                                    // 若两髋中心点高度仍小于 0.22 m
                        if (vDetection){                 // 检测到老人摔倒
                            HeightDetection = true;
                            vDetection = false;
                            return true;
                        }
                    }
                        else HeightDetection = false;
                }
                return false;
            }
```

3. 编写实现类间关联的代码

类设计模型可能还包含有表征不同类间关联关系的语义信息。关联关系表示多个类之间存在某种逻辑关系，它可以是单向的，也可以是双向的。在编写代码时，需要将类间关联关系的语义信息具体落实到相应类的程序代码中，即综合考虑关联关系的方向性、多重性、角色名和约束特性等信息来编写相关的类程序代码。例如，如果一个类 A 与另一个类 B 存在单向关联，那么意味着类 A 中存在一项属性 p 记录了类 B 的对象或者其指针和引用，进而可以支持类 A 的对象来访问类 B 的对象。属性 p 的名称对应于角色名，其类型为类 B。

示例 12.6　编写实现 LoginManager 类与 UserLibrary 类间关联关系的代码

LoginManager 类与 UserLibrary 类之间存在关联关系。基于该设计信息，程序员可以编写出实现该关联关系的 Java 语言程序代码。LoginManager 中增加了一个属性来保存 UserLibrary 类对象，从而使得 LoginManager 类对象可以访问 UserLibrary 类对象，并向其发送消息以验证用户身份的合法性。

```
public class LoginManager {
    private UserLibrary userLib;//UserLibrary 的对象
    ...
}
```

4. 编写实现设计类间聚合和组合关系的代码

类设计模型可能包含有表征类间聚合和组合关系的语义信息，在编写程序代码时需要将该语义信息转换为相应的代码实现。由于聚合和组合关系是一种特殊的关联关系，因而可以采用类似于实现关联关系的方法来编写实现聚合和组合关系的代码。需要注意的是，在聚合和组合关系中，整体类和部分类之间往往存在多重性，即数量上的关系，因而在编写相关代码时需要根据多重性来设计相应类属性的数据结构。

5. 编写实现接口关系的代码

类设计模型可能包含有表征类与接口之间实现关系的语义信息。在编写目标软件系统的程序代码时，需要针对该语义信息编写相关的程序代码。在面向对象的软件模型中，接口是一种特殊的类。诸多面向对象程序设计语言（如 Java、C++ 等）提供了专门针对接口实现的语言机制，因而可以直接将接口设计信息转换为相应的程序代码。

6. 编写实现继承关系的程序代码

在面向对象的软件设计模型中，不同类间通过继承关系来实现子类继承父类的属性和方法。继承既是一种用于表示类间一般和特殊关系的机制，也是实现软件重用的一种重要方式。许多面向对象程序设计语言都提供了继承机制以及相应的语言设施。比如，Java 语言支持单重继承，C++ 语言支持多重继承。在编写代码时，可以将设计模型中的类间继承关系用程序设计语言提供的语言机制来表示。

示例 12.7　编写实现类间继承关系的代码

Elder、FamilyMember、Doctor、Administrator 等类与 User 类之间存在继承关系。基于该设计信息，程序员可以用 Java 语言编写出实现该继承关系的如下代码：

```
public class FamilyMember extends User{
    // 特有的成员属性
    // 特有的成员方法
}
```

图 12.1 描述了 LoginUI 用户界面类如何通过继承 Activity 类来实现其职责。基于该设计信息，程序员可以编写出实现该继承关系的如下 Java 语言程序代码：

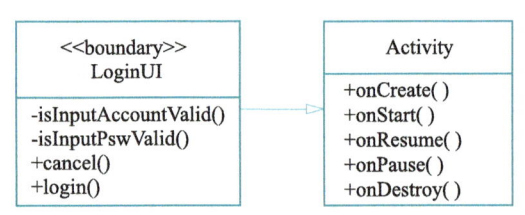

图 12.1　描述继承关系的软件设计模型

```
public class LoginUI extends Activity {
    // 成员方法说明
    public void login();
    public void cancel();
    public boolean isInputAccountValid();
    public boolean isInputPswValid();
}
```

7. 编写实现包的代码

在开展软件体系结构设计、子系统 / 构件设计和用户界面设计时，软件设计工程师通常利用子系统来将若干设计类组织在一起，以对目标软件系统中的设计类进行结构化、层次化的组织，从而使得整个软件系统的类结构更为直观和清晰。这种处理方式有助于提高软件系统的可维护性。

在面向对象的软件设计中，通常用包来组织和管理软件系统中的类。从某种意义上看，包是对软件系统中模块的逻辑划分，也可以将包视为一种子系统。面向对象程序设计语言提供了对包进行编程的语言机制，每个包对应于代码目录结构中的某个目录。

12.2.2　编写用户界面代码

用户界面设计模型描述了构成用户界面的各个界面设计元素（包括静态元素、动态元素、用户输入元素、用户命令元素等），以及用户界面之间的跳转关系。在编码阶段，程序员需要将这些界面设计信息用程序设计语言加以描述，包括编写界面类属性的代码以定义界面设计元素，编写界面类的方法以对界面操作或者对界面事件进行响应处理，从而完整地实现用户与界面之间的双向交互。

示例 12.8　编写 LoginUI 用户界面的程序代码

"空巢老人看护"软件的用户登录界面 LoginUI 有两个用户输入界面元素（分别用于输入用户的账号和密码），4 个用户命令界面元素（分别对应"忘记密码？""短信验证登录？""取消""登录"）。该用户界面的程序代码描述如下：

（1）用户登录界面的主体类

```
package com.example.elder_carer;
import android.app.Activity;
import android.content.Intent;
import android.os.Bundle;
import android.view.View;
import android.view.View.OnClickListener;
import android.widget.Button;
import android.widget.EditText;
import android.widget.ImageView;
import android.widget.TextView;
import android.widget.Toast;
//LoginUI 界面类
public class LoginUI extends Activity {
    private EditText mAccount;
    private EditText mPsw;
    private Button mCancelButton;
```

```java
private Button mLoginButton;
private UserLibrary mUserLibrary;

public void onCreate(Bundle savedInstanceState) {
    ...
}
// 用户登录方法
public void login() {
    ...
}
// 取消登录方法
public void cancel() {
    ...
}
// 判断用户的输入账号是否有效
public boolean isInputAccountValid() {
    ...
}
// 判断用户输入的密码是否有效
public boolean isInputPswValid() {
    ...
}
protected void onResume() {
...
}
protected void onDestroy() {
    ...
}
protected void onPause() {
    ...
}
}
```

（2）"取消"和"登录"用户命令的程序代码

```java
OnClickListener mListener = new OnClickListener() {
    public void onClick(View v) {
        switch (v.getId()) {
            case R.id.login_btn_cancel:// 取消
                onPause();
                break;
            case R.id.login_btn_login:// 确认
                login();
                break;
        }
```

```
        }
    };
```

12.2.3 编写数据设计代码

在软件设计阶段，数据设计定义了软件系统中需要持久保存的数据及其组织（如数据库的表、字段）和存储（如数据库中的记录）方式，设计了相应的类及其方法来读取、保存、更新和查询持久数据。在编码阶段，程序员需要根据这些数据设计信息，在数据库管理系统中创建相应的数据库关系表格及其内部的各个字段选项等，确保它们满足设计的要求和约束；同时编写相应的程序代码来操作数据库，如增加、删除、更改、查询数据记录等。

示例 12.9   编写针对 User 数据持久保存和操作的程序代码

"空巢老人看护"软件需要建立一张数据库表以持久存储系统中用户注册的基本信息，包括用户名、账号、密码、移动手机号、类别等，为此设计了 User 数据库表 "T_User"。假设用 MySQL 数据库管理系统来管理软件系统的数据库。下面的程序代码描述了如何创建数据库表以及如何对数据库中的数据进行操作，包括查询、增加、删除、更改等。

（1）创建用户的数据库表 T_User

```
private static final String TABLE_NAME = "T_User";
public static final String USER_ACCOUNT = "user_account";
public static final String USER_NAME = "user_name";
public static final String USER_PSW = "user_password";
public static final String USER_MOBILE = "user_mobile";
public static final int USER_TYPE = "user_type";

// 创建数据库表 "T_User" 的 SQL 语句
String DB_CREATE = "CREATE TABLE " + TABLE_NAME + "(" + USER_ACCOUNT +
        " varchar primary key," + USER_NAME + "varchar," + USER_PSW +
        " varchar," + USER_MOBILE + " varchar," + USER_TYPE + " integer" + ");";
db.execSQL("DROP TABLE IF EXISTS " + TABLE_NAME + ";");
            // 执行 SQL 语句
db.execSQL(DB_CREATE);
```

（2）编写与数据库建立连接的程序代码

```
// 打开数据库
public void openDataBase() throws SQLException {
    mDatabaseHelper = new DataBaseManagementHelper(mContext);
    mSQLiteDatabase = mDatabaseHelper.getWritableDatabase();
```

```
    }
// 关闭数据库
public void closeDataBase() throws SQLException {
    mDatabaseHelper.close();
}
```

（3）编写操作数据库的程序代码

```
// 向数据库表中插入用户的数据
public booean insertUser(User user) {
    String UserAccount = user.getUserAccount();
    String UserName = user.getUserName();
    String UserPsw = user.getUserPsw();
    String UserMobile = user.getUserMobile();
    int UserType = user.getUserType();
    ContentValues values = new ContentValues();
    values.put(USER_NAME, UserName);
    values.put(USER_PSW, UserPsw);
    values.put(USER_MOBILE, UserMobile);
    values.put(USER_TYPE, UserType);
    return mSQLiteDatabase.insert(TABLE_NAME, ID + "=" + UserAccount, values);
}

// 更新数据库中的用户数据
public boolean updateUser(User user) {
    String UserAccount = user.getUserAccount();
    String UserName = user.getUserName();
    String UserPsw = user.getUserPsw();
    String UserMobile = user.getUserMobile();
    int UserType = user.getUserType();
    ContentValues values = new ContentValues();
    values.put(USER_ACCOUNT, UserAccount);
    values.put(USER_NAME, UserName);
    values.put(USER_PSW, UserPsw);
    values.put(USER_MOBILE, UserMobile);
    values.put(USER_TYPE, UserType);
    return mSQLiteDatabase.update(TABLE_NAME, values, ID + "=" + userAccount,
                                  null) > 0;
}

// 在数据库中删除用户数据
public boolean deleteUser(User user) {
    String UserAccount = user.getUserAccount();
    return mSQLiteDatabase.delete(TABLE_NAME, ID + "=" + UserAccount,
                                  null) > 0;
```

```
        }

        // 通过账号获取用户
        public User getUserByAccount(String account){
            Cursor mCursor = mSQLiteDatabase.query(TABLE_NAME, USER_ID + " = "
                            +account, null, null, null, null, null);
            if(mCursor! = null){
                int columnIndex = mCursor.getColumnIndex(USER_NAME);
                String userName = mCursor.getString(columnIndex);
                columnIndex = mCursor.getColumnIndex(USER_PSW);
                String userPsw = mCursor.getString(columnIndex);
                columnIndex = mCursor.getColumnIndex(USER_MOBILE);
                String userMobile = mCursor.getString(columnIndex);
                columnIndex = mCursor.getColumnIndex(USER_TYPE);
                int userType = mCursor.getString(columnIndex);
                user = new User(account, userName, userPsw, userMobile, userType);
                            mCursor.close();
                return user;
            }
            return null;
        }

        // 基于账号和密码来判断用户身份的合法性
        public boolean verifyUserValidity(String account,String psw){
            boolean result = FALSE;
            Cursor mCursor = mSQLiteDatabase.query(TABLE_NAME, null, USER_ID +
                            " = " + account + " and " + USER_PSW + " = " + psw, null,
                            null, null, null);
            if(mCursor!=null){
                result=TRUE;
                mCursor.close();
            }
            return result;
        }
```

12.3　代码片段重用

　　类代码包含一组语句序列来实现类的各个功能及方法。这些语句序列通常组织为一个个代码片段，每个代码片段实现了类中的一个具体、细粒度功能，如与远端数据库服务器建立连接、向远端的 Socket 程序发送一段数据等。

代码片段的编写非常考验程序员的编程能力和水平。有经验的程序员可以基于详细设计模型以及对程序设计语言的深入理解，编写出精巧、优雅、高效的程序代码。当然，程序员也可以通过重用他人的程序代码来编写这些代码片段。

在开源技术问答社区中，大量的程序员在其中分享了许多形式多样、极有价值的代码片段。这些代码片段通常都经过实践检验，因而表现出较高的代码质量。在编写代码的工程中，程序员可以针对其代码编写要求，到开源技术问答社区中寻找相关的代码片段，然后通过对代码片段的理解，选定和重用所需的代码片段，完成相应的编程任务。

示例 12.10   重用开源技术问答社区中的代码片段

假设程序员需要编写一段代码，以建立与远端数据库服务器的连接。尽管程序员读懂了详细设计文档和模型，但是不知道如何借助 Java 语言来编写出该段代码。为此，程序员可以访问 Stack Overflow、CSDN 等技术问答社区，在其中搜寻可有效实现数据库连接的代码片段。

图 12.2 描述了在 CSDN 中找到的一段用 Java 语言编写的代码片段，该代码片段完成与 MySQL 数据库服务器的连接功能。程序员需要阅读和理解该程序片段，掌握其实现的思路和方法。如果认为代码具有参考和借鉴价值，可以将该代码片段复制到自己的程序中，通过对代码进行必要的修改以完成该部分代码片段的编写工作。

```
12      try{
13          Class.forName("com.mysql.jdbc.Driver");
14      } catch (ClassNotFoundException e){
15          System.out.println("未能成功加载驱动程序,请检查是否导入驱动程序!");
16          e.printStackTrace();
17      }
18      Connection conn = null;
19      try{
20          conn = DriverManager.getConnection(URL, NAME, PASSWORD);
21          System.out.println("获取数据库连接成功");
22      }catch (SQLException e){
23          System.out.println("获取数据库连接失败");
24          e.printStackTrace();
25      }
```

图 12.2   CSDN 中用 Java 语言描述的数据库连接的代码片段

12.4   软件缺陷

人总是会犯错误的，软件工程师也不例外。在软件开发过程中，不同角色的软件开发人员参与不同形式的软件开发活动时经常会不经意地犯错误，进而使软件制品中存在缺陷。

微视频：软件缺陷的特点

12.4.1 软件缺陷、错误和失效的概念

所谓"软件缺陷"是指软件制品中存在不正确的软件描述和实现。关于软件缺陷，需要强调以下三点：

① 存在缺陷的软件制品不仅包括程序代码，还包括需求和设计的模型和文档。当然，软件需求和设计中的缺陷会最终反映在程序代码中。例如，由于需求工程师对用户需求理解的偏差，导致需求模型未能正确地反映用户的实际要求，这就是一个典型的软件缺陷。软件缺陷还反映在程序代码中。例如，用户将某条语句中的"＋"符号错误写成了"－"符号，或者将判断相等的符号"＝＝"错写成了赋值符号"＝"，这些都属于软件缺陷。

② 软件缺陷产生于软件开发全过程，只要有人介入的地方就有可能产生软件缺陷。在需求分析、软件设计、编写代码、软件测试等软件开发阶段，软件工程师都有可能犯这样那样的错误，从而将缺陷引入这些阶段的软件制品之中。

③ 任何人都有可能在软件开发过程中犯错误而引入软件缺陷，包括需求工程师、软件架构师、软件设计工程师、程序员、软件测试工程师等。一些研究表明，对于大型复杂的软件系统而言，软件缺陷不可避免，要开发出零缺陷的软件系统几乎是不可能的。

无论是高层的需求分析和软件架构缺陷，还是底层的详细设计缺陷，它们最终都会反映在软件的程序代码之中，导致程序代码存在缺陷。存在缺陷的程序代码在运行过程中会产生不正确或者非预期的运行状态，比如经过计算后某个变量的取值不正确、接收到的消息内容不正确、打开一个非法的文件等，我们将这种情况称为"软件出现了错误"。当然，运行错误的程序无法为用户提供所需的功能和行为，如用户无法正常登录到系统中、无法正确地分析出老人是否处于摔倒的状态等，在此情况下我们称"软件出现了失效"。因此，软件错误的根源在于程序中存在缺陷，程序的错误运行必然导致软件失效。错误和失效是软件缺陷在程序运行时的内部展示和外在表现。

12.4.2 软件缺陷的描述

由于软件缺陷不可避免，因而在软件开发全过程，软件开发人员需要通过各种方式和手段来发现软件制品中存在的缺陷，并对发现的缺陷进行详细的描述，以帮助相关人员理解、分析、纠正和修复软件缺陷。

一般地，软件工程师可以从以下几个方面对软件缺陷进行详细的描述：

① 标识符。每个软件缺陷都被赋予一个唯一的标识符。

② 类型。需说明软件缺陷的类型，如需求缺陷、设计缺陷、代码缺陷。代码缺陷还可以进一步区分为逻辑缺陷、计算缺陷、判断缺陷等。

③ 严重程度。根据软件缺陷所产生的后果，大致可以将软件缺陷的严重程度分为危急、严重、一般、轻微几种类型。危急程度的软件缺陷会影响软件的正常运行，甚至危及用户安全；严重程度的软件缺陷会导致软件丧失某些重要的功能，或者出现错误的结果；一般程度的软件缺陷会使软件丧失某些次要的功能；轻微的软件缺陷会导致软件出现小问题，但是不影响正常的运行。

④ 症状。症状即软件缺陷所引发的程序错误是什么，有何具体的运行表现。

⑤ 修复优先级。修复优先级指缺陷应该被修复的优先程度，包括非常紧迫、紧迫、一般和不紧迫几种。缺陷修复的优先级与软件缺陷的严重程度密切相关。

⑥ 状态。需描述缺陷处理的进展状态，如已经安排人员来处理、正在修复、修复已经完成等。

⑦ 发现者。指谁发现了软件缺陷。

⑧ 发现时机。发现时机指在什么状况下发现软件缺陷，如在文档评审阶段、代码走查阶段、软件测试阶段等；程序在输入什么样的数据时产生缺陷等。

⑨ 源头。需指出软件缺陷的源头在哪里，如软件文档的哪一部分、哪些分析和设计模型、哪个类代码等存在缺陷。

⑩ 原因。需说明导致软件缺陷的原因是什么。

12.4.3　软件缺陷的应对方法

既然软件缺陷不可避免，如何应对软件缺陷就成为软件工程师和软件项目团队所面临的现实问题。对于大规模、复杂和安全攸关的软件系统而言，项目团队应采取有效的举措来积极应对软件缺陷。软件缺陷的应对方法大致可分为以下 4 类：

微视频：如何发现和处理软件缺陷

① 预防缺陷。通过运用各种软件工程技术、方法和管理手段，在软件开发过程中预防和避免软件缺陷，减少软件缺陷的数量，降低软件缺陷的严重程度。软件工程师难以做到不犯错误，但是可以通过积极的手段让软件工程师少犯错误，尽可能不犯严重的错误。在软件开发过程中，软件项目团队可以采用结对编程、严格的过程管理、必要的技术培训、CASE 工具的使用等手段，起到预防缺陷的作用。

② 容忍缺陷。由于软件缺陷不可避免，软件工程师可以考虑增强软件缺陷的容忍度，借助软件容错机制和技术，允许软件出现错误，但是在出现错误时软件仍然能够正

常地运行。在高可靠软件系统的开发过程中，软件工程师通常需要提供容错模块和代码，显然这会增加软件开发的复杂度和冗余度。

③ 发现缺陷。在软件开发的各个阶段，软件工程师会不经意地在软件制品中引入软件缺陷。为此，软件工程师需要通过有效的技术和管理手段来发现这些软件缺陷。例如，制订和实施软件质量保证计划，开展软件文档和模型评审、程序代码走查、软件测试等工作，它们都可以帮助软件工程师找到潜藏在文档、模型和代码中的软件缺陷。

④ 修复缺陷。如果发现了软件制品中存在的缺陷，软件工程师就需要通过一系列手段来修复缺陷。典型的方法就是采用程序调试等手段来找到缺陷的原因、定位缺陷的位置，进而修改存在缺陷的程序代码，将软件缺陷从软件制品中移除出去。

12.4.4 软件缺陷的状态

一旦发现了软件缺陷，软件工程师就要想尽一切办法来修复缺陷。显然，无论是发现缺陷还是修复缺陷，都是一项费时费力的工作，需要持续一段时间。在缺陷发现和修复的过程中，软件缺陷会处于不同的状态，软件开发人员需要根据软件缺陷的不同状态采用不同的应对方法：

① 尚未确认（unconfirmed）：有人汇报了软件缺陷，但是尚未确认该软件缺陷是否真实存在。

② 有效（new）：经过确认，所汇报的软件缺陷真实存在，被正式视为新缺陷，并等待进一步处理。

③ 无效（invalid）：经过确认，所汇报的软件缺陷并不存在，是一个无效的软件缺陷汇报。

④ 重复（duplicate）：该软件缺陷之前已经有人汇报过，属于重复性软件缺陷。

⑤ 已分配（assigned）：已安排人员负责修复缺陷。

⑥ 已修复（fixed）：缺陷已经修复。

⑦ 信息不完整（incomplete）：缺陷的描述信息不完整，导致相关人员无法准确和清晰地理解缺陷的内容。

⑧ 已解决（resolved）：针对该缺陷的处理已经完成。

⑨ 已关闭（closed）：关闭该缺陷，后续将不再针对该缺陷采用任何措施。

图 12.3 描述了软件缺陷处于不同的状态时软件工程师实施的相关行为，以使软件缺陷的状态发生变迁，直至最后关闭软件缺陷。

软件系统中存在的缺陷实际上反映了软件系统的质量。人们基于对软件缺陷的度量和分析，可以计算软件质量的以下属性：

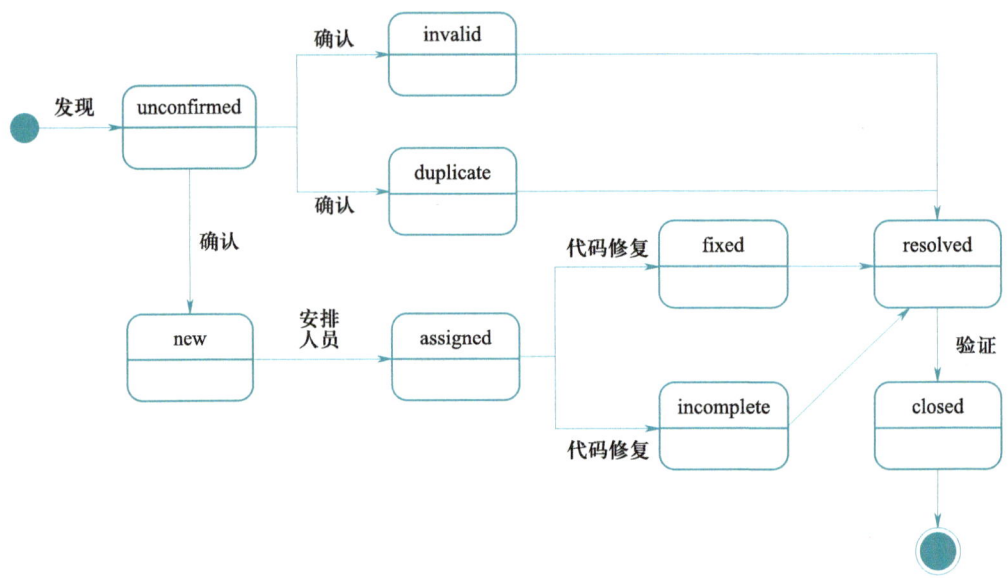

图 12.3　软件缺陷的状态变迁图

① 缺陷密度，指一个软件系统中每千行代码存在的缺陷数量，即

$$DD = 总缺陷数量 / 软件的千行代码量$$

② 缺陷发现率，指某个时间段所注入缺陷的发现率，即

$$DDE = (|Df| / |Dz|)$$

其中，Dz 表示某个时间段内所注入缺陷的集，Df 表示在注入的缺陷集中所发现的缺陷子集。

③ 缺陷移除率，指软件系统在交付使用之前缺陷被移除的比率，即

$$DRE = |Dr| / |Da|$$

其中，Dr 表示被移除的缺陷集合，Da 表示软件系统中的缺陷总集。

④ 潜存缺陷密度，指一个软件系统投入使用后仍然存在的缺陷比率，即

$$DP = 仍然存在的缺陷数量 / 软件的千行代码量$$

12.5　程序调试

如果说软件测试、文档评审的目的是要发现软件制品中的缺陷，那么程序调试就是要基于程序代码确定软件缺陷的原因并定位缺陷的位置，从而知道哪里错了，应如何修复缺陷。

程序调试是程序员的一项基本技能。在编写代码的过程中，程序员需要花费大量

的时间和精力用于程序调试。程序调试通常针对已发现的软件缺陷，在了解软件缺陷的具体症状和错误结果的基础上，通过运行目标软件系统的程序代码，找到缺陷的代码位置、明确软件错误的具体原因，从而开展缺陷修复工作（见图 12.4）。

图 12.4　程序调试示意图

一般地，程序调试的过程和步骤如图 12.5 所示。

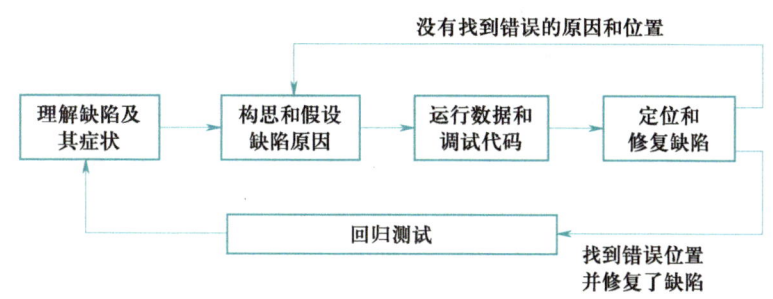

图 12.5　程序调试的过程和步骤

1. 理解缺陷及其症状

程序员首先需要获取软件缺陷的翔实信息，弄清楚程序是在输入什么样的数据时产生了软件缺陷、软件缺陷具有什么样的症状、出现症状时程序处于什么样的状态、这些症状与哪些程序代码相关联等，以此来判断要对哪些程序代码进行什么样的调试。

2. 构思和假设缺陷原因

程序引发缺陷的原因是多样化的，尤其对于并发程序而言更是如此。在进行程序调试时，程序员不能盲目调试，而是要对程序可能出错的原因、缺陷的位置进行构思和假设，然后依次有针对性地进行调试，包括输入测试数据、设置程序断点、查看运行日志和程序变量等。

程序员可以采用多种方法来构思和假设软件缺陷的位置和产生缺陷的原因，并以此来指导程序调试：

① 回溯法。该方法是从出现错误的程序代码处开始，沿着程序执行的控制流往回追踪，及至发现程序代码中的缺陷位置。这一方法的前提是通过测试（如程序单元测试）已知程序出现错误的位置。当然错误的位置不等同于就是缺陷的位置。例如，程序运行到某个位置弹出出错的信息，此处是程序错误的位置，出现这种状况可能是控制流的前面语句而引起的，因而需要往回追寻具体的缺陷代码。

② 排除法。程序员基于软件缺陷的具体信息，通过对程序代码的理解，归纳和演

绎出一组产生软件缺陷的原因和位置，然后输入相关的数据来逐一证明或者反驳这些假设，直至通过程序测试一一排除或者验证了某些假设。例如，针对"用户登录"的软件功能，通过测试发现合法用户无法正常地登录到系统之中，程序员可以依此假设缺陷产生的原因，包括从数据库中读取用户账号和密码数据不正确、进行账号和密码数据比对时代码存在问题、判断逻辑出现错误等，然后逐一进行测试、检验和排除。

③ 盲目法。该方法的特点是软件调试没有针对性，但是程序员在程序中设置了若干断点，输出程序中变量的相关取值，甚至通过语句将程序的运行状况写入日志之中，程序员根据程序运行上下文，通过综合分析来大致判断程序缺陷的具体位置和原因。

3. 运行数据和调试代码

基于以上假设，程序员运行相关的程序代码，输入设定的运行数据，对比程序的实际运行与构思的状况，以此来判断程序缺陷产生的原因，定位程序缺陷的位置。例如，针对"用户登录"功能的缺陷，首先检验从数据库中读取用户账号和密码是否存在问题。为此，需要输入在数据库中存在的合法用户账号，运行数据库读取的程序代码，判断读取的用户信息是否正确。如果读取的用户账号和密码信息为空，那就意味着该部分的程序代码可能存在缺陷，进而导致程序出错。

4. 定位和修复缺陷

根据以上的工作，查清软件缺陷的产生原因，定位软件缺陷的程序代码位置，对程序代码进行修改，进而修复缺陷。当然，代码修复好之后还不能确定修复后的代码就没有问题，也不能保证错误已经排除。有时程序员所看到的只是表面现象，内在的深层次错误原因并没有找到或者找准。另外，导致程序运行错误的原因有多处，程序员只修复了其中的一处缺陷，这种情况下软件缺陷仍然存在。上述这两种情况都无法保证程序经过修复后就可正常工作。此外，程序员在修复程序代码的过程中会再次犯错误，引入新的缺陷。为此，程序员需要进行回归测试，将原先运行的数据再次交给程序进行处理，看看程序是否会产生错误。

12.6 基于群智知识解决编程和调试问题

编码和调试工作对程序员的知识、经验和技能提出了很高的要求。一方面，编码和调试需要开放的知识，包括软件设计的文档和模型、程序设计语言、程序调试技术等；另一方面，编码和调试要求程序员有丰富的软件编程经验、扎实的编码和调试技能、熟练的软件开发工具使用技巧等。即使对于经验丰富的程序员而言，他们在编码和调试中仍然会遇到各种各样的棘手问题，更不用说程序员新手了。例如，明明知道程序出现了错误，但是找不到错误的原因；程序中的错误有时会出现，有时又不会出现；程序代码和他人的程序代码一模一样，但是运行的结果就是不正确等。本节着重介绍借助开源技术来解决程序员遇到的编程和调试问题的方法。

互联网上的开源技术问答社区中聚集了大量软件开发者，他们基于社区开展编程方面的技术问答，分享软件开发经验。这些社区汇聚了海量的软件开发群智知识，典型的有 Stack Overflow、CSDN 等。例如，截至 2021 年 8 月，Stack Overflow 已经汇聚了数百万名的程序员，其中不乏高手；社区的月访问用户量达到 1 亿次，产生了 2 100 多万条问题。

程序员在编程和调试过程中遇到问题时，可以访问 Stack Overflow、CSDN 等社区，寻找针对该问题的解答。由于这些社区已经汇聚了大量的问题资源，程序员遇到的问题大多都可以在社区中找到相关的答案。例如，程序员遇到了一个 socket 连接建立出错的问题，在 Stack Overflow 中输入 "socket connection problem"，Stack Overflow 将返回如图 12.6 所示的查询结果。系统共查找出 13 080 个相关的问题，程序员可以阅读相关问题的回答及评论，寻找自己的问题的解决办法。

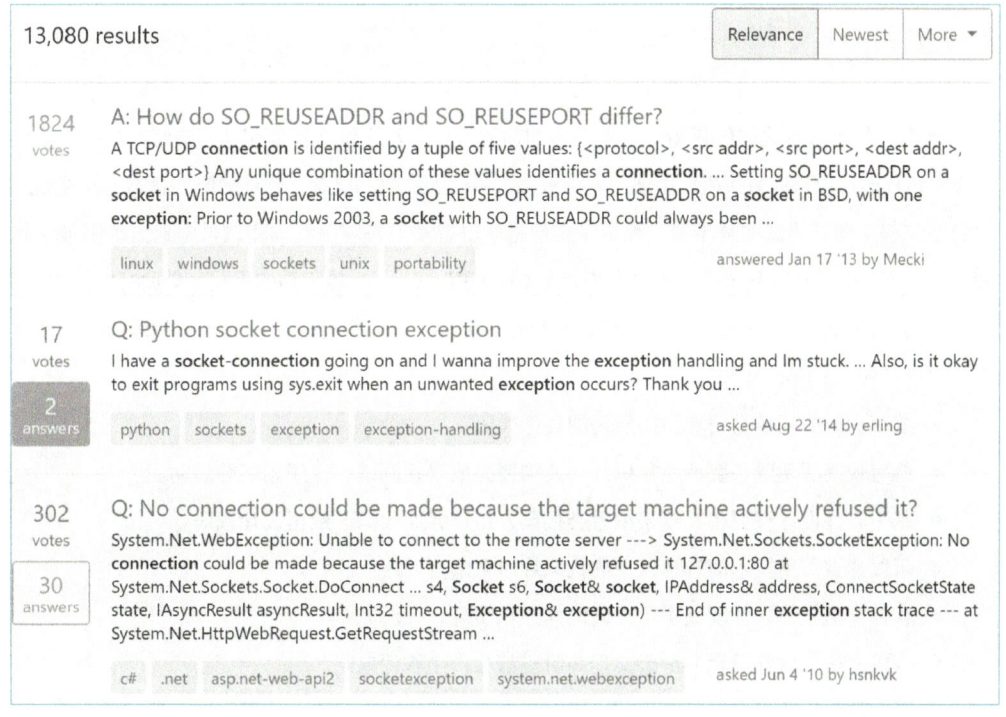

图 12.6　Stack Overflow 查询到的问题及其回答

如果系统中查出的结果中没有程序员所关注的问题，此时程序员可以在 Stack Overflow 中单独提出和发布问题，以寻求社区中其他软件开发者的帮忙和解答。程序员需要用简明扼要的语句来描述问题的标题，详细刻画问题的具体内容，甚至贴上相应的程序代码，并给问题打上标签以说明问题的特征（如用"Java""socket exception"等表示是针对 Java 语言中有关 socket 异常的问题）。一旦有社区用户回答了问题或者给出了问题的相关评论，系统将向程序员展示具体的内容。程序员可以参考社区中用户的回答来解决实际的编程和调试问题。

12.7　编写代码的输出

编写代码的工作完成之后将输出以下的成果：
① 源代码。
② 程序单元测试报告。

本章小结

本章介绍了编写代码的任务以及要开展的活动，如何基于设计模型和文档来编写代码，如何通过重用代码片段来编写代码；阐述了软件缺陷、错误和失效的概念，软件缺陷的状态、描述和应对方法，程序调试的过程及步骤；介绍了如何基于群智知识来解决编码和调试中遇到的困难和问题。近年来，随着智能化软件工程的发展以及 ChatGPT、Copilot 等工具的出现，借助智能化 CASE 工具辅助编码成为一种重要的趋势，极大地简化了编码工作，提升了编码的效率和质量。概括而言，本章包含以下核心内容：

- 编写代码的任务是要产生高质量的程序代码。
- 编写代码活动除了要产生代码外，还需要完成单元测试、程序调试等活动。
- 基于软件设计模型和文档来编写类代码、用户界面代码、数据设计代码。
- 可以通过重用技术问答社区中的代码片段来编写程序。
- 软件缺陷是指软件制品中不正确的描述和实现。
- 需求分析、软件设计、编码实现等阶段都会产生软件缺陷。
- 存在缺陷的代码运行时会出现不正确或者不期望的运行状态，使得程序出现错误。
- 错误运行的程序无法为用户提供所需的功能和行为，导致软件失效。
- 在软件开发过程中，软件工程师及项目团队可以采用多种方式来应对软件缺陷，包括预防、容忍、发现和修复。
- 软件缺陷不可避免，但是通过有效的软件工程技术、方法和管理手段，软件项目团队可减少缺陷数量、降低缺陷的严重程度。

- 需要对软件缺陷症状、源头、原因等信息加以描述，以促进对软件缺陷的理解，推动程序调试和缺陷修复。
- 在发现和修复软件缺陷的过程中，程序员需对软件缺陷采取一系列活动，如确认缺陷是否存在、安排人员来处理缺陷、确认缺陷修复状况等，从而使软件缺陷处于不同的状态。
- 程序调试的目的是要发现缺陷的原因、定位缺陷的位置，从而促进缺陷的修复。
- 程序员可以借助开源技术问答社区中的群智知识来解决编码和调试中遇到的多样化问题。

推荐阅读

张银奎. 软件调试 卷 2：Windows 平台调试［M］. 2 版. 北京：人民邮电出版社，2020.

该书作者长期从事软件开发和研究工作，曾在 Intel 公司工作多年，对 IA-32 架构、操作系统内核、驱动程序、软件调试等有深入的研究。该书是软件调试领域的"百科全书"，围绕软件调试的生态系统、异常和调试器三条主线，介绍软件调试的相关原理和机制，探讨可调试性的内涵和意义，以及实现软件可调试性的原则和方法，总结软件调试的理论和最佳实践。

基础习题

12-1 编写代码需要完成哪些任务？为什么说质量保证要贯穿于编写代码的全过程？

12-2 简要说明如何根据软件设计模型和文档来编写程序代码。

12-3 访问 Stack Overflow、CSDN 等技术问答社区，从中寻找你想要的程序代码片段。

12-4 何为软件缺陷？它有什么特点？

12-5 软件缺陷、软件错误和软件失效三个概念之间存在什么样的区别和联系？

12-6 有人说缺陷只存在于程序代码之中，这一说法是否正确？为什么？

12-7 结合软件开发实践，举例说明你所开发的软件制品中存在哪些软件缺陷，这些缺陷将会带来什么样的软件错误，引发软件产生什么样的问题。

12-8 为什么说软件缺陷不可避免？软件项目团队能否开发出零缺陷的软件系统，为什么？

12-9 既然软件缺陷不可避免，如果任由缺陷产生和影响软件运行，显然会影响软件的质量，甚至会导致软件项目失败。请说明在软件开发过程中如何有效应对软件缺陷。

12-10 程序调试的目的是什么？它与软件测试存在什么样的关系？

12-11 结合你的软件开发实践，说明如何开展程序调试工作。

12-12 访问 Stack Overflow、CSDN 等技术问答社区，结合你在软件开发实践中遇到的问题，尝试能否在社区中找到相关的解答。

12-13 访问 Stack Overflow、CSDN 等技术问答社区，在社区中发布一个你遇到的编码或调试问题，并查看社区用户针对该问题的相关回答和评论。

综合实践

1. 综合实践一

实践任务：编写开源软件的维护代码。

实践方法：针对开源软件代码，基于所选定的程序设计语言，借助 CASE 工具，编写开源软件的维护代码，并对代码进行单元测试和调试，以发现和解决代码中存在的缺陷和问题。

实践要求：基于设计模型和文档编写维护代码，要对所编写的代码进行质量保证，以发现和解决代码中的缺陷。

实践结果：开源软件的维护代码。

2. 综合实践二

实践任务：编写所开发软件系统的程序代码。

实践方法：基于软件设计模型和文档，借助所选定的程序设计语言，利用编码、测试和调试等 CASE 工具，编写目标软件系统的源程序代码，并对代码进行单元测试和调试，以发现和解决代码中存在的缺陷。

实践要求：基于设计模型和文档编写代码，要对所编写的代码进行质量保证，以发现和解决代码中的缺陷。

实践结果：目标软件系统的源程序代码。

第 13 章

软件测试

软件缺陷不可避免，要开发出没有缺陷的软件系统几乎是不可能的，尤其是对于大型、复杂软件系统而言，软件存在缺陷是一种常态。为此，软件工程师需要想尽一切办法找出潜藏在软件系统中的缺陷并加以解决，以提高软件质量。软件测试就是达成这一目标的有效方法和手段。

本章聚焦于软件测试，介绍软件测试的概念、思想和原理，分析软件测试面临的困难和挑战，阐述软件测试的过程和原则，详细介绍软件测试技术，讨论面向对象软件测试的方法，以及软件测试计划的制订和实施。读者可带着以下问题来学习和思考本章的内容：

- 何为软件测试？它为什么能够有效发现软件系统中的缺陷？
- 软件测试能发现软件系统中的所有缺陷吗？通过软件测试能否证明程序是正确的？
- 软件测试面临哪些方面的困难和挑战？
- 应该按照什么样的原则和过程来开展软件测试？
- 白盒测试、黑盒测试各有什么样的特点？
- 软件测试要遵循什么样的策略？
- 为什么要经常进行回归测试？
- 面向对象的软件测试有何特殊性？

13.1 软件测试概述

在软件工程领域，软件测试是发现软件缺陷的有效手段。本节介绍软件测试的思想和原理，以及面临的挑战。

13.1.1 何为软件测试

软件测试是指通过运行程序代码来发现软件中潜在缺陷的过程。关于软件测试的概念，需要强调以下几点：

① 软件测试的对象是目标软件系统的程序代码，而非高层的软件模型和文档。实际上，软件模型和文档也会引入错误、存在缺陷，这些错误和缺陷最终都会反映在软件系统的程序代码中。因此，通过软件测试可以发现代码中的缺陷，进而回溯到高层的软件模型和文档中。例如，如果通过测试发现软件运行所展示的功能与用户的需求不一致，产生这一缺陷的原因可追溯到需求分析阶段所产生的软件需求文档，其中需求工程师所描述的软件需求与用户的实际需求存在偏差，这就是一个典型的软件需求缺陷。

② 软件测试是通过运行程序代码的方式来发现程序代码中潜藏的缺陷。这一点和代码走查、静态分析形成鲜明的对比。代码走查是软件工程师在理解程序代码的基础上，在"脑子"里理解程序代码是如何运行的，从中发现代码存在的问题，如处理逻辑是否正确。代码的静态分析是通过软件工具扫描和分析程序代码，从中发现程序代码中存在的问题。这两种方式虽然都可以发现代码中的问题，但都不是通过运行程序代码来完成的。

③ 软件测试的目的是发现软件中的缺陷。它只负责发现缺陷，不负责修复和纠正缺陷。因此，软件测试的结果是要报告通过测试所发现的软件缺陷集合。一旦通过软件测试发现了软件中的缺陷，程序员则需开展程序调试，寻找软件缺陷的原因以及产生缺陷的代码位置，修复并移除软件缺陷。

13.1.2 软件测试的思想

软件测试基于什么样的原理来发现目标软件系统是否存在缺陷和错误呢？实际上，软件系统运行的本质是对数据进行处理。不管是何种形式的软件系统，都可以将其本质归结为这一基本特征。一个软件系统及其任何模块单元的工作流程大致描述如下：接收数据的输入，经过处理后，产生新的数据输出。因此，要判断一个软件系统及其模块单元是

微视频：软件测试的思想和原理

否存在缺陷，一个有效方法是给它一组数据，看它对数据处理的流程和结果是否与预期相一致。如果二者之间存在差异，那么就可以断定软件系统存在缺陷。

软件测试的原理描述如下：针对被测试的程序代码，根据其内部的处理逻辑或外部展现的功能设计出一组数据，交给程序代码处理，观察程序处理数据的逻辑流程或结果，判断它们与预期是否相一致，如果存在不一致，那么该软件系统就存在缺陷。因此，开展软件测试的前提是要为待测试的程序代码设计一组数据进行处理，进而判断处理结果是否存在偏差。这些数据通常称为测试用例。

图 13.1 描述了软件测试的基本原理和过程，其中虚框内的部分属于软件测试的工作范畴。

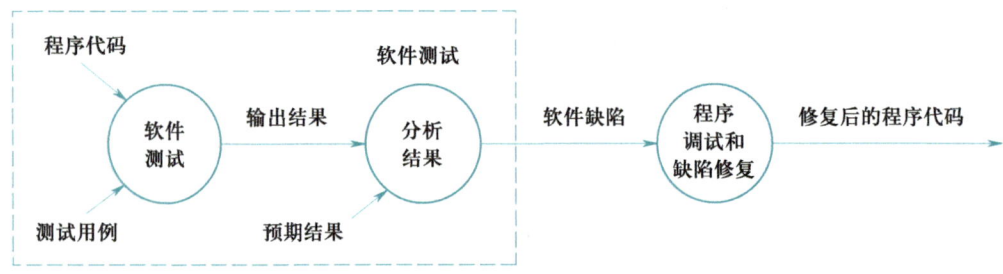

图 13.1　软件测试原理及过程示意图

一般地，开展软件测试需要完成以下几项关键性任务（见图 13.2）：

图 13.2　软件测试的任务示意图

① 明确软件测试对象，也就是要对什么样的程序代码进行测试。根据代码粒度的大小，软件测试的对象可以是最基本的模块单元，如一个过程、函数、类方法，也可以是多个模块集成在一起而形成的更大粒度软件模块，甚至是整个软件系统。软件测试需要清晰地知道这些待测试的程序代码意图实现的功能，或其内部的运行逻辑。

② 设计软件测试用例，这项工作是开展软件测试的关键。测试用例设计的好坏直接决定了软件测试能否有效地揭示和发现软件系统中存在的缺陷。软件测试工程师的主要任务之一就是设计测试用例。他们可以早在需求分析、软件设计等阶段，根据需求模型和文档、软件设计模型和文档来设计相应的测试用例。也就是说，无须等到软件测试阶段，在软件开发的早期就可以开展测试用例的设计工作。

③ 运行程序代码，输入、处理和分析测试用例。该项工作是软件测试的前提。软件测试工作的开展必须要让待测试的程序代码运行起来，接收测试用例的输入。显然，

运行程序代码的前提是要编写出相应的程序代码。因此，该项工作通常是在相关程序代码编写完成之后才开展。

④ 形成判断，该项工作直接反映了软件测试的结果和成效。即将程序代码运行的情况和结果与预期做对比，以此来判断目标软件系统是否存在缺陷。软件测试的结果主要反映在它能否以及多大程度上可有效发现程序代码中潜藏的缺陷。

软件测试结束后，软件测试工程师需要将软件测试的情况、观察到的测试结果、发现的软件缺陷等记录下来，形成软件测试报告。程序员可以基于软件测试报告内容，对发现的每一个软件缺陷进行针对性调试，进而修复和移除缺陷。

软件测试对于软件质量保证而言至关重要，因为它是发现软件系统中潜藏缺陷的有效手段，也是程序代码开发完成之后进行软件质量保证必不可少的环节。在实际的软件开发过程中，软件测试是投入工作量较多的一个阶段。

13.1.3　测试用例的设计

软件测试用例的设计是软件测试的关键，它描述了对程序代码进行测试时所输入的数据以及预期的结果。一般地，一个测试用例是由 4 类元素所构成的四元偶 < 输入数据，前置条件，测试步骤，预期输出 >。

① 输入数据。输入数据指将交由待测试程序代码进行处理的数据，程序代码基于输入数据执行相应的业务逻辑，并产生数据输出。例如，如果要测试用户登录的功能是否存在缺陷，那么软件测试工程师需要设计用户账号和密码的数据，并交由用户登录的程序代码来进行处理。

② 前置条件。当待测试的程序代码对数据进行处理时，软件测试工程师需要明确程序处理输入数据的运行上下文，也即要满足的前置条件。程序代码对输入数据的处理结果与运行上下文密切相关。例如，如果要测试用户登录的功能是否存在缺陷，软件测试工程师可以设计出某个合法用户的账号和密码，以此检验用户登录能否成功完成。在此情况下，合法的用户账号和密码必须事先存放在于用户的数据库中，这是运行该测试用例的前置条件。

③ 测试步骤。在软件测试的过程中，程序代码对输入数据的处理可能涉及一系列步骤，其中某些步骤需要用户的进一步输入。为此，软件测试工程师在设计测试用例时需要明确测试的每一个步骤，描述清楚每个步骤用户的输入数据情况。例如，测试用户登录的功能就包含以下的步骤：先在界面输入用户的账号和密码，接着单击"确认"按钮以登录系统，然后系统将显示登录的结果。

④ 预期输出。根据待测试程序代码的功能及内部执行逻辑，输入不同的数据，程序代码应该有不同的预期输出结果。例如，如果是要对合法的用户账号和密码进行测

试，那么其预期的结果应该是成功地登录到系统之中；如果是对非法的用户账号和密码进行测试，那么其预期的结果应该是登录失败。

软件测试工程师在完成测试用例的设计之后，需要对测试用例作适当的描述，以刻画测试用例的相关内容，如测试用例的编号、名称、所针对的模块名称、设计人员、设计日期等。针对待测试的程序代码，软件测试工程师通常要设计出若干个不同的测试用例。测试套件（test suite）是指为针对软件测试而选定的测试用例集合。

示例 13.1　"用户登录"模块单元的测试用例设计

"用户登录"模块单元支持用户登录到系统之中。要成功地登录到系统，用户必须预先注册，并且其账号和密码信息已经存放在"T_User"数据库表中。以下设计了一个测试用例，用于分析当用户输入的账号或密码不正确时，用户能否登录到系统之中。

① 基本描述。测试用例编号：88.102；测试用例名称：用户登录；测试模块：Login；简短描述：该测试用例用于测试一个非法的用户能否登录到系统之中。

② 输入数据。用户账号 ="admin"，用户密码 ="1234"。

③ 前置条件。用户账号 "admin" 是一个尚未注册的非法账号，也即"T_User" 表中没有名为 "admin" 的用户账号。

④ 测试步骤。用户先清除 "T_User" 表中名为 "admin" 的用户账号，输入 "admin" 账号和 "1234" 密码，单击界面的 "确认" 按钮，系统将提示 "用户无法登录系统" 的信息。

⑤ 预期输出。系统将提示 "用户无法登录系统" 的提示信息。

13.1.4　测试用例的运行

当程序员编写好某个或者某些类代码后，必须要将这些类代码运行起来才能对其开展软件测试。在面向对象程序设计中，单个类程序代码是无法直接运行的，要让其运行起来，需要开发一个可运行的测试驱动程序，通过该程序来实例化被测试对象，并为对象实例创造适当的运行环境，以便执行相应的测试用例，进行后续测试流程（见图 13.3）。

先要做测试的准备工作：

① 实现一个类似于 C 语言程序中 main() 函数的测试驱动程序，并使测试驱动程序可以编译和运行。

② 准备测试用的桩模块。如果被测试的类方法（假设为类 A 的方法 m1）在执行过程中需要向其他类对象发送消息（假设为类 B 的方法 m2），而类 B 的代码尚未编写

完或者还没有经过单元测试。在这种情况下，软件测试工程师或程序员可以快速编写和构建出类 B 及其方法 m2 的程序代码，模拟充当实际的类 B 和方法 m2，以便辅助类 A 的方法 m1 完整地执行其运行流程。为开展软件测试所编写的类 B 及其方法 m2 的程序代码可以非常简单，如仅有一条返回语句，以表明执行成功或者失败。这个所构建的类 B 模块称为桩模块，其目的是要支持被测试类代码的运行：

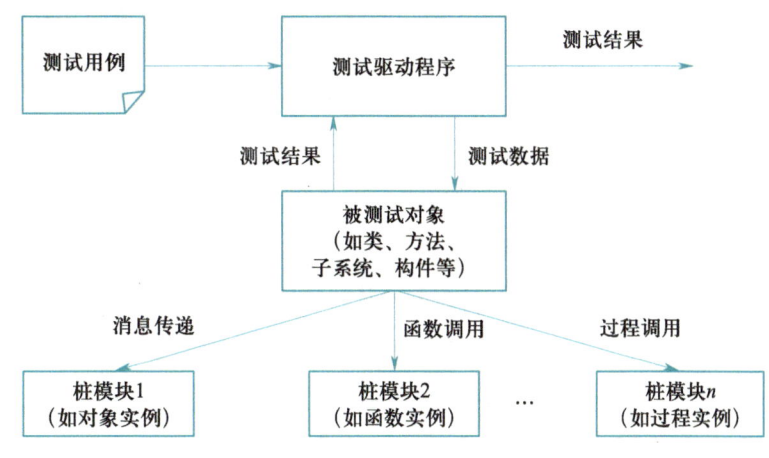

图 13.3　运行软件测试程序

完成上述准备工作之后，就可以实施具体的软件测试工作了：

① 在 main() 函数中对相关的类（如待测试的类、桩模块类等）进行实例化，创建被测试的对象，将待测试的类代码、桩模块代码与 main() 函数代码集成在一起，从而加载和运行类实例。

② 在 main() 函数中接收测试数据（如提供一个界面支持软件测试工程师输入测试数据），向被测试的类对象发送相应的消息，并将测试数据作为消息参数传送给被测试的类方法。该步骤实际上就是执行待测试类的相关方法。

③ 在 main() 函数中获取类消息的执行结果，根据响应值、对象属性（状态）发生的变化等内容来分析测试用例的执行情况，据此判断实际执行结果是否与预期的结果相一致。如果不一致，就意味着某个或者某些类方法存在缺陷。

示例 13.2　借助 JUnit 对 LoginManager 类的 login() 方法开展单元测试

假设程序员已经编写好 LoginManager 类代码，并且设计好了相应的单元测试用例，下面介绍如何借助 JUnit 对 LoginManager 类的 login() 方法开展单元测试。

① 根据 LoginManager 类的 login() 方法的实现算法可知，该方法需要向 UserLibrary 类发送消息 isUserValid(account, password)。为此，程序员可以构建 UserLibrary 类这一桩模块，它只有 isUserValid(account, password) 方

法，并且该方法只有一条语句（如"return 0"表示是合法的用户）。

② 程序员针对被测试的 LoginManager 类编写一个测试类，即 JUnitTest 类。在测试类中，程序员编写相关的测试程序代码，完成以下功能：

　　a. 生成待测试的 LoginManager 类对象。

　　b. 接收测试用例的输入，主要是用户的账号和密码。

　　c. 向 LoginManager 类对象实例发送消息"login(account, password)"，其中 account 和 password 两个参数的值来自输入的测试数据。

　　d. 获取和分析待测试类对象的运行数据、判断测试结果等。例如，利用 JUnit 提供的 assert() 语句判断运行结果是否与预期结果相一致。

③ 将上述程序代码一起编译和运行，输入测试数据，查看 JUnit 的运行结果，从而判断待测试的类代码是否存在缺陷。

13.1.5　软件测试面临的挑战

软件测试的思想简单、原理清晰，但是要进行有效和高效的软件测试实为一项重大的挑战。所谓"有效"是指软件测试能够尽可能多地找出程序代码中存在的软件缺陷。所谓"高效"是指软件测试能够用尽可能少的测试用例找出尽可能多的软件缺陷。

有效和高效软件测试的关键是要设计出高质量的测试用例，以充分揭示软件系统中潜藏的缺陷。考虑到软件系统是一种逻辑产品，它可接收的输入数据不可枚举（比如用户的账号和密码五花八门，不可能穷举完），因而无法将程序的所有输入数据作为测试用例，这样既没必要也不可能。因此，如何根据待测试程序的具体情况设计出一组测试用例集合，以有效地发现待测试程序中的缺陷，就成为软件测试的关键问题。

在实际的工程实践中，软件测试工程师无法设计出完备的软件测试用例，做不到遍历软件的所有可能运行状态和路径，因而无法保证能够发现程序中的所有缺陷。因此，软件测试可发现程序中的部分缺陷，还有些软件缺陷可能无法发现，仍然潜藏在软件系统之中（见图 13.4）。因此，软件测试可用于发现程序代码中的缺陷，但不能用于证明代码是正确的。一个软件通过测试没有发现缺陷，并不意味着该软件就没有问题，可能的情况是软件测试用例不合理，导致许多潜藏的软件缺陷没有暴露出来。

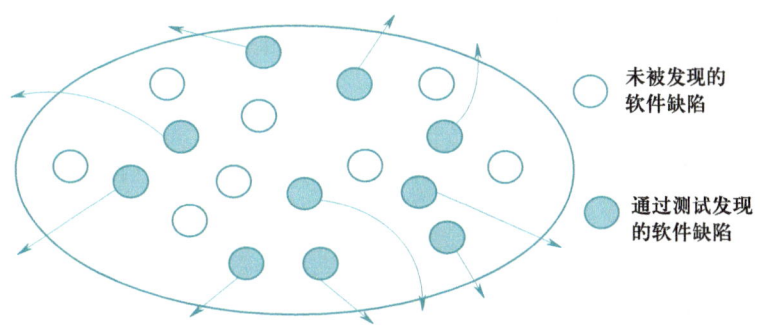

未被发现的
软件缺陷

通过测试发现
的软件缺陷

图 13.4 软件测试无法保证找出程序中的所有缺陷

13.1.6 软件测试工程师

软件测试工程师负责软件系统的测试工作，发现软件系统中的缺陷，协助软件开发工程师定位和修复缺陷。虽然软件测试工程师不参加实际的软件开发工作，这常常使得他们缺乏成就感，但是作为质量保证的重要成员，软件测试工程师把关软件系统的最终质量，这一岗位和使命极为重要。

软件测试工程师通常扮演两类角色。一类角色是软件开发工程师的服务人员，即软件测试工程师发现软件中的缺陷，提供翔实的报告记录和描述缺陷的具体信息，并将这些信息汇报给软件开发团队。因此，软件测试工程师需要服务于软件开发工程师，帮助他们理解和解决软件中的缺陷。一些软件项目（如微软公司的 Windows 项目团队）为一个软件开发工程师配备一名软件测试工程师，还有一些软件项目的配置比更大，一个软件开发工程师可以配备两名甚至三名软件测试工程师。

软件测试工程师扮演的另一类角色是客户的技术代表，帮助客户发现软件中存在的各类问题，通过测试来演练客户验收。如果软件测试工程师发现了软件缺陷，则意味着客户的需求未能得到正确的实现，软件产品存在问题，因而不宜交付客户使用。

软件测试工程师需要具备一系列专业技能，包括质量过程规划和实施、质量过程监督和控制、质量过程度量和改进、软件审查、软件测试等。尤其在软件测试方面，他们不仅要完成具体的软件测试活动，还需要完成测试计划制订、测试用例设计、测试报告撰写等工作。此外，软件测试工程师还需要具备良好的职业素质，具体包括：

① 使命感，充分认识到质量保证工作的重要性。

② 责任心，尽力找出软件系统潜藏的软件缺陷。

③ 细心，不要放过任何可能的缺陷。

④ 服务意识，要在发现软件缺陷的基础上，做好软件开发工程师的助手，尽可能地协助他们修复缺陷。

13.2   软件测试的过程和策略

软件测试包含一系列软件测试活动，涉及制订软件测试计划、设计测试用例、执行软件测试、进行回归测试等多方面工作，贯穿于软件开发全过程。

13.2.1   软件测试过程

软件开发包含多个不同的阶段，每一个阶段都会产生相应的软件制品。在软件测试阶段，软件测试工程师要循序渐进地开展测试，先从单元测试入手，参照软件详细设计模型和文档设计测试用例，通过单元测试分析软件系统的基本模块单元是否存在缺陷。单元测试通过以后，再对照软件概要设计的模型和文档来设计测试用例，把程序单元逐个集成在一起，形成更大粒度的软件模块，对这些粗粒度的模块进行测试，以发现集成过程中存在的缺陷和问题。完成了集成测试之后，软件测试工程师需要对照软件需求模型和文档来设计测试用例，对整个软件系统进行确认测试，分析所开发的软件系统是否满足用户的各项要求。最后，需要将所开发的软件系统与其他系统（如遗留系统、硬件系统）等组合在一起进行系统测试，看软件系统能否满足整个系统的需求。图13.5 描述了软件开发活动与软件测试活动之间的对应关系。

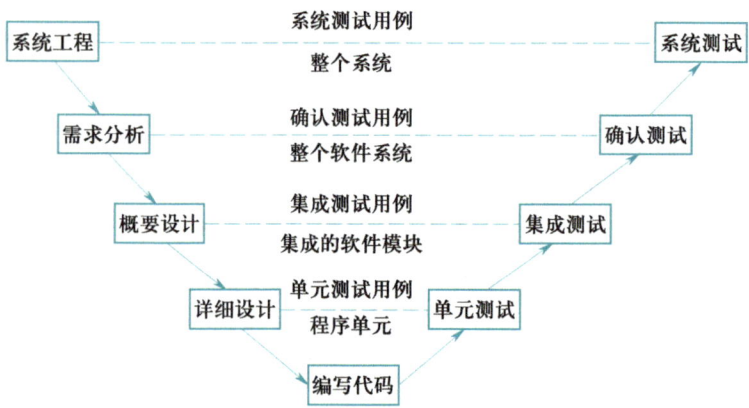

图 13.5   软件测试活动与软件开发活动之间的对应关系

软件测试工作不仅要运行测试用例以发现软件中的缺陷，还要制订软件测试计划、设计软件测试用例。因此软件测试的工作不是仅停留于软件测试阶段，而是贯穿于软件开发全过程。

具体地，为了开展软件测试，软件测试工程师首先要制订软件测试计划以指导整个软件测试工作，随后针对不同的测试对象（如类方法、类对象、构件、子系统、整个软件系统）设计测试用例，开展软件测试活动，分析软件测试结果，撰写软件测试报告，并将报告交给相关的软件工程师（如程序员），以便他们根据测试所发现的缺陷来调试和修复代码，解决程序代码中存在的问题。

图 13.6 描述了软件测试过程及涉及的各项工作，其中灰色背景框中的内容属于软件测试的工作范畴。

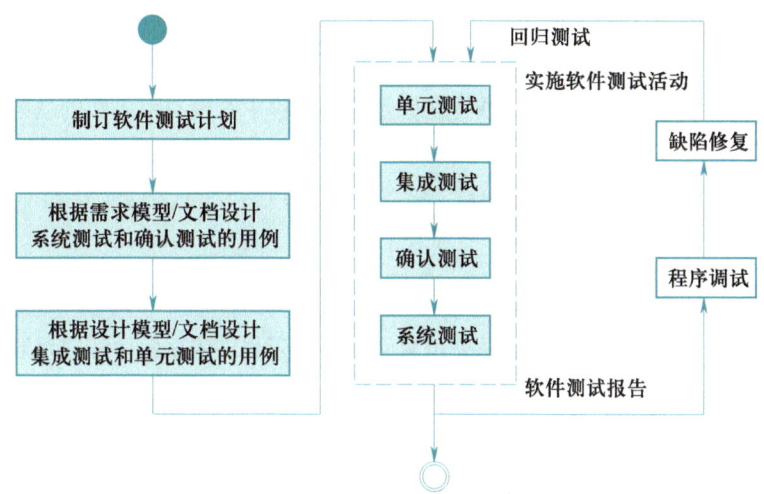

图 13.6　软件测试过程及涉及的各项工作

1. 制订软件测试计划

在软件项目的早期，软件测试工程师需要制订出整个软件的测试计划，以描述在项目实施过程中将要开展的软件测试活动、参与测试的人员及其工作安排、投入的资源和工具、软件测试的进度安排等方面的内容。

2. 设计软件测试用例

在不同的软件开发阶段，软件测试工程师需要根据该阶段所产生的软件制品设计软件测试用例，以支持后续软件测试阶段的各项软件测试活动。在系统工程阶段，根据系统需求描述设计支持系统测试的测试用例。软件需求分析完成之后，软件测试工程师基于软件需求模型和文档设计确认测试的测试用例。在软件体系结构设计阶段，软件测试工程师基于软件概要设计的模型和文档设计软件集成测试的测试用例。在详细设计阶段，软件测试工程师根据各个模块的内部实现流程设计对每个模块的单元测试用例。

3. 实施软件测试活动

一旦进入编码阶段，软件测试工程师就需要实施一系列软件测试活动。首先，针对模块单元，基于单元测试用例，程序员需要开展程序单元测试，发现基本模块单元中存在的代码缺陷。一旦完成了程序单元的编码和测试，软件测试工程师就可以将各个基本模块单元集成在一起，基于集成测试用例，开展软件集成测试。集成测试完成之后，软件测试工程师将基于确认测试用例，对整个软件系统进行确认测试。最后，将软件系统与其他系统组合在一起，基于系统测试用例，开展系统测试。

在执行上述软件测试活动的过程中，软件测试工程师要根据软件测试活动的具体结果撰写软件测试报告，详细描述通过软件测试所发现的软件缺陷。程序员通过阅读和分析软件测试报告，掌握程序代码中的缺陷情况，并以此来开展相应的程序调试和缺陷修复工作。

4. 进行回归测试

程序员修复了程序后，还需要对修复后的代码进行回归测试，以判断缺陷和错误是否已经被成功修复，或者在修复代码过程中有没有引入新的缺陷和错误。

13.2.2　单元测试

如果将基本模块单元视为一个个"零部件"，那么单元测试就是要检验组成软件系统的各个"零部件"自身是否有问题。单元测试依据软件详细设计模型和文档来设计测试用例，它主要对程序单元的接口以及内部执行逻辑进行测试。通常单元测试由程序员完成，一般采用白盒测试技术。

程序单元测试一般要完成以下几个方面的任务：

1. 程序单元的接口测试

模块单元的接口测试是为了保证外部的数据能够正确流入和流出模块单元，这是程序单元正确运行的基础和前提。如果数据无法正常地进入模块或流出模块，那么其他的软件测试将没有任何意义。接口测试主要完成以下任务：测试模块的输入实际参数与形式参数在数量、类型、次序等方面是否一致，调用其他模块或向其他对象发送消息时所给的实际参数与被调用模块的形式参数、目标对象公开方法的形式参数是否一致等。

2. 局部数据结构测试

局部数据结构用于存放临时数据，它常常是产生缺陷的根源，为此需要测试临时存放在局部数据结构中的数据在程序运行过程中是否正确和完整。该方面的测试主要完成以下任务：测试变量是否有初值、变量的初值是否有问题、变量的类型声明是否合适、变量是否存在溢出或地址异常、变量的命名是否正确等。

3. 执行路径测试

该方面的测试旨在发现模块内部的执行逻辑是否存在缺陷。不正确的执行逻辑是造成程序运行错误的常见原因，为此需要保证模块中的每一条语句都被至少执行过一次并进行了相应的测试。一般地，执行路径测试通常用于发现模块执行路径中的以下问题：表达式符号错误、计算符号错误、算符优先级错误、混合类型运算错误、不同类型对象之间的比较错误、循环条件错误、循环变量修改错误等。

4. 错误处理路径测试

程序单元不可避免地会存在一类特殊的代码，它们负责对各种错误的状况进行分析和处理，如输入的账号是否包含了非法字符。错误处理路径测试包含以下测试任务：所描述的错误信息与实际的错误内涵不一致，所描述的错误信息不易于理解、出错处理的语句不正确等。

13.2.3　集成测试

各个模块单元没有问题并不意味着将这些模块集成在一起时也没有问题。实际上，多个模块集成在一起时，它们之间往往会出现以下情况：数据通过接口流入和流出时会出现错误，一个模块会对另一个模块产生负面影响，各个独立子功能连接在一起时无法达成预期的功能等。

集成测试是将构成目标软件系统的程序单元进行逐步组装，测试它们的接口和集成是否存在缺陷。软件概要设计模型和文档（如子系统设计模型、软件体系结构设计模型等）是指导集成测试的依据，也即集成测试是要测试程序单元间的接口及其集成是否满足概要设计的相关要求。集成测试通常由专门的软件测试工程师完成，其测试用例可在软件概要设计阶段产生。集成测试通常采用黑盒测试技术。

集成测试的工作需要循序渐进、逐步完成，否则会导致测试混乱，不易于发现集成过程中存在的问题。一般地，软件集成测试可以采用自顶向下和自底向上两种不同的集成方式。

1. 自顶向下集成测试

在结构化程序设计中，一个程序通常有一个主程序（也称主控模块），它是程序运行的入口，也是最高抽象层次的模块。自顶向下集成是从主控模块开始，按照程序的控制层次结构，以深度优先或者广度优先的策略逐步把各个模块集成在一起，并对它们进行测试。

例如，在图 13.7 所示的软件体系结构中，软件测试工程师自上而下逐步集成各个软件模块。如果采用深度优先的集成策略，软件测试工程师首先集成 M1、M2 和 M5 模块，然后再集成 M6 模块，随后再考虑集成中间和右边的模块。如果采用广度优先的原则，软件测试工程师则首先将 M1 与 M2、M3、M4 集成在一起，然后再集成底层的模块，如 M5 和 M6。

基于上述集成策略，自顶向下集成测试的步骤描述如下：

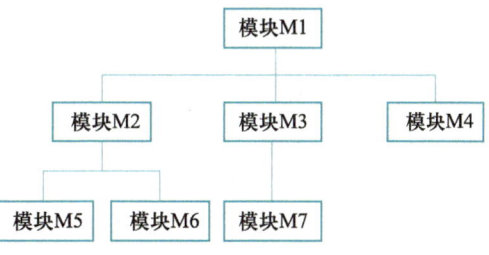

图 13.7　自顶向下集成测试示例

① 以主控模块（如 M1）作为测试驱动模块，把对主控模块进行单元测试时所引入的所有桩模块逐步用实际的模块（如 M2、M3 等）来代替。

② 以增量的方式进行集成测试，每次只用一个实际模块来替换一个相对应的桩模块。

③ 每增量一次，就对集成的模块测试一遍。

④ 只有每组集成测试完成之后，才替换下一个桩模块。

⑤ 为了防止在集成过程中引入新的错误，需要在每次增量过程中不断进行回归测试。

软件测试工程师循环地执行上述测试步骤，直至完成整个程序的集成测试。自顶向下集成测试的优点是能够尽早对主控模块及其决策机制进行测试，以便尽早发现主控模块中存在的问题。但是其不足之处也较为明显，它的底层模块采用桩模块（而非实际的模块）进行替代，无法真实地反映底层模块的实际情况。一些底层模块的真实处理数据不能及时回送到上层模块，因此易导致出现测试不充分的情况。

2. 自底向上集成测试

自底向上集成测试与自顶向下集成测试正好相反，它是从最底层的模块单元集成开始，通过增量的方式逐步集成各个模块单元。自底向上集成测试的步骤描述如下：

① 把底层模块集成为实现某个独立子功能的模块簇（cluster）。

② 开发一个测试驱动模块，用于控制测试用例的输入和测试结果的输出。

③ 对每个模块簇进行测试。

④ 删除测试所使用的驱动模块，引入较高层次的实际模块，构成更大功能的新模块簇。

软件测试工程师循环地执行上述测试步骤，直至完成整个程序的集成及测试。

图 13.8 描述了自底向上集成测试示例。底层的模块分为三个模块簇，首先针对每个模块簇，为其提供一个驱动模块（见图中虚线框模块），并对这些模块簇进行集成测试。由于模块簇 1 和模块簇 2 隶属于模块 M2，因此它们测试完成之后，去掉驱动模块 D1 和驱动模块 D2，集成模块 M2，并为此引入驱动模块 D4，对该粒度更大的模块簇进行测试。以此类推，最终完成整个程序的测试工作。

自底向上集成测试的优点是不用桩模块，底层模块的数据处理能够得到真实的反馈，测试用例的设计也相对简单。其缺点是软件系统的顶层主控模块要在最后才能得到测试，从而无法及时发现和掌握主控模块中存在的缺陷和问题。

示例 13.3　借助 JUnit 对 LoginManager 类和 UserLibrary 类开展集成测试

假设程序员已经编写好 LoginManager 类和 UserLibrary 类的程序代码，完成了这两个类的单元测试。后台数据库中已经创建了 T_User 表以及若干合法的用户记录信息。下面介绍如何借助 JUnit 来开展针对 LoginManager 类和 UserLibrary 类的集成测试，以测试用户登录的功能。

针对被测试的 LoginManager 类和 UserLibrary 类，程序员编写测试类 JUnitTest 以完成以下功能：

① 生成待测试的 LoginManager 类和 UserLibrary 类对象。

② 接收测试用例的输入，主要是用户的账号和密码。

③ 向 LoginManager 类对象实例发送消息 "login(account, password)"，其中 account 和 password 两个参数的值来自输入的测试数据。

④ LoginManager 类对象随后向 UserLibrary 对象发送消息 isUserValid()。

⑤ 获取和分析 LoginManager 类和 UserLibrary 类对象的运行数据、消息返回结果等来判断测试结果。

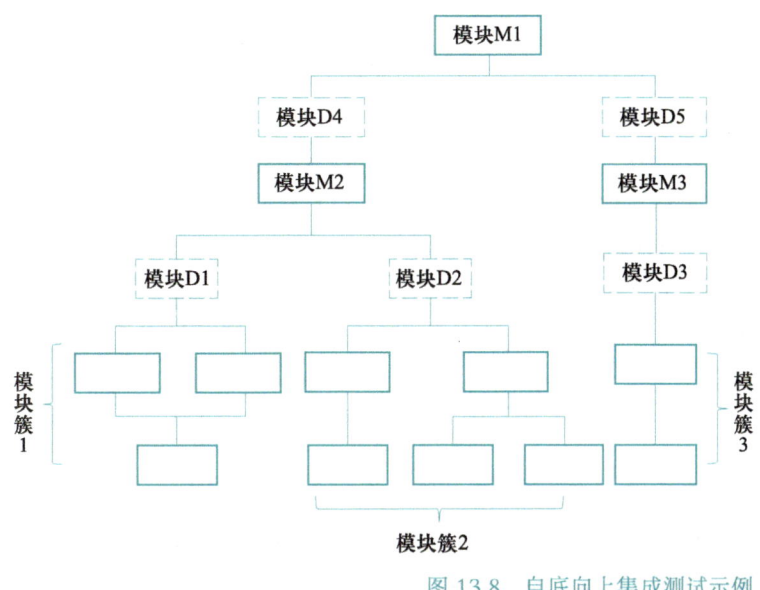

图 13.8　自底向上集成测试示例

13.2.4　确认测试

一旦完成了集成测试，整个软件系统也就组装完成了。此时，软件测试工程师需要针对整个软件系统进行确认测试，以测试目标软件系统是否满足软件需求文档所定义的各项软件需求。因此，确认测试的依据是软件需求模型及文档。确认测试通常由专门的软件测试工程师在软件测试阶段来负责完成，其测试用例可在软件需求分析阶段产生。确认测试通常采用黑盒测试技术。

单元测试由程序员负责完成，集成测试由软件测试工程师负责完成，确认测试则由软件测试工程师和用户一起负责完成。由于确认测试是要检验软件在满足软件需求方面是否存在缺陷，而软件需求是由用户所提出来的，因而用户参与确认测试是一件自然而然的事情。

在确认测试过程中，用户可以基于自己的操作习惯，根据自己对软件系统的理解来使用软件系统，如基于对系统提示信息的理解来输入数据、提供各种可能的数据组合等。因此，一个软件能否真正满足用户的要求，应由用户通过确认测试来逐步验证各项软件需求。

一些软件系统非常容易找到其实际的用户，如企业信息系统等，因而可以要求一些用户参与确认测试，以对软件进行验收测试。但是也有一些软件系统，它们在软件确认测试阶段难以找到实际的用户来参与测试，如微信、Office 等。在此情况下，软件开发企业组织内部人员来模拟实际用户对软件系统进行测试，以试图发现软件系统中的缺陷，这类测试称为"α 测试"。在 α 测试过程中，参与测试的人员要尽可能逼真地模拟实际的运行环境以及实际用户对软件产品的使用，最大限度地涵盖用户的可能操作方式，以尽可能多地发现软件中的缺陷，经过 α 测试的软件通常称为软件的 β 版。

软件开发企业通常会将 β 版本的软件系统发送给有代表性的用户进行使用，要求他们报告发现的异常情况，提出改进的意见，此时的测试称为 β 测试。例如，微软公司会将 β 版的 Office、Windows 软件发给一些用户事先使用，根据用户反馈的问题和意见来改进系统，完成这些测试之后才会发布正式的软件产品。

13.2.5 系统测试

本书第 1 章已经指出，当前软件系统的形态发生了很大变化，越来越多的软件系统表现为一类系统之系统、人机物共生系统。这意味着软件系统不能孤立存在，它需要与其他软件系统、物理系统和社会系统进行交互，只有这样软件才有意义，也才能体现其价值。例如，飞行控制软件就是一类这样的系统，它需要与物理系统（如飞机硬件系统）进行交互，控制飞机的飞行，接收物理设备的输入。因此，一旦软件系统通过确认测试之后，还要与其他相关的系统集成进行系统测试，以便发现软件系统与其他系统交互过程中是否存在缺陷。

系统测试牵涉多方的人员参加，既包括软件系统的开发人员和软件测试工程师，还应包括整个系统设计的相关人员。参与测试的人员需要针对软件系统与其他系统之间的交互设计系统测试用例，模拟运行或实际运行整个系统，以发现整个系统中存在的缺陷。通常，系统测试包括恢复测试、安全测试、强度测试和性能测试等。

13.3 软件测试技术

软件测试的关键是要设计出一组有效和高效的测试用例,尽可能地发现软件系统中潜藏的缺陷,并用尽可能少的测试代价发现尽可能多的软件缺陷。软件测试技术提供了相关的策略和手段来支持测试用例设计以及对目标对象进行测试。目前软件测试技术非常多,已有的技术大致可分为以下两类:

① 白盒测试技术。该测试技术的前提是知道软件模块的内部实现细节(如其实现算法及相应的活动图)。在此情况下,针对该软件模块设计和运行测试用例,测试软件模块的运行是否正常,能否满足设计要求,见图 13.9(a)。单元测试通常采用白盒测试技术,基本路径测试是一类典型的白盒测试技术。

② 黑盒测试技术。该测试技术的前提是已知软件模块的功能,但是不知道该软件模块的内部实现细节(如其内部的控制流程和实现算法),这种情况下针对该软件模块设计和运行测试用例,测试软件模块的运行是否正常,能否满足用户的需求,见图 13.9(b)。通常,集成测试和确认测试大多采用黑盒测试技术,典型的黑盒测试技术包括等价分类法和边界取值法。

软件测试不仅要进行功能测试,如单元测试、集成测试和确认测试等,而且还需要进行非功能测试,如压力测试、兼容性测试、可靠性测试、容量测试等。

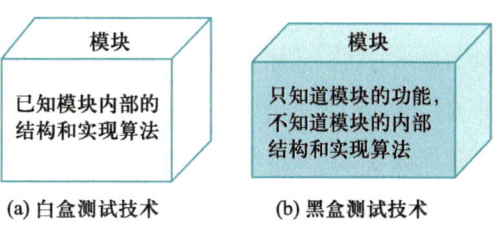

图 13.9 软件测试技术示意图

在软件测试过程中,为了尽可能发现软件系统中潜在的缺陷和错误,软件测试应针对不同测试目的,遵循以下原则来设计测试用例:

① 需求(功能)覆盖。确保软件系统的所有需求或功能都被测试用例覆盖到。某个测试用例覆盖了某项功能,是指该测试数据的输入导致被测试的对象(如某个程序单元或整个软件系统)运行了实现某项功能的程序代码。

② 模块覆盖。确保软件系统的所有程序模块(如过程、函数)都被测试用例覆盖到。

③ 语句覆盖。确保软件系统的所有程序语句都被测试用例覆盖到。

④ 分支覆盖。程序中的控制结构(如 if 语句或 while 语句)通常具有多个不同的执行分支,分支覆盖是要确保待测试对象的所有分支都被测试用例覆盖到。

⑤ 条件覆盖。程序中控制结构的逻辑表达式既可取 TRUE,也可取 FALSE。条件覆盖是要确保控制结构中逻辑表达式的所有取值都被测试用例覆盖到。

⑥ 多条件覆盖。确保程序中所有控制结构的逻辑表达式中,每个子表达式取值的

组合都被测试用例覆盖到。

⑦ 条件／分支覆盖。该原则由条件覆盖和分支覆盖组合而成。

⑧ 路径覆盖。程序模块中的一条路径是指从入口语句（该模块的第一条执行语句）到出口语句（该模块的最后一条执行语句，如 return 语句）的语句序列。路径覆盖是要确保模块中的每一条路径都被测试用例覆盖到。

⑨ 基本路径覆盖。基本路径是指至少引入一个新语句或者新判断的路径。基本路径覆盖是要确保模块中的每一条基本路径都被测试用例覆盖到。

13.3.1　白盒测试技术

软件测试的成效与软件测试用例的设计密切相关。有效的测试用例有助于发现软件系统中的缺陷，反之如果测试用例设计不合理，则难以暴露软件系统中潜在的问题。

前已提及，白盒测试的前提是已知程序的内部控制结构，以此作为依据来设计软件测试用例。下面结合基本路径测试技术来介绍白盒测试技术。基本路径测试是根据模块（如类方法）的控制流程（通常用流程图或者活动图表示）来确定该模块的基本路径集合，然后针对每一条基本路径设计一组测试用例，保证模块中的每条基本路径都被测试用例执行过。基本路径测试技术属于白盒测试的技术范畴，因为其前提是掌握模块内部的执行流程，因而通常用于支持单元测试。

基本路径测试技术主要包括以下步骤和活动：

1. 根据模块的详细设计绘出模块的流程图

在软件详细设计阶段，软件设计工程师会采用多种方式描述模块的内部执行逻辑。在该步骤，软件测试工程师需要将模块的详细设计描述转换为流程图描述。一个流程图由若干个节点和边组成，节点可分为计算行为节点和判断节点两类，边用于描述节点之间的数据和控制流。因而流程图可用于描述模块内部的实现算法。

微视频：基本路径测试技术

图 13.10 刻画了如何将模块的伪代码设计描述转换为流程图描述。图 13.10(a) 用伪代码描述了模块 Func() 的内部实现算法，图 13.10(b) 用流程图描述了该模块的内部实现算法。相比较而言，流程图更为直观地展示模块内部的控制逻辑。

2. 将流程图转换为流图

流图也是一种用于刻画程序控制逻辑的图。与流程图不同的是，流图不涉及程序的过程性细节，只描述了模块的控制结构。因此将流程图转换为流图时需做以下处理：

① 增加控制结构，将流程图中的结合点转换为流图中的一个节点。所谓结合点是指条件语句的汇聚点。例如，图 13.10(b) 中编号为 9 和 10 的位置就是结合点。

```
void Func(int nPosX, int nPosY) {
    while (nPosX > 0) {
        int nSum = nPosX + nPosY;
        if (nSum > 1) {
            nPosX −1;
            nPosY −4;
        }
        else {
            if (nSum < -1) nPosX -= 2;
            else nPosX−4;
        }
    }  // end of while
}
```

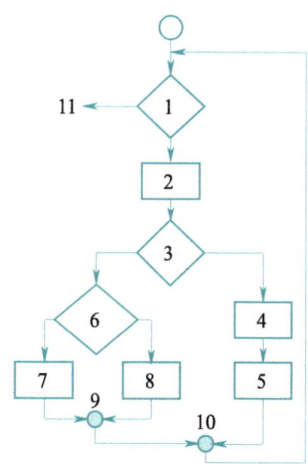

(a) 模块详细设计的伪代码描述　　　　**(b) 模块详细设计的流程图描述**

图 13.10　模块内部设计细节的多种不同描述

② 将流程图中的过程块合并为流图中的一个节点。所谓"过程块"是指一组必然会在一起顺序执行的语句集。例如，在图 13.10(b) 中，编号为 2 和 3 的语句构成了一个过程块，语句 2 执行完之后必然会执行语句 3。同理，编号为 4 和 5 的语句构成了一个语句块，语句 4 执行完之后必然会执行语句 5。

③ 将流程图中的判定点转换为流图中的一个节点。例如，图 13.10(b) 中编号为 1 和 6 的节点就是判定点。

经过上述转换，所得到的流图只包含了模块的内部控制逻辑，有关过程性的细节内容全部被封装在各个节点之中。图 13.11 描述了将图 13.10(b) 进行转换后所得到的流图。

3. 确定基本路径集合

针对转换得到的流图，计算该图的圈复杂度（Cyclomatic Complexity）(D) = Edge(D)−Node(D) + 2，即将流图中边的数量减去流图中节点的数量加 2，所得到的数值就是该图所具有的基本路径数量。由于基本路径是指至少引入一个新处理或一个新判断的程序通道，因此可以很容易地基于流图导出模块的基本路径集合。

根据图 13.11 描述，图的圈复杂度 (D) = 11−9 + 2 = 4，即总共有 4 条基本

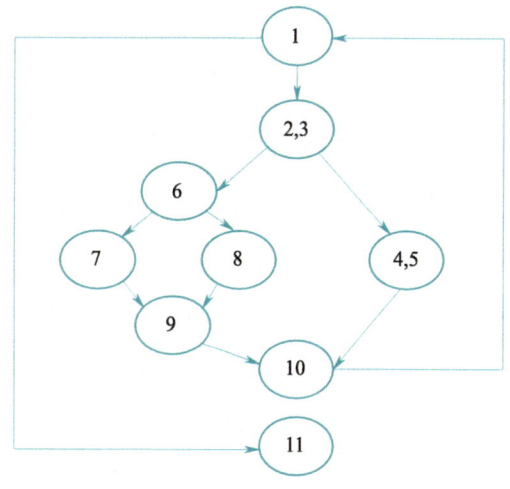

图 13.11　经过转换后所得到的流图表示

路径。基于对图 13.11 的理解，该模块的基本路径集合如下。

基本路径 1：1-11

基本路径 2：1-2, 3-6-7-9-10-1-11

基本路径 3：1-2, 3-6-8-9-10-1-11

基本路径 4：1-2, 3-4, 5-10-1-11

4. 针对基本路径设计测试用例

针对每条基本路径设计测试用例，使得该测试用例输入模块后，程序能够沿着该测试用例所对应的基本路径执行。

① 基本路径 1：1-11。该基本路径的测试用例为 nPosX 取 -1，nPosY 取任意值。

② 基本路径 2：1-2, 3-6-7-9-10-1-11。该基本路径的测试用例为 nPosX 取 1，nPosY 取 -1。

③ 基本路径 3：1-2, 3-6-8-9-10-1-11。该基本路径的测试用例为 nPosX 取 1，nPosY 取 -3。

④ 基本路径 4：1-2, 3-4, 5-10-1-11。该基本路径的测试用例为 nPosX 取 1，nPosY 取 1。

至此，已经设计出该模块的测试用例。在此基础上可以运行程序代码，输入测试用例，判断程序的实际运行逻辑是否与预先设计的逻辑相一致。如果不一致，那么该模块内部就可能存在缺陷。下面示例介绍如何为 LoginManager 类的 login() 方法设计测试用例。

示例 13.4   示例采用基本路径测试技术，为 LoginManager 类的 login() 方法设计测试用例

针对 LoginManager 类的 login() 方法的内部执行流程（见图 10.21），下面介绍如何采用基本路径测试技术来设计该方法的测试用例。

（1）依据 login() 方法的活动图，绘制出该方法内部实现算法的流图（见图 13.12）

（2）根据流图计算基本路径的数目，确定基本路径集合

计算流图的圈复杂度，该数值就是基本路径的数目。对照图 13.12，该图的基本路径数目为 10-8+2=4。

基本路径首先是一条路径且其必须要引入新的语句或者判断。根据这一思想，login() 方法具有以下 4 条基本路径。

基本路径 1：1-7-8

基本路径 2：1-2-6-8

基本路径 3：1-2-3-5-8

基本路径 4：1-2-3-4-8

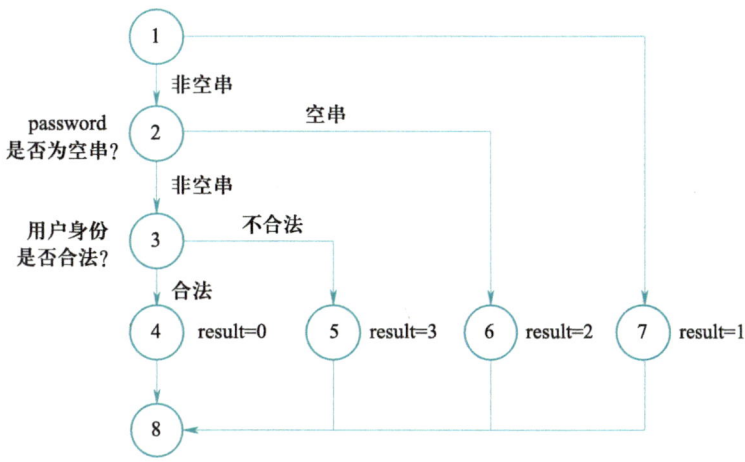

图 13.12　Login() 方法的流图

（3）根据基本路径集合来设计测试用例

针对每条基本路径为其设计测试用例，使得该基本路径被测试用例覆盖到：

① 针对基本路径"1-7-8"，其测试用例为 <account 为空串，password 为任意串，预期结果为 result = 1>。

② 针对基本路径"1-2-6-8"，其测试用例为 <account 为非空串，password 为空串，预期结果为 result = 2>。

③ 针对基本路径"1-2-3-5-8"，其测试用例为 <account 为非空串，password 为非空串，account 和 password 代表一个非法用户，即在 T_User 用户数据库表中没有该 account 和 password 的记录项，预期结果为 result = 3>。

④ 针对基本路径"1-2-3-4-8"，其测试用例为 <account 为非空串，password 为非空串，account 和 password 代表一个合法用户，即在 T-User 用户数据库表中有该 account 和 password 的记录项，预期结果为 result = 0>。

程序员或软件测试工程师可以参照表 13.1 所示的模板详细描述每个测试用例。

表 13.1　软件测试用例的描述模板

项目	描述
用例标识	为测试用例赋予一个唯一标识
用例设计者	谁设计了本测试用例
测试对象	描述该用例所针对的测试对象（如类、方法、子系统等）

续表

项目	描述
测试输入	测试时为程序提供的输入数据
前提条件	执行测试时系统应处于的状态或要满足的条件等
环境要求	执行测试所需的软硬件环境、测试工具、人员等
测试步骤	(1)……;（例如，运行待测试的对象） (2)……;（例如，输入测试数据） ……
预期输出	希望程序运行得到的结果

运行 LoginManager 类的 Login() 方法，分别输入上述测试用例，检查模块内部的实际运行流程是否与预期结果相一致，从而判定该模块内部是否有缺陷。

13.3.2　黑盒测试技术

黑盒测试技术无须了解被测试模块（如函数、过程、类方法、构件和整个系统）的内部细节，只需针对其功能和接口等来设计测试用例、运行被测对象，发现代码中的缺陷和错误。黑盒测试主要是用来测试软件模块在满足功能要求方面是否存在缺陷，如不正确

微视频：黑盒测试技术

或遗漏的功能、界面错误、数据结构或外部数据库访问错误、初始化和终止条件错误等。下面介绍等价分类法和边界取值法两种黑盒测试技术。

1. 等价分类法

等价分类法属于黑盒测试技术，其主要思想是把程序的输入数据集合按输入条件划分为若干个等价类，每个等价类中包含有多项具有相同性质和特征的输入数据，在设计测试用例时只需选取等价类中的某个或者有限几个数据，即可代表整个等价类对目标模块进行测试。该方法可以有效减少测试用例的数量。

等价分类法的关键是确定被测试模块的输入数据，然后根据输入数据的类型和程序的功能说明来划分等价类。以下是划分等价类时常用的一些规则和策略：

① 如果输入值是一个范围，则可划分出一个有效的等价类（输入值落在此范围内）和两个无效的等价类（大于最大值的输入和小于最小值的输入）。

② 如果输入是一个特定值，则可类似地划分出一个有效等价类（即该值本身）和两个无效等价类（大于该值的输入和小于该值的输入）。

③ 如果输入值是一个集合，则可划分出一个有效等价类（此集合）和一个无效等

价类（此集合的补集）。

④ 如果输入是一个布尔量，则可划分出一个有效等价类（此布尔量）和一个无效等价类（此布尔量之非）。

当有多个输入变量时，需要对等价类进行笛卡儿组合。例如，一个模块的输入包含一个整型变量和一个字符串变量。整型变量有正整数、零、负整数三个等价类，字符串变量有全字母字符串和非全字母字符串两个等价类，那么通过组合，整个输入就有 < 正整数，全字母 >< 零，全字母 >< 负整数，全字母 >< 正整数，非全字母 >< 零，非全字母 >< 负整数，非全字母 >6 个等价类。

示例 13.5 采用等价分类法设计"用户登录"功能的测试用例

"用户登录"是"空巢老人看护"软件中的一项基本功能，它要求用户输入账号和密码，以登录到系统之中。其中账号是由数字、字母和 @ 构成的字符串，可以是手机号码，也可以是电子邮箱地址；密码是由数字和字母构成的长度为 6 的字符串。针对该功能描述，可以采用等价分类法为其设计测试用例。

首先，账号输入是一个受限的字符串，可以将其分为三个等价类：非法字符串（如包含数字、字母和 @ 之外的其他非法符号），合法字符串但属于非法账号（如由数字、字母和 @ 构成的字符串，但该账号不在 T_User 数据库表中），以及合法字符串且属于合法账号（如由数字、字母和 @ 构成的字符串，且该账号在 T_User 数据库表中）。

同理，密码输入是一个受限的字符串且字符长度必须为 6，可以将其输入分为三个等价类：第一个是非法的字符串（如包含了数字、字母之外的其他非法符号，或者长度少于或者大于 6）；第二个是合法的字符串但是属于非法的密码（如由数字和字母构成长度为 6 的字符串，但该密码不在 T_User 数据库表中）；第三个是合法的字符串且是用户的合法密码（如由数字和字母构成长度为 6 的字符串，且该密码在 T_User 数据库表中）。

基于上述讨论，可以为"用户登录"功能设计出以下 9 个测试用例：

① <account = "tommy&"（非法账号），password = "rhfdc"（非法密码），预期结果为登录不成功 >

② <account = "tommy&"（非法账号），password = "rhfdcf"（合法密码但该密码不在数据库表中），预期结果为登录不成功 >

③ <account = "tommy&"（非法账号），password = "rhfdc2"（合法密码且该密码在数据库表中），预期结果为登录不成功 >

④ <account = "13973105643"（合法账号但该账号不在数据库表中），password = "rhfdc"（非法密码），预期结果为登录不成功 >

⑤ <account = "13973105643" （合法账号但该账号不在数据库表中），password = "rhfdcf" （合法密码但该密码不在数据库表中），预期结果为登录不成功 >

⑥ <account = "13973105643" （合法账号但该账号不在数据库表中），password = "rhfdc2" （合法密码且该密码在数据库表中），预期结果为登录不成功 >

⑦ <account = "13873164583" （合法账号且该账号在数据库表中），password = "rhfdc" （非法密码），预期结果为登录不成功 >

⑧ <account = "13873164583" （合法账号且该账号在数据库表中），password = "rhfdc5" （合法密码但该密码不在数据库表中），预期结果为登录不成功 >

⑨ <account = "13873164583" （合法账号且该账号在数据库表中），password = "rhfdc2" （合法密码且该密码在数据库表中，对应于该账号的密码），预期结果为登录成功 >

2. 边界取值法

大量的软件开发实践和经验表明，当输入数据处于范围边界值上时，程序非常容易出错。因为边界条件本身就是一类特殊的情况，因而在编程时需要特殊考虑和关注，否则很容易导致代码出现缺陷和错误。例如，一个整型变量的输入范围是正整数，那么输入数据分别为 1 和 0 时，程序可能会采取不同的处理方式；一辆汽车的定速巡航系统规定车速到达 20 km/h 时才可以使用该项功能，那么当速度分别为 19 km/h 和 21 km/h 时，汽车控制软件会采用不同的处理方式。

边界取值法是通过选择特定的测试用例来强制程序在输入的边界值上执行。边界取值法可以看作是对等价分类法的补充，即在一个等价类中不是任选一个元素作为此等价类的代表数据进行软件测试，而是选择此等价类边界上的值。此外，采用边界取值法设计测试用例时，不仅要考虑输入条件，还要考虑测试用例能够覆盖输出状态的边界。

采用边界取值法设计测试用例的策略描述如下（它与等价分类法有许多相似之处）：

① 如果输入条件指定了值 a 和 b 之间的一个范围，那么值 a、值 b 和紧挨 a、b 左右的值应分别作为测试用例。

② 如果输入条件指定为一组数，那么这组数中的最大者、最小者和次大、次小者应作为测试用例。

③ 把规则①②应用于输出条件。例如，某程序输出为一张温度压力对照表，此时应设计测试用例正好产生表项所允许的最大值和最小值。

④ 如果内部数据结构是有界的（例如某数组有 100 个元素），那么应设计测试数据，使之能检查该数据结构的边界。

示例 13.6 采用边界取值法设计"用户登录"功能的测试用例

结合"用户登录"功能以及输入条件的描述，以下介绍如何采用边界取值法为其设计测试用例。

首先，针对账号输入，可以根据输入要求将其划分为三个等价类：

① {非法的字符串（如包含数字、字母和 @ 之外的其他非法符号）}

② {合法的字符串但是属于非法的账号（如由数字、字母和 @ 构成的字符串，但是该账号不在 T_User 数据库表中）}

③ {合法的字符串且是合法的账号（如由数字、字母和 @ 构成的字符串，且该账号在 T_User 数据库表中）}

针对第一个等价类，可以分账号为空串、账号为包含非法符号的非空字符串两种情况来设计账号的输入数据。

同理，针对密码输入，根据其输入要求将其划分为三个等价类：

① {非法的字符串（如包含数字和字母之外的其他非法符号，或者长度少于或者大于6）}

② {合法的字符串但是属于非法的密码（如由数字字母构成长度为 6 的字符串，但是该密码不在 T_User 数据库表中）}

③ {合法的字符串且是合法的密码（如由数字字母构成长度为 6 的字符串，且该密码在 T_User 数据库表中）}

对于第一个等价类，可以分以下 5 种情况来设计密码的输入数据：密码为空串，密码是由长度为 5 且由非数字和字母构成的字符串，密码是由长度为 5 且由数字和字母构成的字符串，密码是由长度为 7 且由非数字和字母构成的字符串，密码是由长度为 7 且由数字和字母构成的字符串。

13.3.3 非功能测试技术

前面所介绍的白盒测试技术和黑盒测试技术都是针对软件功能的测试技术，实际上软件系统还需要进行非功能测试。

非功能测试包括压力测试（stress test）、容量测试（volume test）、兼容性测试（compatibility test）、安全性测试（security testing）、恢复测试（recovery testing）、可用性测试（usability test）、可靠性测试（reliability test）等。

① 压力测试。该测试指当系统在短时间内达到其压力极限时对软件系统进行的测试，判断此时系统的运行状况（如稳定性、响应速度等）。如果软件需求文档要求系统需要处理高达某个数字的设备或用户，那么压力测试需要在满足这些数量要求的设备或用户同时处于工作状态时测试软件系统的性能。例如，"12306"软件就需要测试在春

运期间同时有上百万人使用该软件时系统是否会崩溃、响应速度如何。这一情况同样出现在诸如"淘宝""京东"等网上销售系统,如在"双十一"期间,同时有几千万用户、上亿个订单需要处理时,系统能否正常稳定地运行。对于那些需要对大量用户或数据进行处理的软件而言,压力测试非常重要。

② 容量测试。该测试主要针对需要对大量数据进行处理的软件系统,分析系统所定义的数据结构(如列表、集合)等能否处理所有可能的情况;检查软件系统的持久数据存储,针对数据库、记录、文件等,分析它们能否容纳所预期的数据规模;评估软件系统在数据达到最大限度时,能否对用户的操作做出适当的反应。一个典型的例子就是视频监控软件,持续的监控会积累大量的视频数据,此时需要测试该系统能够承受和处理多大的视频数据量,当数据超出这个极端界限时会出现什么样的问题。

③ 兼容性测试。当所开发的软件系统需要与其他系统进行交互时,就需要考虑兼容性测试。该测试主要分析软件系统能否通过接口与其他系统进行交互,交互的数据量、速度和准确度如何。

④ 安全性测试。当前越来越多的软件部署在互联网上,软件系统中保存了用户的个人私密信息。安全性测试借助工具或人工手段来模拟黑客入侵,以发现软件系统中存在的安全隐患,检查软件系统对非法侵入的防范能力。

⑤ 恢复测试。任何系统都有可能因为某些异常情况而无法继续运行,整个系统需要重新恢复执行。恢复测试主要检查系统的容错能力,即当系统出错时能否在指定时间间隔内修正错误并重新启动系统运行。

⑥ 可用性测试。软件系统最终要服务于用户的使用和操作。可用性测试是检查软件系统的用户界面及其操作,分析软件的易用性等方面的情况。

⑦ 可靠性测试。通过软件测试获得第一手的软件缺陷及修复数据,以此来计算软件系统的平均无故障时间、平均修复时间、发现和修复故障的平均时间、失效间隔平均时间等,从而计算软件系统的可靠性。

13.4　面向对象的软件测试技术

面向对象的软件测试目的仍然是要找出软件系统中的潜在缺陷。由于面向对象的程序结构有其特殊性,引入了诸如类、继承、消息传递等机制,因此面向对象的软件测试需要考虑其特殊的结构和需求,并采用相应的方法和手段。

13.4.1 面向对象的软件测试的特殊性

对于结构化程序而言，其基本的程序单元是过程和函数，每一个程序单元相对独立。面向对象程序的基本程序单元是一个个类，每个类封装了一组方法，每个类的方法与其所在类的上下文（如定义的属性、其他方法等）密切相关。因而在对类方法进行测试时，需要充分考虑其所在的测试上下文。

在面向对象程序设计中，继承等机制的引入使得类对象的运行上下文变得较为复杂。例如，子类 A 继承了父类 B 的方法 M。按照常规，我们只要对父类 B 中的方法 M 进行测试就可以了，无须再对子类 A 中的方法 M 进行测试。但是实际情况是，方法 M 在父类 B 中的运行上下文与在子类 A 中的运行上下文是不一样的，原因是子类 A 中可能会引入新的属性或者重载 B 的方法。

在结构化程序设计中，不同模块之间有非常明确的控制关系，整个系统有清晰的控制层次结构，因而可以采用自顶向下或自底向上的集成策略。然而面向对象软件没有明显的层次控制关系，对象之间采用消息传递的方式进行交互，因而采用传统增量式的集成方法不可行。

面向对象的集成测试通常采用两种方法：一种是基于线程的测试（thread-based test），对响应系统的某个输入或事件的一组类进行集成，再对每个线程进行单独集成和测试，并应用回归测试以确保没有产生副作用；另一种是基于使用的测试（use-based test），先测试那些很少使用服务的类（称为独立类），再利用独立类来测试依赖它的其他类，直至完成整个系统的集成。

13.4.2 交互测试

面向对象是通过消息传递来实现交互的，这一点与过程调用和函数调用有本质的区别。多个对象在进行消息传递时，可能会在消息的名称、内容和次序等方面引入缺陷，导致对象无法提供正确的服务。

在交互测试中，不仅要看交互结束后的输出结果，还要看各个对象在参与交互后所处的状态是否正确。交互测试不仅要考虑消息传递的内容，还要考虑消息传递的次序。设计测试用例时不仅要检查各个对象能否正确接收和处理正常的消息序列，而且还要检查相关对象能否恰当地处理不正确的消息序列。

交互测试的测试用例设计需要考虑多种不同形式的消息接收状况：

① 对象接收的消息序列不加任何限制。对象接收到什么消息，就对该消息进行相应的处理。

② 对象接收的消息序列有限制，但对消息内容没有限制。例如，一个交通灯对

象接收的消息序列是有规律的，按照绿—黄—红的顺序，但是对每个消息的时长没有限制。

③ 接收的消息时序与对象的状态相关联。例如，针对集合这一对象，当集合中的元素数量为零时，不能接收和处理删除集合对象的消息，只能接收增加集合元素的消息。

④ 可接收的消息次序及内容与对象的状态无关。

13.4.3   继承测试

通过继承机制，子类与父类的行为既密切相关也相互区别。子类可以重用父类的属性和方法，同时也可以重载父类的性质，引入自己特有的属性和方法。继承机制显然增加了软件测试的复杂性。在对父类中某个方法进行测试时，先测试父类再测试子类的方法比较可取，它有助于重用父类测试中所用的测试用例。

需要特别强调的是，通过继承从父类中获得的方法，既要在父类中进行测试，也要在子类中进行测试，以充分考虑两个类的不同测试上下文，检验该类在不同状况下的测试情况和结果。

13.5   软件测试计划的制订与实施

软件测试是一项系统性工作，须贯穿于软件开发全过程。为了有效地指导软件测试活动，需要成立独立的软件测试小组，并在软件开发早期就制订软件测试计划。

13.5.1   软件测试组织

软件测试是一项独立的工作，软件工程师只要提交程序代码和相关文档（如需求文档、设计文档），描述清楚代码的接口和实现的功能，软件测试工程师就可对代码进行单独的测试，并在测试结束后向软件工程师汇报测试的结果。

为了高效地开展软件测试，确保软件测试工作的权威性，通常需要成立单独的软件测试小组。小组成员由软件测试工作师组成，他们的职责就是要完成软件测试工作，包括制订测试计划、设计测试用例、开展软件测试、撰写测试报告、汇报测试结果等。一般地，软件测试小组的成员与软件开发小组的成员不重叠。软件测试小组也不受软件开发小组的管理，以确保软件测试的独立性和结果的客观性。

为了与软件开发工作同步，需要在软件开发早期就成立软件测试小组，以便尽早介入软件测试工作，包括开展必要的培训、了解软件项目的整体情况、掌握软件需求、制订软件测试计划等。

13.5.2　制订和实施软件测试计划

软件测试小组需要在软件开发早期就制订出软件测试计划，以规划软件测试任务和要求、测试对象和特征、测试环境和策略、测试交付物、安排软件测试进度等。根据IEEE 给出的定义，一个软件测试计划主要包括以下几方面的内容：

- 标识符，用以标识本测试计划。
- 简介，介绍测试的对象、目标、策略、过程和进程等方面的内容。
- 测试项，描述接受测试的软件元素，包括代码模块或质量属性。
- 待测软件特征，说明接受测试的软件特征，如软件需求等。
- 免测软件特征，说明无须接受测试的软件特征，如软件需求等。
- 测试策略和手段，说明对软件进行测试的策略和手段。
- 测试项成败标准，说明每个测试项通过软件测试的标准。
- 测试暂停 / 停止的标准，说明软件测试暂停或停止的决策依据。
- 测试交付物，说明测试过程中或完成之后应该交付的软件测试制品。
- 测试任务，描述测试的主要任务。
- 测试环境，描述测试所需建立的环境。
- 职责，说明每项测试任务的主要负责人或团队及其职责。
- 进度安排，描述测试的过程及时间安排。
- 成本预算，估算软件测试的成本。
- 风险与意外，描述测试过程中可能存在的风险和可能发生的意外。

13.6　软件测试的输出

软件测试完成之后，将输出以下的测试工作成果：

① 软件测试计划。

② 软件测试报告，包括软件单元测试报告、软件集成测试报告、软件确认测试报告、系统测试报告等。每份报告详细记录了软件测试的情况以及发现的缺陷和错误。

本章小结

本章聚焦于软件测试，介绍了软件测试的概念、思想和原理，软件测试用例的设计和运行；讨论了软件测试面临的挑战；详细介绍了软件测试的过程和策略，包括单元测试、集成测试、确认测试和系统测试，软件测试的具体技术，包括白盒测试技术（基本路径测试技术）和黑盒测试技术（等价分类法和边界取值法等）；讨论了面向对象的软件测试技术以及软件测试计划的制订和实施。概括而言，本章包含以下核心内容：

- 软件测试的目的是要找出软件系统中的缺陷和错误，定位和修复缺陷不属于软件测试的任务范畴。

- 软件测试的思想非常简单，就是针对软件系统设计一组数据，将数据输入程序中进行处理，判断程序处理结果与预期结果是否一致，如果不一致则意味着软件存在缺陷。

- 通过软件测试没有发现缺陷并不意味着软件就没有缺陷，可能的原因是软件测试数据不合理或不充分，导致无法发现软件中潜藏的缺陷。

- 软件测试用例是一个四元偶 < 输入数据，前置条件，测试步骤，预期输出 >。

- 软件测试需要运行程序代码，因而软件测试与代码走查、静态分析有根本性区别。

- 为了运行程序代码以开展软件测试，软件测试工程师需要编写测试驱动程序和桩模块，也就是说软件测试工程师需要为测试编写代码。

- 如何提高软件测试的有效性和高效性，是软件测试面临的挑战。

- 软件测试通常包括单元测试、集成测试、确认测试和系统测试。

- 单元测试通常采用白盒测试技术，由程序员完成。

- 确认测试、集成测试、系统测试由软件测试工程师完成，通常采用黑盒测试技术。用户需要参与软件确认测试过程。

- 白盒测试技术需要掌握软件模块的内部执行流程，并以此来设计测试用例。基本路径测试是一类典型的白盒测试技术。

- 黑盒测试技术只需知道模块的功能并以此来设计测试用例。等价分类法、边界取值法等属于黑盒测试技术。

- 软件测试除了要测试软件的功能之外，还要进行非功能测试，包括压力测试、容量测试、安全测试等。

- 面向对象软件有其特殊性，引入类、继承、消息传递等机制，需要为此使用专门的软件测试技术。

- 软件测试小组是一个独立于软件开发小组的专门组织。

- 在软件开发早期，软件测试小组需要制订软件测试计划，以指导软件测试工作的开展。

- 软件测试是一项繁杂的工作，包括制订测试计划、设计测试用例、开展软件测试、撰写测试报告等。因此，软件测试工作不应该在代码完成之后才开始。

推荐阅读

MYERS G J, BADGETT T, SANDLER C. 软件测试的艺术 [M]. 原书第 3 版. 张晓明, 黄琳, 译. 北京: 机械工业出版社, 2012.

该书是软件测试领域的经典著作, 结构清晰, 生动且简明扼要地介绍了诸多久经考验的软件测试方法。该书从软件测试的心理学和经济学入手, 探讨了代码检查、走查与评审、测试用例设计、模块单元测试、系统测试、系统调试等基本主题, 以及极限测试、互联网应用测试等高级主题, 全面展现了作者的软件测试思想。第 3 版在前两版的基础上, 结合软件测试的新发展进行了内容更新, 增加了可用性测试、移动应用测试以及敏捷开发测试等方面的内容。

基础习题

13-1　程序单元测试为什么要由程序员而非软件测试工程师来完成?

13-2　软件测试没有发现错误是否意味着软件就没有错误? 为什么?

13-3　软件测试能用来证明软件是正确的吗? 为什么?

13-4　软件测试工作是在代码编写完成之后才开始的, 这一观点正确吗?

13-5　请结合软件测试的思想和原理, 分析如何提高软件测试的有效性和高效性。

13-6　软件测试要先进行单元测试, 再进行集成测试、确认测试和系统测试。如果将软件测试的上述次序反过来实施是否可以? 请说明理由。

13-7　白盒测试技术和黑盒测试技术有何本质性区别?

13-8　集成测试可以采用自顶向下和自底向上两种集成方式, 请说明这两种方式各有什么优缺点。

13-9　软件测试技术与程序静态分析技术有何区别, 各有什么优缺点?

13-10　请说明软件测试、程序调试、缺陷修复这三项工作之间的区别和联系。

13-11　以下是某航班剩余座位查询模块 QueryRemainingSeats 的功能描述及其接口设计, 请采用等价分类法为该模块的集成测试设计测试用例, 并详细说明测试用例的设计步骤以及最终测试用例结果。

Integer: QueryRemainingSeats(FlightNo, SeatClass)

该模块根据输入的航班号和座位类别 (商务座、经济座), 查询当日该航班及座位等级的剩余座位数量。如果输入信息不合法, 则返回结果为 −1。

13-12　请简要说明软件测试包含哪些方面的工作。

13-13　何为回归测试? 为什么要进行回归测试?

13-14   某个函数有两个输入参数 x、y，其中参数 x 是布尔变量，参数 y 是取值范围为 $0 \leq y \leq 100$ 的整数。请用边界值取值法设计该函数的测试用例。

13-15   质数是一个大于 1 的自然数，除了 1 和它自身外，不能被其他自然数整除。以下详细设计描述了如何实现该功能：

```
publicstatic boolean is_prime(int num) {
        boolean bPrimeFlag = false;
        if(num> = 1) {
          for(int i = 2; i< = num/2; i++) {
              if(num % i 等于 0) {
                 flag = true;
                 跳出循环 ;
              }
          }
        }
        返回 bPrimeFlag;
}
```

① 如果采用等价类划分方法对该程序进行黑盒测试，可以分为几个等价类？请对每个等价类给出一个测试用例。

② 如果采用基本路径测试方法进行白盒测试，如何确定该程序的基本路径？请给出相应过程和生成的测试用例。

综合实践

1. 综合实践一

实践任务：对编写的代码进行软件测试，发现所维护的开源代码中存在的缺陷。

实践方法：在维护开源软件过程中，针对所编写的代码，设计测试用例，开展软件集成测试和确认测试。

实践要求：针对软件设计文档和需求文档设计测试用例，确保软件测试覆盖所有的功能。

实践结果：反馈通过测试发现的软件缺陷。

2. 综合实践二

实践任务：对编写的程序代码进行软件测试，发现所开发的软件中存在的代码缺陷。

实践方法：针对所编写的程序代码，设计测试用例，开展软件集成测试和确认测试。

实践要求：针对软件设计文档和需求文档设计测试用例，确保软件测试覆盖所有的功能。

实践结果：反馈通过测试发现的软件缺陷。

第 14 章

软件部署

　　软件开发工程师完成了编码实现和软件测试之后，得到的目标软件系统，必须安装和部署到相应的软硬件环境之中才能得以运行，并为终端用户提供功能和服务。实际上，任何软件系统都有为其运行提供基础服务和功能支持的上下文（context），或称环境。软件开发工程师在部署软件系统之前，必须安装和配置好目标环境。近年来，随着软件系统及其运行环境复杂性的不断增长，软件部署也变得越来越复杂。尤其是当软件存在多个构件及其多个版本和变种、不同构件需要部署在不同环境之中时，软件部署往往面临更多的风险。

本章聚焦于软件部署，介绍软件系统的运行环境、软件部署的方式和方法等内容，读者可带着以下问题来学习和思考本章的内容：

- 何为软件系统的运行环境？软件的运行环境有何特点？
- 随着计算技术的发展，软件运行环境出现了什么样的变化？
- 何为软件部署？软件部署要考虑哪些方面的问题？
- 单机部署和分布式部署有何差异性？
- 软件部署需要遵循什么样的原则？
- 如何开展基于操作系统、基于中间件和软件开发框架、基于容器的软件部署？
- 有哪些支持软件部署的 CASE 工具？

14.1　软件及其环境

任何软件都离不开硬件，硬件为软件的运行提供计算和存储等
基本服务。没有了硬件，软件就失去了运行的基础，当然也就无法
运行。近年来，随着计算技术和软件技术的发展，软件运行所依赖
的环境发生了深刻的变化。

微视频：何为软件的运
行环境

14.1.1　软件的运行环境

软件的运行环境是指软件运行所依赖的上下文，它为软件系统的运行提供必要的
基础服务和功能、必需的数据和基本的
计算能力。在运行过程中，软件系统需
要与其环境进行交互，从而获得软件运
行所需的各种数据、服务和计算（见图
14.1）。

一般地，软件的运行环境具有以下
一些特点：

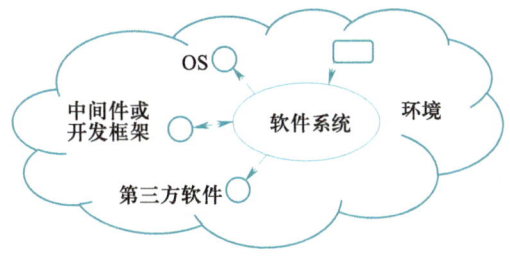

图 14.1　软件系统与其环境

① 环境是软件赖以生存的场所。环境为软件系统的运行提供各种要素，包括数据、
计算、服务等。因此，软件不能独立于环境而存在。例如，Android 和 iOS 等智能手机
操作系统为各种 App 的运行提供计算、通信等基础服务支持。

② 软件需要与环境进行持续的交互。既然软件与其环境之间存在依赖关系，那
么意味着软件与其环境之间存在双向交互。软件通过环境获得基础服务和计算能力，
环境则通过软件获得相应的运行进程和数据等。例如，Android 操作系统通过加载
"12306" App 来运行该软件，获得该软件的相关数据；相应地，"12306" App 通过访
问 Android 操作系统提供的基础服务来获得智能手机的计算资源。

③ 软件系统的运行环境可以表现为多种形式，既可以是物理的硬件设备（如计算
机、服务器、机器人等），也可以是不同抽象层次的软件系统（如操作系统、软件开发
框架、中间件、容器等）。如 "12306" App 的运行环境主要表现为智能手机及 Android
或 iOS 操作系统。

④ 软件系统的运行环境不仅包括纵向层次的基础软件及平台，还包括横向层次上
与其运行相关的其他软件系统。当前，越来越多的软件表现为一类系统之系统，这些软
件系统自身可以独立存在和运行，但同时又需要与其他软件系统进行交互，以完成更为
复杂的功能。例如，"12306" App 需要依赖第三方的支付软件来完成购票和退票等功

能，这些第三方软件也构成了"12306"App 的运行环境。

14.1.2　软件运行环境的变化

21 世纪以来，随着移动互联网、人工智能、大数据和云计算等技术的迅速发展，计算机软件的应用领域不断拓展，软件系统的运行环境发生了显著的变化。计算变得无处不在，越来越多的设备（如智能手机、家用电器、各类传感器、机器人、无人机等）具备计算能力，并通过互联网或物联网相互连接在一起。软件可广泛部署和运行在这些泛在化的计算设施或平台上。不同于传统的单机、局域网等计算环境，互联网环境具有开放、动态、异构、难控等特点。不仅如此，互联网还作为计算和网络基础设施，将诸多的物理设备与人类社会等紧密地连接和集成在一起，由此导致部署在其上的软件系统的形态和复杂性也随之发生变化。

计算机软件的部署和运行环境经历了主机、个人计算机、局域网、互联网和移动互联网环境的发展历程（见图 14.2），体现了计算环境从集中、封闭和单一向发散、开放、动态、多样和异构的转变。

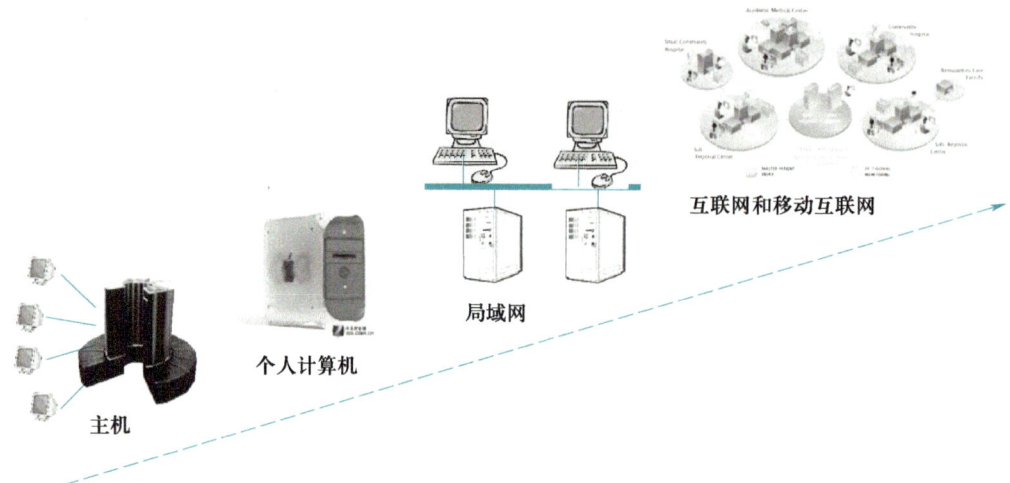

图 14.2　软件运行环境的变化

在 20 世纪 90 年代之前，大部分软件被部署在同一个计算设施或局域网环境中的若干个计算平台之上（如主机或个人计算机）。这些计算设施或平台通常由某些个体或组织来管理和控制。例如，在某台主机上部署软件系统，用户通过连接主机的多个终端来访问和操作软件；或者软件被部署在由局域网连接而成的若干台计算机上（如客户端计算机和服务端计算机），这些软件通过局域网相互交互。它们的部署环境通常是封闭的，不和外界进行交互；其环境边界也是明确的，哪些属于环境、哪些不属于环境具有清晰的界定。

进入 20 世纪 90 年代，尤其是进入 21 世纪，越来越多的软件系统被部署在基于互联网的多个不同计算设施之上（甚至包括各种嵌入式设备和移动终端），这些计算设施可能属于不同的组织和机构，具有地理上和逻辑上分布、高度自治、独立和发散管理、难以全局控制等特点。互联网尤其是移动互联网本身是一个动态、难控的复杂环境，不断有新的计算节点、服务和计算资源等加入，或者已有的计算节点、服务和计算资源等会离开，其动态变化呈现出不确定、不可控和不可预测等诸多特点。

14.2 软件部署的概念和原则

软件部署是指将目标软件系统进行收集、打包、安装、配置和发布到运行环境的过程。根据前一节的介绍，任何软件系统都运行在特定的环境之下，因此软件部署通常涉及以下两方面的工作：

微视频：何为软件部署

1. 安装和配置运行环境

运行环境是目标软件系统运行赖以生存的上下文。因此，在将软件系统部署到运行环境之前，软件开发工程师首先需要安装和配置好运行环境，包括构成运行环境的各类软硬件系统以及它们之间的相关性。

例如，在"空巢老人看护"软件的部署过程中，软件开发工程师首先需要安装和配置好该软件系统的运行环境，主要包含两部分工作：一是准备一部安装和配置 Android 操作系统的智能手机；二是准备一台安装 Ubuntu 操作系统以及 MySQL 和 ROS 软件的计算机，其中 MySQL 提供数据库管理功能和服务，ROS 提供机器人操作系统的基本功能和服务，并确保安装后的计算机能够与 Turtlebot 2 机器人进行网络连接。

2. 安装和配置软件系统

收集和打包目标软件系统中需要安装的软件要素，包括各个构件、所依赖的软件包、必需的软件文档和必要的数据（如配置文件），然后将这些软件要素安装到目标计算平台之中，并进行必要的配置，使得目标软件系统的软件要素能够与运行环境中的软硬件要素相交互。

例如，在"空巢老人看护"软件的部署过程中，软件开发工程师需要将该软件中的 DataService 构件以及 RobotControl 软件要素安装到目标计算机之中，进行必要的配置，使得 DataService 构件能够与 MySQL 进行交互，RobotControl 软件要素能够通过 ROS 与 Turtlebot 2 机器人进行网络连接和交互（见图 8.25）。

在软件部署过程中，软件开发工程师需遵循以下原则：

① 最小化原则。无论是运行环境还是软件系统，只需安装、部署和配置其支撑软

件运行和服务所提供的最少软硬件要素，以提高软件系统和运行环境的精简性，提升目标软件系统的运行效率，降低运行和维护成本。

② 相关性原则。所部署的运行环境和软件系统要素均需与系统的建设和服务相关联，剔除那些不相关的软硬件要素，防止将无关的软件要素部署到计算平台之中，以简化软件系统的部署和配置，降低软件运行和维护的复杂度。

③ 适应性原则。当软件系统的运行环境发生变化时，目标软件系统的部署也要随之发生变化，以确保目标软件系统部署的灵活性，提高其健壮性以及自动化程度。

14.3　软件部署方式

按照构件部署的物理节点数量及其分布性，可以将现有的软件部署方式大致分为单机部署和分布式部署两类。

微视频：软件部署的方式和方法

14.3.1　单机部署

单机部署是指将软件的各个要素集中部署到某个单一的计算设备上。该部署方式的特点是软件的运行环境只依赖单一的计算设施，不同构件之间不存在网络通信，软件的部署、配置和维护相对较为简单。需要说明的是，这里所述的计算设施不仅仅是指各种计算机，还包括智能手机、智能手环等嵌入式计算设施。

例如，"小米便签"软件就采用单机部署的方式，其部署和运行环境是基于智能手机的 Android 操作系统。该软件的所有要素均安装和部署在这一环境之中。

14.3.2　分布式部署

分布式部署是指将软件的各个要素分散部署在多个计算设备上。20 世纪 90 年代，随着网络技术的发展，多个计算设备通过网络连接在一起实现数据共享和协同工作，从而构成分布式计算环境。这一计算模式深刻影响着软件系统的体系结构和部署方式。许多软件系统开始采用客户 / 服务器（C/S）式软件架构。客户端软件部署在前端计算机上，完成与用户的交互等轻量级计算；服务器端软件部署在后端服务器上，完成数据处理和存储等重量级计算；客户端软件与服务器端软件通过网络进行连接，完成数据交互等功能。例如，客户端软件将用户输入的数据发送给服务器端软件进行处理，服务器端软件将处理后的数据通过网络发送给客户端进行展示。

到了 20 世纪 90 年代中后期，基于 C/S 的计算模式得到了进一步发展，逐步形成了以客户 – 应用服务器 – 数据库服务器等为代表的多层软件架构和部署形式。进入 21 世纪，随着互联网技术的不断发展和应用，软件系统开始部署和运行在互联网平台上。

基于互联网的软件部署和运行方式不同于传统意义上的 C/S 部署和运行方式。它采用的是一种发散的方式，不存在集中控制的计算节点。另外，它具有动态和开放的特点，接入系统中的计算节点和构件动态变化且不确定。例如，Google Chrome、淘宝和"12306"等软件均采用基于互联网的软件部署和运行方式。对于"12306"软件而言，随时有新的用户安装该软件，在不同时刻有不同数量和用户群在使用该软件。目前，分布式部署尤其是基于互联网的分布式部署，已成为绝大部分软件的基本部署和运行方式。

为了应对大规模、动态变化的服务访问，完成高并发的数据处理，当前越来越多的软件部署和运行在云端的多个服务器上，使得整个系统具有更高的可靠性、可扩展性、弹性和灵活性，并降低了软件部署和运维的成本。

例如，"空巢老人看护"软件采用分布式软件部署方式，其前端软件 ElderCarer App 安装和部署在智能手机上，在 Android 操作系统环境下运行；后端软件（包括 RobotControl 构件和 DataService 构件）安装和部署在一个服务器上，在 MySQL、ROS 等软件系统以及 Ubuntu 操作系统环境下运行。

14.4 软件部署方法

软件部署是对软件进行安装和配置，使软件可在目标计算设施上运行的过程。软件部署和运行所依赖的目标计算设施多种多样，包括个人计算机、大型服务器，以及各种嵌入式终端设备。应用软件部署于上述计算设施上，基于其提供的计算、存储和服务等完成各种计算并向用户提供各种功能。

现有的软件部署方法大致可分为以下三类：

① 基于操作系统的直接部署。这种方法将软件直接部署在目标计算设施的操作系统上，软件的运行依赖于操作系统提供的基础服务。

② 基于软件开发框架和中间件的部署。这种方法需要在目标计算设施的操作系统之上安装必要的软件开发框架或中间件，并在其上部署目标软件系统。软件系统的运行依赖于软件开发框架或中间件所提供的可重用软件元素和基础服务。

③ 基于容器的部署。在这种部署方法中容器提供了软件运行的上下文，目标软件系统被封装为服务镜像，安装和部署在容器中运行。

软件部署方法以及目标计算设施如图 14.3 所示。

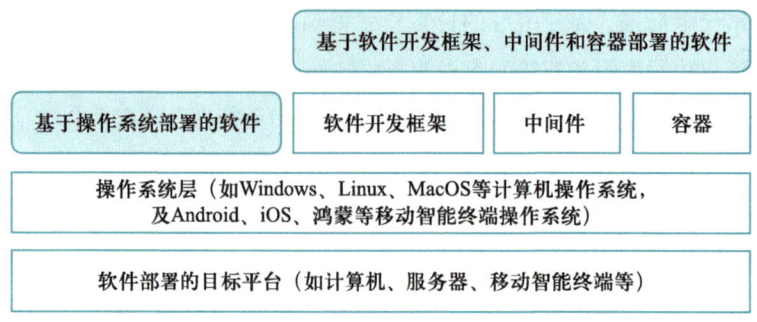

图 14.3　软件部署方法以及目标计算设施

14.4.1　基于操作系统的部署

当前，许多软件系统可直接部署在目标计算设施的操作系统之上运行。基于操作系统的部署方法是指软件的运行仅依赖于计算设施上的操作系统及其提供的基础服务，如文件操作和管理、窗口界面的创建和操作等，操作系统构成了软件运行的上下文环境。此类软件部署方法简单、直接，无须安装其他额外的软件系统和服务。显然，此类部署方法要求目标软件系统必须与目标计算设施及操作系统相适配，否则软件系统无法成功部署和运行。

例如，移动端软件主要部署在移动智能终端上，如智能手机、平板电脑等，需要选择合适的操作系统才能顺利部署和运行。目前，Android 软件社区的 App 均可直接部署在 Android 手机和平板电脑上，无须其他软硬件系统的支持，这类软件的部署相对较为简单。类似的，桌面端软件主要部署在计算机上，其部署也需要选择合适的操作系统，如 Matlab 作为一款典型的桌面端应用软件适用于 Windows 和 MacOS 操作系统，并直接基于上述操作系统部署，无须其他软硬件系统的支持。

14.4.2　基于软件开发框架和中间件的部署

与基于操作系统的部署方法不同，基于软件开发框架和中间件的部署方法需要安装和部署额外的软件开发框架和中间件，以支持目标软件系统的运行。软件开发框架和中间件是介于操作系统和应用软件之间的基础软件，它们使用操作系统所提供的基础服务，封装和实现了一组额外的功能和服务，从而为目标软件系统的运行提供更高层次的支持。因而，它们构成了目标软件系统的运行上下文。具体地，软件开发框架以支持软件开发为主要目的，主要提供可重用的软件类库、开发工具等。中间件则更倾向于提供基础的软件服务，如通信、调度、监控等，建立目标软件系统与底层操作系统和硬件平台之间的通信连接。

1. 基于软件开发框架的部署方法

基于软件开发框架的部署方法如图 14.4 所示。软件开发框架主要向目标软件系统的开发和运行提供可重用的软件开发包,包括类库、函数库、构件库等。为此,在部署目标软件系统之前,需要在目标计算设施上预先部署好软件开发框架。

相比较而言,此类部署方法比基于操作系统的部署方法更为复杂,需要将软件开发框架的一系列可重用库安装在目标计算设施的适当位置,并解决可能存在的软件开发框架与操作系统之间的版本兼容问题。在某些情况下,软件开发框架的版本更迭可能会导致上层软件系统无法正常运行。

软件开发框架的可重用开发包通常封装为一个或若干个独立的库文件(常见格式为 .jar、.so、.lib 等),库文件的安装需要明确指定安装位置和设置全局路径,以便上层目标软件系统能够重用该库文件。例如,JADE、OpenCV、ROS 软件开发框架将其核心的库安装于操作系统之上,为上层目标软件系统提供一系列基本功能。

2. 基于中间件的部署方法

基于中间件的部署方法如图 14.5 所示。中间件主要面向目标软件系统的运行提供可访问的服务,包括数据格式转换、数据传输等。不同于重用软件开发框架中的软件代码,目标软件系统通过访问中间件提供的对外接口而获得它所提供的功能和服务。通常,中间件位于上层目标软件系统与下层操作系统和硬件平台之间,为上下层软硬件的双向交互提供定制化的服务。

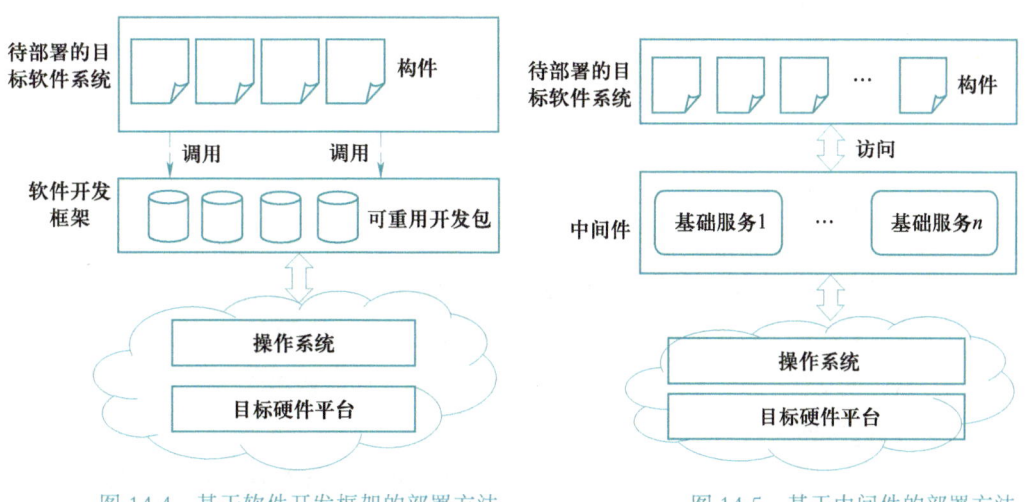

图 14.4　基于软件开发框架的部署方法　　　　图 14.5　基于中间件的部署方法

相对于基于软件开发框架的部署方法,此类部署方法较为简单,中间件部署在操作系统上之后,上层目标软件系统无须过多关注其内部代码的实现细节,只需访问其接口即可获得其提供的外部服务。

例如,机器人领域常用的中间件 ROSBridge 部署和运行于 Linux 操作系统和 ROS

操作系统之上，向上提供了 Java 语言程序与 ROS 系统中 C++/Python 语言程序之间的通信服务接口。在 ROSBridge 中间件的基础上，用户可以灵活地采用 Java 语言编写 Web 或桌面端的目标软件系统，中间件能够实现该目标软件系统与下层操作系统 C++/Python 语言程序的跨语言通信。

14.4.3　基于容器的部署

基于容器的部署方法将容器作为软件运行的上下文，通过进程级别的资源隔离有效解决不同环境带来的软件部署不一致问题。该方法广泛应用于企业软件发布与软件测试等场景。

1. 容器和容器镜像

操作系统中的进程通常具有以下特点：进程间可相互看到、相互通信；进程间会使用相同的系统资源，如 CPU 和内存；不同的进程可使用同一个文件系统，可对同一个文件进行读写操作。因此，操作系统中的进程无法做到运行环境独立。

容器是一个视图隔离、资源可限制、具有独立文件系统的进程集合。它通过 Linux 进程管理，为进程的运行提供一个相对独立的环境，具体包括：

① Linux 的 namespace 技术在进程创建时，为进程指定文件系统的"挂载点"，从而实现进程在资源视图上的隔离。

② Linux 的 cgroup 技术支持进程创建时指定其 cgroup 参数，从而设置容器进程可使用的 CPU 以及内存量，限制容器进程的资源使用。

③ 借助 Linux 的 chroot 技术为容器创建独立的文件系统，确保对容器文件系统的增删不会对其他容器的进程产生影响。

容器具有一个独立的文件系统，该文件系统提供容器所需的二进制文件、配置文件以及依赖。只要容器具备运行时所需的文件集合，那么容器就能够运行起来。容器运行时所需要的所有文件集合称为容器镜像，又叫作 rootfs（根文件系统）。对于容器镜像而言，它打包的不仅仅是应用代码，还包括应用运行所需要的所有依赖文件。容器镜像就是容器的文件系统，有了它就可以构建该镜像的多个容器实例。

2. 容器部署流程

基于容器镜像可以创建容器实例，基于容器的软件部署方法的核心就是构建软件的容器镜像。以 Docker 容器为例，它基于 Dockerfile 来构建容器镜像。一般而言，基于容器的软件部署流程描述如图 14.6 所示。

图 14.6　基于容器的软件部署流程

　　① 选定基础镜像。由于容器镜像是可重用的，用户可以基于已有的容器镜像（称为基础镜像）来构建新的容器镜像。例如，假设基于 alpine 操作系统构建了一个容器镜像 A，并基于它为某个 Java 应用部署了 Java 环境，形成了新的容器镜像 B。那么，当用户在重新部署和发布另一个 Java 应用时，可直接使用安装过 Java 环境的 rootfs（即对应于容器镜像 B）来构建该应用的容器镜像。

　　② 编写 Dockerfile 脚本。Dockerfile 是用于描述如何构建 Docker 镜像的脚本文件，图 14.7 示例描述了构建 golang 应用的 Dockerfile。

```
 1  ## 使用官方提供的goland语言开发镜像作为基础镜像
 2  FROM golang:1.12-alpine
 3
 4  ## 将工作目录切换为/go/src/app
 5  WORKDIR /go/src/app
 6
 7  ## 将本地文件拷贝至/go/src/app 目录
 8  COPY ..
 9
10  ## 获取所有依赖
11  RUN go get -d -v ./...
12
13  ## 构建该应用并安装
14  RUN go install -v ./...
15
16  ## 默认运行该容器
17  CMD ["app"]
```

图 14.7　构建 golang 应用的 Dockerfile 示例

　　③ 根据 Dockerfile 脚本创建软件镜像。编写了应用的 Dockerfile 脚本之后，用户就可以通过 docker build 命令构建所需要的软件镜像。

　　④ 基于软件镜像创建并运行 Docker 容器。镜像具有"一次构建、长期运行"的特点，一个镜像就相当于是一个模板，一个容器就是一个具体的运行实例，用户可以通过 docker run 来运行这个镜像得到想要的容器。

14.5　支撑软件部署的 CASE 工具

　　目前有诸多的 CASE 工具支持软件部署，不同的工具为软件部署提供不同的方式和方法。本节介绍几种常见的软件部署工具。

14.5.1　Fat Jar

Eclipse 集成开发环境提供了 Fat Jar 软件工具，支持 Java 语言程序代码的打包、安装和部署。Fat Jar 可将 Java 语言程序的所有资源（包括源代码、调用的第三方库、图片、项目配置文件等）进行打包，生成可直接安装部署的 jar 文件。它能脱离 Eclipse 环境灵活部署到目标计算平台上。Fat Jar 是一款开源软件，托管在 SourceForge 开源社区中。用户可直接下载该软件，解压至 Eclipse 插件库中，从而完成该软件工具的安装和使用。

图 14.8 描述了 Fat Jar 软件工具打包生成部署文件的过程：

① 导入程序文件。Fat Jar 将所有打包必需的文件（包括 Java 语言代码经编译生成的可执行文件和所依赖的第三方库文件）导入部署文件中。

② 命名部署文件。设置部署文件的名称，部署文件的命名不得与已导入的文件名相同，并且需符合 Java 语言的命名规范（如首字母小写、将下划线作为分隔符等）。

③ 选择主类文件。Fat Jar 软件工具需要选定目标软件系统的主类文件作为部署文件的启动程序。所谓"主类文件"是指包含有 main 函数的类文件，它是启动整个目标软件系统的程序入口，因此需将其指定为部署文件的启动程序。

④ 生成 jar 文件。Fat Jar 软件工具将上述文件打包生成 jar 文件，可部署于具有 Java 语言运行环境的计算平台上。

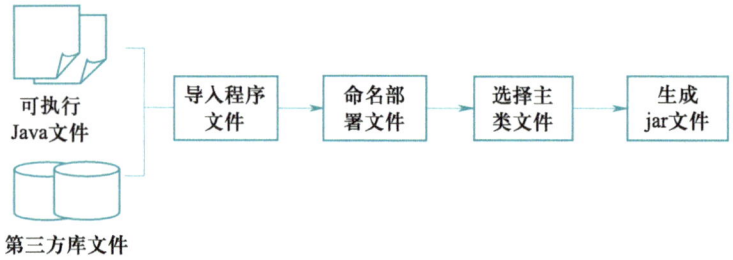

图 14.8　Fat Jar 软件工具打包生成部署文件的过程

14.5.2　Installer Project

Installer Project 软件工具可作为 Microsoft Visual Studio 的一个扩展组件，用于创建 Microsoft Windows 应用的安装程序和安装包。它提供了一系列功能，包括设置软件图标和快捷方式、设置软件安装路径、增加或删除安装包中的文件等，采用图形化的方式对软件进行打包。

一般地，Installer Project 基于以下过程将可执行程序、数据和文件打包成特定格式的软件安装包：

① 用户需要准备好待打包的应用程序文件和图标，并将其导入新建的 Microsoft

Visual Studio 项目。

② 用户在 Microsoft Visual Studio 中添加 Installer Project 组件，并在"解决方案"中使用"Setup Project"模板添加项目。

③ 设置程序的作者信息、描述信息、版本号和默认安装路径等参数。

④ 将图标、程序依赖的动态链接库 .dll 文件、可执行程序及其快捷方式添加到"Application Folder"应用文件夹。

⑤ 设置应用图标和快捷方式。

⑥ 执行打包操作，分别生成以 .msi 和 .exe 为后缀名的安装包。

14.5.3　Jenkins

Jenkins 是一款针对 Java 应用实现持续集成和部署的软件工具。Jenkins 允许其他工具以插件的方式加入其中，为自动构建和部署提供多样化的服务。

图 14.9 描述了 Jenkins 软件自动部署的过程。Jenkins 基于 Git 进行版本管理、基于 Maven 进行项目管理。

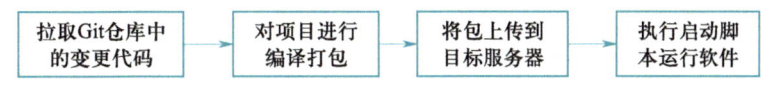

图 14.9　基于 Jenkins 部署软件的过程

① 拉取 Git 仓库中的变更代码。通过 Jenkins 的插件 Git Parameter（参数化检索代码）监测 Git 仓库中的代码变更情况，并从 Git 仓库中自动拉取变更后的代码。

② 对项目进行编译打包。通过 Jenkins 的插件 Maven Integration 对项目代码进行编译和打包，形成 Java 项目的 jar 包或 war 包。

③ 将包上传到目标服务器。通过 Jenkins 的插件 Publish Over SSH，将包文件传输到目标服务器上。

④ 执行启动脚本运行软件。通过 shell 命令执行启动脚本，运行软件项目。

本章小结

本章聚焦于软件部署，讨论了软件的运行环境及其发展变化，介绍了软件部署的概念和原则，以及基于操作系统的部署、基于软件开发框架和中间件的部署和基于容器的部署方式，最后讨论了支撑软件部署的 CASE 工具。随着软件演化要求的不断提升，持续集成、持续交付、持续部署成为新常态，将软件开发和运维进行一体化管理成为新趋势，DevOps 方法日益受到产业界的关注和重视，越来越多的软件采用 DevOps 理念和方法加以开发和运维。概括而言，本章包含以下核心内容：

- 任何软件的运行都需要相应的环境支持，软件的运行环境既包括软件环境，也包括硬件环境。

- 在过去几十年中软件的运行环境发生了显著的变化，从主机、个人计算机、局域网等封闭的环境逐步转变为互联网、物联网等开放的环境。

- 软件部署是指将目标软件系统进行收集、打包、安装、配置和发布到运行环境的过程。

- 软件部署涉及两方面的工作：安装和配置运行环境，安装和配置软件系统。

- 软件部署的方式分为集中式部署和分布式部署。

- 软件部署方法多种多样，包括基于操作系统的部署、基于软件开发框架和中间件的部署、基于容器的部署等。

- 有诸多的软件工具支持软件部署，如 Fat Jar、Installer Project、Jenkins 等。

推荐阅读

[1] 迈克尔·尼加德. 发布！设计与部署稳定的分布式系统. 2 版. 吾真本，译. 北京：人民邮电出版社，2020.

该书作者迈克尔·尼加德是一名程序员兼架构师，拥有 20 余年的从业经验，先后为美国政府以及银行、金融、农业、零售等多个行业交付过运营系统，对如何在不利的环境下构建高性能、高可靠性的软件有独到的见解。作者根据自己的工作经历和某些大型企业的案例，讲述了如何创建高稳定性的软件系统，分析设计和实现中导致系统出现问题的原因。全书分为 4 部分，每部分由一个研究案例引出。第一部分介绍了如何保证系统的生存，即维护系统的正常运行。第二部分介绍了为生产环境而设计，从基础层、实例层、互连层和控制层等方面构建系统安全性。第三部分讲述了交付系统，列出系统在部署过程中有可能出现的问题。第四部分引入适用性和混沌工程的概念，讨论了如何解决系统性问题。

[2] DevOps 引入指南研究会. DevOps 入门与实践 [M]. 刘斌，译. 北京：人民邮电出版社，2019.

DevOps 引入指南研究会由 4 位长年工作在软件开发一线的 IT 工程师组成。该书结合大量实例，详细介绍了在开发现场引入 DevOps 的具体流程和方法。在对 DevOps 的产生背景以及相关概念进行说明的基础上，该书介绍了如何在个人环境中引入 DevOps、在团队中开展 DevOps 的方法，以及 DevOps 的具体实践。该书内容涵盖了 DevOps 相关的思想、技术和工具，适合初学者阅读和学习。

基础习题

14-1　请说明"12306"软件的运行环境及其特点。

14-2　一个软件系统的运行环境通常包含哪些要素？请举例说明。

14-3　《腾讯会议》是一个支持多方在互联网上召开会议的软件系统，请针对该软件的功能和特点，分析该软件的运行环境应具备哪些要素及满足什么样的要求。

14-4　在互联网出现之前，软件系统通常部署在单机或局域网上；互联网出现以后，越来越多的软件部署在互联网平台上，请分析单机、局域网、互联网这三类软件运行环境有何特点。

14-5　当安装和部署一个软件系统时，通常要开展哪些方面的工作？

14-6　请列举一个软件系统的案例，该软件的运行需要依赖哪些中间件或者开发框架。

14-7　请说明何为容器，容器为构件（如微服务）的运行提供了哪些支持。

14-8　机器人操作系统（ROS）是一个软件开发框架，请学习该开源软件并分析 ROS 为机器人应用软件的开发和运行提供了哪些方面的支持。

14-9　针对一款具体的安装和部署软件工具，说明它为软件的安装和部署提供了哪些支持。

14-10　结合某个具体的应用软件，说明软件安装和部署好之后，要对软件进行哪些配置以支持软件的运行。

综合实践

1. 综合实践一

实践任务：对维护后的开源软件进行安装和部署。

实践方法：根据开源软件的安装和部署要求，准备好开源软件的运行环境，随后将维护后的开源软件部署到目标运行环境之中。

实践要求：将维护后的开源软件安装和部署完成之后，该软件系统能够正常运行，并能为用户提供功能和服务。

实践结果：可运行和可展示的开源软件系统。

2. 综合实践二

实践任务：安装和部署目标软件系统。

实践方法：对照目标软件系统的部署模型和安装要求，准备好目标软件系统的运行环境，随后将目标软件系统安装和部署到目标运行环境之中。

实践要求：将目标软件系统安装和部署完成之后，该软件系统能够正常运行，并能展示功能和演示服务。

实践结果：可运行和可展示的目标软件系统。

第 15 章

软件维护和演化

　　一旦软件部署完成并交付给用户使用之后，软件系统将进入一个持续时间长、成本高的特殊阶段，即维护（maintenance）阶段。通常大型软件的维护成本是开发成本的 4 倍，软件开发组织中 60%以上的人力用于软件维护。在维护阶段，软件的使用与维护将交替进行，甚至同时进行。有些软件在使用一段时间后要进行维护，经过维护后再次部署和交付使用；也有些软件在使用的同时进行同步维护，在维护的过程中仍需保证软件的正常使用。目前，部署在互联网上的许多软件大部分遵循后一种维护形式。有些软件从第一次投入使用后就进入漫长的维护阶段，时间会持续几年，甚至几十年。例如：美军在 20 世纪 70 年代开发的许多军用软件系统到现在仍然在使用；微信软件自 2011 年 1 月推出至今已经有十多年的时间，在此期间它一直处于使用与维护并存的状态。在长时间的维护过程中，软件系统的内部逻辑会老化，软件质量会降低。为了维护软件，软件维护工程师需要花费大量的时间和精力来理解软件系统，并在此基础上对软件进行缺陷修复、功能增强、环境适应等一系列工作。总之，只要软件投入使用，软件维护就会伴随而行，只有这样才能应对用户不断变化和增长的需求、解决日渐老化的内部逻辑，使得软件仍能保持顽强的生命力。

本章聚焦于软件维护和演化，介绍软件维护和演化概念，软件维护特点和演化法则；讨论软件维护所导致的软件内部逻辑老化问题；介绍软件维护的技术和过程，软件可维护性的概念，以及软件维护的输出。读者可带着以下问题来学习和思考本章的内容：

- 何为软件维护，何为软件演化，二者之间有何区别和联系？
- 有哪几种软件维护的形式，软件维护有何特点？
- 软件演化会对软件产生什么样的影响，软件演化的法则是什么？
- 为什么在维护的过程中软件会存在内部逻辑老化问题？软件老化主要表现为哪些方面？
- 为什么软件维护的成本非常高？软件维护的成本和精力主要体现在哪些方面？
- 软件维护和演化有哪些技术？
- 软件维护的过程是怎样的？
- 何为软件的可维护性？如何在开发和维护过程中提升软件的可维护性？

15.1 软件维护

软件是一个复杂的逻辑产品。软件开发完成并投入使用之后，其用户和客户甚至软件开发团队会因多种原因要求对软件进行多样化的维护工作。软件在不断维护的同时，会推动软件本身的持续演化。

15.1.1 何为软件维护

"维护"这个术语早在20世纪50年代就从制造业引入软件领域。它泛指软件在投入使用之后为维持软件的正常运行而开展的一系列活动。根据IEEE给出的定义，软件维护是指软件交付给用户使用之后修改软件系统及其他部件的过程，以修复缺陷，提高性能或其他属性，增强软件功能以及适应变化的环境。软件投入使用后，对软件进行的任何变更工作都属于软件维护。根据不同目的，软件维护大致有以下4种形式：

微视频：何为软件维护

1. 纠正性维护（corrective maintenance）

尽管代码审查、软件测试等环节能够有效地发现软件系统中潜藏的缺陷，但是它们无法保证能够找出所有的缺陷，并加以解决。软件中的缺陷会在用户长期、持续使用软件的过程中逐步暴露出来，也即软件交付用户使用之后一些软件缺陷才会被发现，此时显然需要对软件进行维护，以确保软件能够正常运行。

纠正性维护是指为修复和纠正软件中的缺陷而开展的维护活动。在该维护过程中，软件维护工程师需要根据发现的缺陷定位软件缺陷的位置，修改相应的程序代码，并同时修改相关的软件文档。例如，在使用"12306"软件的过程中，用户发现了某个软件缺陷，系统将该软件缺陷的情况反馈给软件开发团队，他们基于缺陷的信息对软件进行纠正性维护。

2. 改善性维护（perfective maintenance）

软件需求具有多变性的特点。在软件开发阶段，软件客户和用户对软件需求的认识不够深入，甚至不清楚到底需要软件提供什么样的功能。随着软件的投入运行和使用，他们会对软件提出更多、更为具体和明确的软件需求，如要求增加某项功能、调整某项功能需求的表现形式等。在此情况下，软件维护工程师需要对软件进行维护，以解决客户和用户在软件需求方面的诉求。改善性维护是指对软件进行改造以增加新的功能、修改已有的功能等维护活动。在软件维护阶段，软件维护工程师通常需要投入大量的时间和精力用于改善性维护。例如，"12306"软件投入使用之后，用户希望该软件能够提供车票改签、退票等功能，为此软件维护团队需要基于这些新需求，对软件进行改善性维护。

3. 适应性维护 (adaptive maintenance)

在软件的长期使用过程中，支撑软件运行的外部环境会发生变化。例如，软件运行所依赖的操作系统从原先的 Windows XP 转变为 Windows 10，数据库管理系统 MySQL 的版本发生变化等。在此情况下，软件维护工程师需要对软件进行维护，使得软件系统能够适应新的环境。适应性维护是指为适应软件运行环境变化而对软件进行的维护活动。对于那些使用寿命很长的软件系统而言，软件适应性维护不可避免。例如，为了能够让"12306"软件能够在鸿蒙操作系统下运行，需要对该软件进行必要的适应性维护。E-3 空中预警机作为战场保障的中坚，起着跟踪所有战场空中目标并指挥拦截的作用。在"沙漠风暴"作战行动中，由于战场上电磁信号太多造成拥塞，E-3 预警机的能力受到影响。为此，美军专门派出软件保障小组对软件进行维护，使得 E-3 的雷达软件在 96 小时内得到改进升级，完成飞行检测并投入使用。

4. 预防性维护 (preventive maintenance)

在长期的维护过程中，软件的内部逻辑会发生变化，进而引起逻辑老化。软件逻辑老化的最主要表现是软件的质量（尤其是内部质量）会降低，整个软件系统会变得非常脆弱，不易于维护和扩展，可靠性差，甚至运行性能降低、软件文档和代码不一致的情况会频繁出现。在此情况下，软件维护工程师需要对软件进行预防性维护，在保证软件功能不变的前提下重构软件系统，以提高软件系统的质量。预防性维护是指对软件结构进行改造，以便提高软件的可靠性和可维护性而进行的维护活动。例如，"12306"软件在使用和维护几年后，考虑到每次软件维护都会对软件架构产生负面影响，软件维护团队决定对该软件进行预防性维护，在保证现有功能不变的情况下，重新调整软件架构和部分关键构件的设计，使得维护后的软件系统具有更好的可靠性和可扩展性，可有效满足未来软件维护的需要。

表 15.1 在起因、目的和维护行为三个方面对比分析了上述 4 种形式软件维护的差别。在软件持续运行和维护过程中，这 4 种形式的维护投入有明显的差别。据统计，在所有的维护投入中，改善性维护占比约为 50%，纠正性维护占比约为 21%，适应性维护占比约为 25%，预防性维护占比约为 4%。

表 15.1　4 种软件维护形式的对比分析

类别	起因	目的	维护行为
纠正性维护	软件存在缺陷	诊断、纠正和修复软件缺陷	修改代码和调整文档
改善性维护	增强软件的功能和服务	满足用户增长和变化的软件需求	编写代码和撰写文档

续表

类别	起因	目的	维护行为
适应性维护	软件运行所依赖的环境发生了变化	适应软件运行环境的变化和发展	编写代码和撰写文档
预防性维护	软件质量出现下降	提高软件系统的质量，尤其是内部质量	重组代码和撰写文档

15.1.2　软件维护的特点和挑战

与软件开发相比较，软件维护呈现出以下特点及挑战。

1. 同步性

在软件开发阶段，软件工程师致力于开发出一个新的软件系统，此时软件尚未投入使用，软件工程师可以不用考虑软件开发是否会干扰和影响客户或用户的正常业务。但是到了软件维护阶段，软件已经交付给用户使用，而且许多客户或用户要求软件能够提供 7*24 小时的服务，在这种情况下软件维护需要与软件使用同步进行。软件维护工程师在对软件进行维护的同时，不能影响软件系统的正常使用以及客户和用户的正常业务，这对软件维护工程师及软件维护活动带来了严峻的挑战。例如，银行的业务交易系统要为用户提供不间断的服务，不能为了进行维护而停止软件的运行。微信软件在给用户提供服务的同时，维护团队同时也在给软件进行维护。

2. 周期长

与软件开发周期相比较，软件的维护周期会更长。一些软件会服役十几年甚至几十年的时间，在这么长的时间里，软件维护需要长期持续性进行，这对软件维护队伍、维护技术以及维护活动等是一项严峻的挑战。软件维护需要建立在对软件充分理解基础之上，要熟悉软件的开发技术，掌握其代码和文档。因此，与软件开发相比较，软件维护更需要建立一支人员稳定、经验丰富、富有创造力的维护队伍。然而，无论是客户还是软件开发组织，要在十几年甚至几十年的时间范围内保持一支稳定的队伍是极为困难的。尤其是当需要对软件进行适应性、预防性维护时，软件维护团队会面临严峻的挑战，即如何在保证软件功能不变的情况下，对软件进行重新设计和改造，以适应新的技术和环境，增强软件系统的质量。

3. 费用高

软件维护的成本非常高。据统计，有些软件项目的维护成本高达总成本的 80% 以上，维护费用是软件开发费用的 3 倍以上。对于绝大部分客户和软件开发组织而言，要承受这一高昂的维护费用是极为困难的。一些开发组织不得不在持续一段时间的维护工作之后，终止软件维护的工作和服务。例如，Windows XP 在使用 12 年后，微软公司声明于 2014 年 4 月 8 日起不再为 Windows XP 操作系统提供安全更新或技术支持，即停止该软件的维护工作。

4. 难度大

要对已有的软件进行维护，势必要充分理解待维护软件的架构、设计和代码，而要理解他人设计的软件和编写的代码是极困难的。尤其是在软件设计文档缺失的情况下，这一问题更为突出。据统计，软件维护过程中有 50%～90% 的时间被消耗在理解程序上。此外，软件维护会产生副作用，引入新的问题，影响软件架构的健壮性，导致软件老化。有统计表明，在维护阶段每修正一个缺陷就有 25%～50% 的概率引入新的缺陷。因此，如何在维护过程中减少代码缺陷、提高软件质量是软件维护工程师面临的一个重要挑战。

15.1.3　软件维护工程师

软件维护工程师负责完成软件维护的各项具体工作，包括阅读文档、理解代码、修复缺陷、重构软件、编写程序、撰写文档等。尽管许多软件维护工程师认为这部分工作缺乏成就感，但是软件维护工程师这一角色对人员的能力和素质提出了更高的要求：

① 阅读理解能力。要对软件进行维护势必要搞清楚待维护软件的整体情况，这就需要软件维护工程师阅读待维护软件的相关文档和代码，以此来掌握软件的架构和相关设计。尤其在软件文档缺失或者内容不翔实和不完整的情况下，软件维护工程师要有足够的耐心和毅力来阅读待维护软件的程序代码，理解局部代码的语义及编写意图，在此基础上形成对软件系统的整体认识，从而为开展软件维护奠定基础。

② 掌握技术能力。对软件进行维护的一个重要原因在于软件所在的外部技术环境发生了变化。这里所说的技术环境不仅包括软件运行所依赖的计算环境，还包括指导软件开发的技术环境，如各种软件开发技术、CASE 工具等。在长期的维护过程中，软件维护工程师需要有非常强的学习与掌握新技术能力，以此来指导软件维护。

③ 洞察和分析能力。待维护的软件规模可能会非常庞大。对于软件维护工程师而言，他需要具备非常强的洞察和分析能力，能够根据软件缺陷的症状快速定位缺陷的可能位置，并针对增强的软件需求对软件进行重新设计。

④ 沟通能力。软件维护工程师需要有非常强的沟通能力。通过与客户或用户的沟通，软件维护工程师可以了解和掌握客户或用户的维护诉求及具体内容；通过与软件开发工程师进行沟通，软件维护工程师可以掌握待维护软件的设计和实现细节，以更好地支持软件维护。

15.2 软件演化

早在 20 世纪 60 年代，有学者就提出了用"软件演化"概念取代"软件维护"概念。他们认为交付后的软件依然还会经历变更，而其中仅有少数变更属于真正意义上的"软件维护"范畴，更多的变更则属于"软件演化"范畴。由此可见，"软件演化"与"软件维护"这两个概念有很大的相似性，但也有区别。

15.2.1 何为软件演化

尽管目前人们对软件演化概念有不同的理解和认识，但普遍认同的一个观点是，软件演化是指针对软件的大规模功能增强和结构调整，以实现变化的软件需求或者提高软件系统的质量。相比于软件维护，软件演化需要投入更多的成本、创造更多的价值，并带来软件版本的变化（见表 15.2）。因此，软件演化具有以下一些特点：

表 15.2 软件演化与软件维护两个概念的对比分析

概念	功能增强粒度	应对变化方式	维护或演化时间	版本变化
软件演化	粗粒度	主动	持续性	是
软件维护	细粒度	被动	间隔性	不一定

① 功能增强粒度大。尽管软件维护和软件演化都涉及软件功能的增强，但相比较而言，软件演化针对的是粗粒度的需求变化及功能增强，而软件维护针对的是细粒度的需求变化及功能增强。例如，微信软件自发布以来经历了一系列演化才有了当前最新版本的功能，如支持在线支付、增强小程序功能等；"12306"软件自上线试运行以来经历了多次演化，从原先只支持购买车票到现在支持改签、退票、订餐等功能，极大地丰富了该软件的服务。

② 主动应对变更。软件演化积极主动地应对变化。相比较而言，软件维护则是以一种被动、事件驱动的方式来应对各种维护的请求。当用户在使用软件过程中发现软件缺陷时会将情况反馈给软件维护团队，软件维护工程师接收到该请求后才对软件系统进行维护。软件演化则不同，软件维护团队基于对用户需求及其变化的理解，综合考虑软件各项功能实现的时间投入及开发成本来规划软件系统的整体演化，并以此开展功能增强等维护活动。例如，"12306"软件自投入使用以后，软件维护团队规划了该软件的演化路线图，并以此来有计划地推进软件演化。

③ 持续性。相比较而言，软件维护是事件驱动的。一旦客户或用户提出维护请求，软件维护团队就针对该请求开展维护工作，相关的维护任务完成之后，软件维护团队再

等待客户或用户的进一步维护请求，因而软件维护工作通常是间隔性的。软件演化则不然，软件维护团队预先规划好软件演化的路线图，完成当前软件演化工作后，软件维护团队随后将连续性进入另一项软件演化工作。例如，"12306"软件在提供了"车票改签"功能之后产生了一个软件新版本，随后继续进行其他方面的功能完善工作。

④ 引发版本变化。一般而言，软件维护所开展的工作或者是修复某个或某些软件缺陷，或者是增强细粒度的软件功能等，一项软件维护工作完成之后不一定会产生一个软件版本。软件演化则不然，它针对的是粗粒度的功能完善或系统性代码重构，每次演化结束之后通常会产生一个新的软件版本。

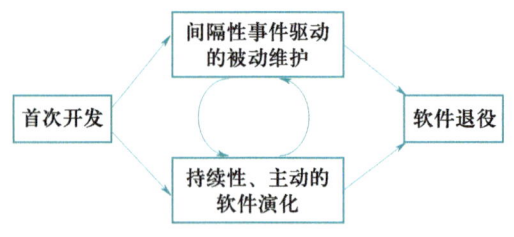

图 15.1　在软件生存周期中软件维护与软件演化之间的关系

尽管许多学者指出"软件演化"概念能更好地揭示软件交付使用后的各种变更及其演变，但在业界更多的人仍使用"软件维护"一词。图 15.1 描述了在整个软件生存周期中软件维护与软件演化之间的关系。

15.2.2　软件演化法则

学者雷曼（Lehman）对大型软件系统的演化规律进行了持续观察和数据分析，并总结出了一组观察结果，称为软件演化法则。软件演化法则揭示了大型闭源软件的演化特点和规律，具体包含如下内容：

① 持续变化法则。除非系统持续不断地被修改以满足用户的需求，否则系统将变得越来越不实用。

② 增加复杂性法则。除非有额外的工作来明显降低软件系统的复杂性，否则软件系统会变得越来越复杂。

③ 自我调节法则。在软件演化过程中，软件产品和过程的测量遵循正态分布，演化过程是可自我调节的。

④ 组织稳定性守恒法则。在整个软件生存周期中，一个不断演化的软件系统，其平均有效全局活动率几乎是恒定的。换句话说，产生一个新版本所需的平均额外工作量几乎是相同的。

⑤ 熟悉度守恒法则。随着系统的演化，各类人员必须对系统的内容和行为有相当程度的理解，以实现令人满意的演化。一个发行版本的增量过大会降低软件工程师对系统的理解程度，因此在一个不断演化的系统中，软件演化的平均增量几乎相同。

⑥ 功能持续增长法则。在软件生存周期中，软件功能必须持续增加，否则用户的满意度会降低。

⑦ 质量衰减法则。软件的质量会随代码的不断变更而呈现出整体逐渐下降的趋势。如果没有严格的维护和适应性调整使软件适应运行环境的变化，软件的质量必然会随着软件演化而逐渐下降。

⑧ 反馈系统法则。系统的演化过程包括多回路的活动和多层次的反馈，软件工程师必须识别这些复杂的交互，以持续演化现有系统，提供更多的功能和更高的质量。

15.3　软件逻辑老化问题

一个软件部署在某个计算环境下运行，运行次数和运行持续时间不会对软件系统的物理特性（如磨损等）产生影响，因而软件的运行和使用不会导致软件物理层面的老化问题。但是，随着软件的使用和维护将会出现软件逻辑层面的老化问题。导致软件逻辑老化问题的原因是多方面的。在软件开发阶段，软件开发人员为了加速开发进程，选用了短期内能加速软件开发的方案（如架构设计方案、数据设计方案等）而非最佳方案，从而给未来的软件维护和演化带来额外的负担。这种技术上的选择，就像一笔债务（debt）一样，虽然眼前看起来可以得到好处，但必须在未来偿还。我们也将此类状况称为技术债务（technical debt）。

15.3.1　何为软件逻辑老化

我们知道，人会随着年龄的增长而逐步变老，出现各种病症，记忆力和运动机能下降。软件同人一样，随着不断的使用和维护，软件也会慢慢变"老"，在逻辑层面出现一些"老态"的症状，进而导致软件走向死亡。

微视频：何为软件逻辑老化

所谓"软件逻辑老化"，是指软件在维护和演化过程中出现的用户满意度降低、软件质量逐渐下降、变更成本不断上升等现象。这些现象发生在逻辑层面，而非发生在物理层面。图 15.2 描述了软件逻辑老化现象示意图。

① 软件质量下降。软件维护虽然可以解决软件中潜藏的某些缺陷，但也会引入新的缺陷。在对软件进行改善性维护的同时，尽管增加了新的功能，但也会破坏软件架构，引入新的

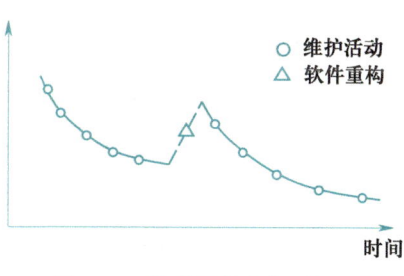

图 15.2　软件逻辑老化现象示意图

软件问题，使得整个软件不易于维护，软件架构变得脆弱。因此，随着对软件的不断维护，必然会导致整个软件的质量下降。

② 变更成本增加。随着软件规模的不断增大和软件质量的持续下降，软件变更成本也会随之不断增加。软件维护工程师需要阅读更多的文档和代码才能理解和掌握待维护的软件系统，要掌握软件系统的整体架构以及每一个构件会变得更加困难。软件系统架构的脆弱性意味着软件维护工程师不得不对软件进行更多的"缝缝补补"，才能实现新的软件功能。总之，软件的不断维护会使软件变更更难、成本更高。

③ 用户满意度降低。用户在刚刚使用软件时还有些新鲜感，随着对软件认识的不断深入，用户会逐步发现软件中存在的缺陷和不足，如用户界面不友好、系统不够稳定、缺乏一些关键功能、响应速度太慢等，因而会带着批判的眼光来看待软件系统。除非软件项目团队进行了有效的维护和演化，否则用户对软件的满意度会逐步降低。

如果一个软件比以往具有更低的质量和更高的维护成本，则意味着该软件已经进入逻辑老化的阶段。从软件整个生存周期的角度看，软件逻辑老化是一种必然的现象，不可避免。当然，如果对软件逻辑老化的现象置之不理，必然会导致软件"不可救药"，最终走向"死亡"。解决软件逻辑老化的有效方法之一就是对软件进行重构。重构意味着给软件注入"强心针"，使得软件在一定程度上"返老还童"。但重构之后，软件仍将步入一个逻辑老化的过程。

15.3.2   软件逻辑老化的原因和表现

当前，有以下两项原因导致软件老化：

1. 缺乏变更

任何软件总是与特定的外部环境紧密地联系在一起。当外部环境发生变化时，软件也应随之发生变化，进行必要的变更，否则软件就会进入老化。例如，如果软件运行的操作系统已经发生了变化，软件就需要进行适应性维护，否则就会被运行环境抛弃；如果市场上有类似的软件系统且具有更强的功能，软件就需要进行改善性维护，否则就会被用户抛弃。总之，软件如果不能适应外部环境的变化、缺乏必要的变更，必然会加速老化。

2. 负面变更

软件变更不总是积极和正面的，有时它会带来负面和消极的影响。例如，通过变更引入了新的、更为严重的缺陷；破坏了软件结构，使得软件架构更为脆弱；没有提供必要的软件文档，也没有提供必要的代码注释，使得软件的可维护性降低等。总之，负面变更会破坏软件的结构和质量，进而增加维护的成本和难度。

从具体的症结层面分析，软件逻辑老化主要表现为以下三个方面：

① 设计恶化。设计恶化是指在软件维护过程中由于设计变更而导致的软件可变性显著降低的现象。显然，设计恶化会导致软件出错率上升、软件变更成本增高。设计恶化主要表现为以下方面：

a. 设计僵化。软件不易于变更，模块之间存在连带效应，对某个模块代码的变更会引起更多模块代码的变更。

b. 设计脆弱。一些"小规模"的软件变更会带来"大范围"的软件变更，甚至会破坏软件系统的整体架构。

c. 模块间紧耦合。软件内部的多个模块之间关系过于密切，难以对其中的模块进行变更，对一个模块的变更必然会带来对其他模块的变更。

d. 无关的设计元素。软件设计方案中包含了一些与软件无关的设计元素和内容，增加了软件的设计复杂性。

e. 重复的设计元素。软件设计方案中存在功能重复或重叠的设计元素，增加了软件设计的复杂性。

f. 晦涩的软件设计。软件设计方案不易于理解。

② 代码腐烂。代码腐烂是指代码变更难度增加的现象，主要表现在以下方面：代码复杂度提升，导致变更难度增加；单位代码的变更工作量持续增加，要对代码进行变更需要投入更多的时间和成本；代码变更引入二次缺陷的概率增加，导致代码的质量下降；频繁变更代码，即代码的变更密度和频率增加；不断发现代码中的缺陷，即代码缺陷密度增加等。

③ 文档荒废。主要表现在以下方面：文档的更新频率降低，软件文档正变得日益陈旧；包含缺陷的文档，软件文档的质量下降；文档的使用频率下降，文档缺少价值等。

这三类原因之间是密切相关的，设计的恶化必然导致代码腐烂和文档荒废；反过来也同样成立，代码腐烂必然会带来设计恶化。

15.3.3 解决软件逻辑老化的方法

针对软件逻辑老化问题，软件维护团队可基于软件系统的可维护性以及软件系统的价值，采取以下 4 种方式和策略来应对：

① 维护。如果软件系统的价值较低，但是软件系统的可维护性较好，软件维护团队可以采用积极的方式对软件进行有限的维护工作，如仅提供纠正性维护，不再实施改善性维护。

② 抛弃。如果软件系统的价值较低，可维护性也不好，此时软件维护团队可逐步抛弃该软件的维护，如冻结软件的代码，后续不再对其提供维护工作。

③ 再工程。如果软件系统的价值较高，但是可维护性较弱，此时软件维护团队可以主动采取再工程的维护策略，如对软件系统进行重组，以提高软件的整体质量。

④ 演化。如果软件系统的价值较高，可维护性较好，软件维护团队可以采取积极和主动的演化策略，通过增强软件系统的功能进一步提升软件系统的价值。

15.4   软件维护技术

许多软件交付使用之后仍会存在一系列问题，如文档不齐全，文档内容不完整，甚至只有代码没有文档，软件架构设计不合理等。一些软件在维护一段时间后，软件逻辑老化的现象非常严重。在此情境下，软件工程师需要寻求一系列技术和手段来推动软件的维护和演化。

1. 代码重组

如果软件的程序代码可维护性不好，不易于理解和变更，但是软件系统的价值较高，那么软件维护工程师可以考虑在不改变软件功能的前提下对程序代码进行重新组织，使得重组后的代码具有更好的可维护性，能够有效支持对代码的变更。

目前业界有一些 CASE 工具支持代码重组。它们读入待重组的程序代码，理解其语义，生成具有相同语义信息的程序代码内部表示，然后利用某些规则简化代码的内部表述，生成更易于理解和维护的程序代码，如图 15.3 所示。

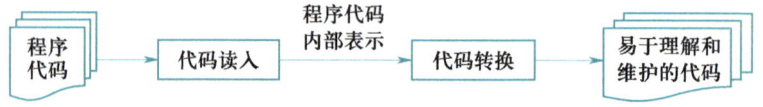

图 15.3　程序代码的重组示意图

2. 逆向工程

软件开发是一个正向的过程。软件开发工程师基于高抽象层次的软件制品，借助软件工程方法和技术，产生低抽象层次的软件制品。例如，软件工程师基于软件需求模型和文档开展软件设计，产生软件设计模型和文档；程序员根据软件设计模型和文档进行编程实现，产生更为具体的程序代码。

逆向工程（reverse engineering）正好相反。软件维护工程师基于低抽象层次的软件制品，通过对其进行理解和分析，产生高抽象层次的软件制品。例如，软件维护工程师通过程序代码进行逆向分析，产生与代码相一致的设计模型和文档，再基于对程序代码和设计模型的理解，逆向分析出软件系统的需求模型和文档。

在软件维护和演化阶段有诸多的场景需要开展逆向工程。例如，如果软件维护工程师拿到了一个可运行的软件，并且需要对软件进行维护，那么他们可以通过反汇编、反编译等手段，得到该软件系统的源程序代码，这项工作就属于逆向工程。进一步，如果只有软件系统的源代码，但是需要对软件系统进行维护，此时软件维护工程师可通过某些方式（如工具分析、代码阅读等），逆向产生该软件系统的设计文档或模型。

逆向工程主要表现为分析已有程序，寻求比源代码更高层次的抽象形式（如设计甚至需求）。更为一般地，人们将某种形式的描述转换为更高抽象形式描述的活动称为逆向工程。

3. 设计重构

如果一个软件系统的设计文档缺失，软件文档与程序代码不一致，或者软件设计的内容不翔实，那么软件维护工程师可以采用设计重构的手段获得软件设计方面的文档信息。通过读入程序代码，理解和分析代码中的变量使用、模块内部的封装、模块之间的调用或消息传递、程序的控制路径等方面信息，产生用自然语言或图形化信息所描述的软件设计文档。业界也有相关的软件工具来支持设计重构，本质上它是逆向工程的一种具体表现形式。

4. 软件再工程

如果一个软件的老化情况比较严重，软件维护工程师可以考虑对该软件进行更为系统的再工程，在不改变软件系统功能的前提下，得到更易于维护、易于变更的软件系统，包括其设计信息和程序代码。所谓"软件再工程"（software reengineering），是指通过分析和变更软件的架构实现更高质量的软件系统的过程。

软件再工程既包括逆向工程，也包括正向工程，如图 15.4 所示。软件维护工程师基于软件的源代码，通过逆向工程获得关于该软件的设计模型和文档。在此基础上对软件的架构进行变更和改造，使得变更后的软件设计具有更高的质量。随后通过正向工程，基于改造后的软件架构实现软件系统，产生易于理解和维护的程序代码。

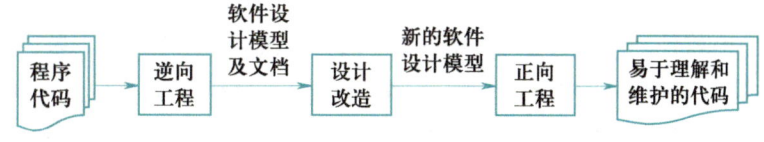

图 15.4 软件再工程示意图

图 15.5 为软件逆向工程、文档重构、代码重组和再工程等概念的示意图。从低层次的抽象到高层次的抽象属于逆向工程。文档重构是基于代码构造出设计模型和文档，因而它属于逆向工程的范畴。再工程包括了从源代码到设计信息的重构，以及从软件设计到源代码的正向工程。代码重组是指在同一个抽象层次的代码组织工作。

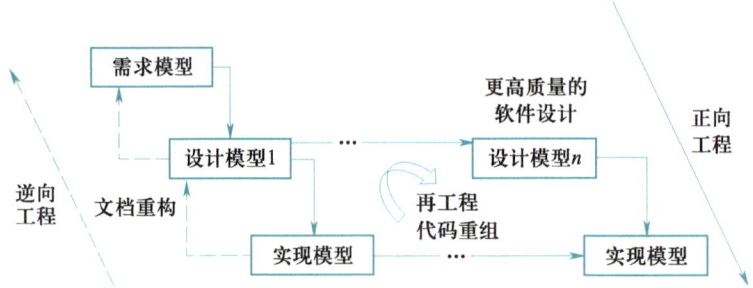

图 15.5　软件逆向工程、文档重构、代码重组和再工程示意图

这里列举一个软件再工程的典型示例。20 世纪 90 年代，Netscape 公司推出了 Navigator 浏览器。该软件经过数年频繁的变更，原先的设计思想和结构被破坏殆尽，软件整体质量急剧下降，代码变更异常困难。在此情况下，Netscape 公司不得不放弃 Navigator 浏览器，将其送入开源社区，作为开源软件供大家做进一步改进和完善，从而形成了 Mozilla 浏览器的前身。互联网大众对该软件进行了再工程，重写了其中的 7 000 多个代码文件、近 200 万行源代码，最终不仅形成了 Mozilla 浏览器，而且让该软件的结构和质量焕然一新，实现了"返老还童"。

15.5　软件维护过程

对软件进行维护须理解和分析待维护的软件系统，软件系统所能提供的软件制品将极大地影响软件维护的过程以及维护需投入的时间和成本。

15.5.1　不同情况下的软件维护过程

软件一旦投入使用，就进入了维护阶段。在这一阶段，客户和用户会就软件使用提出一系列维护申请，如发现一个缺陷需要进行纠正式维护，提供某项功能需求需要进行改善性维护等。软件维护工程师需要根据维护申请的先后次序、重要和紧迫程度等对软件维护进行排序，进而形成一个软件维护申请队列。

软件维护工程师从维护申请队列中取出队首的维护申请，分析软件配置情况，并根据不同的情况开展相应的软件维护工作（见图 15.6）。

1. 结构化维护

如果待维护的软件有相应的文档和代码，那么软件维护工程师就可以从阅读软件文档入手理解待维护软件的整体情况，包括其实现的功能、软件架构、模块之间的关

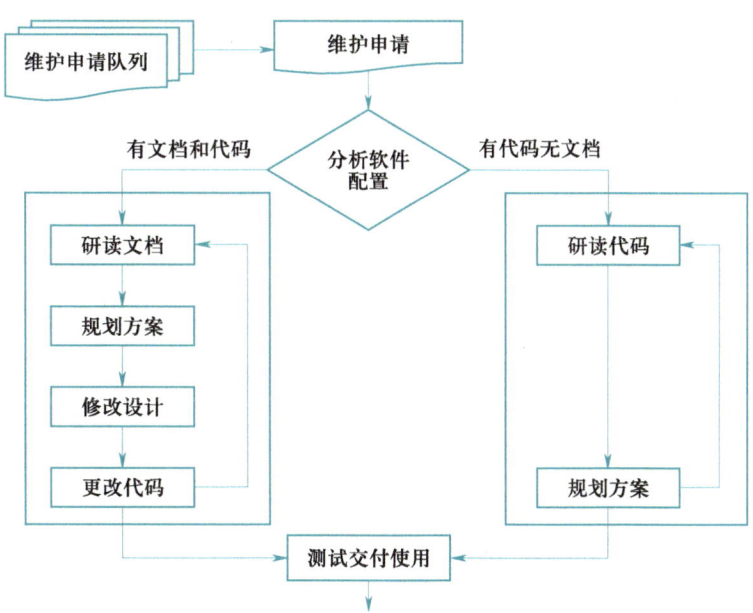

图 15.6　软件维护的过程

系、每个模块的接口等，并结合软件维护申请清晰地规划出软件维护的方案，如需要对哪些模块进行修改、需要增加哪些模块等。软件维护工程师可进一步根据维护方案编写出相应的程序代码，并对编写的代码进行测试，最后将维护后的软件交付给客户或用户使用。我们将这类维护形式称为结构化维护。

显然，结构化维护的前提是待维护的软件拥有相应的软件文档和程序代码。在此前提下，软件维护工程师是从阅读软件文档入手来开展维护工作。无疑，阅读文档会比阅读代码更加容易，更能清晰地掌握软件设计的思想和意图，从而在高层掌握软件的设计细节。结构化维护可以降低软件维护的难度和复杂性，减少软件维护的投入和成本。

2. 非结构化维护

如果待维护的软件只有程序代码没有软件文档，在这种情况下，软件维护工程师要对软件进行维护须从阅读代码入手。无疑，要读懂他人编写的代码是极为困难的。更为重要的是，对代码的阅读往往只能掌握软件系统的细节性、局部性信息，难以获得关于软件系统的宏观性、全局性架构信息。由于没有软件文档，尤其是设计文档，软件维护工程师不得不基于代码来规划维护方案，如要对哪几个模块的代码进行维护、要额外再增加哪几个模块等，并在此基础上进行软件编码和测试工作。

15.5.2　软件维护需要解决的问题

在软件维护的过程中需要解决人员、软件制品、维护副作用等一系列问题。

1. 人员的问题

软件维护工作要依靠人来完成，因而人的因素极为重要。软件维护不仅与软件维护工程师密切相关，而且还与软件开发工程师相关联。因此，软件维护过程中需解决如下人员问题：

① 软件维护工程师认为软件维护缺乏成就感，从而影响他们的工作激情和投入。

② 软件维护工程师未得到足够的关注和重视，从而影响对他们的支持和帮助。

③ 软件开发工程师流动大，软件维护工程师无法得到软件开发工程师的帮助。

④ 软件开发工程师不愿意帮助软件维护工程师。

2. 软件制品的问题

软件维护高度依赖于待维护软件所能提供的软件制品及其质量。有无相关的软件制品、软件制品的质量水平等，将直接影响软件维护的难易程度和工作投入。因此，软件维护过程需解决如下软件制品问题：

① 待维护的软件不能提供软件文档。

② 待维护的软件不能提供源程序代码。

③ 待维护软件的源代码可读性和可理解性差，如缺乏必要的注释等。

④ 待维护软件的文档可读性和可理解性差，如逻辑不清晰、语言不简练等。

⑤ 待维护软件的文档不完整、不翔实，重要内容有遗漏，缺少细节性描述。

⑥ 待维护软件的文档与其代码不一致，影响对软件的理解和维护。

⑦ 要读懂待维护软件的文档和代码非常困难。

⑧ 软件制品的版本混乱，无法获得合适版本的软件制品。

3. 维护副作用的问题

软件维护必然会带来对软件制品的修改，在修改中可能会引入潜在的错误和缺陷，从而引发如下维护副作用，因而要引起软件维护工程师的重视。

① 代码副作用，如修改或删除程序、修改或删除语句标号、修改逻辑符号等。为此，软件维护工程师在变更代码时要非常慎重，切忌随意修改代码，在变更代码之前要想清楚为什么进行变更、要对哪些代码进行变更，以及如何进行代码的变更。对代码变更完之后，软件维护工程师需要通过回归测试，尽可能地发现由于变更而引入的代码问题。

② 数据副作用，因修改信息结构而带来的不良后果，如局部和全局数据的再定义，记录或文件格式的再定义等。数据结构的修改可能会导致已有的软件设计与数据不再吻合，对数据的查询、操作等会出现异常。软件系统中的数据常常是全局性的，因而软件维护工程师对数据的修改要慎之又慎。

③ 文档和模型副作用。软件维护工程师在对程序代码进行修改的同时，必须同步修改相关的模型和文档，以确保模型与代码之间、文档与模型之间、文档与代码之间相

互一致。

15.6 软件的可维护性

软件维护的难易程度以及投入的时间和成本与待维护软件的可维护性密切相关。所谓"软件可维护性"，是指理解、更正、调整和增强软件的难易程度。它与软件的可读性、可理解性、可扩展性、易修改性等属性密切相关。

在软件开发和维护的过程中，软件的可维护性与诸多因素相关联：

① 采用的软件开发方法学。一般而言，采用面向对象软件开发方法学的软件，其可维护性更好。

② 文档结构的标准化。基于标准化规范所撰写的软件文档，其可读性、可理解性会更好。

③ 采用标准的程序设计语言。一般而言，用标准化程序设计语言编写的程序具有更高的可维护性。

④ 编码的规范性。遵循编码规范的程序代码具有更好的可读性和可理解性。

⑤ 软件设计和实现的前瞻性，即软件设计和实现是否预测到将来可能的变化和问题。如果有前瞻性预测，所开发的软件制品就更能适应未来的变更。

⑥ 软件文档的完备性和翔实性。

为了更好地支持软件维护阶段的各项维护活动，软件工程师需要在软件开发阶段就考虑将来的软件维护问题，并设计和编写出可维护性良好的软件架构和程序代码。为此，在软件开发和维护阶段，软件开发工程师和软件维护工程师需要有针对性地开展以下工作：

① 需求分析复审。对将来可能修改和改进的部分加注释，对软件的可移植性加以讨论，并考虑可能影响软件维护的系统界面。

② 设计阶段复审。从易于维护和提高设计总体质量的角度，全面评审数据设计、体系结构设计、详细设计和用户界面设计。

③ 编码阶段复审。强调编码风格和代码注释，提高程序代码的可读性和可理解性。

④ 阶段性测试。要进行必要的预防性维护。

⑤ 软件维护活动完成之际的复审。不仅要评判是否完成了相关的维护工作，还要分析是否有助于将来的维护。

15.7　软件维护的输出

经过软件维护和演化，软件系统将产生新的版本以及相应的软件制品，具体包括：

① 新版本的软件模型。

② 新版本的软件文档。

③ 新版本的程序代码。

本章小结

本章围绕软件维护和演化，介绍了软件维护和演化的概念，分析了软件维护和演化的特点以及二者间的区别和联系，阐述了 Lehman 的 8 条软件演化法则；在此基础上讨论软件老化的问题，指出软件维护和演化必然导致软件老化，并分析了软件逻辑老化的原因和表现；介绍了重构、重组、逆向工程和再工程等概念和技术；最后讨论了软件维护过程及软件可维护性。概括而言，本章包含以下核心内容：

- 软件投入运行和交付使用之后，就进入了漫长的维护阶段。
- 软件维护有 4 种形式：纠正性维护、适应性维护、改善性维护和预防性维护。
- 软件维护面临同步性、周期长、费用高、难度大等挑战。
- 软件演化不同于软件维护，具有粗粒度、主动性、持续性和版本更新等特点。
- Lehman 的 8 条软件演化法则深刻揭示了软件演化的规律和特点。
- 软件逻辑老化是指软件出现的用户满意度降低、软件质量逐渐下降、变更成本不断上升等现象。
- 进入软件维护阶段，软件逻辑老化不可避免。
- 设计重构、代码重组、逆向工程、再工程是一组支持软件维护的技术。
- 软件维护过程分为结构化维护和非结构化维护。
- 在软件开发和维护过程中，软件开发工程师和软件维护工程师需要高度关注和重视软件的可维护性。

推荐阅读

TRIPATHY P，NAIK K. 软件演化与维护：实践者的研究 [M]. 张志祥，毛晓光，谢茜，译. 北京：电子工业出版社，2019.

该书主要介绍了软件演化及维护发展的最新实践方法。书中每章对于软件演化的特定主题给出了清晰的解释和分析。作者从基本概念讲起，详细地讲解了软件演化的各个重要方面，主要包含以下内容：软件演化规律及控制手段、演化和维护模型、迁移遗留系统的再工程技术和过程、影响分析和变更传播技术、程序理解和重构、重用和领域工程模型。该书是软件工程师、信息技术从业人员和高校软件工程专业学生的重要参考书。

基础习题

15-1 何为软件维护，何为软件演化？这两个概念有何区别和联系？

15-2 软件维护有哪几种维护形式？请结合综合实践一说明你开展了哪种形式的软件维护。

15-3 软件维护通常会面临哪些困难和挑战？

15-4 为什么软件不会有物理层面的老化现象，但会出现逻辑层面的老化现象？请举例说明。

15-5 为什么说软件逻辑老化不可避免，只要有维护就必然会导致软件逻辑老化？能否通过软件维护来解决软件逻辑老化问题，为什么？

15-6 软件重构、重组、逆向工程和再工程有何区别？请举例说明。

15-7 如何在软件开发过程中提高软件的可维护性？

综合实践

1. 综合实践一

实践任务：总结和考核综合实践一。

实践方法：准备 PPT，汇报课程实践一的整体完成情况；撰写技术博客，总结课程实践一的心得、体会、收获、经验和成果；评估课程实践一的整体成果及个人的实践投入情况。

实践要求：基于 PPT 模板准备汇报材料，技术博客要真实反映个人的认识，实践整体成果和个人投入情况的介绍要实事求是。

实践结果：汇报 PPT、技术博客等。

2. 综合实践二

实践任务：总结和考核综合实践二。

实践方法：准备 PPT，汇报课程实践二的整体完成情况；撰写技术博客，总结课程实践二的心得、体会、收获、经验和成果；评估课程实践二的整体成果及个人的投入情况。

实践要求：基于 PPT 模板准备汇报材料，技术博客要真实反映个人的认识，实践整体成果和个人投入情况的介绍要实事求是。

实践结果：汇报 PPT、技术博客等。

第 16 章

软件项目管理

　　基于软件工程的观点，软件开发是一项工程，存在进度、成本、资源等方面的约束，涉及一系列步骤和活动，牵涉诸多的软件制品和相关人员，应采用项目的形式对它进行组织和管理。20 世纪 80 年代末，学术界和工业界的软件工程研究者和实践者开始认识到管理在软件项目开发过程中的重要性。相关研究表明，约 70% 的软件项目由于管理不善导致难以控制进度、成本和质量，30% 的软件项目在时间和成本上超出额定限度 125% 以上。进一步的研究发现：管理是影响软件项目成功实施的全局性因素，而技术仅仅是局部因素。成功的软件项目既需要有效的工程技术，也需要卓越的管理方法。技术和管理是支撑软件项目开发的两大要素，缺一不可。重技术轻管理、轻技术重管理均不足取。如果软件开发组织不能对软件项目进行有效管理，就难以充分发挥软件开发技术和工具的潜力，也就无法高效地开发出高质量的软件制品。历史上由于管理不善而导致软件项目失败的例子比比皆是，如美国国税局税收现代化系统、美国银行 Master Net 系统、丹佛机场行李处理系统等，给客户和软件开发组织带来巨大的损失。

本章聚焦于软件项目管理，介绍软件项目管理的对象和内容，软件度量、测量和估算的概念、方法及应用，软件项目计划制订和表示的方法，软件项目跟踪的方法和步骤，软件配置管理的过程和计划，软件风险管理的模式和方法，软件质量保证的方法和计划、软件质量管理和过程能力标准等。读者可带着以下问题来学习和思考本章的内容：

• 为何要将软件开发视为项目，与其他项目相比较，软件项目有何特殊性？

• 软件项目要对哪些对象进行管理？管理什么样的内容？

• 软件度量、测量和估算这三个概念有何区别？如何估算软件项目的规模和工作量？

• 为什么软件项目要制订计划？如何制订科学和合理的软件项目计划？

• 为什么要对软件项目进行跟踪？要对哪些方面进行跟踪？通过跟踪发现的问题如何处理？

• 何为软件配置管理？如何对软件项目进行有效的配置管理？

• 软件项目存在哪些方面的风险？如何对软件项目进行有效的风险管理？

• 如何在管理层面进行软件质量保证？有哪些软件质量保证活动？

• 如何遵循相关的标准和规范来指导软件项目的管理和软件能力成熟度的改进？

16.1 软件项目管理概述

项目（project）是指为创建一个唯一的产品或者提供唯一的服务而进行的努力。每个项目基于项目资源与约束，为实现既定的目标而实施一系列活动。它是一份临时性工作，目的是创造独特的产品和服务。一般地，项目有以下一些特点：

① 目标性。项目期望能获得预期的结果，如产品或服务。

② 进度性。项目应在限定的期间内完成。

③ 约束性。项目实施需要基于项目所具有的有限资源（如人员、经费、工具等）。

④ 多方性。项目涉及多个不同的人与组织，他们会对项目实施提出不同层次、不同视角的要求。

⑤ 独立性。项目之间无重复性。

⑥ 不确定性。项目实施的结果具有不确定，即项目不一定会成功，可能会失败或延期、超支等。

典型的项目如 Windows 7 开发项目、三峡水利项目、载人飞船项目等。一般地，一个项目的成功很大程度上取决于以下 4 方面要素：

① 项目范围。明确的项目边界和有限的项目范围有助于项目的成功。

② 项目成本。必要和适度的项目成本是实现项目成功的关键。

③ 项目时间。任何项目的实施都需要时间，合理和充裕的时间是实现项目成功的前提。

④ 项目质量。只有高质量的项目产品和服务才会让客户或用户满意，也才有可能使项目成功。

这 4 个要素之间是相互关联的，如项目的边界和范围会影响项目的时间和成本，项目投入的时间和成本会影响项目的质量等。

16.1.1 何为软件项目

软件项目（software project）是指针对软件这一特定产品和服务的一类特殊项目。软件项目的任务是按照预定的进度、成本和质量，开发出满足用户要求的软件产品，确保软件产品的质量，控制软件开发的成本，并在客户和用户要求的进度范围内交付软件产品。

微视频：何为软件项目

软件项目具有以下特点：

① 软件项目针对的开发对象是软件这一逻辑产品。

② 软件项目的过程不以制造为主，而是以设计为主，它不存在重复的生产过程。

③ 与其他项目相比较，软件项目的属性或实施要素难以度量和估算，从而影响了软件项目计划的制订和实施。

④ 软件是一类逻辑产品，其复杂性非常高，因而难以控制和预见软件系统的质量以及软件开发过程中的风险。

⑤ 软件项目需求不易确定且经常变化，因而难以有效控制软件项目的开发进度、成本和质量。

16.1.2 软件项目管理的对象

软件项目管理是指对软件项目开发过程中所涉及的过程、人员、制品、成本和进度等要素进行度量、分析、规划、组织和控制的过程，以确保软件项目按照预定的成本、进度、质量等要求顺利完成。从整体上看，软件项目管理主要关注人员、制品和过程三方面对象（见图 16.1）。

微视频：何为软件项目管理

人员(who)：用户、客户、软件开发工程师等

软件项目管理

制品(what)：软件模型、
文档、代码和数据等

过程(how)：步骤、活动、计划、
进度、跟踪等

图 16.1　软件项目管理的对象

1. 过程管理

软件项目开发需要一组良定义的步骤和活动，如计划、需求、分析、设计、实现、测试等，以指导软件工程师按照成本、进度等要求有序地开展工作。由于软件项目组成员在知识、技能和经验方面的差别，以及不同应用的特殊性等因素，不同的软件项目往往会采用不同的过程来指导软件系统开发。因此，软件项目管理必须对软件开发过程进行有效的管理，包括明确过程活动、定义和改进过程、估算其工作量和成本、制订计划、跟踪过程、风险控制等。

2. 制品管理

软件项目开发会产生大量具有不同抽象层次的软件制品，如软件需求规格说明书、软件设计规格说明书、源代码、可执行代码、测试用例等，这些软件制品相互关联。为了确保软件制品的质量，获得正确的版本，了解和控制制品的变更，在软件项目开发过程中必须对这些软件制品进行有效的管理，包括明确有哪些制品、如何保证其质量、如

何控制其变化等。

3. 人员管理

一般地，一个软件项目的开发是由许多承担不同任务的人员来完成。这些人员对软件系统开发的关注视点和工作内容不尽相同，在软件项目中所扮演的角色也不一样，如项目经理、需求分析工程师、软件设计工程师、程序员、软件测试工程师、用户等。他们所从事的工作往往是相互关联的，并且服务于一个共同的目标，即成功地开发出满足用户需求的软件系统。他们相互合作构成了一个团队。比如，需求分析工程师的工作成果将作为指导软件设计工程师进行软件设计的基础和依据，而测试工程师进行软件测试的对象是程序员所开发的源代码。因此，如何确定软件项目所需的人员和角色，为他们分配合适的任务，组建一个高效的团队，促进不同人员之间的交流、沟通和合作，提高团队成员的开发效率和质量，是软件项目管理需要考虑的关键问题之一。

16.1.3 软件项目管理的内容

软件项目管理的过程、人员、制品三类对象是密切相关的，软件项目中的各种制品归根结底是由不同人员通过执行各种软件开发活动和实施软件过程而得到的。针对上述三方面管理要素，表 16.1 列举了软件项目管理的主要内容。

表 16.1 软件项目管理的主要内容

管理类别	管理内容	
过程	– 软件过程定义和改进 – 软件度量 – 软件项目计划 – 软件项目跟踪	
人员	– 团队建设和管理 – 团队纪律和激励机制	软件风险管理
制品	– 软件质量管理 – 软件配置管理 – 软件需求管理	

1. 软件过程定义和改进

软件项目开发需遵循良定义的软件过程。软件过程定义和改进的任务是在组织范围内明确软件开发所涉及的活动及其之间的关系，定义和文档化一个完整、灵活、简洁和可剪裁的，符合软件开发组

微视频：何为产品管理

织和软件项目特点的软件过程，并根据工程实践结果和软件开发组织的变化对软件过程不断进行改进和优化。因此，软件过程定义和改进需关注以下问题：

① 如何根据软件开发组织和软件项目的特点来选择、定义和文档化软件过程。

② 如何确保软件过程的有效性、简洁性和灵活性（允许进行适当的剪裁以满足不同软件项目的开发要求）。

③ 如何对软件过程不断进行改进和优化，以适应软件开发组织的发展需要等。

2. 软件度量

有效的项目管理需要建立在对软件项目及其属性的定量分析基础之上，软件度量的本质是要对软件属性（如制品的质量）以及软件开发属性（如开发成本、工作量）进行定量的刻画，以此来指导软件项目的有效和精准管理。因此，软件度量需关注以下问题：

微视频：何为过程管理

① 需要对软件项目的哪些属性进行度量。

② 如何采用有效的方法来对软件项目进行度量。

③ 如何应用度量的信息来指导软件项目管理等。

3. 软件项目计划

软件项目计划的任务是根据软件项目的成本、进度等方面的要求和约束，制订和文档化软件项目的实施计划，确保软件开发计划是可行的、科学的和符合实际的。一般地，软件项目计划需关注以下问题：

① 如何根据软件项目的成本、进度等要求制订软件项目计划。

② 如何确保所制订的软件项目计划是科学和合理的。

③ 如何描述和文档化软件项目计划等。

4. 软件项目跟踪

由于软件项目计划是预先制订的，许多问题可能考虑不到或考虑不周，因此很难保证软件项目的实际开发完全按照计划来执行。软件项目跟踪的任务是掌握软件项目的实际执行情况，发现实际执行与项目计划二者之间的偏差，从而提供软件项目实施情况的可视性，确保当软件项目的开发偏离计划时能够及时调整软件项目计划。因此，对软件项目进行跟踪需关注以下问题：

① 要对软件项目开发的哪些方面进行跟踪。

② 如何对软件项目的实施进行跟踪。

③ 当软件项目的实施偏离计划时，如何调整软件项目计划等。

5. 软件需求管理

需求分析是软件过程中一项极为重要的活动。软件需求通常难以确定且具有易变性，需求的变化将引发波动性和放大性。所谓"波动性"，是指软件需求的变化会导致其他软件开发活动和软件制品的变化，如软件设计、编码和测试等。所谓"放大性"，是指软件需求的一点变动往往会导致其他软件活动和制品的大幅度变动。软件需求管理的任务是获取、文档化和评审用户需求，并对用户需求的变更进行控制和管理。在软件项目开发过程中，需求管理应关注以下问题：

　① 如何控制需求的变更。

　② 如何追踪需求变化对软件开发活动和制品的影响。

　③ 如何利用软件工具辅助软件需求管理等。

6. 软件质量管理

软件质量管理的任务是在软件项目开发过程中确保软件制品的质量，提供软件制品质量的可视性，知道软件制品的哪些方面存在质量问题，以便确定改进方法和措施，控制软件制品的质量。因此，软件质量管理应关注以下问题：

　① 软件制品的质量主要体现为哪些方面。

　② 如何度量和发现软件制品的质量问题。

　③ 如何保证和控制软件制品的质量等。

7. 软件配置管理

软件开发过程中会产生大量的软件制品，许多软件制品会有多个不同的版本。软件配置管理的任务是对软件开发过程中所产生的软件制品进行标识、存储、变更和发放，记录、报告其状态，验证软件制品的正确性和一致性，并对上述工作进行审计。因此，软件配置管理应关注以下问题：

　① 如何标识和描述不同的软件制品。

　② 如何对软件制品的版本进行控制。

　③ 如何控制软件制品的变更等。

8. 软件风险管理

软件开发过程中存在各种风险，这些风险的发生将对软件项目的实施产生消极的影响，甚至会导致软件项目的失败。软件风险管理的任务是要对软件过程中各种风险进行识别、分析、预测、评估和监控，以避免软件风险的发生或减少软件风险发生后给软件项目开发带来的影响和冲击。因此，软件风险管理需关注以下问题：

　① 软件项目开发可能会存在哪些软件风险。

　② 如何在软件过程中识别各种软件风险。

　③ 如何客观地预测软件风险。

　④ 如何评估软件风险带来的影响。

　⑤ 如何避免和消除软件风险等。

9. 团队建设和管理、团队纪律和激励机制

软件项目团队建设和管理的任务是组建团体，明确项目组人员的角色和任务，加强人员之间的交流、沟通和合作，制定和实施团队纪律，通过激励机制激发团队人员的工作激情。因此，该方面的工作需关注以下问题：

　① 如何根据开发组织、软件项目和开发人员的特点来组建项目团队。

② 如何采取有效的措施来加强和促进人员之间的交流、沟通和合作。

③ 如何提高团队的合作精神。

④ 如何制定有效的纪律确保软件项目得以顺利实施。

⑤ 如何制定措施激励人员的积极性和热情等。

16.2 软件度量、测量和估算

为了支持软件项目的实施和管理，需要对软件项目的规模、工作量、成本、进度、质量等属性进行定量和科学的描述。

16.2.1 基本概念

人们对事物性质的描述大致可分为定性描述和定量描述两类。例如，"某人个子很高""某个软件的成本非常高"，此类描述通常运用一些形容词来描述事物的性质，属于定性描述。与此相对应，"某人的身高有 1.9 m""某个软件的开发成本达 1 200 万元"，这类描述通常采用一些数字来描述事物的性质，属于定量描述。显然，与定性描述相比较，定量描述可更为准确地描述事物的性质。

在软件工程领域，对软件项目性质的定量描述涉及三个基本的概念：软件度量、软件测量和软件估算。

1. 软件度量

软件度量是指对软件制品、软件过程或资源的简单属性的定量描述。这里的"制品"是指软件开发过程中所生成的各种文档、模型、程序和数据等；"过程"是指各种软件开发活动，如需求分析、软件设计等；"资源"是指软件开发过程中所需的各种支持，如人员、费用、工具等。"简单属性"是指那些无须参照其他属性便可直接获得定量描述的属性，如程序的代码行数目、软件文档的页数、程序中操作符或操作数的个数等。这些属性的定量描述可直接获得。

2. 软件测量

软件测量是指对软件制品、过程和资源的复杂属性的定量描述，它是简单属性度量值的函数。一般地，软件测量发生于事后或实时状态，用于对软件开发的历史情况进行评估。即当一个软件制品生成之后或一个软件开发活动完成之时，对它们的有关性质进行定量描述。例如，基于一些简单属性的定量描述，如程序中发现的错误数目，测量所开发软件系统的质量如何。显然，待测量的软件项目属性不可直接获得，需要通过其他简单属性及数据得到。

3. 软件估算

软件估算是指对软件制品、过程和资源的复杂属性的定量描述，它是简单属性度量值的函数。软件估算用于事前，指导软件项目的实施和管理，即当软件制品还没有生成、软件开发活动还没有实施的情况下对其性质进行定量的描述。例如，在软件项目实施之前或初始阶段需要对软件项目的开发成本、工作量以及软件系统的规模等进行估算，以协助软件项目合同签署以及软件项目计划制订。估算的准确度直接决定了它的有效性和实际价值。

16.2.2　软件项目估算

估算在软件项目管理中扮演着极为重要的角色，软件项目估算结果的合理性和准确性将直接影响到软件项目管理的有效性。试想，如果一个项目实际的工作量是 500 个人月（项目完成之后测量的结果），但是由于某些原因，如不准确的经验数据、过于乐观的估算等，在该项目实施前软件项目组对它的工作量估算为 100 个人月。显然这一估算结果与实际情况有很大的差距，如果按照这一估算结果来制订软件项目计划，势必会影响整个软件项目的实施。

由于软件是逻辑产品，软件开发是智力活动的过程，因此在软件项目实施前估算软件项目的规模、工作量和成本是一项非常困难的工作。为此，软件项目的估算需要寻求方法和技术的支持。

规模、工作量和成本是软件项目的三个重要属性，也是软件项目管理中三个主要的估算对象。尽管它们是从不同的视点和角度（空间、时间和费用）来刻画软件项目的性质，但是对于特定的软件开发组织和软件项目组而言，这三者之间往往是逻辑相关的。软件项目的规模越大，开发该软件项目所需的成本和工作量相对而言也就越高。因此，在实际的估算过程中，对软件系统规模的估算往往有助于促进对软件项目工作量和成本的估算。

一般地，软件项目的估算有两种方式：自顶向下估算和自底向上估算。

① 自顶向下估算方式是先对软件项目某些属性的整体值（如整个项目的规模、工作量和成本）进行估算，然后基于这一估算值，对照不同阶段或不同软件开发活动在整体工作量中所占的百分比大体估算出其属性值。例如，假设某个软件项目的总工作量估算值是 120 个人月，需求分析在整个软件项目工作量的占比约为 25%，那么就可以估算出需求分析阶段的工作量是 30 个人月。

② 自底向上估算方式则是先对软件项目的某些属性的部分值进行估算（如某些阶段或者某个软件开发活动的工作量和成本，或者某个软件子系统的规模），然后在此基

础上进行综合和累加，得到关于软件项目某些属性整体值的估算值（如整个软件项目的工作量、成本和规模）。例如，可以将一个复杂软件系统分解为 5 个相对独立的子系统，而每个子系统的规模估算值分别为 10 000、5 000、6 000、8 000 和 12 000 行代码，那么整个软件项目的规模就是上述值的累加值，即 41 000 行代码。

下面介绍几种对软件项目的规模、工作量和成本进行估算的方法。

1. 基于代码行和功能点的估算

软件项目的规模是影响软件项目成本和工作量的主要因素。在基于代码行（line of code，LOC）和功能点（function point，FP）的估算方法中，利用代码行和功能点的数量来表示软件系统的规模，并通过对软件项目规模的估算来估算软件项目的成本和工作量。

（1）基于代码行的估算

显然，一个软件项目的代码行数目越多，它的规模也就越大。软件代码行的数目易于度量，许多软件开发组织和项目组都保留有以往软件项目代码行数目的记录，这有助于在以往类似软件项目代码行记录的基础上，对当前软件项目的规模进行估算。

用代码行的数目来表示软件项目的规模，这一方法简单易行、自然、直观且易于度量。但是其缺点也非常明显，例如：

① 在软件开发初期很难估算出最终软件系统的代码行数。

② 软件项目代码行的数目通常依赖于程序设计语言的功能和表达能力。

③ 采用代码行的估算方法会对那些设计精巧的软件项目产生不利的影响。

④ 该方法只适用于过程式程序设计语言，不适用于非过程式程序设计语言（如函数式或逻辑程序设计语言）。

（2）基于功能点的估算

针对上述问题，人们提出用软件系统的功能数来表示软件系统的规模。1979 年 IBM 的 Albrecht 提出了计算功能点的方法。该方法需要对软件系统的两个方面进行评估，即评估软件系统所需的内部基本功能和外部基本功能，然后根据技术复杂度因子对这两个方面的评估结果进行加权量化，产生软件系统功能点数目的具体计算值。

软件系统功能点的计算公式如下：

$$FP = CT \times (0.65 + 0.01 \times \sum F_i) \ (i = 1..14)$$

其中，CT 是 5 个信息量的加权和，F_i 是 14 个复杂因素的复杂性调节值（$i = 1..14$），0.65 和 0.01 是经验常数。

CT 值的加权计算如表 16.2 所示。

表 16.2　CT 值的加权计算

参数	加权因子			最终值
	简单	一般	复杂	
用户输入数	×3	×4	×6	CT_1
用户输出数	×4	×5	×7	CT_2
用户查询数	×3	×4	×6	CT_3
文件数	×7	×10	×15	CT_4
外部界面数	×5	×7	×10	CT_5
$CT = \sum (CT_j) j = 1..5$				

$$CT = （简单用户输入数 \times 3 + 一般用户输入数 \times 4 + 复杂用户输入数 \times 6）+$$
$$（简单用户输出数 \times 4 + 一般用户输出数 \times 5 + 复杂用户输出数 \times 7）+$$
$$（简单用户查询数 \times 3 + 一般用户查询数 \times 4 + 复杂用户查询数 \times 6）+$$
$$（简单文件数 \times 7 + 一般文件数 \times 10 + 复杂文件数 \times 15）+$$
$$（简单外部界面数 \times 5 + 一般外部界面数 \times 7 + 复杂外部界面数 \times 10）$$

其中，用户输入数是指由用户提供的用来输入的应用数据项的数目，用户输出数是指软件系统为用户提供的向用户输出的应用数据项的数目，用户查询数是指要求回答的交互式输入的项，文件数是指系统中主文件的数目，外部界面数是指机器可读的文件数目（如磁盘或磁带中的数据文件）。14 个复杂因素的复杂性调节值 F_i（$i = 1..14$）及取值见表 16.3 所示。

表 16.3　复杂因素的复杂性调节值 F_i 及取值

复杂性调节值 F_i	复杂因素	F_i 的取值（0, 1, 2, 3, 4, 5）
F_1	系统是否需要可靠的备份和复原	
F_2	系统是否需要数据通信	
F_3	系统是否有分布式处理功能	
F_4	性能是否为临界状态	
F_5	系统是否在一个实用的操作系统下运行	0– 没有影响
F_6	系统是否需要联机数据项	1– 偶有影响
F_7	联机数据项是否在多界面或多操作之间进行切换	2– 轻微影响
F_8	是否需要联机更新主文件	3– 平均影响
F_9	输入、输出、查询和文件是否复杂	4– 较大影响
F_{10}	内部处理是否复杂	5– 严重影响
F_{11}	代码是否需要被设计成可重用	
F_{12}	设计中是否需要包括转换和安装	
F_{13}	系统的设计是否支持不同组织的多次安装	
F_{14}	应用的设计是否方便用户修改和使用	

例如，假设项目组要开发一个软件项目 A。根据用户的需求描述，该软件项目的 CT 取值如表 16.4 所示。假设该软件项目的 14 个复杂因素的复杂性调节值 F_i 全部取平均程度，那么该软件项目的 CT $\approx$ 341，$\sum F_i = 42$，因而根据 FP 的计算公式可知，该软件项目的功能点 FP $= 341 \times (0.65 + 0.01 \times 42) = 364.87$，即该项目的功能点数目约为 364。

表 16.4　软件项目 A 的 CT 取值

参数	加权因子			最终值
	简单	一般	复杂	
用户输入数	6×3	2×4	5×6	56
用户输出数	7×4	8×5	5×7	103
用户查询数	2×3	0×4	5×6	36
文件数	0×7	3×10	3×15	75
外部界面数	2×5	3×7	4×10	71
CT ≈ 341				

用功能点来表示软件项目规模的好处是：软件系统的功能与实现该软件系统的语言和技术无关，而且在软件开发的早期阶段（如需求分析）就可通过对用户需求的理解获得软件系统的功能点数目，因而该方法可以较好地克服基于代码行规模估算方法的不足。该方法的缺点主要体现在以下几个方面：没有直接涉及算法的复杂度，不适合算法比较复杂的软件系统；功能点计算主要靠经验公式，主观因素比较多；计算功能点所需的数据不好采集等。

（3）软件项目估算示例

假设用 L 表示软件系统的规模。针对一个具体的软件项目，可以采用自顶向下或自底向上方式估算软件项目规模的乐观值 a、悲观值 b 和一般值 m，然后根据以下公式估算软件项目规模的期望值 e：

$$e = (a + 4 \times m + b)/6$$

根据软件项目规模的期望值 e 以及下列公式，就可以估算出软件项目的成本和工作量。

$$PM = L/E$$

其中，L 表示软件项目的规模（单位：LOC 或 FP），E 表示软件项目的工作量（单位：人月），PM 表示单个人月能够生产的功能点或代码行数。

$$CKL = S/L$$

其中，S 为软件项目总开销（成本），L 表示软件项目的规模（单位：LOC 或 FP），CKL 表示每行代码或每个功能点的平均成本。

对于一个特定的软件开发组织或项目组而言，其软件生产率和软件开发平均成本在不同的软件项目实施中可能是比较稳定的。如果有以往软件项目的历史信息，则可以很容易地获得其 PM 值和 CKL 值。因此，一旦估算出了软件项目的规模 L，获得了软件开发组织或项目组的 PM 值和 CKL 值，就可根据公式计算出软件项目的总成本 S，也可根据公式计算出软件项目的工作量 E。

例如，假设项目组要开发一个软件项目 A，经过估算该项目的功能点 FP 是 364 个。根据以往历史数据，该项目组软件开发的生产率是 8 FP/ 人月，每个功能点的平均成本为 12 000 元，那么该软件项目的开发成本 $S = 12\ 000 \times 364 = 4\ 368\ 000$ 元，工作量为 $E = 364/8 = 45.5$ 人月。

2. 基于经验模型的估算

基于经验模型的估算，是指根据以往软件项目实施的经验数据（如成本、工作量和进度等）建立相应的估算模型，并以此为基础对软件项目开发的有关属性进行估算。构造性成本模型（constructive cost model，又称 COCOMO 模型）是目前应用最为广泛的经验模型之一。

20 世纪 70 年代后期，Barry Boehm 对多达 63 个软件项目的经验数据进行了分析和研究，在此基础上于 1981 年提出了 COCOMO 模型，用于软件项目的规模、成本、进度估算。Boehm 把 COCOMO 模型分为基本型、中间型和详细型，分别支持软件开发的三个不同阶段。基本型 COCOMO 模型用于估算整个软件系统开发所需的工作量和开发时间，适用于软件系统开发的初期。中间型 COCOMO 模型用于估算各个子系统的工作量和开发时间，适用于在获得各子系统信息之后对软件项目的估算。详细型 COCOMO 模型用于估算独立的构件，适用于在获得各个构件信息之后对软件项目的估算。由于篇幅限制，本书仅介绍基本型 COCOMO 模型，其模型形式描述如下：

① $E = a \cdot (\text{kLOC})^b$。其中，E 是软件系统的工作量（单位：人月），a 和 b 是经验常数，kLOC 是软件系统的规模（单位：千行代码）。该公式描述了软件系统的规模与工作量之间的关系。

② $D = c \cdot E^d$。其中，D 是开发时间（单位：月），c 和 d 是经验常数。该公式描述了软件系统的开发时间与工作量之间的关系。

基本型 COCOMO 模型中参数 a、b、c、d 的取值见表 16.5 所示。

表 16.5 基本型 COCOMO 模型中参数的取值

软件类型	a	b	c	d	适用范围
组织型	2.4	1.05	2.5	0.38	各类应用程序
半独立型	3.0	1.12	2.5	0.35	各类实用程序、编译程序等
嵌入型	3.6	1.20	2.5	0.32	各类实时软件、操作系统、控制程序等

COCOMO 模型是一个综合经验模型，它考虑了诸多因素，因而是一个比较全面的估算模型。该模型有许多参数，其取值来自经验值。该模型比较实用、易于操作，在欧洲一些国家应用较为广泛。

例如，针对上面所述的软件项目 A，如果已估算出该项目的软件规模是 33.3 kLOC，而且该项目属于半独立型，即 COCOMO 模型中参数 a、b、c、d 的取值分别是 3.0、1.12、2.5、0.35，那么根据模型公式 $E = a(\text{kLOC})^b$ 可以估算出该项目的工作量是 $3.0×(33.3)^{1.12}$，即 152 人月，然后根据公式 $D = c \cdot E^d$ 可以估算出该项目的开发时间是 $2.5×(152)^{0.35}$，即 14.5 月。

3. 其他估算方法

其他估算方法包括专家估算、类比估算等。

专家估算方法是由一组专家来对软件项目所需的成本、工作量和进度等进行估算。一般地，这些专家具有应用领域或开发环境方面的知识，参与了以往类似软件项目的开发。为了避免专家估算的片面性，专家估算方法一般要求每位专家给出估算的最小值 a、可能值 m 和最大值 b，然后计算出每位专家估算的平均值 $\text{Est}_i = (a + 4m + b)/6$，最后根据各位专家的估算情况计算出最终的估算值 $\text{Est} = (\text{Est}_1 + \text{Est}_2 + \cdots + \text{Est}_n)/n$。如果软件开发组织或项目组拥有一批经验丰富的专家，可以考虑采用该方法。专家估算方法具有人为因素多、主观因素大的特点，一般应用于软件开发的初期阶段。

类比估算方法是指估算人员根据以往类似软件项目实施所积累下来的数据，通过分析待开发软件项目与以往软件项目二者之间的相似性，估算出软件项目的开发工作量、成本和进度等。使用该方法的前提是待估算的软件项目和以往的软件项目必须具有一定的相似性（如它们均属于同样的应用领域），并且拥有以往类似软件项目的开发数据（如工作量、周期、参与的人数、规模和成本等）。

4. 软件项目估算应遵循的原则

软件估算发生在事前，因而不可避免地会存在估算结果与实际结果间的偏差。但是，如果二者间的偏差过大，那么估算结果将会对软件项目的实施和管理产生消极的影响，甚至可能导致软件项目的失败。因此，在对软件项目的规模、成本和工作量等进行估算时，要避免低劣的估算，尽可能获得合理和准确的估算数据。

软件项目的估算应遵循以下原则，以减少估算结果的偏差，提高估算的科学性和合理性：

① 选择估算方法要充分考虑方法本身的技术特点及已有的软件项目数据。比如，如果软件开发组织没有以往类似项目的实施数据和信息，就不应选择类比估算方法。如果在以往的项目实施中采用经验模型较为成功，而且有相应的历史数据，那么就可以考虑采用基于经验模型的估算方法。

② 综合利用多种估算方法。为了避免单一估算方法的局限性和片面性，可以考虑

采用多种不同的估算方法，对其估算结果进行分析、比较和综合利用。

③ 将估算结果表示为一个区间和范围。这样做便于开发人员和管理人员做进一步决策。如通过估算，某个软件项目的开发成本在 50 万~65 万元。

④ 估算必须有依据。具体表现在两个方面：一是估算必须建立在对待估算项目的充分了解和深入分析基础之上，二是估算必须建立在以往软件项目积累的经验数据基础之上。因此，针对每一个估算结果，必须详细说明上述两方面因素。

⑤ 不断调整经验参数。根据软件开发组织的特点和历史数据，不断调整估算模型中的经验参数，以寻找最适合软件开发组织和软件项目的经验模型。

⑥ 不断记录和积累估算数据。这样做便于为后续软件项目的估算提供借鉴和经验。

16.2.3 应用软件度量、测量和估算

软件项目的实施和管理离不开对软件项目的人员、制品和过程等的定量描述。对软件项目的定量分析和描述应贯穿于软件开发全过程，包括软件项目实施前、实施中和完成后。

1. 软件项目实施前

① 获取历史数据，对软件项目的规模、成本和工作量等进行估算，以辅助合同的签署以及软件项目计划的制订。

② 记录并保存估算数据。

2. 软件项目实施中

① 随着对软件项目了解的深入不断调整软件项目的估算结果，以更好地指导软件项目的管理。比如，在完成软件项目的需求分析之后可较为完整和全面地理解软件项目需求，因而对软件项目的估算结果一般会较实施前的估算结果更为准确。

② 对软件项目的过程、制品和人员等方面的属性进行测量。比如，需求分析完成之后，软件项目组可以对需求分析阶段的成本、工作量、人员以及所生成的软件制品质量等进行测量。

③ 记录并保存各种估算数据和测量结果。

3. 软件项目完成后

① 对软件项目进行总结，记录并保存软件项目运作的各种实际数据，如成本、工作量、进度、人员等，为后续软件项目的估算和管理提供经验数据。

② 分析和记录软件项目实施中各估算数据的调整、偏差等方面的情况，以备后续软件项目参考。比如，项目实施完成之后，项目组发现在项目实施前利用 COCOMO 模型对项目成本的估算结果较实际结果低 10%，而较实施过程中对项目成本的估算结果高 5%。这些数据有助于后续软件项目对估算结果进行必要的调整。

16.3   软件项目计划

制订软件项目计划是软件项目管理过程中一项非常重要的工作。合理、有效的软件项目计划有助于软件项目负责人对软件项目实施有序和可控制的管理，确保软件项目组成员知道何时可利用哪些资源开展什么样的开发工作，并产生什么样的软件制品，从而加强软件开发工程师之间的交流、沟通与合作，保证软件项目实施的高生产率、软件制品的及时交付以及客户的满意度。

16.3.1   何为软件项目计划

软件项目计划是指对软件项目实施所涉及的活动、资源、任务、进度等方面做出的预先规划。一般地，它主要涉及以下几个方面的内容：

1. 活动计划

这里所指的活动来自软件过程，它明确地描述了软件开发过程中应做哪些方面的工作以及这些工作之间的关系。例如，软件过程应包含需求分析、软件概要设计、软件详细设计、编码和单元测试、集成测试、确认测试、用户培训等活动。软件项目计划可对软件过程所定义的各种活动和任务做进一步的细化和分解，详细描述完成工作所需的具体步骤和逻辑顺序，从而更好地指导软件项目的实施和管理。例如，为了加强需求分析阶段的软件项目管理，软件项目计划可以对需求分析活动作做一步细分，将它分解为需求调查、需求分析和建模、撰写软件需求规格说明书以及需求评审 4 个子活动，然后再针对这些子活动制订其开发计划。

2. 资源计划

软件项目开发需要不同形式的资源，包括人员、经费、设备、工具等。软件项目计划需要对这些资源的使用进行预先规划。例如，如何针对不同活动的特点和要求有计划地分配资源，软件项目人员在软件项目实施过程中扮演什么样的角色、负责和参与哪些软件开发活动等。

3. 进度计划

任何软件项目都有进度方面的要求和限制。进度计划描述了软件项目实施过程中各项软件开发活动和任务的进度要求。例如，软件开发活动按什么样的时间进度开展实施，何时开始，何时结束；不同活动在时间周期上如何衔接等。进度计划是软件项目计划中最为重要和最难制订的部分，它将对软件项目的实施产生重大影响。因此，软件项目负责人应重点关注软件项目进度计划的制订。

16.3.2 软件项目计划的表示

软件项目计划的表示和分析涉及软件开发活动之间的关系、进度计划的描述、关键路径分析、活动责任矩阵等方面的关键内容。

1. 软件开发活动之间的关系

从时序的角度看，软件开发活动之间的关系可以细分为以下几种：

（1）结束到开始

该关系用于描述一个软件开发活动结束之后，另一个软件开发活动开始实施（见图 16.2）。根据结束到开始之间时间间隔的差异，该关系又可以进一步细分为结束之后就开始、结束几天后开始、结束几天前开始。

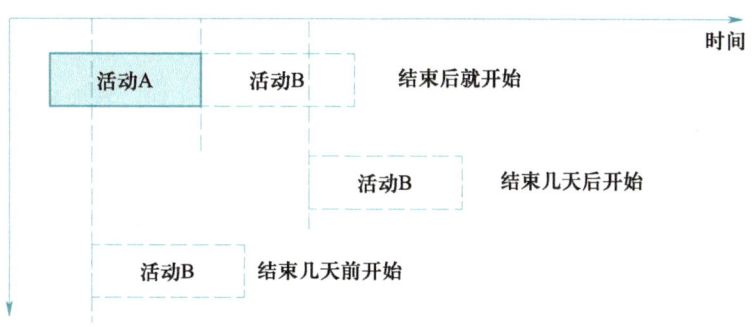

图 16.2 软件开发活动之间的结束到开始关系

（2）开始到开始

该关系用于描述一个软件开发活动开始之后，另一个软件开发活动开始实施（见图 16.3）。根据开始到开始之间时间间隔的差异，该关系又可以进一步细分为同时开始、开始几天后开始、开始几天前开始。

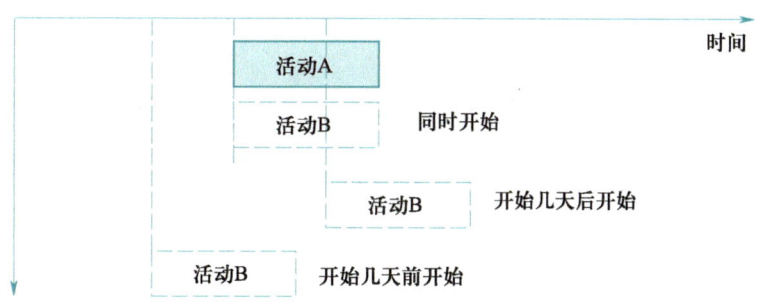

图 16.3 软件开发活动之间的开始到开始关系

（3）结束到结束

该关系用于描述一个软件开发活动结束之后，另一个软件开发活动结束（见图 16.4）。根据结束到结束之间时间间隔的差异，该关系又可以进一步细分为同时结束、结束几天后结束、结束几天前结束。

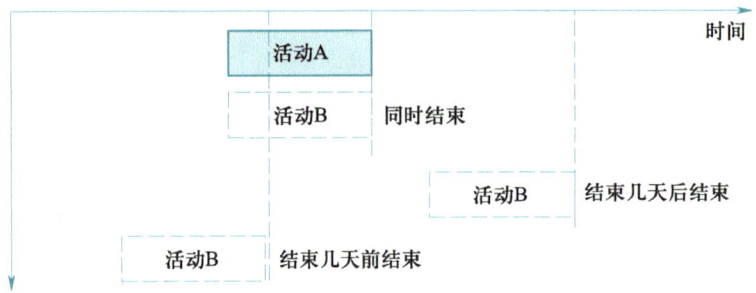

图 16.4 软件开发活动之间的结束到结束关系

（4）开始到结束

该关系用于描述一个软件开发活动开始之后，另一个软件开发活动结束。一般该关系在制订软件项目计划中并不常用。

2. 进度计划的描述

可以采用多种方法来表示软件项目的进度计划，其中最为常用的是甘特图和网络图。

（1）甘特图

甘特图是一种图形化的任务表示方式，其横轴表示时间，纵轴对应于各个软件开发活动或任务。甘特图用矩形来表示软件开发活动或任务，矩形中的文字描述了活动或任务的名称，其右侧的文字描述了该活动或任务所需的资源（见图 16.5）。矩形在甘特图中的位置反映了该活动或任务在软件项目中的起始时间，连接不同矩形之间的边描述了活动或任务之间在时间上的先后次序。由于甘特图能够直观地描述软件开发活动或任务的起止时间，展示它们之间的时序关系，具有可视化、简单和易于理解的特点，因而被广泛用于描述软件项目进度计划。

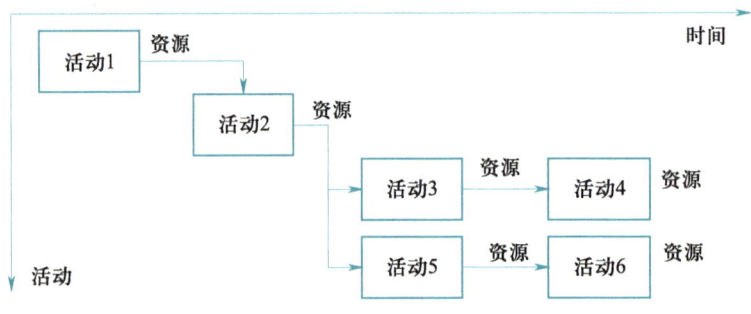

图 16.5 甘特图示意图

（2）网络图

网络图也是一种图形化的任务表示方式。它用矩形来表示软件开发活动或任务，框内的文字显式描述了活动或任务的基本信息，如活动或任务名称、开始日期、结束日期、所需资源等，矩形之间的连线表示任务之间的逻辑相关性（见图 16.6）。

图 16.6 网络图示意图

需要注意的是，甘特图和网络图二者是等价的，可以相互转换。用网络图描述的软件项目进度计划可以转换为用甘特图来表示，反之亦然。相比较而言，甘特图的特点是更能从时间的视点直观地显示活动或任务的进程，而网络图的特点是更能从过程的视点展示活动或任务之间的相关性。

3. 关键路径分析

在制订软件项目进度计划时，计划制订者和软件项目负责人必须清晰地知道哪些软件开发活动将可能对软件项目的实施进度产生关键性影响，这就需要对软件项目进度计划的关键路径进行分析。

所谓"关键路径"，是指软件项目进度计划中从起始活动开始到结束活动为止，具有最长长度的路径。这里所指的长度是指软件开发所需的时间。

以图 16.7 所示的用网络图描述的软件项目进度计划为例，该软件项目首先需要实施开发活动 A，然后并发地完成以下的软件开发活动：完成开发活动 B 和 C，完成开发活动 D，完成开发活动 E、F 和 G。当软件开发活动 C、D、G 均完成之后，软件开发活动 H 才能得以实施。显然，该软件项目进度计划包含有三条不同的路径，即路径 A-B-C-H、路径 A-D-H 和路径 A-E-F-G-H。其中，路径 A-B-C-H 所需的工作周期是 22 个工作日，路径 A-D-H 所需的工作周期是 18 个工作日，路径 A-E-F-G-H 所需的工作周期是 15 个工作日。显然，路径 A-B-C-H 所需的工作日最多，因而在该软件项目进度计划中它属于关键路径。

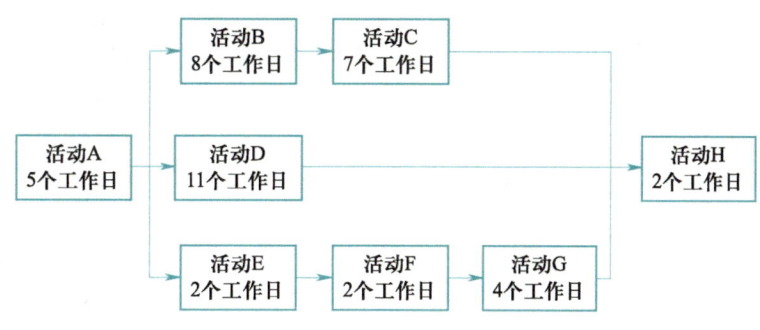

图 16.7 关键路径分析示例

在关键路径上的软件开发活动的实施进度将直接影响整个项目的开发进度。如果关键路径上软件开发活动的进度受到影响，那么整个软件项目的开发进度肯定会受到影响。因而一个软件项目如果要缩短开发周期，必须要加快关键路径上开发活动的进度。

对于关键路径 A–B–C–H 而言，软件开发活动 B、C 工作周期的变化将直接影响整个软件项目的进度。如果软件开发活动 B、C 所需的工作日减少，比如在实际执行项目时，软件开发活动 C 只需 5 个工作日，而其他活动所需的工作日不变，那么软件开发活动 H 就可以提前 2 个工作日开始，整个项目的进度也会提前 2 个工作日完成。反之，如果软件开发活动 C 所需的工作日增加，比如在实际执行项目时，软件开发活动 C 需要 10 个工作日而不是原先计划的 7 个工作日，其他活动所需的工作日不变，那么软件开发活动 H 就会比原先滞后 3 个工作日开始，整个软件项目的进度将会延迟 3 个工作日。

4. 活动责任矩阵

软件项目进度计划除了要描述软件开发活动的实施进度之外，还需要清晰地定义各项软件开发活动所需的资源，尤其是人力资源。活动责任矩阵可用于定义与软件开发活动执行、评审和批准相关的人员和角色，它是软件开发进度计划的一个组成部分。

活动责任矩阵由两种不同形式的矩阵组成：软件开发活动—角色责任矩阵和角色—人员责任矩阵。软件开发活动—角色责任矩阵用于表示执行、负责、评审和批准各个软件开发活动所需的角色（见表 16.6）。例如，针对需求分析这一软件开发活动，执行这一活动的角色是需求分析小组，需求分析小组的组长负责这一软件开发活动，参与需求分析活动结果评审的角色包括用户方代表、需求分析小组、软件设计小组、质量保证小组和软件测试小组，此外软件项目负责人和用户方负责人负责批准需求分析活动的结果。

表 16.6　软件开发活动—角色责任矩阵

软件开发活动	执行角色	负责角色	评审角色	批准角色
需求分析	需求分析小组	需求分析小组组长	用户方代表 需求分析小组 软件设计小组 质量保证小组 软件测试小组	软件项目负责人 用户方负责人
概要设计	概要设计小组	概要设计小组组长	需求分析小组 软件设计小组 质量保证小组 软件测试小组	软件项目负责人

软件项目计划仅有上述软件开发活动—角色责任矩阵是不够的，还必须详细说明软件项目组中各成员在项目实施中所承担的角色，或者各角色由哪些软件开发工程师组成。为此，需要进一步定义角色—人员责任矩阵（见表 16.7）。

表 16.7　角色—人员责任矩阵

角色	人员
需求分析小组	小张、小李、小王
需求分析负责人	小张
软件项目负责人	小宋
用户方代表	小董、小杨、小陈
用户方负责人	小董

活动责任矩阵明确、清晰地说明软件项目的职责区域，有助于项目组人员了解其各自的任务和职责，以及要参与的工作，促进不同人员之间的沟通和合作，帮助他们预估开发工作量。

16.3.3　软件项目计划要考虑的因素

软件项目计划的制订必须针对特定的软件开发组织，考虑软件项目的实际情况和具体要求，要尽可能是合理的和科学的。只有这样，所制订的软件项目计划才有意义，才能有效地指导软件项目管理。

1. 制订软件项目计划的基础和依据

制订软件项目计划的基础和依据主要包含以下三个方面：

（1）软件项目所采用的软件过程（及其细化）

任何软件开发组织或项目组都有其软件过程，用于指导软件项目的开发。软件过程定义了软件项目开发需经历的阶段和步骤，需完成的活动和任务，以及它们之间的相互关系。软件项目计划（尤其是进度计划）的制订必须建立在软件开发组织或者项目组所定义的软件过程的基础上，对软件过程中的各个软件开发活动或任务所需的进度、人员、成本等进行预先规划，确保制订的软件开发计划符合软件开发组织和项目组的特点和要求。

如果软件项目组定义了一个以瀑布模型为基础的软件过程来指导其软件项目的开发，而软件开发计划基于螺旋模型给出了各项软件开发活动的预先规划，显然这样的软件开发计划是没有意义的，它脱离了软件项目组的具体要求，无法指导软件项目的实施。

（2）软件项目要开展的工作

软件项目计划的制订必须依据要开展的工作（即要开发的软件系统）及其特点，

包括：工作说明和软件需求、历史数据、工作量和成本估算。

　　假设通过估算某个软件项目的开发周期为 6.5 个月，成本大致为 25 万元。而在制订计划时，整个项目自开始开发到完成开发的持续时间为 12 个月，成本预算需要 50 万元。显然，这样的计划与该软件项目不一致，出入太大，因而也就无法指导该软件项目的开发和管理。

　　（3）软件项目的限制和约束条件

　　软件项目计划的制订还必须考虑以下方面的限制和约束：

　　① 人员。任何软件开发项目组所能提供的人员都是有限的，人员方面的限制不仅包括人员的数量，还必须考虑人员的素质与能力，如具备的经验、技能和知识等。对于同一个软件开发项目，一个由 5 名经验丰富的软件开发工程师所构成的项目组与一个由 5 名新手所构成的项目组所对应的软件项目计划应该是不一样的。

　　② 资源。任何软件开发项目组所能提供的资源（如资金、设备等）也是有限的，因此软件项目计划的制订必须考虑到资源方面的限制。

　　③ 进度。软件项目计划的制订必须考虑用户对软件项目的进度要求。例如，假如用户要求软件项目必须在一年之内完成，而在制订软件开发计划时没有考虑到这一点，最终规划在一年半后提交软件产品，显然这样的软件开发计划对用户而言是难以接受的。

　　2. 制订软件项目计划的时机

　　软件项目计划一般是在软件项目实施之初制订，以指导软件项目的后续开发。由于制订软件项目计划需要考虑软件过程、要开展的工作以及限制和约束等因素，而在软件项目实施之初尚不完全明确要开展的工作（即软件需求），因此在项目实施之初要制订出一个合理、可行和符合项目特点的软件开发计划是比较困难的。

　　针对这种情况，可在以下两个时机来制订软件项目计划：一是在项目开始之初制订初步软件项目计划，用于指导后续短期的软件开发工作，如需求分析工作；二是在软件需求分析完成之时制订详细软件项目计划，用于指导后续长期的软件开发工作（见图 16.8）。

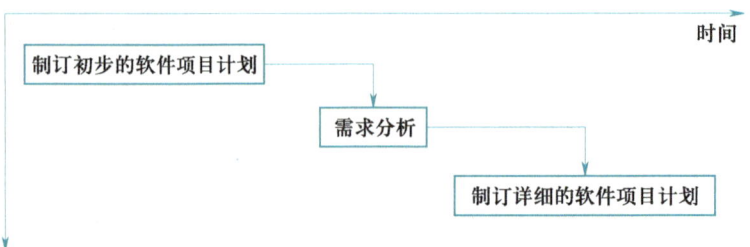

图 16.8　制订软件项目计划的两个不同时机

（1）初步软件项目计划

时机：项目开始（1～2 周内），但是尚未获取完整和详细的软件需求。

依据：项目和用户需求的初步描述，软件过程，软件项目的限制和约束。

形式：仅仅计划最近（如需求分析阶段）而不是整个项目的所有软件开发活动。

（2）详细软件项目计划

时机：获取了详细、完整的软件需求。

依据：软件需求规格说明书，定义的软件过程，软件项目的限制和约束。

形式：制订软件项目后期的详细、完整的软件开发计划。

3. 估算软件开发活动的周期

在制订软件项目进度计划之前，还有另外一项非常重要的工作要做，即估算软件开发活动的周期。为了规划整个软件项目计划，项目计划的制订者必须估算出软件过程中各个软件开发活动所需的工作时间。

估算软件开发活动的周期是制订软件项目进度计划中最为困难，同时也是最为关键的任务之一。软件项目计划制订者可以利用各种历史数据和经验模型估算出整个软件项目开发的工作量和周期，但是这些工作量和周期在软件过程的各个软件开发活动之间如何分布、每个软件开发活动所需的开发周期有多长等问题在软件项目实施之初很难给出准确回答。此外，软件系统以及软件项目组人员的不同特点也会对软件开发活动周期产生重要的影响。

对软件开发活动周期的估算大致有以下几种方法：

（1）细分活动

大量的软件工程实践表明：将一个大粒度的软件开发活动分解为一组细粒度的软件开发活动，将有助于准确地估算该软件开发活动的周期。

例如，要直接估算出一个软件项目需求分析活动的周期是比较困难的。在这种情况下，可以考虑将需求分析活动分解为一组子活动：需求调查、需求建模和分析、撰写软件需求规格说明书、需求评审。显然，对这些子活动的开发周期进行估算要比对整个需求分析的开发周期进行估算容易得多。如果某个子活动的开发周期仍然不好估算，还可以对该子活动再做进一步细分。比如，对于需求调查活动而言，可以将它进一步细分为需求讨论和资料收集、需求资料汇总两个子活动。

（2）借鉴历史数据

参考以前类似软件项目执行时相关软件开发活动所需的周期，以此来估算当前软件项目执行时相应软件开发活动所需的周期。例如，根据历史数据，在以往软件项目中对某应用进行需求分析大约需要 3 个月的时间，考虑到已有类似项目的需求模型和规格说明书，以及需求分析工程师所具备的领域知识和开发经验，可以大致估算出当前软件项目的需求分析活动开发周期不会超出 3 个月。显然，采用这种方法的前提是必须已有以往类似软件项目开发活动的数据。

（3）借鉴经验数据

还可以借鉴经验数据，尤其是关于软件开发周期分布的经验数据来估算软件开发

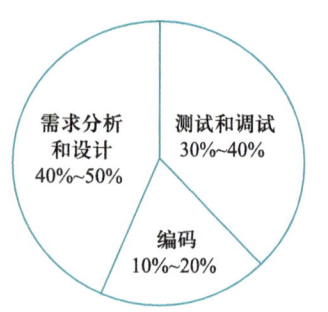

活动周期。大量软件工程实践经验表明，在软件项目开发过程中需求分析和设计所需时间占整个项目的 40%～50%，测试和调试所需时间占整个项目的 30%～40%，编码所需时间占整个项目的 10%～20%（见图 16.9）。因此，如果一个软件项目的开发周期估算是 100 个工作日，那么需求分析和设计需要 40～50 个工作日，编码需要 10～20 个工作日，测试和调试需要 30～40 个工作日。

图 16.9　软件开发活动周期分布图

需要注意的是，对软件开发活动周期进行估算时应考虑以下一些因素：

① 以工作日（而不是星期）来规定活动周期。这主要是考虑到每周尽管有 7 天，但是其中有 2 天是休息日，实际工作日只有 5 天。

② 预留缓冲时间。要考虑意外事件的缓冲，确保项目有足够的时间来完成软件开发活动。例如，假设经过估算，需求分析需 20 个工作日，计划从 8 月 1 日开始到 8 月 29 日结束，但中间公司要开展 2 天的全员培训，因此需求分析的计划结束日期应该再顺延 2 个工作日。

③ 不考虑加班时间。对于许多软件项目而言，加班不可避免。如果在制订计划时就考虑了加班时间，那么在项目实施过程中可能会需要更多的加班时间。

④ 考虑节假日时间。例如，假设经过估算编码活动需 10 个工作日，计划从 9 月 30 日开始，由于 10 月 1 日即开始国庆假期，因此该活动的计划结束日期应根据实际情况进行安排。

⑤ 考虑评审所花的时间。按照软件工程思想，相关软件开发活动完成之后，需要对该软件开发活动所产生的软件制品进行评审，而软件制品的评审需要一定的时间。对于某些重要的软件制品（如软件需求规格说明书）而言，其评审可能要持续数日时间。

⑥ 考虑传播时间。不同软件开发活动之间往往是相互关联的，一个软件开发活动的输出往往是另一个软件开发活动的输入，需考虑这期间的传播时间。例如，在需求分析阶段，撰写软件需求规格说明书活动的结果是产生软件需求规格说明书文档，该文档将作为需求评审活动的主要对象。但是，软件需求规格说明书完成之后，将它递交给相关人员进行评审需要一定的时间。不能期望通过电子邮件将文档发送给用户方代表后，他马上就可以阅读并反馈结果。如果采用邮寄的方式，其传播时间可能更长。

⑦ 考虑教育和培训需要的时间。在软件项目实施过程中，通常需要对软件项目组人员进行必要的培训，软件开发活动周期的估算必须要考虑到该因素。例如，在需求分

析开始阶段，项目组要用 2 个工作日对应用需求背景、需求建模工具、需求调查指导原则等方面进行培训，因此需求分析活动周期必须要包含这 2 个工作日。

16.3.4 制订软件项目计划的步骤

软件项目计划的制订可遵循如图 16.10 所示的步骤。

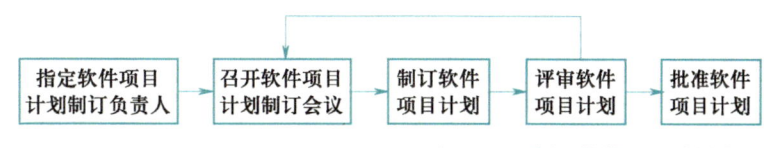

图 16.10 制订软件项目计划步骤

1. 指定软件项目计划制订负责人

软件项目计划的制订是一项较为复杂的工作，工作量大且涉及多方人员，通常需要持续较长的时间。因此在制订软件项目计划之前，软件项目负责人有必要指定专门的人员负责制订软件项目计划。软件项目计划制订负责人既可以是软件项目负责人自身，也可以是其他人员。软件项目计划制订负责人是一个全日制职位，其职责主要是负责在各类人员之间协调关于软件项目计划的有关约定，并以此为基础制订软件项目计划。

2. 召开软件项目计划制订会议

由于软件项目计划受多方人员关注，并将对他们参与软件项目的开发和管理产生重要的影响，因此软件项目计划的制订必须征询各方的意见、协调各方的立场，这就有必要召开有关软件项目计划制订会议。

例如，需求分析活动的周期估算和进度安排必须听取需求分析小组及其负责人的意见。如果软件项目计划制订负责人所制订的计划要求需求分析小组在一个月内完成需求分析工作，而需求分析小组认为他们不可能按照此进度开展工作，显然这样的软件项目计划是没有意义的。同样，如果软件项目计划制订负责人和需求分析小组认为可以通过一周的集中调查来获取用户的初步需求，而用户认为一周的时间过于密集，这么短的时间难以完成该项工作，显然这样的软件项目计划也是不可行的。一般地，软件项目计划制订会议主要涉及以下几方面内容：

① 确定每个软件开发活动的负责人。软件项目负责人和软件项目计划制订负责人根据软件过程，确定每个软件开发活动的负责人。这些软件开发活动的负责人将代表他们所在的小组参与软件项目计划的制订，并完成以下相关工作：细化所负责的软件开发活动（足够详细，便于管理和估算进度），确定活动之间的关系，确定活动的持续时间，确定活动所需要的资源，列出与每个活动相关的一些基本假设和要求（如生产率、所需的人员和设备、开发人员的工作能力和技能等）。软件项目计划制订负责人可以与这些

活动负责人协商软件开发活动的进度、人员、资源等方面的问题，从而促进软件开发计划的制订以及相应结果的确认。

② 对软件开发计划进行讨论，协调各方立场，并就有关问题达成一致意见。软件项目开发所涉及的多方人员可能就计划的某些方面产生不一致的观点。因此，在软件项目计划制订会议上，软件项目计划制订负责人需要协调不一致甚至是相互矛盾的观点。

③ 收集各个软件开发活动负责人所提交的计划数据。软件项目计划制订会议的另一项重要工作是收集各软件开发活动负责人所提交的计划数据，作为制订软件项目计划的依据。

3. 制订软件项目计划

软件项目计划制订负责人对前一步骤所收集的计划数据进行分析，使用某些工具（如 Microsoft Project）来制订整个软件项目的开发计划。

一般地，软件项目计划的制订主要涉及以下三方面的工作：

① 进度安排。根据各软件开发活动负责人所提交的活动进度估算数据，软件项目计划制订负责人可以采用网络图、甘特图等方式，详细描述软件项目各项开发活动的进度安排。

② 资源使用。各项软件开发活动的实施均需相应的资源，尤其是人员的配置。软件项目计划制订负责人根据各软件开发活动负责人所提交的数据，采用活动责任矩阵等表示方法详细描述各软件开发活动的资源使用计划。

③ 成本预算。一旦确定了各软件开发活动的进度和所需资源，就可以很容易地计算出各软件开发活动所需的成本，从而给出其成本预算。

需要注意的是，制订软件项目计划必须以各软件开发活动负责人所提交的计划数据为依据，从而确保所制订的计划能为项目组成员所接受。软件项目计划制订负责人在进度、资源和成本等方面的计划必须与整个项目的估算结果相一致，最好利用某些软件工具来支持软件项目计划的制订，以减少计划制订的复杂度，及时发现其中存在的问题。软件项目计划的制订是一个循序渐进的过程，其间可能需要召开多次项目计划会议，就计划内容进行反复讨论和协调，并进行不断的精化和优化。

4. 评审软件项目计划

如果软件项目计划能为大部分人所接受，那么接下来的工作就是对软件项目计划进行评审。一般由软件项目计划制订负责人召开项目计划的评审会议，与会人员应包括管理层、软件开发工程师、软件质量保证人员甚至用户。

评审目的是要发现所制订的软件项目计划存在的问题，包括是否得到相关人员的认可，是否符合软件项目的特点，是否满足软件项目的具体约束，是否与软件过程相一致，各估算数据是否中肯和合理，等等。如果在评审中发现问题，则应将这些问题记录下来，作为改进软件项目计划的依据。

5. 批准软件项目计划

一旦软件项目计划在评审会议上通过评审，那么软件项目计划制订负责人就可以将计划递交给相应的管理层（如软件项目负责人）进行批准。

16.3.5　实施软件项目计划

一个科学和合理的软件项目计划应是多方共同参与制订的，建立在准确的估算基础之上，充分借鉴以往软件项目开发的经验。它将有助于项目组按时完成软件项目的开发，交付高质量的软件制品，提升项目组成员的成就感和开发水平，获得客户的信任。

失败的软件项目计划往往是由于进度方面的压力、不准确的估算和过于乐观的计划等方面因素造成的。它将可能引发项目延迟、软件制品质量低下、员工情绪低落、频繁换人、软件制品交付延迟、与客户关系紧张和信誉度受损等不良的影响。

一旦软件项目计划得到批准，那么就要在后续的软件项目开发中应用该计划，包括以下内容：

① 将评审后的软件项目计划分发给所有项目组成员，使其了解软件项目计划，知道自己在软件项目中所扮演的角色以及所承担的任务，明确完成这些任务所需的进度限制，发现与其工作相关的其他人员，以更好地进行交流、沟通和合作。

② 严格按照计划来开发软件项目。

16.4　软件项目跟踪

软件项目的实施具有不确定性、动态性和不可预知性等特点，在实施过程中可能会出现很多问题，许多问题在制订软件项目计划时很难预测到，因而要确保软件项目完全依照计划来实施是比较困难的，对某些项目而言甚至是不切实际的，软件项目的实际执行和预先计划二者之间在进度、成本等方面会有偏差。因此，在软件项目实施过程中，软件项目负责人必须及时了解软件项目的实际执行情况，发现软件项目实施过程中存在的问题，清楚地知道存在哪些偏差，并采取措施以纠正偏差和解决问题。这就需要在软件项目实施过程中对软件项目的执行情况进行持续跟踪。

16.4.1　软件项目跟踪的对象

软件项目跟踪是指在软件项目实施过程中随时掌握软件项目的实际开发情况，使得当软件项目实施与软件项目计划相背离或者出现问题和风险时，能够采取有效的处理措施来控制软件项目的实施。

软件项目跟踪将为软件项目的实施提供可视性，比如项目的实际执行和实施情况、项目实施过程中出现的问题等，从而知道如何采取相应的措施来防止问题的出现，或者问题出现时应采取什么办法减少它给软件项目实施带来的影响和损失。比如，当某个软件开发活动完成之时，通过跟踪可以发现该阶段的工作相对于软件项目计划而言是提前还是滞后，或者按期完成。如果与软件项目计划不一致，那么就需要对原先的软件项目计划进行调整。一般地，软件项目的跟踪对象主要包括项目问题和风险、项目进展方面。

1. 项目问题和风险

软件项目在实施过程中会出现各种各样的问题和风险，它们将对软件项目的实施产生消极的影响。因此，在软件项目的实施过程中必须及时发现这些问题和风险，并采取相应的措施。项目实施过程中可能存在的典型问题和风险包括：

① 技术风险。如某项软件需求尚未找到合适的技术解决途径，或者原先所设计的技术方案不合适。

② 成本风险。如由于未能有效控制支出，实际成本超出原先计划的成本预算，并且仍然不断增长。

③ 人员风险。如项目组成员临时跳槽或者调派，人员缺乏。

④ 工具和设备风险。如所需的工具和设备不能按时提供或者无法得到等。

在软件项目跟踪过程中，软件开发工程师必须识别各种软件开发问题和风险，对它们进行描述和分析（见图 16.11），并以软件风险清单的形式详细记录各个软件开发风险，包括风险标识、风险名称、处理起始日期及目标结束日期、处理负责人等（见表 16.8）。

软件开发活动问题表

- 问题名称：没有需求文档的编写规范，无法指导软件需求文档的撰写
- 相关活动名称：需求分析
- 问题发现日期：2021-06-19
- 期望解决日期：2021-06-25
- 受其影响的软件开发活动：需求分析、概要设计

- 问题提出人：小刘
- 解决负责人：老赵

问题说明：在需求分析过程中，需求分析小组发现项目组没有软件需求规格说明书的编写规范。

图 16.11　软件开发问题描述示例

表 16.8　软件风险清单示例

×× 软件项目风险清单

递交时间: ××××–××–×× 提交人: ×××

风险名称	负责人	处理起始日期	处理结束日期	风险标识
部分软件需求未得到客户的验证	×××	××××–××–××	××××–××–××	1
所需的软件构件和工具没有按期购买	×××	××××–××–××	××××–××–××	2
软件测试所需设备比要求时间晚了 1 个月	×××	××××–××–××	××××–××–××	3
需求分析阶段的开销超出计划 10%，且每周按 5% 增长	×××	××××–××–××	××××–××–××	4

2. 项目进展

软件项目实施过程中还需跟踪项目进展。由于用户需求变更、交流不畅、人员调整以及受到其他不可预知情况的干扰等因素，软件项目的实际进展与软件项目计划二者之间会产生偏差。比如，原先计划用 5 周时间完成需求分析工作，但是在实际执行软件项目时由于某些方面的原因使需求分析工作花了 6 周时间，比原先的计划滞后了一周。在这种情况下，原有的软件项目计划将无法指导软件项目的实施。解决这一问题的办法是：在软件项目实施过程中及时了解项目的实际进展情况，发现实际进展和计划之间的偏差，并以此为依据来调整软件项目计划。

在软件项目实施过程中，项目组人员尤其是软件项目负责人需要记录软件项目的实际进展情况，通过与软件项目计划进行对比发现二者之间的偏差。

16.4.2　软件项目跟踪的方法

为了支持软件项目的跟踪，软件项目组一般要成立一个软件项目跟踪小组，其成员一般由软件项目组人员组成。对于一些规模比较大的软件项目而言，软件项目跟踪小组的成员可以由一些软件开发活动的负责人或者子系统的负责人组成。软件项目跟踪小组需要指定一个负责人来协调软件项目的跟踪工作。

一般地，软件项目跟踪小组应定期（如每周一次）召开软件项目跟踪会议，获取软件项目实施的详细情况和面临的问题。软件项目跟踪会议的召开应注意以下几点：

① 围绕跟踪对象，不要离题，以提高会议的效率。

② 明确与会人员的职责和任务，防止推卸责任。

③ 会议日程应预先安排好并通知有关人员，以便他们有所准备，确保每个人有备而来。

④ 限定阐述时间，言简意赅。

⑤ 费时的问题留待会后解决。

⑥ 鼓励开放、坦诚地汇报项目实施的情况。

⑦ 形成会议记录并在会后分发记录。

软件项目跟踪小组可以编制如图 16.12 所示的项目情况报表，以便小组成员更好地记录和反映软件项目实施情况及面临的问题。

```
            ××项目    ××年××月××日
                周情况报表

  1. 本周项目进展及偏差
  2. 本周存在的问题和风险
  3. 上周遗留的问题和风险
  4. 下周工作计划
```

图 16.12   项目情况报表示例

发现软件项目偏差以及存在的问题和风险并不是软件项目跟踪的最终目的，软件开发工程师尤其是软件项目负责人必须根据这些信息尽快提出解决方案，以纠正偏差、解决问题和消除风险。

16.4.3   软件项目跟踪的步骤

软件项目跟踪工作应与软件项目开发工作同步，并且贯穿于整个软件开发过程。图 16.13 描述了软件项目跟踪与软件项目开发之间的关系。软件项目跟踪需要采集软件项目实施的具体数据以了解实际情况，发现偏差和问题。这两部分工作可以通过定期召开软件项目跟踪会议来完成，之后需要采取措施解决所发现的问题、纠正偏差，因而可能需要对软件项目计划进行调整，调整后的软件项目计划将用来指导软件项目的进一步实施。

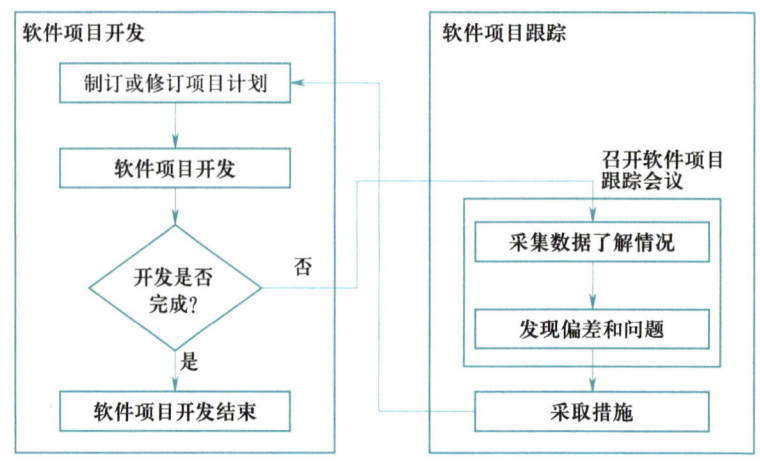

图 16.13   软件项目跟踪与软件项目开发的关系

软件项目跟踪的一般性步骤如下：

① 成立软件项目跟踪小组。在软件项目实施之初，软件项目组应成立软件项目跟踪小组，并指定负责人。软件项目跟踪小组及其负责人应在召开软件项目跟踪会议之前明确要求和约定，如软件项目跟踪会议的时间、地点，会上应采用什么样的方式来汇报项目的实施情况和存在的问题等。

② 召开软件项目跟踪会议。尽可能周期性召开软件项目跟踪会议，软件项目跟踪小组成员在会上汇报项目进展情况，形成会议记录并在会后分发给相关人员。

③ 采取应对措施。针对发现的偏差和问题，软件项目组人员尤其是软件项目负责人应采取相应的措施来调整软件项目计划，以修正偏差或解决所发现的问题，消除潜在的软件风险。对于相对简单、易于解决的问题，软件项目跟踪小组可以在软件项目跟踪会议上采取措施并达成一致，而对于较为复杂的问题则可在会后加以解决。

④ 转到步骤②直至项目结束。

需要注意的是，软件项目的跟踪应贯穿于整个软件开发过程，应根据跟踪的结果不断调整软件项目计划；对软件项目计划等所做的任何变更应及时通知软件项目组中的相关人员，并得到他们的认可；软件项目计划在每次修订时都应进行评审，评审后的软件项目计划应纳入配置；在软件开发过程中，要对软件项目的有关属性进行度量，并将度量结果用来指导软件项目的跟踪。

16.5 软件配置管理

软件项目开发会产生大量的软件制品，这些软件制品间存在关联性。对于同一软件制品，可能需要对它进行多次变更从而产生多个不同的版本。软件项目组必须清晰地知道软件开发过程中会产生哪些制品、这些制品会有哪些不同的形式和版本，这就需要对这些软件制品进行配置管理。

16.5.1 基本概念

软件配置管理是指在软件生存周期中对软件制品采取的以下一系列活动的过程：

① 控制软件制品的标识、存储、变更和发放。

② 记录、报告软件制品的状态。

③ 验证软件制品的正确性和一致性。

④ 对上述工作进行审计。

软件配置管理有助于清晰地标识各个软件制品，有效控制软件制品的变更，确保变更得以实现并及时向相关人员汇报软件制品的变更情况，确保软件制品的一致性、完整性和可追踪性。

1. 配置项

在软件配置管理过程中，通常将那些在软件生存周期内产生的需进行配置管理的工作制品称为配置项（configuration item），它可以是各种形式的文档、程序代码、数据、标准和规约。

① 技术文档，如软件需求规格说明书、软件概要设计规格说明书、软件详细设计规格说明书、软件数据设计规格说明书、软件测试计划、用户手册等。

② 管理文档，如软件项目计划、软件配置管理计划、软件质量保证计划、软件风险管理计划等。

③ 程序代码，包括源代码和可执行代码、组件、可执行文件等。

④ 数据，如配置文件、数据文件等。

⑤ 标准和规约，如软件过程规程、需求管理规程、软件需求规格说明书编写规范、C++编码规范、Java 编码规范等。

图 16.14 示例描述了配置项及其之间的关联性，有助于发现配置项变更的影响范围。例如，如果软件需求规格说明书发生了变更，那么软件设计规格说明书将可能受到影响。

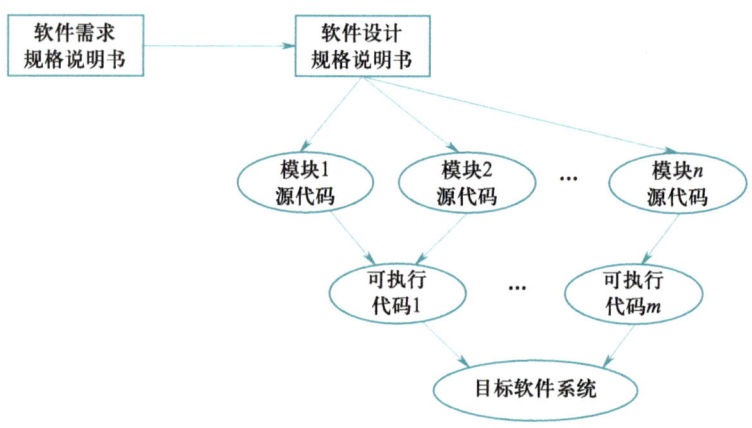

图 16.14　配置项及其之间的关联性示例

2. 基线

"变"在软件开发过程中不可避免。客户希望通过"变"来不断调整和完善软件需求，软件开发工程师希望通过"变"来不断完善和优化其技术解决方案。但是，频繁的"变"将使软件项目的开发和管理变得更加复杂和难以控制。例如，需求分析的"变"将引来一系列配置项的"变"，过多的"变"将可能导致软件开发工程师难以区分不同配置项之间的差异。因此，软件项目希望在支持"变"的同时能够稳定地推进项目开发。为了解决这一矛盾，软件配置管理引入了基线的概念。

所谓"基线"，是指已经通过正式复审和批准的软件制品、标准或规范。它们可以作为进一步软件开发的基础和依据，并且只能通过正式的变化控制过程才允许对它们进行变更。例如，软件需求规格说明书经过评审后，发现的问题已得到纠正，用户和软件项目组双方均已认可，并且得到正式批准，那么该软件需求规格说明书就可作为基线。

图 16.15 描述了作为基线的配置项和基线库。软件开发活动所产生的配置项一旦通过了正式评审和批准，意味着该配置项的正确性和完整性等得到了认可，可作为后续软件开发的基础，在此情况下，可将配置项作为基线纳入基线库中。基线库是一个或者多个基线的集合，对基线库中的任何配置项进行修改和变更将受到严格的控制。例如，如果软件项目组要对经过评审和批准的软件需求规格说明书进行修改，则必须提出申请，经过正式的软件配置管理和控制之后，才能提取出该软件需求规格说明书并对它进行变更活动。

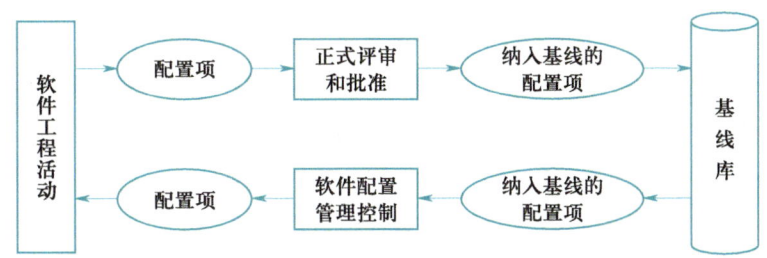

图 16.15　作为基线的配置项和基线库

软件开发过程中典型的基线包括：经过评审和批准后的软件需求规格说明书、软件设计规格说明书、软件项目计划、软件测试计划、软件质量保证计划、软件配置管理计划等文档，以及经测试后的源代码、可运行目标软件系统等代码。

配置项经过评审和批准，标志着它所对应的软件开发阶段的结束，也意味着以该阶段软件制品为基础的下一阶段软件开发活动的开始。例如，如果软件需求规格说明书通过正式的评审并被批准，那么意味着需求分析阶段的工作已经完成，下一阶段即软件设计阶段的工作开始实施。

在软件过程中引入基线可以有效地控制对配置项的变更，确保软件制品保持一定程度的稳定性，具体表现在：

① 纳入基线的配置项是通过正式评审和批准的，得到软件项目组成员和用户的广泛认可，因此可以作为软件进一步开发的基础和依据。

② 不允许对基线进行随意、非正式的更改，以确保基线相对稳定。

③ 如果确实需要对基线进行更改，那么需要对该更改进行正式和严格的评估和认可。

16.5.2　软件配置管理过程

在软件项目实施过程中，软件配置管理需要解决以下一系列问题：

- 如何标识配置项并管理配置项的诸多版本？
- 如何在软件发布给用户之前和之后控制变化？
- 谁负责批准变化并确定其优先级？
- 如何保证变化被恰当地进行？
- 采用何种机制告知有关人员已经实施了变化？

针对上述问题，软件配置管理大致需要完成以下任务和活动：

- 配置项标识，包括配置项的识别，明确软件项目有哪些配置项。
- 配置项描述，明确每个配置项的内容。
- 版本控制，明确每个配置项有哪些版本以及这些版本的演化关系。
- 变更控制，如何应对配置项的各种变化。
- 软件配置审计，报告配置项的状态。

为了支持上述软件配置管理活动，软件项目应成立软件配置管理小组，小组成员可由软件项目组成员担任。在软件配置管理过程中，软件配置管理小组主要承担两方面的职责：制订软件配置管理计划和实施软件配置活动。

1. 配置项标识

软件开发过程中会产生大量的配置项。为了管理和控制这些配置项，必须对它们进行标识。配置项标识主要有两方面任务：识别软件系统中有哪些配置项以及清晰地描述每个配置项。

前已提及，软件项目中的配置项包括所有的相关文档、程序代码、数据、标准和规约等。对配置项的描述包括两方面内容，即为每个配置项生成一个唯一和直观的标识，对配置项的属性进行准确和详细的描述。

配置项的标识应直观，便于望文生义以及对其进行控制和管理。图 16.16 描述了配置项标识模板。一个配置项的标识通常由 5 部分组成：项目名、配置项类型、配置项名称、版本号和修订号。其中，配置项类型描述了该配置项是文档、程序代码、数据

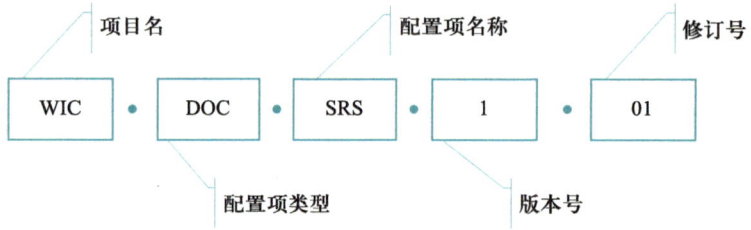

图 16.16　配置项标识模板示意

还是标准和规约。例如，WIC.DOC.SRS.1.01 标识了"WIC"项目下的一个文档类的配置项，它是一个软件需求规格说明书"SRS"，其版本号是"1"，修订号是"01"。

对配置项的描述主要包括以下内容：配置项的创建者、创建时间、修改者、发布时间、评审者、所依赖的其他配置项等。为了便于在变更控制时对配置项的影响域进行评估，可以用表 16.9 所示的关联矩阵来表示不同配置项之间的关系。如果某个配置项发生了变化，则其他与其相关联的配置项也应随之发生变化。

表 16.9　描述不同配置项之间关系的关联矩阵

配置项	软件需求规格说明书	软件概要设计规格说明书	数据设计规格说明书	详细设计规格说明书
软件需求规格说明书		√	√	√
软件概要设计规格说明书	√			√
数据设计规格说明书	√			√
详细设计规格说明书	√	√	√	

2. 版本控制

在软件开发过程中，由于以下原因，同一个配置项可能会有多个不同的版本：

① 纠错、改进、完善、扩充等工作会导致同一配置项有多个版本。例如，需求分析阶段的任务完成之后，需求分析小组形成了关于软件需求规格说明书的一个版本。在后续的软件开发过程中，由于用户需求的变化，需求分析小组对原先的软件需求规格说明书进行修改，产生了一个新版本的软件需求规格说明书。

② 在同时进行多个软件项目开发时，同一个配置项可能需要多个不同的版本，分别应用于不同的软件项目。比如，软件项目组开发了一个通用构件 draw.dll 来支持用图形化的方式显示统计信息，为了支持多个不同项目的特殊要求，构件 draw.dll 产生了多个不同的版本。

因此，软件配置管理应提供有效的手段来区分和描述配置项的多个不同版本，以及这些版本之间的关系和演化，确保软件开发工程师能够以一种正确、一致和可重复的方式恢复和构造任意的软件制品版本。

配置项的版本演化可采用版本树来表示，树中的节点表示各个版本的配置项，边表示不同版本配置项之间的依赖和演化关系。

3. 变更控制

在软件开发过程中变化不可避免，但是不受控制的变化将会导致混乱。因此，软件配置管理必须对配置项的任何变更进行控制。根据变更控制要求，对进入基线的配置项进行变更均应履行正规的变更手续，并遵循以下过程（见图 16.17）：

① 提出书面变更申请。如果软件开发工程师欲变更配置项，则须先提出一个书面

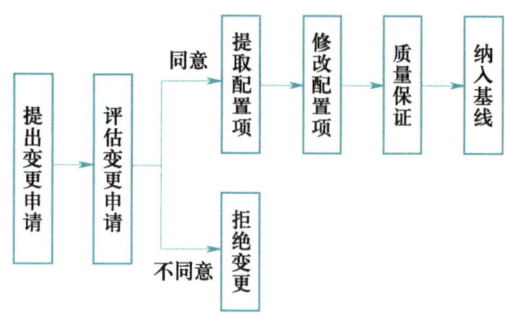

图 16.17   配置项的变更控制过程

的变更申请，详细描述变更的原因、变更的内容、对应的配置项、受影响的范围等方面内容。

② 评估变更申请。软件开发工程师和软件配置管理小组要对变更申请进行评估。例如，软件开发工程师要评估该变更是否有必要，对软件项目的影响是否在可控的范围之内等。软件配置管理小组要评估是否对受影响的配置项进行变更。对变更申请的评估结果有两种：一种是不同意，则该次变更过程到此结束；另一种是同意，则继续执行以下变更程序。

③ 提取配置项。变更人员从软件配置管理小组处提取待变更的配置项。

④ 修改配置项。变更人员对提取的配置项实施软件工程活动（如需求分析、软件设计等），得到经修改后的配置项。

⑤ 质量保证。一旦配置项完成了相应的变更活动后，需要对变更活动以及变更后的配置项进行质量保证，比如审查软件工程活动、评审软件文档、测试程序代码等，确保变更后所得到的配置项符合质量要求。

⑥ 纳入基线。如果变更后的配置项经过正式的评审和审核，并且得到批准，那么可将该配置项纳入基线。

4. 软件配置审计

软件配置审计主要包括以下几方面内容：

① 检查配置控制手续是否齐全。

② 变更是否完成。

③ 验证当前基线对前一基线的可追踪性。

④ 确认各配置项是否正确反映需求。

⑤ 确保配置项及其介质的有效性。

⑥ 对配置项定期进行复制、备份、归档，以防止意外的介质破坏。

软件配置审计的结果应写成报告并通报给有关人员。此外，软件配置审计不应局限于在基线处或变更控制时进行，而应在软件开发过程中根据需要随时实施软件配置审计。

5. 状态报告

为了及时追踪配置项的变化以备审计时使用，软件配置管理人员需要在软件开发过程中对每个配置项的变化进行系统的记录，包括发生了什么事、谁做的事、什么时候发生、对其他配置项产生什么影响等。

根据配置项的出入库情况和变更控制组的会议记录产生软件配置状态报告，并将状态报告及时发送给各有关人员和组织，以避免造成相互矛盾和冲突。通常有两种形式的软件配置状态报告：现行状态报告和历史状态报告。现行状态报告提供了配置项的现行状态，指明现行版本号、目前是否正被某人专用还是可共享等方面的信息。历史状态报告提供了配置项的历史记录，包括描述谁、于何时、因何故对何配置项做了何事（入库/出库/变更）。软件配置状态报告也被存放在受控库中，可供有关人员随时查询。

有许多 CASE 工具支持软件配置管理工作，典型的软件工具有 Microsoft SourceSafe、IBM ClearCase 等。

16.5.3 软件配置管理计划

为了更好地指导软件配置管理工作，软件配置管理小组应在软件项目实施前制订详细和明确的软件配置管理计划，其主要内容见图 16.18 所示。

```
            软件配置管理计划
1. 引言
2. 管理
   2.1 组织
   2.2 任务
   2.3 目标
3. 软件配置管理的环境和工具
4. 目录结构
5. 访问和授权
6. 软件配置管理活动
   6.1 配置项标识
   6.2 配置控制程序
   6.3 配置状态报告
   6.4 配置审核
```

图 16.18 软件配置管理计划主要内容

16.6 软件风险管理

软件风险（software risk）形式多样，许多软件风险事先难以确定，如果不进行及时有效的管理，很难保证软件项目能够按照计划并在成本和进度范围内开发出高质量的软件制品，甚至会导致项目失败。

16.6.1　何为软件风险

软件风险是指使软件项目开发受到影响和损失，甚至导致软件项目失败的可能发生的事件。例如，软件开发工程师临时流失、软件项目计划过于乐观、软件设计低劣等。一般地，软件风险具有以下特点：

① 事先难以确定。许多软件风险的发生具有偶然性和突发性。

② 带来损失。软件风险会对软件项目开发带来负面和消极影响，甚至可能会导致软件项目失败。软件风险对软件项目带来的损失表现出不同的形式，如导致软件制品质量下降、软件开发进度滞后、无法满足用户需求、软件开发成本上升等。

③ 概率性。软件风险本身是一种概率事件，它可能发生也可能不发生，但是一旦发生将势必会对软件项目产生消极影响。

④ 可变性。软件风险的发生概率在一定条件下可以发生变化，即风险事件可以转化为非风险事件，而非风险事件也可以转化为风险事件。

16.6.2　软件风险的类别

软件项目开发会遇到各种形式的风险，下面列举了一些常见的软件风险。

1. 计划编制风险

- 计划、资源和制品的定义完全由客户或上层领导决定，忽略了软件项目组的意见，并且这些定义不完全一致。
- 计划忽略了必要的任务和活动。
- 计划不切实际。
- 计划基于特定的软件项目组人员，而这样的项目组人员找不到。
- 软件规模估算过于乐观。
- 软件开发工作量估算过于乐观。
- 进度的压力造成生产率下降。
- 目标日期提前，但没有相应地调整软件产品的范围和可用的资源。
- 一个关键任务的延迟导致其他相关任务的连锁反应。

2. 组织和管理风险

- 缺乏强有力、有凝聚力的领导。
- 解雇人员导致软件项目组的工作能力下降。
- 削减预算打乱软件项目计划。
- 仅由管理层和市场人员进行技术决策。
- 低效的项目组织结构降低了软件开发生产率。

- 管理层审查/决策的周期比预期时间长。
- 管理层作出打击软件项目组积极性的决定。
- 非技术的第三方工作比预期要长（如采购硬件设备）。
- 项目计划性差，无法适应期望的开发速度。
- 项目计划由于压力而被迫放弃，导致软件开发混乱。
- 管理方面的英雄主义，忽视客观、确切的状态报告，降低发现和改正问题的能力。

3. 软件开发环境风险

- 软件开发工具和环境不能及时到位。
- 软件开发工具和环境到位但不配套。
- 软件开发工具和环境不如期望的有效。
- 软件开发人员需要更换软件开发工具和环境。
- 软件开发工具和环境的学习时间比预期长。
- 软件开发工具和环境的选择不是基于技术需求，不能提供计划要求的功能。

4. 最终用户风险

- 最终用户坚持新的需求。
- 最终用户对交付的软件制品不满意，要求重新开发。
- 最终用户不买进项目制品，无法提供后续支持。
- 最终用户的意见未被采纳，造成软件产品无法满足用户要求。

5. 承包商风险

- 承包商没有按照承诺交付软件制品。
- 承包商提供的软件制品质量低下，必须花时间进行改进。
- 承包商提供的软件制品达不到性能要求。

6. 软件需求风险

- 软件需求已经成为软件项目基线，但仍在变化。
- 软件需求定义欠佳，存在不清晰、不准确、不一致等方面的问题。
- 增加了额外的软件需求。

7. 软件制品风险

- 错误发生率高的模块，需要更多的时间对它进行测试和重构。
- 矫正质量低下的软件制品，需要更多的时间对它进行测试和重构。
- 软件模块出现功能错误，需要重新进行设计和实现。
- 开发额外不需要的功能延长了开发进度。
- 严格要求与现有系统兼容，需要更多的开发时间。
- 要求软件重用，需要更多的开发时间。

8. 人员风险

- 招聘人员所需的时间比预期要长。
- 软件工程师参与工作的先决条件（如培训、其他项目的完成等）无法按时完成。
- 软件工程师与管理层关系不佳，导致决策迟缓、影响全局。
- 项目组人员没有全身心地投入项目工作，无法达到所需的软件制品功能及非功能需求。
- 缺乏激励措施，软件项目组士气低下。
- 缺乏必要的规范，增加了工作失误，导致重复工作，降低了工作质量。
- 缺乏工作基础，如语言、经验、工具等。
- 项目组人员在项目结束前离开软件项目组。
- 项目后期加入新的软件开发工程师，由此增加的额外培训和沟通降低了软件项目组人员的工作效率。
- 项目组人员不能有效地协同工作。
- 由于项目组人员间的冲突导致沟通不畅、设计欠佳、接口错误和额外的重复性工作。
- 有问题的项目组人员没有及时调离软件项目组，影响其他人员的工作积极性。
- 最佳人选没有加入软件项目组，或者加入软件项目组但没有合理使用。
- 项目组关键人员只能兼职参与。
- 项目组人员数量不足。
- 任务分配与人员技能不匹配。
- 人员工作进展比预期要慢。
- 项目管理人员怠工，导致计划和进度失效。
- 技术人员怠工，导致工作遗漏、质量低下，工作需要重做。

9. 设计和实现风险

- 设计过于简单，考虑不仔细、不全面，导致进行重新设计和实现。
- 设计过于复杂，导致产生一些不必要的工作，影响工作效率。
- 设计质量低下，导致进行重新设计和实现。
- 使用不熟悉的方法，导致需要额外的培训时间。
- 用低级程序设计语言编写代码，导致软件开发效率低。
- 分别开发的模块无法有效集成，需要重新设计和实现。

10. 软件过程风险

- 跟踪不准确，导致无法预知项目进展是否落后于计划。
- 前期的质量保证行为不真实，导致后期的重复工作。
- 没有遵循标准，导致沟通不足、存在质量问题和重复工作。

- 软件风险管理失误，没有发现重大软件项目风险。

16.6.3 软件风险管理模式

鉴于软件风险的负面性和可变性等特点，在项目实施过程中项目组人员和负责人必须对软件风险进行有效管理，以缓解和消除软件风险的发生，降低软件风险发生后给软件项目实施带来的影响和冲击。下面列举了一些常见的软件风险管理模式。

1. 危机管理

这种管理模式类似于救火模式，其特点是听任软件风险的发生，直至软件风险给软件项目开发造成麻烦后才着手进行处理。例如，有项目组成员要离开软件项目组，软件项目负责人知道了这一软件风险，但是没有采取任何措施。在该成员离开项目组一定时间之后，项目组其他成员需要与他所负责的工作进行对接时才发现相关工作没有完成。显然，此时这一风险已经严重影响了项目组其他人员的工作，并将使项目进度滞后而为开发工作带来危机。在这种情况下，软件项目负责人才采取相应的措施来处理风险。

2. 失败处理

在这种模式中，项目组人员和负责人察觉到了潜在的软件风险，但听任软件风险的发生和演化，在风险发生之后才采取应对措施。例如，针对项目组成员要离开项目组这一风险，项目组没有采取任何的措施，在该成员离开项目组的第二天，项目组才决定抽调其他人员来接替该成员的工作，但是此时已经无法与该成员进行面对面的项目交接。

显然，无论是危机管理模式还是失败处理模式，它们对于风险的处理都是非常消极的，因而在软件项目实施过程中不主张采用这两种风险管理模式。

3. 风险缓解

在该模式中，项目组人员和负责人在软件开发过程中有意识地识别各种软件风险，针对这些软件风险事先制定好风险发生后的补救措施，但是不做任何防范措施。也就是说，项目组人员和负责人预先识别和分析出哪些不好的事件可能会发生，等待它发生，并制定好这些事件发生后的应对措施。仍以项目组成员离开为例，项目组人员和负责人已经知道某个成员要离开项目组，但是没有采取任何措施来防止这一事件的发生，听任其发展，不过他们制定了相应的措施，一旦该成员离开项目组就安排相关人员来接替他的工作。显然，与危机管理模式和失败管理模式相比较，风险缓解模式在处理和应对软件风险方面变得较为积极。

4. 风险预防

风险预防模式将风险识别和风险防范作为软件项目的一部分加以规划和执行。项目组人员和负责人预先识别和分析哪些不好的事件可能会发生，并制定相应的应对措施，同时采取措施防止它发生。例如，项目组人员和负责人知道某个成员要离开项目组时，一方面与该成员协商能否等到项目完成之后再离开，另一方面同时制定相应的措施，一旦该成员离开项目组，就由相关人员来接替他的工作。

5. 消灭根源

在该模式中，项目组人员和负责人不仅要识别出软件开发过程中各种潜在的软件风险，还要分析导致这些软件风险发生的主要因素，并采取积极的措施消除风险产生的根源。也就是说，项目组人员和负责人预先识别哪些不好的事件可能会发生，并制定相应的应对措施，同时采取措施消除软件风险根源，杜绝软件风险的发生。例如，针对项目组成员要离开项目组这一风险，项目组人员和负责人制定了相应的措施，一旦该成员离开项目组就由相关人员来接替他的工作。同时，通过与该成员的交流发现，导致他离开项目组的主要原因是该成员认为公司给他的薪水太低，与他的技术水平以及给公司和软件项目组所做的贡献不匹配。针对这一因素，公司和软件项目组考虑给该成员增加薪水和补贴，以打消该成员离开软件项目组的念头。

显然，后三种风险管理模式对于软件风险的处理更加积极，可更有效地降低软件风险给软件项目实施带来的消极影响，因而在软件项目管理中应加以提倡。

16.6.4　软件风险管理方法

软件风险管理方法大致包括风险评估和风险控制两个主要部分（见图 16.19），其目的是在软件风险影响软件项目实施前对它进行识别和处理，并预防和消除软件风险的发生。

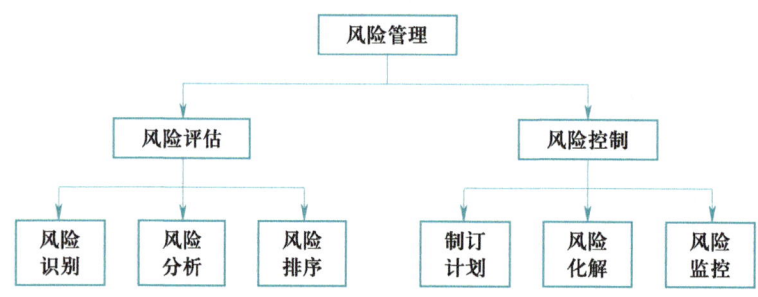

图 16.19　软件风险管理方法

1. 风险评估

风险评估包括三个子活动：风险识别，风险分析和风险排序。

（1）风险识别

风险识别是指在软件开发过程中识别软件项目可能存在的各种潜在软件风险，并形成软件风险列表，列举软件项目在某个阶段存在的各项软件风险。

（2）风险分析

风险分析是要评估所识别的各项软件风险发生的概率，估算软件风险发生后可能造成的损失，并计算软件风险的危险度。

对软件风险发生概率的评估可采用以下方法：由熟悉系统、有软件开发经验的人参与评估；由多人独立评估，然后进行综合折中。软件风险发生的概率既可以采用定量的表示方法（如 0.1 的发生概率），也可以采用定性的方法（如非常可能、可能等）。一般地，定性描述和定量表示方法之间有一定的对应关系（见表 16.10）。

表 16.10　软件风险发生概率的定性描述和定量表示之间的对应关系

描述	概率范围
非常可能	0.8~1.0
很可能	0.6~0.8
或许	0.4~0.6
不太可能	0.2~0.4
不可能	0~0.2

从总体上看，对软件风险发生概率的评估主观性较强，评估的结果因人而异，不同人对同一软件风险的评估结果可能会有一定的偏差。表 16.11 列举了软件风险及其发生概率。其中，编号为 1 的软件风险"软件项目规模估算的结果过于乐观"发生的概率为 0.7。

表 16.11　软件风险及其发生概率列表

编号	风险名称	风险发生概率
1	软件项目规模估算的结果过于乐观	0.7
2	软件产品的交付日期提前	0.2
3	用户增加了额外需求	0.8
4	需求分析工程师不能按时到位	0.9
5	需求分析所需的软件工具尚未到位	0.5
6	由于业务繁忙，用户没有足够的时间配合需求分析小组开展需求调查工作	0.7

针对所识别的每一个软件风险，评估其将对软件项目实施所造成的损失，并采用进度、成本或工作量等方式来表示这种损失。表 16.12 用工作量来表示和度量软件风险发生后给软件项目所造成的损失。例如，编号为 1 的风险"软件项目规模估算的结果过于乐观"发生后，将可能给软件项目带来 8 个人周的工作量损失。

表 16.12 软件风险及其发生概率和造成的损失列表

编号	风险名称	风险发生概率	损失 / 人周
1	软件项目规模的估算结果过于乐观	0.7	8
2	软件产品的交付日期提前	0.2	4
3	用户增加了额外需求	0.8	5
4	需求分析工程师不能按时到位	0.9	2
5	需求分析所需的软件工具尚未到位	0.5	3
6	由于业务繁忙，用户没有足够的时间配合需求分析小组开展需求调查工作	0.7	6

根据每个软件风险发生的概率和损失，计算出它们的危险度（见表 16.13）：

$$危险度 = 风险发生概率 \times 风险损失$$

表 16.13 软件风险及其发生概率、造成的损失和危险度列表

编号	风险名称	风险发生概率	风险损失 / 人周	危险度 / 人周
1	软件项目规模的估算结果过于乐观	0.7	8	5.6
2	软件产品的交付日期提前	0.2	4	0.8
3	用户增加了额外需求	0.8	5	4.0
4	需求分析工程师不能按时到位	0.9	2	1.8
5	需求分析所需的软件工具尚未到位	0.5	3	1.5
6	由于业务繁忙，用户没有足够的时间配合需求分析小组开展需求调查工作	0.7	6	4.2

（3）风险排序

大量的软件工程实践表明，软件项目成本的 80% 用于解决 20% 的问题。也就是说，软件开发过程可能会出现大量的问题，其中 20% 的问题是核心和关键。软件风险管理也类似，要重点关注其中的关键性软件风险。所谓"关键性软件风险"，是指那些危险度较高的软件风险。例如在表 16.13 中，编号为 1、3、6 的软件风险的危险度非常高。根据软件风险的危险度，可以对软件风险的优先级进行排序。经过排序后的软件风险列表（见表 16.14）显示了哪些软件风险的危险度较高，需要重点关注；哪些软件风险的危险度较低，可暂时不予考虑。

需要注意的是，软件风险的危险度在软件过程中会动态地发生变化。例如，对于编号为 4 的软件风险"需求分析工程师不能按时到位"，在软件项目实施初始该软件风险的危险度和重要性并不突出，但随着项目的开展，尤其是需求分析的深入，如果该风险仍然没有得到消除，那么其危险度将会越来越高。

表 16.14　软件风险的优先级列表

编号	风险名称	风险发生概率	风险损失 / 人周	危险度 / 人周
1	软件项目规模的估算结果过于乐观	0.7	8	5.6
2	由于业务繁忙，用户没有足够的时间配合需求分析小组开展需求调查工作	0.7	6	4.2
3	用户增加了额外需求	0.8	5	4.0
4	需求分析工程师不能按时到位	0.9	2	1.8
5	需求分析所需的软件工具尚未到位	0.5	3	1.5
6	软件产品的交付日期提前	0.2	4	0.8

2. 风险控制

识别和分析风险并不是软件风险管理的最终目标。针对所发现的每一个软件风险，尤其是高危险度的软件风险，风险管理还需要对它们进行有效的控制，包括制订风险管理计划、风险化解和风险监控。

（1）制订风险管理计划

针对每一个重要的软件风险，制订相应的风险管理计划。表 16.15 示例描述了软件风险管理计划。

表 16.15　软件风险管理计划示例

项目	说明
风险编号	2
风险名称	小刘离开项目组
风险发生的对象	小刘
风险发生的原因	未知
风险可能发生的时机	二周后
消除风险的措施	由软件项目负责人小王和小刘交互，询问离开软件项目组的真正原因，并及时向高层反映情况
风险发生后的应对措施	让小陈接替小刘的工作

软件风险管理计划主要包含如下内容：

- 软件风险编号和名称。
- 软件风险发生的对象。
- 软件风险的表现形式。
- 软件风险可能发生的时机。
- 软件风险发生的原因。

- 如何避免或消除软件风险。
- 软件风险发生后的应对措施。

（2）风险化解

执行风险管理计划，以缓解或化解风险。一般地，软件风险化解有以下几种方式：

① 避免风险。采取主动和积极措施来规避软件风险，将其发生的概率控制为零。例如，针对用户可能没有时间参加需求评审这一软件风险，项目组可以考虑选择用户方便的时间进行需求评审，这样"用户不能出席需求评审会"这一软件风险就不会发生。

② 转移风险。将可能或潜在的软件风险转移给其他单位或个人，从而使得自己不再承担该软件风险。例如，如果开发某个子系统存在技术和人力资源方面的风险，可以考虑将它外包给其他软件开发公司，从而将该软件风险从项目中转移出去。

③ 消除发生软件风险的根源。如果知道导致软件风险发生的因素，那么针对这些因素，采取手段消除软件风险发生的根源。例如，如果发现导致项目组成员离开的主要原因是薪酬太低，那么可以通过给项目组成员加薪的方法来消除发生该软件风险的根源。表 16.16 列举了常见的软件风险及其控制方法。

表 16.16　常见的软件风险及其控制方法

风险描述	控制方法
人力资源薄弱	招募先进技术人才，培训，团队建设，项目开始前招聘或预定关键成员
承包商失败	检查参考资料，外包前检查承包商的能力，积极管理承包商
设计低劣	要有清晰的设计活动和设计时间，进行设计检查
计划过于乐观	估算要科学，利用工具，借鉴历史数据
软件质量低劣	制订质量保证计划，落实计划，安排专人负责质量保证
软件需求变更	严格的变更控制流程
不切实际的进度	通过协商制订更为合理的进度计划，任务并行化，关注关键路径
运用新技术	提供技术培训，进行技术验证
对软件需求理解不够	加强与用户的沟通，组织领域知识培训，应用快速原型技术
人员流失	确保在项目的关键部分提供备份人力资源，加强配置管理，加强项目组人员的职业道德建设

（3）风险监控

在风险评估和控制过程中，项目组人员和负责人必须对软件风险的化解程度及其变化（如发生概率、可能导致的损失和危险度）进行检查和监控，并记录收集到的有关软件风险信息，以促进对软件风险的持续管理。

风险监控的主要内容包括：监控和跟踪重要软件风险，记录这些软件风险危险度的变化以及软件风险化解的进展，确认软件风险是否已经得到化解和消除、是否有新的软件风险发生等。表 16.17 示例描述了软件项目实施过程中软件风险的变化及其化解进展。

表 16.17　软件风险的变化及其化解进展示例

本周排序	上周排序	监控周数	风险描述	化解进展
1	1	5	功能蔓延	采取分阶段交付的方式，需向市场人员和最终用户解释
2	5	5	设计低劣	要求按规范进行软件设计，对软件设计结果进行评审
3	2	4	软件测试负责人未到位	候选人员名单已经呈报公司主管，最晚将于下周确定

16.7　软件质量保证

在软件开发过程中，软件项目组尤其是软件项目负责人不仅要考虑软件项目的进度，还要确保所开发软件制品的质量。仅关注进度而不考虑质量，将使软件项目开发受到多方面损失，如软件制品质量低劣、成本超支、进度延滞，客户的满意度低下等。提高软件质量的一个重要措施是：在软件项目实施过程中对待开发软件系统的质量进行有效的管理。

16.7.1　基本概念

本书第 1 章 1.8 节已给出软件质量的概念，并介绍了理解和评价软件质量的一些因素。软件质量即软件制品满足用户需求的程度。可以从多个方面来理解此处所指的用户需求，如用户期望的软件系统的功能、性能、可维护性、可操作性、可重用性等。在软件项目实施过程中，经常会听到用户关于软件系统的以下一些质量评价：

- 软件系统没有某些方面的功能。
- 软件系统运行速度太慢。
- 软件系统有太多的错误。
- 软件不好改动。
- 软件系统的界面不美观。

- 软件系统不好用。
- 软件系统安装过于复杂等。

上述质量评价揭示了软件的质量有内在和外在两方面的表现形式。软件系统质量的外在表现形式是指那些直接展示给用户的质量要素，如软件系统提供的功能是否完整、性能是否高效，人机交互界面是否美观、是否易于操作，安装是否简单等。软件系统质量的内在形式是指那些不直接展示给用户，但是与用户的需求息息相关的因素，如软件系统的模块化程度、软件系统的可维护性等。在软件开发过程中，软件开发工程师不仅要关注软件系统的外在质量要素，而且还要关注其内在的质量要素。

16.7.2   软件质量保证方法

软件质量保证（software quality assurance, SQA）是指一组有计划和有组织的活动，用于向有关人员提供证据，以证明软件项目的质量达到有关的质量标准。一方面，软件质量保证是有计划和有组织的，而不是随机和任意的，想做就做，想不做就不做。因此，在软件项目开发之初，软件项目组应制订相应的软件质量保证计划，以指导软件过程中的质量保证活动。另一方面，软件质量保证要为软件制品的质量提供某种可视性，知道软件制品是否达到相应的质量标准，是否遵循相应的标准和规程，以发现软件系统中哪些地方有质量问题，便于确定改进的方法和措施，提高软件制品的质量：

软件质量保证应从以下三个方面关注软件项目的质量：

① 软件开发活动。软件项目组应对软件开发过程中的各项软件开发活动（如需求分析、软件设计、编码等）进行质量保证，审查这些软件开发活动并产生审查报告。比如审查软件开发过程是否遗漏了某些软件开发活动（如评审）、软件开发活动是否遵循某些要求等。

② 软件制品。软件项目组要对软件开发的结果，即各种软件制品进行质量保证。对于文档类的软件制品（如软件需求规格说明书、软件设计规格说明书等），应对它们进行审核并产生审核报告；对于代码类的软件制品（如源代码和可执行代码），应对它们进行测试以产生软件测试报告。

③ 标准和规程。为了规范软件制品和软件开发活动，确保其质量，软件项目组应在软件项目开始之时制定相应的标准和规程（如软件开发过程、软件需求规格说明书的编写规范），以指导软件项目的实施。

为了进行软件质量保证，软件项目组在项目实施之时应成立软件质量保证小组（SQA 小组）。SQA 小组负责制订软件质量保证计划，并按照计划开展各种软件质量保证活动，从而获得软件系统的质量可视性。一般地，SQA 小组应独立于软件项目开发小组，拥有较高的权限，以便及时向管理层反馈有关软件质量方面的信息。图 16.20 描述了软件质量保证的过程。

具体的，SQA 小组在整个软件过程中应参与以下软件质量保证活动：

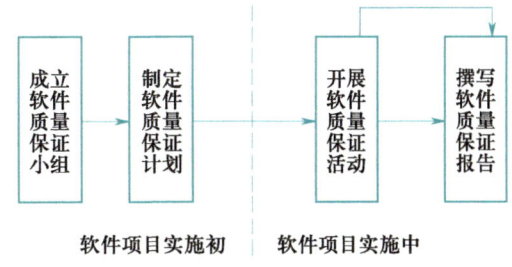

图 16.20 软件质量保证过程

① 制订软件质量保证计划。在项目实施之初，SQA 小组应负责制订软件质量保证计划，组织相关人员（如软件开发工程师、软件测试工程师等）对软件质量保证计划进行评审。

② 制定标准和规程。在软件开发组织内部或软件项目组内部，SQA 小组需要参与制定相关的标准和规程，以规范软件开发活动和软件制品，从而确保软件过程和软件制品的质量。典型的标准和规程包括软件过程规程、需求管理规程、软件需求规格说明书编写规范、C++编码规范、Java 编码规范等。

③ 审查软件开发活动。SQA 小组应审查每个软件开发活动是否遵循软件过程规范，包括每个软件开发活动的输入条件是否都得到满足、软件开发活动的执行是否遵循规范、每个软件开发活动的输出是否都已经产生、软件过程中所定义的各个软件开发活动是否都得到执行，软件项目组所开展的每个软件开发活动是否都有意义且在软件过程规程中均有定义等。

④ 审核软件制品。SQA 小组应对软件过程中所生成的各个文档类软件制品进行审核，判断它们是否遵循规范和标准，如软件需求规格说明书是否按照软件需求规格说明书编写规范来撰写，其正确性、一致性、准确性、可追踪性如何等。

⑤ 测试程序代码。SQA 小组应和软件测试小组一起，对软件开发过程中生成的代码类软件制品进行测试，以发现软件系统中的缺陷。

⑥ 撰写软件质量报告。SQA 小组应记录开发活动和软件制品的偏差，记录审查、审核和测试过程中发现的问题，对它们进行分析并形成软件质量报告。

⑦ 报告给高级管理者和相关人员。SQA 小组应将软件质量情况报告给管理层和其他相关人员，为其了解软件系统的质量提供可视性。

16.7.3 软件质量保证计划

为了确保在软件开发过程中有计划、有组织地开展软件质量保证活动，在软件项目实施之初，软件质量保证小组需要制订相应的软件质量保证计划。该计划详细描述了与软件项目有关的质量标准和规程，定义了参与质量保证活动的人员和角色，明确了软件质量保证活动的策略和步骤等。下面描述了一个典型的软件质量保证计划模板。

1. 引言

2. 项目概述

3. 管理

　　3.1 组织

　　3.2 任务

　　3.3 目标

4. 标准、规程和约定

5. 软件质量保证活动

　　5.1 评审

　　5.2 审计

　　5.3 测试

6. 问题报告和纠正措施

7. 工具、技术和方法

8. 记录收集、维护和保留

9. 培训

16.8　质量管理和过程能力标准

国际标准化组织（ISO）、卡内基·梅隆大学软件工程研究所（CMU SEI）和诸多组织（如政府、军方和企业）制定了一系列规范和标准，以指导软件项目实施和管理、软件过程改进和评价，包括 ISO 9001、CMM/CMMI、GJB 9001 和 GJB 5000 系列标准等。

16.8.1　ISO 9001 和 GJB 9001 系列标准

1. ISO 9001 标准及其应用

ISO 9001 是由 ISO 制定的质量管理体系认证标准，用于对特定组织的质量体系进行认证，帮助组织确保和提升产品或服务的质量。它体现了质量管理哲学、质量管理方法及模式，是相关管理理论以及管理实践经验的总结。软件是一类特殊的产品和服务，因此 ISO 9001 标准同样适用于研制软件产品的组织（如软件企业）。

ISO 9001 标准的指导思想是：一个组织所制定的质量体系应满足其质量目标，所有的质量控制旨在减少或消除不合格的产品和服务。该标准包含以下一组核心内涵：

① 控制所有过程的质量。提供产品和服务的所有工作都是通过过程来完成的，组织的质量管理就是要对企业内各种过程进行管理，为此质量体系应该覆盖产品和服务的所有过程。

② 控制过程的出发点就是要预防不合格，质量保证体系要充分体现预防为主的思想。

③ 质量管理的中心任务是建立并实施文件化的质量体系。典型的质量体系文件由质量手册、质量体系程序和其他质量文件组成。

④ 持续的质量改进。在实施过程中组织应根据发现的问题不断地改进质量体系。

⑤ 定期评价质量体系。其目的是要确保各项质量活动的实施及结果符合计划安排，确保质量体系具有持续的适应性和有效性。

相关组织可根据 ISO 9001 标准的具体要求，制定和实施针对特定产品和服务的质量体系。第三方组织可依据该标准，对相关组织的质量体系进行认证，以评判该组织的质量体系是否满足标准。一般地，ISO 9001 质量体系认证具有以下特点：

① 认证的对象是相关组织提供的质量体系。ISO 9001 认证的对象不是组织的某一产品或服务，而是质量体系本身。

② 认证的依据是 ISO 9001 质量保证标准。

③ 认证机构是第三方质量体系评价机构。为了保证认证的公正性和可信性，认证机构必须与被认证组织在经济上没有利害关系，且在行政上没有隶属关系。

④ 一旦认证获得通过，认证机构将为被认证组织颁发证书，加以注册和公开发布，并将其列入质量体系认证企业名录。

2. GJB 9001 系列标准及其应用

一些特定的组织（如政府和军方等）根据特定产品和服务的质量保证需要，制定特定的质量管理标准。我国军方根据军用产品的特点和要求，制定了 GJB 9001 国家军用系列标准。该标准目前有多个不同的版本，包括 1996 年制定的 GJB 9001，2001 年制定的 GJB 9001A，2009 年制定的 GJB 9001B，2017 年制定的 GJB 9001C。GJB 9001 系列标准同样适用和支持军用软件系统的研制，确保和提升军用软件产品和服务的质量。参与军用软件研制的组织需要遵循 GJB 9001 系列标准以进行军用软件产品的质量保证。

相较于 GJB 9001B，GJB 9001C 具有以下变化和特点：

① 进一步明确了领导作用。最高管理者应对质量管理体系的有效性负责，确保质量管理体系要求融入组织的业务过程、确保组织内质量部门独立行使职权、确保顾客能够及时获得产品和服务质量问题的信息。

② 基于风险的思维，风险管理更为严格。要求实施风险管理并开展风险评估、风险分析、风险识别、风险评价、风险应对等活动。

③ 在"规范性引用文件"中列出了 20 多项国军标,强调组织在引用这些国军标时需考虑其适用性,避免过使用或欠使用。

④ 用"产品和服务"替代了"产品",以强调产品和服务之间的差异性[16]。

16.8.2 CMM、CMMI 和 GJB 5000 系列标准

1986 年 CMU SEI 着手研究软件过程成熟度框架,以帮助组织(如软件企业)改进其软件过程,并帮助军方评估软件开发组织承担软件项目的能力。经过 4 年多的试用,CMU SEI 于 1991 年正式发布了软件能力成熟度模型 CMM 1.0 版本,并于 1993 年发布 CMM 1.1 版本。CMM 在帮助软件开发组织加强软件质量管理、降低开发成本、履行交付承诺、提升组织自身建设等方面发挥了极为重要的作用,也为政府和军方选择合适的软件承包商提供了有效手段。随着 CMM 应用的不断拓展,其影响力和作用范畴延伸到了软件工程之外的其他领域,如系统工程、安全工程、集成化产品开发等。这些领域参考 CMM 建立了相关的能力成熟度模型,如集成产品开发能力成熟度模型(IPD-CMM)、FAA-iCMM 等,导致相关的能力成熟度模型框架和术语等存在不一致和相互矛盾等问题。同时,越来越多的多学科交叉和多领域工程项目尝试使用 CMM。这些问题和趋势促使 CMU SEI 开发能力成熟度模型集成(capability maturity model integration,CMMI),以支持多学科和领域的系统开发、一致的过程框架,满足现代工程的特点和需求,提高过程的质量和工作效率。

1. CMM 及其应用

CMM 将软件过程能力成熟度划分为 5 个等级(见图 16.21),每个等级都有如下基本特征:

① 初始级 (initial)。软件开发组织没有软件过程管理,软件开发是无序和混乱的,管理无章法,缺乏健全的管理制度。软件项目成功主要依靠软件开发精英的经验和能力。

② 可重复级 (repeatable)。软件开发组织建立了基本的管理制度和规程,管理工作有章可循,开发工作能较好地按标准来实施,能够重复运用以前开发类似软件项目的成功经验。

③ 已定义级 (defined)。软件开发过程中的技术活动和管理活动均已实现标准化、文档化和制度化,建立了完善的培训制度和专家评审制度,所有技术活动和管理活动均可控制。

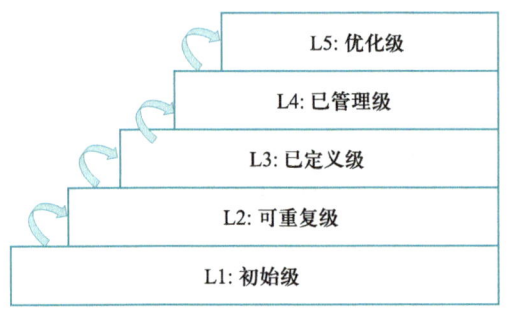

图 16.21 逐层递进的软件过程能力成熟度等级

④ 已管理级 (managed)。软件开发组织对产品和过程有定量的理解,并以此为基础和前提来开展软件项目管理以及相关的决策和控制。

⑤ 优化级 (optimizing)。软件开发组织能有效地确定软件过程的优势和不足,并采用新技术、新方法和新手段不断改进和完善软件过程,提高组织的软件过程能力。

CMM 框架借助逐层递进的 5 个等级来评定软件开发组织的软件过程能力和水平。概括而言,初始级是混沌和毫无章法的过程,可重复级是经过训练的软件过程,已定义级是具有一致标准的软件过程,已管理级具有可预测的软件过程,优化级是能持续改善的软件过程。

那么如何评定软件开发组织处于什么样的软件能力成熟度等级?处于某个能力等级的软件开发组织应关注哪些问题的解决?CMM 提供了一组关键过程域 (key process area),以明确每个成熟度等级的软件过程能力需达成的目标、要完成的任务以及应开展的活动。CMM 共提供了 18 个关键过程域,有些关键过程域与管理相关,有些与组织相关,还有一些与工程相关。此处的"关键"是指相关过程域是不可或缺,起主导作用的。不同成熟度等级涵盖不同的关键过程域(见表 16.18)。

表 16.18　CMM 不同等级的关键过程域

等级	关键过程域		
	管理方面	组织方面	工程方面
L1 初始级	–	–	–
L2 可重复级	– 需求管理 – 软件项目计划 – 软件项目跟踪与监控 – 软件转包合同管理 – 软件质量保证 – 软件配置管理	–	–
L3 已定义级	– 集成软件管理 – 组间协调	– 组织过程焦点 – 组织过程定义 – 培训程序	– 软件产品过程 – 同行评审
L4 已管理级	– 定量过程管理	–	– 软件质量管理
L5 优化级		– 技术更新管理 – 过程变更管理	– 缺陷防范

每个关键过程域都有其任务和目标。例如,"需求管理"关键过程域的目标是要建立客户的软件需求,并使软件开发人员与客户对软件需求的理解达成一致。为了实现关键过程域的目标,每个关键过程域需要完成一组关键实践。通俗地讲,关键实践描述了达成关键过程域目标的基础设施以及管理和技术活动。例如,为了达成"需求管理"关

键过程域的目标，该关键过程域需要开展诸如获取软件需求、评审软件需求等一系列关键实践。

软件开发组织可以借助 CMM 框架，结合组织制定的软件开发章程、规范、标准和要求等，评价组织的软件能力成熟度处于什么样的水准，发现其中存在的问题和不足，从而有针对性地加以解决和改进，提升其软件能力成熟度水平。第三方评估机构可以依托 CMM 框架，针对软件开发组织提供的相关管理和技术文档等，通过文档评审、会议座谈、调查问卷、现场访问等多种方式，评价软件开发组织的软件能力成熟度等级。如果软件开发组织通过了某个等级所有的关键过程域，则意味着该组织的软件过程能力成熟度达到了该等级的水平。

2. CMMI 及其应用

CMMI 是在 CMM 的基础上发展而来的，因而在整体框架结构上与 CMM 类似。CMMI 同样包含初始级、可重复级、已定义级、已管理级和优化级 5 个成熟度等级。不同于 CMM，CMMI 提供了 24 个关键过程域，并对相关关键过程域的名称和内涵做了适当调整。例如，CMM 中的"软件项目计划"关键过程域名称改为"项目计划"，以突出所开发的项目不是纯粹的软件项目，可能是集成的项目。根据任务和活动的性质，CMMI 的关键过程域可分为 4 类：过程管理、项目管理、工程和支持。表 16.19 描述了 CMMI 各个成熟度等级所包含的关键过程域。

表 16.19   CMMI 不同等级的关键过程域

等级	关键过程域			
	过程管理	项目管理	工程	支持
L1 初始级	–	–	–	–
L2 可重复级	–	– 项目计划 – 项目监控 – 供应商合同管理	– 需求管理	– 配置管理 – 度量和分析 – 过程和制品质量保证
L3 已定义级	– 组织过程焦点 – 组织过程定义 – 组织培训	– 集成项目管理 – 风险管理 – 组建团队	– 需求开发 – 技术方案 – 制品集成 – 验证 – 确认	– 决策分析和措施 – 组织集成环境
L4 已管理级	– 组织过程性能	– 项目定量管理	–	–
L5 优化级	– 组织改革与实施	–	–	– 因果分析和措施

CMMI–SE/SW 和 CMMI–SE/SW/IPPD 框架集成了软件工程、系统工程、集成化制品和过程开发三个过程改进模型。它针对组织的过程成熟度评价更为系统，针对项目的过程能力评估更为广泛。CMMI 等级评估已经成为业界公认的标准，其证书成为一个

组织能力和形象的标志。通过 CMMI 评估，一个组织不仅可以改进和提升其软件过程和项目实施的能力，还可以提高其市场竞争力，在项目竞标、产品质量保证等方面获得优势。随着 CMMI 的推广和应用，CMMI 认证得到了各级政府和众多组织的关注和重视，越来越多的企业申请 CMMI 咨询和认证。它对于提升整个软件行业的管理水平发挥极为重要的作用。

3. GJB 5000 系列标准

GJB 5000 系列标准是由我国军方主导制定的军用软件能力成熟度模型，包括 2003 年颁布的 GJB 5000-2003、2008 年颁布的 GJB 5000A-2008、2021 年颁布的 GJB 5000B-2021 等版本。GJB 5000B-2021 自 2022 年 3 月 1 日起正式实施，2024 年 3 月后全部贯彻实施 GJB 5000B 标准，并按此标准进行军用软件研制能力评价。GJB 5000 系列标准规定了军用软件能力成熟度模型和军用软件论证、研制、试验和维护活动中的相关实践，适用于军用软件论证、研制、试验和维护能力的评价和过程改进。相关组织需要通过 GJB 5000 的认证以展示其军用软件能力成熟度的水平，并以此为资质参与军用软件研制的招投标。

相较于 GJB 5000A，GJB 5000B 做了以下改进和调整：将标准名称改为"军用软件能力成熟度模型"；标准的范围从研制扩展到软件全生存周期；模型结构由阶段式调整为连续式；"过程域"调整为"实践域"；成熟度等级、实践域名称及其内容等进行了本地化改进，将 22 个过程域变为 21 个实践域，分为组织管理类、项目管理类、工程类和支持类 4 类；新增领导作用、实施基础、立项论证、同行评审和运行维护 5 个实践域。[17]

本章小结

本章围绕软件项目管理，介绍了软件项目管理的对象和内容，软件度量、测量和估算的概念，软件项目估算的方法，软件项目计划制订的步骤、方法和描述，软件项目跟踪的对象、步骤和方法，软件配置管理的相关概念及其过程和计划，软件风险的概念、类别以及管理的模式和方法，软件质量保证的基本概念及其方法和计划。概括而言，本章包含以下核心内容：

- 软件项目是针对软件这一特定产品和服务的一类特殊项目。
- 软件项目管理主要围绕人、过程和制品这三方面对象，涉及过程定义和改进、配置管理、风险管理、质量保证、项目计划、项目跟踪、团队组织、交流合作、软件度量等一系列内容。
- 软件度量是指对软件制品、过程或资源的简单属性的定量描述。软件测量是指对软件制品、过程和资源的复杂属性的定量描述，它是简单属性度量值的函数。估算是指对软件制品、过程和资源的复杂属性的定量描述，它是简单属性度量值的函数。软件测量发生在事中或者事后，软件估算发生在事前。

- 估算在软件项目管理中扮演着重要的角色，它可以采用自顶向下估算和自底向上估算两种不同的方式。
- 可以采用基于代码行和功能点的估算、基于经验模型的估算、专家估算、类比估算等多种方法来进行软件估算。
- 对软件项目的定量分析和描述应贯穿于整个软件开发过程，包括项目实施前、实施中和完成后。
- 软件项目应针对软件开发和管理活动的开展、资源的使用、进度的推进等方面，制订软件项目计划。
- 软件开发活动之间的关系包括开始到开始、开始到结束、结束到开始、结束到结束。
- 软件开发计划的制订要充分考虑三方面的因素：软件项目要开展的工作、软件项目所采用的软件开发过程、软件项目的限制和约束。
- 可通过指定负责人、召开会议等多种方式来制订软件项目计划。所制订的软件项目计划必须得到相关人员的确认。
- 软件项目跟踪的内容包括项目实施中存在的问题和风险、项目进展情况。
- 要获取软件项目开发的实际情况，对比软件项目计划，以此来发现项目实施中存在的风险和偏差。
- 软件文档、源代码、可执行代码、数据、模型、规范和标准等都可以成为配置项。
- 基线是指已经通过正式复审和批准的软件制品、标准或规范，它们可以作为进一步软件开发的基础和依据，并且只能通过正式的变化控制过程才允许进行变更。
- 每个配置项都应该有一个唯一的标识。
- 软件风险是指使软件项目的开发受到影响和损失，甚至导致软件项目失败的可能发生的事件。
- 软件项目的实施可能会存在多种类别的风险，包括计划编制风险、组织和管理风险、软件需求风险、软件开发环境风险、最终用户风险、承包商风险、软件制品风险、人员风险、设计和实现风险、软件过程风险等。
- 风险管理模式有多种，如危机管理、失败处理、风险缓解、风险预防、消灭根源等，应采用诸如风险预防、消灭根源、风险缓解等积极的应对模式，防止采用危机管理、失败处理等消极的应对模式。
- 风险管理包括风险的识别、分析、排序、计划、化解、监控等一系列工作。
- 软件质量保证是指一组有计划和有组织的活动，用于向有关人员提供证据，以证明软件项目的质量达到有关的质量标准。
- 软件质量保证应从软件开发活动、软件制品、标准和规程三个方面关注软件系统的质量。

- 软件质量保证活动包括制订软件质量保证计划、制定标准和规程、审查软件开发活动、审核软件制品、测试程序代码、撰写软件质量报告、报告给高级管理者和相关人员。
- 在软件项目实施和管理过程中，组织需要遵循相关的质量管理体系要求，如 ISO 9001、GJB 9001 等；遵循相关的规范和标准，如 CMM/CMMI、GJB 5000 等，以改进和评估组织的软件过程能力。

推荐阅读

韩万江，姜立新. 软件项目管理案例教程 [M]. 4 版. 北京：机械工业出版社，2019.

该书重点介绍软件这个特殊领域的项目管理。全书分为项目初始、项目计划、项目执行控制、项目结束和项目实践 5 篇，全面介绍如何在整个软件项目生存周期内系统实施软件项目管理。该书综合了多个学科领域，注重理论与实际的结合，通过案例分析帮助读者消化和理解所学内容。

基础习题

16-1 与一般性项目（如建筑项目）相比较，软件项目有何特点？

16-2 软件度量、测量、估算三者之间有何本质性区别？

16-3 软件项目实施完成之后，要获得关于软件项目的代码量、投入经费、软件复杂性等方面的定量信息，该活动是属于软件估算还是属于软件测量？

16-4 请简要说明软件估算的结果有何用途。不准确的软件估算会带来什么样的后果？

16-5 在制订软件项目计划时，要对软件项目的哪些方面进行预先规划？如何确保软件项目计划的科学性和合理性？

16-6 图 16.22 所示为某软件项目计划，请指出该计划中的关键路径，并回答该计划至少需要多少个工作日才能完成。

16-7 如果一个软件项目计划采用自顶向下的方式，由软件项目负责人来制订，这样的软件项目计划是否可用于指导软件项目的实施，为什么？

16-8 如果通过软件项目跟踪发现软件项目的实际执行存在滞后的情况，此时软件项目的管理者应该采取什么样的措施？

16-9 假设软件设计文档已经作为一个基线纳入软件基线库中。如果软件设计工程师发现软件设计文档存在某个问题需要修改，他应该采取什么样的措施以获得该软件设计文档并加以改正？

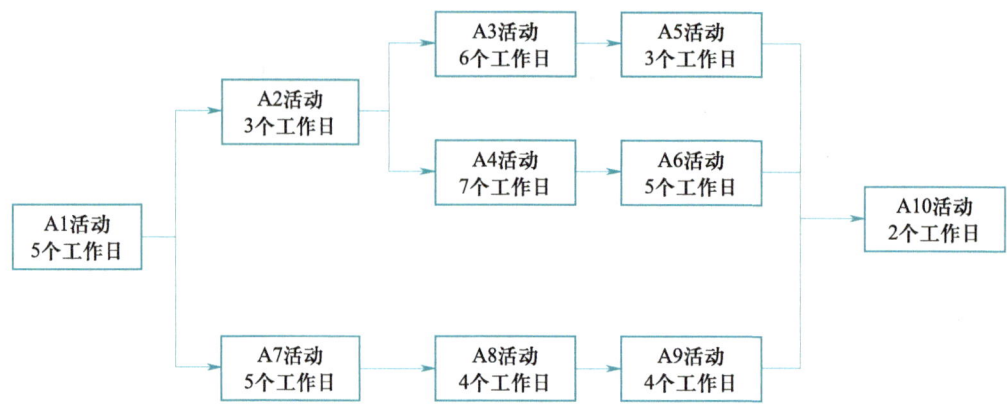

图 16.22　某软件项目计划

16-10　请结合课程综合实践，列举出 10 个你认为在软件项目实施中最为常见且易于发生的软件风险，并简述应采用哪些手段来解决这些风险。

16-11　软件开发过程中的软件质量保证活动有哪些？它们是如何进行软件质量保证的？

综合实践

1. 综合实践一

实践任务：度量综合实践一的相关数据。

实践方法：基于 Git 中的软件开发数据，借助 SonarQube 等工具，对课程综合实践一的软件开发活动、软件制品规模及其质量等进行度量，以获得关于综合实践一的定量描述信息。

实践要求：基于 Git、SonarQube 等工具中的相关数据，围绕以下几个方面进行度量：Issue 数量，合并请求数量，软件文档数量，软件模型数量，源代码文件、模块和代码行数量，程序代码的质量分析数据。

实践结果：综合实践一的相关度量数据。

2. 综合实践二

实践任务：度量综合实践二的相关数据。

实践方法：基于 Git 中的软件开发数据，借助 SonarQube 等工具，对综合实践二的软件开发活动、软件制品及其质量等进行度量，以获得关于综合实践二的定量描述信息。

实践要求：基于 Git 中的相关数据，围绕以下几个方面进行度量：Issue 数量，合并请求数量，软件文档数量，软件模型数量，源代码文件、模块和代码行数量，程序代码的质量分析数据。

实践结果：综合实践二的相关度量数据。

参考文献

[1]   王怀民，余跃，王涛，等．群智范式：软件开发范式的新变革 [J]，中国科学，2023.

[2]   国家自然科学基金委员会，中国科学院．中国学科发展战略 软件科学与工程 [M]，科学出版社，2021.

[3]   杨芙清．软件工程技术发展思索 [J]．软件学报，2005，16（1）：1-7.

[4]   吕建，马晓星，陶先平，等．网构软件的研究与进展 [J]．中国科学（技术科学），2006，36（10）：1037-1080.

[5]   王怀民，尹刚，网络时代的软件可信演化 [J]．中国计算机学会通讯，2010，6（2）：28-35.

[6]   毛新军，王涛，余跃．软件工程实践教程：基于开源和群智的方法 [M]．北京：高等教育出版社，2019.

[7]   毛新军．升级软件工程教学：开源软件的启示 [J]．中国计算机学会通讯，17（10）：66-71，2021.

[8]   毛新军．基于开源和群智的软件工程实践教学方法 [J]．软件导刊，1：1-6，2020.

[9]   毛新军．面向主体软件工程：模型、方法学和语言 [M]．北京：清华大学出版社，2015.

[10] 毛新军，尹刚，尹良泽，等．新工科背景下的软件工程课程实践教学建设：思考与探索 [J]．计算机教育，2018，7：5-8.

[11] 尹良泽，毛新军，尹刚，等．基于高质量开源软件的阅读维护培养软件工程能力 [J]．计算机教育，2018，7：9-13.

[12] 毛新军，尹良泽，尹刚，等．基于群体化方法的软件工程课程实践教学 [J]．计算机教育，2018，7：14-17.

[13] 王涛，白羽，余跃，等．Trustie：面向软件工程群体化实践教学的支撑平台 [J]．计算机教育，2018，7：18-22.

[14] 齐治昌，谭庆平，宁洪．软件工程 [M]．4 版．北京：高等教育出版社，2019.

[15] 李祖德．软件工程核心知识 [M]．上卷．沈阳：万卷出版公司，2014.

[16] 李祖德．软件工程核心知识 [M]．下卷．沈阳：万卷出版公司，2014.

[17] 中央军委装备发展部．GJB 9001C-2017 质量管理体系要求 [S]．北京：总装备部军标出版发行部，2017.

[18] 中央军委装备发展部．GJB 5000B-2021 军用软件能力成熟度模型 [S]．北京：总装备部军

标出版发行部，2021.

[19]   王怀民，吴文峻，毛新军，等. 复杂软件系统的成长性构造与适应性演化 [J]. 中国科学：信息科学，2014，44（6）：743-761.

[20]   王怀民，尹刚，谢冰，等. 基于网络的可信软件大规模协同开发与演化 [J]. 中国科学：信息科学，2014，44（1）：1-19.

[21]   TRIPATHY P, NAIK K. 软件演化与维护：实践者的研究 [M]. 张志祥，毛晓光，谢茜，译. 北京：电子工业出版社，2019.

[22]   RAYMOND E S. 大教堂与集市 [M]. 卫剑钒，译. 北京：机械工业出版社，2014.

[23]   HAFF G. 拥抱开源 [M]. 2版. X-lab 开放实验室，译. 北京：人民邮电出版社，2022.

[24]   艾瑞咨询. 2022 年中国开源软件产业研究报告，2022.

[25]   王莹，张宇霞，石琳，等. 开源软件生态治理技术：现状、问题与展望 CCF 开源发展委员会 [M/OL] // 中国计算机学会. 2021-2022 中国计算机科学技术发展报告. 北京：机械工业出版社，2022.

[26]   杰夫·豪. 众包：大众力量缘何推动商业未来 [M]. 牛文静，译. 北京：中信出版社，2009.

[27]   BRUEGGE B, DUTOIT A H. 面向对象软件工程：使用 UML，模式与 Java [M]. 3版. 叶俊民，汪望珠，译. 北京：清华大学出版社，2011.

[28]   GAMMA E, HELM R, JOHNSON R, et al. 设计模式：可复用面向对象软件的基础 [M]. 李英军，马晓星，蔡敏，等，译. 北京：机械工业出版社，2019.

[29]   秦小波. 设计模式之禅 [M]. 2版. 北京：机械工业出版社，2014.

[30]   全国科学技术名词审定委员会. 计算机科学技术名词 [M]. 3版. 北京：科学出版社，2018.

[31]   孙昌爱，金茂忠，刘超. 软件体系结构研究综述 [J]. 软件学报，2002，13（7）：1228-1237.

[32]   JONES C. 软件工程通史：1930-2019 [M]. 李建昊，傅庆冬，戴波，译. 北京：清华大学出版社，2017.

[33]   孙凝晖. 论开源精神 [J]. 中国计算机学会通讯，2021，17（4）：7.

[34]   观研报告网. 2020 年中国软件行业分析报告：行业供需现状与发展商机研究. [EB/OL]

[35]   马晓星，刘譞哲，谢冰，等. 软件开发方法发展回顾与展望 [J]. 软件学报，2019，30（1）：3-21.

[36]   韩炜. 可信嵌入式软件开发方法与实践 [M]. 北京：航空工业出版社，2017.

[37]   刘淼，张笑梅. 企业级 DevOps 技术与工具实战 [M]. 北京：电子工业出版社，2020.

[38]   BOEHM B. A view of 20th and 21st century software engineering [C]. Proceedings of the 28th International Conference on Software Engineering (ICSE' 06), 2006: 20-28.

[39]   BROOKS F P. 人月神话 [M]. 英文版. 北京：人民邮电出版社，2010.

[40]   BROOKS F P. No silver bullet essence and accidents of software engineering [J]. Computer,

1987, 20(4): 10–19.

[41] SEDELMAIER Y, LANDES D. Software engineering body of skills (SWEBOS) [C]. 2014 IEEE Global Engineering Education Conference (EDUCON), 2014: 395–401.

[42] 教育部高等学校软件工程专业教学指导委员会 C-SWEBOK 编写组. 中国软件工程知识体 C-SWEBOK [EB/OL]. 高等教育出版社, 2018.

[43] BOURQUE P, FAIRLEY R E. Guide to the software engineering body of knowledge–SWEBOK V3.0 [M]. Washington: IEEE Computer Society Press, 2014.

[44] IEEE/ACM. Software Engineering Body of Knowledge, SWEBOK 4.0 [EB/OL], 2023.

[45] 罗伯特·格拉斯. 软件开发的滑铁卢: 重大失控项目的经验与教训 [M]. 陈河南, 译. 北京: 电子工业出版社, 2002.

[46] BALDWIN K, MISFELDT T, GRAY A. C++ 编程风格 [M]. 北京: 人民邮电出版社, 2008.

[47] VERMEULAN A, AMLER S W, BUMGARDNER G, et al. Java 编程风格 [M]. 曹铁鸥, 译. 北京: 人民邮电出版社, 2008.

[48] SOMMERVILLE I. 软件工程 [M]. 原书第 10 版. 彭鑫, 赵文耘, 等, 译. 北京: 机械工业出版社, 2018.

[49] SOMMERVILLE I. Software engineering [M]. Boston: Pearson, 2010.

[50] PRESSMAN R S, MAXIM B R. 软件工程: 实践者的研究方法 [M]. 原书第 8 版本科教学版. 北京: 机械工业出版社, 2016.

[51] 钱乐秋, 赵文耘, 牛军钰. 软件工程 [M]. 3 版. 北京: 清华大学出版社, 2016.

[52] 刘强, 孙家广. 软件工程——理论、方法与实践 [M]. 北京: 高等教育出版社, 2005.

[53] 葛文庚, 魏雪峰, 孙利, 等. 软件工程案例教程 [M]. 北京: 电子工业出版社, 2015.

[54] 王卫红, 江颉, 董天阳, 等. 软件工程实践教程 [M]. 北京: 机械工业出版社, 2015.

[55] 朱三元, 钱乐秋, 宿为民. 软件工程技术概论 [M]. 北京: 科学出版社, 2002.

[56] 栾跃. 软件开发项目管理 [M]. 上海: 上海交通大学出版社, 2005.

[57] 梅森. 版本控制之道: 使用 Subversion [M]. 2 版. 陶文, 译. 北京: 电子工业出版社, 2007.

[58] 蔡俊杰, 吕晶, 连理, 等. 开源软件之道 [M]. 北京: 电子工业出版社, 2010.

[59] 蒋鑫. Git 权威指南 [M]. 北京: 机械工业出版社, 2011.

[60] 张伟, 梅宏. 基于互联网群体智能的软件开发: 可行性、现状与挑战 [J]. 中国科学: 信息科学, 2017, 47 (12): 5–26.

[61] BUSCHMANN F, MEUNIER R, ROHNERT, et al. 面向模式的软件体系结构卷 1: 模式系统 [M]. 贲可荣, 郭福亮, 赵皑, 译. 北京: 机械工业出版社, 2003.

[62] SOMMERVILLE I, CLIFF D, CALINESCU R, et al. Large-scale complex IT system [J]. Communication of the ACM, 2012, 55(7): 71–77.

[63] NORTHROP L, FEILER P H, GABRIEL R P, et.al. Ultra-Large-Scale systems: the software challenge of the future [M]. Software Engineering Institute, Carnegie Mellon University,

2006.

[64] JOHN M, MAURER F, TESSEM B. Human and social factors of software engineering [C]. Proceedings of the 27th International Conference on Software Engineering. ACM, 2005: 686-686.

[65] BEGEL A, BOSCH J, STOREY M A. Social networking meets software development: perspectives from GitHub, MSDN, Stack Exchange,and Topcoder [J]. IEEE Software, 2013, 30(1): 52-66.

[66] CASALNUOVO C, VASILESCU B, DEVANBU P, et al. Developer onboarding in GitHub: the role of prior social links and language experience [C]. Proceedings of the ESEC/FSE 2015: 10th Joint Meeting on Foundations of Software Engineering.   ACM, 2015: 817-828.

[67] CHACON S, STRAUB B. Pro git [M]. Apress, 2014.

[68] YU Y, WANG H M, FILKOV V, et al. Wait for it: determinants of pull request evaluation latency on GitHub [C]. 2015 IEEE/ACM 12th working conference on Mining Software Repositories (MSR). IEEE, 2015: 367-371.

[69] YU Y, WANG H M, YIN G, et al. Reviewer recommendation for pull requests in GitHub: what can we learn from code review and bug assignment? [J]. Information and Software Technology, 2016, 74: 204-218.

[70] LI Z X, YU Y, YIN G, et al. What are they talking about? Analyzing code reviews in pull-based development model [J]. Journal of Computer Science and Technology, 2017, 32(6): 1060-1075.

[71] KAN S H. Metrics and models in software quality engineering [M]. 2nd ed. Addison-Wesley Publishing Company Inc., 2002.

[72] TSAI W T, WU W J, HUHNS M N. Cloud-based software crowdsourcing [J]. IEEE Internet Computing, 2014, 18(3): 78-83.

图书在版编目（CIP）数据

软件工程：理论与实践 / 毛新军，董威编著．
北京 ： 高等教育出版社，2025.3． -- ISBN 978-7-04
-063299-6

Ⅰ．TP311.5

中国国家版本馆CIP数据核字第2024QW2677号

Ruanjian Gongcheng ：Lilun yu Shijian

策划编辑	倪文慧	出版发行	高等教育出版社
责任编辑	倪文慧	社　址	北京市西城区德外大街4号
封面设计	王凌波	邮政编码	100120
版式设计	马 云	购书热线	010-58581118
责任校对	陈 杨	咨询电话	400-810-0598
责任印制	张益豪	网　址	http://www.hep.edu.cn
			http://www.hep.com.cn
		网上订购	http://www.hepmall.com.cn
			http://www.hepmall.com
			http://www.hepmall.cn

印　刷	北京中科印刷有限公司
开　本	787mm×1092mm　1/16
印　张	38.5
字　数	780千字
版　次	2025 年 3 月第 1 版
印　次	2025 年 5 月第 2 次印刷
定　价	99.00 元

本书如有缺页、倒页、脱页等质量问题，
请到所购图书销售部门联系调换

版权所有　侵权必究
物料号　63299-00